CAD 建筑行业项目实战系列丛书

AutoCAD 建筑园林景观施工图设计从入门到精通

李　波　等编著

机 械 工 业 出 版 社

全书以 AutoCAD 2013 软件为基础，共分 13 章。第 1～5 章主要讲解了建筑园林景观设计的基础知识，包括园林设计的基本概念，AutoCAD 2013 绘图基础与控制，AutoCAD 图形的绘制与编辑，图形的尺寸、文字标注与表格，使用块、外部参照和设计中心等；第 6～10 章主要讲解了园林景观元素的设计方法，包括园林建筑、园林小品、园林水景图、园林植物、道路绿地的绘制等；第 11～13 章为综合实例篇，通过城市中心广场景观、住宅小区园林绿化景观、商业街景观等施工图设计与绘制，综合讲解了不同特色、不同类型园林的设计思路和施工图的绘制技巧。

本书内容丰富、结构层次清晰、讲解深入细致、案例经典，具有很强的操作性和实用性。既可作为高校相关专业师生计算机辅助设计和园林景观设计课程的参考用书，也可作为社会 AutoCAD 培训班的配套教材。

图书在版编目（CIP）数据

AutoCAD 建筑园林景观施工图设计从入门到精通/李波等编著．—北京：机械工业出版社，2013.6（2015.3 重印）

（CAD 建筑行业项目实战系列丛书）

ISBN 978-7-111-42953-1

Ⅰ．①A…　Ⅱ．①李…　Ⅲ．①景观－工程施工－建筑制图－计算机制图－AutoCAD 软件　Ⅳ．①TU986.2-39

中国版本图书馆 CIP 数据核字（2013）第 134117 号

机械工业出版社（北京市百万庄大街 22 号　邮政编码 100037）

策划编辑：张淑谦

责任编辑：张淑谦

责任印制：乔　宇

保定市中画美凯印刷有限公司印刷

2015 年 3 月第 1 版・第 2 次印刷

184mm×260mm・24.5 印张・605 千字

4001－5500 册

标准书号：ISBN 978-7-111-42953-1

ISBN 978-7-89405-007-6（光盘）

定价：69.00 元（含 1DVD）

前 言

园林景观设计是指在传统园林理论的基础上，具有建筑、植物、美学、文学等相关专业知识的技术人员对自然环境进行有意识改造的思维过程和筹划策略。具体地讲，就是在一定的地域范围内，运用园林艺术和工程技术手段，通过改造地形、种植植物、营造建筑和布置园路等途径创造美的自然、生活和游憩环境的过程。景观设计能够使环境既具有美学欣赏价值，又具备日常使用的功能，并能保证生态可持续发展。在一定程度上，园林景观设计体现了当时人类文明的发展程度和价值取向及设计者个人的审美观念。

AutoCAD 软件不仅具有强大的二维平面绘图功能，还具有灵活可靠的三维建模功能，是进行园林设计最为有力的工具与途径之一。使用 AutoCAD 软件来绘制园林施工图，不仅可以利用人机交互界面实时进行修改，快速地将个人意见反映到设计中去，而且还可以从多个角度提升修改后的效果，是园林设计的必备工具。

一、图书内容

为了使读者既能快速熟悉建筑园林景观设计的基础知识，又能熟练掌握运用 AutoCAD 2013 软件进行建筑园林景观施工图绘制的方法和技能，本书在实例的挑选和结构上进行了精心的编排。全书分为 3 部分共 13 章，其讲解的内容大致如下。

第 1 部分（第 1～5 章），首先针对园林景观设计的基础知识进行了概略性的讲解，包括园林设计的意义、园林的设计原则和程序、园林设计图的绘制等；然后讲解了 AutoCAD 2013 软件的基础和绘图工具的使用和编辑等，包括 AutoCAD 2013 界面的认识与文件的创建，CAD 环境中图形的显示控制与图层的操作，二维绘图与编辑工具的使用，图形尺寸标注、文字和表格的使用，图块、外部参照与设计中心的使用等，从而让读者能够熟练掌握 AutoCAD 软件。

第 2 部分（第 6～10 章），按照建筑园林景观图的特点，分别对园林建筑、园林小品、园林水景图、园林植物、道路绿地的绘制方法进行了讲解。通过 AutoCAD 软件来进行亭、树、廊、花架、桥、立面标志牌、导向牌、坐凳、垃圾箱、茶室、水景树池、水池、植物图例和屋顶花园等的绘制，引导读者逐步掌握建筑园林景观图的绘制方法。

第 3 部分（第 11～13 章），精挑细选了 3 套园林景观施工图，引导读者进入实战状态，从而掌握各个园林设计施工图的绘制，具体内容包括城市中心广场景观、住宅小区园林绿化景观、商业街景观等施工图，综合讲解了不同特色、不同类型的园林设计思路和施工图的绘制技巧。

二、读者对象

本书最主要的读者对象有以下几类。

◆ 园林设计及绘图人员。

◆ 大学、大专、中专院校的学生。

◆ AutoCAD 的初、中级学者。

◆ 建筑景观园林设计专业的学生或一线工作人员。

三、本书特点

虽然 AutoCAD 图书众多，读者要选择一本适合自己的好图书却很难。本书作者在多年的一线工作、教学和编著中总结了相当丰富的经验，使本书有五大特点值得读者期待：

◆ 作者权威：本书作者有着多年的编著经验，已成功出版了数十部 AutoCAD 类图书，对读者需求和知识点把握到位。

◆ 结构合理：本书首先通过 1～5 章来讲解园林设计基础知识和 AutoCAD 设计软件的基础知识；再通过 6～10 章来讲解园林景观小品对象的绘制；最后综合讲解了 3 套园林景观施工图的绘制。

◆ 图解简化：本书摒弃了传统枯燥的说教方式，采用图释的方法来讲解各个要点及绘图技能，增强了可读性。

◆ 内容全面：本书在有限的篇幅内，对 AutoCAD 软件技能、园林建筑、小品、水景图、植物、道路绿地进行了全方位的讲解。

◆ 配套丰富：本书配有多媒体 DVD 光盘 1 张，内容包含全书实例操作过程视频讲解 AVI 文件和实例源文件，极大地帮助了读者学习。

四、致谢

本书主要由李波编著，参与编写的还有李广磊、刘升婷、师天锐、倪雨龙、尹光华、刘冰、王利、郝德全、郎晓娇、王任翔、朱从英、王敬艳、吕开平和李科。感谢您选择了本书，希望作者的努力对读者的工作和学习有所帮助，也希望您把对本书的意见和建议告诉作者，邮箱是 Helpkj@163.com。另外，书中难免有疏漏与不足之处，敬请专家与读者批评指正。

目　录

第 1 章　园林设计的基本概念

本章导读

园林设计是一门研究如何应用艺术和技术手段来处理自然、建筑和人类活动之间复杂关系，以达到和谐完美、生态良好环境的学科。

本章首先讲解了园林设计的一些概况，包括园林设计的意义、当前我国园林设计状况、我国园林发展方向等，根据设计的原则对园林布局进行有序的设计，园林设计先设计总平面图的建筑初步设计图，再设计施工图绘制的具体要求。

主要内容

- 了解园林设计的意义
- 了解园林设计原则
- 了解园林布局的立意、布局、园林布局的基本原则
- 掌握园林设计的程序
- 熟悉园林设计图的绘制

效果预览

1.1 园林设计概况

园林设计就是在一定的地域范围内，运用园林艺术和工程技术手段，通过改造地形，营造建筑和布置园路，种植树木、花草等途径创作建成美观的、更适宜于人居住的自然环境和生活环境的过程。随着城市生活水平的日益提高，园林景观式生活环境越来越受到人们青睐，在园林景观环境中休闲散步，在朝阳中晨练，在茶余饭后与朋友小聚，已经成为当今百姓享受美好生活的一个重要生活组成部分，园林景观设计行业也随之越来越受人追捧。

1.1.1 园林设计的意义

园林设计除了可以在形式上给人以美感、在功能上满足人们的使用外，还可以保护与改善城市的自然环境，调节城市小气候、维持生态平衡。从主观上说园林是反映社会意识形态的空间艺术，因此它在满足人们良好休息与娱乐的物质文明需要的基础上，还要满足人们精神文明的需要。

1.1.2 当前我国园林设计状况

园林绿地是城市建设发展中重要的组成部分，是城市生态、环境、景观、文化休憩和舒缓空间中不可或缺的要素，因此，城市园林设计逐渐成为了人们关注的话题。

1. 地区差异

植物的生存与环境有着不可分割的关系，环境优越的地区植物种类丰富，环境条件较差的地区植物分布就相对较少。我国南北方这种区别就十分明显，北方由于天气寒冷干旱，物种相对较少。虽说长白山植物区系有高等植物 1700 余种，可谓北方植物种类最丰富的区系，但是，应用于城市园林绿化的种类不过五六十种，缺乏常绿植物，且绝大多数物种仍处于野生或半野生状态。而南方地区温度适宜，可以提供植物适宜生存的环境，因此在园林设计上的树种选择面更加广泛。作为一座城市的建设与发展，要有整体的规划，在总体规划内精心设计好每项园林工程和其他城市建设工程。但由于经济发展的不同以及历史文化的差别，设计的理念也略显不同。例如东北的城市建设始终是“改造发展型”模式，地区道路狭窄，园林分布七零八落，老城区住宅破旧等，着实让设计师头痛；加之人们的设计理念始终框在“改造发展型”模式之中，即便在新城区的绿化上都可以看到“改造发展型”模式的影子。北方园林和南方园林如图 1-1 和图 1-2 所示。

图 1-1　北方园林

图 1-2　南方园林

2．种植与养护工作不够

园林植物是在城市生态条件下由人工组建的植物群落，而城市土壤多为已被破坏了的土壤，较森林土壤条件相差甚远。很多施工单位在种植上不科学，种间尺寸不够，种植时苗木根系没有充分舒展开，浇水量不够或不及时，致使成活率降低。另外，工程责任期结束后的养护管理不到位，持久天旱时不及时浇水和病虫害预防工作不到位，使园林树木极易感染病虫害。

1.1.3 我国园林发展方向

1）在城市绿地逐渐减少、城市环境日益恶化的今天，园林设计越来越受到人们的重视。人们在进行大型园林设计时，总是最先考虑到园林的生态化和人性化。首先是生态化，加强城市生态环境建设，为人们创造一个优美、健康、舒适的生活居住环境，是现代园林设计的一个主要方向。

2）从现代园林设计发展的总体上看，园林设计学科的相对独立性日益增强，同时，与植物学、生态学、艺术学和计算机应用等多学科的结合趋势也日益明显，呈现出层次、风格多元化的局面。

3）生态化园林要求人文景观和自然景观和谐融通，继承传统文化，保护历史文化和自然遗产，在保持地形地貌、河流水系的自然形态的基础上创建独特的人文、自然景观。其次，园林设计要达到人性化要求。随着生活水平的提高，人们对居住环境的要求也越来越高了，人们不再是要看到单纯的绿，而是丰富的、高品质的、宜人居的景观，因此现代园林设计也提出了人性化设计概念，如图 1-3 和图 1-4 所示。

图 1-3　古典园林景观

图 1-4　现代园林景观

1.2 园林设计的原则

1）强调设计与服务意识之间的互动关系，园林设计行业所期盼的掌声来自使用者的信任与满意。

2）设计的职责是创造特性，正如每个人都以其相貌、笔迹或说话方式来表现各自独特个性一样，园林景观也是如此。

3）注重研究地域人文及自然特征，并作为景观形式或语言及内容创新的源泉。

4）环境和人的舒适感依赖于多样性和统一性的平衡，人性化的需求带来景观的多元化和空间个性化的差异，但它们也不是完全孤立的，设计时尽可能地融入景观的总体次序，整合为一体。

5）要充分考虑气候因素，尽量节约建设成本和维护成本。

1.3 园 林 布 局

园林设计总体规划的一个重要步骤，是根据计划确定所建园林的性质、主题、内容，结合选定园址的具体情况，进行总体的立意构思，对构成园林的各种重要因素进行综合的全面安排，确定它们的位置和相互之间的关系，如图 1-5 所示。

1.3.1 立意

立意是园林设计的总意图，即设计思想。设计园林如作山水画一样讲究，即“意在笔先”，要相地合宜，构园得体、因地制宜，随势生机。园林布局的立意应注意以下几个方面。

1）要善于抓住设计中的主要矛盾，解决功能、观赏及艺术境界的问题。

2）立意要有新意，注重地方特色、时代特性，体现个人艺术风格。

3）立意着重境界的创造，提高园林艺术的感染力，寓情于景。

4）立意根据功能和自然条件，因势就形、因景而成，而忌矫揉造作，如图 1-6 所示。

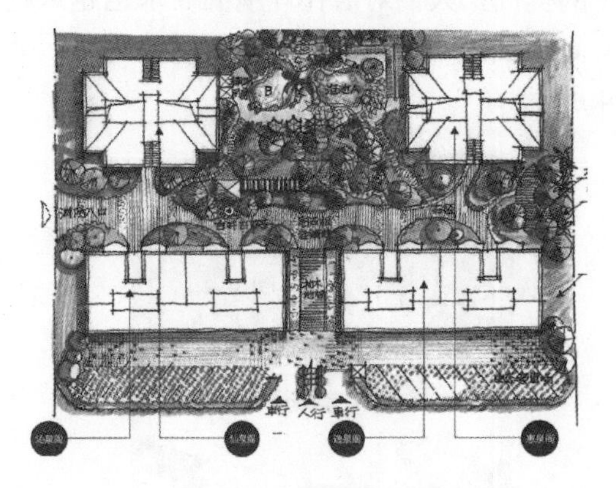

图 1-5 园林平面布局

图 1-6 园林设计立意图

1.3.2 布局

园林设计总体规划的一个重要步骤，是根据计划确定所建园林的性质、主题、内容，结合选定园址的具体情况，进行总体的立意构思，对构成园林的各种重要因素进行综合的全面安排，确定它们的位置和相互之间的关系。

园林是由一个个、一组组不同的景观组成的，这些景观不是以独立的形式出现的，是由设计者把各景物按照一定的要求有机地组织起来的。在园林中把这些景物按照一定的艺术规则有机地组织起来，创造一个和谐完美的整体，这个过程称为园林布局。

人们在游览园林时，在审美要求上是欣赏各种风景，并从中得到美的享受。这些景物有自然的，如山、水、动植物；也有人工的，如亭、廊、榭等各种园林建筑。如何把这些自然景物与人工景观有机地结合起来，创造出一个既完整又开放的优秀园林景观，是设计者在设计中必须注意的问题。好的布局必须遵循一定的原则。

园林的形式可以规则式、自然式和混合式三大类。

1）规则式园林：规则式园林又称整形式、几何式、建筑式园林。整个平面布局、立体造型以及建筑、广场、街道、水面、花草树木等都要求严整对称，如图 1-7 所示。

2）自然式园林：自然式园林又称风景式、不规则式、山水派园林，如图 1-8 所示。

图 1-7 规则式园林

图 1-8 自然式园林

3）混合式园林：所谓混合式园林，主要指规则式、自然式交错组合，全园没有或形不成控制全园的主中轴线和副轴线，只有局部景区，建筑以中轴对称布局；或全园没有明显的自然山水骨架，形不成自然格局，如图 1-9 所示。

1.3.3 园林布局的基本原则

园林设计是现代园林的重要方面，必须依据环境气候条件以及特定的自然环境条件，根据风景园林形式美法则、风景园林构成要素和各种园林造景手段进行规划设计，然后绘制出园林绿化工程平面图、施工图和效果图，达到绿化环境、造福于民的目的。

1）主景与配景，是指各种艺术创作中，首先确定主题、副题，重点、一般，主角、配角，主景、配景等关系。所以，园林布局首先要在确定题思想的前提下，考虑主要的艺术形象，也就是考虑园林主景。主要景物能通过次要景物的配景、陪衬、烘托，得到加强，如图 1-10 所示。

图 1-9　混合式园林

图 1-10　主景与配景

2）对比与调和，是指在布局中运用统一与变化的基本规律，是事物形象的具体表现。调和的手法，主要通过布局形式、造园材料等方面的统一、协调来表现，采用骤变的景象，以产生唤起兴致的效果。园林设计中，对比手法主要应用于空间对比、疏密对比、虚实对比、藏露对比、高低对比、曲直对比等。主景与配景本身就是节奏与韵律，在园林布局中，常使同样的景物重复出现，这就是节奏与韵律在园林中的应用。韵律可分为连续韵律、渐变韵律、交错韵律、起伏韵律等处理方法，如图 1-11 所示。

3）均衡与稳定，是指园林布局中均以静态依靠动势求得均衡，或称之为拟对称的均衡。对称的均衡为静态均衡，一般在主轴两边景物以相等的距离、体量、形态组成均衡，即和气态均衡；拟对称均衡，是主轴不在中线上，两边的景物在形体、大小、与主轴的距离都不相等，但两景物又处于动态的均衡之中，如图 1-12 所示。

图 1-11　节奏与韵律

图 1-12　均衡与稳定

4）尺度与比例。任何物体，不论形状如何，必有 3 个方向，即长、宽、高的度量。比例就是研究三者之间的关系。任何园林景观都要研究双重的 3 个关系：一是景物本身的三维空间；二是整体与局部。

园林中的尺度指园林空间中各个组成部分与具有一定自然尺度的物体的比较。功能、审美和环境特点决定了园林设计的尺度。尺度可分为可变尺度和不可变尺度两种。不可变尺度是按一般人体的常规尺寸确定的尺度。可变尺度（如建筑形体、雕像的大小、桥景的幅度等）都要依具体情况而定。园林中常应用的是夸张尺度，夸张尺度往往是将景物放大或缩小，以达到造园造景效果的需要。

1.4 园林设计的程序

园林规划设计可分为资料收集、环境调查阶段，总体设计方案队段和局部详细设计阶段。

1.4.1 园林设计的前提工作

在对园林进行设计之前需要做一些准备工作，包括资料收集和环境调查两个方面。资料收集主要包括以下几个方面。

1）掌握自然条件、环境状况及历史沿革。

2）城市绿地总体规划与园林的关系，以及对园林设计上的要求。城市绿地总体规划图的比例尺为1∶5000～1∶10000。

3）园林周围的环境关系、环境的特点、未来发展情况，如周围有无名胜古迹、人文资源等。

4）园林周围的城市景观。建筑形式、体量、色彩等与周围市政的交通联系，人流集散方向，周围居民的类型与社会结构（如属于厂矿区、文教区或商业区等）的情况。

5）此地段的能源情况。是否有电源、水源以及排污、排水，周围是否有污染源（如有毒有害的厂矿企业，传染病医院等）情况。

6）规划用地的水文、地质、地形、气象等方面的资料。

7）植物状况。

8）建园所需主要材料的来源与施工情况。

9）设计标准和投资额度。

10）提供相关的地形图，局部放大图，需要保留的主要建筑特的平、立面图，现状树木分布位置图，地下管线图。

环境调查主要包括以下几个方面。

1）现场调查。无论面积大小，设计项目的难易，设计者都必须认真到现场进行勘查。同时拍摄一下的环境现状照片，以供进行总体设计时参考。

2）编制总体设计任务书。把所有的资料进行分析和研究，定出总体设计的原则和目标，编制出进行园林设计的要求和说明。

1.4.2 总体设计方案阶段

明确设计系统的关系和园林总体设计的原则和目标以后，着手进行总体设计方案。主要设计图样内容。

1）位置图：属于示意性图样，表示该园林在城市区域的位置，要求简洁明了。

2）现状图：根据已掌握的全部资料，经分析、整理、归纳后，分成若干空间，对现状作综合评述。

3）分区图：根据总体设计的原则、现状图分析，针对不同年龄段游人活动规划，不同兴趣爱好游人的需要，确定不同的分区，划出不同的空间，使不同空间和区域满足不同的功能需求，并使功能与形式尽可能统一。另外，分区图可以反映不同空间、分区之间的关系。

4）总体设计方安图包括此园林与周边的环境关系：包括该园林主要、次要、专用出入口的位置、面积和规划形式，主要出入口的内、外广场、停车场、大门等布局；该园林的地形总体规划，道路系统规划；全园建筑、构筑物等布局情况，建筑平面要能反映总体设计意图；全园植物设计图。

5）地形设计图：地形是全园的骨架，要求能反映出公园的地形结构，如图 1-13 所示。

6）道路总体设计图：明确主要出入口、次要入口与专有入口，以及主要广场的位置和主要环路的位置，以及作为消防的通道等，如图 1-14 所示。

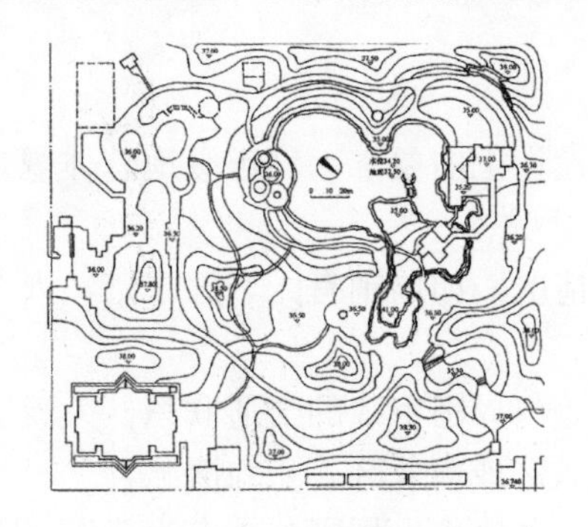

图 1-13　地形设计图

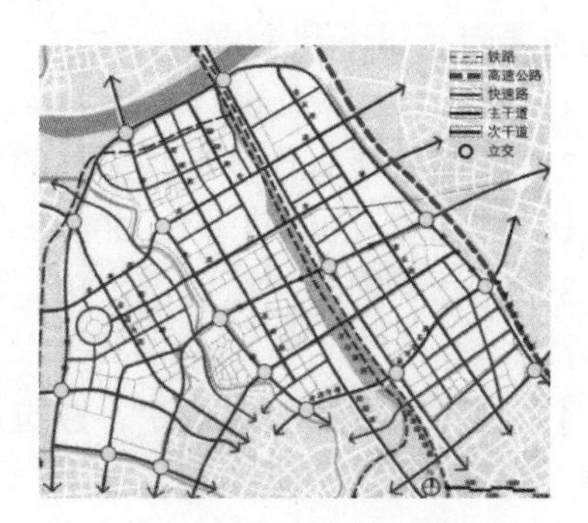

图 1-14　道路总体设计图

7）种植设计图：根据总体设计图的布局，设计的原则，以及苗木的情况，确定全园的总构思，如图 1-15 所示。

8）管线总体设计图：根据总规划要求，解决全园的上水水源的引进方式，水的总用量及管网的大致分布、管径大小、水压高低等。

9）电气规划图：为解决总用电量、用电利用系数、分区供电设施、配电方式、电缆的敷设以及各区各点的照明方式及广播、通信等的位置。

10）园林建筑布局图：要求在平面上反映全园总体设计中建筑在全园的布局，主要、次要、专用出入品的售票房、管理处、造景等各类园林的建筑的平面造型，如图 1-16 所示。

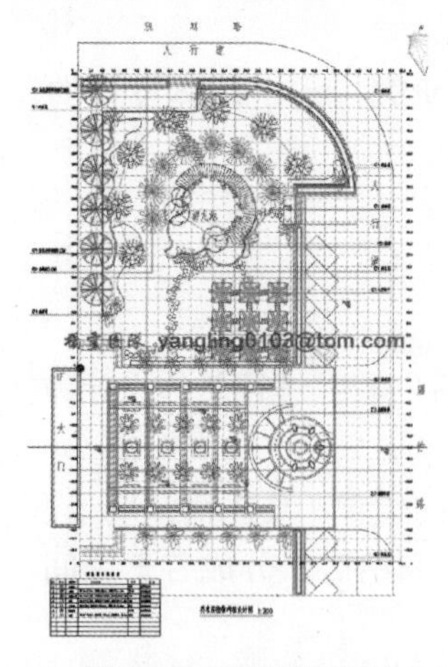

图 1-15　种植设计图

图 1-16　园林建筑布局图

1.5 园林设计图的绘制

园林设计图主要包括园林设计总平面图、园林建筑初步设计图和园林施工图绘制的具体要求。

1.5.1 园林设计总平面图

在绘制园林设计总平面图之前需要对其进行相应的了解，如园林设计总平面概念、类型、内容以及形成过程等，如图 1-17 所示。

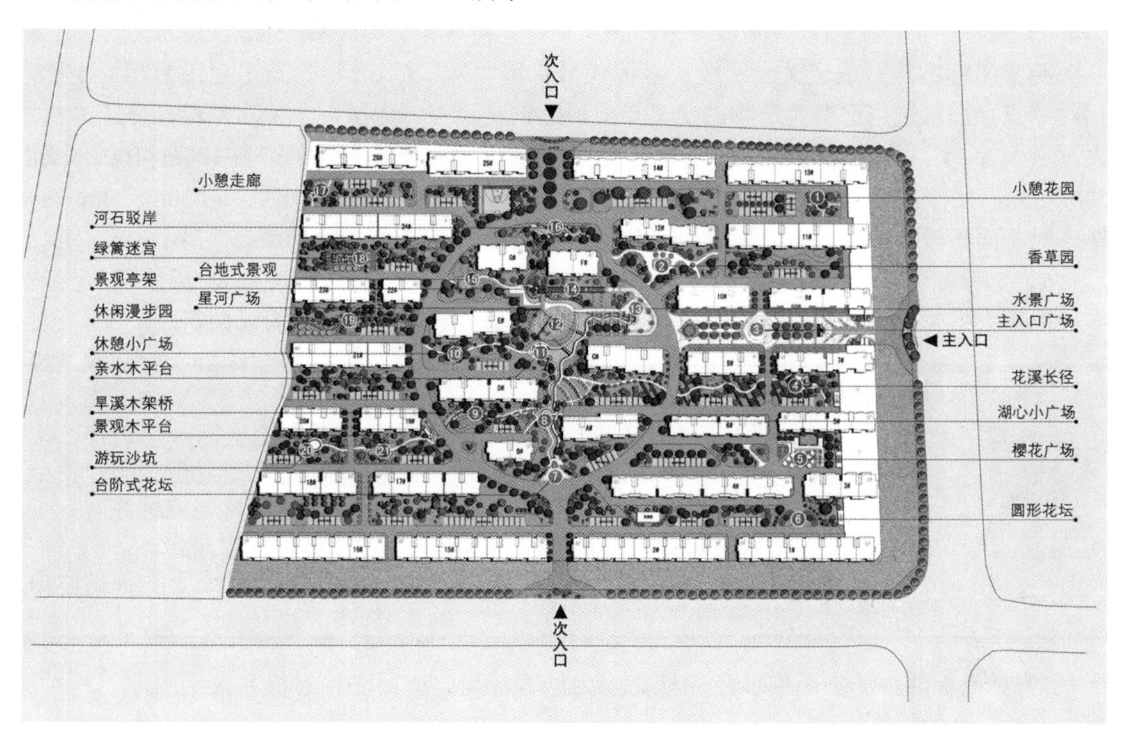

图 1-17 园林设计总平面图

园林设计总平面图为设计范围内所有造园要素的水平投影图，它能表现在设计范围内的所有内容，包括园林建筑小品、道路、广场、植物、景观设施和地形水体等。园林设计平面的类型可以分为方案设计阶段和施工阶段。园林设计总平面表的内容主要包括用地周边环设计红线和各类造园要素。

1. 施工总平面图的绘制要求

绘制任何图形都有一些要求，绘制施工总平面图大制有以下几种要求，用户可以参照执行。

1）布局与比例：图样应按上北下南方向绘制，根据场地形状或布局，可向左或右偏转，但不宜超过 45°。施工总平面图一般采用 1∶500、1∶1000、1∶2000 的比例绘制。

2）图例：《总图制图标准（GBT 50103—2010）》中列出了建筑物、构筑物、道路、铁路以及植物等的图例，具体内容参见相应的制图标准。如果由于某些原因必须另行设定图例时，应该在总图上绘制专门的图例表进行说明。

3）图线：在绘制总图时应该根据具体内容采用不同的图线。

4）单位：施工总平面图中的坐标、标高、距离宜以“m（米）”为单位，并应至少取至小数点后两位，不足时以“0”补齐。详图宜以 mm（毫米）为单位，如不以 mm 为单位，应另加说明。

建筑物、构筑物、铁路、道路方位角（或方向角）和铁路、道路转向角的度数，宜注写到“秒”，特殊情况，应另加说明。道路纵坡度、场地平整坡度、排水沟沟底纵坡度宜以百分计，并应取至小数点后一位，不足时以“0”补齐。

5）坐标网格：坐标分为测量坐标和施工坐标。测量坐标为绝对坐标，

测量坐标网应画成交叉十字线，坐标代号宜用“X、Y”表示。施工坐标为相对坐标，相对零点宜通常选用已有建筑物的交叉点或道路的交叉点，为区别于绝对坐标，施工坐标用大写英文字母 A、B 表示。施工坐标网格应以细实线绘制，一般画成 100m×100m 或者 50m×50m 的方格网，当然也可以根据需要调整。如图 1-17 中采用的就是 30m×30m 的网格，对于面积较小的场地可以采用 5m×5m 或者 10m×10m 的施工坐标网。

6）坐标标注：坐标宜直接标注在图上。如图面无足够位置，也可列表标注；如坐标数字的位数太多时，可将前面相同的位数省略，其省略位数应在附注中加以说明。

专业技能：

建筑物、构筑物、铁路、道路等应标注下列部位的坐标：建筑物、构筑物的定位轴线（或外墙线）或其交点；圆形建筑物、构筑物的中心；挡土墙墙顶外边缘线或转折点。表示建筑物、构筑物位置的坐标，宜标注其三个角的坐标，如果建筑物、构筑物与坐标轴线平行，可标注对角坐标。

平面图上有测量和施工两种坐标系统时，应在附注中注明两种坐标系统的换算公式。

7）标高标注：施工图中标注的标高应为绝对标高，如标注相对标高，则应注明相对标高与绝对标高的关系。

专业技能：

建筑物、构筑物、铁路、道路等应按以下规定标注标高：建筑物室内地坪为标注图中±0.00 处的标高，对不同高度的地坪，分别标注其标高；建筑物室外散水，标注建筑物四周转角或两对角的散水坡脚处的标高；构筑物标注其有代表性的标高，并用文字注明标高所指的位置；道路标注路面中心交点及变坡点的标高；挡土墙标注墙顶和墙脚标高，路堤、边坡标注坡顶和坡脚标高，排水沟标注沟顶和沟底标高；场地平整标注其控制位置标高；铺砌场地标注其铺砌面标高。

2．总平面图包括的内容

◆ 指北针（或风玫瑰图），绘图比例（比例尺），文字说明，景点、建筑物或者构筑物

的名称标注，图例表。

◆ 道路、铺装的位置、尺度、主要点的坐标、标高以及定位尺寸。
◆ 小品主要控制点坐标及小品的定位、定形尺寸。
◆ 地形、水体的主要控制点坐标、标高及控制尺寸。
◆ 植物种植区域轮廓。
◆ 对无法用标注尺寸准确定位的自由曲线园路、广场、水体等，应给出该部分局部放线详图，用放线网表示，并标注控制点坐标。

3. 总平面图绘制方法

◆ 绘制设计平面图。
◆ 根据需要确定坐标原点及坐标网格的精度，绘制测量和施工坐标网。
◆ 标注尺寸、标高。
◆ 绘制图框、比例尺、指北针，填写标题、标题栏、会签栏，编写说明及图例表。

1.5.2 园林建筑初步设计图

初步设计是在总体规划图设计文件得到批准及待定问题得以解决后，所进行的设计。初步设计文件由图样和文字说明两部分组成。文字说明部分包括设计说明书、工程量总表、设计概算、初步设计文件编排顺序等；图样部分包括总平面图、竖向设计图、道路广场设计图、种植设计图、建筑设计图、综合管网图等。

初步设计图的绘制方法及步骤如下。

1）先选定绘图比例，根据用地范围和总体布局的内容选择合适比例尺。再确定图幅、布置图面。确定绘图比例后，即可根据图形的大小确定图纸幅面，并进行图面布置。

2）绘图时可采用以下两种方式定位，一是采取原有景物定位法，根据新设计的主要景物与原有景物之间的相对距离定位；二是采用直角坐标网定位，这种方法包括建筑坐标网和测量坐标网两种方式。

3）绘制图形。根据设计要求，绘制各造园要素的图形。

4）绘制风玫瑰图、指北针。

5）绘制比例尺，注写图名、标题栏等。

6）检查并完成全图。

1.5.3 园林施工图绘制的具体要求

园林施工所涉及的内容和工程项目比较多，所以在各工程项目上，分别有不同表达意义的图样，以及工程施工步骤的一些图样。

1）文字部分：包括封皮、目录、总说明和材料表等。

封皮包括工程名称、建设单位、施工单位、时间和工程项目编号；目录包括工程文字或图样的名称、图别、图号、图幅、基本内容、张数。图样编号以专业为单位，各专业有各自的图号；对于大、中型项目，应按照以下专业进行图样编号：园林、建筑、结构、给排水、电气、材料附图等；对于小型项目，可以按照以下专业进行图样编号：园林、建筑及结构、给排水、电气等。每一专业图样应该对图号加以统一标示，以方便查找；总说明包括针对整个工程需要说明的问题；材料数量、规格及其他要求如下。

◆ 设计依据及设计要求：应注明采用的标准图集及依据的法律规范。

◆ 设计范围。

◆ 标高及标注单位：应说明图样文件中采用的标注单位，采用的是相对坐标还是绝对坐标，如为相对坐标，须说明采用的依据以及与绝对坐标的关系。

◆ 材料选择及要求：对各部分材料的材质要求及建议；一般应说明的材料包括饰面材料、木材、钢材、防水疏水材料、种植土及铺装材料等。

◆ 施工要求：强调需注意工种配合及对气候有要求的施工部分。

◆ 经济技术指标：施工区域总的占地面积，绿地、水体、道路、铺地等的面积及占地百分比、绿化率及工程总造价等。

除了总的说明之外，在各个专业图样之前还应该配备专门的说明，有时施工图样中还应该配有适当的文字说明。

2）施工放线：施工总平面图，各分区施工放线图，局部放线详图等。

3）土方工程：竖向施工图，土方调配图。

4）建筑工程：建筑设计说明，建筑构造作法一览表，建筑平面图、立面图、剖面图，建筑施工详图等。

5）结构工程：结构设计说明，基础图、基础详图，梁、柱详图，结构构件详图等。

6）电气工程：电气设计说明，主要设备材料表，电气施工平面图、施工详图、系统图、控制线路图等。大型工程应按强电、弱电、火灾报警及其智能系统分别设置目录。

7）给排水工程：给排水设计说明，给排水系统总平面图、详图，给水、消防、排水、雨水系统图，喷灌系统施工图。

8）园林绿化工程：植物种植设计说明，植物材料表，种植施工图，局部施工放线图，剖面图等。如果采用乔、灌、草多层组合，分层种植设计较为复杂，应该绘制分层种植施工图。

第 2 章　AutoCAD 2013 绘图基础与控制

本章导读

在 AutoCAD 2013 软件中，首先要了解绘图的基础和控制的一些方法，掌握这些内容对绘制图形有更大的帮助。

本章首先讲解绘图的方法，在绘制图形时，可以采用菜单栏的方式来绘制，也可以采用工具栏的绘制方法，同时还可以采用文本窗口来绘制，如果对命令记得比较熟悉，也可以在命令栏直接输入命令来绘制图形；其次让读者了解和学会新建世界坐标和用户坐标，如在绘制图形时随时都会对图形进行缩放和平移，对图形窗口可以根据当前情况选择不同的视图；最后讲解了绘制图形所运用的图层新建与属性的一系列设置等。

主要内容

- 掌握绘制图形的 4 种方法
- 掌握如何认识坐标、坐标的显示、创建坐标
- 熟练操作图形的显示与控制
- 掌握新建图层以及图层的属性
- 熟练控制绘图辅助功能

效果预览

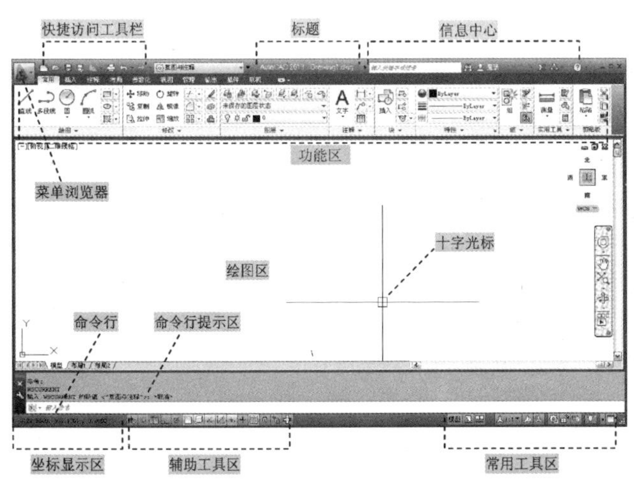

状.	名称	开.	冻结	锁..	颜色	线型	线宽	透...	打印...	打.	新.	说明
	家具				青	Continu...	—— 默认	0	Color_4			
	家具内线				8	Continu...	—— 默认	0	Color_8			
	家具线				10	Continu...	—— 0.15 ...	0	Color_...			
	看线				白	Continu...	—— 默认	0	Color_7			
✔	绿化				绿	Continu...	—— 默认	0	Color_3			
	门窗家具				44	Continu...	—— 默认	0	Color_...			
	填充线				130	Continu...	—— 0.15 ...	0	Color_...			
	铁细				51	Continu...	—— 0.15 ...	0	Color_...			
	图层1				黄	Continu...	—— 默认	0	Color_2			
	图层2				绿	Continu...	—— 默认	0	Color_3			
	图层3				8	Continu...	—— 默认	0	Color_8			
	图层4				绿	Continu...	—— 默认	0	Color_3			

2.1 AutoCAD 2013 的操作界面

当用户正确安装并注册 AutoCAD 2013 软件后，即可以启动并使用 AutoCAD 2013 软件了。

2.1.1 AutoCAD 2013 的启动与退出

与大多数应用软件一样，要使用 AutoCAD 2013 软件，用户可通过以下任意一种方法来启动。

◆ 双击桌面上的“AutoCAD 2013”快捷图标。
◆ 选择桌面上的“开始｜程序｜Autodesk｜AutoCAD 2013-Simplified Chinese”命令。
◆ 右击桌面上的“AutoCAD 2013”快捷图标，从弹出的快捷菜单中选择“打开”命令。

第一次启动 AutoCAD 2013 后，会弹出“Autodesk Exchange”对话框，单击该对话框右上角的“关闭”按钮，将进入 AutoCAD 2013 工作界面，默认情况下，系统会直接进入如图 2-1 所示的界面。

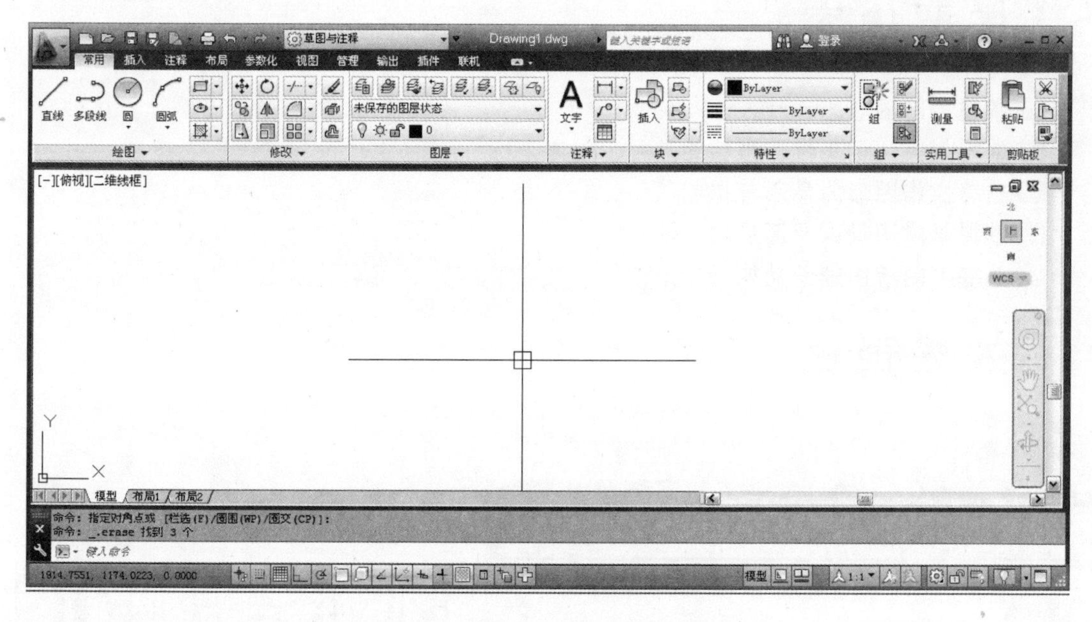

图 2-1　AutoCAD 2013 初始界面

当用户需要退出 AutoCAD 2013 软件系统时，可采用以下 4 种方法.

◆ 在 AutoCAD 2013 菜单栏中选择“文件｜关闭”命令。
◆ 在命令行输入“QUIT”（或 EXIT）。
◆ 双击标题栏上的“控制”按钮。
◆ 单击工作界面右上角的“关闭”按钮。

2.1.2 AutoCAD 2013 的工作界面

AutoCAD 软件从 2009 版本开始，其界面发生了比较大的改变，提供了多种工作空间模式，即“草图与注释”、“三维基础”、“三维建模”和“AutoCAD 经典”。

1．AutoCAD 2013 的草图与注释空间

当正常安装并首次启动 AutoCAD 2013 软件时，系统将以默认的“草图与注释”界面显示出来，如图 2-2 所示。

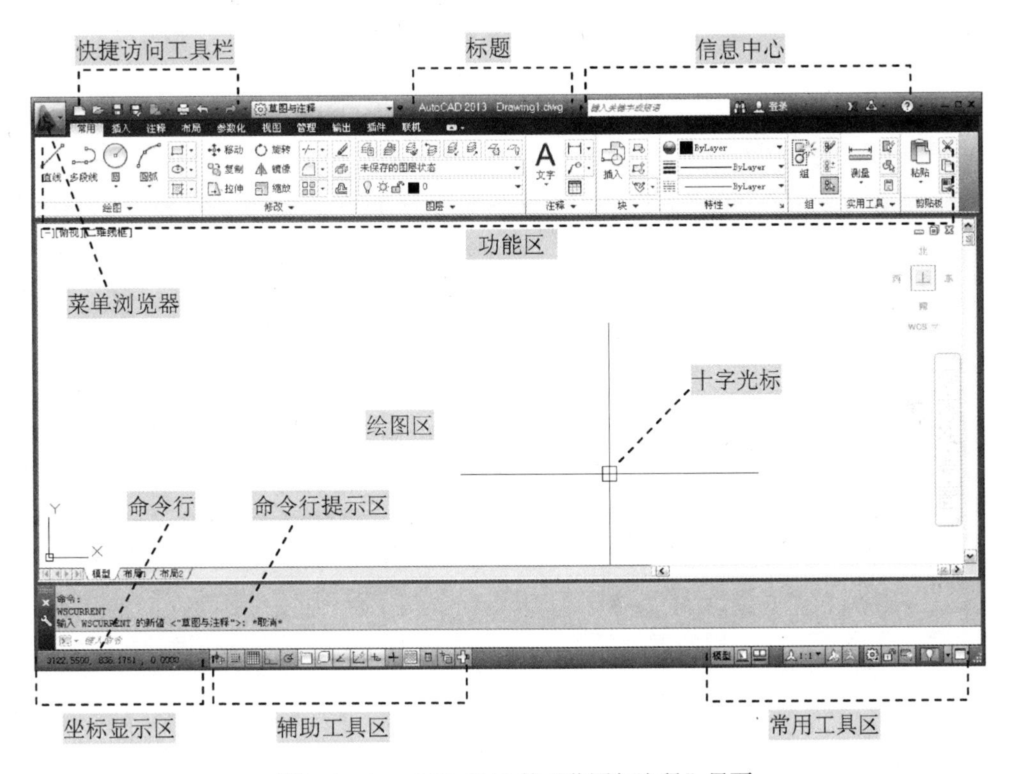

图 2-2　AutoCAD 2013 的“草图与注释”界面

（1）标题栏

标题栏显示当前操作文件的名称。最左端依次为“新建”、“打开”、“保存”、“另存为”、“打印”、“放弃”和“重做”按钮；接着是“工作空间”列表，用于工作空间界面的选择；其次是软件名称、版本号和当前文档名称信息；然后是“搜索”、“登录”、“交换”按钮，并新增“帮助”功能；最右侧则是当前窗口的“最小化”、“最大化”和“关闭”按钮，如图 2-3 所示。

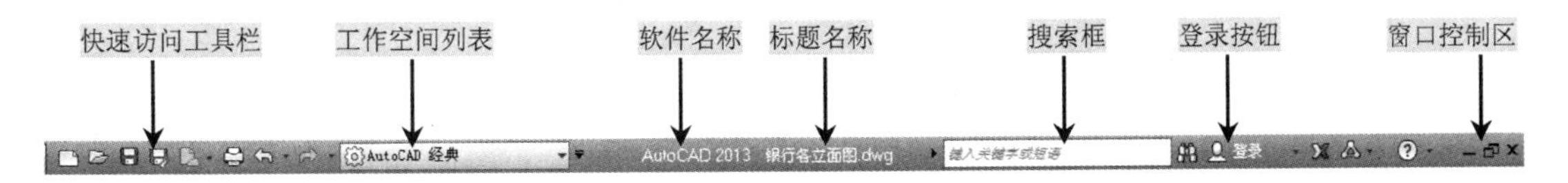

图 2-3　标题栏

（2）菜单浏览器和快捷菜单

单击窗口左上角“菜单浏览器”按钮，会出现下拉菜单，包括如“新建”、“打开”、“保存”、“另存为”、“输出”、“打印”、“发布”等命令，另外还新增加了很多新的项目，如“最近使用的文档”、“打开文档”、“选项”和“退出 AutoCAD”按钮，如图 2-4 所示。

AutoCAD 2013 的快捷菜单通常会出现在右击绘图区、状态栏、工具栏、模型或布局选项卡时，系统会弹出一个快捷菜单，该菜单中显示的命令与右击对象及当前状态相关，会根据不同的情况出现不同的快捷菜单命令，如图 2-5 所示。

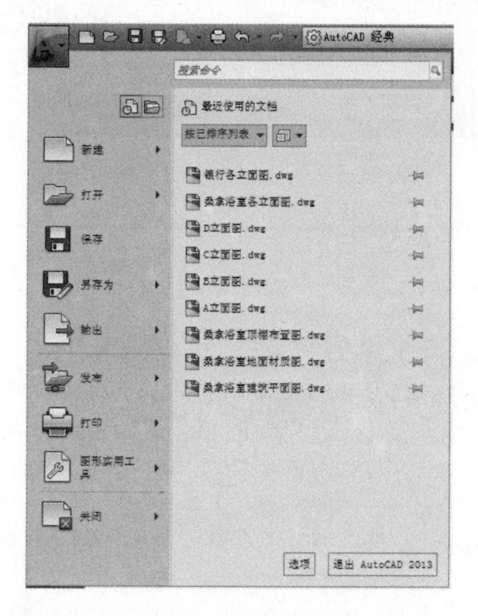

图 2-4　菜单浏览器

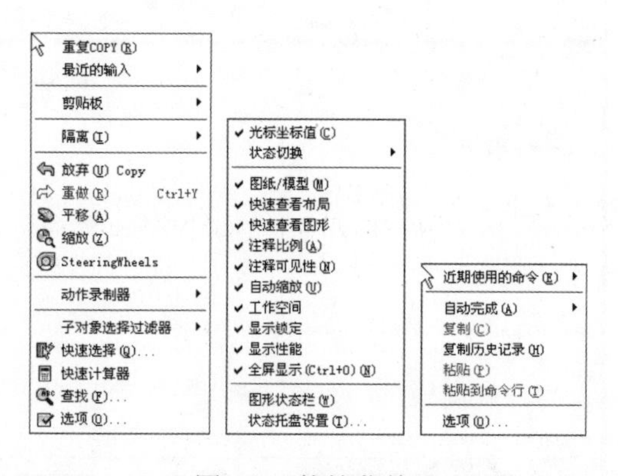

图 2-5　快捷菜单

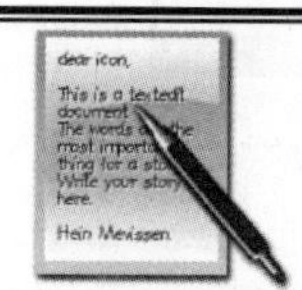

软件技能：

在菜单浏览器中，其后面带有符号▶的命令表示还有级联菜单；如果命令为灰色，则表示该命令在当前状态下不可用。

（3）选项卡和面板

在使用 AutoCAD 命令的另一种方式就是应用选项卡上的面板，包括的选项卡有“常用”、“插入”、“注释”、“布局”、“参数化”、“视图”、“管理”、“输出”、“插件”和“联机”等，如图 2-6 所示。

常用　插入　注释　布局　参数化　视图　管理　输出　插件　联机

图 2-6　面板

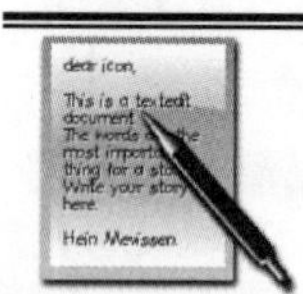

软件技能：

单击“联机”右侧的按钮，将弹出一快捷菜单，可以进行相应的单项选择，如图 2-7 所示。

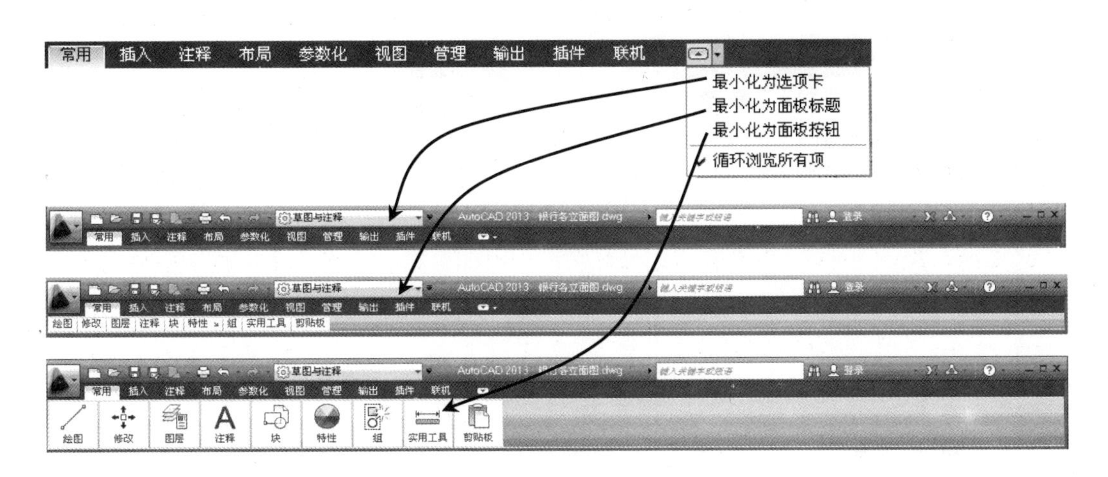

图 2-7 标签与面板

使用鼠标单击相应的选项卡，即可分别调用相应的命令。例如，在“常用”选项卡下包括有“绘图”、“修改”、“图层”、“注释”、“块”、“特性”、“组”、“实用工具”和“剪贴板”等面板，如图 2-8 所示。

图 2-8 “常用”选项卡

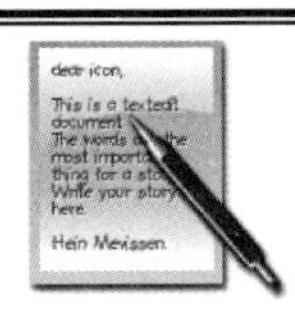

软件技能：

在有的面板上有一个倒三角按钮▾，单击该按钮会展开所该面板相关的操作命令，如单击“修改”面板右侧的倒三角按钮▾，会展开其他相关的命令，如图 2-9 所示。

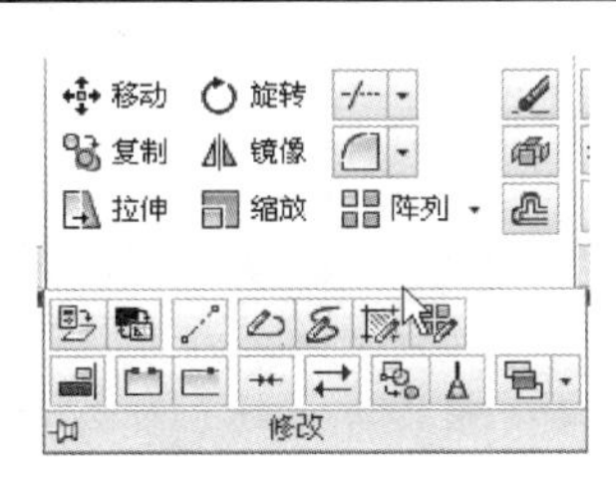

图 2-9 展开后的“修改”面板

（4）菜单栏和工具栏

在 AutoCAD 2013 的环境中，默认状态下其菜单栏和工具栏处于隐藏状态，这也是与以往版本不同的地方。

在 AutoCAD 2013 的“草图与注释”工作空间状态下，如果要显示其菜单栏，那么在标题栏的“工作空间”右侧单击其倒三角按钮（即“自定义快速访问工具栏”列表），从弹出的列表框中选择“显示菜单栏”，即可显示 AutoCAD 的常规菜单栏，如图 2-10 所示。

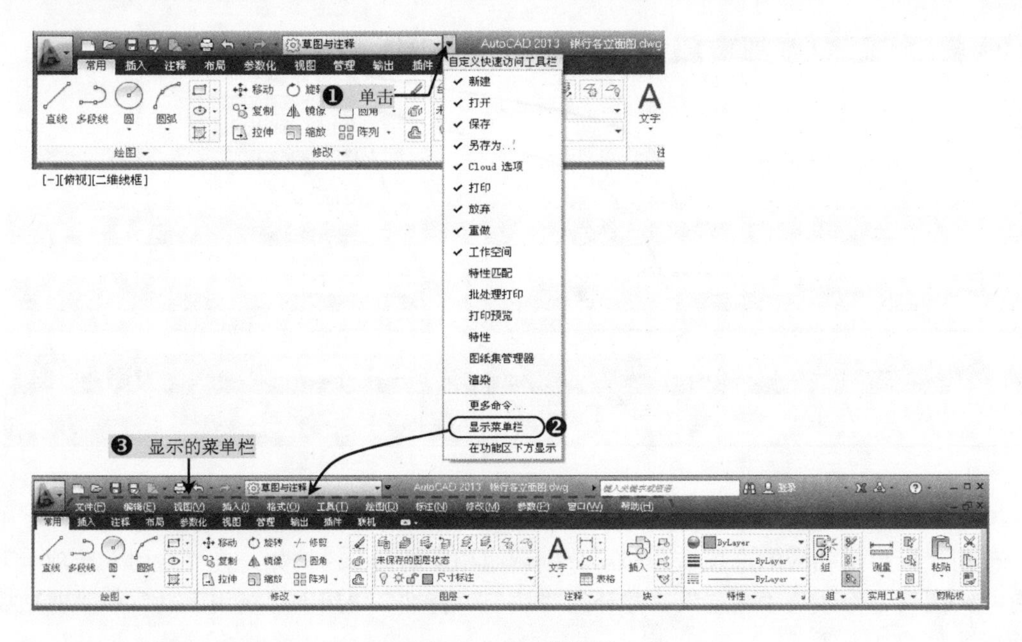

图 2-10　显示菜单栏

软件技能：

如果要将 AutoCAD 的常规工具栏显示出来，用户可以选择“工具 | 工具栏”命令，从弹出的下级菜单中选择相应的工具栏即可，如图 2-11 所示。

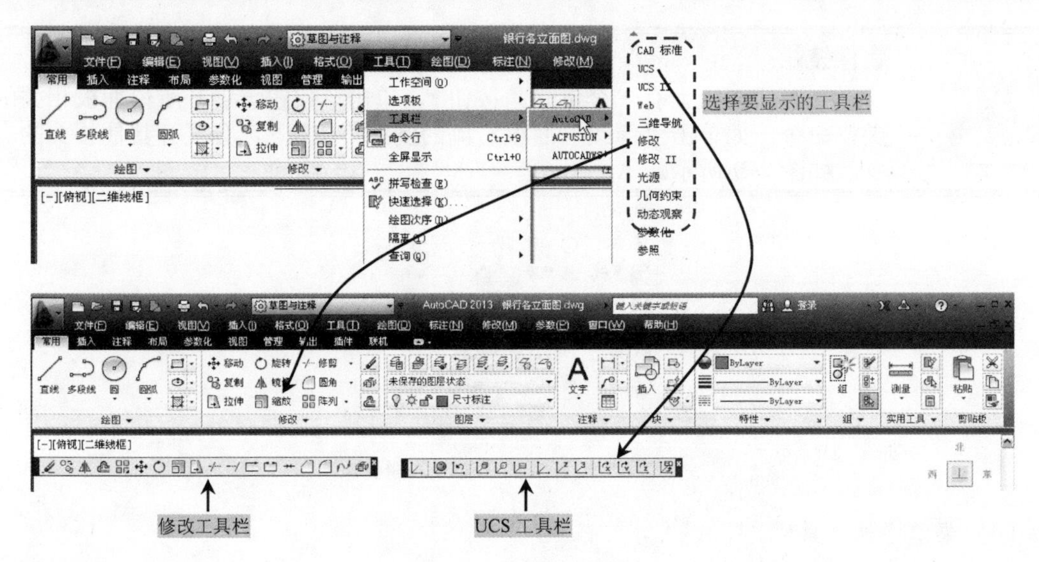

图 2-11　显示工具栏

（5）绘图窗口

绘图窗口是用户进行绘图的工作区域，所有的绘图结果都反映在这个窗口中。在绘图窗口中不仅显示当前的绘图结果，还显示了用户当前使用的坐标系图标，表示了该坐标系的类型和原点、X 轴和 Z 轴的方向，如图 2-12 所示。

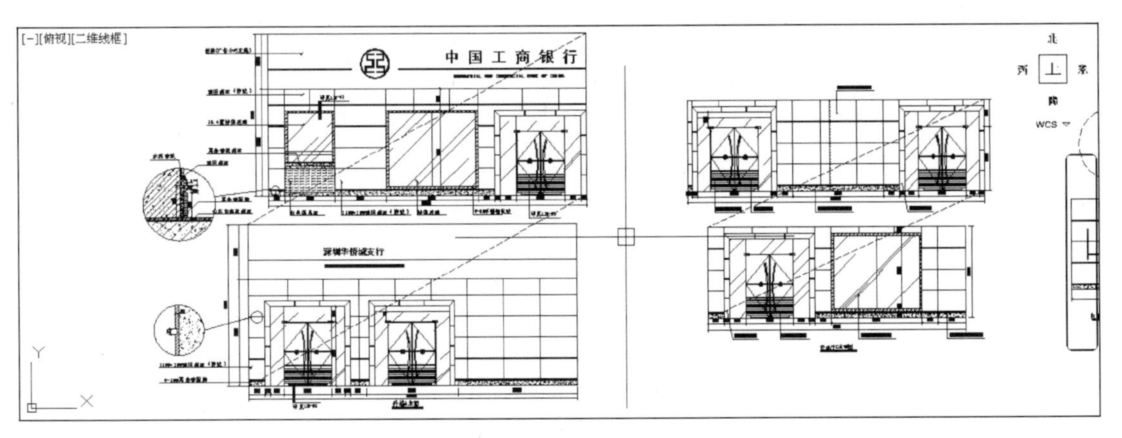

图 2-12　绘图窗口

（6）命令行与文本窗口

默认情况下，命令行位于绘图区的下方，用于输入系统命令或显示命令的提示信息。用户在面板区、菜单栏或工具栏中选择某个命令时，也会在命令行中显示提示信息，如图 2-13 所示。

```
当前线宽为 0
指定下一个点或 [圆弧(A)/半宽(H)/长度(L)/放弃(U)/宽度(W)]:
指定下一点或 [圆弧(A)/闭合(C)/半宽(H)/长度(L)/放弃(U)/宽度(W)]:
命令:
```

图 2-13　命令行

在键盘上按〈F2〉键时，会显示出“AutoCAD 文本窗口—XX”，此文本窗口也称专业命令窗口，用于记录在窗口中操作的所有命令。若在此窗口中输入命令，按〈Enter〉键可以执行相应的命令。用户可以根据需要改变其窗口的大小，也可以将其拖动为浮动窗口，如图 2-14 所示。

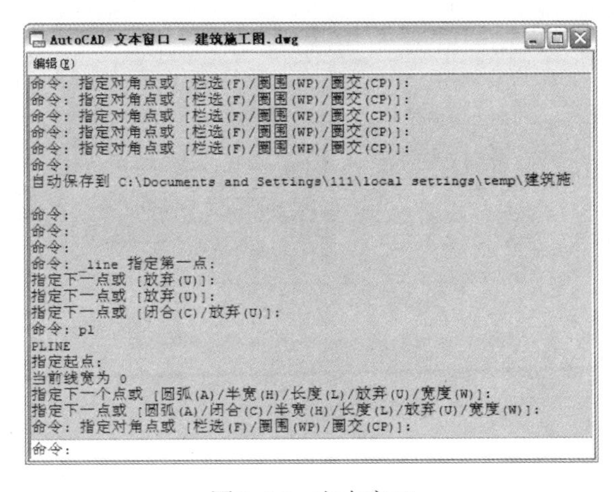

```
AutoCAD 文本窗口 - 建筑施工图.dwg
编辑(E)
命令: 指定对角点或 [栏选(F)/圈围(WP)/圈交(CP)]:
命令: 指定对角点或 [栏选(F)/圈围(WP)/圈交(CP)]:
命令: 指定对角点或 [栏选(F)/圈围(WP)/圈交(CP)]:
命令: 指定对角点或 [栏选(F)/圈围(WP)/圈交(CP)]:
命令: 指定对角点或 [栏选(F)/圈围(WP)/圈交(CP)]:
命令:
自动保存到 C:\Documents and Settings\111\local settings\temp\建筑施

命令:
命令:
命令:
命令: _line 指定第一点:
指定下一点或 [放弃(U)]:
指定下一点或 [放弃(U)]:
指定下一点或 [闭合(C)/放弃(U)]:
命令: pl
PLINE
指定起点:
当前线宽为 0
指定下一个点或 [圆弧(A)/半宽(H)/长度(L)/放弃(U)/宽度(W)]:
指定下一点或 [圆弧(A)/闭合(C)/半宽(H)/长度(L)/放弃(U)/宽度(W)]:
命令: 指定对角点或 [栏选(F)/圈围(WP)/圈交(CP)]:
命令:
```

图 2-14　文本窗口

（7）状态栏

状态栏位于 AutoCAD 2013 窗口的最下方，用于显示当前光标的状态，如 X、Y、Z 的坐标值。从左到右为“推断约束”、“捕捉模式”、“栅格显示”、“正交模式”、“极轴追踪”、“对象捕捉”、“三维对象捕捉”、“对象捕捉追踪”、“允许｜禁止动态 UCS”、“动态输入”、“显示｜隐藏线宽”、“显示｜隐藏透明度”、“快捷特性”、“选择循环”等按钮，以及“模型”、“快速查看布局”、“快速查看图形”、“注释比例”、“注释可见性”、“切换空间”、“锁定”、“硬件加速关”、“隔离对象”、“全屏显示”等按钮，如图 2-15 所示。

图 2-15　状态栏

2．AutoCAD 的经典空间

不论新版的变化怎样，Autodesk 公司都为新老用户考虑到了 AutoCAD 的经典空间模式。在 AutoCAD 2013 的状态栏中，单击右下侧的按钮，如图 2-16 所示，然后从弹出的菜单中选择“AutoCAD 经典”选项，即可将当前空间模式切换到“AutoCAD 经典”空间模式，如图 2-17 所示。

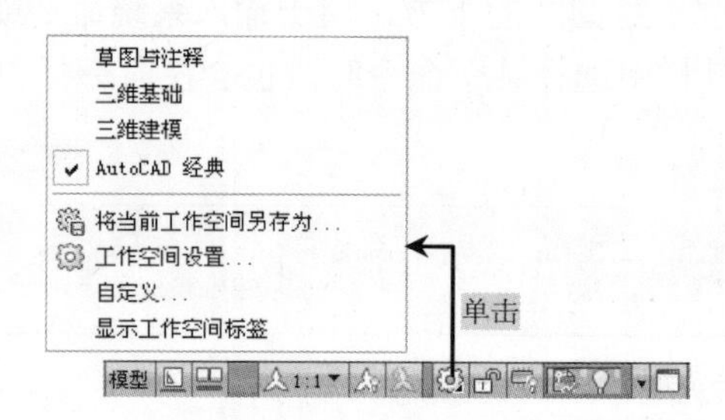

图 2-16　切换工作空间

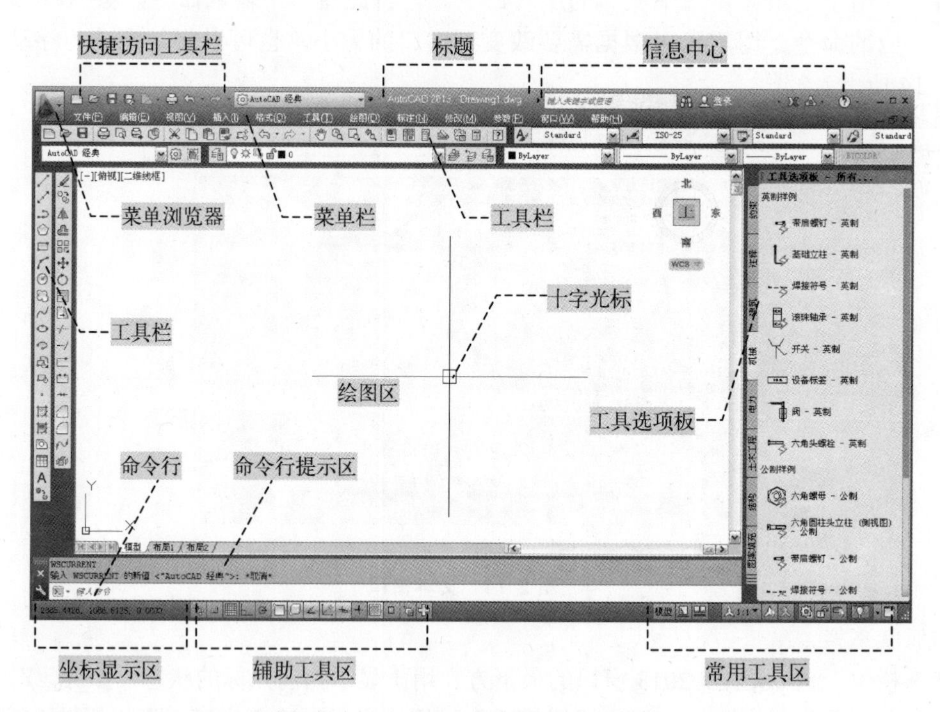

图 2-17　“AutoCAD 经典”空间模式

软件技能：

本书中以最常用的“AutoCAD 经典”工作空间来进行讲解，因此，在后面的学习中，如果出现选择“…｜…”菜单命令时，则表示当前的操作是在“AutoCAD 经典”空间中进行的。同样，如果出现在“……”工具栏中单击“……”按钮，则同样是在“AutoCAD 经典”空间中进行的。

2.2 图形文件的管理

本节将对文件管理的基本知识进行讲解，在讲解的过程中将依次介绍具体的操作方法，包括新建文件、打开已有文件、保存文件、删除文件等。

2.2.1 新建文件

通常用户在绘制图形之前，首先要创建新图的绘图环境和图形文件，可使用以下方法。

◆ 执行“文件｜新建（New）”菜单命令。

◆ 单击“标准”工具栏中的“新建”按钮□。

◆ 按〈Ctrl+N〉组合键。

◆ 在命令行输入“New”命令并按〈Enter〉键。

上述命令执行后，系统则会自动弹出“选择样板”对话框，如图 2-18 所示，在文件下拉列表框中有 3 种格式的图形样板，扩展名分别是.dwt、.dwg.、.dws。用户根据需要选择所需的样板文件，然后单击“打开”按钮即可。

图 2-18 “样板文件”对话框

软件技能：

用户在命令行中输入“QNEW”快速创建图形命令，系统会立即在所选的图形样板中创建新图形，而不会出现任何对话框或提示。但在运行快速创建图形功能前，应将“FILEDIA”系统变量设为 1；将“STARTUP”系统变量设为 0，其命令行提示如下。

命令：FILEDIA
输入 FILEDIA 的新值<1>：
命令：STARTUP
输入 STARTUP 的新新值<0>：

每种图形样板文件中，系统都会根据所绘图形任务要求进行统一的图形设置，包括绘图单位类型和精度要求、捕捉、栅格、图层、图框等前期准备工作。

使用样板文件绘图，可以使用户所绘制的图形设置统一，大大提高工作效率。当然，用户可以根据需要自行创建新的所需的样板文件。

软件技能：

在一般情况下，.dwt 格式的文件为标准样板文件，通常将一些规定的标准性的样板文件设置为.dwt 格式文件；.dwg 格式文件是普通样板文件；.dws 格式文件是包含标准图层、标准样式、线型和文字样式的样板文件。

2.2.2 打开文件

要将已存在的图形文件打开，可使用以下的方法。

◆ 执行“文件 | 打开（Open）”菜单命令。

◆ 单击“标准”工具栏中“打开”按钮。

◆ 按下〈Ctrl+O〉组合键。

◆ 在命令行输入“Open”命令并按〈Enter〉键。

执行上述命令后，系统将自动弹出“选择文件”对话框，如图 2-19 所示，在文件类型下拉列表框中有.dwg 文件、.dwt 文件、.dxf 文件和.dws 文件供用户选择。

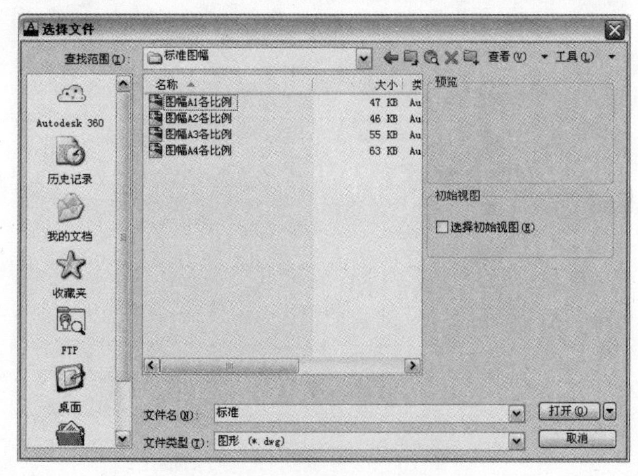

图 2-19 “选择文件”对话框

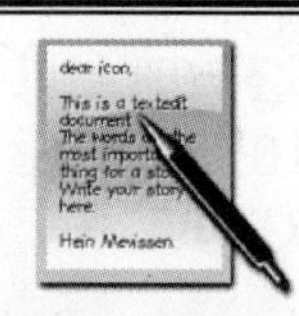

软件技能：

.dxf 格式文件是用文本形式存储图形文件，能够被其他程序读取。

在“选择文件”对话框的“打开”按钮右侧有一个倒三角按钮，单击它将显示出 4 种打开文件的方式，即“打开”、“以只读方式打开”、“局部打开”和“以只读方式局部打开”，如图 2-20 所示。

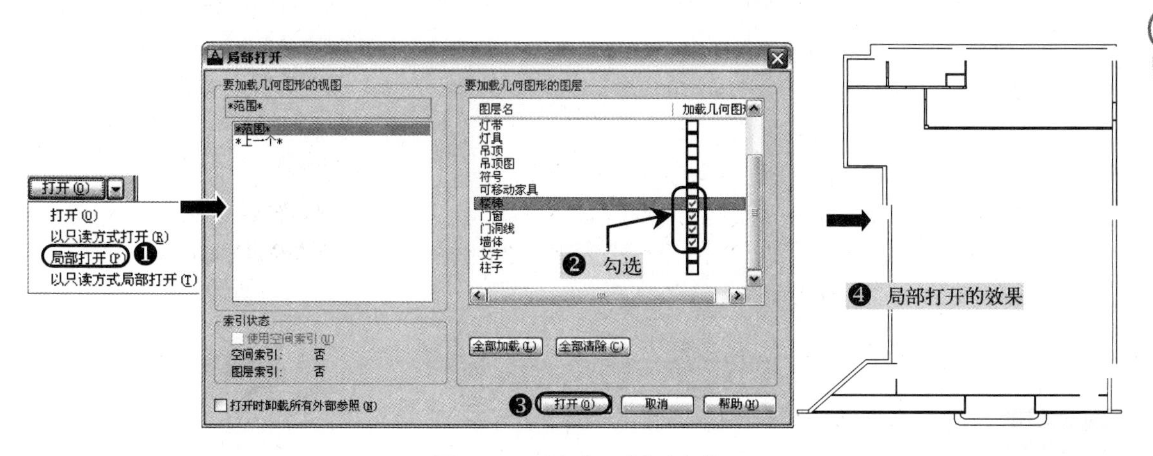

图 2-20　局部打开图形文件

2.2.3　保存文件

对文件进行操作时，要养成随时保存文件的好习惯，以便出现电源故障或发生其他意外情况时防止图形文件及其数据丢失。

要将当前视图中的文件进行保存，可使用以下方法。

◆ 执行“文件｜保存（Save）”菜单命令。

◆ 单击“标准”工具栏中“保存”按钮。

◆ 按〈Ctrl+S〉组合键。

◆ 在命令行输入“Save”命令并按〈Enter〉键。

上述命令执行后，若该需要保存的文件在绘制前已命名，则系统会自动将内容保存到该文件中；若该文件属于未命名（即为默认名 drawing1.dwg），系统会弹出“图形另存为”对话框，如图 2-21 所示，用户可以命名保存。保存路径可以在“保存于”下拉列表框中选择，保存格式可以在“文件类型”下拉列表框中选择。

软件技能：

为了防止因操作或意外导致计算机系统故障而使正在绘制的图形文件丢失的情况发生，可以对当前图形设置自动保存。其方法如下。

1）利用系统变量 SAVEFILEPATH 设置所有“自动保存”文件的位置，如 C：\wenjian\。

2）利用系统变量 SAVEFIL 储存“自动保存”文件名。该系统变量储存的文件名文件是只读文件，用户可以从中查询自动保存的文件名。

3）利用 SAVETIME 指定在使用“自动保存”时，对文件自动保存的时间间隔。

图 2-21 “图形另存为”对话框

2.2.4 另存为文件

如果要将当前文件另外保存为一个新的文件，用户可以使用以下方法。

◆ 执行“文件 | 另存为（Saveas）”菜单命令。

◆ 单击“快速访问”工具栏中“另存为”按钮。

◆ 按〈Shift+Ctrl+S〉组合键；

◆ 在命令行输入“Save as”命令并按〈Enter〉键。

上述命令执行后，系统同样会弹出“图形另存为”对话框。

2.2.5 关闭文件

要将当前视图中的文件进行关闭，可使用以下方法。

◆ 执行“文件 | 关闭（Close）”菜单命令。

◆ 单击菜单栏右侧的“关闭”按钮。

◆ 按〈Ctrl+Q〉组合键。

◆ 在命令行输入“Quit”命令或“Exit”命令并按〈Enter〉键。

上述命令执行后，当前文件内容有修改但并未保存，则会出现“AutoCAD”系统警告对话框，如图 2-22 所示。单击“是”按钮，系统将会保存文件后退出；单击“否”按钮，系统则会对图形修改内容忽略直接退出。若当前文件有修改但已保存，系统则会直接退出。

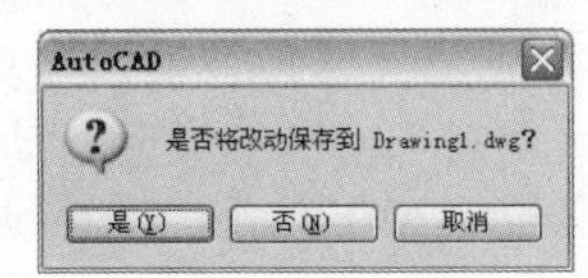

图 2-22 “AutoCAD”系统警告对话框

2.3 绘 图 方 法

在绘制图形时，绘制的方法不是独一无二的，一般都有 4 种方法可以进行绘制，用户可以根据绘图习惯来选择绘制图形的方法。

2.3.1 使用菜单栏

在 AutoCAD 2013 软件中，菜单栏由“文件”、“编辑”、“视图”、“插入”等菜单命令组成。在各项菜单栏下分别设有下拉菜单，这些下拉菜单中部分设有子菜单，如图 2-23 所示。

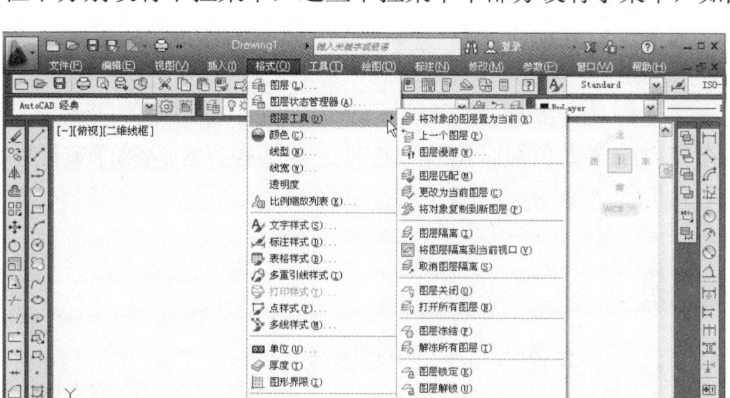

图 2-23 菜单栏的组成

在使用各项菜单命令时注意以下几点。

1）在命令后有 ▸ 符号，表示该命令下还有子命令。

2）命令后跟有快捷键，表示按下快捷键即可执行该命令。

3）命令后跟随有组合键，表示按下组合键即可执行该命令。

4）命令后根有… 符号，表示选择该命令可以打开一个对话框。

5）命令呈现灰色，表示该命令在当前状态下不可使用。

在绘图区域、工具栏、状态栏、模型与布局选项卡中单击鼠标右键，将弹出快捷菜单，该菜单中的命令与 AutoCAD 当前状态相关。使用这些快捷菜单可以在不必启动菜单栏的情况下快速、高效地完成相关操作。

2.3.2 使用工具栏

AutoCAD 2013 软件设计有一系列工具栏，打开这些工具栏可以直接启用其中的命令。打开 AutoCAD 2013 软件时，有一些默认的工具栏处于打开状态，如图 2-24 所示。

图 2-24 工具栏

在 AutoCAD 2013 软件中，可以通过执行“视图”菜单中的“工具栏”命令，在弹出的“自定义”对话框中进行设置。

2.3.3 绘图窗口

绘图窗口是编辑、显示图形对象的区域，与手工绘制图形时的图纸类似。所有的图形窗口都有标题栏、滚动条、控制按钮、布局选项卡、坐标系图标等元素。在绘制图形时用户根据绘图的需要可以关闭工具栏，以加大绘图的区域。

在窗口中的十字光标是由鼠标来控制的，窗口中除了有绘制的图形外，还会显示世界坐标和用户坐标，在窗口的左上角显示出视口控件、视图控件和视觉样式控件。单击当前视图和视觉样式时，可以另行选择图形的视图和视觉样式。

2.3.4 使用命令

在 AutoCAD 2013 中使用命令操作可以提高绘制图形的速度，所输入的命令会出现在命令行，命令行位于绘图窗口的下方，可以把命令行拖放为浮动窗口，也可以把命令行的可视窗口增大和减小，如图 2-25 所示。

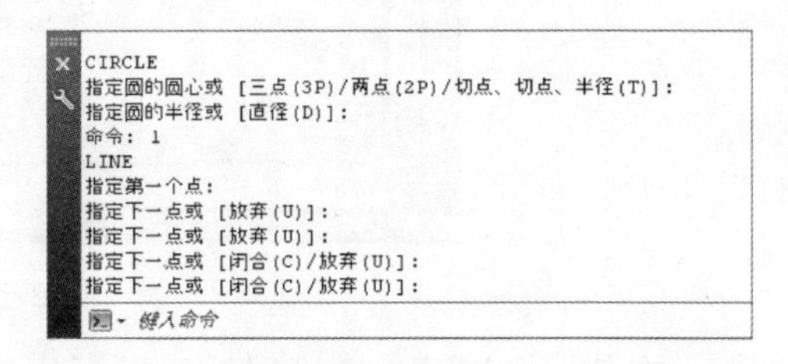

图 2-25 命令行

当 AutoCAD 在命令窗口中显示“命令”提示后，就表示此时可能准备接收命令。用户可以输入命令，也可以从菜单、工具上选择一条命令，此后命令行窗口将提示用户接下来的操作。

每个命令都有自己的一系列提示信息，同一条命令在不同的情况下被执行时，出现的提示信息也不同。如“P”这个命令，如果命令窗口提示“命令”时输入“P”，此时为移动；而当命令窗口提示“命令”时，输入“CO”（复制）命令，此时窗口提示“选择对象”，此时输入“P”，就会选择上一次所选择的对象。

在 AutoCAD 中终止当前命令的方法有 4 种。

- 正常完成。
- 在完成之前，按下键盘左上角的〈Esc〉键。
- 从菜单栏或工具栏中调用其他命令，此时会自己动终止当前正在执行的命令，并启动调用的其他命令。
- 从当前命令的快捷菜单中选择“取消”命令。

2.4 使用坐标系

在 AutoCAD 2013 中有两种坐标，即世界坐标和用户坐标，坐标系可以在绘制图形时作为参照，同时也可以使用 AutoCAD 提供的坐标系来准确地设计并绘制图形。

2.4.1 认识世界坐标与用户坐标系

按正常情况打开 AutoCAD 2013 软件和新建文件时，在默认情况下，当前坐标系为世界坐标系（WCS），世界坐标系的 *C* 轴是水平的，*Y* 轴是垂直的，*Z* 轴则垂直于 *XY* 平面。在 AutoCAD 2013 软件中在世界坐标系坐标的交汇处会显示一个空白的正方形，如图 2-26 所示。

用户坐标系（UCS）是坐标输入、操作平面和观察的一种可移动的坐标系统，同时也能够设置用户坐标系在三维空间中的方向。大多数 AutoCAD 几何编辑命令取决于 USC 的位置和方向，对象将绘制在当前 USC 的 *XY* 平面上。当使用定点设备定位点时，它通常置于 *XY* 平面上，UCS 的原点以及 *X* 轴、*Y* 轴和 *Z* 轴方向都可以移动及旋转，甚至可以依赖于图形中，某个特定的对象。UCS 在方向及位置上是很灵活方便的，在绘制过程如果能够灵活动用 UCS 命令，可以大大提高效率，如图 2-27 所示。

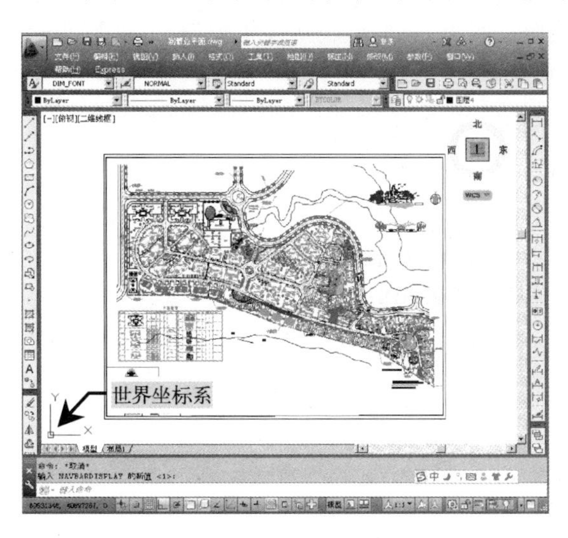

图 2-26 世界坐标

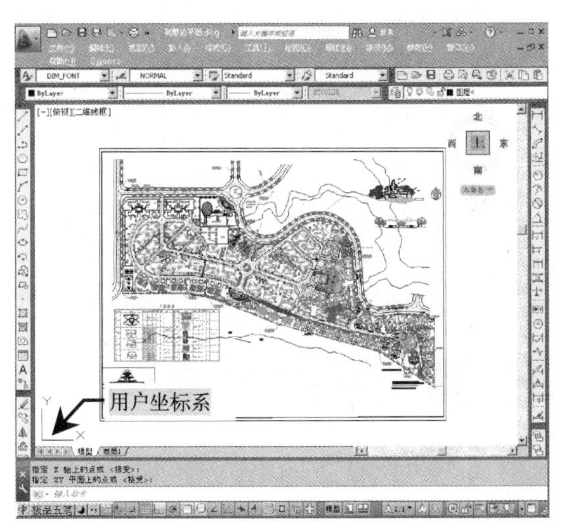

图 2-27 用户坐标

用户坐标中的 *XY* 值是世界坐标系中的数值，表示的是绝对位置。相对坐标值中的 *XY* 值是第二个点相对于前一个点的变化值，这个值有正有负。前面要加“@”符号来表示，中间用逗号隔开。

2.4.2 坐标的表达方法

在 AutoCAD 2013 软件中坐标有很多种。就像在数学中一样，CAD 中的坐标就是根据数学来使用的，可以分为 5 种表达方法：绝对笛卡儿坐标、相对笛卡儿坐标、绝对极坐标、相对标坐标和球坐标。

三维笛卡儿坐标系是在二维笛卡儿坐标系的基础上根据右手定则增加第三维坐标（即 *Z* 轴）而形成的。

专业技能：　　AutoCAD 2013 中五种坐标的表达方法

1）绝对坐标（X，Y）。
2）相对坐标（@x，y）。
3）绝对极坐标（$x<a$）。
4）相对极坐标（@$x<a$）。
5）球坐标（($r<a<b$)）。

1．笛卡儿坐标

笛卡儿坐标是最常用的一种，输入格式为（x，y，z），当然在平面问题中就不必输入 z 的值了。另外还有相对坐标之说，格式为（@x，y，z），表示下一点相对于上一点的坐标，比如上一点为 A(20，30，40)，现输入点 B(@10，20，30)，就表示 B 点三个坐标值分别比 A 点坐标大 10，20，30 个单位。

2．极坐标

极坐标的输入格式为($r<a$)，其中 r 表示线段的长度，而 a 表示该线段与 x 轴正向的夹角。同样，它也有相对坐标，格式是(@$r<a$)，意义和笛卡儿相对坐标相似。其角度 a 表示从第一段线段沿逆时针方向旋转到第二段线段所转过的角度。

3．球坐标

画立体图时可以用球坐标，格式为（$r<a<b$)，其中 r 表所画点在 xoy 平面内投影到原点 O 的长度，a 表示投影与原点连线与 x 轴正向的夹角，而 b 表示所画点与原点连线与 xoy 平面的夹角。同样，它也有相对坐标，格式和意义与前两者相似。

2.4.3 控制坐标的显示

在 AutoCAD 2013 中，坐标有 3 种显示方式，即“显示上一个拾取点的绝对坐标”、“显示光标的绝对坐标”、“显示一个相对坐标”，用户可以使用鼠标在状态栏的左侧单击进行切换。

在命令栏输入“UNITS”命令后，弹出“图形单位”对话框，在“类型”选项内有 5 个格式可以进行选择，分别是分数、工程、建筑、科学、小数，如图 2-28 所示。

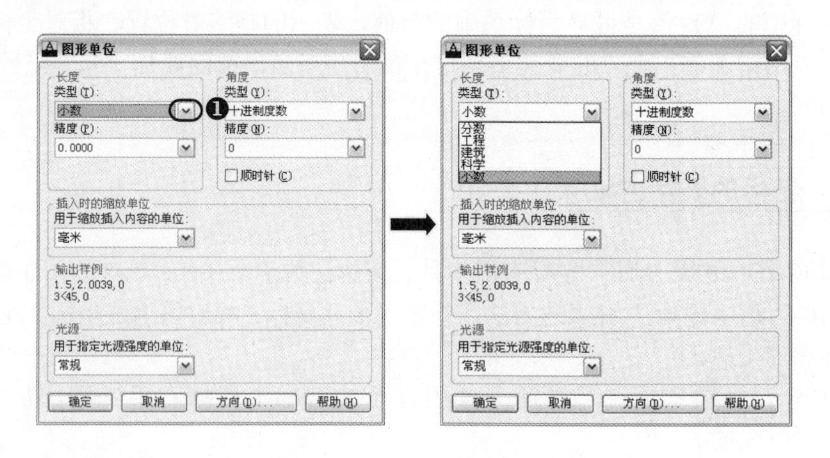

图 2-28　图形单位的设置

当选择指定科学、小数或工程格式时，将显示以下提示要求输入小数的精度。

输入小数位数 (0 到 8) <当前>: 输入值（0 到 8）或按〈ENTER〉键

如果指定建筑或分数格式，将显示以下提示要求输入最小分数的分母。

输入要显示的最小分数的分母(1、2、4、8、16、32、64、128 或 256) *<当前>: 输入值*（1、2、4、8、16、32、64、128 *或*256），或按〈Enter〉键

所选择的方式和程序中，用户可使用鼠标单击状态栏的坐标显示区域，同时进行切换。

2.4.4 创建坐标系

UCS 是处于活动状态的坐标系，用于建立图形和建模的 *XY* 平面（工作平面）和 *Z* 轴方向。控制 UCS 原点和方向，以在指定点、输入坐标和使用绘图辅助工具（如正交模式和栅格）时更便捷地处理图形。如果视口的 UCSVP 系统变量设置为 1，则 UCS 可与视口一起存储。

选择“工具 | 新建 UCS”菜单命令，利用它的子命令可以方便地创建 UCS，包括世界和对象等，执行此行命令也可以在命令栏中直接输入“UCS”命令，此时命令栏会提示：

指定 UCS 的原点或 [面(F)/命名(NA)/对象(OB)/上一个(P)/视图(V)/世界(W)/X/Y/Z/Z 轴(ZA)] <世界>:

此提示中，一共有 8 种方式可新建用户坐标系，各命令的具体含义如下。

1．面（F）

新 UCS 与实体对象的选定面对齐。要选择一个面，可单击该面或面域边界，被选中的面将亮显，UCS 的 *C* 轴将与找到的第一个面上的最近的边对齐。当输入面（F）时命令栏会继续提示。

◆ 下一个：将 UCS 定位于邻接的面或选定边的后向面。
◆ *X* 轴反向：将 UCS 绕 *X* 轴旋转 180°。
◆ *Y* 轴反向：将 UCS 绕 *Y* 轴旋转 180°
◆ 接受：接受更改，然后放置 UCS。

2．命名（NA）

命名（NA）可以保存或恢复命名 UCS 定义，同时也可以也可以在该 UCS 图标上单击鼠标右键并单击命名 UCS 来保存或恢复命名 UCS 定义。

◆ 恢复：恢复已保存的 UCS 定义，使它成为当前 UCS。
◆ 名称：指定要恢复的 UCS 定义的名称。
◆ ?— 列出 UCS 定义：列出有关指定的 UCS 定义的详细信息。
◆ 保存：把当前 UCS 按指定名称保存。
◆ 名称：指定 UCS 定义的名称。
◆ 删除：从已保存的定义列表删除指定的 UCS 定义。
◆ ? —列出保存的 UCS 定义：显示每个保存的 UCS 定义相对于当前 UCS 的原点和 *X*、*Y* 和 *Z* 轴。输入星号可以列出所有 UCS 定义。如果当前 UCS 与世界坐标系（WCS）相同，则作为“世界”列出。如果它是自定义的但未命名，则作为“无名称”列出。

3．对象（OB）

将 UCS 与选定的二维或三维对象对齐。UCS 可与任何对象类型对齐（除了参照线和三维多段线）。将光标移到对象上，以查看 UCS 将如何对齐的预览，并单击以放置 UCS。大多数情况下，UCS 的原点位于离指定点最近的端点，*X* 轴将与边对齐或与曲线相切，并且 *Z* 轴垂直于对象对齐。

4．上一个（P）

从当前的坐标系恢复到上一个坐标系，可以在当前任务中逐步返回最后 10 个 UCS 设置。对于模型空间和图纸空间，UCS 设置单独存储。

5．视图（V）

以垂直于观察方向的平面为 *XY* 平面，建立新的坐标系，UCS 原点保持不变。常用于注释当前视图时使用文字以平面方式显示。

6．世界（W）

从当前的用户坐标系可以得到世界坐标系。WCS 是所有用户坐标系的基准，不能被重新定义，同时还会将 UCS 现世界坐标（WCS）对齐。

7．*X*/*Y*/*Z*

绕指定轴旋转当前 UCS，通过指定原点和一个或多个绕 *X*、*Y* 或 *Z* 轴的旋转，可以定义任意的 UCS，如图 2-29 所示。

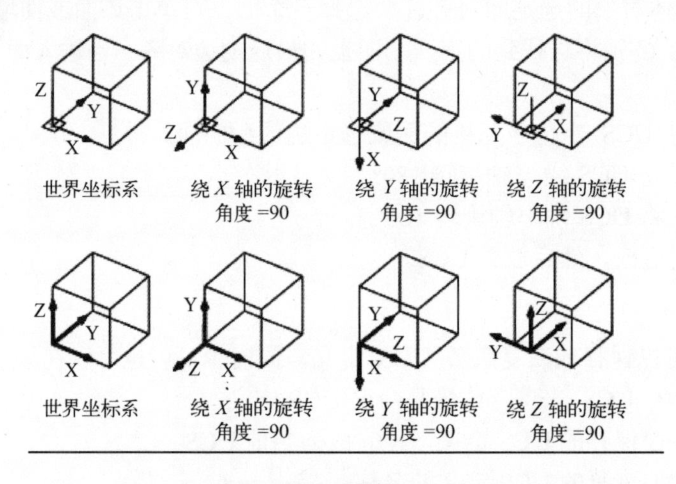

图 2-29　绕指定轴旋转当前 UCS 的几种方式

8．*Z* 轴（ZX）

用特定的 *Z* 轴正半轴定义 UCS，将 UCS 与指定的正 *Z* 轴对齐 UCS 原点移动到第一个点，其正 *Z* 轴通过第二个点。

2.5　图形的显示与控制

在绘制图形时还需要对图形进行观察，在 AutoCAD 2013 中常用“缩放”和“平移”视

图命令来观察图形。要执行“缩放”和“平移”命令，可以在命令行直接输入“Z”和“P”，也可以选择“视图 | 缩放”和“视图 | 平移”命令。

平移和缩放是基于 AutoCAD 的产品中最常用的两个工具。它是用户操作视图和浏览图形以检查、修改或删除几何图元的方式。通常通过使用鼠标滚轮来完成平移和缩放视图。使用滚轮缩放视图，同时按住滚轮并拖动即可平移视图。使用 PAN 的“实时”选项，可以通过移动定点设备进行动态平移。与使用相机平移一样，PAN 不会更改图形中的对象位置或比例，而只是更改视图。

2.5.1 缩放视图

可以通过放大和缩小操作更改视图的比例，类似于使用相机进行缩放。使用 ZOOM 不会更改图形中对象的绝对大小，它仅更改视图的比例。在透视图中，ZOOM 将显示 3DZOOM 提示，如图 2-30 所示。

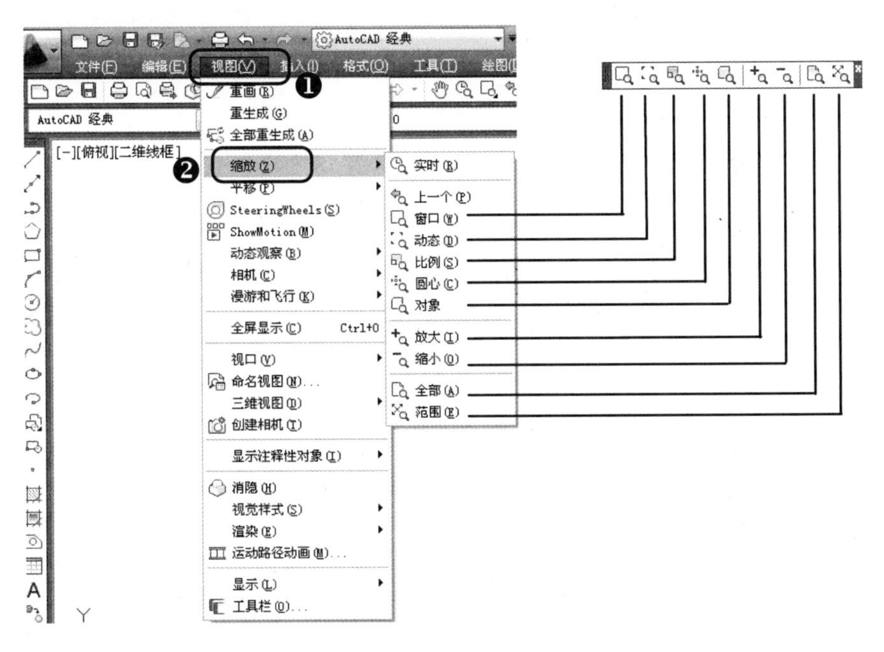

图 2-30 缩放菜单与工具栏

当执行“缩放”命令后命令栏会提示：

指定窗口角点，输入比例因子 (nX 或 nXP)，或
[全部(A)/中心(C)/动态(D)/范围(E)/上一个(P)/比例(S)/窗口(W)/对象(O)] <实时>

1. 全部（A）

缩放以显示所有可见对象和视觉辅助工具。

调整绘图区域的放大，以适应图形中所有可见对象的范围，或适应视觉辅助工具，如栅格界限（LIMITS 命令），的范围，取两者中较大者，如图 2-31 所示。

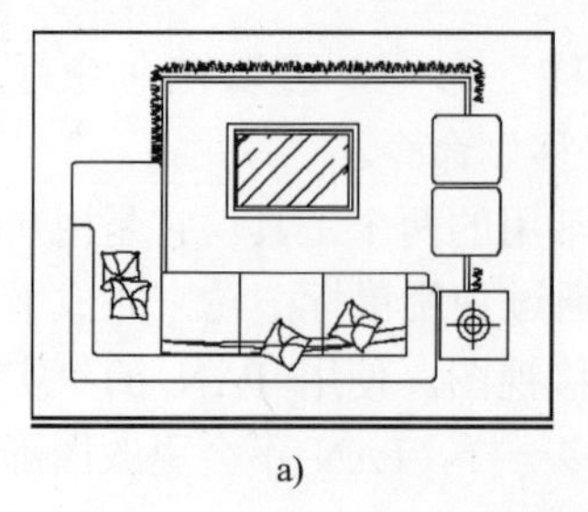
a)

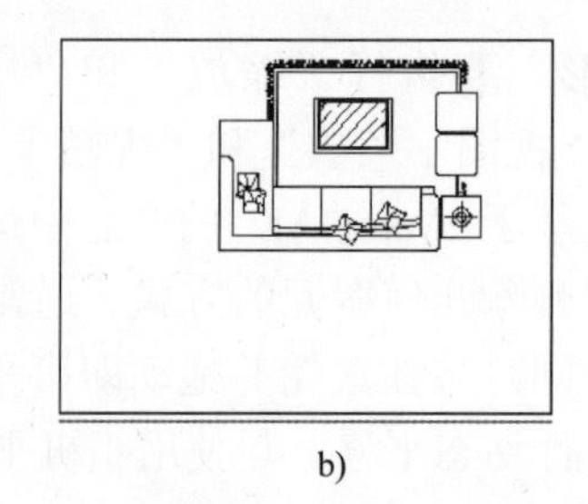
b)

图 2-31　全部缩放对比

在图 2-31b 中，栅格界限被设置为比图形范围更大的区域。因为它始终重生成图形，所以无法透明地使用“全部缩放”选项。

2．中心（C）

缩放以显示由中心点和比例值/高度所定义的视图。高度值较小时增加放大比例，高度值较大时减小放大比例，在透视投影中不可用，如图 2-32 所示。

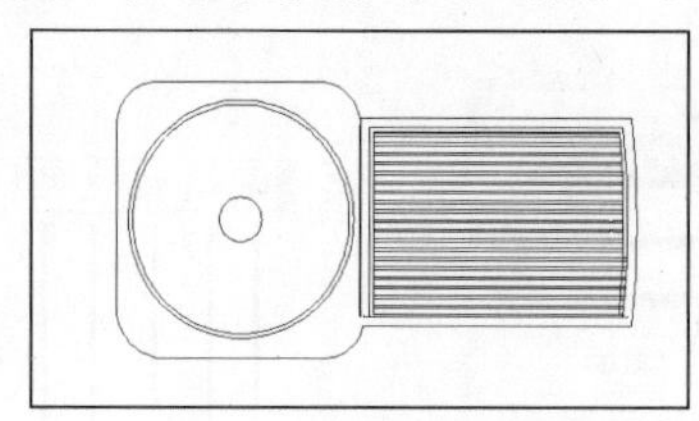

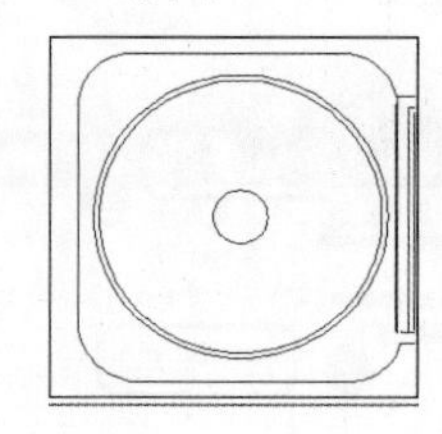

图 2-32　显示中心点的对比

该选项要求确定一个中心点，然后给出缩放系数（后跟字母 *X*）或一个高度值。之后，AutoCAD 就缩放中心点区域的图形，并按缩放系数或高度值显示图形，所选的中心点将成为视口的中心点。如果保持中心点不变，而只想改变缩放系数或高度值，则在新的“指定中心点：”提示符下按〈Enter〉键。

3．动态（C）

使用矩形视图框进行平移和缩放。视图框表示视图，可以更改它的大小，或在图形中移动。移动视图框或调整它的大小，将其中的视图平移或缩放，以充满整个视口。在透视投影中不可用。要更改视图框的大小，请单击后调整其大小，然后再次单击以接受视图框的新大小。若要使用视图框进行平移，请将其拖动到所需的位置，然后按〈Enter〉键。

4．范围（E）

用于将图形的视口内最大限度地显示出来。计算模型中每个对象的范围，并使用这些范转来确定模型应填充窗口的方式，如图 2-33 所示。

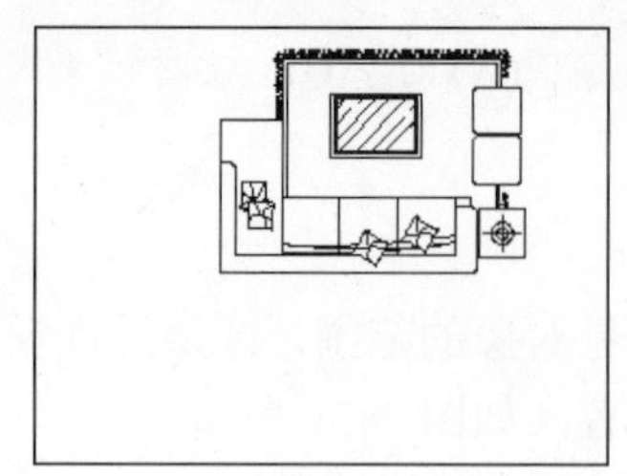

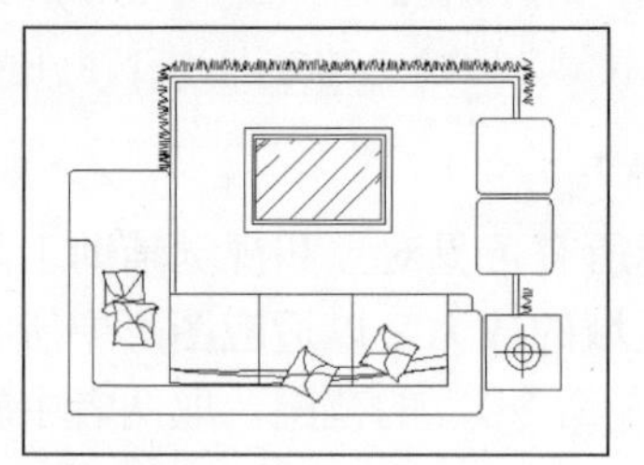

图 2-33　范围对比

5．上一个（P）

用于恢复当前视口中上一次显示的图形，最多可以恢复10次。

6．比例（S）

将当前视口中心作为中心点，并且依据输入的相关参数值进行缩放，改变其比例，如图2-34所示。

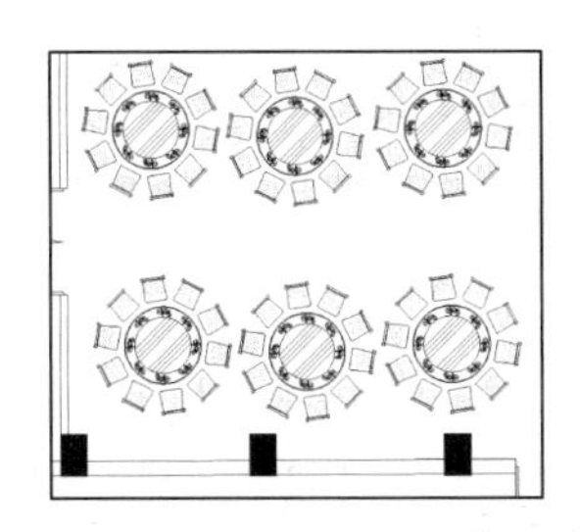
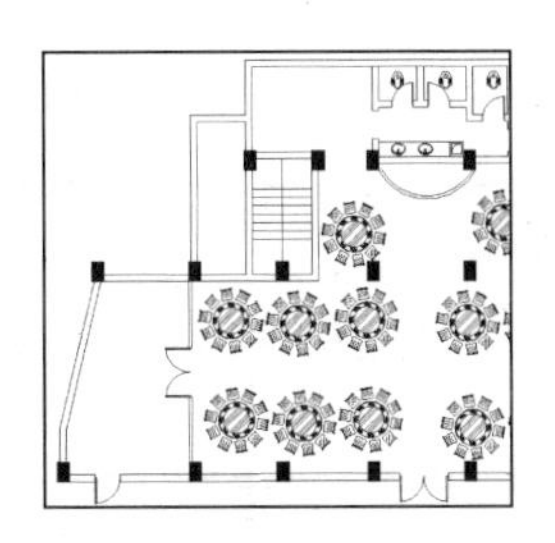

图2-34　视口中心点的缩放对比

软件技能：

在对图形对象进行缩放时，用户可以按照以下3种方法来进行缩放。

1）相对于图形极限。

2）相对于当前视图。

3）相对于图纸空间单元。

7．窗口（W）

用于缩放一个由两个角点所确定的矩形区域，使用光标可以定义模型区域以填充整个窗口，如图2-35所示。

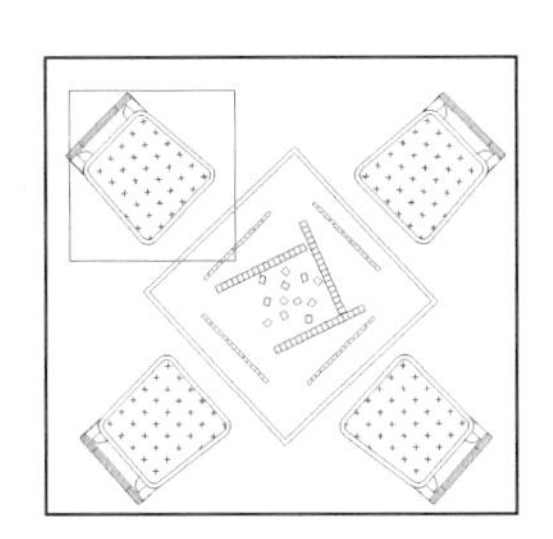
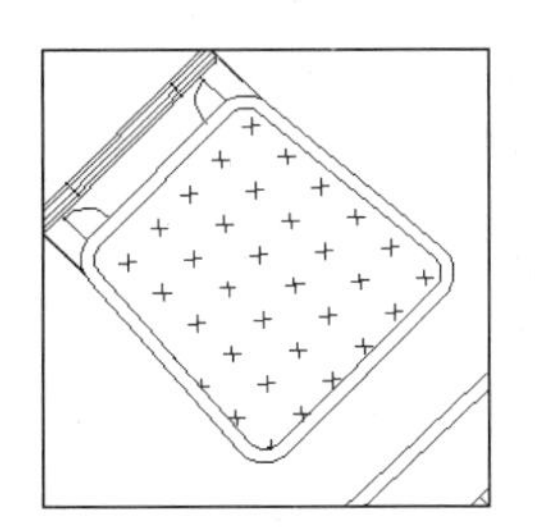

图2-35　视口放大对比效果

8．对象（O）

缩放以便尽可能大地显示一个或多个选定的对象并使其位于视图的中心。可以在启动ZOOM 命令前后选择对象。与"全部缩放"不同的是，"范转缩放"与图形界限无关。

2.5.2　平移视图

使用平移视图命令可以重新定位图形，以便看清楚图形的其他部位。平移视图后图形中的对象位置或比例不会改变，只改变视图。用户可通过以下几种方法来启动平移视图命令。

◆ 菜单栏：选择"视图｜平移｜实时"菜单命令。

◆ 工具栏：单击“标准”工具栏的“实时平移”按钮 。

◆ 命令行：在命令行输入或动态输入“Pan”命令（快捷键“P”）。

如果在命令提示下输入“pan”，将显示命令提示，用户可以指定用于平移图形显示的位移。将光标放在起始位置，然后按下鼠标左键，将光标拖动到新的位置；还可以按下鼠标滚轮或鼠标中键，然后拖动光标进行平移。

当执行“移动平移”命令后，鼠标形状将变为 状，单击鼠标左键并进行拖动，即可将视图进行左右、上下移动操作，但视图的大小比例并没有改变。

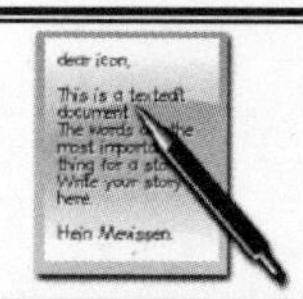

软件技能：

用户可以按住鼠标中键不放，并移动鼠标，同样可以达到平移视图的目的。

2.5.3 使用平铺视口

在 AutoCAD 2013 中绘制图形时，为了方便编辑，常常需要将图形的局部进行放大，以显示详细细节。当用户还希望观察图形的整体效果时，仅使用单一的绘图视口已无法满足需要了，此时，可使用 AutoCAD 的平铺视口功能，将绘图窗口划分为若干视口，如图 2-36 所示。

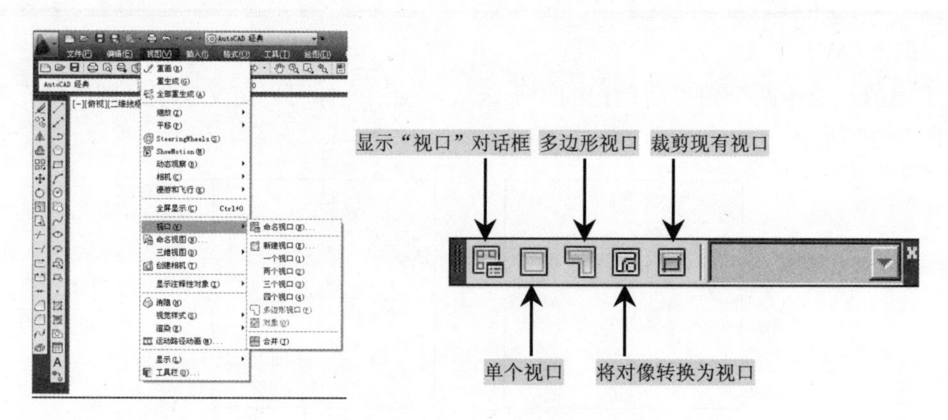

图 2-36 视口列表

1. 平铺视口的特点

在新建一个图形文件时，默认情况下是一个独立的视口填满模型空间的整个绘图区域，当系统变量 TILENODE 被设置为 1 后，就可以将屏幕的绘图区域分割成多个平铺视口。

平铺视口是指把绘图窗口分成多个矩形区域，从而创建多个不同的绘图区域，其中每一个区域都可用来查看图形的不同部分。在 AutoCAD 中，可以同时打开多达 32000 个视口，屏幕上还可保留菜单栏和命令提示窗口。

◆ 每个视口都可以平移和缩放、设置捕捉、栅格和用户坐标系等，且每个视口都可以有独立的坐标系统。

◆ 在命令执行期间，可以切换视口以便在不同的视口中绘图。

◆ 可以命名视口的配置，以便在模型空间中恢复视口或者应用到布局。

◆ 只能在当前视口里工作，要将某个视口设置为当前视口，只需要单击视口的任意位置，此时当前视口的边框将加粗显示。

◆ 只能在当前视口中，指针才显示为十字形状，指针移动到当前视口后就变为箭头形状。

◆ 当在平铺视口工作时，可全局控制所有视口中的图层可见性。如果某一个视口中关闭了某一图层，系统将关闭所有视口中的相应图层。

2. 创建平铺视口

可用的选项取决于用户配置的是模型空间视口（在“模型”布局上）还是布局视口（在命名“图纸空间”布局上）。

用于模型空间视口的选项卡：“新建视口”—“模型空间”和“命名视口”—“模型空间”；用于布局视口的选项卡：“新建视口”—“布局”和“命名视口”—“布局”，在各自的图层上创建布局视口很重要。准备输出图形时，可以关闭图层并输出布局，而不打印布局视口的边界。

用户可以通过以下 3 种方式中的任意一种方式创建平铺视口。

◆ 菜单栏：选择“视图 | 视口 | 新建视口”命令。

◆ 工具栏：在“视口”工具栏上单击“显示视口对话框”按钮。

◆ 命令行：在命令行输入或动态输入“VPOINT”。

当执行“新建视口”命令后，弹出“视口”对话框，单击“新建窗口”选项卡，可以显示标准视口配置列表和创建并设置新平铺视口，如图 2-37 所示。

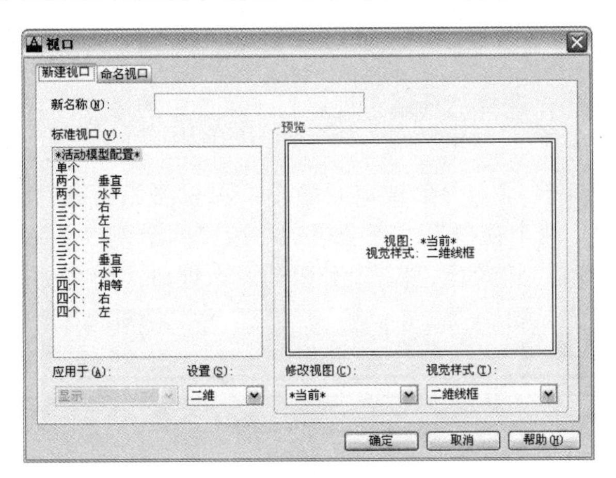

图 2-37 “新建视口”选项卡

例如，在创建多个平铺视口时，需要在“新名称”文本框中输入新建平铺视口的名称，在“标准视口”列表框中选择可用的标准视图配置，此时“预览”区中将显示所选视口配置以及已赋给每个视图的默认视图的预览结果。此外，还需要设置以下的选项。

◆ “应用于”下拉列表框：设置所选的视图配置是用于整个显示屏幕还是当前视口，包括“显示”和“当前视口”两个选项。其中，“显示”选项用于设置将所选的视口配置用于模型空间的整个显示区域，为默认选项；“当前视口”选项用于设置将所选的视口配置于当前视口。

◆ “设置”下拉列表框：指定“二维”或者“三维”设置。如果选择二维设置选项，则使用视口中的当前视图来初始化视口配置；如果选择三维选项，则使用正交的视图来配置视口。

◆ “修改视图”下拉列表框：选择一个视口配置代替已经选择的视口配置。

◆ “视觉样式”下拉列表框：可以从中选择一种视觉样式代替当前的视觉样式。

◆ 在“视口”对话框中，切换到“命名视口”选项卡，可以显示图形中已命令的视口配置；当选择一个视口配置后，配置的布局情况将显示在预览窗口中，如图 2-38 所示。

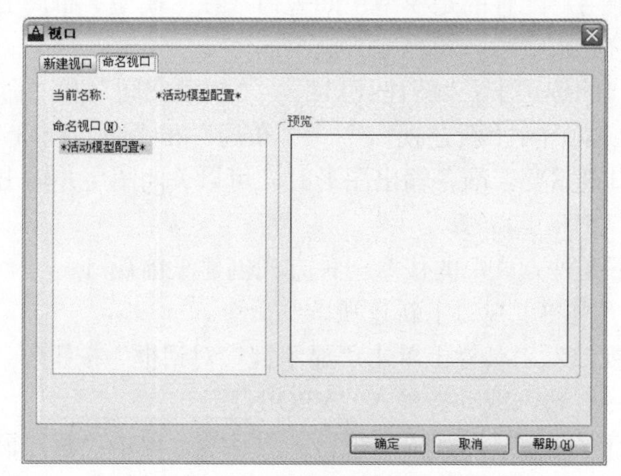

图 2-38　“命名视口”选项卡

3．分割与合并视口

在 AutoCAD 2013 中，选择“视图 | 视口”子菜单中的命令，可以在不改变视口显示的情况下，分割或合并当前视口。

例如，选择“视图 | 视口 | 一个视口”命令，可以将当前视口扩大到充满整个绘图窗口；选择“视图 | 视口 | 两个视口”、“三个视口”或“四个视口”命令，可以将当前视口分割为 2 个、3 个或 4 个视口。例如绘图窗口分隔为 4 个视口，如图 2-39 所示。

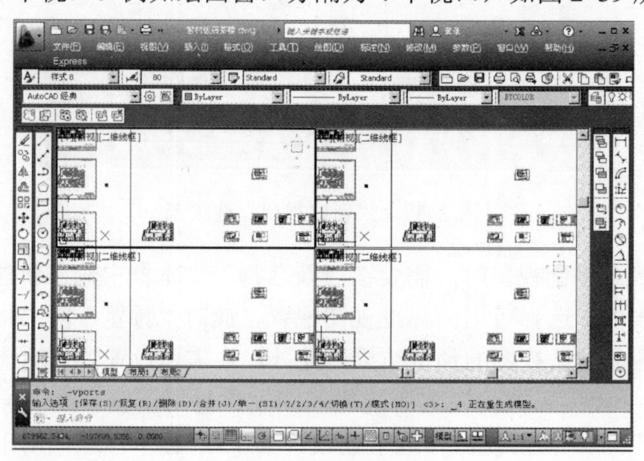

图 2-39　视口的分割

选择“视图｜视口｜合并”命令，系统要求选定一个视口作为主视口，然后选择一个相邻视口，并将该视口与主视口合并。例如合并图 2-39 中 4 个视图中右边的 2 个视口，如图 2-40 所示。

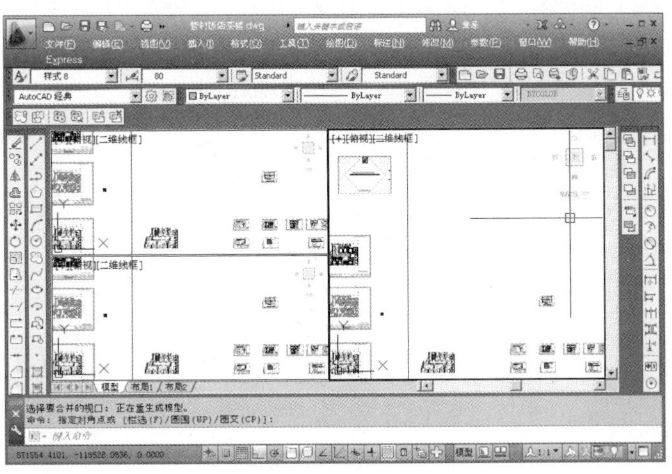

图 2-40　视口的合并

2.6　图层的规划与管理

在 AutoCAD 中绘制的图形都是处于某个图层上。例如，在一个建筑工程制图中包括了很多种线和文字说明，为了方便区分和管理，则可用图层的方式来管理它们，通过创多个图层，将特性相似的对象绘制在同一个图层上，这样不仅能使图形的各种信息清晰、有序、便于观察，也会给图形的编辑、修改和输出带来很大的方便。

2.6.1　图层的特点

图层是绘制图形过程中一个非常基本的操作过程，也是管理和规范图形的办法，它对图形文件中各类实体的分类管理和综合控制具有重要的意义。图层具有以下特点。

1）节省存储空间。

2）在一幅图形中可指定任意数量的图层。系统对图层数没有限制，对每一图层上的对象数也没有任何限制。

3）每一个图层都有自己的名字，加以区别。

4）能够统一控制同一图层对象的颜色、线条宽度、线型等属性。

5）能够统一控制同类图形实体的显示、冻结等特性。

6）允许建立多个图层，但只能在当前图层上绘图。

软件技能：

在默认情况下，有一个名为 0 的图层，这个图层不能删除或者重命名。它有两个用途：一是确保每个图形中至少包括一个图层；二是提供与块中的控制颜色相关的特殊图层。

2.6.2 图层的创建

由于在默认情况下已经有一个图层了，在后面的图层创建中，可以建立在当前图层的基础上，然后对相应属性进行调整和修改。

用户可以通过以下 3 种方式中的任意一种方式创建图层。

◆ 菜单栏：选择“格式 | 图层”菜单命令。

◆ 工具栏：在“图层”工具栏上的“图层”按钮。

◆ 命令行：在命令行输入或动态输入“Layer”命令（快捷键“LA”）。

弹出“图层特性管理器”对话框，在对话框中可以新建图层，同时对新建的图层进行属性设置，如图 2-41 所示。

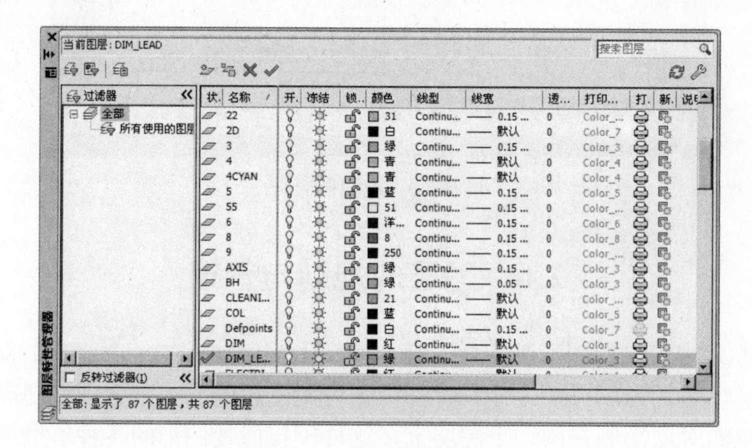

图 2-41　图层特性管理器

创建新图层，列表将显示名为“Layer1”的图层，该名称处于选定状态，因此可以立即输入新图层名。新图层将继承图层列表中当前选定图层的特性（颜色、开或关状态等）。新图层将在最新选择的图层下进行创建。

在“图层特性管理器”选项板中，单击“新建图层”按钮，可以创建一个名称为“图层1”的新图层，且该图层与当前图层的状态、颜色、线型、线宽等设置相同。如果单击“新建图层”按钮，也可以创建一个新图层，且该图层在所有的视口中都被冻结。

2.6.3 图层的删除

在绘制图形时可能会有一些多余的图层，这些多余的图层可以进行删除，在“图层特性管理器”面板中使用鼠标选择需要删除的图层，然后单击“删除图层”按钮或按〈Alt+D〉组合键；如果要同时删除多个图层，可以配合〈Ctrl〉键或〈Shift〉键来选择多个不连续或连续的图层。

在删除图层的时候，只能删除未参照的图层。参照图层包括“图层 0”及 DEFPOINTS，还包括对象的图层、当前图层和依赖外部参照的图层。不包含对象的图层、非当前图层和不依赖的图层都可以用“Purge”命令删除。

软件技能：

在工作中会遇到既使用 purge 命令也不能删除的图层，这是因为该图层为其他某图层的参照。可以用以下方面删除这样的图层。

1）找出这个有参照的块。如果知道是哪个块的原因，则可以用 cass 中批量选目标的功能，然后替换即可，也可以用过滤（filter）的方法；对于多重参照的，有时只要将其炸开就可以了。如果不知是哪个块的原因，则可以用 purge 命令，查看不能清理的图块，将不是内部块的，用图块转层的功能将其转层处理。

2）直接使用 ET 快车工具，使用图层匹配功能对每个图层进行一次匹配。这样每个图层的实体就会关联到现图层内。然后就可以用 purge 命令，将顽固图层清除。

3）有一种可能是所参照的块名与内部块名是一致的，这种情况下，可采用以下方法：先将这些地物按层作块，然后新建一个 dwg 文件引用南方 cass 的标准结构，在这个新建的文档中可用 DD 命令或右边工具栏加入上述地物相应的标准化地物。最后，将上述的块插入现在的文档中并将自己加入的标准地物删除，用 purge 命令清理图件，即可清除顽固图层。再将新建的文档复制到原来的文件或保存后以块的形式插回原来的文件。

4）用带基点复制命令复制所有地物，然后新建一个文档，再将其粘贴到基点命令，就可以去掉顽固图层。这种方法适用于少数量级的情况。

2.6.4 设置当前图层

在 AutoCAD 中绘制的图形都是在当前图层上绘制的，同时绘制图形的属性也是当前图层的属性。在“图层特性管理器”面板中选择一个图层，并单击“置为当前”按钮，将选定图层设定为当前图层，即可在当前图层上绘制创建的对象，如图 2-42 所示。

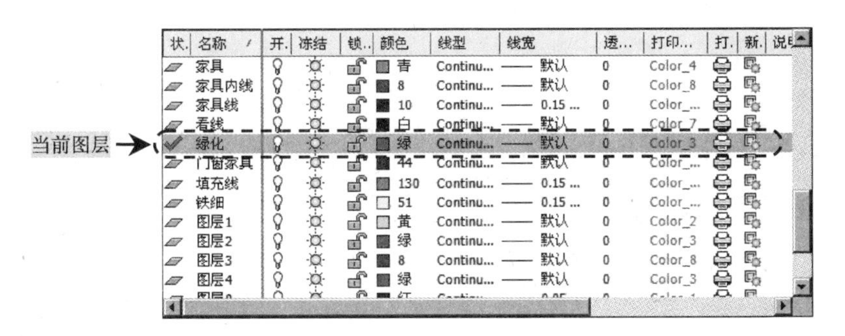

图 2-42 选中的当前图层

2.6.5 设置图层颜色

在 AutoCAD 2013 中，设置图层颜色的作用主要在于区分对象的类别，表示不同的组件、功能和区域。在图形中，图层的颜色就是图层中图形对象的颜色，因此，不同一图形中，不同的对象可以使用不同的颜色。在绘制复杂图形时就可以很容易区分图形的各部分。

要设置图层的颜色，可以在“图层特性管理器”对话框中选择“颜色”命令，打开“选择颜色”对话框，如图 2-43 所示。

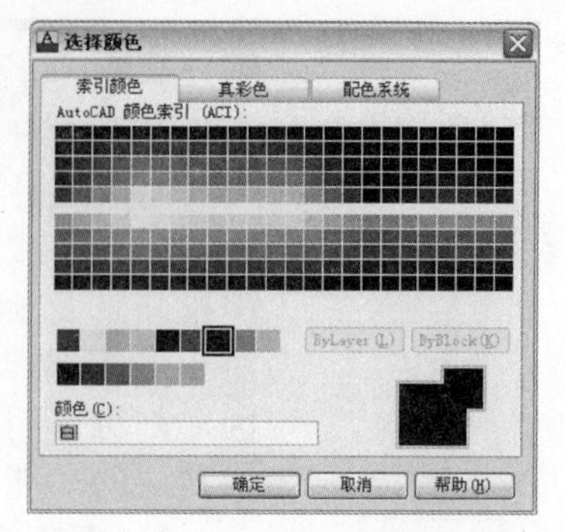

图 2-43 “选择颜色”对话框

在“选择颜色”对话框中，用户可以使用“索引颜色”、“真彩色”和“配色系统”选项卡来选择颜色。在通常情况下，使用“索引颜色”选项卡可以在颜色调色板中根据颜色的索引来选择颜色，这些索引号足以满足用户的需要。“选择颜色”对话框中各选项卡及文本框具有以下特点，如图 2-44 所示。

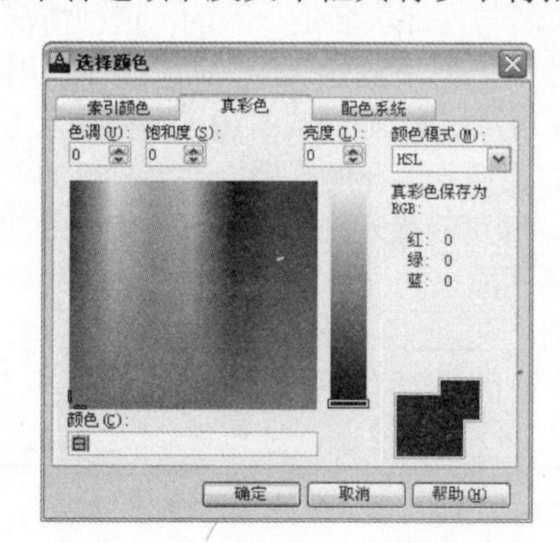

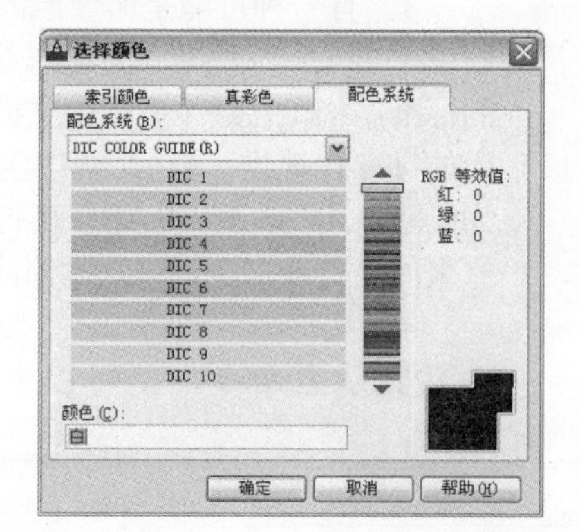

图 2-44 真彩色和配色系统

1）“索引颜色”列表

“索引颜色”列表中包含了 240 种颜色。当选择某一颜色时，在颜色列表的下面将显示该颜色序号，并在红、绿、蓝后面显示该颜色对应的 RGB 值。

2）“标准颜色”选项区

“标准颜色”选项区中包含了红、黄、绿、紫等 9 标准颜色，使用它们可以将图层的颜色设置为标准颜色。

3）“灰度颜色”选项区

“灰度颜色”选项区可以将图层的颜色设置这灰度色。

4）“颜色”文本框

“颜色”文本框可以显示与编辑所选颜色的名称或编号。

5）按钮 ByLayer (L)

单击该按钮可以确定颜色为随层方式，所绘制图形的实体颜色总是与所在图层的颜色一致。

6）按钮 ByBlock (K)

单击该按钮可以确定颜色为随块方式。在作图时图形的颜色为白色，此时如果将绘制的图形创建为图块，那么图块中各成员的颜色也将保存于块中。如果把块插入到当前图形的当前层中，块的颜色将使用当前层的颜色，但前提是插入块时颜色应设为随层方式。

2.6.6　设置图层线型

所谓“线型”是指作为图形基本元素的线条的组成和显示方式，如虚线、实线等，在 AutoCAD 2013 中既有简单线型，也有由一些特殊符号组成的复杂线型，利用这些线型基本可以满足不同国家和不同行业标准的要求。

1）设置图层线型

在“图层特性管理器”面板中，在图层名称的“线型”列中单击，即可以弹出“选择线型”对话框，从中选择相应的线型，然后单击“确定”按钮，如图 2-45 所示。

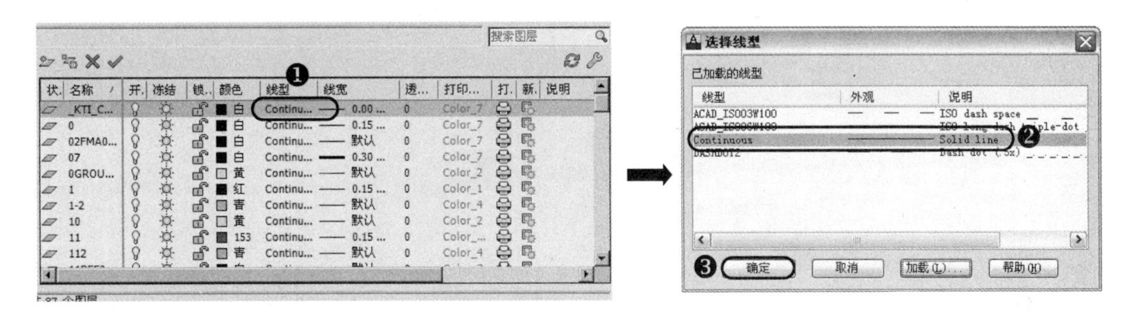

图 2-45　线型的选用

2）加载线型

默认情况下，在“选择线型”对话框的“已加载的线型”列表框中，只有 Continuous 一种线型，如果要使用其他线型，必须将其添加到“已加载的线型”列表框中，这时可单击“加载”按钮 加载(L)... ，打开“加载或重载如线型”对话框，从当前线型库中选择需要加载的线型，如图 2-46 所示。

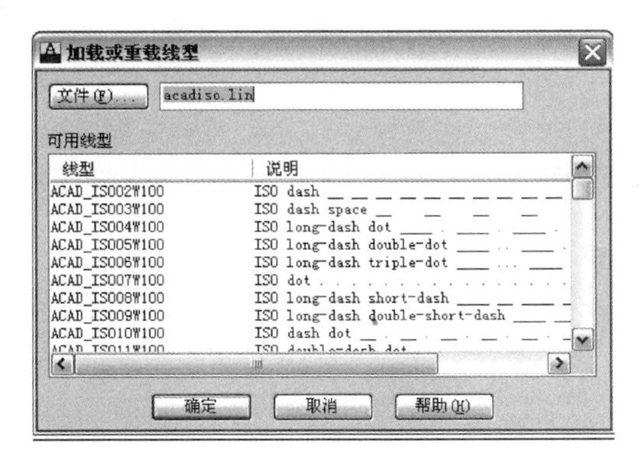

图 2-46　加载线型

软件技能：

在 AutoCAD 2013 中的线型包含在线型库定义文件 acad.lin 和 acadiso.lin 中。其中，在英制测量系统下，使用 acad.lin 文件，在公制测量系统下，使用 acadiso.lin 文件。用户可以单击“加载或重载如线型”对话框中的“文件”按钮，打开“选择线型文件”对话框，以选择合适的线型库文件。

2.6.7 设置图层比例

选择“格式”菜单下的“线型”命令，打开“线型管理器”对话框，可以管理图形的线型，在“线型管理器”对话框中显示了用户当前使用线型和可选择的其他线型，如图 2-47 所示。

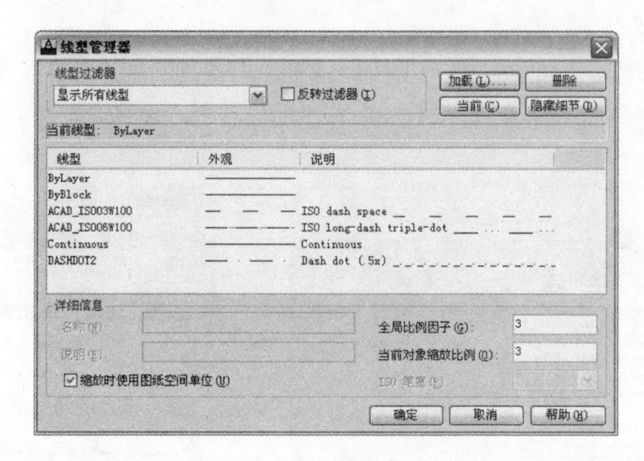

图 2-47 “线型管理器”对话框

“线型管理器”对话框主要选项的含义和功能如下。

- “线型过滤器”下拉列表框：用于根据用户设定的过滤文件控制哪些已加载的线型显示在主列表框中。如果勾选“反转过滤器”复选框，则仅显示未通过过滤器的线型。
- “加载”按钮：单击该按钮，打开“加载或重载线型”对话框，可以再加载其他需要的线型 。
- “删除”按钮：单击该按钮，可以删除选中的线型。
- “当前”按钮：单击该按钮，可以将选中的线型设置为当前线型。
- “显示细节”按钮：单击该按钮，可以在“线型管理器”对话框中显示“细节”选项区，可以设置线型的“全局比例因子”、“当前对象缩放比例”等参数。

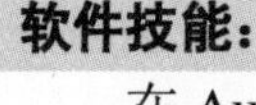

在 AutoCAD 2013 中线型比例有 3 种：

1）“全局比例因子”：控制所有新的和现有的线型比例和线型比例因子。

2）“当前对象的缩放比例”：控制新建对象的线型比例。

3）“图纸空间的线型缩放比例”：作用为当“缩放时使用图纸空间单位”复选框被勾选时，AutoCAD 自动调整不同图样空间视窗中线型的缩放比例。

2.6.8 设置图层线宽

线宽的设置实际上就是改变线条的宽度。用不同宽度的线条表现对象的大小或类型，可以提高图形的表达能力和可读性。在“图层特性管理器”面板中，在某个图层名称的“线宽”列中单击，将弹出“线宽”对话框，在其中选择相应的线宽，然后单击“确定”按钮，如图 2-48 所示。

用户可以选择“格式 | 线宽”命令，打开“线宽设置”对话框，通过调整线宽比例使图形中的线宽显示得更宽或更窄，如图 2-49 所示。

图 2-48　线宽列表

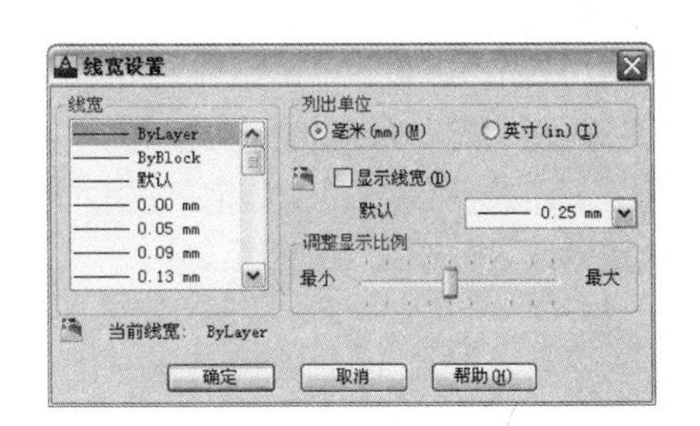

图 2-49　“线宽设置”对话框

在“线宽设置”对话框中，各主要选项的含义如下。

- “线宽”列表框：用于选择线条的宽度。在 AutoCAD 2013 中有 20 多种线宽可供选择。
- “列出单位”选项区：用于设置线宽的单位，可以是“毫米（mm）”或“英寸（in）”。
- “显示线宽”复选框：用于设置是否按照实际线宽来显示图形。另外，通过单击状态栏上的“线宽”按钮也可实现线宽显示与不显示的切换。
- “默认”下拉列表框：用于设置默认线宽值，即关闭显示线宽后，通过单击状态栏上的“线宽”按钮也可实现线宽显示与不显示的切换。
- “调整显示比例”选项区：移动其中的滑块，可以设置线宽的显示比例。

2.6.9　控制图层状态

在 AutoCAD 中，使用“图层特性管理器”对话框可以创建图层，设置图层的颜色、线型及线宽，还可以对图层进行更多的设置与管理，如图层的切换、重命名、删除以及图层的显示控制等。同样，在“图层”工具栏中，用户可以设置并管理各图层的特性，如图 2-50 所示。

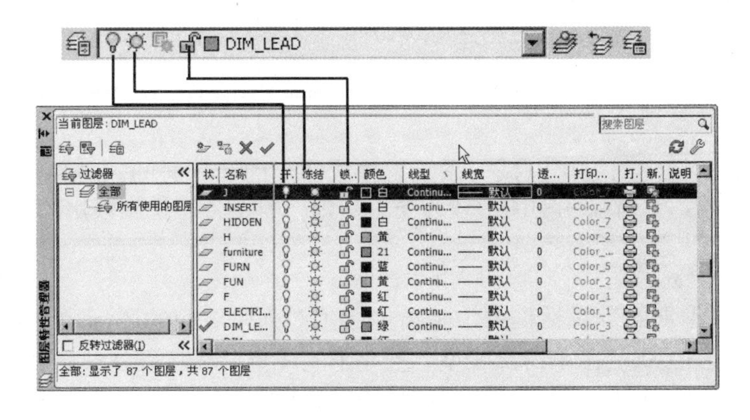

图 2-50　图层特性管理器

1）名称

名称是图层的唯一标识，即图层的名字。默认情况下，图层的名称按 0、图层 1、图层 2、图层 3……的编制号依次递增。用户也可以根据绘制图形的需要来创建图层名称。

2）开关状态

在“图层特性管理器”对话框中，单击“开”列中对应的小灯泡图标，可以打开或关闭图层。在打开状态下，灯泡的颜色为黄色，在此图层上的图形不能显示，也可以在输出设备上打印；在关闭状态下，灯泡的颜色为灰色，该图层上的图形不能显示，也不可能打印输出，具体效果如图 2-51 所示。

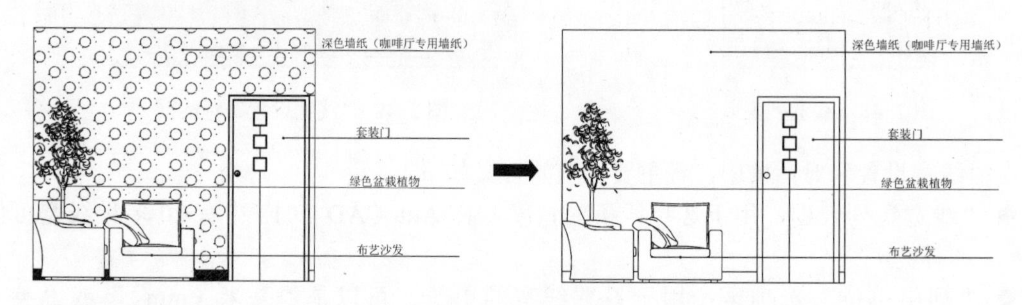

图 2-51　关闭图层

3）冻结/解冻

在“图层特性管理器”对话框中，单击“在所有视口冻结”列中对应的太阳或雪花图标，可以冻结或解冻图层。

软件技能：

从可见性来说，冻结的图层与关闭的图层是相同的，但冻结的对象不参加处理过程中的运算，并闭的图层则要参加运算。所以在复杂的图形中冻结不需要的图层可以加快系统重新生成图形的速度。

用户不能冻结当前图层，也不能将冻结的图层改为当前图层，否则会显示警告信息对话框。

4）锁定/解锁

在“图层特性管理器”对话框中，单击“锁定”列中对应的关闭或打开小锁图标，可以锁定或解锁图层。

软件技能：

锁定图层可以减少系统重生成图形的计算时间。若用户的计算机性能较好，且所绘制的图形较为简单，则一般不会感觉到锁定图层的优越性。

5）颜色、线型与线宽

在“图层特性管理器”对话框中，单击“颜色”列中对应的图标，可以打开“选择颜色”对话框，选择图层颜色：单击“线型”列显示的线型名称，可以打开“选择线型”对话框，选择所需的线型；单击“线宽”列显示的线宽值，可以打开“线宽”对话框，选择所需的线宽。

软件技能：

图层设置的线宽特性是否能显示在显示屏上，还需要通过“线宽设置”对话框来设置。

6）打印样式和打印

在“图层特性管理器”对话框中，用户可以通过“打印样式”列确定各图层的打印样式，但如果使用的是彩色绘图仪，则不能改变这些打印样式；单击“打印”列中对应的打印机图标，可以设置图层是否能够打印，这样就可以在保持图形显示可见性不变的前提下控制图形的打印特性，打印功能只对可见图层起作用，也就是只对没有冻结和没有关闭的图层起作用。用户还可以使用“图层”工具栏和“对象特性”工具栏设置与管理图层特性，如图 2-52 所示。

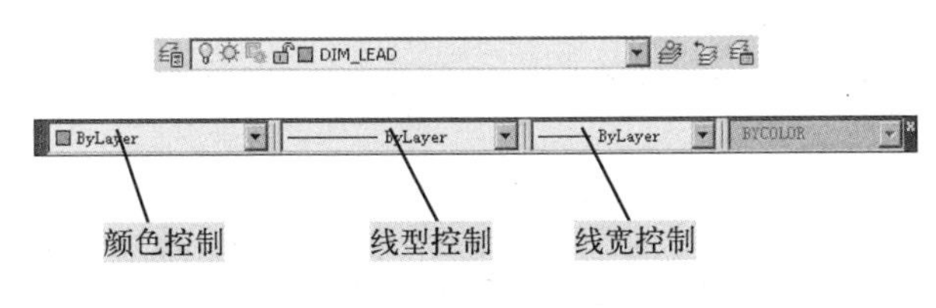

图 2-52　图层对象特性

2.6.10 保存和恢复图层状态

在“图层特性管理器”选项板中，单击“图层状态管理器”按钮，弹出“图层状态管理器”对话框，如图 2-53 所示。

图 2-53　图层状态管理器

在“图层状态管理器”对话框中显示了当前图层已保存下来的图层状态名称以及从外部输入的图层名称。

如果要保存图层状态，可单击“图层状态管理器”对话框中的“新建”按钮，弹出“要保存的新图层状态”对话框，在“新图层状态名”文本框中输入图层状态的名称；在“说明”文本框中输入相关的图层说明文字，然后单击“确定”按钮，返回“图层状态管理器”对话框，如图 2-54 所示。

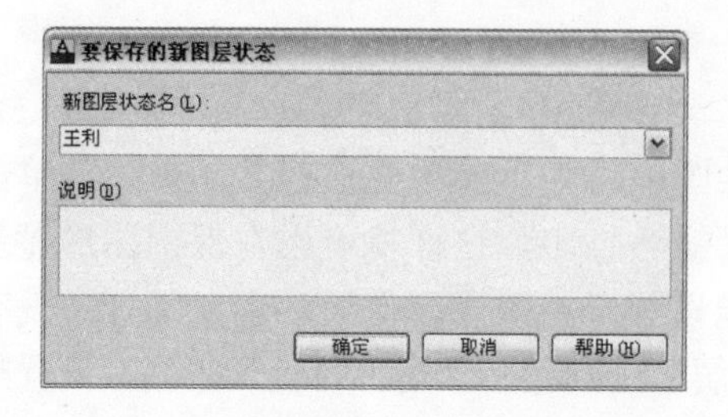

图 2-54 “要保存的新图层状态”对话框

2.6.11 过滤图层

当图形中包括了大量的图层时，在“图层特性管理器”选项板中单击“新建特性过滤器”按钮，从弹出的“图层过滤器特性”对话框中按指定的要求来进行图层的过滤，如图 2-55 所示。

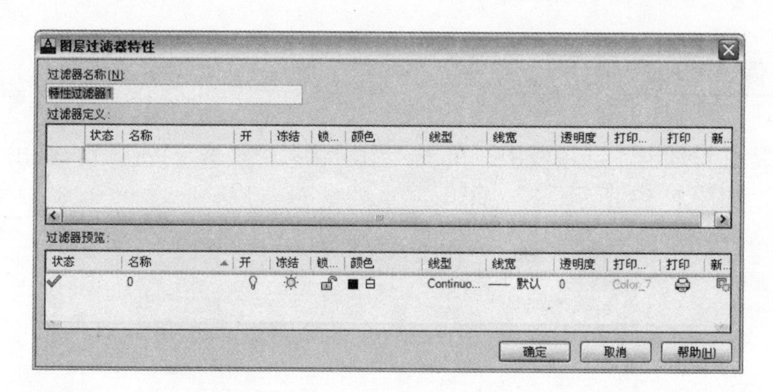

图 2-55 图层过滤层特性框

- “过滤器名称”文本框：可以在此文本框中输入过滤的名称。
- “过滤器定义”列表：根据各项目属性来选择属性的内容。
- “过滤器预览”列表：根据过滤器定义所选择的项目属性，过滤出所需要的对象图层。

2.6.12 转换图层

使用“图层转换器”可以转换图层，实现图形的标准化和规范化。“图层转换器”能够转换当前图形的图层，使之与其他图形的图层结构或 CAD 标准文件相匹配。

选择“工具 | CAD 标准 | 图层转换器”命令；或者在 CAD“标准”工具栏中单击“图层转换器”按钮；或者在命令行输入“Laytrans”命令，都将弹出“图层转换器”对话

框，如图 2-56 所示。

在“图层转换器”对话框中，各选项的含义如下。

1）“转换自”列表框：显示了当前图形中将被转换的图层结构，用户可以在列表框中选择，也可以通过“选择过滤器”来选择。

2）“转换为”列表框：显示了可以将当前图层转换为新图层名称。

3）“映射”按钮：可以将“转换自”列表框中选中的图层映射到“转换为”列表框中，并且当图层被映射后，它将从“转换自”列表框中删除。

4）“映射相同”按钮：可以将“转换自”列表框和“转换为”列表框中都选择相同的图层进行转换映射。

5）“转换”按钮：开始转换图层，并关闭“图层转换器”对话框。

6）“设置”按钮：设置图层的转换规则，如图 2-57 所示。

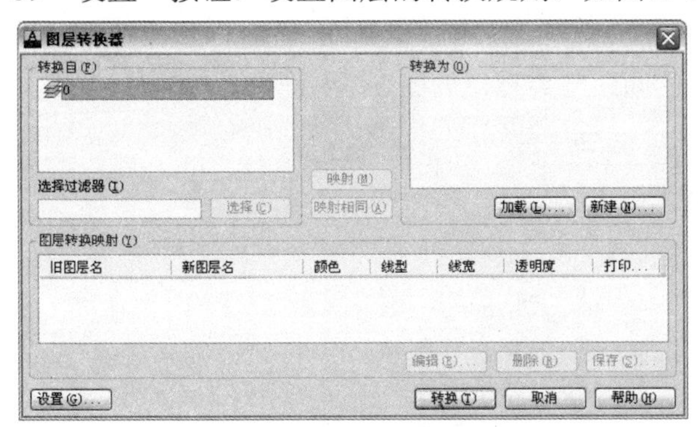

图 2-56　图层转换器

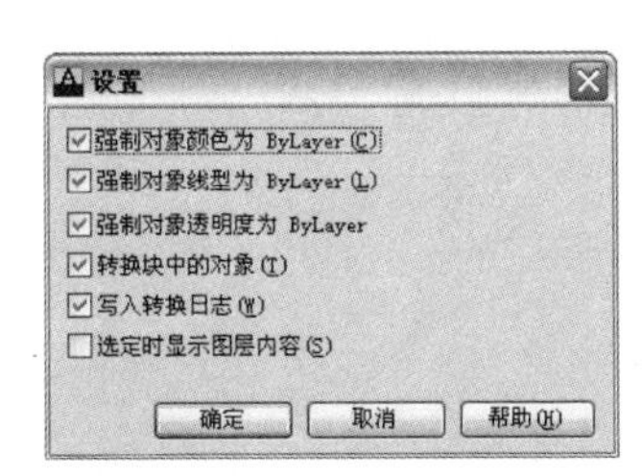

图 2-57　“设置”对话框

2.7　设置绘图辅助功能

在绘图中，绘制图形所定点要求都是很精确的，在 AutoCAD 中提供了捕捉模式、栅格显示、正交模式、极轴追踪、对象捕捉和对象追踪捕捉等一些绘图辅助功能来帮助用户精确绘制图形。用户可以打开“草图设置”对话框来设置部分绘图辅助功能，如图 2-58 所示。

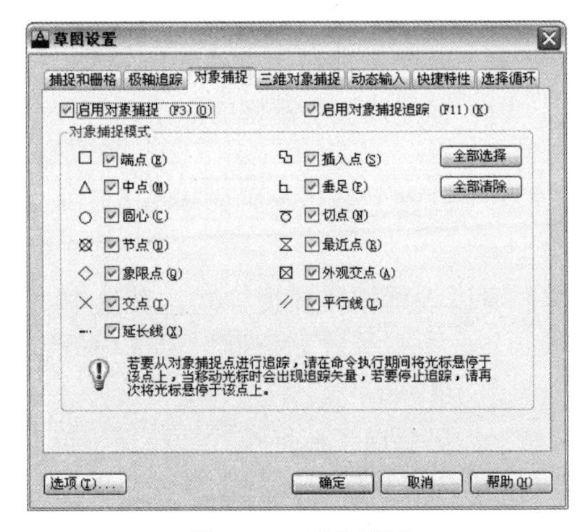

图 2-58　对象捕捉

打开“草图设置”对话框可用以下 3 种方式中的任意一种方式。

◆ 菜单栏：选择“格式/草图设置”菜单命令。

◆ 工具栏：右击状态栏中的“捕捉”、“栅格”、“极轴”、“对象捕捉”和“对象追踪”5 个切换按钮之一，在弹出的快捷菜单中选择“设置”命令 。

◆ 命令行：在命令行输入或动态输入“Dsettings”命令（快捷键“DS”）

2.7.1 设置捕捉与栅格

“捕捉”用于设置鼠标光标移动的间距，“栅格”是一种可见的位置参考图标，是指由用户控制的可见但不能打印出来的那些直线构成的精确定位的网格，它类似于坐标纸，有助于定位。

在“草图设置”对话框的“捕捉和栅格”选项卡中，可以启用或关闭“捕捉”和“栅格”功能，并设置“捕捉”和“栅格”的间距与类型，如图 2-59 所示。

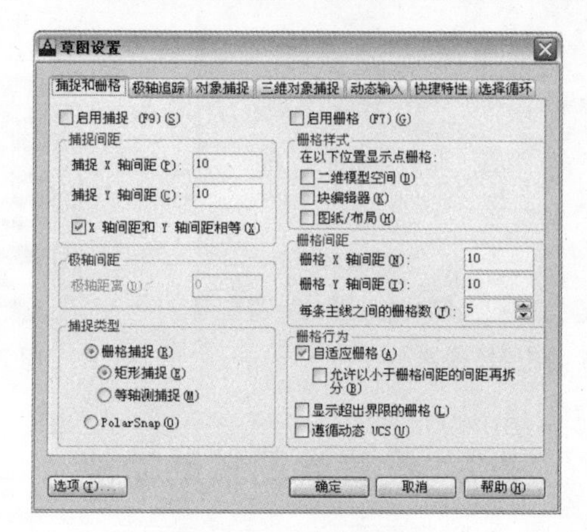

图 2-59 捕捉和栅格

“捕捉和栅格”选项卡中其各主要选项的含义如下：

1）“启用捕捉”复选框：用于打开或关闭捕捉方式，可按〈F9〉键进行切换，也可在状态栏中单击按钮进行切换。

2）“捕捉间距”设置区：用于设置 X 轴和 Y 轴的捕捉间距。

3）“启用栅格”复选框：用于打开或关闭栅格的显示，可按〈F7〉键进行切换，也可在状态栏中单击按钮进行切换。

4）“栅格间距”设置区：用于设置 X 轴与 Y 轴间距为 0，则栅格采用捕捉 X 轴和 Y 轴间距的值。

5）“栅格捕捉”单选项：可以设置栅格捕捉样式。若选中“矩形捕捉”单选按钮，其光标可以捕捉一个矩形栅格；若选中“等轴测捕捉”单选项按钮，其光标可以捕捉一个等轴栅格。

6）“PolarSnap”单选按钮：如果启用了捕捉模式并在极轴追踪打开的情况下指定点，光标将沿在“极轴追踪”选项卡上对应于极轴追踪起点设置的极轴对齐角度进行捕捉。

7）“自适应栅格”复选框：用于限制缩放时栅格的密度。

8）“遵循动态 UCS”复选框：跟随动态 UCS 的 *XY* 平面而改变栅格平面。

2.7.2 设置自动与极轴追踪

自动追踪也是一种精确定点的方法，当要求输入的点在一定的角度线上，或者输入点与其他对象有一定的关系时，利用自动追踪功能来确定点的位置是非常方便的，如图 2-60 所示。

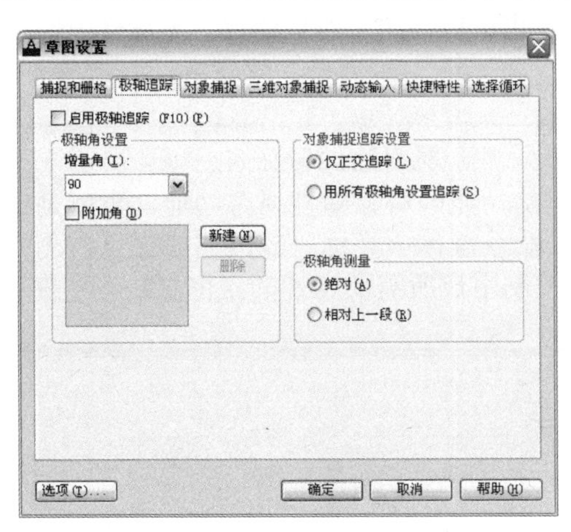

图 2-60 极轴追踪

“极轴追踪”选项卡中各主要选项的含义如下。

1）“极轴角设置”设置区：用于设置极轴追踪的角度。默认的极轴追踪角度值不能满足用户的需用，可勾选下侧的“附加角”复选框。用户可单击“新建”按钮并输入一个新的角度值，将其添加到附加角的列表框中。

2）“对象捕捉追踪设置”设置区：若选择“仅正交追踪”单选项，可在启用对象捕捉追踪的同时，显示获取的对象捕捉点的正交对象捕捉追踪路径；若选择“用所有极轴角设置追踪”单选项，可以将极轴追踪设置应用到对象捕捉追踪上。

3）“极轴角测量”设置区：用于设置极轴追踪对齐角度的测量基准。若选择“绝对”单选项，表示当用户坐标 UCS 的 *X* 轴正方向为 0° 时计算极轴追踪角；若选择“相对上一段”单选项，可以基于最后绘制的线段确定极轴追踪角度。

2.7.3 设置对象的捕捉模式

在实际绘图过程中，有时候经常需要精确地找到已知图形的特殊点，如圆心点、切点、直线中点、最近点、平行、节点等，这时就可以启动对象捕捉功能。

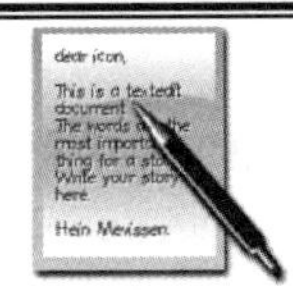

专业技能： 对象捕捉与捕捉

对象捕捉与捕捉不同，对象捕捉是把光标锁定在已知图形的特殊点上，它不是独立的命令，是在执行命令过程中被结合使用的模式；捕捉是将光标锁定在可见或不可见的栅格点上，是可以单独执行的命令。

要设置对象捕捉模式，只需在“草图设置”对话框中单击“对象捕捉”选项卡，分别勾选要设置的捕捉选项。

设置好捕捉选项后，在状态栏激活“对象捕捉”选项，或者按〈F3〉键，也可以按〈Ctrl+F〉组合键，即可在绘图过程中启用捕捉选项。启用对象捕捉后，在绘制图形对象时，当光标移动到图形对象的特定位置时，将显示捕捉模式的标识符号，并在其下侧显示捕捉类型的文字信息。

在 AutoCAD 2013 中，也可以使用“对象捕捉”工具栏中的工具按钮随时打开捕捉。另外按〈Ctrl〉或〈Shift〉键，并单击鼠标右键，将弹出对象捕捉的快捷菜单。

专业技能： 对象捕捉追踪

自动追踪功能即对象捕捉追踪功能，也就是在 AutoCAD 可以自动追踪记忆同一命令操作中光标所经过的捕捉点，从而以其中某一捕捉点的 *X* 或 *Y* 坐标控制用户所需要选择的定位点，在实际绘图中，自动追踪功能是很有用的。

2.7.4 设置正交模式

正交是指在绘制图形时所指定第一个点后，连接光标和起点的橡皮线总是平行于 *X* 轴和 *Y* 轴。若捕捉设置为等轴测模式时，正交还迫使直线平行第三个轴中的一个。

有以下两种方式打开“正交模式”。

◆ 状态栏：单击“正交”按钮。

◆ 命令行：在命令行输入或动态输入“Ortho”命令（快捷键“F8”）。

当正交模式打开时，只能在垂直或水平方向画线或指定距离，而不管光标在屏幕上的位置。其线的方向取决于光标在 *X*、*Y* 轴方向上的移动距离，如果 *X* 方向的距离比 *Y* 方向大，则画水平线；反之画垂直线。

2.7.5 使用动态输入

使用动态输入功能可以在指针位置处显示标注输入和命令提示等信息，从而极大地方便了绘图。

在状态栏上单击按钮来打开或关闭“动态输入”功能，若按〈F12〉键可以临时将其关闭。当用户启动“动态输入”功能后，其工具栏提示将在光标附近显示信息，该信息会随着光标的移动而动态更新。

在输入字段中输入值并按〈Tab〉键后。该字段将显示一个锁定图标，并且光标会受用户输入值的约束，随后可以在第二个输入字段中输入值。另外，如果用户输入值按〈Enter〉键，则第二个字段被忽略，且该值被直接距离输入。

在状态栏的“动态输入”按钮上右击，从弹出的快捷菜单中选择“设置”命令，将弹出“草图设置”对话框，同时单击“动态输入”选项卡。当勾选“启用指针输入”复选框，且命令在执行时，十字光标的位置将在光标附近的工具栏提示中显示为坐标，如图 2-61 所示。

图 2-61 草图设置

在“指针输入”和“标注输入”栏中分别单击“设置”按钮，将弹出“指针输入设置”和“标注输入的设置”对话框，可以设置坐标的默认格式，以及控制指针输入工具栏提示的可见性等，如图 2-62 和图 2-63 所示。

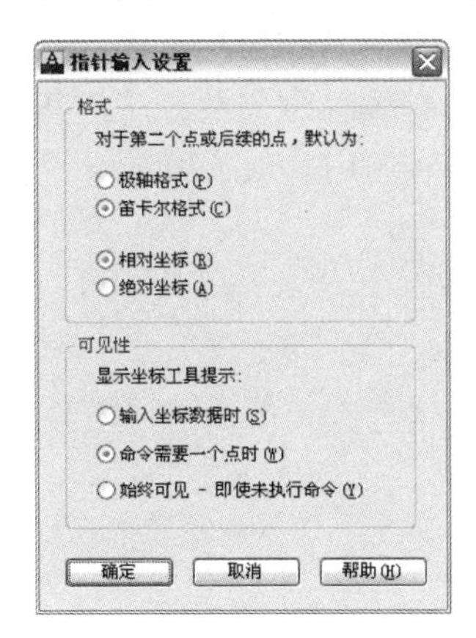

图 2-62 “指针输入设置”对话框

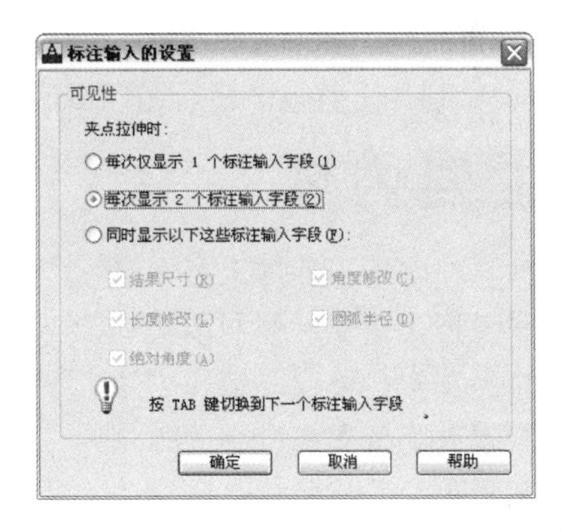

图 2-63 “标注输入的设置”对话框

第 3 章　AutoCAD 2013 图形的绘制与编辑

本章导读

在 AutoCAD 中所绘制的图形都是由基本的图形组合而成的，AutoCAD 2013 提供了精确绘制基本图形的方法，如直线、圆、矩形、多边形、多段线等，这些是整个软件在绘制图形过程中的基础，是 AutoCAD 的重要组成部分，通过这些绘图命令可以绘制出逼真的图形。AutoCAD 不只能提供强大的绘图功能，还在于它有强大的编辑功能，通过各种编辑命令，可以方便快捷地修改已经绘制的图形。

本章首先讲解了在绘图区域如何使用命令来绘制二维图形，其中包括了点、直线、构造对象、多段线对象、圆等，接着向用户讲解了进行图形的各种编辑命令及方法，其中包括删除、移动、复制、修剪等，最后还以案例的形式结合所学内容向用户做了更进一步的讲解。

主要内容

- 掌握绘制图形的基本命令
- 掌握图案填充和绘制多线
- 掌握图形的修改与编辑方法
- 掌握改变位置类命令的方法
- 掌握改变几何特性类命令的方法

效果预览

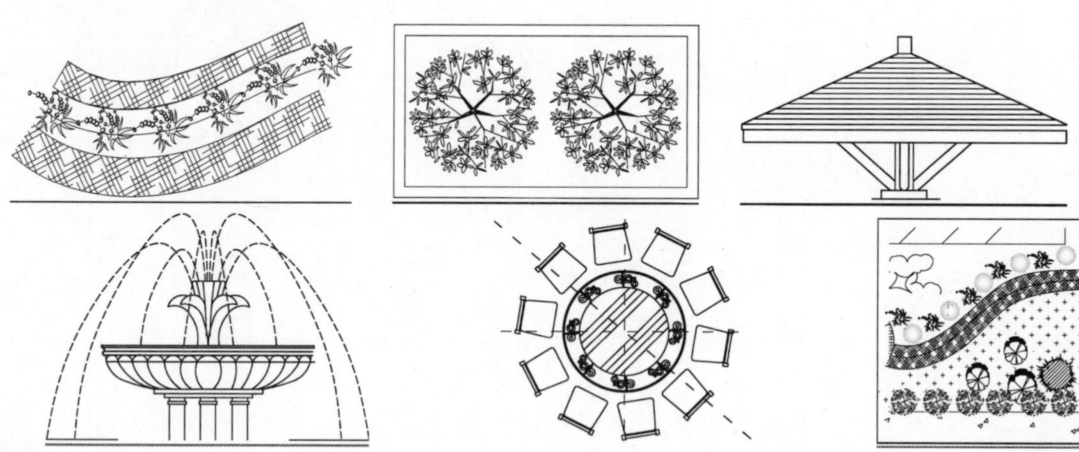

3.1 绘制基本图形

建筑园林景观施工图是通过一些最基本的图形组合而成的，如点、直线、圆弧、圆、矩形、多边形等，掌握了基本图形的绘制，就可以更进一步地绘制出复杂的图形。

3.1.1 绘制直线

直线对象可以是一条线段，也可以是一系列相连的线段，但每条线段都是独立的直线对象，也是几何图形中使用最多且应用最为广泛的一种图形对象，直线线段是由起点和终点来确定的，可以通过鼠标或键盘来决定起点或终点。

绘制直线有以下 3 种方法。

◆ 菜单栏：选择“绘图 | 直线”命令。

◆ 工具栏：在“绘图”工具栏上单击“直线”按钮。

◆ 命令行：在命令行输入或动态输入“line”命令（快捷命令“L”）。

启动命令后，AutoCAD 根据命令行提示进行操作，即可绘制一系列首尾相边的直线段所构成的对象图形，如图 3-1 所示。

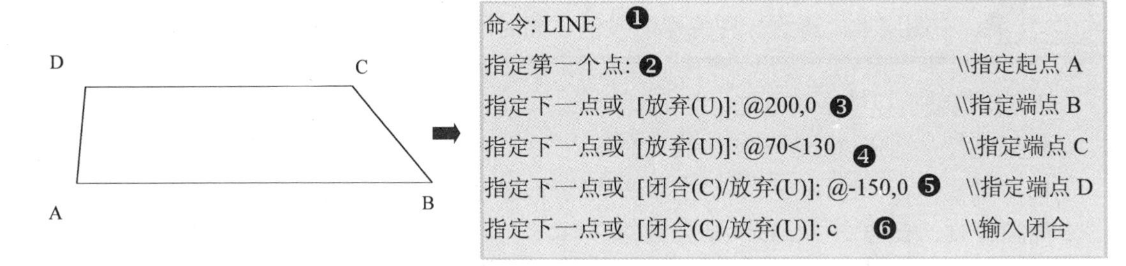

图 3-1 绘制的线段

在绘制直线过程中，命令栏会提示一系列的选项，其各选项含义如下。

◆ 指定第一点：通过键盘输入或者鼠标确定直线的起点位置。

◆ 闭合（U）：如果绘制了两条不在同一条直线上的多段线，最后要形成一个封闭的图形时，选择该选项并按〈Enter〉键即可将最后确定的端点与第 1 个起点重合。

◆ 放弃（U）：选择该选项将撤销最近绘制的直线而不退出直线“Line”命令。

软件技能：

在“指定第一点：”提示下直接按〈Enter〉键，将以上次最后绘制的直线的终点作为当前所要绘制直线的起点。

输入线段起点和终点有两种方法：一是在命令中使用键盘输入坐标值；另一种是用十字光标在屏幕上直接获取。

在绘制直线时，当命令栏提示“在指定下一点或[闭合(C)/放弃(U)]:提示下”时，单击鼠标右键，弹出一个快捷菜单。这是 AutoCAD 2013 中提供的轻松设计环境的具体表现之一。有了该快捷菜单，用户可以快速绘图，从而提高工作效率，如图 3-2 所示。

图 3-2 快捷菜单

根据所示的命令选项可以分为三部分：常规操作（确认和取消）、命令选项（闭合和放弃）和屏幕缩放（平移和缩放）。“确认”命令的作用类似于〈Enter〉键；“取消”命令的作用类似于〈Esc〉键；选择“放弃”命令相当于在上信提示下输入“U”并按〈Enter〉键；选择“平移”或“缩放”命令相当于执行“透明”命令，也就是进行屏幕动态缩放。

3.1.2 绘制构造线

构造线类似于手工绘图的辅助线，构造线的两端是无限长的直线，没有起点和终点，可放置在三维空间的任意位置，它与直线、椭圆、正方形等图形元素不同的是，它仅仅作为绘图过程中的辅助参考线。

构造线像其他图形对象一样可以用编辑命令进行编辑，但编辑后，线的类型就改变了，如把构造线的一端修剪掉后，构造线就变成了射线。如果把构造线的两端都修剪掉，就变成了一段直线段。

软件技能：

在绘制图图形时，建议在复杂的图形中，可把构造线放在一个特殊的图层上，再给一种特殊的颜色，同时图层名要容易与其他图层区分开来。

绘制构造线有以下 3 种方法。

◆ 菜单栏：选择“绘图 | 构造线”命令。

◆ 工具栏：在“绘图”工具栏上单击“构造线”按钮。

◆ 命令行：在命令行输入或动态输入“Xine”命令（快捷命令“XL”）

启动“构造线”命令后，AutoCAD 根据命令行提示进行操作，即可绘制垂直和指定角度的构造线，如图 3-3 所示。

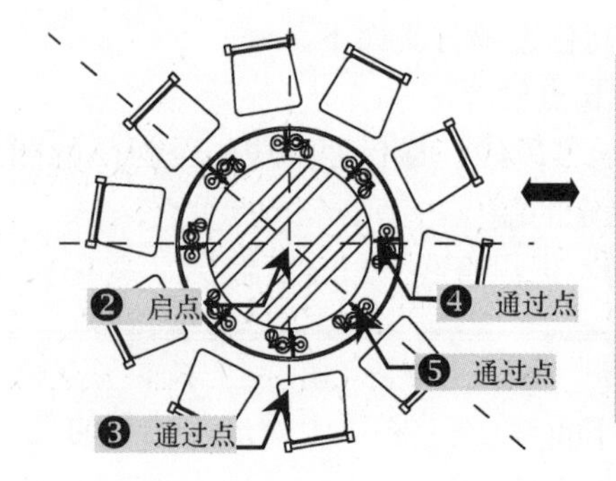

命令: _xline ❶
指定点或 [水平(H)/垂直(V)/角度(A)/二等分(B)/偏移(O)]: \\通过圆心点设置起点
指定通过点: \\指定通过点绘制垂直构造线
指定通过点: \\指定通过点绘制水平构造线
指定通过点: \\指定通过点绘制斜角构造线

图 3-3 自由绘制构造线

在绘制构造线过程中，命令栏会提示一系列的选项，其各选项含义如下。

◆ 水平（H）：创建一条经过指定点并且与当前坐标 X 轴平行的构造线。

◆ 垂直（V）：创建一条经过指定点并且与当前坐标 Y 轴平行的构造线。

◆ 角度（A）：创建与 *X* 轴成指定角度的构造线；也可以先指定一条参考线，再指定直线与构造线的角度；还可以先指定构造线的角度，再设置通过点，如图 3-4 所示。

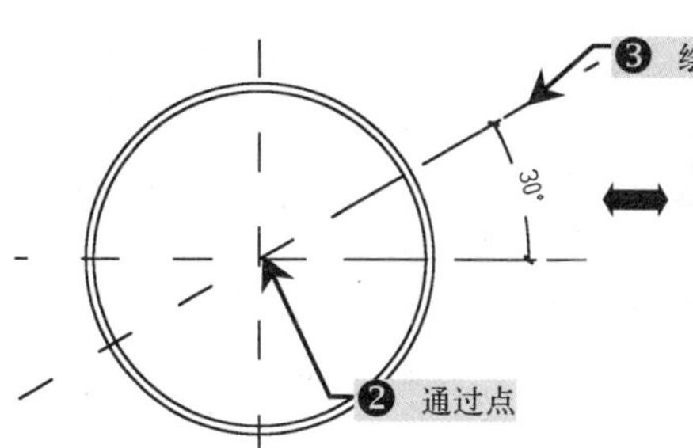


```
命令: _xline ❶
指定点或 [水平(H)/垂直(V)/角度(A)/二等分(B)/偏移(O)]: a
输入构造线的角度 (0) 或 [参照(R)]:  30      \\指定输入的角度
指定通过点:                               \\指定通过的点
```

图 3-4　绘制指定角度的构造线

◆ 二等分（B）：创建二等分指定的构造线，即角平分线，要指定等分角的顶点、起点和端点，如图 3-5 所示。

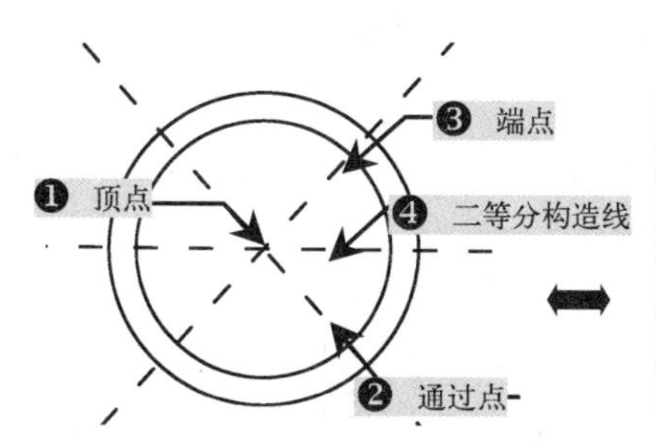


```
命令: _xline
指定点或 [水平(H)/垂直(V)/角度(A)/二等分(B)/偏移(O)]: b
指定角的顶点:                 \\指定角平分线的顶点
指定角的起点:                 \\指定角的启点位置
指定角的端点:                 \\指定角的终点位置
```

图 3-5　绘制构造线二等分

◆ 偏移（O）：创建平行指定基线的构造线，需要先指定偏移距离，选择基线，指明构造线位于基线的哪一侧，如图 3-6 所示。

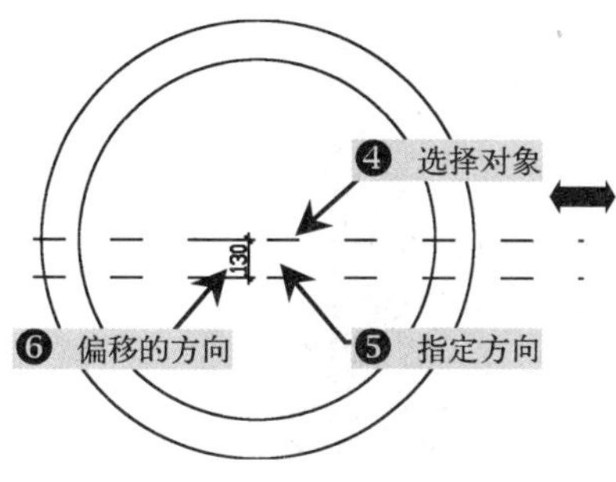


```
命令: _xline ❶
指定点或 [水平(H)/垂直(V)/角度(A)/二等分(B)/偏移(O)]: o ❷
指定偏移距离或 [通过(T)] <260.0000>: 130  ❸\输入偏移对象
选择直线对象:                              \\选择要偏移的对象
指定向哪侧偏移:                            \\选择要偏移的方向
```

图 3-6　偏移构造线

软件技能：

在绘制构造线时，若没有指定构造线的类型，用户可在视图中指定任意的两点来绘制一条构造线。

3.1.3 绘制多段线

多段线是作为单个对象创建的相互连接的线段序列，也是由许多段首尾相接的直线和圆弧组成的单个图形对象，它提供了许多强大而又灵活的功能，当用户用其他的绘制图形方法处理某些情况感到困难时，用多段线来处理往往会得心应手。

多段线可以创建直线段、圆弧段或两者的结合线段。它可适用于地形、等压和其他科学应用的轮廓素线、布线图和电路印刷板布局、流程图和布管图、三维实体建模的拉伸轮廓和拉伸路径等。

软件技能：

在 AutoCAD 2013 中，沿线的长度方向可选用不同的线型，而沿线宽度方向的编辑要求可以使用多段线，也可以给多段线加一定的宽度来画粗线。此外，由多段线画零件轮廓，可以为二维图形向三维造型转化打下良好的基础。

绘制多段线有以下 3 种方法。

◆ 菜单栏：选择“绘图 | 多段线”命令。

◆ 工具栏：在“绘图”工具栏上单击“多段线”按钮。

◆ 命令行：在命令行输入或动态输入“Pline”命令（快捷命令“PL”）

启动“多段线”命令后，AutoCAD 根据命令行提示进行操作，即可绘制带箭头的多段线，如图 3-7 所示。

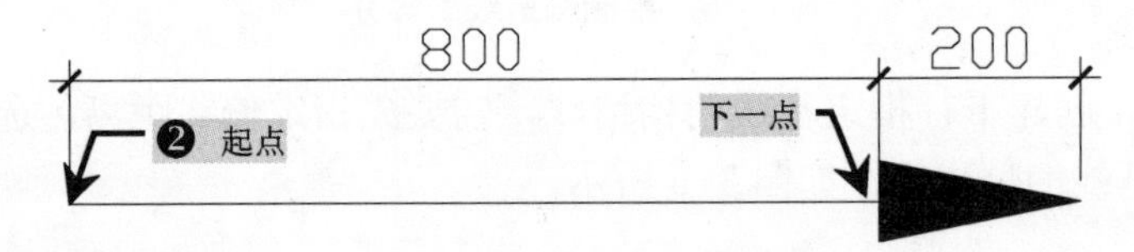

命令:PLINE ❶
指定起点:
当前线宽为 0.0000
指定下一个点或 [圆弧(A)/半宽(H)/长度(L)/放弃(U)/宽度(W)]: **H**
指定起点半宽 <0.0000>: ❸
指定端点半宽 <0.0000>: ❹
指定下一个点或 [圆弧(A)/半宽(H)/长度(L)/放弃(U)/宽度(W)]: @800,0 ❺
指定下一点或 [圆弧(A)/闭合(C)/半宽(H)/长度(L)/放弃(U)/宽度(W)]: **H** ❻
指定起点半宽 <0.0000>: 40 ❼
指定端点半宽 <40.0000>: 0 ❽
指定下一点或 [圆弧(A)/闭合(C)/半宽(H)/长度(L)/放弃(U)/宽度(W)]: @200,0 ❾
指定下一点或 [圆弧(A)/闭合(C)/半宽(H)/长度(L)/放弃(U)/宽度(W)]:

图 3-7 绘制多段线

在绘制多段线过程中，命令栏会提示一系列的选项，其各选项含义如下。

◆ 圆弧（A）：用于从绘制直线方式切换到绘制圆弧方式，如图 3-8 所示。
◆ 半宽（H）：设置多段线的 1/2 宽度，用户可分别指定多段线的起点半宽和终点，如图 3-9 所示。

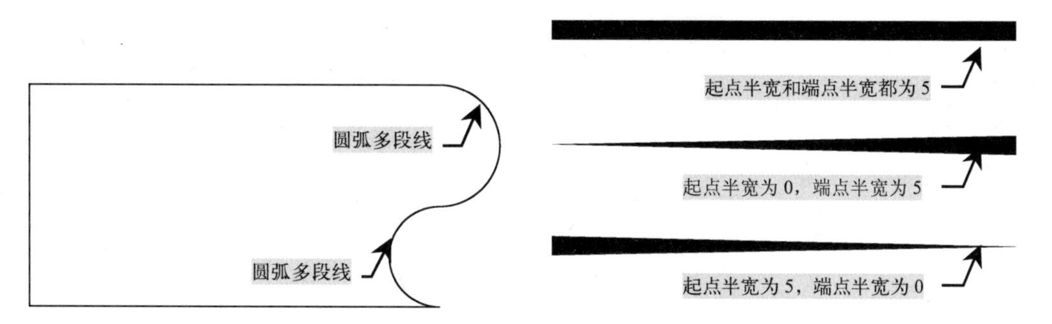

图 3-8　圆弧的绘制　　　　图 3-9　半宽对比

◆ 长度（L）：指定绘制直线段长度。
◆ 放弃（U）：删除多段线的前一段对象，从而方便用户及时修改在绘制多段线过程中出现的错误。
◆ 宽度（W）：设置多段线的不同起点和端点宽度，如图 3-10 所示。
◆ 闭合（C）：于起点闭合，并结束命令。如果绘制的多段线的宽度大于 0 时，若需要绘制的多段线闭合，一定要选择“闭合（C）”选项，这样才能使其完全闭合，否则即使起点与终点在重合，也会出现缺口现象，如图 3-11 所示。

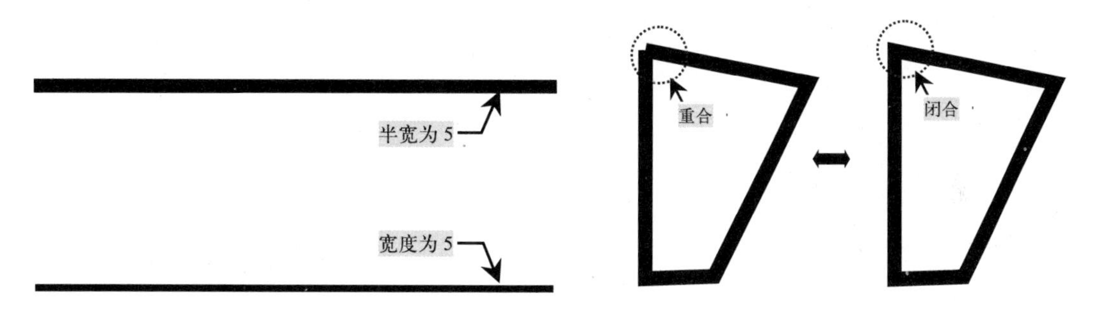

图 3-10　宽度对比　　　　图 3-11　多段线的闭合与重合

软件技能：

当用户设置了多段线的宽度时，可通过 Fill 变量来设置是否对多段线进行填充。若设置为“开（ON）”，则表示填充；若设置为“关（OFF）”，则表示不填充。

3.1.4 绘制圆

圆是一种几何图形，当一条线段绕着它的一个端点在平面内旋转一周时，它的另一个端点的轨迹叫做圆。圆形，是一个看来简单，实际上十分奇妙的形状。在许多图形中都有圆的形状，不论是在建筑、还是园林的图形绘制中，都用得十分的频繁。

绘制圆有以下 3 种方法。

◆ 菜单栏：选择“绘图 | 圆”子菜单下的相关命令，如图 3-12 所示。

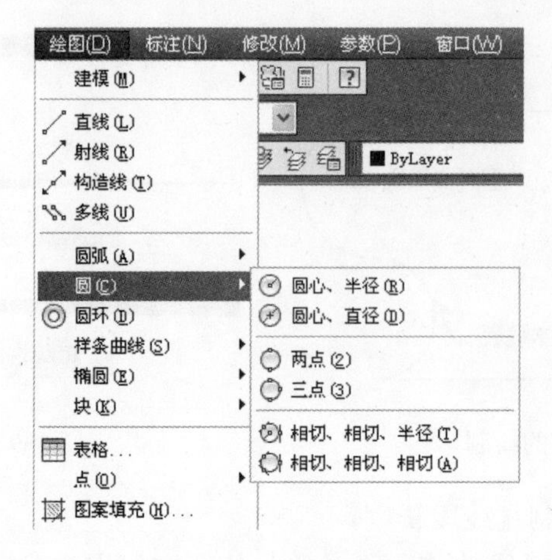

图 3-12　圆的子菜单

◆ 工具栏：在“绘图”工具栏上单击“圆”按钮。

◆ 命令行：在命令行输入或动态输入“Circle”命令（快捷命令“C”）

启动“圆”命令后，AutoCAD 2013 中可以使用 6 种方法来绘制圆对象，如图 3-13 所示。

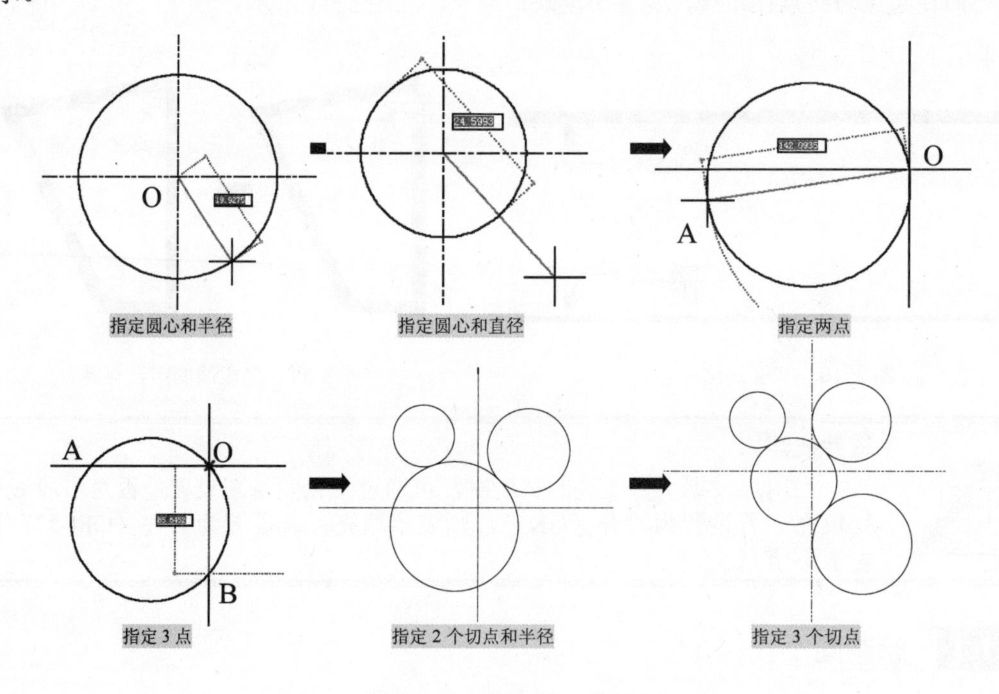

图 3-13　绘制圆的 6 种方法

在绘制圆的过程中，命令行会有一些提示信息，其各选项含义如下。

- ◆“圆心、半径”方式：指定圆的圆心和半径绘制圆。
- ◆“圆心、直径”方式：指定圆的圆心和直径绘制圆。
- ◆“两点”方式：指定两个点，并以两个点之间的距离为直径来绘制圆。
- ◆“三点”方式：指定 3 个点来绘制圆。
- ◆“相切、相切、半径”方式：以指定的值为半径，绘制一个与两个对象相切的圆。在绘制时，需要先指定与圆相切的两个对象，然后指定圆的半径。
- ◆“相切、相切、相切”方式：依次指定与圆相似的 3 个对象来绘制圆。

软件技能：

在“指定圆的半径或（直径）”提示下，也可移动十字光标至合适位置单击，系统将自动把圆心和十字光标确定的点之间的距离作为圆的半径，绘制出一个圆。

3.1.5 绘制圆弧

圆弧可以看成是圆的一部分，圆上任意两点间的部分叫做圆弧，简称弧，弧用符号“⌒”表示。圆的任意一条直径的两个端点把圆分成两条弧，半圆也是弧。圆弧不仅有圆心和半径，而且还有起点和终点。因此通过指定圆弧的起点、中点、方向、包角、终点等控制点来绘制圆弧。

绘制圆弧有以下 3 种方法。

- ◆ 菜单栏：选择“绘图 | 圆弧”子菜单下的相关命令，如图 3-14 所示。
- ◆ 工具栏：在“绘图”工具栏上单击“圆弧”按钮 。
- ◆ 命令行：在命令行输入或动态输入“Arc”命令（快捷命令“A”）。

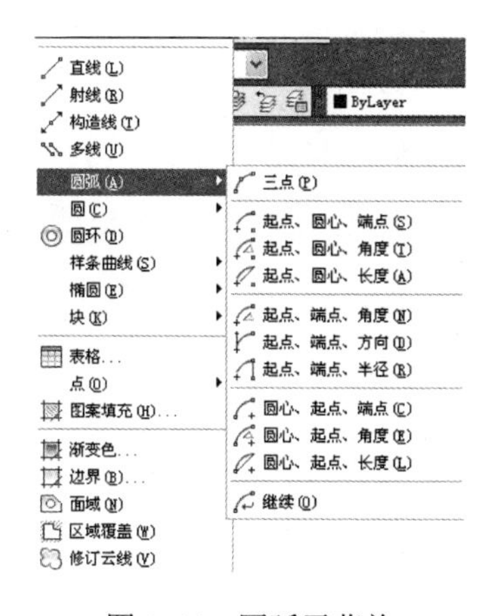

图 3-14 圆弧子菜单

启动“圆弧”命令后，根据命令行提示进行操作，即可以绘制一个圆弧，如图 3-15 所示。

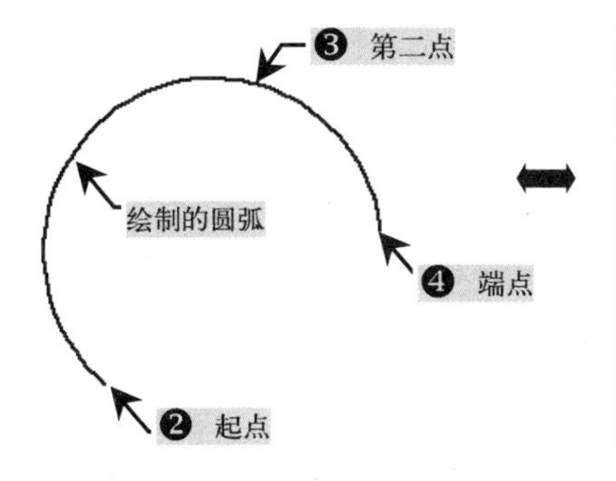

命令:ARC❶
指定圆弧的起点或 [圆心(C)]:
指定圆弧的第二个点或 [圆心(C)/端点(E)]:
指定圆弧的端点:
>>输入 ORTHOMODE 的新值 <0>:
正在恢复执行 ARC 命令。
指定圆弧的端点:

图 3-15 圆弧的绘制

在绘制圆弧的过程中，命令栏会提示一系列的选项，其各选项含义如下。

◆ “三点”方式：通过指定 3 点可以绘制圆弧。

◆ “起点、圆心、端点”方式：如果已知起点、圆心和端点，可以通过首先指定起点或圆心来绘制圆弧，如图 3-16 所示。

◆ “起点、圆心、角度”方式：如果存在可以捕捉到的起点和圆心，并且已知包含角度，请使用“起点、圆心、角度”或“圆心、起点、角度”选项，如图 3-17 所示。

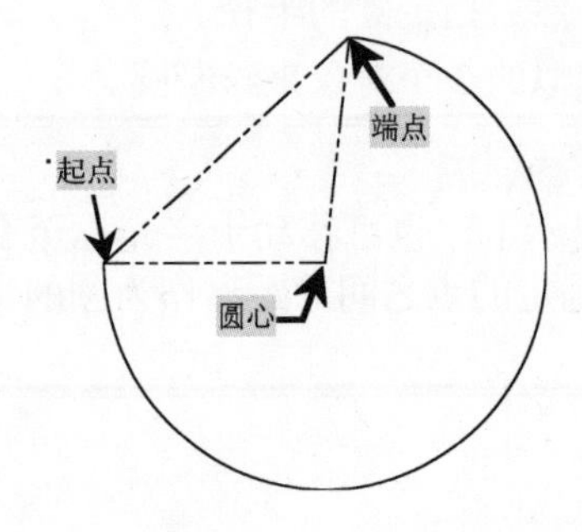

图 3-16 “起点、圆心、端点”方式

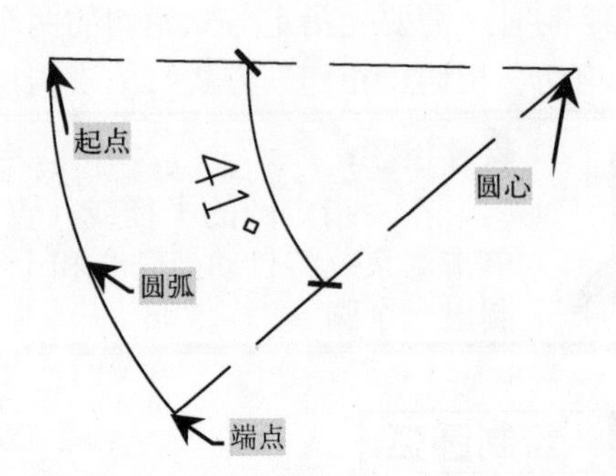

图 3-17 “起点、圆心、角度”方式

◆ “起点、圆心、长度”方式：如果存在可以捕捉的起点和圆心，并且已知弦长，请使用“起点、圆心、长度”或“圆心、起点、长度”选项，如图 3-18 所示。

◆ “起点、端点、方向/半径”方式：如果存在起点和端点，请使用“起点、端点、方向” 或“起点、端点、半径”选项，如图 3-19 所示。

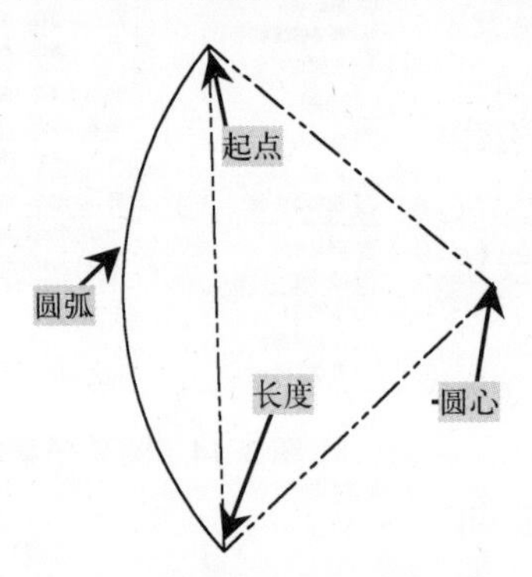

图 3-18 “起点、圆心、长度”

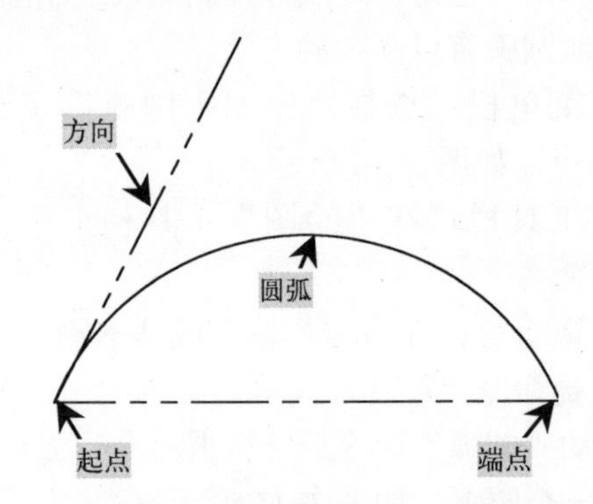

图 3-19 “起点、端点、方向/半径”

软件技能：

完成圆弧的绘制后，启动直线命令“line”，在“指定第一点”提示下直接按〈Enter〉键，再输入直线的长度数值，可以立即绘制一段与该圆弧相切的直线。

3.1.6 绘制矩形

矩形是一种平面图形，矩形的四个角都是直角，同时矩形对象线相等，而且矩形所在平面内任意一点到其两对角线端点的距离的平方和相等。矩形在 AutoCAD 绘制中应用较多，是比较常用的基本图形对象。

绘制矩形有以下 3 种方法。

◆ 菜单栏：选择“绘图 | 矩形”命令。

◆ 工具栏：在“绘图”工具栏上单击“矩形”按钮。

◆ 命令行：在命令行输入或动态输入“Rectang”命令（快捷命令“REC”）。

启动“矩形”命令后，根据命令行提示进行操作，即可绘制一个矩形，如图 3-20 所示。

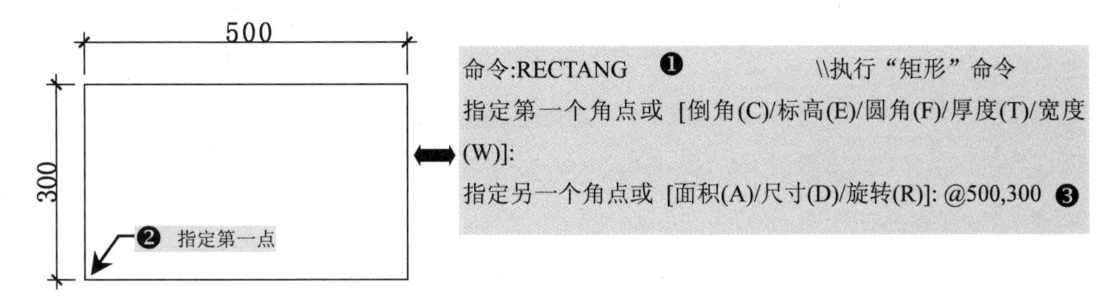

图 3-20 绘制的矩形

在绘制矩形的过程中，命令栏会提示一系列的选项，其各选项含义如下。

◆ 倒角（C）：指定矩形的第一个与第二个倒角的距离，如图 3-21 所示。

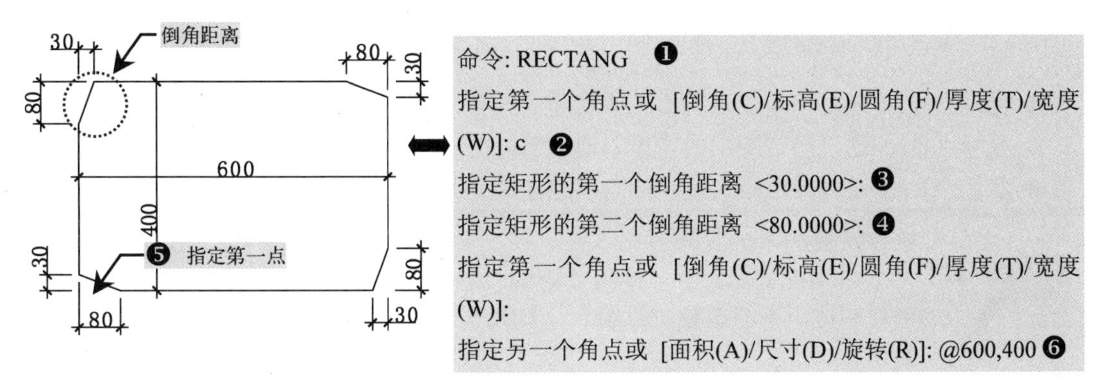

图 3-21 绘制的倒角矩形

◆ 标高（E）：指定矩形距 *XY* 平面的高度，如图 3-22 所示。

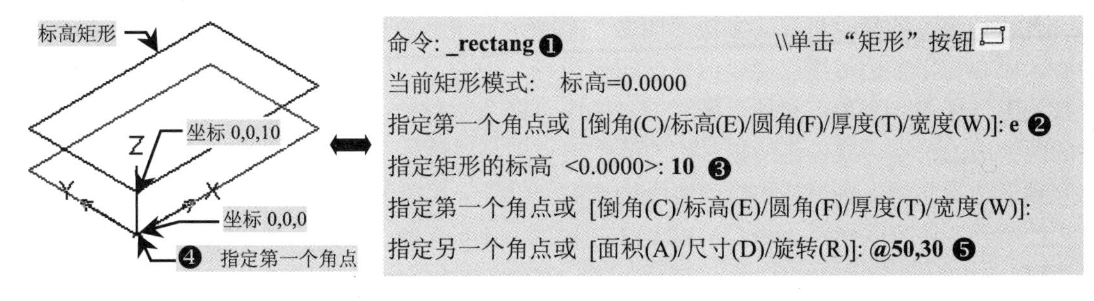

图 3-22 绘制的标高矩形

◆ 圆角（F）：指定圆角半径的矩形，如图 3-23 所示。

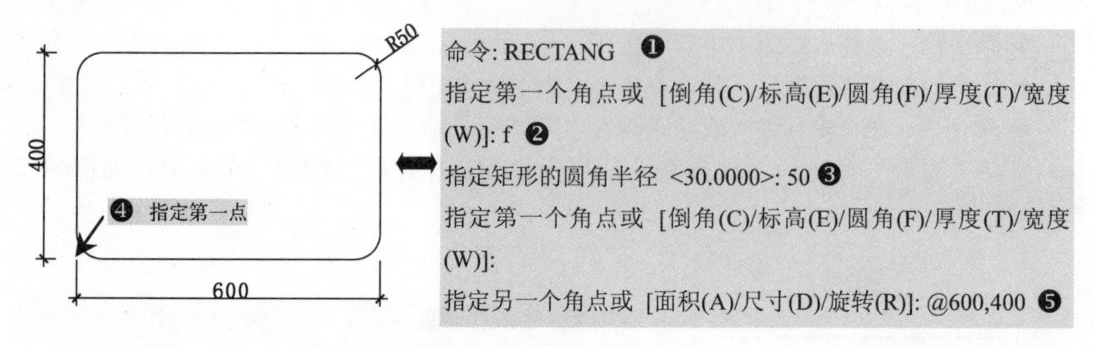

图 3-23　绘制的圆角矩形

◆ 厚度（T）：指定矩形的厚度，如图 3-24 所示。
◆ 宽度（W）：指定矩形的线宽，如图 3-25 所示。

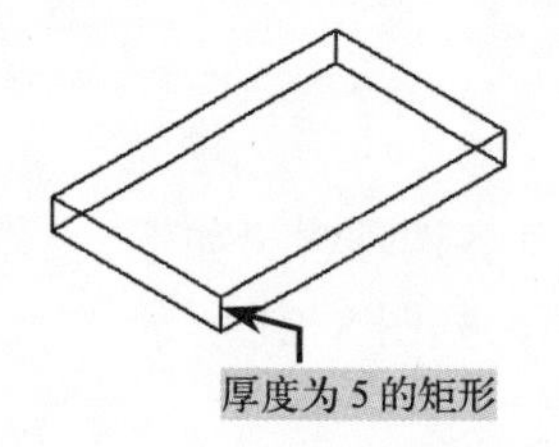

图 3-24　绘制的厚度矩形

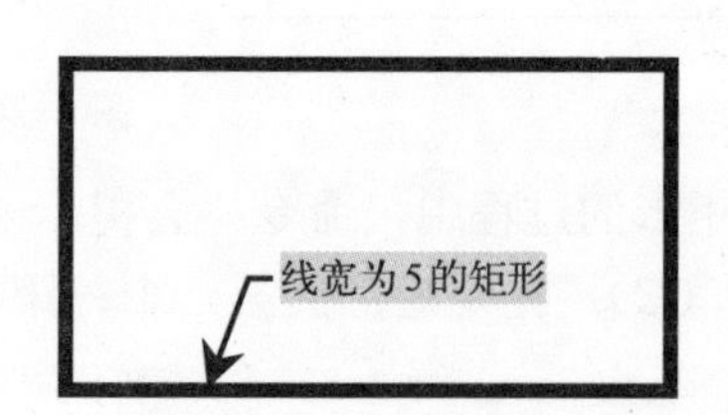

图 3-25　绘制的线宽矩形

◆ 面积（A）：通过指定矩形的面积来确定矩形的长或宽。
◆ 尺寸（D）：通过指定矩形的宽度、高度和矩形另一角点的方向来确定矩形。
◆ 旋转（R）：通过指定矩形旋转的角度来绘制矩形。

软件技能：

在 AutoCAD 中，使用“矩形”命令（rectang）所绘制的矩形对象是一个复制体，不能单独进行编辑。如果需进行单独的编辑，应将其对象分解后操作。

3.1.7 绘制正多边形

各边相等、各角也相等的多边形叫做正多边形，正多边形外接圆的圆心叫做正多边形的中心。中心与正多边形顶点连线的长度叫做半径。中心与边的距离叫做边心距。正多边形为奇数边时，连接一个顶点和顶点所对的边的中点即为对称轴；正多边形为偶数边时，连接相对的两个边的中点，或者连接相对称的两个顶点都是对称轴。

正多边形是由多条等长的封闭线段构成的，除了采用前面介绍的 line 命令和点坐标输入方式绘制外，还可以利用 AutoCAD 2013 提供的 polygon 命令绘制由 3～1024 条边组成的正多边形。

绘制矩形有以下 3 种方法。

◆ 菜单栏：选择“绘图丨正多边形”命令。

◆ 工具栏：在“绘图”工具栏上单击“正多边形”按钮⬠。

◆ 命令行：在命令行输入或动态输入“Polygon”命令（快捷命令“POL”）

启动“正多边形”命令后，根据命令行提示进行操作，即可绘制一个正多边形，如图3-26所示。

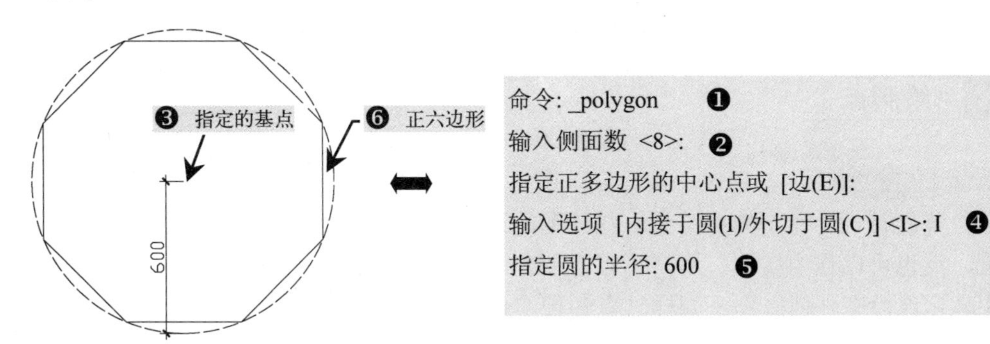

图 3-26　绘制的正多边形

在绘制矩形的过程中，命令栏会提示一系列的选项，其各选项含义如下。

◆ 中心点：通过指定一个点来确定正多边形的中心点。

◆ 边（E）：通过指定正多边形的边长和数量来绘制正多边形，如图3-27所示。

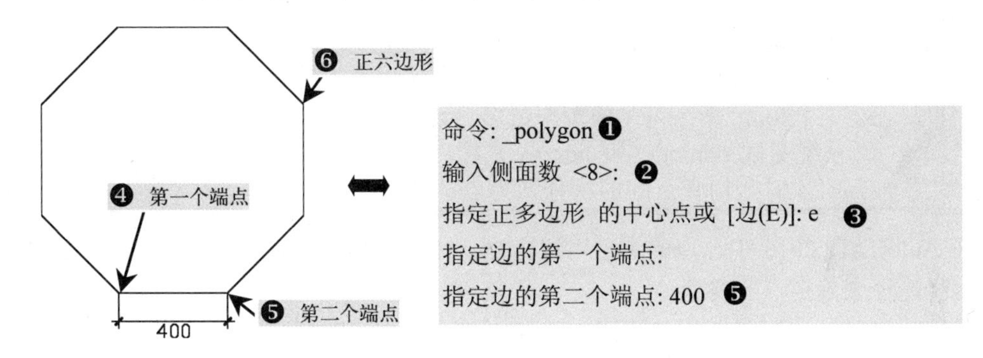

图 3-27　以边绘制的正多边形

◆ 内接于圆（I）：以指定多边形内接圆半径的方式来绘制正多边形，如图3-28所示。

◆ 外切于圆（C）：以指定多边形外接圆半径的方式来绘制正多边形，如图3-29所示。

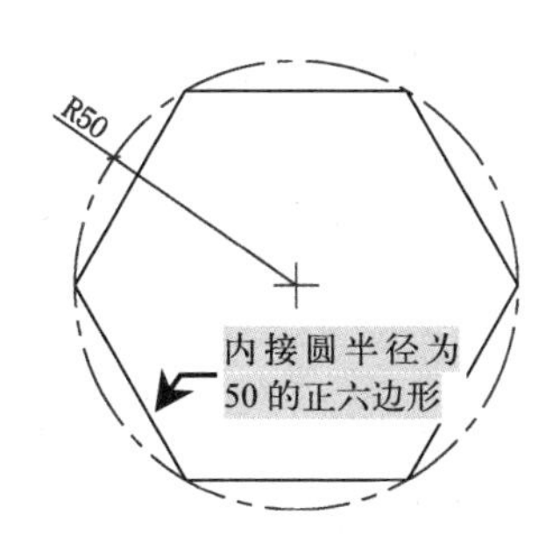

图 3-28　内接于圆

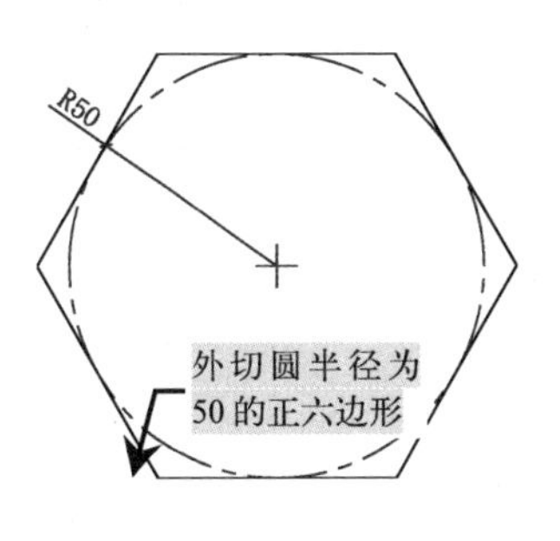

图 3-29　外切于圆

软件技能：

使用“正多边形”命令绘制的正多边形是一个整体，不能单独进行编辑，如确需进行单独的编辑，应将其对角分解后操作。利用边长绘制出正多边形时，用户确定的两个点之间的距离即为多边形的边长，两个点可通过捕捉栅格或相对坐标方式确定；利用边长绘制正多边形时，绘制出的正多边形的位置和方向与用户确定的两个端点的相对位置相关。

3.1.8 绘制点

在 AutoCAD 2013 中，可以一次绘制单个点，也可以一次性绘制多个点，它相当于在图样的指定位置旋转一个特定的点符号。在绘图的过程中，经常要通过输入点的坐标确定某个点的位置。点也可以作为实体，用户可以像创建直线、圆和圆弧一样创建点。作为实体的点与其他实体相比没有任何区别，同样具有各种实体属性，而且可以被编辑。

绘制点对象有以下 3 种方法。

- ◆ 菜单栏：选择“绘图 | 点”子菜单下的相关命令，如图 3-30 所示。
- ◆ 工具栏：在“绘图”工具栏上单击“点”按钮 。
- ◆ 命令行：在命令行输入或动态输入“point”命令（快捷命令“PO”）

执行“点”命令后，在命令行“指定点”的提示下，使用鼠标在窗口的指定位置单击即可绘制点对象。

软件技能：

Point 命令可生成单个或多个点。点的样式和大小可由 Ddptype 命令或系统变量 pdmode 和 pdsize 来控制，系统变量 pdmode 的值分别为 0，2，3，4 时，相应点的形状分别为点、十字、叉和竖线。

在 AutoCAD 2013 中，点的类型可以定制，用户可以方便地得到自己所需要的点。通过以下两种途径来确定点的类型。

在 AutoCAD 可以设置点的不同样式和大小，用户可选择“格式 | 点样式”命令，或者在命令行中输入“ddptype”，即可弹出“点样式”对话框，从而来设置不同点样式和大小，如图 3-31 所示。

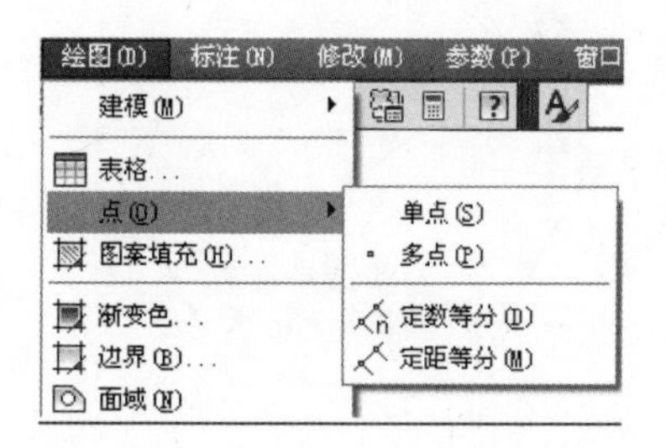

图 3-30 绘制点的几种方式

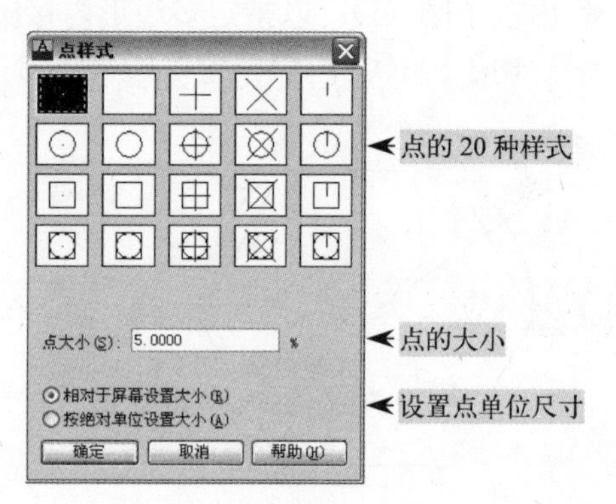

图 3-31 “点样式”对话框

在“点样式”对话框中，各选项的含义如下。

◆ “点样式”列表：在上侧的多个点样式中，列出来 AutoCAD 2013 提供的所有点样式，且每个点对应一个系统变量（PDMODE）值。

◆ “点大小”文本框：设置点的显示大小，可以相对于屏幕设置点的大小，也可以设置绝对单位点的大小，用户可在命令行中输入系统变量（PDSIZE）来重新设置。

◆ “相对于屏幕设置大小（R）”单选项：按屏幕尺寸的百分比设置点的显示大小，当进行缩放时，点的显示大小并不改变。

◆ “按绝对单位设置大小（A）”单选项：按照“点大小”文本框中值的实际单位来设置点显示大小。当进行缩放时，AutoCAD 显示点的大小会随之改变。

1．等分点

“等分点”命令的功能是以相等的长度设置点功能图块的位置，被等分的对象可以是线段、圆、圆弧以及多段线等实体。选择“绘图 | 点 | 定数等分”菜单命令，或者在命令行中输入“Divide”命令，然后按照命令行提示进行操作，则等分的效果如图 3-32 所示。

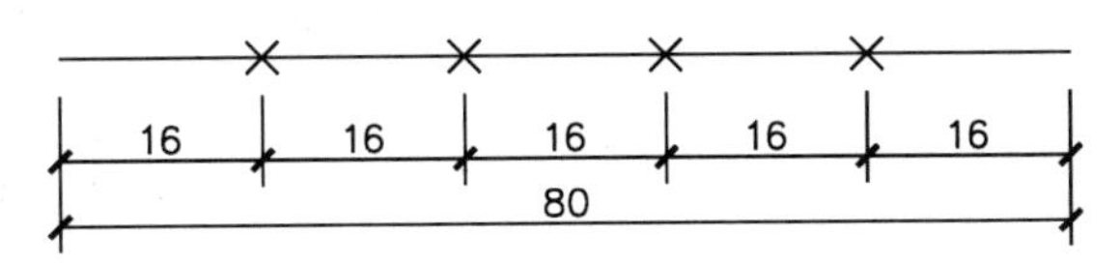

选择要定数等分的对象:　　　　\\选择要等分的对象
输入线段数目或 [块(B)]: **5**　　　\\输入线段的等分数

图 3-32　5 等分后的线段

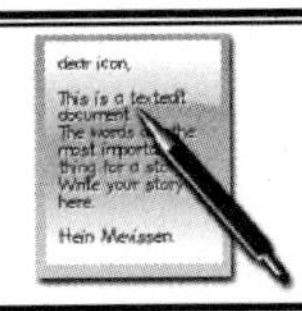

软件技能：

在输入等分对象的数量时，其输入值范围为 2～32767。

2．等距点

“等距点”命令用于在选择的实体上按给定的距离放置点或图块。选择“绘图 | 点 | 定距等分”命令，或者在命令行中输入“Measure”命令，然后按照命令行提示进行操作，则等分的效果如图 3-33 所示。

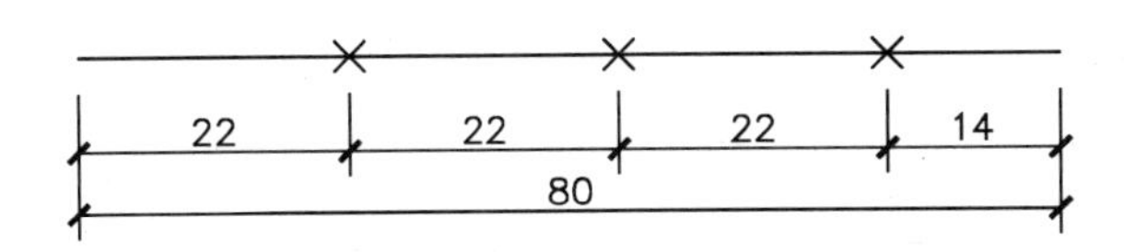

选择要定距等分的对象:　　　　\\选择要定距等分的对象
指定线段长度或 [块(B)]: **22**　\\输入线段的长度

图 3-33　以 22 为单位定距等分线段

3.1.9 图案填充

在机械、建筑、园林等行业图样中，常常需要绘制剖视图或剖面图。在这些剖视图中，为了区分不同的零件剖面，常需要对剖面进行图案填充。AutoCAD 2013 的图案填充功能用于把各种类型的图案填充到指定的区域中，用户有可以自定义图案的类型，也可以修改已定义图案的特征。

1．拖曳填充图案至图形对象

执行拖曳填充图案至图形对象有以下4种方法。

◆ 菜单栏：选择“工具｜设计中心”命令。

◆ 工具栏：在“标准”工具栏上单击“设计中心”按钮。

◆ 命令行：在命令行输入或动态输入“ADC”命令。

◆ 快捷键：〈Ctrl+2〉组合键。

执行“设计中心”命令后，在“绘制”工具栏的左边将出现一个文件列表框，如图3-34所示。

图3-34　拖曳填充图案

实现拖曳填充图案至图形对象，还需要按以下步骤进行操作。

1）单击“桌面”按钮。

2）在左侧树型文件列表框中，选择AutoCAD 2013文件夹下的Support文件夹。此文件夹中的文件将在右侧文件框中显示出来，在文件当中，选择文件acad.pat并双击打开，这时文件中的填充图案将显示在右侧的文件框中。

3）用户可以在选择Support文件夹时，右击鼠标，在弹出的菜单中选择添加至收藏夹，然后将自动为所选文件夹添加一个默认的快捷方式，以便于在文件的树型列表中快捷地访问文件夹。

4）在面板的图案列表中选择一种填充图案。

5）将所选择的图案拖曳至图形当中。如果填充图案太大或太小，都将产生错误的信息，这时候可以双击所选图案，出现“边界图案填充”对话框，可以在对话框中调整图案的大小及属性。再通过选择填充方式对图形进行填充。

6）在拖曳图形过程中，鼠标将显示一个拾取框，拾取框中将显示填充的图案。

2．使用BHATCH命令

用户可以通过以下3种方法执行“图案填充”命令。

◆ 菜单栏：选择“工具｜图案填充”命令。

◆ 工具栏：在“绘图”工具栏上单击“图案填充”按钮。

◆ 命令行：在命令行输入或动态输入“Bhatch”命令（快捷命令“H”）。

启动“图案填充”命令之后，将弹出“图案填充或渐变色”对话框，根据要求选择一封闭的图形区域，并设置填充的图案、比例、填充原点等，即可对其进行图案填充，如图3-35 所示。

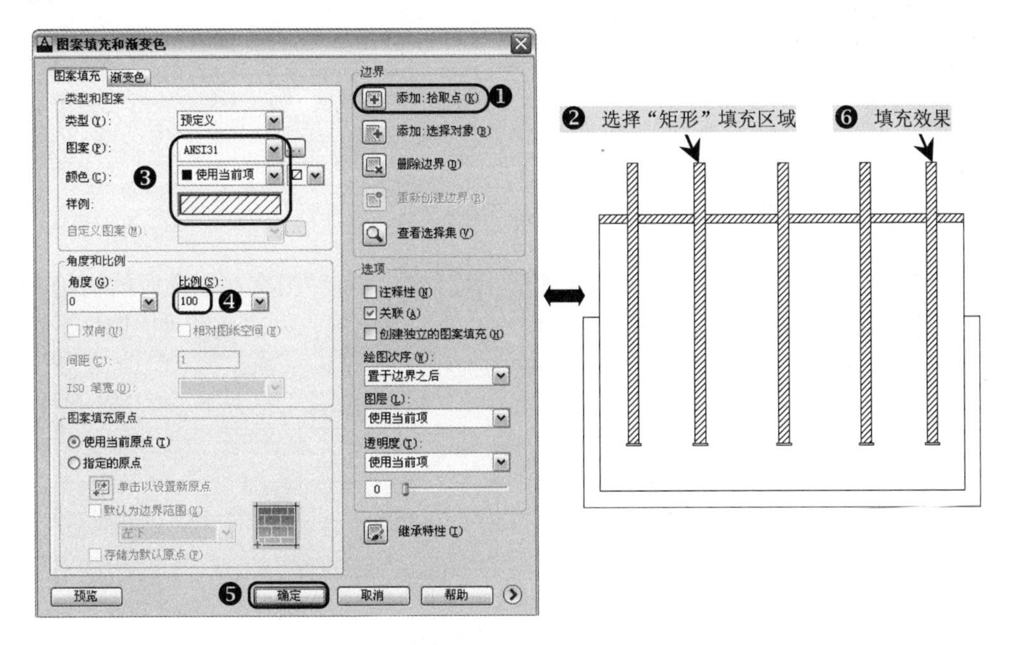

图 3-35 图案填充

在“图案填充”选项卡中，各选项含义如下。

◆ “类型”下拉列表框：选择填充图案的样式类型，有预定义、用户定义以及自定义 3 种选项。用户可在下拉箭头选择填充样式类型。系统默认的为预定义。

◆ “图案”下拉列表框：当通过“类型”下拉列表框选用“预定义”填充图案类型进行填充时，该下拉列表框用于确定具体的填充图案。用户可以从“图案”下拉列表框进行选择，也可以单击右边的按钮，从弹出的“填充图案控制板”对话框中选择，如图 3-36 所示。

◆ “样例”预览窗口：当前所使用填充图案的图案样式。单击“样例”框中的图案，AutoCAD 2013 也会弹出一个对话框，供用户选择图案。

◆ “自定义图案”下拉列表框：确定用户自定义的填充图案。只有当通过“类型”下拉列表选用“自定义”填充图案类型进行填充时，该项才有效。用户可通过下拉列表框选择自定义的填充图案，也可以单击相应的按钮，从弹出的对话框中选择。

◆ “角度”下拉列表框：确定填充图案的旋转角度，每种图案在定义时的旋转角为零。用户可以在“角度”下拉列表框内输入图案填充时图案要旋转的角度，也可以从相应的下拉列表中选择，如图 3-37 所示。

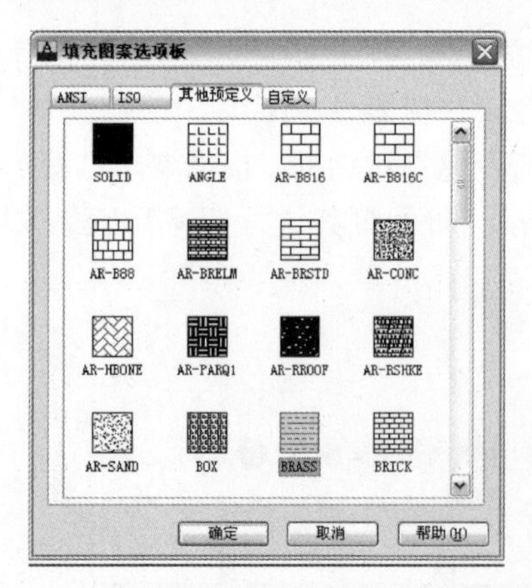

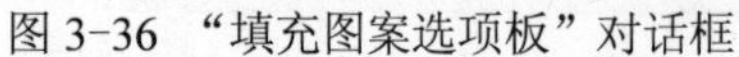

图 3-36 “填充图案选项板”对话框

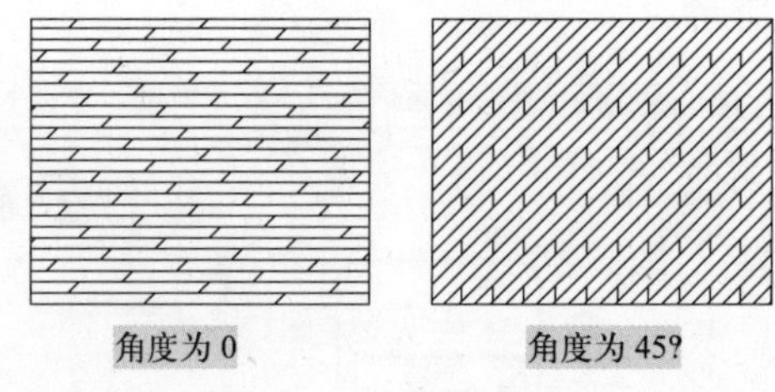

图 3-37 填充角度的对比

◆“比例”下拉列表框：确定填充图案时的比例值，每种图案在定义时的初始比例为1。用户可以根据需要改变填充图案填充时的图案比例。方法是在“比例”下拉列表框内输入比例值，或从相应的下拉列表中选择，如图 3-38 所示。

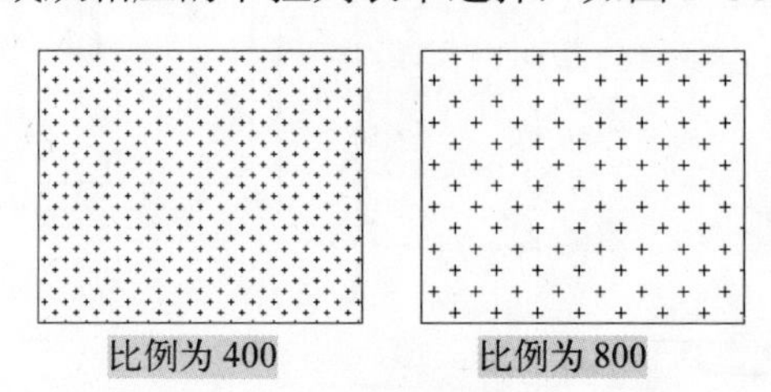

图 3-38 填充比例的对比

◆“双向”复选框：当通过“类型”下拉列表选用“用户定义”填充类型进行填充时，可利用该复选框确定填充线是一组平行线，还是相互垂直的两组平行线。选中复选框为相互垂直的两组平行线，否则为一组平行线。

◆“相对图纸空间”复选框：设置比例因子是否为相对于图样空间的比例。

◆“间距”文本框：设置填充平行线之间的距离。

◆“ISO 笔宽”下拉列表框：当填充图案采用 ISO 图案时，该选项才可用，它用于设置线的宽度。

◆“使用当前原点”单选按钮：可以使用当前 UCS 的原点（0,0）作为图案填充的原点。

◆“指定的原点”单选按钮：选中该单选项按钮，可以通过指定点作为图案填充的原点。若单击“单击以设置新原点”按钮，可以从绘图窗口中选择某一点作为图案填充原点；若勾选“默认为边界范围”复选框，可以以填充边界左下角、右下角、右上角、或圆心作为图案填充的原点。

◆“添加：拾取点”按钮；单击该按钮切换到绘图窗口中，以拾取点的方式来指定对象封闭区域中的点。

软件技能：

如果内部有不希望填充的孤岛，可以单击“删除边界”按钮，再选择要删除的边界，即可将不需要的孤岛删除。

◆ “添加：选择对象”按钮：单击该按钮切换到绘图窗口中，选择封闭区域的对象来定义填充区域的边界。

◆ “删除边界”按钮：单击该按钮切换到绘图窗口中，选择需要删除的填充区域边界。

软件技能：

如果填充的图案与某个对象相交，并且该对象被选定为边界集的一部分，则 HATCH 命令将围绕该对象来填充。如果单击“删除边界”按钮，并选择该文本对象，将该广本对象的边界删除，则在填充图表时，将忽略这个文本对象进行填充。

◆ “重新创建边界”按钮：单击该按钮切换到绘图窗口中，重新创建图案的填充边界。

◆ “查看选择集”按钮：单击该按钮切换到绘图窗口中，并将已定义的填充边界以虚线的方式显示出来。

◆ “注释性”复选框：用于将填充的图案定义为可注释性的对象。

◆ “关联”复选框：用于创建其边界随之更新的图案和填充。

◆ “创建独立的图案填充”复选框：用于创建独立的图案和填充。

◆ “绘图次序”下拉列表框：用于指定图案填充的绘图顺序。

◆ “继承特性”按钮：可以将现有的图案填充或填充对象的特性，应用到其他图案填充或填充对象。

◆ “孤岛检测”复选框：可以指定在最外层边界内填充对象的方法，如图 3-39 所示。

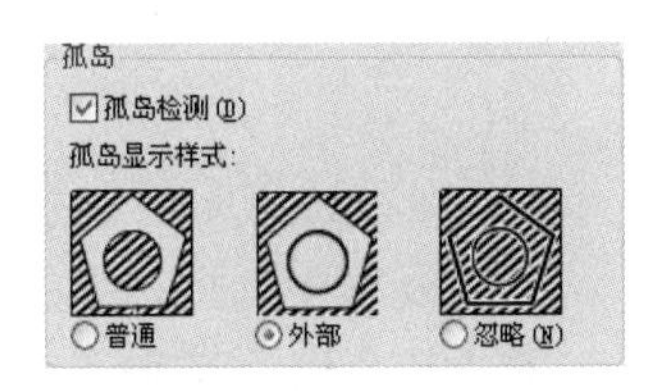

图 3-39 填充孤岛样式

◆ “普通”单选按钮：将从最外层的外边界向内边界填充，第一层填充，第二层不填充，第三层填充，依次交替进行填充，直到选定边界被填充完毕为止，如图 3-40 所示。

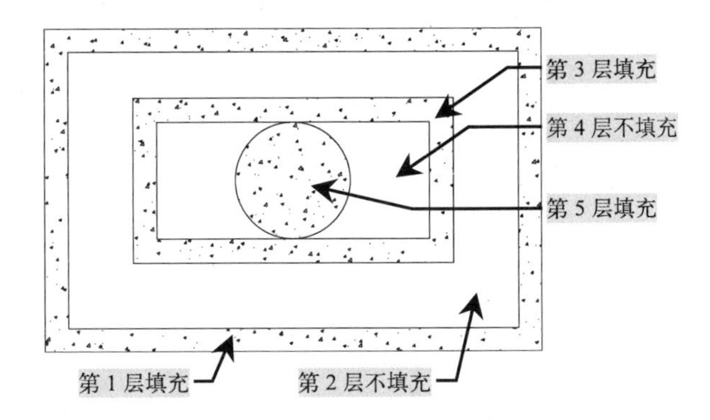

图 3-40 “普通”填充

◆ “外部”单选按钮：只填充最外层的边界向内第一层边界之间的区域，其系统变量 HPNAME 设置为 0，如图 3-41 所示。

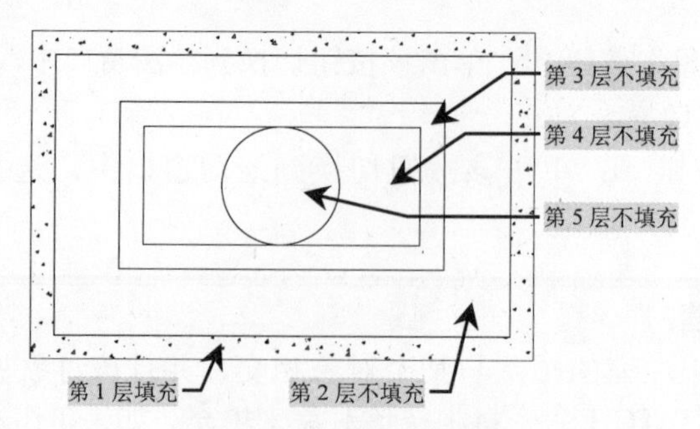

图 3-41 “外部”填充

◆“忽略”单选按钮：表示忽略边界，从最外层边界的内部将全部填充，如图 3-42 所示。

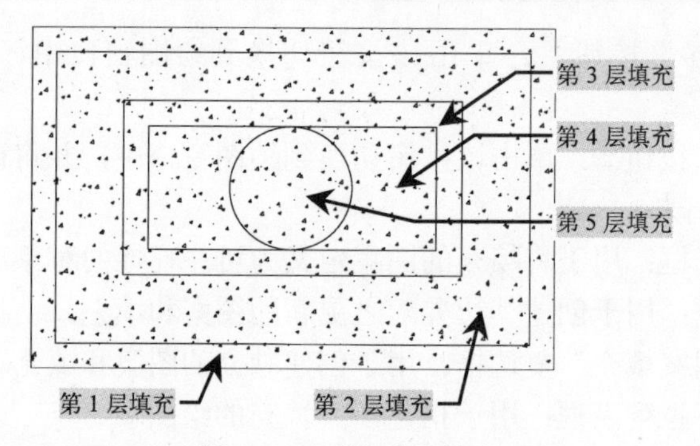

图 3-42 “忽略”填充

◆“保留边界”复选框：可将填充边界以对象的形式保留，并可以从“对象类型”下拉列表框中选择边界的保留类型。

在“渐变色”选项卡，可以使用 9 种渐变色填充图形，但不能使用位图填充图案，如图 3-43 所示。

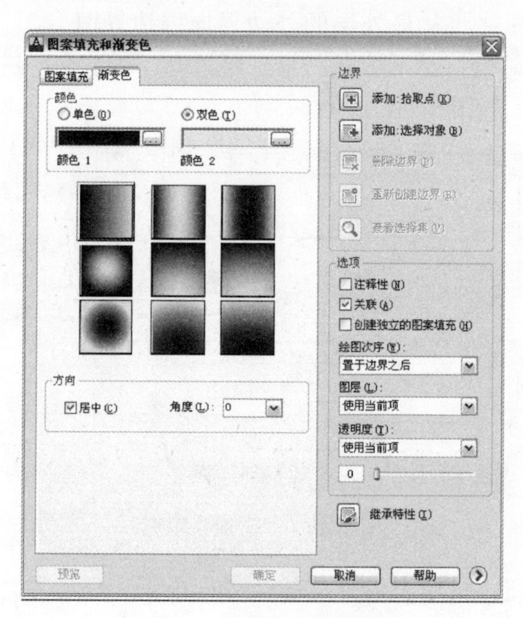

图 3-43 “渐变色”选项卡

3.1.10 绘制多线

多线就是由 1～16 条相互平行的平行线组成的对象，且平行线之间的间距、数目、线型、线宽、偏移量、比例均可调整，常用于绘制建筑图样的墙线、电子线路图、地图中的公路与河道等对象。

绘制多线对象有以下 2 种方法。

◆ 菜单栏：选择“绘图 | 多线”命令。

◆ 命令行：在命令行输入或动态输入“Mline”命令（快捷命令“ML”）。

执行“多线”命令后，在命令行的提示下操作，即可绘制出多线，如图 3-44 所示。

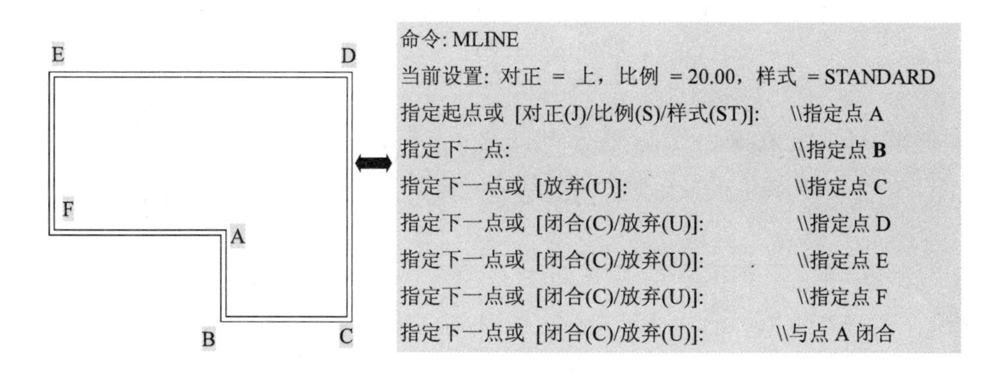

图 3-44 多线的绘制

在绘制多线的过程中，命令栏会提示一系列的选项，其各选项含义如下。

◆ “对正（J）”选项：用来设定双线距光标拾取点的相应位置，指定多线的对正方式。共有 3 种对正方式，即上（T）、无（Z）、下（B），如图 3-45 所示。

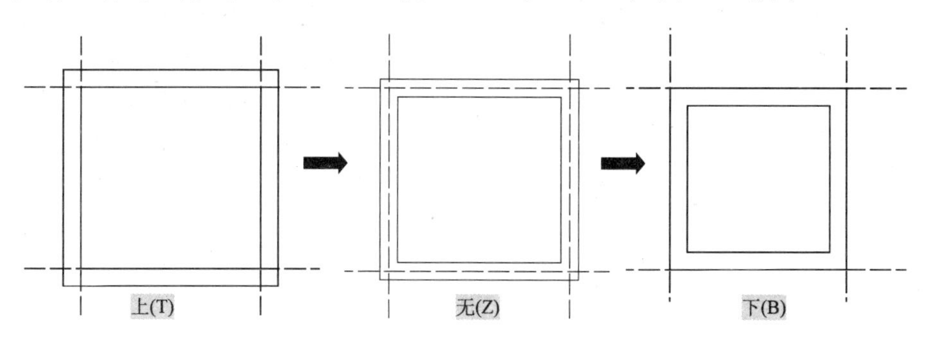

图 3-45 多线的 3 种对正

软件技能： 对正方式

1）上（T）：当按坐标系正向画线时，光标取点位于靠上（或靠左）的那条线上。

2）无（Z）：指定光标取点位于双线正中。

3）下（B）：当按坐标系正向画线时，光标取点位于靠下（或靠右）的那条线上。

◆ “比例（S）”选项：可以控制多线绘制时的比例，使用该比例系数乘以偏移可得到新偏移。选择该项后，在命令栏提示“输主多线比例” ，如图 3-46 所示。

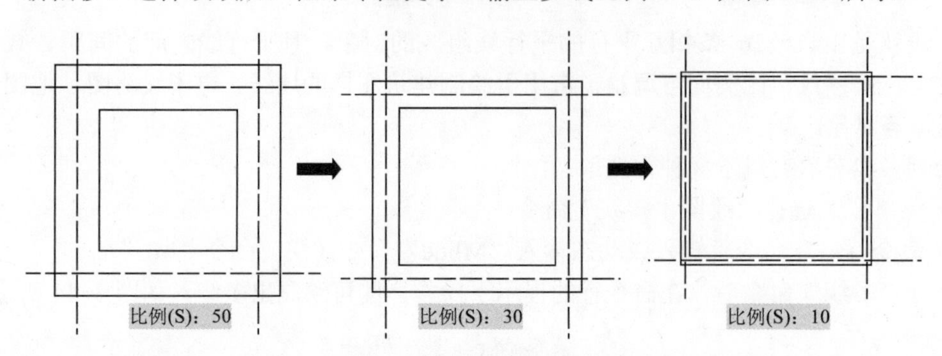

图 3-46　多线的比例对比

◆ “样式（ST）”选项：用来设定多线的宽度，在默认状态下为标准型（Standard）。选择该项后，命令栏提示“输入多线样式名或[？]”，如图 3-47 所示。

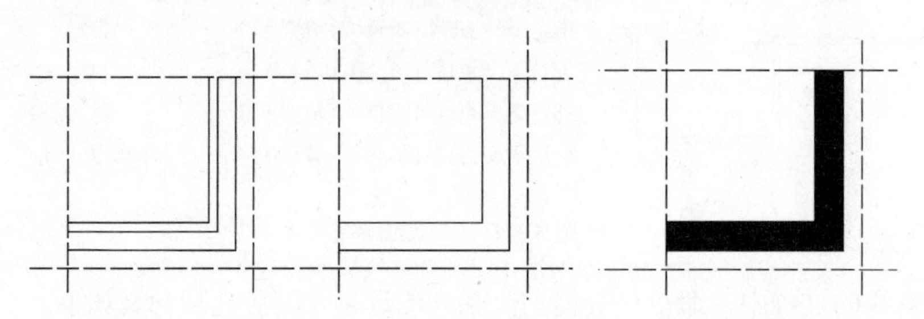

图 3-47　多线样式对比

软件技能：

完成设定并输入起点后，反复提示“指定下一点”：这时可以不断输入多线的下一点，直到按〈Enter〉键结束命令。其中提示中 U 或 C，可用于放弃或封闭，作用相同于 Line 命令。

3.1.11　绘制多线样式

由于在 AutoCAD 2013 中提供的多样模式为“Standard”，其比例为“1”，对正方式为“上”，而在绘制多线时，需要各种不同的多线样式。用户可以通过打开“多线样式”对话框来进行。

要打开“多线样式”对话框有以下 2 种方法。

◆ 菜单栏：选择“格式 | 多线样式”命令。

◆ 命令行：在命令行输入或动态输入“Mlstyle”命令。

启动“多线样式”命令后，将弹出“多线样式”对话框，“多线样式”对话框中各功能按钮的含义说明如下，如图 3-48 所示。

◆ “样式”列表框：显示已经设置好或加载的多线样式。

◆ “置为当前”按钮：将“样式”列表框中所选择的多线样式设置为当前模式。

◆ “新建”按钮：单击该按钮，将弹出“创建新的多线样式”对话框，从而可以创建新的多线样式，如图 3-49 所示。

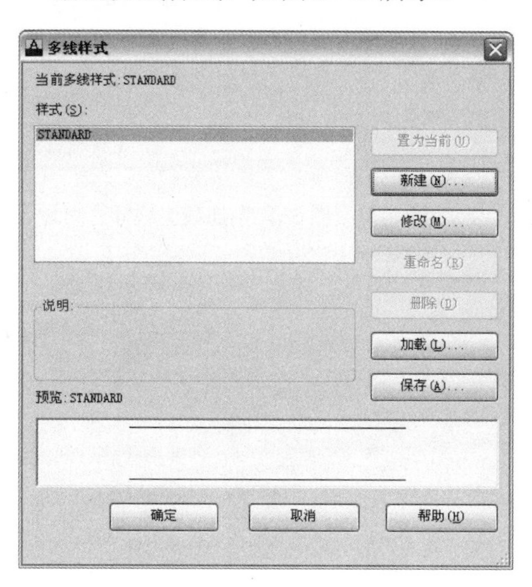

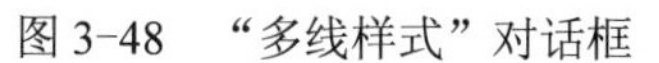
图 3-48 “多线样式”对话框

图 3-49 “创建新的多线样式”对话框

◆ “修改”按钮：在“样式”列表框中选择样式并单击该按钮，将弹出“修改多线样式：XX”对话框（XX：表示样式名称），从而可以修改多线样式，如图 3-50 所示。

图 3-50 “修改多线样式：XX”对话框

软件技能：

如果创建的多线样式已经运用到绘图区域中，那么这个多线样式就不能再进行修改，只有在运用到绘图区域之前才可以修改。

◆ “重命名”按钮：将“样式”列表框中所选择的样式重新命名。

◆ “删除”按钮：将“样式”列表框中所选择的样式删除。

◆ “加载”按钮：单击该按钮，将弹出“加载多线样式”对话框，从而可以将更多的多线样式加载到当前文档中，如图 3-51 所示。

◆ “保存”按钮：单击该按钮，将弹出“保存多线样式”对话框，将当前的多线样式保存为一个多线文件，如图 3-52 所示。

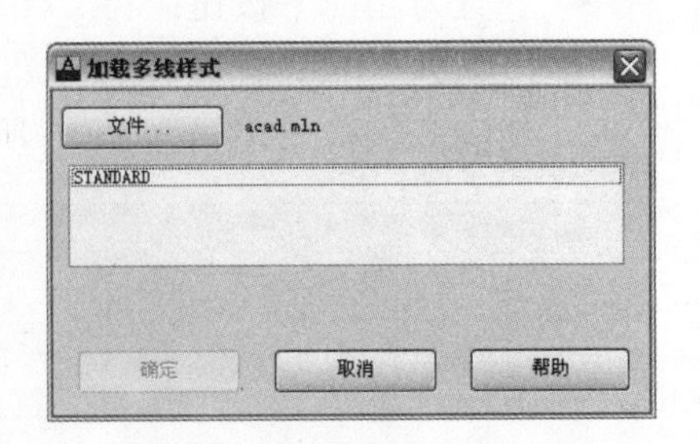

图 3-51　加载多线样式对话框

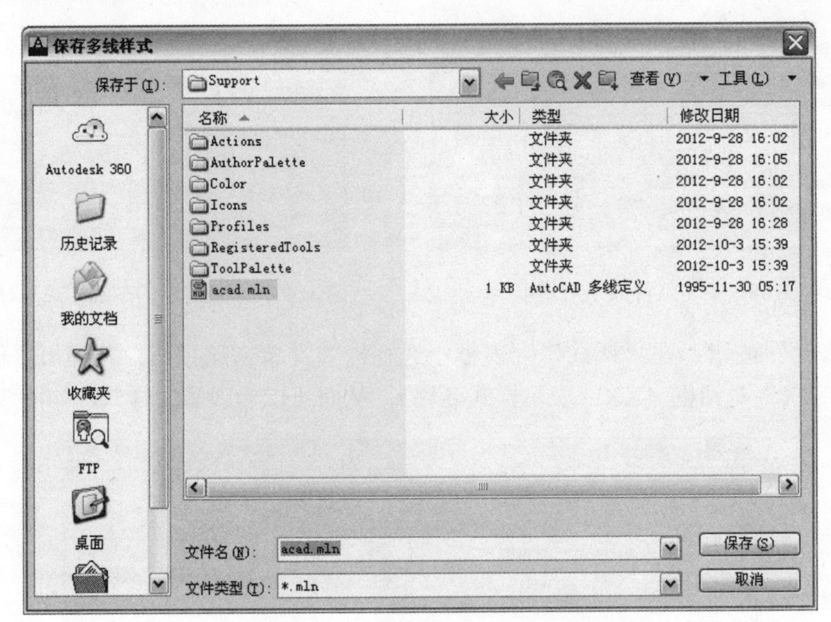

图 3-52　“保存多线样式”对话框

3.1.12 编辑多线

在 AutoCAD 2013 中运用多线绘制的图形，需要对多线与多线之间的交点进行编辑，由于多线与多线之间的交点情况不同，所需要的编辑也有所不同，在 AutoCAD 2013 对多线的编辑设置了专门的编辑工具。

编辑绘制的多线，可用以下 3 种方法。

◆ 菜单栏：选择“修改 | 对象 | 多线”命令。

◆ 命令行：在命令行输入或动态输入“Mledit”命令。

◆ 鼠标键：直接用鼠标双击需要修改的多线对象。

使用任意一种命令，系统将弹出“多线编辑工具”对话框，根据不同的交点选择编辑工具返回到绘制图形的视图中，然后依次单击相同的交点对其进行编辑，如图 3-53 所示。

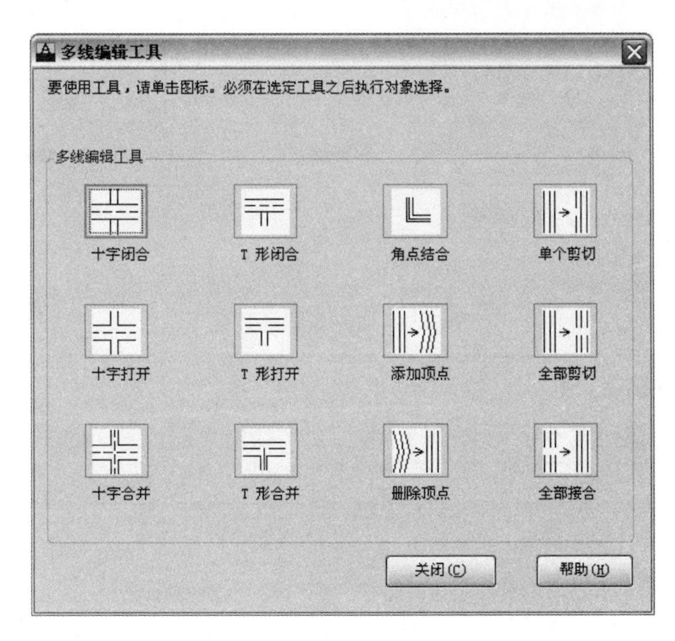

图 3-53 “多线编辑工具”对话框

在“多线编辑工具”对话框中，各工具选项的含义及编辑的效果如下。

◆ “十字闭合”：表示相交两多线的十字封闭状态，AB 分别代表选择多线的次序，垂直多线为 A，水平多线为 B。
◆ “十字打开”：表示相交两多线的十字开放状态，将两线的相交部分全部断开，第一条多线的轴线在相交部分也要断开。
◆ “十字合并”：表示相交两多线的十字合并状态，将两线的相交部分全部断开，但两条多线的轴线在相交部分相交，如图 3-54 所示。

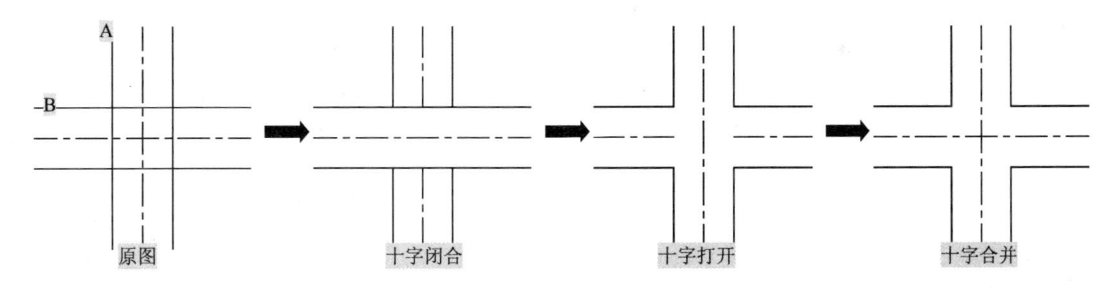

图 3-54 十字编辑的效果

◆ “T 形闭合”：表示相交两多线的 T 形封闭状态，将选择的第一条多线与第二条多线相交部分的修剪去掉，而第二条多线保持原样连通。
◆ “T 形打开”：表示相交两多线的 T 形开放状态，将两线的相交部分全部断开，但第一条多线的轴线在相交部分也断开。
◆ “T 形合并”：表示相交两多线的 T 形合并状态，将两线的相交部分全部断开，但第一条与第二条多线的轴线在相交部分相交，如图 3-55 所示。

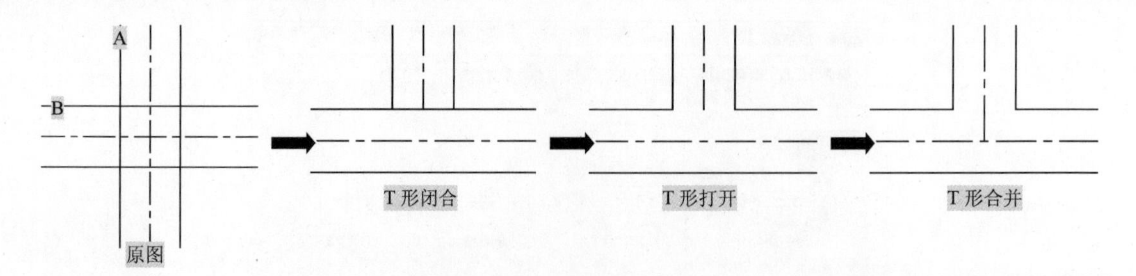

图 3-55　T 形编辑的效果

软件技能：

在处理十字相交和 T 形相交多线时，用户应当注意选择多线的顺序，如果选择顺序不恰当，可能得到的结果也不会切合实际需要。

- “角点结合”：表示修剪或延长两条多线直到它们接触形成一相交角，将第一条和第二条多线的拾取部分保留，并将其相交部分全部断开剪去。
- “添加顶点”：表示在多线上产生一个顶点并显示出来，相当于打开显示连接开关，显示交点一样。
- “删除顶点”：表示删除多线转折处的交点，使其变为直线形多线。删除某顶点后，系统会将该项点两边的另外两顶点连接成一条多线线段，如图 3-56 所示。

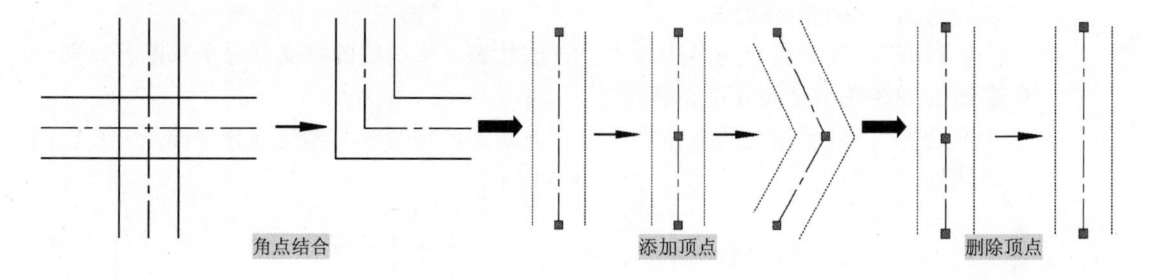

图 3-56　角点编辑的效果

- “单个剪切”：表示在多线中的某条线上拾取两个点从而断开此线。
- “全部剪切”：表示在多线上拾取两个点从而将此多线全部切断一截。
- “全部接合”：表示连接多线中的所有可见间断，但不能用来连接两条单独的多线，如图 3-57 所示。

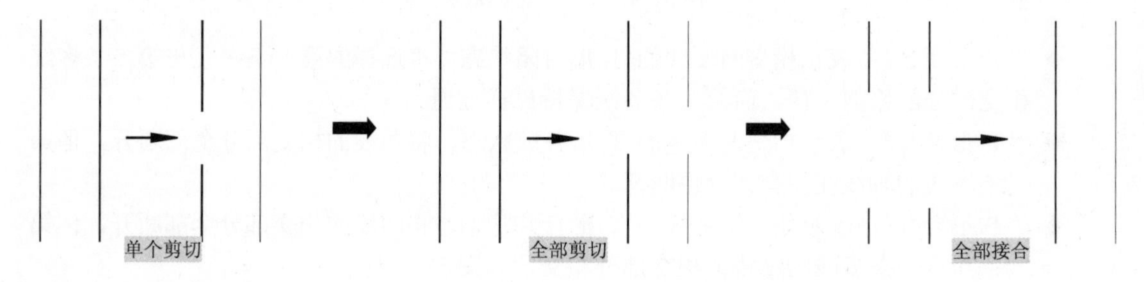

图 3-57　多线的剪切与结合

3.2 图形的编辑与修改

前面向用户讲解了如何绘制一些基本图形，接下来向用户讲解如何编辑与修改图形，编辑与修改图形可以使绘制的图形更加完善、方便。

3.2.1 删除对象

在绘制图形的过程中经常会产生一些中间阶段的实体，可能是辅助线，也可能是一些错误或没有作用的图形。在最终的图样中是不需要这些实体的。“删除”命令为用户提供了删除实体的方法。

用户可以通过以下 3 种方法来删除对象。

◆ 菜单栏：选择“修改 | 删除”命令。

◆ 工具栏：在“修改”工具栏上单击“删除”按钮。

◆ 命令行：在命令行输入或动态输入“Erase”命令（快捷命令“E”）。

执行“删除”命令后，根据提示选择需要删除的对象，并按〈Enter〉键结束选择，即可删除其指定的图形对象，如图 3-58 所示。

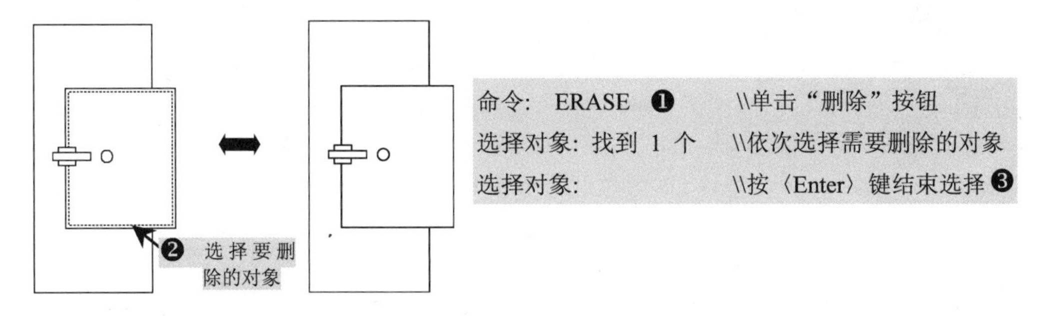

图 3-58 删除对象

软件技能：

在 AutoCAD 2013 中，用“删除”命令删除实体后，这些实体只是临时性地被删除了，但只要不退出当前图形并且没有保存，用户还可以用“恢复”或“放弃”命令，即按〈Ctrl+Z〉组合键或执行“Undo”命令，将删除的实体恢复。

使用“恢复”命令只能恢复最近一次“删除”命令的实体，若连续两次使用“删除”命令，要恢复前一次删除的实体只能使用“放弃”命令。

3.2.2 复制对象

复制命令的作用是将选择的对象从一个位置复制到另一个位置。如果需要一次又一次地重复绘制相同的实体，就可以使用“复制”命令，在 AutoCAD 2013 中提供了“复制”命令，可以使用户轻松地将实体目标复制到新的位置。

用户可以通过以下 3 种方法复制对象。

◆ 菜单栏：选择“修改 | 复制”命令。

◆ 工具栏：在“修改”工具栏上单击“复制”按钮。

◆ 命令行：在命令行输入或动态输入“Copy”命令（快捷命令“CO”）。

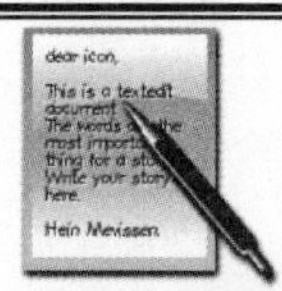

软件技能：

在命令行中输入“Co”或“Cp”，均可启动“复制”命令。

执行“复制”命令后，根据提示选择需要复制的对象，并选择复制基点和指定目标点（或输入复制的距离值），即可将选择的对象复制到指定的位置，如图 3-59 所示。

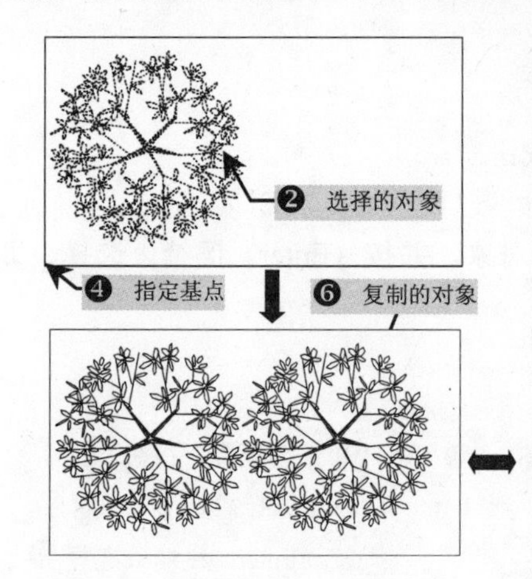

命令: COPY ❶ \\选择“复制”命令
选择对象: 指定对角点: 找到 130
选择对象: ❸
当前设置: 复制模式 = 多个
指定基点或 [位移(D)/模式(O)] <位移>:
指定第二个点或 [阵列(A)] <使用第一个点作为位移>:
700 ❺ \\输入矩离
指定第二个点或 [阵列(A)/退出(E)/放弃(U)] <退出>: *
取消* ❼ \\结束复制

图 3-59 复制对象

软件技能：

如果用户在“指定位移的第二点或<用第一点作位移>:”提示下，已多次复制目标，则可按〈Esc〉键中断退出，并且所复制的目标不会消失。

在进行对象复制操作时，将提示“指定基点或 [位移(D)/模式(O)] <位移>:”选项，若选择“模式（O）”，则显示当前的两种复制模式，即“单个（S）”和“多个（M）”。“单个（S）”复制模式表示只能进行一次复制操作，而“多个（M）”复制模式表示可以进行多次复制操作。

3.2.3 镜像对象

“镜像”命令是将选择的对象沿指定的镜像线做对称翻转，和镜面反射是相同的，在实际的绘图过程中，经常会遇上一些对称的图形，这时就可以使用 AutoCAD 2013 提供的“镜像（Mirror）”命令进行操作。它将用户所选择的图形对象向相反方向进行对称的复制，实际绘图时常用于对称图形的绘制。镜像也是一种特殊的复制方式。

用户可以通过以下 3 种方法镜像对象。

◆ 菜单栏：选择“修改 | 镜像”命令。

◆ 工具栏：在“修改”工具栏上单击“镜像”按钮。

◆ 命令行：在命令行输入或动态输入“Mirror”命令（快捷命令“mi”）。

执行“镜像”命令后，根据提示选择需要镜像的对象，并选择镜像的第一点、二点，然后确定是否删除源对象，如图 3-60 所示。

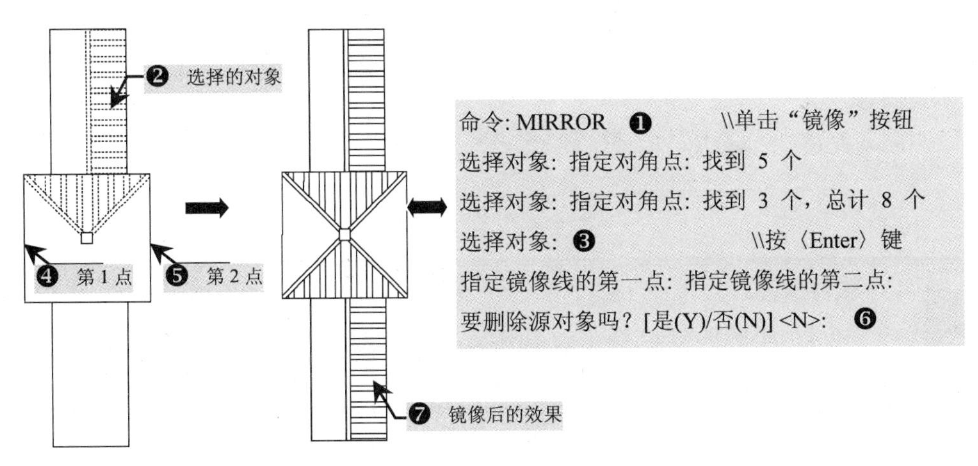

图 3-60 镜像对象

软件技能：

1）对称线是一条辅助绘图线，在“镜像”命令执行完毕后，将看不到这条线。

2）对称线可以是任一角度的斜线，不一定非得是水平线或垂直线。

3）“镜像”除了可以镜像图形之外，还可以镜像文本。但在镜像文本时，应注意 Mirrtext 这个系统变量的设置。当 Mirrtext=1 时，生成文本“全部镜像”，即它的位置和顺序与其他实体一样都产生了镜像；当 Mirrtext=0 时，生成文本“部分镜像”，即文本只是位置发生了变化，而文本从左到右的顺序并没有发生改变，原来文本顺序如何，产生镜像后文本的顺序及如此。

3.2.4 偏移对象

“偏移”命令是在距现有对象指定的距离处创建与源对象形状相同，或形状相似但缩放了大小的新对象。使用“偏移”命令可以创建平行线、平行弧线和平行的样条曲线，也可以创建同心圆或同心椭圆、嵌套的矩形和嵌套的多边形。

用户可以通过以下 3 种方法偏移对象。

◆ 菜单栏：选择“修改 | 偏移”命令。

◆ 工具栏：在“修改”工具栏上单击“偏移”按钮。

◆ 命令行：在命令行输入或动态输入“Offset”命令（快捷命令“O”）。

执行“偏移”命令后，根据提示选择需要偏移的对象，即可进行偏移图形对象操作，如图 3-61 所示。

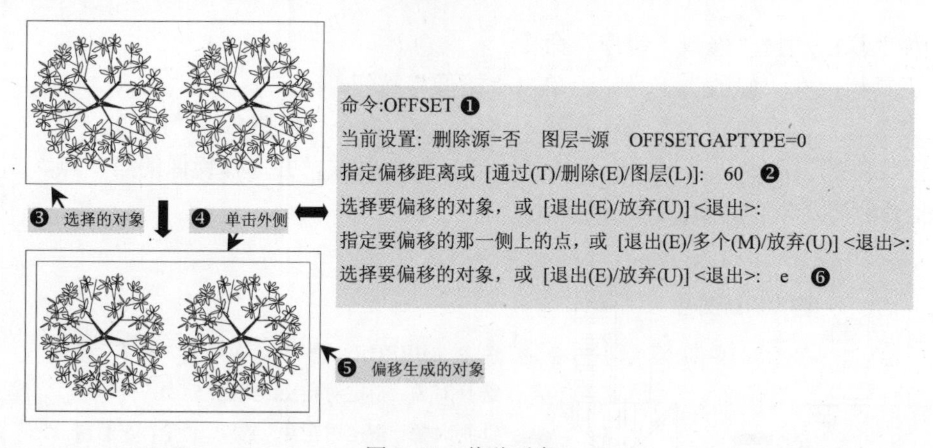

图 3-61 偏移对象

软件技能：

在实际的绘制图形过程中，利用直线的偏移可以快捷地解决平行轴线、平行轮廓线之间的相关问题。

在偏移过程中，命令栏会提示一系列的选项，其各选项含义如下。

◆ “偏移距离”选项：在距现有对象指定的距离处创建对象。

◆ “通过（T）”选项：通过确定通过点来偏移复制图形对象。

◆ “删除（E）”选项：用于设置在偏移复制新图形对象的同时是否要删除被偏移的图形对象。

◆ “图层（L）”选项：用于设置偏移复制新图形对象的图层是否和源对象相同。

软件技能：

1）AutoCAD 只能选择偏移直线、圆、多段线、椭圆、椭圆弧、多边形和曲线，不能偏移点、图块、属性和文本，如图 3-62 所示。

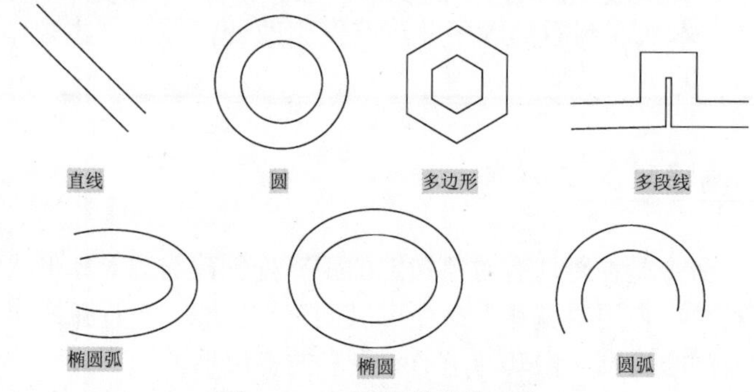

图 3-62 可进行偏移的对象

2）对于直线、单向线、构造线等实体，AutoCAD 将平行偏移复制，直线的长度保持不变。

3）对于圆、椭圆、椭圆弧等实体，AutoCAD 偏移时将进行同心复制。偏移前后的实体为同心。

4）多段线的偏移将逐段进行，各段长度将重新调整。

3.2.5 阵列对象

虽然执行“复制”命令后可以一次性复制多个图形，但如果要复制规则分布的实体目标仍不方便。AutoCAD 提供了图形阵列功能来方便用户快速准确地复制呈规则分布的图形。对于矩形阵列，可以控制行和列的数目以及它们之间的距离；对于环形阵列，可以控制对象的数目和决定是否旋转对象。

用户可以通过以下 3 种方法阵列对象。

- ◆ 菜单栏：选择“修改 | 阵列”命令。
- ◆ 工具栏：在“修改”工具栏上单击“阵列”按钮。
- ◆ 命令行：在命令行输入或动态输入“Array”命令（快捷命令“AR”）。

启动“阵列”命令后，根据命令行提示进行操作，即可以进行阵列。

1．矩形阵列

“矩形阵列”表示通过指定行数和列数对选择的对象进行阵列，创建选定对象的副本的行和列的阵列，如图 3-63 所示。

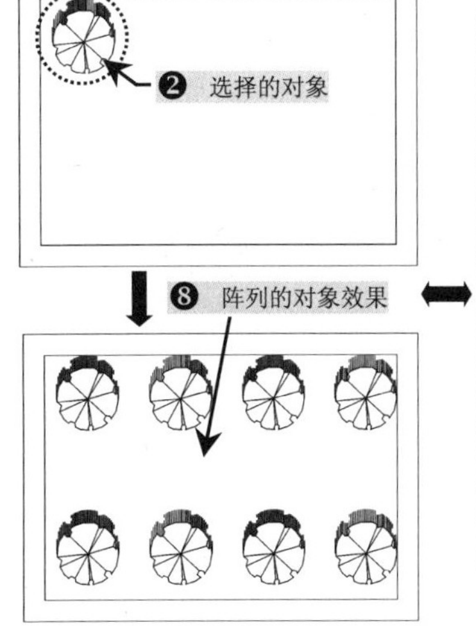

命令: _arrayrect ❶
选择对象: 指定对角点: 找到 1 个
选择对象: ❸ \\按〈Enter〉键结束选择
类型 = 矩形 关联 = 是
选择夹点以编辑阵列或 [关联(AS)/基点(B)/计数(COU)/间距(S)/列数(COL)/行数(R)/层数(L)/退出(X)] <退出>: r ❹ \\输入 R|
输入行数数或 [表达式(E)] <3>: 2 ❺ \\输入行数:2
指定 行数 之间的距离或 [总计(T)/表达式(E)] <3.2751>: 4.5 ❻
指定 行数 之间的标高增量或 [表达式(E)] <0>: ❼
选择夹点以编辑阵列或 [关联(AS)/基点(B)/计数(COU)/间距(S)/列数(COL)/行数(R)/层数(L)/退出(X)] <退出>: ❾ \\按〈Enter〉键结束操作

图 3-63 矩形阵列

进行“矩形阵列”操作时，各选项含义如下。

- ◆ “关联”选项：如果选择了关联，那么阵列的图形对象将关联在一起，同时生成 5 个夹点，用户可以直接运用这 5 个夹点来调整阵列对象。
- ◆ “基点”选项：在阵列时以某一点为基准点开始阵列，这个点称基点。
- ◆ “计数”选项：在此选项下可以直接输入需要生成阵列的行数和列数。
- ◆ “间距”选项：生成阵列的对象与对象之间的距离。
- ◆ “列数”选项：生成阵列对象的列数。
- ◆ “行数”选项：生成阵列对象的行数。
- ◆ “层数”选项：所输入的数值将是二维平面上每个对象会在三维的 *Z* 轴生成的数据。

◆ “退出”选项：完成当前操作，并确认操作内容。

2．环形阵列

绕某个中心点或旋转轴形成的环形图案平均分布对象副本，如图 3-64 所示。

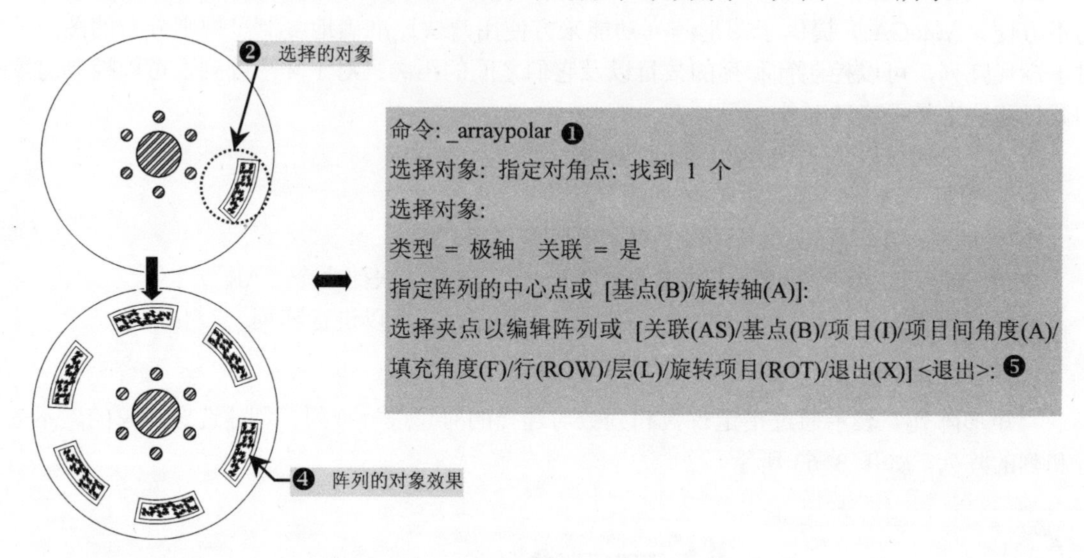

图 3-64 环形阵列

进行“环形阵列”操作时，部分选项与“矩形阵列”选项相同，其余选项含义如下。

◆ “项目间角度”选项：生成阵列对象与对象之间的角度。

◆ “填充角度”选项：生成的所有阵列对象与原始对象的总角度。

◆ “旋转对象”选项：阵列的对象在阵列的过程中自身也进行旋转。

3．路径阵列

沿整个路径或部分路径平均分布对象副本，如图 3-65 所示。

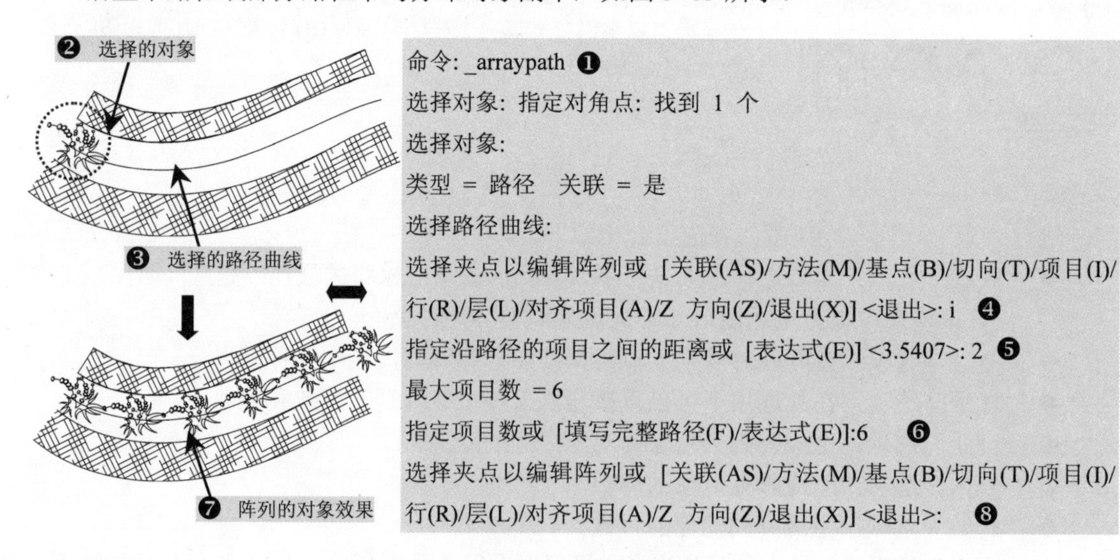

图 3-65 路径阵列

进行“路径阵列”操作时，部分选项与“矩形阵列”选项相同，其余选项含义如下。

◆ “定数等分”选项：定数等分有两种方式包括定数等分和定矩等分两项，定数等分是按输入的阵列数量以路径为参照进行阵列，定矩等分是按阵列对象与对象之间的距离来阵列。

◆ “切向”选项：指定切向矢量的第一点和第二点后，阵列的对象包括选择的对象都会随着变向。

◆ “方向”选项：如果选择了上（Y），阵列对象在阵列过程中会改变阵列的方向。

3.2.6 移动对象

在手动绘图的移动过程中，要移动图形时，必须先把原有的图形擦掉，然后再在新位置绘制，在 AutoCAD 2013 中提供了“移动图形”功能。移动图形对象是指改变对象的位置，而不改变对象的方向、大小和特性等。

用户可以通过以下 3 种方法移动对象。

◆ 菜单栏：选择“修改 | 移动”命令。

◆ 工具栏：在“修改”工具栏上单击“移动”按钮。

◆ 命令行：在命令行输入或动态输入“Move”命令（快捷命令“M”）。

启动“移动”命令后，根据命令行提示进行操作，即可以进行移动，如图 3-66 所示。

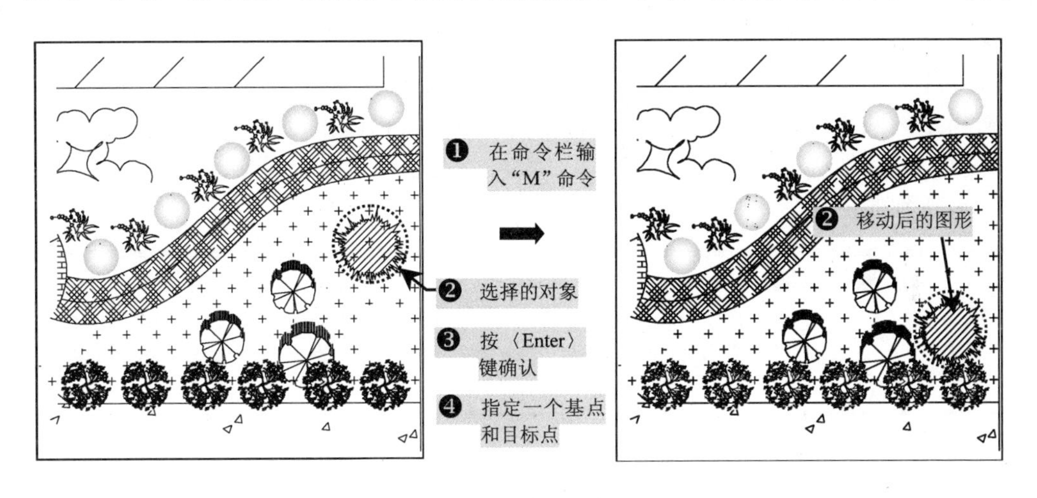

图 3-66　称动对象

3.2.7 旋转对象

“旋转对象”命令可以将图表对象旋转一个特定的角度，旋转后的对象与源对象的距离与旋转时选取的基点和角度有关。

用户可以通过以下 3 种方法旋转对象。

◆ 菜单栏：选择“修改 | 旋转”命令。

◆ 工具栏：在“修改”工具栏上单击“旋转”按钮。

◆ 命令行：在命令行输入或动态输入“rotate”命令（快捷命令“RO”）。

启动“旋转”命令后，根据命令行提示进行操作，即可以进行旋转，如图 3-67 所示。

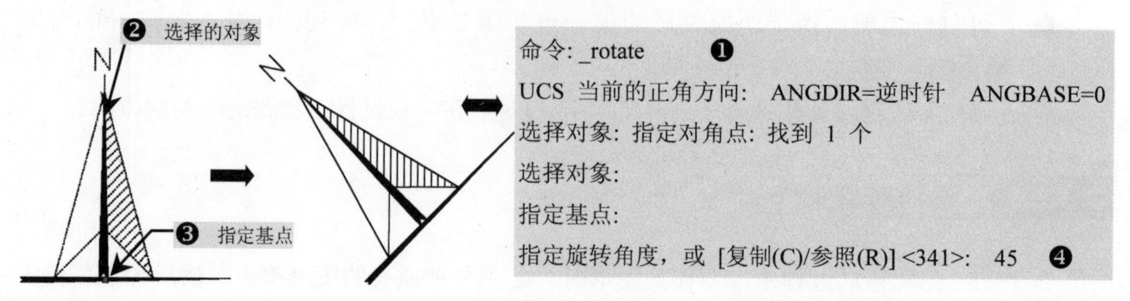

图 3-67 旋转对象

在确定旋转的角度时，可通过输入角度值、通过光标进行拖动或指定参照角度进行旋转和复制旋转操作。

◆ 输入角度值：输入角度值（0～360°），还可以按弧度、百分度或勘测方向输入值。

◆ 通过光标拖动旋转对象：绕基点拖动对象并指定第二点。有时为了更加精确地通过拖动鼠标操作来旋转对象，可以切换到正交、极轴追踪或对象捕捉模式进行操作。

◆ 复制旋转：当选择“复制（C）”选项时，可以将选择的对象进行复制性的旋转操作。

◆ 指定参照角度：当选择“参照（R）”选项时，可以指定某一方向作为起始参照角度，然后选择一个对象以指定源对象将要旋转的位置，或输入新角度值来指定要旋转到的位置。

软件技能：

旋转角度都有正、负之分。如果输入的角度为正值，那么 AutoCAD 将沿逆时针方向旋转对象；如果输入的角度为负值，那么将沿顺时针方向旋转对象。

3.2.8 缩放对象

在绘制图形时，经常需要按比例缩放图形中的实体。缩放对象是指按指定的缩放比例放大或缩小选择的对象。

用户可以通过以下 3 种方法缩放对象。

◆ 菜单栏：选择“修改 | 缩放”命令。

◆ 工具栏：在“修改”工具栏上单击“缩放”按钮。

◆ 命令行：在命令行输入或动态输入“Scale”命令（快捷命令“SC”）。

启动“缩放”命令后，根据命令行提示进行操作，即可以进行缩放，如图 3-68 所示。

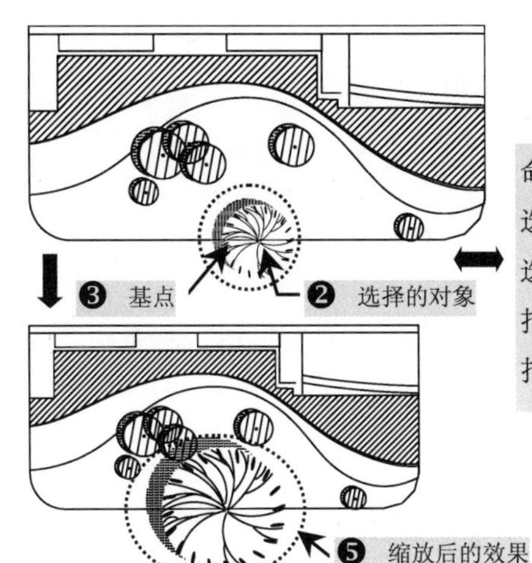

图 3-68 缩放对象

软件技能：

1）可以用拖动鼠标的方法旋转对象。选择对象并指定基点后，从基点到当前光标位置会出现一条连线，线段的长度即为比例大小。移动鼠标选择的对象会动态地随着该连线长度的变化而缩放，按〈Enter〉键确认旋转操作。

2）如果比例系数大于 1，那么对象目标将被放大；如果比例系数小于 1，那么对象目标将被缩小。

3）当用户不知道对象究竟需要放大（或缩小）多少倍时，可以采用相对比例的方式来缩放实体。该方式要用户分别确定比例缩放前后的参考长度和新长度。这两个长度的比值就是比例缩放系数，因此将该系数称为相对比例系数。

3.2.9 拉伸对象

使用“拉伸”命令可以拉伸、缩放和移动对象。在拉伸对象时，首先要为拉伸对象指一个基点，然后再指定一个位移点。

用户可以通过以下 3 种方法拉伸对象。

◆ 菜单栏：选择“修改 | 拉伸”命令。

◆ 工具栏：在“修改”工具栏上单击“拉伸”按钮。

◆ 命令行：在命令行输入或动态输入“Stretch”命令（快捷命令“S”）。

启动“拉伸”命令后，根据命令行提示进行操作，即可以进行拉伸，如图 3-69 所示。

软件技能：

想得到拉伸效果，关键在于用交叉窗口方式或者交叉多边形方式选择对象，且必须使对象部分处于窗口之中，则对象在窗口以内的端点移动而窗口以外的端点保据不动，这样才能到拉伸变形的目的。如果用其他方式选择对象，将会整体移动对象，效果等同于“移动”命令。

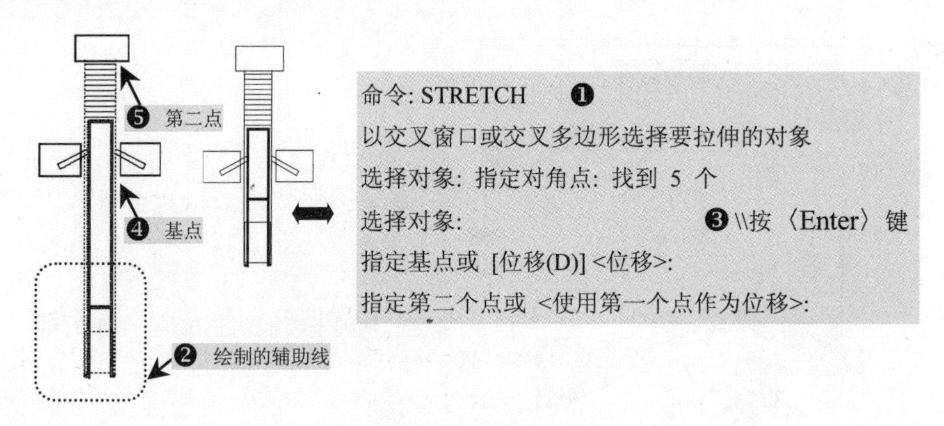

图 3-69 拉伸对象命令

3.2.10 拉长对象

使用“拉长”命令可以改变非闭合直线、圆弧、非闭合多段线、椭圆弧和非闭合样条曲线的长，也可以改变圆弧的角度。

用户可以通过以下 2 种方法拉长对象。

◆ 菜单栏：选择“修改 | 拉长”命令。

◆ 命令行：在命令行输入或动态输入“Lengther”命令（快捷命令“Len”）。

启动“拉长”命令后，根据命令行提示选择拉长的对象，再选择拉长的方式，并输入相应的数值，即可以进行拉长，如图 3-70 所示。

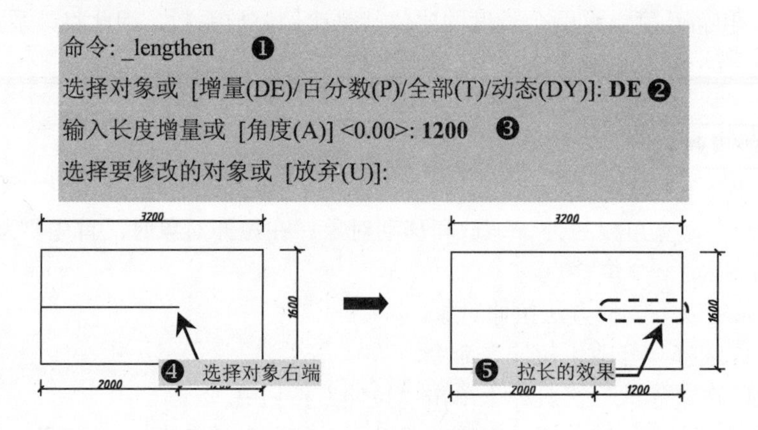

图 3-70 拉长对象

3.2.11 修剪对象

“修剪”命令用于选定边界后对线性图形实体进行精确地剪切。使用此命令要求用户首先定义一个剪切边界，然后再用此边界剪去实体的一部分。

用户可以通过以下 3 种方法修剪对象。

◆ 菜单栏：选择“修改 | 修剪”命令。
◆ 工具栏：在“修改”工具栏上单击“修剪”按钮。
◆ 命令行：在命令行输入或动态输入“Ttrim”命令（快捷命令“TR”）。
启动“修剪”命令后，根据命令行提示进行操作，即可以进行修剪，如图 3-71 所示。

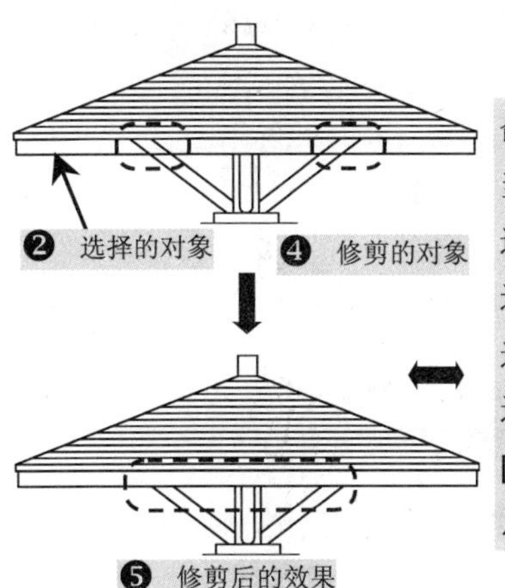

命令: _trim ❶
当前设置:投影=UCS，边=无
选择剪切边...
选择对象或 <全部选择>: 找到 1 个
选择对象: ❸ \\按〈Enter〉键
选择要修剪的对象，或按住〈Shift〉键选择要延伸的对象，或
[栏选(F)/窗交(C)/投影(P)/边(E)/删除(R)/放弃(U)]: 指定对角点:

图 3-71 修剪对象

软件技能：

1）使用“修剪”命令修剪实体，第一次选择实体是选择剪切边界而并非被剪实体。

2）使用“修剪”命令可以剪切尺寸标注线，并会自动更新尺寸标注文本，但尺寸标注不能作为剪切边界。

3）圆、弧、直线、多段线、矩形、多边形、椭圆、样条曲线和双点射线等实体均可以作为剪切边界，也可以作为被剪切实体。

4）图块和外部引用均不能作为剪切边界和被剪切实体。

5）选择剪切边界时，可以使用“窗口”或“交叉”方式。

3.2.12 延伸对象

使用“延伸”命令可以将对象精确地延伸至由其他对象定义的边界上，也可以延伸至隐含边界（将要相交的某个边界）上。边界线可以是直线、圆和圆弧、椭圆和椭圆弧、多段线、样条曲线、构造线、射线及文本等。所以选择的对象既可作为边界线，又可作为待延伸的对象。

用户可以通过以下 3 种方法延伸对象。
◆ 菜单栏：选择“修改 | 延伸”命令。
◆ 工具栏：在“修改”工具栏上单击“延伸”按钮。
◆ 命令行：在命令行输入或动态输入“Extend”命令（快捷命令“EX”）。
启动“延伸”命令后，根据命令行提示进行操作，即可以进行延伸，如图 3-72 所示。

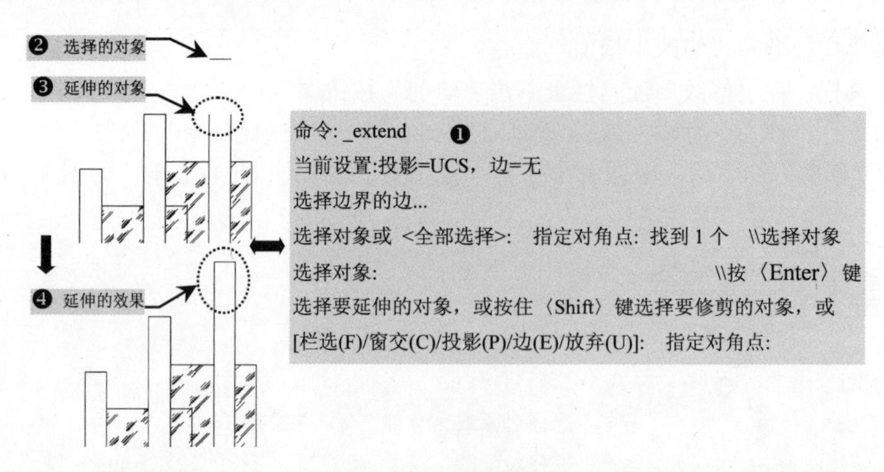

图 3-72 延伸对象

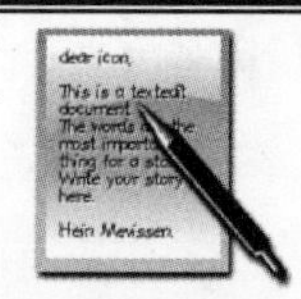

软件技能：

1）用户在选择要延伸的对象时，一定要选择靠近延伸的端点位置处单击。

2）可作边界的实体除了一般线性实体处，还可以是文字，即以方字周边隐含的虚框作为延伸边界。

3.2.13 打断对象

“打断”命令与“打断于点”命令在 AutoCAD 2013 中实际上是同一个命令，都对应于 Break 命令，其区别是：执行“打断”操作时需要指定图形对象上的两点，将对象打断后立即将这两点之间的部分删除；而“打断于点”操作只需指定一个点，将图形对象从该点处打断，却并不删除任何部分。

用户可以通过以下 3 种方法打断对象。

◆ 菜单栏：选择“修改 | 打断”命令。

◆ 工具栏：在“修改”工具栏上单击“打断”按钮 或单击“打断于一点”按钮。

◆ 命令行：在命令行输入或动态输入“Break”命令（快捷命令“BR”）。

启动“打断”命令后，根据命令行提示进行操作，即可以进行打断，如图 3-73 所示。

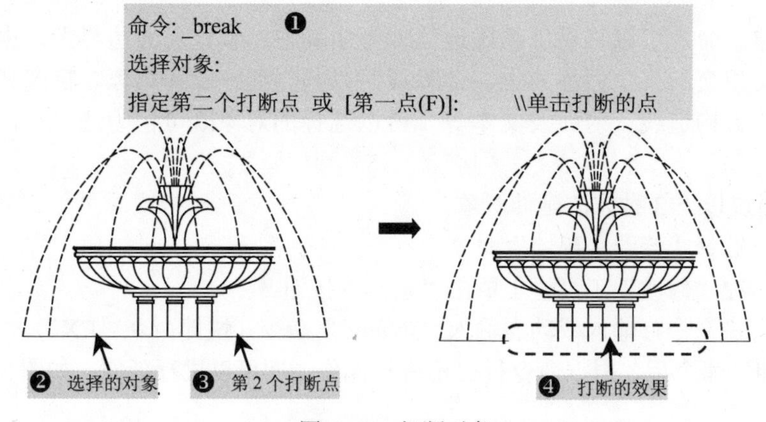

图 3-73 打断对象

软件技能：

1）当所选两个断点重合时，就表示在一点上断开实体。

2）断开圆或圆弧时，应使第二点在第一点的逆时针方向。

3）当命令行提示："指定第二个打断点 或 [第一点(F)]:"时，AutoCAD 自动以拾取点作为第一个打断点。

3.2.14 合并对象

如果需要将连续图形的两个部分进行边接，或者将某段圆弧闭合为整圆，可通过"合并"命令对其进行操作。

用户可以通过以下 3 种方法合并对象。

◆ 菜单栏：选择"修改 | 合并"命令。

◆ 工具栏：在"修改"工具栏上单击"合并"按钮。

◆ 命令行：在命令行输入或动态输入"Join"命令（快捷命令"J"）。

启动"合并"命令后，根据命令行提示进行操作，即可以进行合并，如图 3-74 所示。

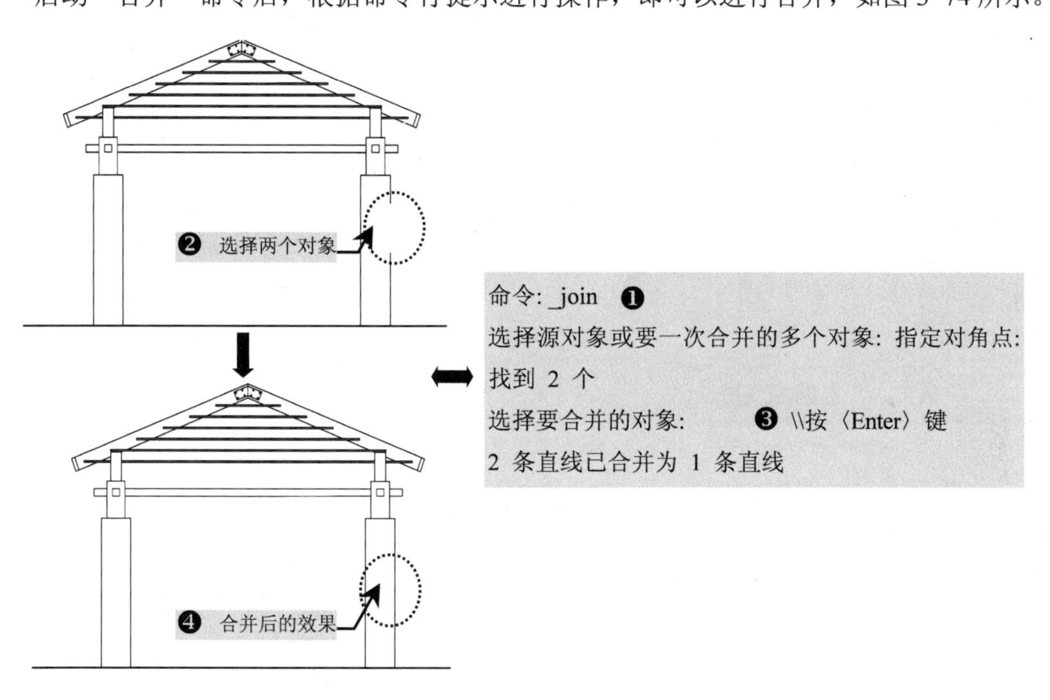

图 3-74 合并对象

软件技能：

1）在进行合并时，合并的对象必须具有同一属性，如直线与直线合并，且这两条直线应该是同一条直线上。

2）圆弧与圆弧合并时，圆弧的圆心点和半径值应相同，否则将无法合并。

3.2.15 分解对象

“分解”命令可以把 AutoCAD 2013 中比较复杂的图形分解成为一些基本图形元素的组合，不同的对象分解后生成的对象不同。

用户可以通过以下 3 种方法分解对象。

◆ 菜单栏：选择“修改 | 分解”命令。

◆ 工具栏：在“修改”工具栏上单击“分解”按钮。

◆ 命令行：在命令行输入或动态输入“Explode”命令（快捷命令“X”）。

启动“分解”命令后，根据命令行提示进行操作，即可以进行分解，如图 3-75 所示。

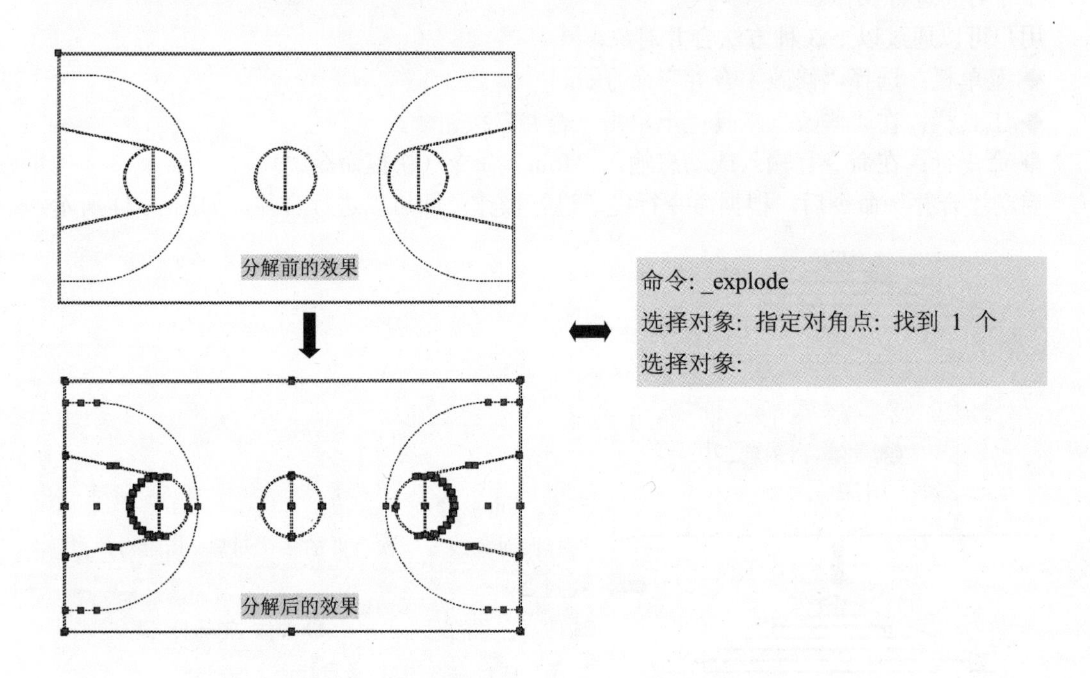

图 3-75　分解图形

软件技能：

1）除了图块之外，利用“分解”命令还可以分解三维实体、三维多段线、剖面线、平行线、尺寸标注线、多段线矩形、多边形和三维曲面等对象。

2）用“分解”命令分解图块时，具有相同 X、Y、Z 比例的块将分解成源对象，具有不同 X、Y、Z 比例的块“非一致比例块”可分解成未知的对象，不能分解 Minsert 命令插入的块。

3.2.16 倒角对象

只要两条直线已相交于一点（或可以相交于一点），就可以利用“倒角”命令绘制这两条直线的倒角。

用户可以通过以下 3 种方法。

◆ 菜单栏：选择“修改 | 倒角”命令。

◆ 工具栏：在“修改”工具栏上单击“倒角”按钮。

◆ 命令行：在命令行输入或动态输入“Chamfer”命令（快捷命令“CHA”）。

启动“倒角”命令后，根据命令行提示进行操作，即可以进行倒角，如图 3-76 所示。

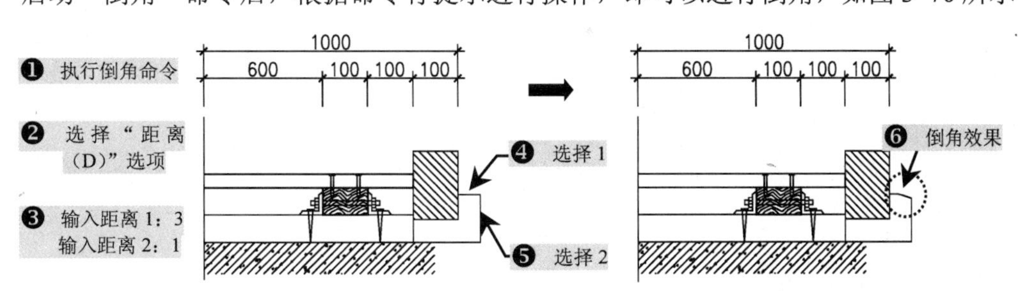

图 3-76 倒角对象

当执行“倒角”命令后，系统将显示如下提示。

```
命令: _chamfer
(“修剪”模式) 当前倒角距离 1＝3，距离 2＝1
选择第一条直线或 [放弃(U)/多段线(P)/距离(D)/角度(A)/修剪(T)/方式(E)/多个(M)]:
```

命令行中各选项含义如下。

◆ “指定第一条直线”选项：该选项是系统的默认选项。选择该选项后直接在绘图窗口选取要进行倒角的第一条直线，系统继续提示“选择第二条直线，或按住〈Shift〉键选择要应用角点的直线：”，在该提示下，选取要进行倒角的第二直线，系统将会按照当前倒角模式对选取的两条直线进行倒角。

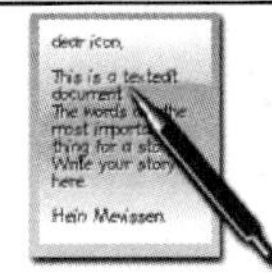

软件技能：

如果按住〈Shift〉键选择直或多段线，它们的长度将调整以适应倒角，并用“0”值替代当前的倒角距离。

◆ “放弃（U）”选项：该选项用于恢复在命令执行中的上一个操作。

◆ “多段线（P）”选项：该选项用于对整条多段线的各顶点处“交角”进行倒角。选择该选项后，系统将提示“选择二维多段线：”，在该提示下，选择要进行倒角的多段线，选择结束后，系统将在多段线的各顶点处进行倒角。

◆ “距离（D）”选项：该选项用于设置倒角的距离，选择该选项，同时输入“D”并按〈Enter〉键后，系统将提示“指定第一个倒角距离<0.000>:”，在该提示下，输入沿第一条直线方向上的倒角距离，并按〈Enter〉键；系统继续提示“指定第二个倒角距离<0.000>：”，在该提示下，输入沿第二条直线方向上的倒角距离，并按〈Enter〉键，系统返回提示。

◆ “角度（A）”选项：该选项用于根据第一个倒角距离和角度来设置倒角尺寸，选择该选项后，系统将提示“指定一条直线的倒角长度<0.000:>”，在该提示下，输入第一条直线的倒角距离后按〈Enter〉键，系统继续提示“指定第一条直线的倒角角度

<0 >：”，在该提示下，输入倒角边与第一条直线间的夹角后按〈Enter〉键，系统返回提示。

◆“修剪（T）”选项：该选项用于设置进行倒角时是否对相应的被倒角边进行修剪，选择该选项后，系统将提示“输入修剪模式选项[修剪（T）/不修剪（N）]”选项，在倒角时不对被倒角边进行修剪。

◆“方法（E）”选项：该选项用于设置倒角方法。选择该选项后，系统将提示“输入修剪方法[距离（D）/角度(A)]<角度>：”，前面对上述提示中的各选项已作过介绍，在此不再重述。

◆“多个（M）”选项：该选项用于对多个对象进行倒角。选择该选项，进行倒角操作后系统将反复提示。

3.2.17 圆角对象

“圆角”命令用于将两个图形对象用指定半径的圆弧光滑连接起点。其中可以圆角的对象包括直线、多段线、样条曲线、构造线、射线等。

用户可以通过以下 3 种方法圆角对象。

◆ 菜单栏：选择“修改 | 圆角”命令。

◆ 工具栏：在“修改”工具栏上单击“圆角”按钮。

◆ 命令行：在命令行输入或动态输入“Fillet”命令（快捷命令“F”）。

启动“圆角”命令后，根据命令行提示选择对象，可完成圆角操作，如图 3-77 所示。

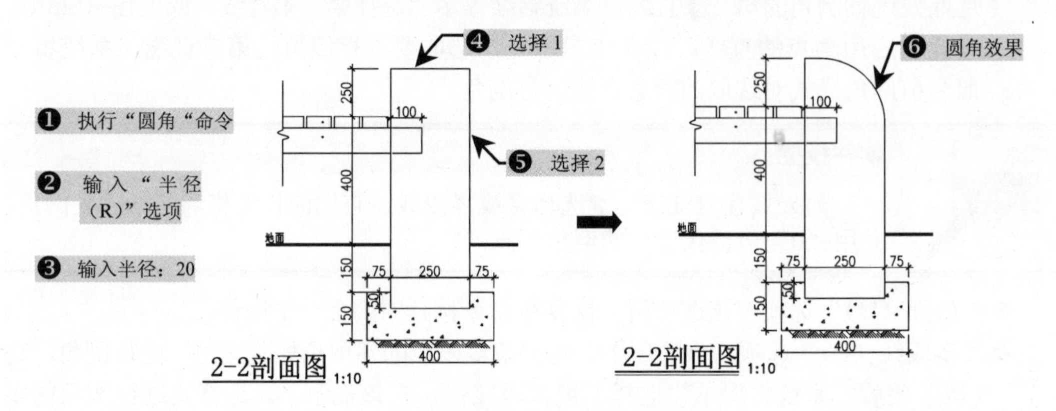

图 3-77 进行圆角

第4章 图形的尺寸、文字标注与表格

本章导读

建筑园林景观设计和其他设计一样，也需要对所设计的图形进行尺寸标注，同时还需要对图形进行文字说明，以及通过一些标注来表达图形无法说明的内容和信息。

本章首先讲解了尺寸标注的概念，让读者对尺寸标注有一些新的认识，包括其类型、组成、基本步骤；然后学习了如何设置尺寸标注的样式和编辑并修改标注样式；最后向用户讲解了多重引线和文字标注的创建和编辑。

主要内容

- 了解尺寸标注的概念
- 掌握设置尺寸标注样式
- 掌握图形尺寸的标注和编辑
- 掌握多重引线标注和编辑
- 掌握文字标注的创建和编辑
- 掌握表格的创建和编辑
- 掌握参数化约束设计

效果预览

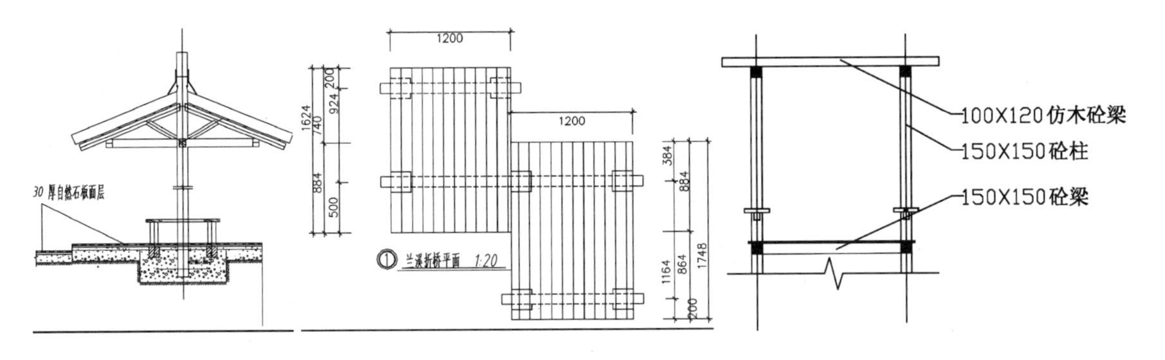

4.1 尺寸标注的概念

标注是向图形中添加测量注释的过程，AutoCAD 2013 的标注功能是非常强大的，用户可以为各种图形沿各个方向创建标注。学习尺寸标注首先要了解尺寸标注的概念，也就是尺寸标注的类型、组成和基本步骤。

4.1.1 AutoCAD 尺寸标注的类型

在 AutoCAD 2013 中向用户提供了 20 多种尺寸标注类型，这些标注类型分布在“标注”菜单或“标注”工具栏中，用户可以使用这些标注进行角度、半径、直径、线性、对齐、连续、基线等标注，如图 4-1 所示。

◆ 线性标注：通过确定标注对象的起始和终止位置，依照其起止位置的水平或竖直投影来标注的尺寸。

◆ 对齐标注：尺寸线与标注起止点组成的线段平行，能更直观地反映标注对象的实际长度。

◆ 连续标注：在前一个线性标注基础上继续标注其他对象的标注方式。

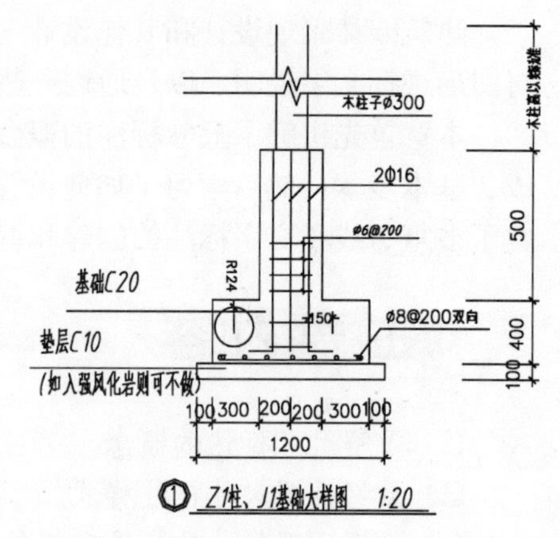

图 4-1 尺寸标注的效果

4.1.2 AutoCAD 尺寸标注的组成

在一套完整的建筑园林景观图中，图形的标注包括由标注文字、尺寸线、尺寸界线、尺寸线起止符号（尺寸线的端点符号）及起点等组成的，如图 4-2 所示。

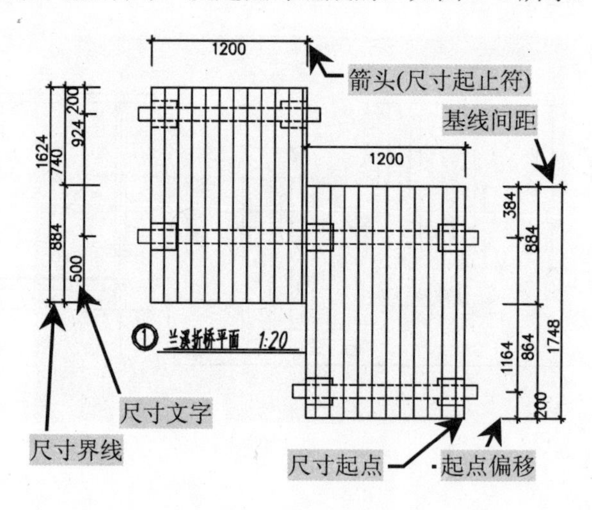

图 4-2 尺寸标注的组成

◆ 标注文字：表明图形对象的标识值。标注文字可以反映建筑构件的尺寸，在同一张图样上，不论各个部分的图形比例是否相同，其标注文字的字体、高度必须统一。施工图上标注文字高度需要满足图标准的规定。

◆ 箭头：标准的建筑园林景观图在标注时箭头就是 45° 中粗斜短线。尺寸起止符绘制尺寸线的起止点，用于指出标识值的开始和结束位置。

◆ 起点：尺寸标注的起点是尺寸标注对象标注的起始定义点。通常尺寸的起点与被标注图形对角的起点重合。

◆ 尺寸界线：从标注起点引出的表明标注范围的直线，可以从图形轮廓、轴线、对称中收线等引出，尺寸界线是用细实线绘制的。

◆ 超出偏移：尺寸界线离开尺寸起点的距离。

◆ 基线距离：使用 AutoCAD 2013 的“基线标注”命令时，基线尺寸线与前一个基线对象尺寸线之间的距离。

4.1.3 AutoCAD 尺寸标注的基本步骤

对图形进行尺寸标注有一定的基本步骤，根据这些步骤才能保证尺寸标注的效果，用户可以参照如下步骤对图形进行标注。

1）确定打印比例或视口比例。

2）创建一个专门用于尺寸的标注文字样式

3）创建标注样式，依照是否采用注释标注及尺寸标注操作类型，设置标注参数。

4）进行尺寸标注。

4.2 设置尺寸标注样式

标注样式控制着标注格式和外观。常用的标注样式可以命名保存，而且 AutoCAD 允许在同一个图形中使用标注样式。因此使用标注样式能提高尺寸标注和修改的效率。

4.2.1 创建标注样式

在对图形进行尺寸标注样式设置后，只要通过设置不同的尺寸标注样式，就可以根据需要进行设置。

要创建尺寸标注样式，用户可以通过以下 3 种方式。

◆ 菜单栏：选择“标注 | 标注样式”命令。

◆ 工具栏：在“标注”工具栏上单击“标注样式”按钮。

◆ 命令行：在命令行输入或动态输入“dimstyle”命令（快捷命令“D”）。

启动“标注样式”命令后，AutoCAD 系统将弹出“标注样式管理器”对话框，单击“新建”按钮，将弹出“创建新标注样式”对话框，在“新样式名”文本框中输入样式名称，然后单击“继续”按钮，如图 4-3 所示。

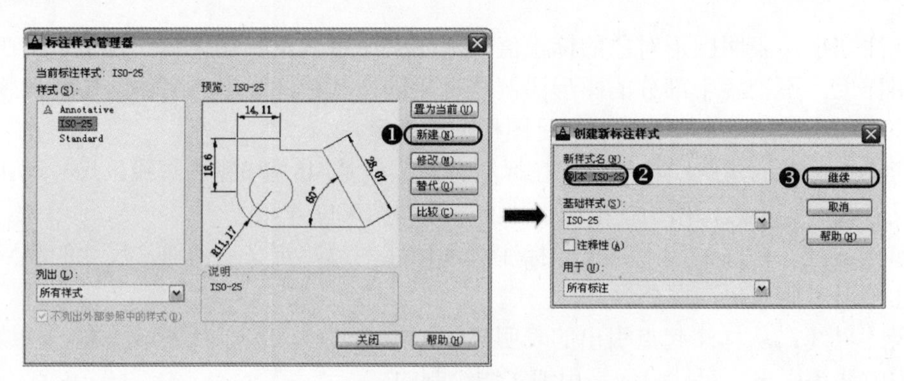

图 4-3　创建标注样式

利用“创建新标注样式”对话框可以方便直观地定制和浏览尺寸标注样式，包括产生新的标注样式、修改已存的样式、设置当前尺寸标注样式、样式重命名及删除一个已有样式等。

“新样式名”文本框中各选项含义如下。

- “新样式名”文本框：用于输入新样式名称。
- “基础样式”下拉列表框：选择创建样式所基于的标注样式。
- “用于”下拉列表框：选择此样式的使用范围，可选择针对某一种标注或公差，默认为“所有标注”。

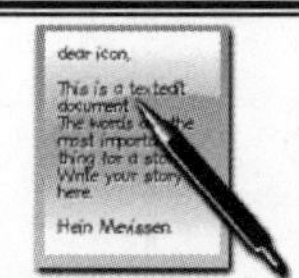

软件技能：

标注样式的命名遵守“有意义，易识别”的原则，如“1-100 平面”表示该标注样式是用于标注 1 : 100 绘图比例的平面图。

4.2.2　编辑并修改标注样式

前面已经讲述过如何创建标注样式，在弹出的“新样式名”文本框中输入新样式名后，单击“继续”按钮，将弹出“新建标注样式：XXX”对话框，从而可以根据需要来设置标注样式线、箭头和符号、文字、调整、主单位等，如图 4-4 所示。

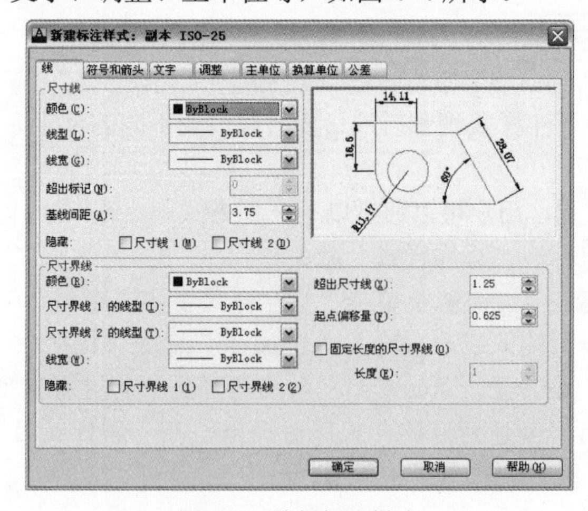

图 4-4　编辑标注样式

在弹出的对话框中有 7 个选项卡，各选项卡下面还另设一些选项，下面针对各选项卡的设置参数向用户进行讲解。

1．线

在“线”选项卡内主要有两大部分，尺寸线和尺寸界线。

◆ 线的“颜色”、“线型”、“线宽”下拉列表框：在 AutoCAD 中，每个图形实体都有自己的真实参数，同时颜色可以设置成 Bylayer 和 Bylock 两种逻辑值。

◆ “超出标记”下拉列表框：当用户采用“建筑符号”作为箭头符号时，该选项即激活，从而确定尺寸线超出尺寸界的长度，如图 4-5 所示。

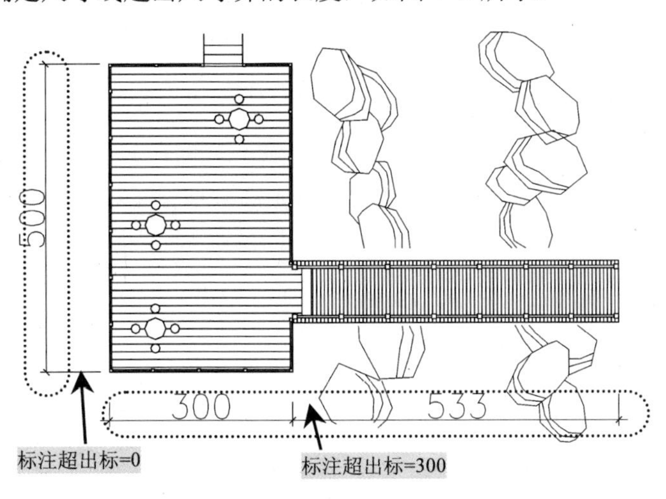

图 4-5　尺寸线

◆ “基线间距”下拉列表框：用于限定“基线”标注命令标注的尺寸线离开基础尺寸标注的距离，在建筑图标注多道尺寸线时有用，其他情况下也可以不进行特别设置，如图 4-6 所示。

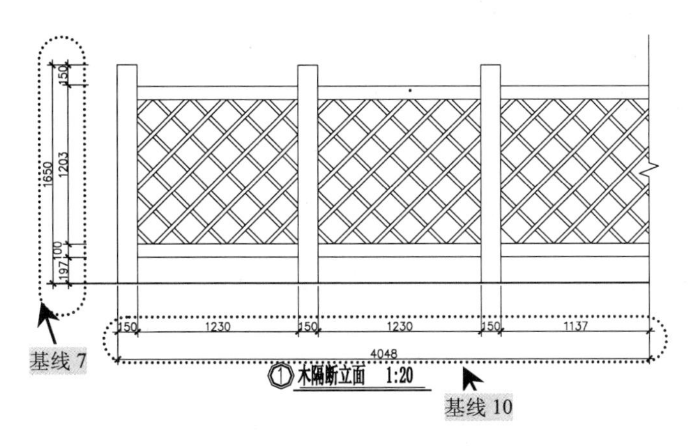

图 4-6　基线间距

◆ “隐藏”选项区：用来控制标注高的尺寸是否隐藏，如图 4-7 所示。

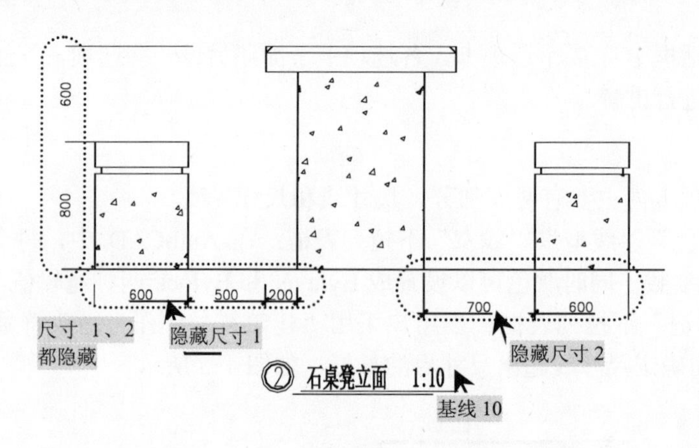

图 4-7 隐藏尺寸线

◆ “超出尺寸线”下拉列表框：制图标准规定输出到图样上的值为 2～3，如图 4-8 所示。

◆ “起点偏移量”下拉列表框：制图标准规定离开被标注对象距离不能小于 2。绘制时应依据具体情况设定，一般情况下，尺寸界线应该离开标注对象一定距离，以使图面表达清晰易懂，如图 4-9 所示。

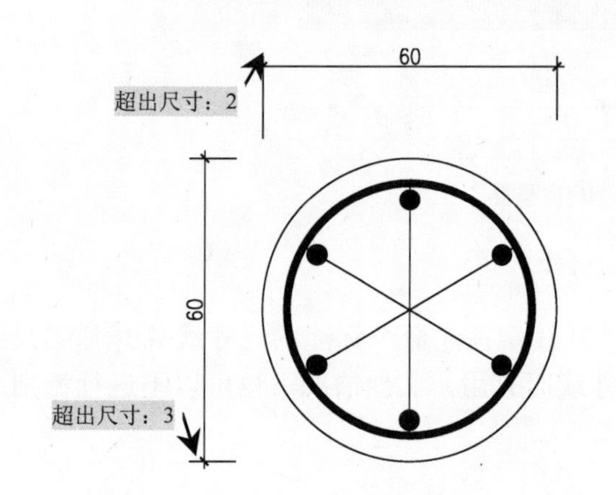

图 4-8 超出尺寸线

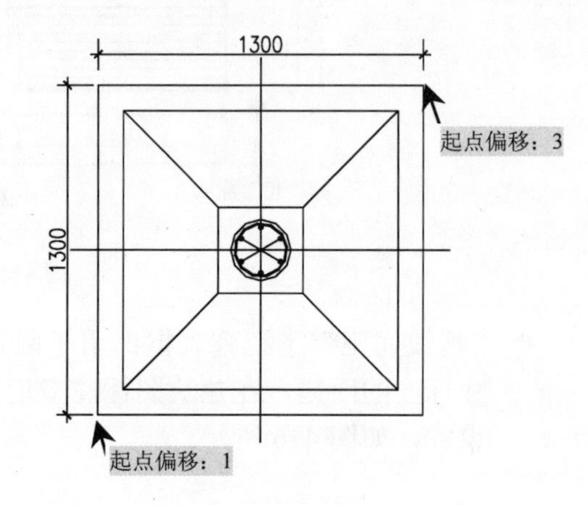

图 4-9 起点偏移

◆ “固定长度的尺寸界线”复选框：当勾选该复选框后，可在下面的“长度”文本框中输入尺寸界线的固定长度值。

◆ “隐藏”选项区：用来控制标注的尺寸界线是否隐藏。

2．符号和箭头

在“符号和箭头”选项卡中，主要包括箭头、圆心标记、折断标注、弧长符号、半径折弯标注、线性折弯标注，如图 4-10 所示。

在“符号和箭头”选项卡中各选项含义如下。

◆ “箭头”选项区：为了适用于不同的图形，AutoCAD 2013 准备了一系列的箭头，由于在标注时是标注的两点间的距离，所以也有两个箭头，第一个箭头和第二个箭头一般都是相同的，如图 4-11 所示。

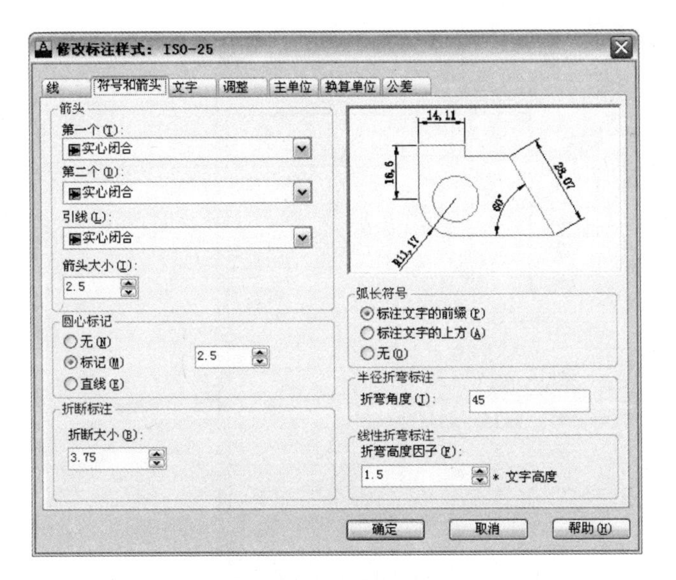

图 4-10 符号和箭头选项卡

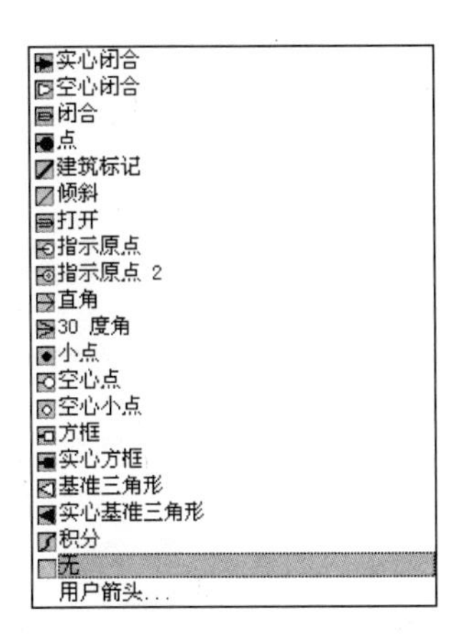

图 4-11 箭头栏

软件技能：

单击箭头后的下三角符号，弹出一个下拉列表框，在下拉列表框中系统已经准备了一系列箭头符号，但是用户也可以选择“用户箭头”选项来表示标注时的箭头样式，当选“用户箭头”选项后，会弹出一个“选择自定义箭头块”对话框，只要单击对话框内的下三角符号，在下拉列表框中选择所需要的块即可作为新的箭头符号，如图 4-12 所示。

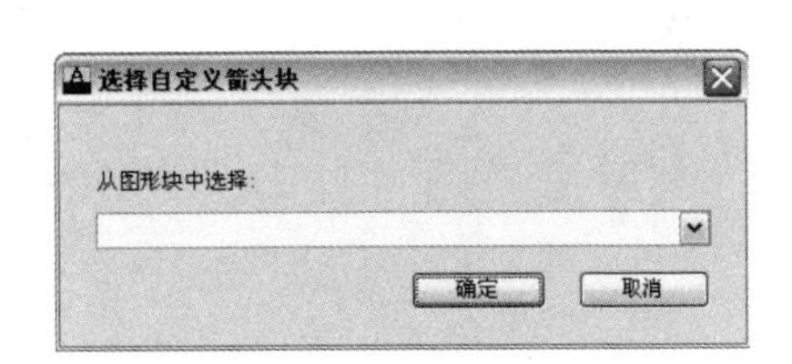

图 4-12 自定义箭头选项板

◆ “圆心标记”选项区：用于标注圆心位置。在此栏中有 3 个单选项，分别是“无”、“标记”、“直线”。当用户选择“无”时，后面的文本框呈不可用状态，如果用户选择“标记”和“直线”时，可以在后面的文本框中设置参数。

◆ “打断标注”选项区：把一个标注尺寸线进行折断时绘制折断高度与尺寸文字高度的比值。

◆ “半径折弯标注”选项区：用于设置标注圆弧半径时标注线的折弯角度大小。

3．文字

“文字”选项卡用来设置尺寸文字的外观、位置及对齐方式，这些内容对标注文字样式有着很重要的作用，如图 4-13 所示。

“文字”选项卡中各选项含义如下。

◆ “文字样式”下拉列表框：单击“文字样式”下拉列表框后的下三角，可以在下拉列表框中选择文字所需要的样式，如果单击下拉列表框后的按钮[...]。将弹出“文字样式”对话框，可以在此对话框中新建文字样式和直接选文字样式，如图 4-14 所示。

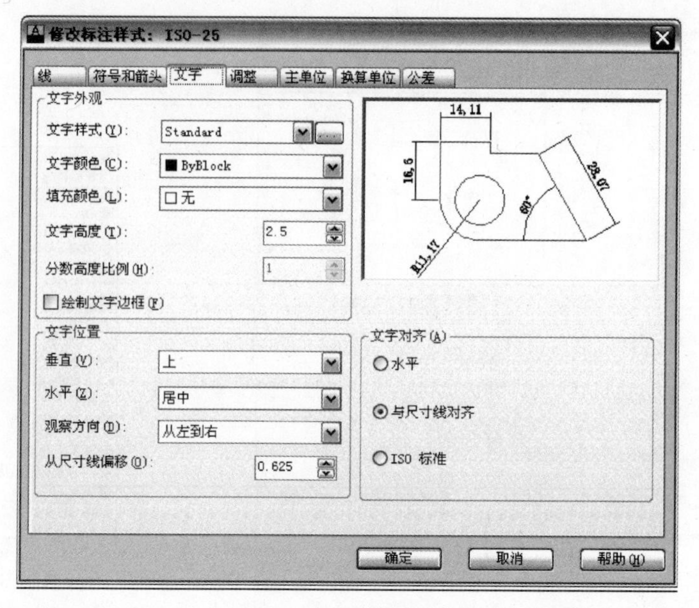

图 4-13　文字选项卡

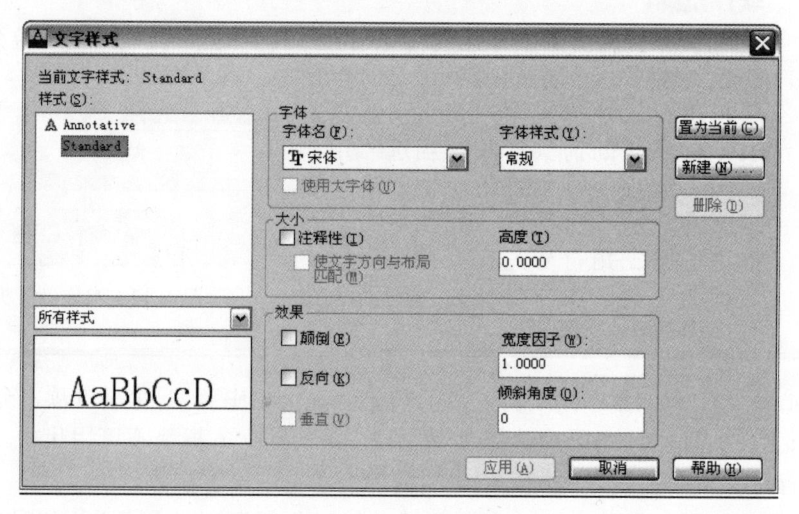

图 4-14　“文字样式”对话框

◆ “文字颜色”下拉列表框：单击该下拉列表框后的下三角，在下拉列表中用户可以根据需要选择文字的颜色。

◆ “文字高度”下拉列表框：在“文字高度”后的方本框中直接输入所需要的方字高度，也可以在文本框后单击上三角号和下三角号来增加和减小文字高度。

◆ “分数高度比例”下拉列表框：设置尺寸文字中的分数相对于其他尺寸文字的缩放比例。AutoCAD 中将该比例值与尺寸文字高度的乘积作为分数的高度。

◆ “绘制文字边框”复选框：设置是否给标注文字加边框，建筑制图一般不用，如图 4-15 所示。

◆ “文字位置”选项区：用于设置尺寸文本相对于尺寸线和尺寸界线的放置位置，如图 4-16 所示。

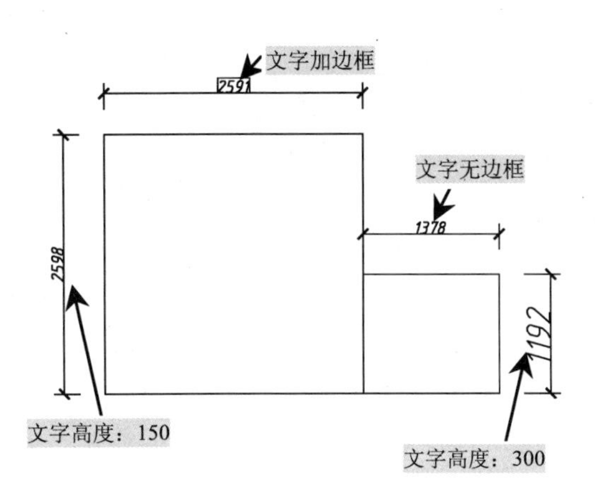

图 4-15 文字边框与高度

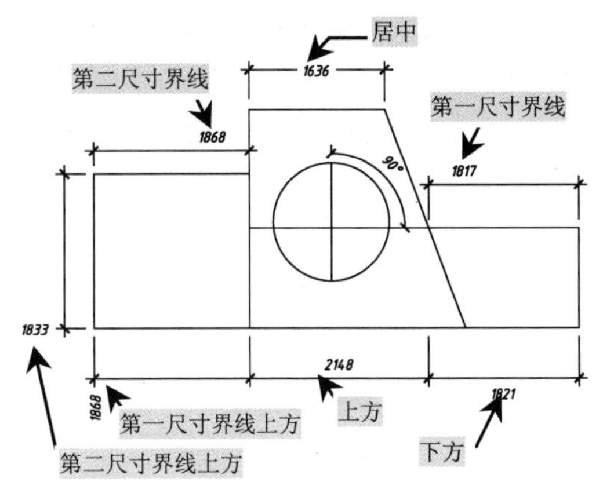

图 4-16 文字位置

◆ “从尺寸线偏移“下拉列表框：可以设置一个数值以确定尺寸文本和尺寸线之间的偏移距离；如果标注文字位于尺寸线的中间，则表示断开处尺寸端点与尺寸文字的间距。

4. 调整

“调整”选项卡用于控制尺寸文字、尺寸线、尺寸箭头等的位置，如图 4-17 所示。

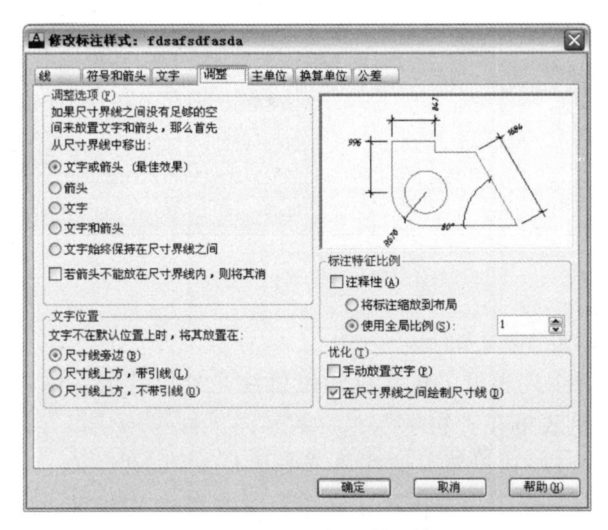

图 4-17 “调整”选项卡

该对话框中各项选项的含义如下。

◆ “调整选项”选项区：当尺寸界线之间没有足够的空间同时放置尺寸文字和箭头时，确定应首先从尺寸之间移出尺寸文字和箭头的哪一部分，用户可以在“文字或箭头”、“箭头”、“文字”、“文字和箭头”、“文字始终保持在尺寸界线之间”、“若箭头不能放在尺寸界线内，则将其消除”等选项之间进行选择。

◆ “文字位置”选项区：确定当文字不在默认位置时，将它放在何处。用户可以在“尺寸线旁边”、“尺寸线上方，带引线”、“尺寸线上方，不带引线”等选项之间进行选择。

◆ “注释性”复选框：标注特征比例时需勾选该复选框。

◆ “将标注缩放到布局”单选项：在布局卡上激活视口后，在视口内进行标注。按此项设置标注时，尺寸参数将自动按所在视口的视口比例因子放大。

◆ “使用全局比例”单选项：全局比例因子的作用是把标注样式中的所有几何参数值都按其因子值放大后，再绘制到图形中，如文字高度为“3.5”，全局比例因子为“100”，则图形内尺寸文字高度为“350”。在模型卡上进行尺寸标注时，应按打印比例或视口比例设置此项参数值。

5. 主单位

“主单位”选项卡用来设置主单位的格式、精度，以及尺寸文字的前缀和扩展名，如图 4-18 所示。

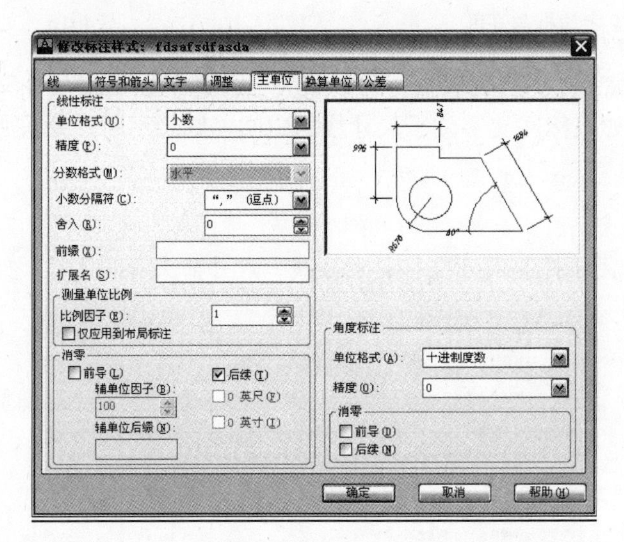

图 4-18 “主单位”选项卡

该选项卡中各项选项的含义如下。

◆ “单位格式”下拉列表框：设置除角度标注之外，其余各标注类型的尺寸单位。用户可通过下拉列表框在“科学”、“小数”、“工程”、“建筑”和“分数”选项之间选择，在 AutoCAD 将该设置存储在系统变量 DIMLUNIT 中。

◆ “精度”下拉列表框：确定标注除角度尺寸之外的其他尺寸时的精度，通过下拉列表框选择即可，与之对应的系统变量为 DIMDEC。

◆ “分数格式”下拉列表框：当标注单位是分数时，确定它的标注格式，与之对应的系统变量为 DIMFRAC。

◆ “小数分隔符”下拉列表框：确定小数的分隔符形式，与它对应的系统变量为 DIMDSEP。

◆ “舍入”下拉列表框：确定尺寸测量值的舍入值，相应的系统变量 DIMRND。

◆ “前缀”、“扩展名”文本框：确定尺寸文字的前缀或扩展名，在编辑框中输入即可。

◆ “测量单位比例”选项区：确定测量单位的比例。其中“比例因子”下拉列表框用于确定测量尺寸的缩放比例，用户设置后，AutoCAD 2013 实际标注值是测量值与该值乘积；“仅应用到布局标注”复选框用来设置所确定的比例关系是否适用于布局。

◆ “消零”选项区：此选项区中的各复选框用于确定是否显示尺寸标注中的前导或后续零。

◆ “单位格式”下拉列表框。确定标注角度时的单位，对应的系统变量是 DIMAUNIT，用户可通过下拉列表框进行选择。

◆ “精度”下拉列表框：确定标注角度时的尺寸精度，与对应的系统变量为 DIMTDEC。

◆ “预览框”区：显示在当前设置下的标注效果。

6．换算单位

“换算单位”选项卡用于确定换算单位的格式，如图 4-19 所示。

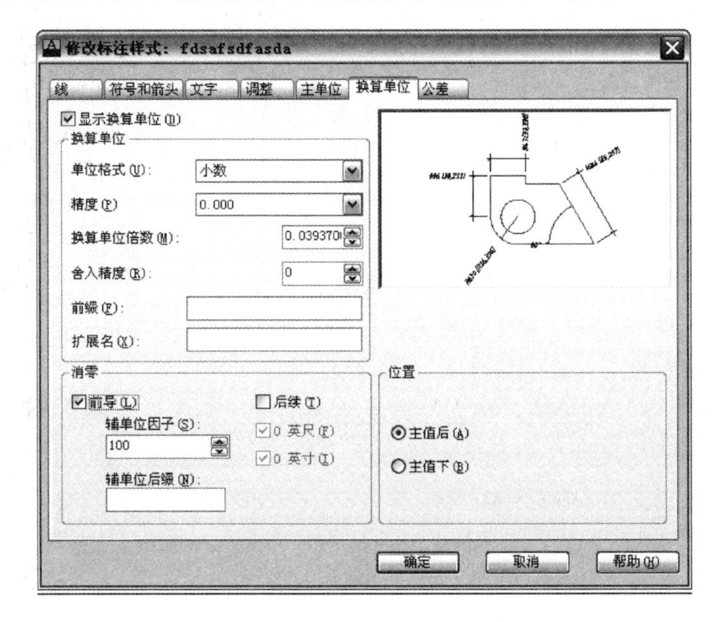

图 4-19 “换算单位”选项卡

该选项卡中各项选项的含义如下。

◆ “显示换算单位”复选框：此复选框用于确定是否换算单位。勾选复选框时显示，否则不显示。

◆ “换算单位”选项区：当显示换算单位时，确定换算单位的“单位格式”、“精度”、“换算单位倍数”、“舍入精度”、“前缀”、“扩展名”等，根据需要从选择组中设置即可。

◆ “消零”选项区：确定是否消除换算单位的前导或后续零。

◆ “位置”选项区：确定换算单位的位置。用户可在“主值后”与“主值下”之间做选择。

◆ “预览”框：显示在当前设置下的标注效果。

7．公差

“公差”选项卡用于确定是否标注公差，如果标注，以何种方式进行标注，如图 4-20 所示。

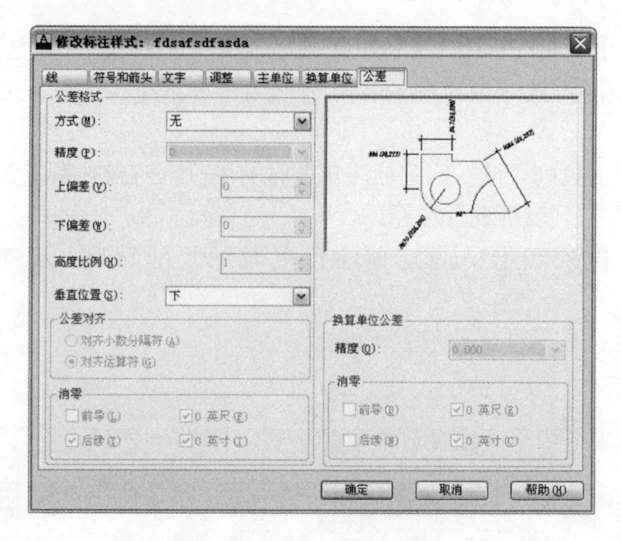

图 4-20 “公差”选项卡

该选项卡中各项选项的含义如下。

◆ “方式”下拉列表框：确定以何种方式标注公差。用户可通过下拉列表框在“无”、“对称”、“极限偏差”、“极限尺寸”和“基本尺寸”之间选择。

◆ “精度”下拉列表框：设置尺寸公差的精度。

◆ “上偏差”、“下偏差”下拉列表框：通过下拉列表框设置尺寸的上偏差、下偏差，相应的系统变量分别为 DIMTP、DIMTM。

◆ “高度比例”下拉列表框：确定公差文字的高度比例因子。确定后，AutoCAD 2013 将该比例因子与尺寸文字高度之积作文字的高度。AutoCAD 2013 将高度比例子因子存储在系统变量 DIMTFAC 中。

◆ “垂直位置”下拉列表框：控制公差文字相对于尺寸文字的位置，用户可通过下拉列表框在“下”、“中”、“上”之间选择。

◆ “消零”选项区：确定是否消除公差值的前导或后续零。

◆ “换算单位公差”选项区：当标注换算单位时，确定换算单位的精度和是否消零。

◆ “预览”框：显示在当前设置下的标注效果。

4.3 图形尺寸的标注和编辑

AutoCAD 的运用非常广泛，不只是用于建筑园林景观施工图中，还用于机械、服装等行业。各行业中绘制图形的标注需要采用不同标注方式和标注类型。在 AutoCAD 2013 中设置了 20 多种标注方式。各项标注都有其特有的长处，用户在进行标注时，应根据图形的需求来选择标注类型。

4.3.1 “尺寸标注”工具栏

绘制好图形后，需要对图形进行标注时，首先是调出“尺寸标注”工具栏，将其放置到绘图窗口的适当位置，在标注时直接单击所需要的命令按钮，也可以输入按钮的命令，如图 4-21 所示。

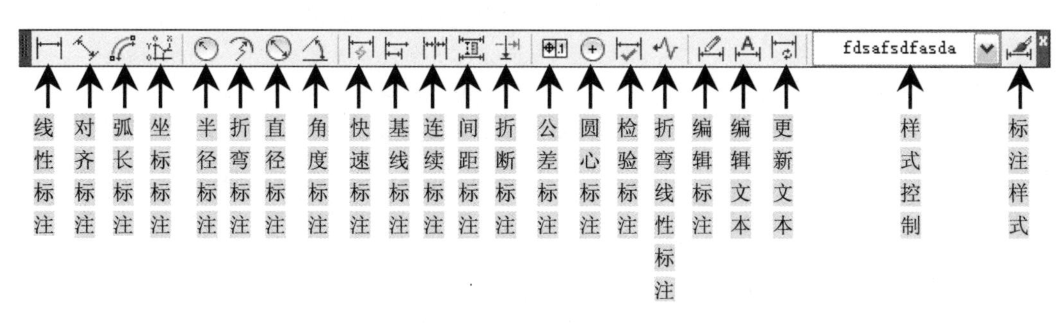

图 4-21 “尺寸标注”工具栏

4.3.2 对图形进行尺寸标注

绘制好图形后，需要对图形进行标注时，首先是调出“尺寸标注”工具栏，将其放置到绘图窗口的适当位置。

1. 线性标注

线性标注表示当前坐标系（UCS）*XY* 平面中的两个点之间的距离测量值，可以指定或选择一个对象，如图 4-22 所示。

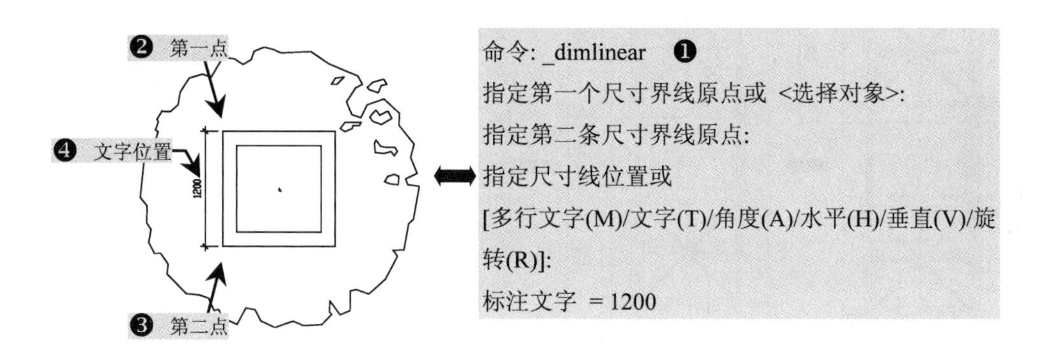

图 4-22 线性标注

线性标注有以下 3 种类型。

- “水平”：测量平行于 *X* 轴的两个点之间的距离。
- “垂直”：测量平行于 *Y* 轴的两个点之间的距离。
- “旋转”：测量当前 UCS 中指定方向上的两个点之间的距离

启动“线性标注”命令后，AutoCAD 系统将弹出“标注样式管理器”对话框。

2. 对齐标注

对齐标注测量的是两点之间的距离长，标注的尺寸与两点之间的边线平行。而不像线性标注那样，仅能标注两点之间的水平或垂直距离，如图 4-23 所示。

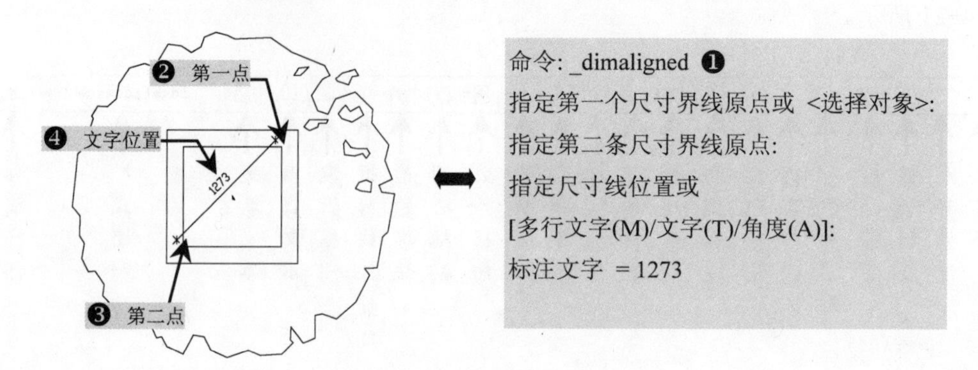

图 4-23　对齐标注

3．连续标注

连续标注是指首尾相连的多个尺寸标注。在进行连续标注之前，要求当前图形中存在线性标注、对齐标注、角度标注或圆心标注作为连续标注的基准。

创建连续标注的第一个连续标注从基准标注的第二个尺寸界线引出，然后下一个连续标注从前一个连续标注的第二个尺寸界线处开始测量。虽然基线标注都是基于同一个标注原点，但是 AutoCAD 使每个连续标注的第二个尺寸界线作为下一个标注的原点。连续标注共享一条公共的尺寸线，如图 4-24 所示。

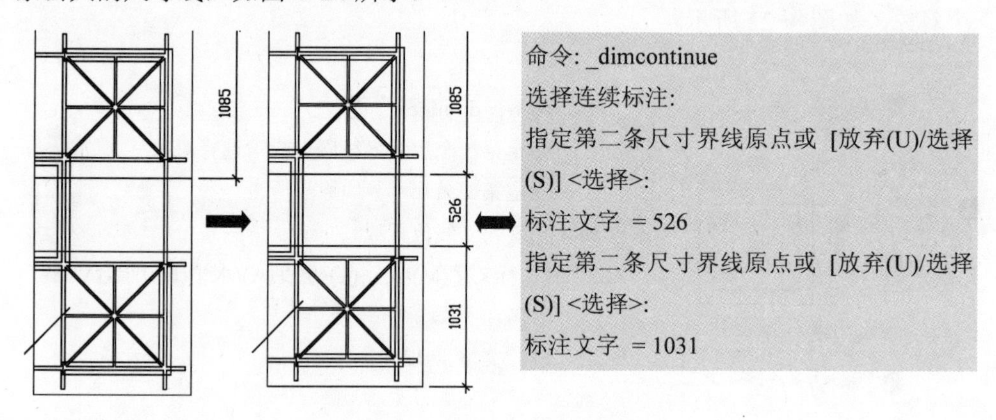

图 4-24　连续标注

4．基线标注

基线标注是一条基准线到各个点进行尺寸标注，被尺寸标注的第一条尺寸界线为基线尺寸标注的基准。因此，所有的基线尺寸标注都有一个共同的第一条尺寸界线。

默认情况下，AutoCAD 2013 将使用上一个创建的线性标注的原点作为新基线标注的第一条尺寸界线的原点，接下来选择第二条尺寸界线的原点，或按〈Enter〉键得新选择标注作为基准标注。AutoCAD 2013 会在指定距离自动放置第二条尺寸线，该距离可自行设置，如图 4-25 所示。

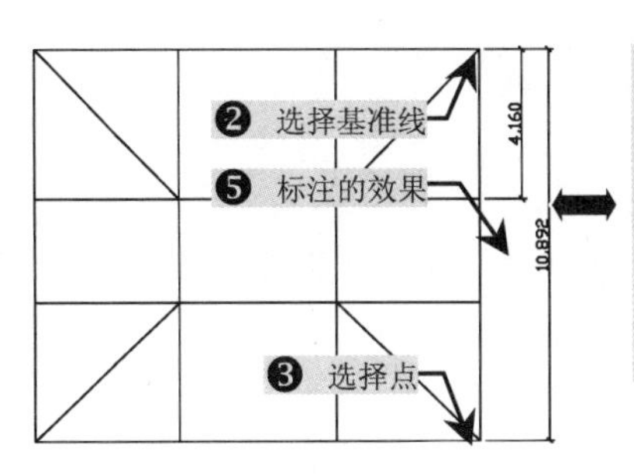

命令: _dimbaseline ❶
选择基准标注:
指定第二条尺寸界线原点或 [放弃(U)/选择(S)]
<选择>:
标注文字 = 10892 \\按回车键 ❹

图 4-25 基线标注

5. 角度尺寸标注

角度标注用于测量两条直线或三个点之间的角度，还可以测量圆的任意两条半径之间的角度，此时标注尺寸界线将是两条非平行直线段，而尺寸线是一段圆弧，如图 4-26 所示。

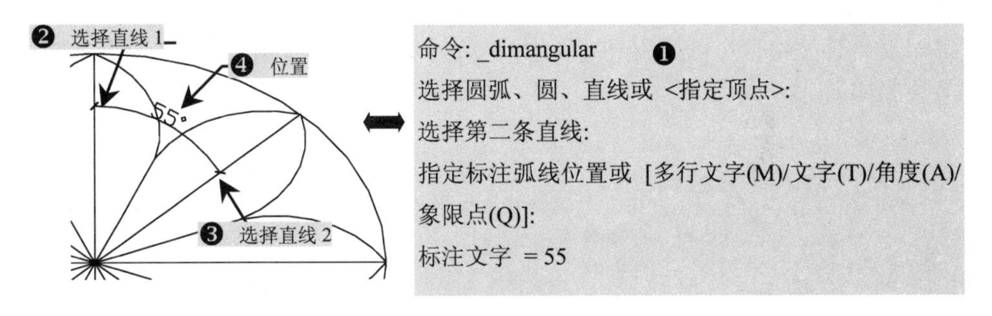

图 4-26 角度标注

6. 半径标注

半径标注可以测量选定圆或圆弧的半径，并显示前面带有半径符号（*R*）的标注文字，其标注方法和效果如图 4-27 所示。

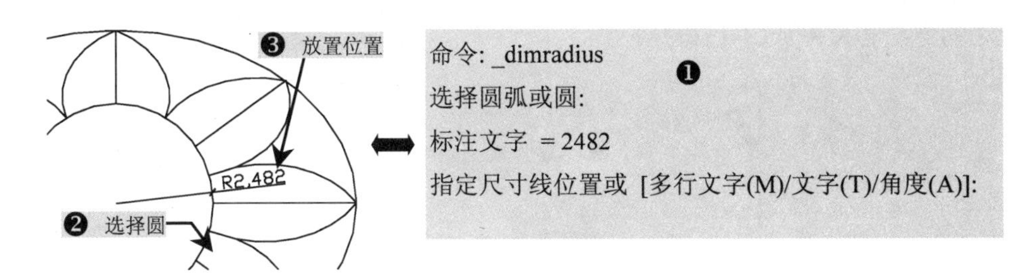

图 4-27 半径标注

7. 直径标注

直径标注用于测量选定圆或圆弧的直径，并显示前面带有直径符号的标注文字，其标注方法和效果如图 4-28 所示。

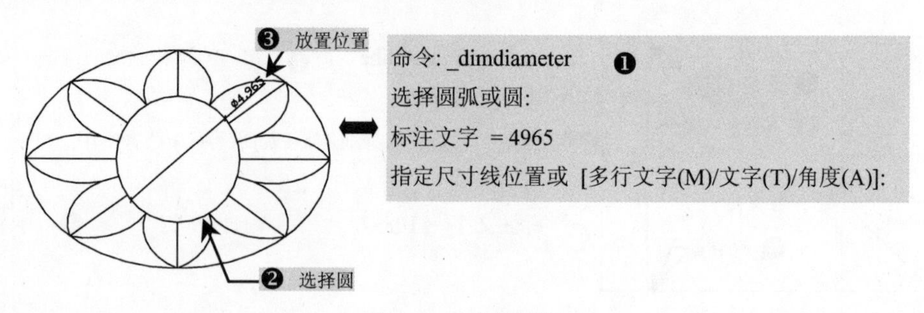

图 4-28　直径标注

4.3.3 尺寸标注的编辑方法

尺寸标注好后，可以进行编辑修改，在 AutoCAD 2013 中，修改的对象包括尺寸文本、位置、样式等内容。

1．编辑标注文字

"编辑文字"按钮，可以修改尺寸文本的位置、对齐方向及角度等，其编辑标注文字的方法和效果如图 4-29 所示。

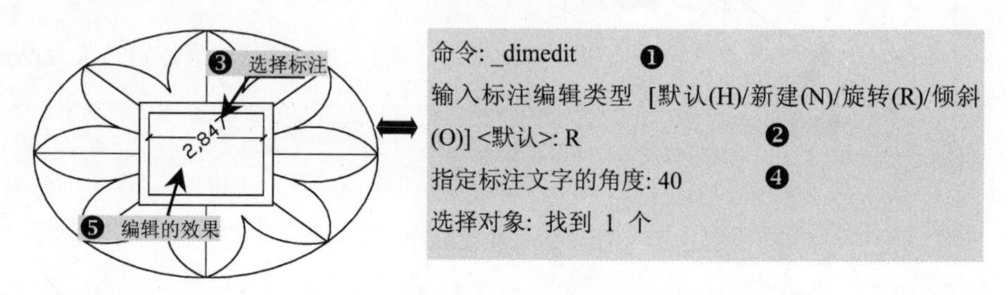

图 4-29　编辑文字

2．编辑标注

"编辑标注"按钮可以修改尺寸文本的位置、方向、内容及尺寸界线的倾斜角度等，其编辑标注的方法和效果如图 4-30 所示。

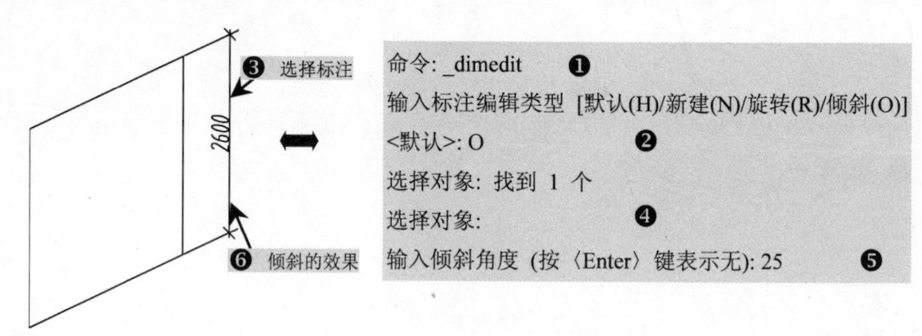

图 4-30　编辑标注

3．通过特性来编辑标注

通过特性可以更改选择对象的一些属性。如果需要编辑标注对象，只需要单击"特性"

按钮面板，从而可以更改标注对象的图层对象、颜色、线型、箭头、文字等内容，如图 4-31 所示。

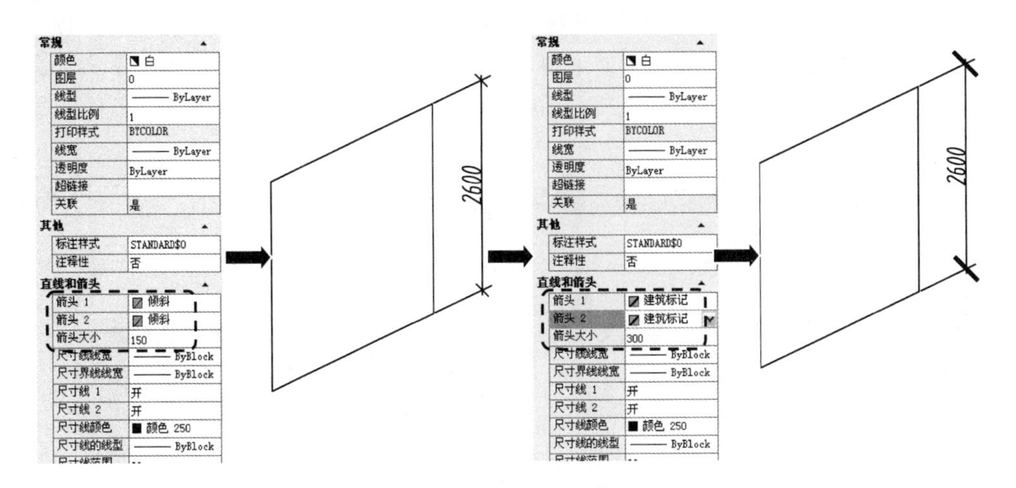

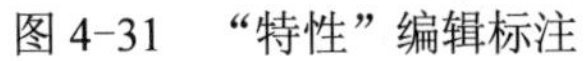

图 4-31 “特性”编辑标注

4.4 多重引线标注和编辑

前面向用户讲解了如何对图形进行尺寸方面的标注和编辑，接下来向用户讲解如何给绘制的图形进行多重引线标注和编辑。

在 AutoCAD 2013 中对设置了一系列的多重引线标注和编辑，为了在使用的过程中方便快捷，可以先打开“多重引线”工具栏。右击工具栏，从弹出的快捷菜单中选择“多重引线”命令，将打开“多重引线”工具栏，如图 4-32 所示。

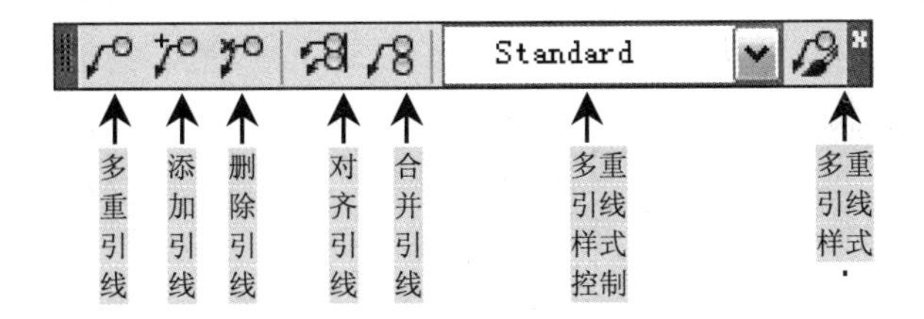

图 4-32 “多重引线”工具栏

4.4.1 创建多重引线样式

多重引线样式通常包括箭头、水平基线、引线或曲线和多行文字对象或块，多重引线样式可以创建新的样式来对不同的图形进行引线标注。

用户可以通过以下 3 种方式创建多重引线样式。

◆ 菜单栏：选择“格式 | 多重引线样式”命令。

◆ 工具栏：在“多重引线”工具栏上单击“多重引线样式”按钮 。

◆ 命令行：在命令行输入或动态输入“mieaderstyle”命令。

启动“多重引线样式”命令后，AutoCAD 2013 系统将弹出“多重引线样式管理器”对话框，在默认情况下，“样式”列表框中列出了自有的多重引线样式，并在右侧“预览”框中可以看到该多重引线样式的效果。如果用户要创建新的多重引线样式，可以单击“新建”按钮，将弹出“创建新多重引线样式”对话框，在“新样式名”文本框中输入新的多重引线样式的名称，如图 4-33 所示。

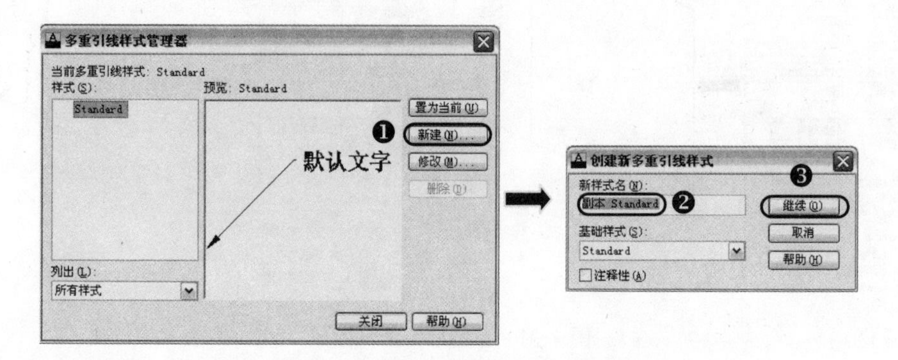

图 4-33 “多重引线样式管理器”对话框

当单击“继续”按钮后，系统将弹出“修改多重引线样式：XX”对话框，对话框中共有 3 个选项卡，在这 3 个选项卡内分别设置了一系列的属性内容，用户可以根据引线的需求对其中的各选项进行修改，如图 4-34 所示。

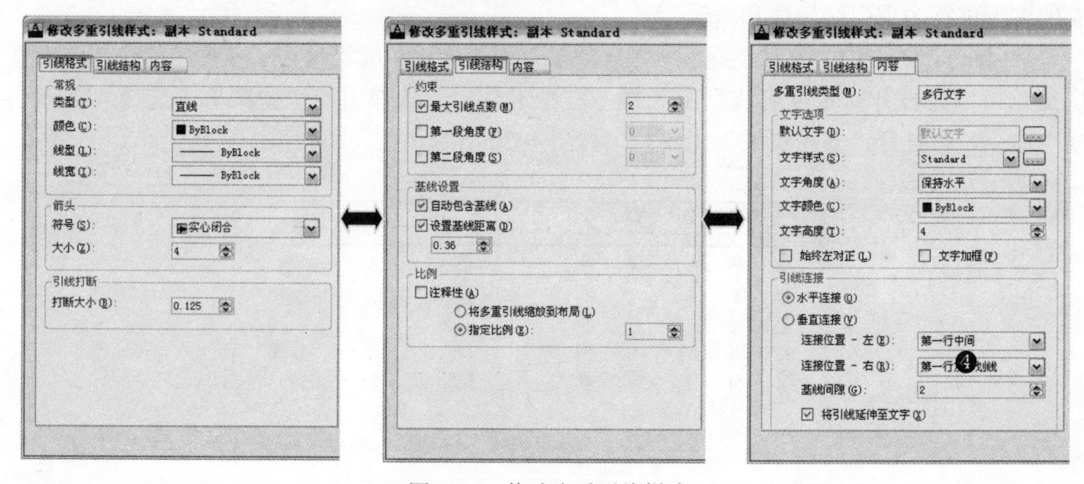

图 4-34 修改多重引线样式

4.4.2 创建与修改多重引线

创建多重引线是为了进行多重引线标注，在实际的运用过程中，多重引线运用后还有修改的可能，这样才能使图形达到更好的效果。

主要有以下 3 种方式启动“多重引线”命令。

◆ 菜单栏：选择“标注 | 多重引线”命令。

◆ 工具栏：在“多重引线”工具栏上单击“多重引线”按钮。

◆ 命令行：在命令行输入或动态输入“mleader”命令。

启动“多重引线”命令之后，用户可以根据命令栏的提示进行操作，即可对图形对象进行多重引线标注，如图 4-35 所示。

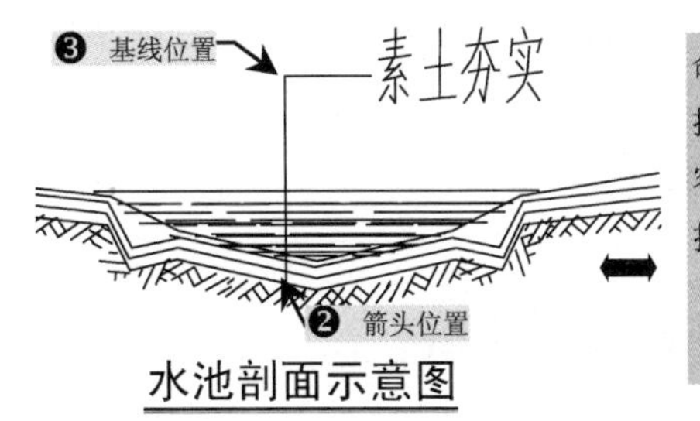

命令: _mleader ❶
指定引线箭头的位置或 [引线基线优先(L)/内容优先(C)/选项(O)] <选项>:
指定引线基线的位置:

图 4-35 多重引线

4.4.3 添加与删除多重引线

在绘制图形中相同材质或相同标注出现的可能性很大，如果出现此类情形，用户可以在“多重引线”工具栏中单击“添加多重引线”按钮，根据提示选择已有的多重引线，然后依次指定引出线箭头的位置即可，如图 4-36 所示。

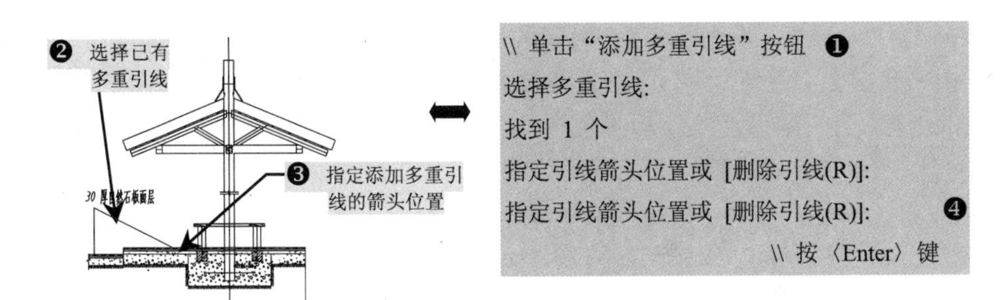

图 4-36 添加多重引线

在 AutoCAD 2013 中不但有“添加多重引线”命令，还设置了“删除多重引线”命令，方便用户在进行添加多重引线后，删除多重引线，在“多重引线”工具栏中单击“删除多重引线”按钮，根据提示选择已有的多重引线，然后依次指定引出线箭头的位置即可。

4.4.4 对齐多重引线

在一个图形中，标注往往不是只对图形进行单一的标注，而是对图形中所有材质进行标注，前面讲解过对齐多重引线的创建及添加和删除，如果图形中的多重引线较多，就需要对这些多重引线进行统一的标注，使所有多重引线标注垂直或水平对齐，让图形更加美观。

为了让图形中多重引线标注有更快捷的统一方式，AutoCAD 2013 提供了“多重引线对齐”按钮，并根据提示选择要对齐的引线对象，再选择要作为对齐的基准引线对象及方向即可，如图 4-37 所示。

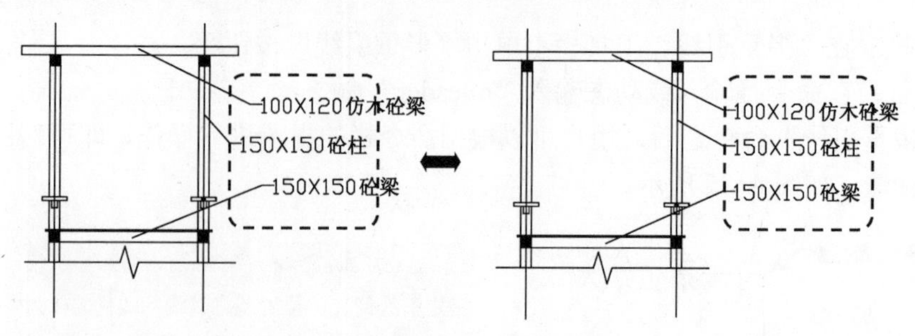

图 4-37　对齐多重引线

4.5　文字标注的创建和编辑

在 AutoCAD 2013 中文字功能达到了全新的水平，同时还符合 Windows 标准，支持 Windows 平台的资源共享，AutoCAD 2013 可以直接使用 Windows 提供的 TTF 字体，如同使用自身的 Shx 字体一样。

在 AutoCAD 2013 中设置了一系列的文字样式，这给平时的文字标注、文字说明等带来了快捷方便，无论是单行文字还是多行文字，都可以对文字的样式大小进行调整。

4.5.1　创建文字样式

在 AutoCAD 2013 中系统提供了一种现成的 Standard（标准）字型，可供用户直接注写西文字符。由于我国文字是中文字体，所以我国的设计人员及我国看图人员都需要用中文字体来说明图表的内容。用户在进行文字标注之前，先定义好相应的中文字型。

主要有以下 2 种方式启动“文字样式”命令。

◆ 菜单栏：选择“格式｜文字样式”命令。

◆ 命令行：在命令行输入或动态输入“style”命令（快捷命令“ST”）。

启动“文字样式”命令之后，弹出“文字样式”对话框，对话框中设置了文字的一系列参数，如图 4-38 所示。

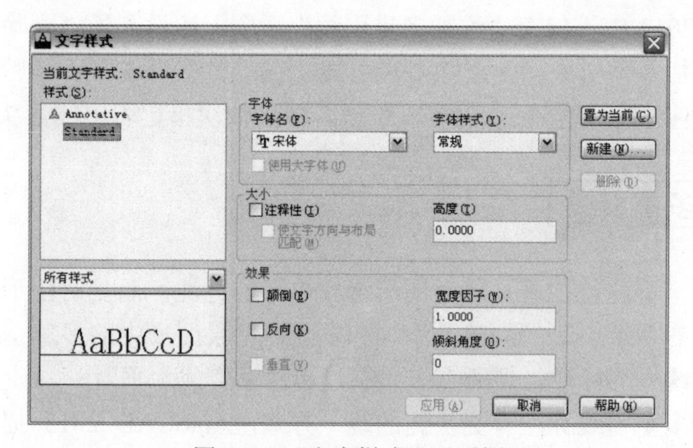

图 4-38　“文字样式”对话框

在对话框中可以设置新建一个文字样式，弹出“新建文字样式”对话框，在该对话框的

“样式名”文本框中输入文字样式的名称，如图 4-39 所示。

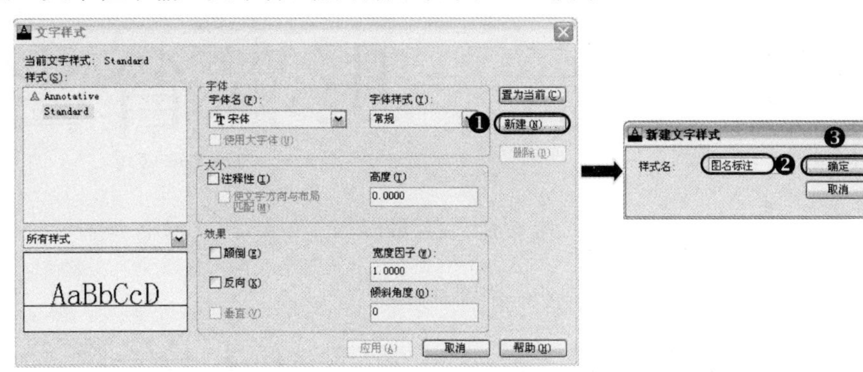

图 4-39　新建文字样式

“文字样式”对话框中的各选项含义如下。

◆ “样式”列表：显示默认情况下的文字样式和新建的文字样式。右击文字样式弹出一个快捷菜单，分别置为当前、重命名、删除。这三项都是对所选择样式进行调整的，如果所选择的文字样式为当前文字样式，并且图形中已经运用到此文字样式，那么这个文字样式不能进行删除。

◆ “字体”选项区：这个字体为当前所选择文字样式的字体，单击选项区后面的下三角图标，将弹出一个下拉菜单，用户可以在下拉菜单中直接选择当前文字样式的字体名。

软件技能：

单击字体选项栏后面的下三角图形，弹出一个下拉菜单，在下拉菜单中 Windows 中文字体分为两种一种是名称前带@符号的，这是用于古典竖向书写风格；另一类不带有@符号，用于现代横向书写风格。在选择字体时注意不要搞错。

◆ “使用大字体”复选框：该复选框要指定亚洲语言大字体，也只有 Shx 字体可以创建大字体。

◆ “字体样式”下拉列表框：字体样式在创建有大字体的情况下为可用状态。

◆ “注释性”复选框：指定为注释性，单击信息图标以了解有关注释性对象的详细信息。

◆ “使文字方向与布局匹配”复选框：指定图样空间视口中的文字方向与布局方向匹配。如果未勾选“注释性”复选框，则该选项不可用。

◆ “高度”文本框：根据输入的值设置文字高度。如果输入大于 0.0 的高度，将自动把此样式设置为文字高度；如果输入 0.0，则文字高度将默认为上次使用的文字高度，或使用存储在图形样板文件中的值，如图 4-40 所示。

图 4-40　文字高度

◆ “颠倒”复选框：颠倒显示文字，如图 4-41 所示。

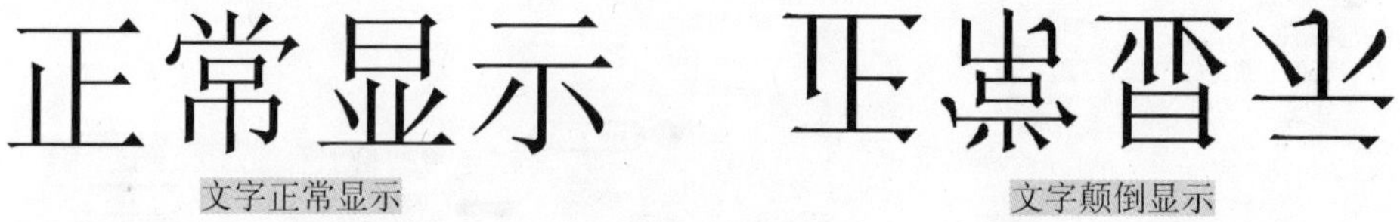

正常显示

文字正常显示

文字颠倒显示

图 4-41　文字颠倒

◆ “反向”复选框：反向显示文字，如图 4-42 所示。

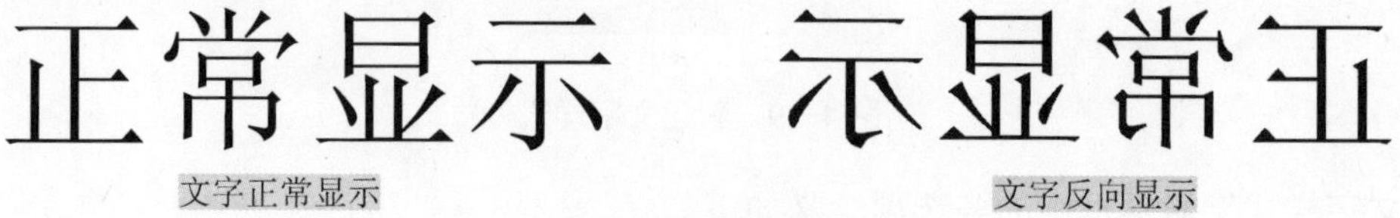

正常显示

文字正常显示

文字反向显示

图 4-42　文字反向

◆ “宽度因子”文本框：设置字符间距。输入小于 1.0 的值将压缩文字。输入大于 1.0 的值则扩大文字，如图 4-43 所示。

宽度为1　　宽度为2

文字宽度比为 1　　文字宽度比为 2

图 4-43　文字宽度比例

◆ “倾斜角度”文本框：设置文字的倾斜角。输入一个-85～85 之间的值将使文字倾斜，如图 4-44 所示。

倾斜角度为0　　倾斜角度为50

文字倾斜角度为 0　　文字倾斜角度为 50

图 4-44　文字倾斜

软件技能：

如果绘制图形时所需文字要求较多，可以在“文字样式”对话框中一次定义多个字型，方便不同情况调用。

4.5.2　创建单行文字

“单行文字”命令只能输入一行文本，在输入的过程中不会自动换行输入。“单行文字”命令适用于文字内容较少，同时内容较为独立情况。

用户可以通过以下 3 种方式创建单行文字。

◆ 菜单栏：选择“绘图 | 文字 | 单行文字” 命令。

◆ 工具栏：在“文字”工具栏上单击“单行文字”按钮A。

◆ 命令行：在命令行输入或动态输入“Dtext”命令（快捷命令“DT”）。

启动“单行文字”命令后，命令行提示有“对正”和“样式”两种选项，用户可以根据文字需求来选择其中一项，再根据命令栏提示进行操作。

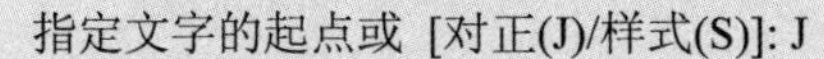

指定文字的起点或 [对正(J)/样式(S)]: J

1. 对齐（J）

当选择“对齐”选项时，命令栏提示如下。

输入选项 [对齐(A)/布满(F)/居中(C)/中间(M)/右对齐(R)/左上(TL)/中上(TC)/右上(TR)/左中(ML)/正中(MC)/右中(MR)/左下(BL)/中下(BC)/右下(BR)]:

各选项的含义如下。

◆ 对齐：该选项要求用户确定标注文本基线的起点与终点位置，要确定起点和终点，可以在命令行输入坐标，也可以用光标点取。

软件技能：

1）输入字符串按〈Enter〉键确认后，命令行会继续出现“输入文字：”，如果不需要再输入，那么可以再次按〈Enter〉键来结束本次 Dtext 命令，

2）在用 Dtext 命令输入字符串时，可以使用光标随时确定下一字符串的位置，但前提是没有结束本次 Dtext 命令。

3）对于对齐方式的文本来说，都有两个夹持点，分别是基线起点和终点，用户可以通过拖动夹持点的方法快速更新由对齐方式标注的文本字高和宽度。

◆ 布满（F）：该选项要求确定所标注文本基线的起点和终点位置以及文本的字高。该选项后，根据命令行进行操作，如图 4-45 所示。

第四章内容为 ⬌

❹ 基线的起点　❺ 基线的终点

命令: _text ❶

当前文字样式: “fdvsdfsvdfsvdfc” 文字高度: 30.0000

注释性: 否

指定文字的起点或 [对正(J)/样式(S)]: J ❷

输入选项 [对齐(A)/布满(F)/居中(C)/中间(M)/右对齐(R)/左上(TL)/中上(TC)/右上(TR)/左中(ML)/正中(MC)/右中(MR)/左下(BL)/中下(BC)/右下(BR)]: F

指定文字基线的第一个端点: ❸

指定文字基线的第二个端点:

输入文字: \\输入字符串，按〈Enter〉键结束

图 4-45 文字布满效果

◆ 居中（C）：该选项要求用户确定标注文本基线的中点，输入字符，字符均匀地分布于该选项后，根据命令行进行操作，如图 4-46 所示。

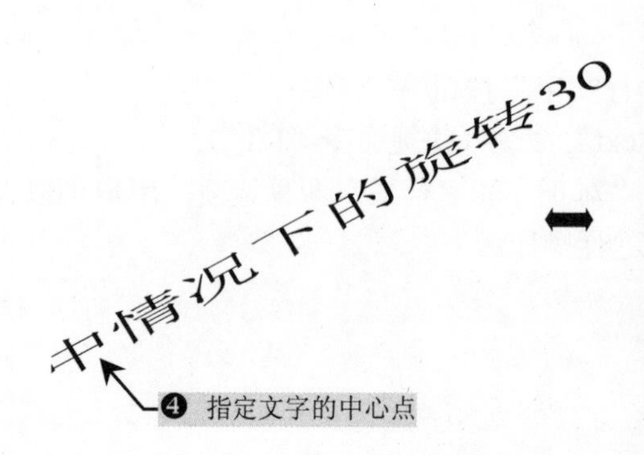

命令: _text ❶
当前文字样式: "fdvsdfsvdfsvdfc" 文字高度: 30.0000 注释性: 否
指定文字的起点或 [对正(J)/样式(S)]: J ❷
输入选项 [对齐(A)/布满(F)/居中(C)/中间(M)/右对齐(R)/左上(TL)/中上(TC)/右上(TR)/左中(ML)/正中(MC)/右中(MR)/左下(BL)/中下(BC)/右下(BR)]: C ❸
指定文字的中心点:
指定文字的旋转角度: 30 ❺

图 4-46 文字居中

◆ 中间（M）：该选项要求用户确定一个点，并把该点作为文本中线的中点。执行该选项后，根据命令行进行操作。

◆ 右（R）：该选项要求用户确定文本行基线的终点。执行该选项后，根据命令行进行操作。

◆ 左上（TL）：该选项要求用户确定文本顶线的起点。执行该选项后，根据命令行进行操作。

◆ 中上（TC）：该选项要求用户确定一个点，AutoCAD 把该点作为文本行的顶线的中点。执行该选项后，根据命令行进行操作。

◆ 右上（TR）：该选项要求用户确定顶线的终点，根据提示确定终点后，与“左上（TL）”方式的提示相同。

2．样式（S）

当选择“样式”选项时，命令栏提示如下：

输入样式名或 [?] <fdvsdfsvdfsvdfc>:

3．指定文字的起点

该选项为默认选项，用来确定文本行基线的起点位置。确定一个点作为起点后根据命令行进行操作。

软件技能：

用 Dtext 命令标注文本，可以进行换行，即执行一次命令可以连续标注多行，但每换一行或用光标重新定义一个起始位置时，再输入的文本便作为另一个实体。

4.5.3 创建多行文字

多行文字中的文字可以是多行，可以是不同的高度、字体、倾斜、加粗等，与 Word 软件中文字编辑方法相同。对于较长、较为复杂的内容，可以创建多行或段落文字。多行文字是由任意数目的文字行或段落组成的，布满指定的宽度。还可以沿垂直方向无限延伸。无论

行数是多少，单个编辑任务创建的段落集将构成单个对象。用户可对其进行移动、旋转、删除、复制、镜像或缩放操作，多行文字的编辑选项比单行文字多。

用户可以通过以下 3 种方式创建多行文字。

- ◆ 菜单栏：选择“绘图 | 文字 | 多行文字”命令。
- ◆ 工具栏：在“绘图”工具栏上单击“多行文字”按钮A 。
- ◆ 命令行：在命令行输入或动态输入“Mtext”命令（快捷命令“T”）。

启动“多行文字”命令后，根据命令行提示进行操作，即可建立多行文字，如图 4-47 所示。

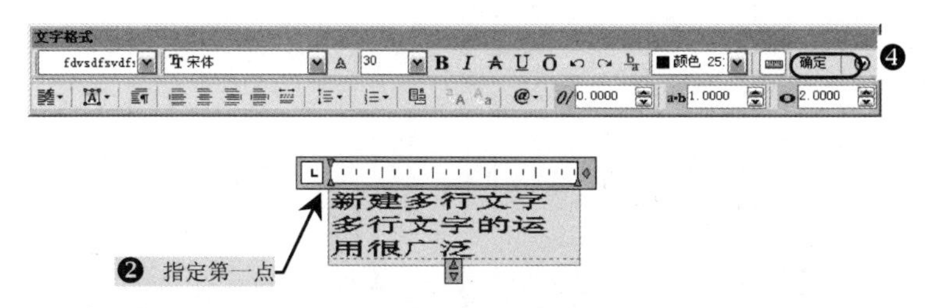

命令： MTEXT ❶　　\\ 启动“多行文字”命令
当前文字样式: "fdvsdfsvdfsvdfc"　文字高度： 30　注释性： 否
指定第一角点:
指定对角点或 [高度(H)/对正(J)/行距(L)/旋转(R)/样式(S)/宽度(W)/栏(C)]: ❸　　\\ 输入文字

图 4-47　多行文字

命令行提示各选项含义如下。

- ◆ 指定对角点：确定文字内容的另一个角点，AutoCAD 将以这两个点为对角点形成的矩形区域的宽度作为文字行的宽度，以第一个角点作为文字行顶线的起始点，并且弹出一个“文字格式”对话框。用户直接在对话框中输入所需要的文字内容即可。
- ◆ 高度（H）：确定文字高度。选择该选项后会提示指定高度。
- ◆ 对正（J）：与单行文字的对正相似，只不过是相对于整个标注的段落而言。
- ◆ 行距（L）：确定标注文字的行间距。
- ◆ 旋转（R）：确定文字行的旋转角度。
- ◆ 样式（S）：确定所标注文字的文字样式。
- ◆ 宽度（W）：确定文字行的宽度。

4.6　表格的创建和编辑

在 AutoCAD 中，使用表格功能可以创建不同类型的表格，还可以将其他软件中的表格复制到 AutoCAD 中。

4.6.1　创建表格

表格使用行和列以一种简洁清晰的形式提供信息，常用于一些组件图形中。表格样式控制一个表格的外观，用于保证标准的字体、颜色、文本、高度和行距。用户可以使默认的表格样式，也可以根据需要来绘制表格的样式。同时还可以对表格中的文字进行调整。

用户可以通过以下 3 种方式创建表格。

◆ 菜单栏：选择“格式 | 表格样式”命令。

◆ 工具栏：在“绘图”工具栏上单击“表格”按钮。

◆ 命令行：在命令行输入或动态输入“Table”命令。

启动“表格样式”命令后，弹出“插入表格”对话框，如图 4-48 所示。

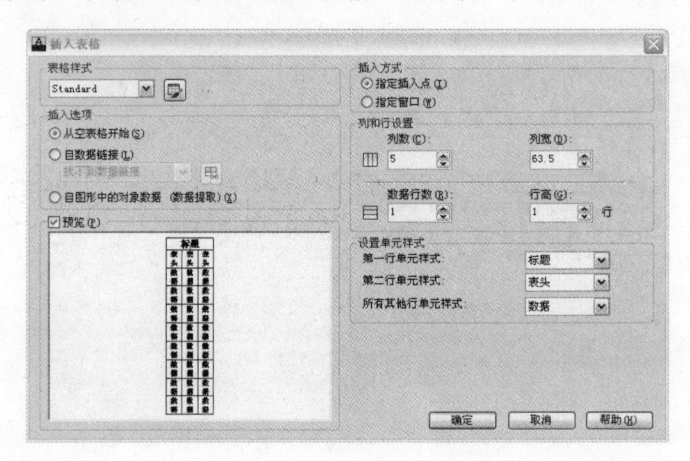

图 4-48 “插入表格”对话框

启动“表格样式”对话框，可以对已有的表格进行预览，还可以新建表格，如图 4-49 所示。

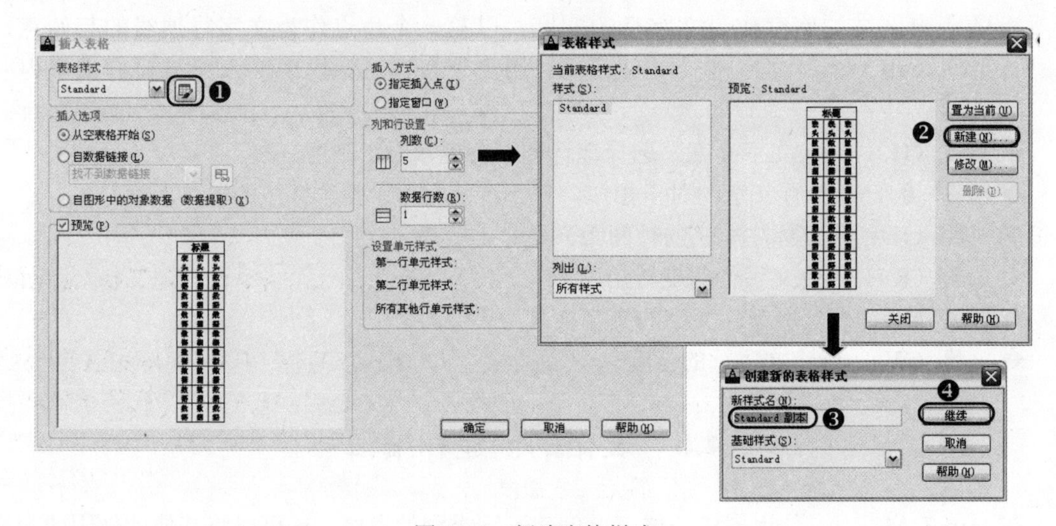

图 4-49 新建表格样式

4.6.2 编辑表格

在“创建新的表格样式”对话框单击“续续”按钮，可以使用“数据”、“列标题”和

“标题”选项卡分别设置表格的数据、列表题和标题对应的样式，如图 4-50 所示。

图 4-50　编辑表格

创建好表格后，单击表格会出现一些夹点，可以直接运用这些夹点来调整表格，如调整表格的行间距、列间距等，如图 4-51 所示。

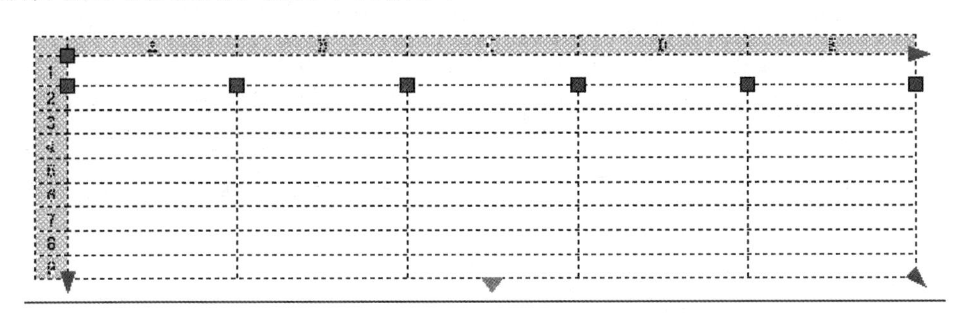

图 4-51　表格夹点

表格创建后还可以对其进行修改和改正，直接单击所需添加文字的表格，此时弹出“表格”工具栏，可以在“表格”工具栏中进行修改，如图 4-52 所示。

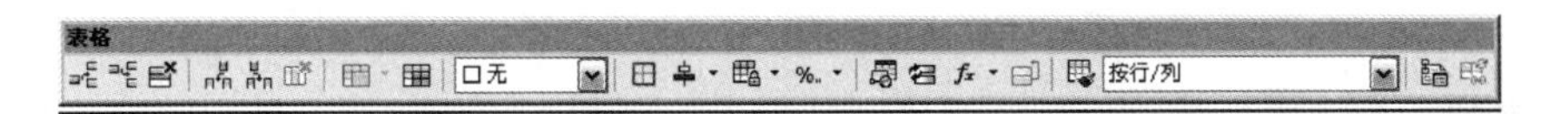

图 4-52　“表格”工具栏

“表格”工具栏中各按钮含义如下。

◆ “在上方插入行”按钮：在所选择行的上方插入表格行。
◆ “在下方插入行”按钮：在所选择表格的下方插入表格行。
◆ “删除行”按钮：删除所选择的行。
◆ “在左侧插入列”按钮：在所选择列的左侧插入新的列表。
◆ “在右侧插入列”按钮：在所选择列的右方插入新的列表。
◆ “删除列”按钮：删除所选列表。
◆ “合并单元”按钮：合并选择的单元格。
◆ “取消合并单元”按钮：选择合并后的单元格，把该合并的单元格还原。
◆ “背景填充”按钮口无：可以单击后面的下三角号，在弹出的下拉列表框中选择所需填充的背景色。
◆ “单元边框”按钮：单击此按钮，弹出“单元边框特性”对话框，在对话框中可以对线宽、线型、颜色等进行选择，如图 4-53 所示。

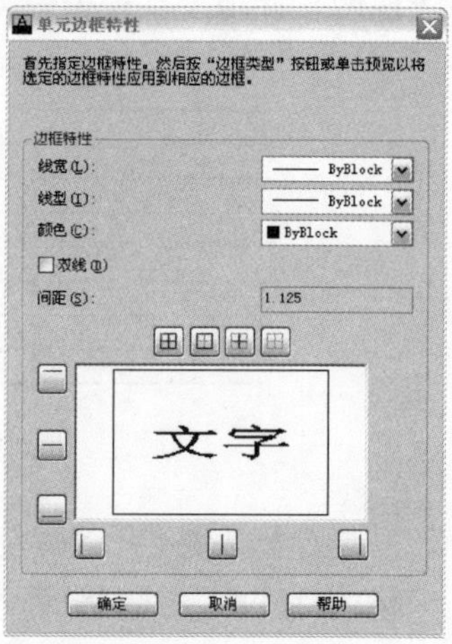

◆ “对齐”按钮：单击此按钮后面的下三角号，弹出一个下拉菜单，共有 9 种对齐方式，分别是“左上”、“中上”、“右上”、“左中”、“正中”、“右中”、“左下”、“中下”、“右下” ，用户根据表格所需情况，直接单击选择。

◆ “锁定”按钮：单击此按钮后面的下三角号，弹出一个下拉菜单，分别是“解锁”、“内容已锁定”、“格式已锁定”、“内容和格式已锁定”选项。

◆ “数据格式”按钮：单击此按钮后面的下三角号，弹出一个下拉菜单，分别设置了 9 种数据格式。用户也可以选择“自定义表格单元格式”，此时弹出“表格单元格式”对话框，可以在此选择数据格式，如图 4-54 所示。

图 4-53　单元边框特性

◆ “插入块”按钮：单击该按钮调出“在表格单元中插入块”对话框，在对话框内单击“浏览”按钮，在弹出的“选择图形文件”对话框中选择所需图形，作为图块插入到表格中，如图 4-55 所示。

图 4-54　表格单元格式

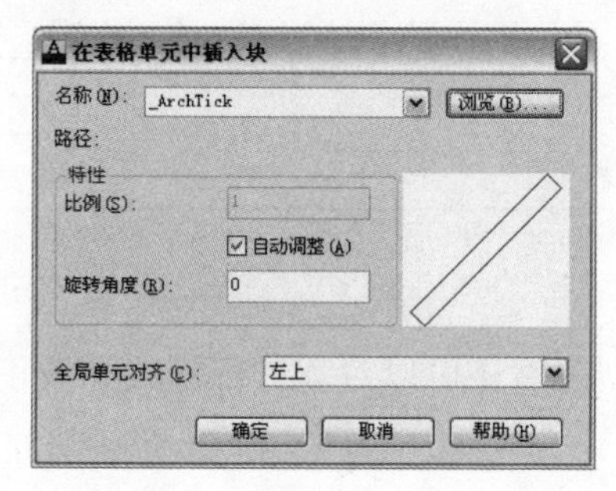

图 4-55　在表格单元中插入块

◆ “字段”按钮：单击该按钮调出“字段”对话框，用户直接在“字段名称”列表中选择所需字段名称，在“格式”列表框中会出现对应的格式，只需单击格式名称即可，如图 4-56 所示。

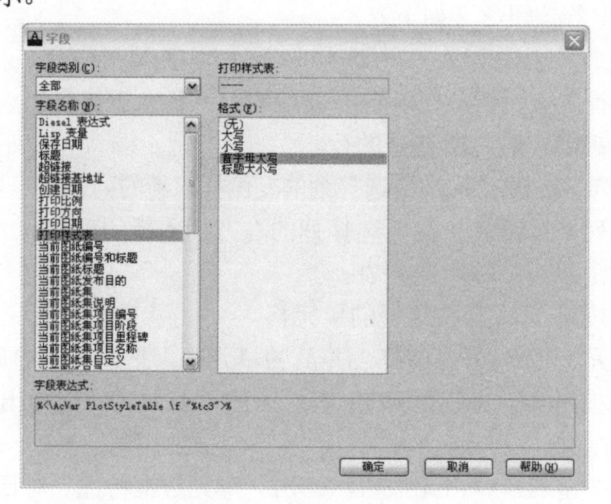

图 4-56　“字段”对话框

◆ “插入方程式”按钮 f_x：单击后面的下三角号，弹出下拉列表，只有 5 种方程式供选择，这些方程式方便了 AutoCAD 中的计算。

◆ “管理单元格内容”按钮：在默认状态下为不可用。

◆ “匹配单元”按钮：此按钮功能与特性匹配相似。

◆ “单元样式”按钮：单元样式的内容较多，用户可能直接选择按行/列、标题、表头、数据。也可以“创建新单元样式”和选择“管理单元样式”，这两种都可以根据所需情况进行新建，如图 4-57 所示。

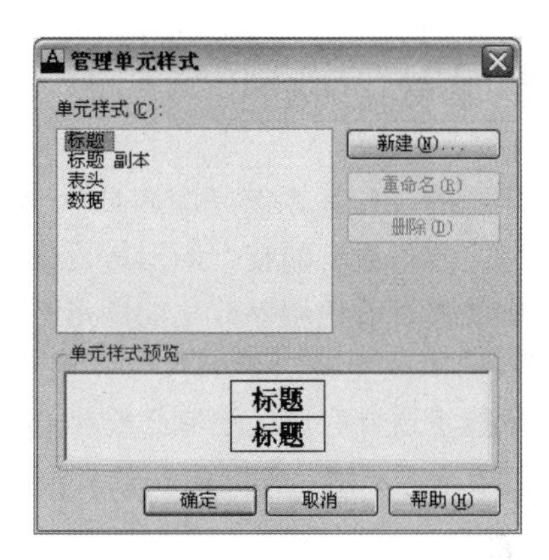

图 4-57 “创建单元样式”和“管理单元样式”对话框

◆ “链接单元”按钮：单击该按钮调出“选择数据链接”对话框，双击“创建新的 Excel 数据链接”，弹出“输入数据链接名称”对话框，直接在“名称”文本框中输入名称，按“确定”按钮，弹出“新建 Excel 数据链接：XX”对话框，单击“浏览”按钮，把文本另存为新的文件，同时输入文件名，如图 4-58 所示。

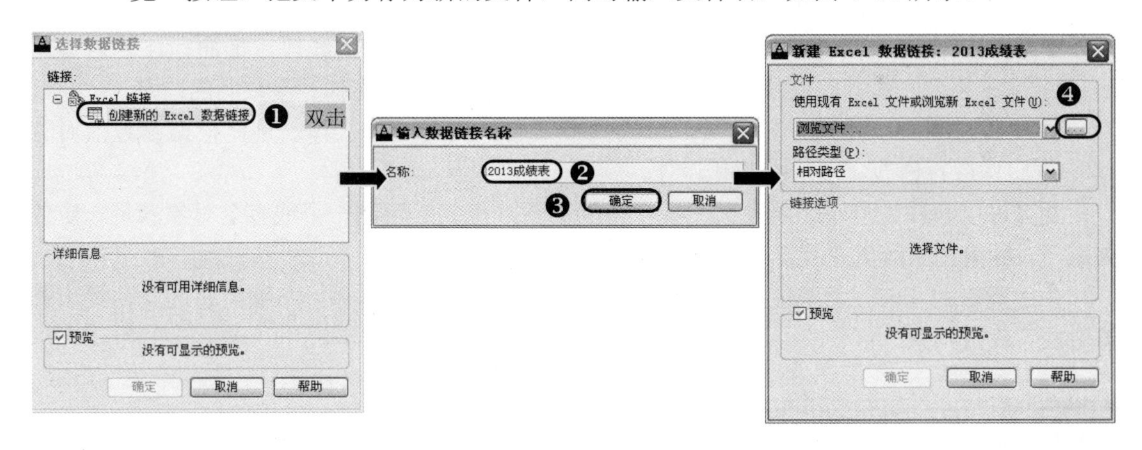

图 4-58 数据链接

■ “从源文件下载更改”按钮：用户可以把准备好的文件直接运用到表格中，同时还可以进行更改。

4.7 参数化约束设计

参数化设计是用约束产品几何模型来定义一组参数以控制设计结果，从而能够通过调整参数来修改设计模型，并能方便地创建一系列在形状或功能上相似的设计方案。

在 AutoCAD 2013 中参数化约束只有 3 种，分别是：几何约束、自动约束和标注约束，这些约束的图标都在功能区“参数化”选项卡中。

4.7.1 参数化的概念

由于传统的 CAD 系统是面向具体的几何形状，属于交互式绘图，要想改变图形大小的尺寸，可能需要对原有的整个图形进行修改或重建，这就增加了设计人员的工作负担，大大降低了工作效率。而使用参数化的图形，要绘制与该图结构相同、但是尺寸大小不同的图形时，只需根据需要更改对象的尺寸，整个图形将自动随尺寸参数而变化，同时保持形状不变。参数化技术适合应用于绘制结构相似的图形。

要绘制参数化图形，“约束”是必不可少的要素，约束是应用于二维几何图形的一种关联和限制方法。

4.7.2 参数化模型

参数化模型主要包括两个概念：几何关系和拓扑关系。

参数化模型要体现零件的拓扑结构，从而保证设计过程中几何拓扑关系的一致。需要在参数化模型中建立几何信息和参数的对应机制。

- ◆ 实现机制——尺寸标注线：尺寸标注线可以看成一个有向线段，上面标注的内容就是参数名，其方向反映了参数现值，这样就建立了几何实体和参数间的联系。
- ◆ 实现过程——由用户输入参数，根据参数名找到对应的实体。进而根据参数值对该实体进行修改，实现参数化设计。

约束可以解释为若干个对象之间所希望的关系，也就是限制一个或多个对象满足一定的关系，对约束的求解就是找出约束为真的对象的值。

由于所有的几何元素都能根据其几何特征和参数化定义相联系，从而所有的几何约束都能看成为代数约束。

4.7.3 图形对象的几何约束

几何约束控制的是对象彼此之间的关系，比如相切、平行、垂直、共线等，在几何约束工具上有 12 种约束方法，如图 4-59 所示。

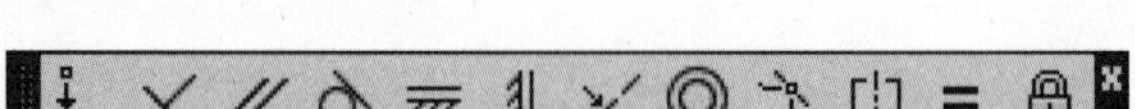

图 4-59　几何约束工具

各约束方法含义如下。

1. 重合

约束两个点使其重合，或者约束一个点使其位于对象或对象延长部分的任意位置。对象上的约束点根据对象有所不同。

用户可以通过以下 3 种方式执行“重合”命令。

◆ 菜单栏：选择“几何约束丨重合”命令。

◆ 工具栏：在“几何约束”工具栏上单击“重合”按钮 。

◆ 命令行：在命令行输入或动态输入“GcCoincident”命令。

启动“重合”命令后，根据命令栏提示进行操作，即可进行重合操作，如图 4-60 所示。

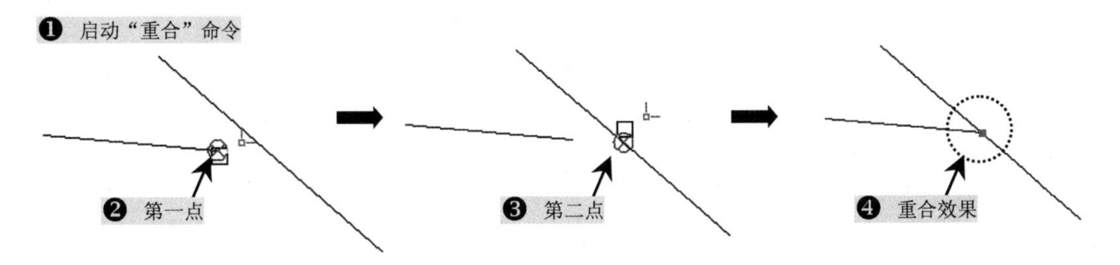

图 4-60　两点重合

2. 垂直

约束两条直线或多段线线段，使其夹角始终保持为 90°，第二个对象将选择为与第一个对象垂直。

用户可以通过以下 3 种方式执行“垂直”命令。

◆ 菜单栏：选择“几何约束丨垂直”命令。

◆ 工具栏：在“几何约束”工具栏上单击“垂直”按钮。

◆ 命令行：在命令行输入或动态输入“GcPerpendicular”命令，如图 4-61 所示。

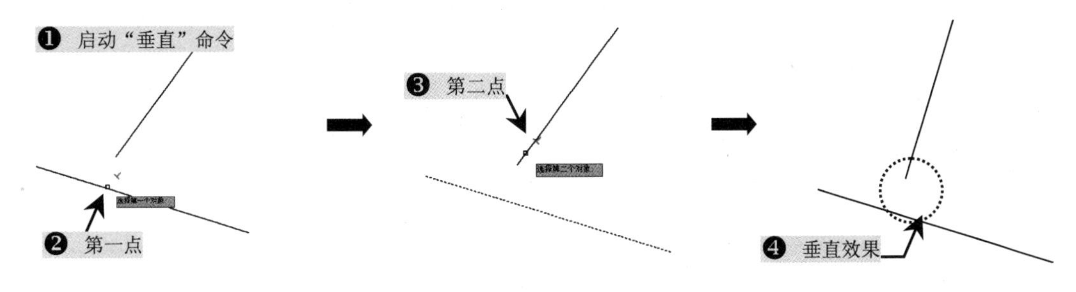

图 4-61　两点垂直

3. 平行

约束两条直线，使其有相同的角度。第二个对象将设为与第一个选定对象平行。

用户可以通过以下 3 种方式执行“平行”命令。

◆ 菜单栏：选择“几何约束丨平行”命令。

◆ 工具栏：在“几何约束”工具栏上单击“平行”按钮 。

◆ 命令行：在命令行输入或动态输入“GcParallel”命令，如图4-62所示。

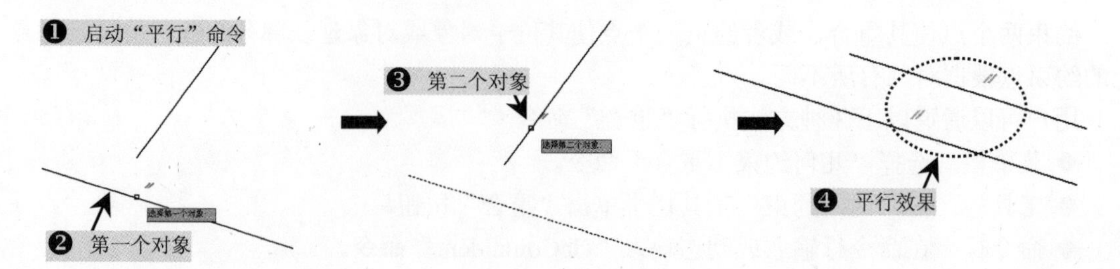

图4-62　两条约束线平行

4．相切

约束两条曲线，使其彼此相切，或延长线彼此相切。

用户可以通过以下3种方式执行“相切”命令。

◆ 菜单栏：选择“几何约束 | 相切”命令。

◆ 工具栏：在“几何约束”工具栏上单击“相切”按钮 。

◆ 命令行：在命令行输入或动态输入“GcTangent”命令，如图4-63所示。

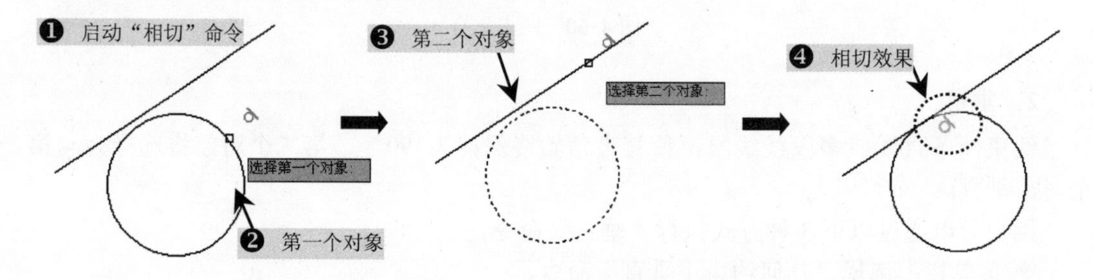

图4-63　约束两条曲线相切

5．水平

约束一条直线或一对点，使其与当前UCS的X轴平行，对象上的第二个选定点将设定为与第一个选定点水平。

用户可以通过以下3种方式执行“水平”命令。

◆ 菜单栏：选择“几何约束 | 水平”命令。

◆ 工具栏：在“几何约束”工具栏上单击“水平”按钮 。

◆ 命令行：在命令行输入或动态输入“GcHorizontal”命令。

6．竖道

约束一条直线或一对点，使其与当前UCS的Y轴平行，对象上的第二个选定点将设定为与第一个选定点垂直。

用户可以通过以下3种方式执行“竖道”命令。

◆ 菜单栏：选择“几何约束 | 竖道”命令。

◆ 工具栏：在“几何约束”工具栏上单击“竖直”按钮。
◆ 命令行：在命令行输入或动态输入“GcVertical”命令。

7. 共线

约束两条直线，使其位于同一无限长的线上，应将第二条选定直线设为与第一条共线。用户可以通过以下3种方式执行“共线”命令。

◆ 菜单栏：选择“几何约束 | 共线”命令。
◆ 工具栏：在“几何约束”工具栏上单击“共线”按钮。
◆ 命令行：在命令行输入或动态输入“GcCollinear”命令，如图4-64所示。

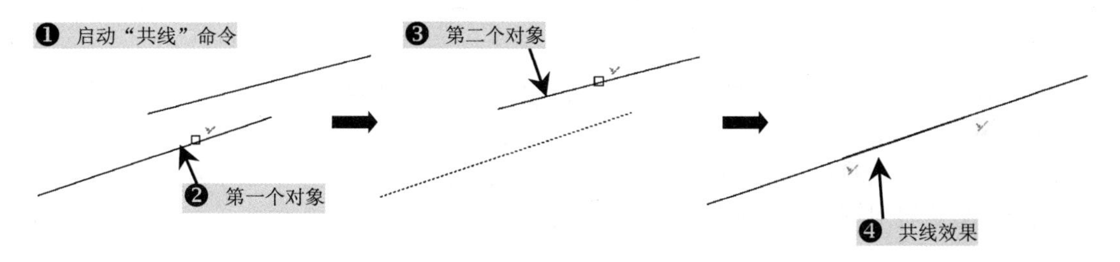

图4-64 两条直线共线

8. 同心

约束选定的圆、圆弧、或椭圆，使其有相同的圆心点，第二个选定对象将设定为第一个对象的同心。

用户可以通过以下3种方式执行“圆心”命令。

◆ 菜单栏：选择“几何约束 | 圆心”命令。
◆ 工具栏：在“几何约束”工具栏上单击“圆心”按钮。
◆ 命令行：在命令行输入或动态输入“GcConcentric”命令，如图4-65所示。

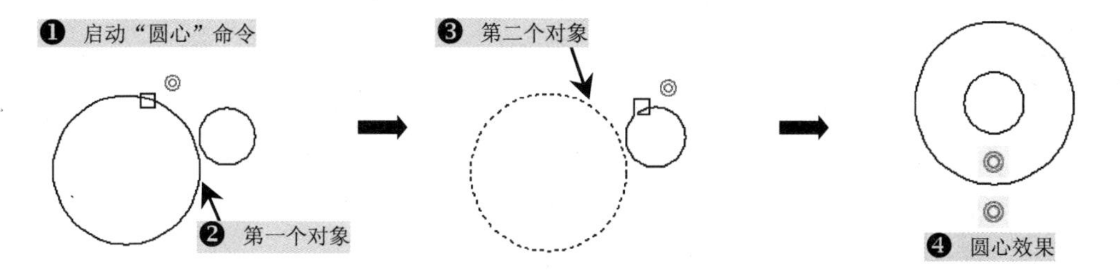

图4-65 圆心重合

9. 平滑

约束一样条曲线，使其与其他样条曲线、直线、圆弧或多段线彼此相切，并保持G2连续性。

用户可以通过以下3种方式执行“平滑”命令。

◆ 菜单栏：选择“几何约束 | 平滑”命令。
◆ 工具栏：在“几何约束”工具栏上单击“平滑”按钮。

◆ 命令行：在命令行输入或动态输入“GcSmooth”命令，如图 4-66 所示。

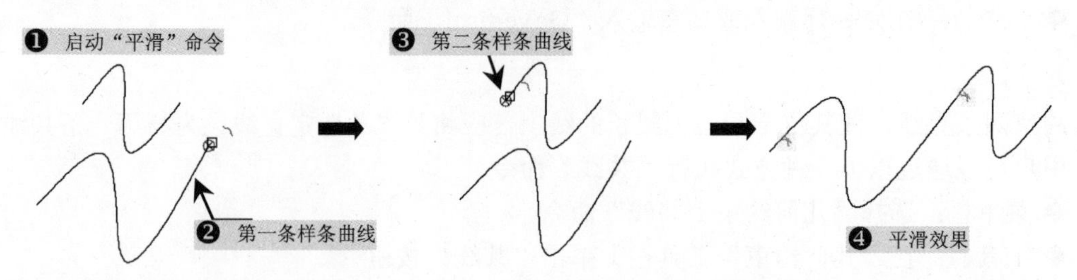

图 4-66　约束平滑

10．对称

约束对象上的两条曲线或两个点，使其以选定直线为对称轴彼此对称。此命令相当于 GEOMCONSTRAINT 中的“对称”选项。对于直线，将直线的角度设为对称（而非使其端点对称）。对于圆弧和圆，将其圆心和半径设为对称（而非使圆弧的端点对称）。

用户可以通过以下 3 种方式执行“对称”命令。

◆ 菜单栏：选择“几何约束 | 对称”命令。

◆ 工具栏：在“几何约束”工具栏上单击“对称”按钮 。

◆ 命令行：在命令行输入或动态输入“GcSymmetric”命令，如图 4-67 所示。

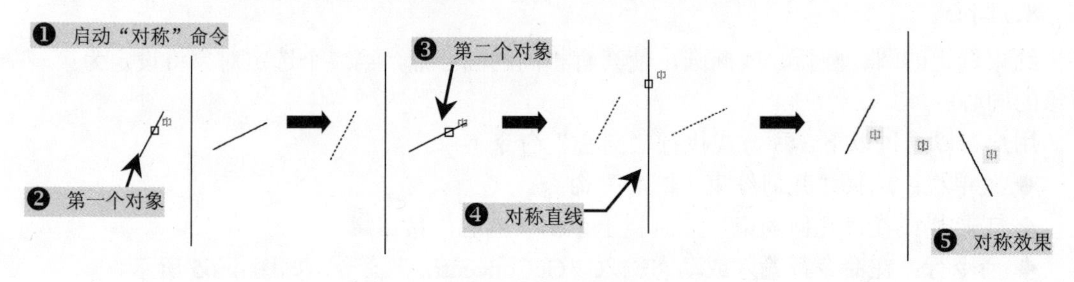

图 4-67　约束对称

11．相等

将选定圆弧和圆的尺寸重新调整为半径相同，或将选定直线的尺寸重新调整为长度相同。此命令相当于 GEOMCONSTRAINT 中的“相等”选项。

用户可以通过以下 3 种方式执行“相等”命令。

◆ 菜单栏：选择“几何约束 | 相等”命令。

◆ 工具栏：在“几何约束”工具栏上单击“相等”按钮 = 。

◆ 命令行：在命令行输入或动态输入“GcEqual”命令。

12．固定

将点和曲线锁定在位。此命令相当于 GEOMCONSTRAINT 中的“固定”选项。将固定约束应用于对象上的点时，会将节点锁定在位。可以围绕锁定节点移动对象。将固定约束应用于对象时，该对象将被锁定且无法移动。

用户可以通过以下 3 种方式执行“固定”命令。

◆ 菜单栏：选择“几何约束 | 固定”命令。

◆ 工具栏：在“几何约束”工具栏上单击“固定”按钮。
◆ 命令行：在命令行输入或动态输入“GcFix”命令。

4.7.4 图形对象的自动约束

控制应用于选择集的约束，以及使用 AUTOCONSTRAIN 命令时约束的应用顺序。

应用多个几何约束之前要检查以下条件。

1）对象是否在“自动约束”选项卡中指定的公差内彼此垂直或相切。

2）在指定的公差内，它们是否也相交。

如果满足第一个条件，则将始终应用相切约束和垂直约束（如果清除复选框）。如果选择其他复选框，则会将距离公差作为相交对象的考虑因素。如果对象不相交，但是这些对象之间的最短距离在指定的位置公差内，则会应用约束（即使复选框处于选中状态）。

用户可以通过以下 3 种方式执行“自动约束”命令。

◆ 菜单栏：选择“参数化 | 自动约束”命令。
◆ 工具栏：在“参数化”工具栏上单击“自动约束”按钮。
◆ 命令行：在命令行输入或动态输入“AutoConstrain”命令。

4.7.5 图形对象的标注约束

标注约束控制设计的大小和比例。它们可以约束以下内容。

◆ 对象之间或对象上的点之间的距离。
◆ 对象之间或对象上的点之间的角度。
◆ 圆弧和圆的大小。

软件技能：　比较标注约束与标注对象

标注约束与标注对象在以下几个方面有所不同。

1）标注约束用于图形的设计阶段，而标注对象通常在文档阶段进行创建。

2）标注约束驱动对象的大小或角度，而标注由对象驱动。

3）默认情况下，标注约束并不是对象，仅以一种标注样式显示，在缩放操作过程中保持相同大小，且不能输出到设备。

标注约束共有 6 种方法，右击菜单栏的空白区，弹出快捷下拉菜单，在新的快捷下拉菜单中选择“标准约束”工具，如图 4-68 所示。

图 4-68 “标注约束”工具

用户可以参照前面所讲解的“几何约束”来运用“标注约束”菜单工具中的各选项含义。

第 5 章　使用块、外部参照和设计中心

本章导读

图块可以对零散的图形进行规整化，同时在修改图形和对象时，可以更为方便快捷，如果把几个图形对象组合成一个图形块同时给一个名称，在对这个名称所组成的图形对象进行移动时，可以方便地移动，在同一个文件中，还可以把多个同名对象的图块进行一次性编辑。

本章首先讲解了图块的作用和用处以及如何创建图块。在绘制图形时，还可以把常用的图块进行保存，保存为单独的文件。接着讲解了如何把已有的图块插入到图形文件中。这些是图块的一种作用。当然创建的图块不是完美无缺的，也有需要修改的时候，编辑图块是本章的重点，最后向用户讲解了外部参照和设计中心。

主要内容

- 了解图块的主要作用和特点
- 熟悉图块的创建
- 熟悉如何插入图块
- 学会图块的存储
- 了解属性图块的定义
- 学会插入带属性的图块
- 熟悉编辑图块的属性

效果预览

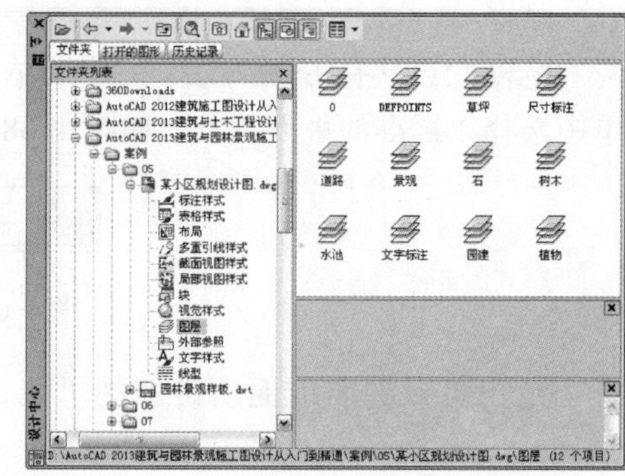

5.1 创建与编辑图块

图块就是把多个图元文件组合在一起，同时给定一个新的名字，如果在一张图样多次用到图块中图元的组合，可以省去重复绘制这些图元的时间和精力，直接插入图块即可，并且图块可以再次进行编辑。

5.1.1 图块的特点

使用图块是 AutoCAD 2013 中非常重要的一项功能，图块给用户绘制图形带来了很多方便，图块的特点有如下几点。

- 同样的图形不需重复绘制，可以提高制图的速度。
- 用户可以根据平时所绘制的图形情况，把一些常用的图形保存为块，以后就不用绘制，从而可以直接调用。
- 在同一个文件中，用户可以一次性把同名的图块进行修改。
- 图块可以有自己的图层、线型颜色等属性。
- 把零散图形整体化。
- 节省存储空间。

5.1.2 图块的概念

图块是一组图形实体的总称。在图形单元中，各实体可以具有各自的图层、线型、颜色等特征。在应用过程中，AutoCAD 2013 将图块作为一个独立的、完整的对象来操作。用户可以根据需要按一定比例和角度将图块插入到任一指定位置。

在 AutoCAD 2013 中每一个实体都有其特征参数，如果图层、位置、线型、颜色等，而插入的图块是作为一个整体图形单元（即作为一个实体）插入，AutoCAD 2013 只需保存图块的特征参数，而不需要保存图块中每一实体的特征参数。因此在绘制相对复杂的图形时，使用图块可以大大节省磁盘空间。

图块的修改也为今后的工作带来了方便。如果在当前图形中修改或更新一个已定义的图块，AutoCAD 2013 将自动地更新图中插入的所有图块。

5.1.3 图块的创建

图块的创建就是将图形中选定的一个或几个图形对象组合为一体，并为其取名保存，这样它就被视为一个实体对象在图形中随时进行调用和编辑，即所谓的“内部图块”。

用户可以通过以下 3 种方式创建图块。

- 菜单栏：选择“绘图 | 块 | 创建”命令。
- 工具栏：在“绘图”工具栏上单击“创建快”按钮。
- 命令行：在命令行输入或动态输入“block”命令（快捷命令“B”）。

启动“创建图块”命令之后，系统将弹出“块定义”对话框，单击“选择对象”按钮切换到绘图区中选择构成块的对象后返回，单击“拾取点”按钮选择一个点作为特定的基点后返回，再在“名称”文本框中输入块的名称，然后单击“确定”按钮即可，如图 5-1 所示。

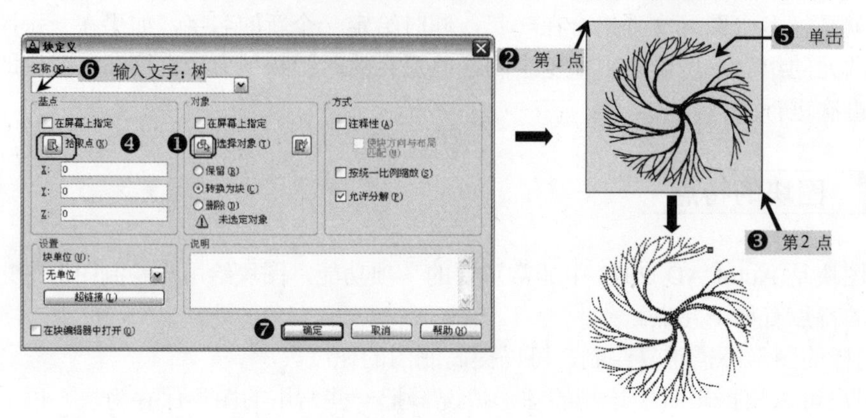

图 5-1　对图形进行块定义

在“块定义”对话框中，各选项的含义如下。

◆ “名称”下拉列表框：用于输入块的名称，最多可使用 255 个字符，可以包括字母、数字、空格以及微软和 AutoCAD 没有用做其他用途的特殊字符。
◆ “基点”选项区：用于确定插入点位置，默认值为（0，0，0）。用户可以单击“拾取点”按钮，然后用十字光标在绘图区内选择一个点；也可以在 X、Y、Z 文本框中输入插入点具体坐标参数值。一般基点选在块的对称中心、左下角或其他有特征的位置。
◆ “对象”选项区：用于设置组成块的对象。单击“选择对象”按钮，可切换到绘图区中选择构成块的对象；单击“快速选择”按钮，在弹出的“快速选择”对话框中进行设置过滤，使其选择组成块的对象；选中“保留”单选项，表示创建块后其源图形仍然在绘图窗口中；选中“转换为块”单选项，表示创建块后将组成块的各对象保留并将其转换为块；选中“删除”单选项，表示创建块后其源图形将在图形窗口中删除。
◆ “方式”选项区：用于设置组成块对象的显示方式。
◆ “设置”选项区：用于设置块的单位是否链接。单击“超链接”按钮将打开“插入超链接”对话框，在此可以插入超链接的文档。
◆ “说明”文本框：在其中输入与所定义有关的描述说明文字。

5.1.4 图块的插入

如果用户在图形中定义了块，那么就可以在这个图形文件中插入这个块，同时还可以把这个块进行旋转和比例的放大缩小。所插入的图块不是根据图形而定，是根据在定义块时所定义的名称来区分。

用户可以通过以下 3 种方式插入图块。

◆ 菜单栏：选择“插入 | 块”命令。

◆ 工具栏：在“绘图”工具栏上单击“插入块”按钮。
◆ 命令行：在命令行输入或动态输入“Insert”命令（快捷命令“I”）。

启动“插入块”命令之后，系统将弹出“插入”对话框，在“名称”下拉列表框中选择已经定义的图块，或者单击“浏览”按钮选择已经定义的“外部块”或图形文件，可在该对话框中设置插入块的基点、比例和旋转角度，然后单击“确定”按钮，如图 5-2 所示。

图 5-2 “插入”对话框

在“插入”对话框中各选项的含义如下。

◆ “名称”下拉列表框：选择所需要插入块或已经存在块的名称，用户也可以单击“浏览”按钮，在弹出的“选择图形文件”对话框中选择所需要插入的图块或图形文件。
◆ “插入点”选项区：用于选择的图块或图形插入到绘图区域内的位置，在这里有两种方法可以运用。一种是勾选“在屏幕上指定”复选框，勾选后直接在绘图区域内选择一个插入图形的点进行单击，单击的点就是插入图块的点；第二种是不勾选“在屏幕上指定”复选框，直接在 X、Y、Z 文本框中直接输入插入点的坐标值。
◆ “比例”选项区：指确定块的插入比例系数。用户对插入图块的比例控制也有两种。一种是勾选“在屏幕上指定”的复选框，可以在命令栏的提示下输入放大缩小的比例因子；第二种是接在 X、Y、Z 文本框中直接输入块在 3 个坐标方向的不同比例，如果勾选了“统一比例”复选框，表示所插入的比例一致。
◆ “旋转”选项区：用于指定块的旋转角度，可以勾选“在屏幕上指定”，也可以直接在角度文本框中输入需要旋转的角度。
◆ “分解”复选框：分解块并插入该块的各个部分，选定“分解”时，只可以指定统一比例分子。

软件技能：

AutoCAD 中使用图块必须注意以下几个问题。

1）图块组成对象图层的继承性：在插入图块时，图块中 0 层上的对象改变到图块的插入层，图块中非 0 层上的对象图层不变。

2）图块组成对象颜色、线型和线宽的继承性。

◆ 要使在图块插入后图块各对象的图层随图块的插入层，图块各对象的颜色、线型与线宽都随图块插入层的图层设置，就在 0 层上用 Bylayer 颜色、Bylayer 线型和 Bylayer 线宽图块，即 0 层上的 Bylaye

块插入后，其图块各对象所在的图层将变换为图块的插入层，其图块各对象的颜色、线型与线宽将与图块插入层的图层设置一致。

◆ 要使图块插入后图块各对象的图层随图块的插入层、图块各对象的颜色、线型与线宽都随图块插入层的当前设置，就在 0 层上用 Byblock 颜色、Byblock 线型和 Byblock 线宽制块，即 0 层上 Byblock 块插入后，其图块各对象所在的图层将改变为图块的插入层，其图块各对象的颜色、线型与线宽将与图块插入层的当前设置一致。

◆ 要使图块插入后图块各对象的图层、颜色、线型与线宽都不变，就在非 0 层上用显式颜色、显式线型和显式线宽制块。

5.1.5 图块的保存

在前面已经向用户讲解了如何创建图块和插入图块，接着向用户讲解如何存储图块，而所谓的图块的存储就是平时所说的是“写块”。

只需要在命令行输入或动态输入“WBLOCK”命令（快捷命令“W”），系统将弹出“写块”对话框，用该对话框可以将图块或图形对象存储为独立的外部图块，如图 5-3 所示。

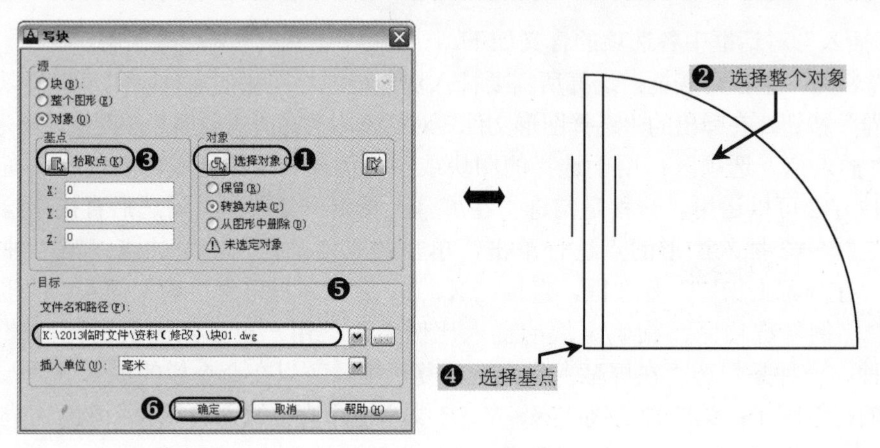

图 5-3 “写块”对话框

“写块”对话框中各选项含义如下。

◆ “块”单选项：表示要存储外部图块的对象为当前图形中的图块。单击其右边的下三角按钮，将打开下拉列表框，用户可以从表中选取要存储为外部图块的当前图形中的图块。

◆ “整个图形”单选项：表示要把当前整个图形存储为外部图块。

◆ “对象”单选项：表示要把用户选择的图形对象存储为外部图块。只要选择该选项后，其下边“基点”和“对象”选项区中的各选项才可用。

◆ “基点”选项区：该选项区用于确定外部图块的插入点，其操作方法与创建图块时相同。

◆ “对象”选项区：该选项区用于选择要存储为外部图块的对象，其操作方法与创建图块时相同。

◆ “文件名和路径”下拉列表框：用于确定外部图形图块的文件名称和保存位置。单击该下拉列表右边的[...]按钮，系统将弹出“浏览图形文件”对话框，用户可以在该对话框中上部选择图块的保存位置，如图 5-4 所示。

图 5-4 保存路径

◆ “插入单位”下拉列表框用于确定外部图块插入时的缩放单位。

软件技能：

用 WBLOCK 命令存储的外部图块实质上相当于一个外部图形文件，它具有自动过滤源图形文件中未使用图层、图块、线型、文字样式等信息的功能，因此，该命令存储图形文件可以大大减小文件的字节数。

用户在进行“写块”时一定要注意块的名称和保存的路径以及插入的单位。

5.1.6 属性图块的定义

图块的属性是指一般的图块中加入的一些文本信息。属性同样是图块的组成部分，具有属性的图块称为属性块。

图块的属性需要用户提前预先定义，创建图块时必须将定义过的属性一同选中才能创建出属性块。通常属性被用于在图块插入过程中进行自动文字注释。

在执行“块”命令时，属性是该命令选择的对象之一。最后在插入块时，属性定义成图形中的一部分。

用户可以通过以下 2 种方式执行属性定义。

◆ 菜单栏：选择“绘图 | 块 | 定义属性”命令。

◆ 命令行：在命令行输入或动态输入“Attdef”命令（快捷命令“ATT”）。

启动该命令后，系统将弹出“属性定义”对话框，在对话框中进行相应的模式、属性、插入点和文字设置等的相关选择和数据填充，如图 5-5 所示。

在“属性定义”对话框中，各选项的含义如下。

图 5-5　属性定义

- “不可见”复选框：用于设置插入属性值，选中该复选项框表示不显示属性值。
- “固定”复选框：用于设置属性值是否为固定值，选中该复选框表示属性值为固定值。在插入属性块时，系统不再提示用户输入该属性值。否则，系统将提示用户输入该属性值。
- “验证”复选框：用于设置是否对属性值进行验证，选中该复选框表示在插入属性块时系统将显示一次提示，让用户验证所输入的属性值是否正确。否则，则系统不要求用户验证。
- “预设”复选框：用于设置是否将属性值直接预设成它的默认值。选中该复选框表示在插入属性块时，系统直接将默认值自动设置为实际属性值，且将不再提示用户输入新值。否则，系统将提示用户输入新值。
- “锁定位置”复选框：用于设置是否锁定块参照中属性的位置。
- “多行”复选框：用于设置指定属性是否可以包括多行文字。

软件技能：

“固定”和“预设”的区别是：选中“固定”复选框，属性值为固定值，并且不能被修改，除非重新定义属性块；选中“预设”复选框，属性值也固定值，但属性值插入后可能被编辑修改。

- “标记”文本框：用于输入属性标记。
- “提示”文本框：用于输入在插入属性块时系统显示的属性提示。
- “默认”文本框：用于设置属性的默认值。
- “在屏幕上指定”复选框：选择该复选框并关闭对话框后，将在视图中“显示”定义属性的起点提示信息。

◆ "X"、"Y"、"Z" 文本框：用于直接输入属性插入 X、Y、Z 坐标值。
◆ "对正" 下拉列表框：用于设置属性文本的对齐方式。
◆ "文字样式" 下拉列表框：用于设置属性文本的文字样式。
◆ "注释性" 复选框：表示在图样空间定义属性。
◆ "文字高度" 下拉列表框：用于设置属性文本旋转角度。
◆ "在上一个属性定义下对齐" 复选框：选中该复选框表示将当前定义的属性文本放置在前一个属性定义的正下方，该复选框只有在定义了一个属性后才可选。

软件技能：

在通过"属性定义"对话框定义属性后，还要使用前面的方法来创建或存储图块。

可以在图块中多次使用"定义属性"对话框为图块定义多个属性。

5.1.7 属性图块的插入

定义了属性的图块被存储后，即成为属性块。用户可以根据需要在任何一个图形文件中插入属性块，属性图块的插入方法与普通块的插入方法基本一致，只是在回答完块的旋转角度后需输入属性的具体值。

如果需要插入带属性的图块，只需要在命令行中输入或动态输入"Insert"（快捷命令"I"），此时系统弹出"插入"对话框，根据要求选择要插入的带属性的图块，并设置插入点、比例及旋转角度，这时系统以命令的方式揭示所要输入的属性值。

例如，要定义一个带属性的轴号对象，其操作步骤如图 5-6 所示。同样，再使用"创建图块"（B）和"存储图块"（W）命令对其进行操作。

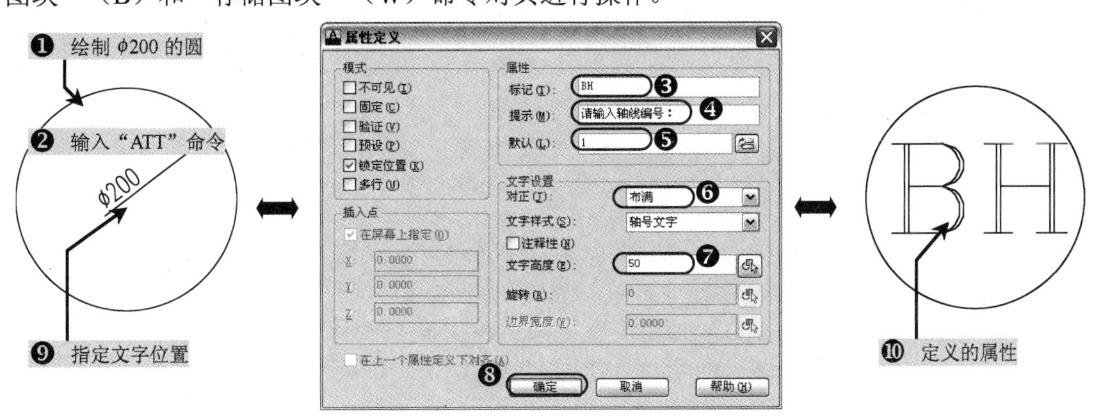

图 5-6 定义属性对象

5.1.8 编辑图块的属性

编辑图块的属性必须建立在有属性的情况下，如果图块之前没有属性则无法对其进行编辑属性定义。只有插入带属性的对象后，可以对其属性值进行修改操作。

用户可以通过以下 3 种方式执行图块的属性。

◆ 菜单栏：选择“修改 | 对象 | 属性 | 单个”命令。

◆ 工具栏：在“修改Ⅱ”工具栏上单击“编辑属性”按钮。

◆ 命令行：在命令行输入或动态输入“ddatte”命令（快捷命令“ATE”）。

执行上述命令后，根据命令行的提示选择需要编辑的块参照，将打开“编辑属性”对话框，从而修改其属性值，如图 5-7 所示。

或者直接双击该属性图块，将打开“增强属性编辑器”对话框，根据要求编辑属性块的参数即可，如图 5-8 所示。

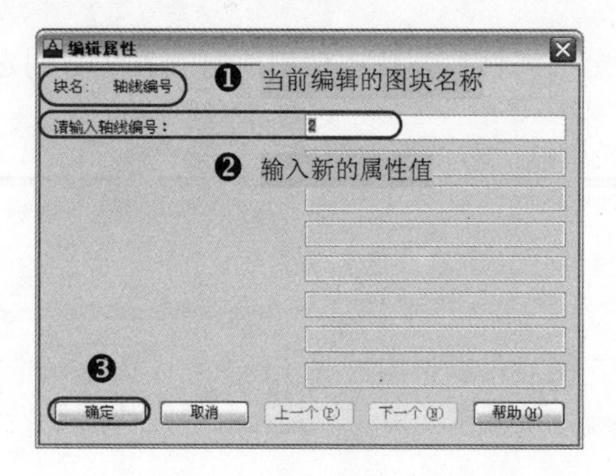

图 5-7 “编辑属性”对话框

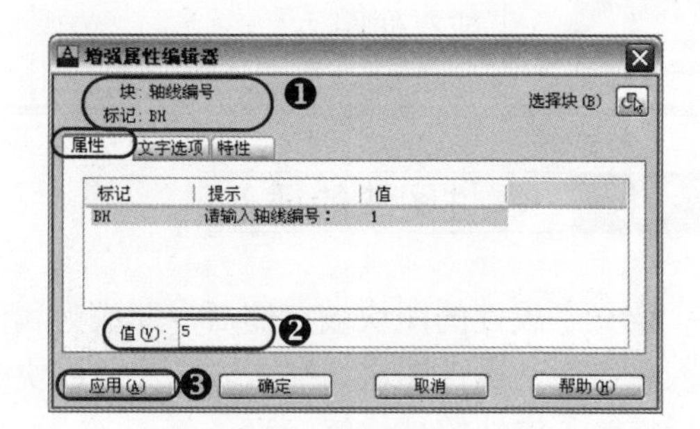

图 5-8 “增强属性编辑器”对话框

5.2 使用外部参照与设计中心

在 AutoCAD 中将其他图形调入到当前图形中有 3 种方法：一是用块插入的方法插入图形；二是用外部参照来插入图形；三是通过设计中心将其他图形文件中的图形、块、图案填充、图层等放置在当前文件中来。

5.2.1 使用外部参照

外部参照与块有相似的地方，但它们的主要区别是：一旦插入了块，该块就永久性地插入到当前图形中，成为当前图形的一部分。而以外部参照方式将图形插入到某一图形（称之为主图形）后，被插入图形文件的信息并不直接加入到主图形中，主图形只是记录参照的关系。例如，参照图形文件的路径等信息。另外，对主图形的操作不会改变外部参照图形文件的内容。当打开具有外部参照的图形时，系统会自动把各外部参照图形文件重新调入内存并在当前图形中显示出来。

用户可以通过以下 3 种方式执行“外部参照”命令。

◆ 菜单栏：选择“插入 | 外部参照”命令。

◆ 工具栏：在“参照工具”工具栏上单击“外部参照”按钮。

◆ 命令行：在命令行输入或动态输入“Externalreferences”命令，如图 5-9 所示。

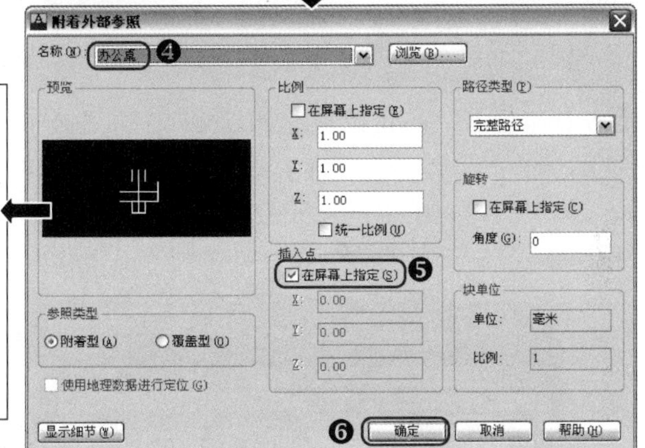

图 5-9　外部参照

软件技能：

外部参照本身是炸不开的，如果想要炸开，请使用“参照管理器”中的“绑定”，将外部参照“绑定”到本文件中或“插入”到本文件中之后，才能炸开。但是外部参照将不再存在。

5.2.2 插入光栅图像参照

在 AutoCAD 中不仅可以插入 dwr 文件，还可以插入图像文件（如*.jpg），在图形中插入图片可以使图形更为生动，在 dwg 文件图形中，所绘制的图形是由线条组合而成的，或用文字的方法来表达的，没有直观的反映出当前色彩，图片可以作为参照对象。

用户可以根据如下的操作步骤插入光栅图像参照。

1）用户在 AutoCAD 2013 环境中选择“插入｜光栅图像参照”菜单命令，将弹出“选择参照文件”对话框，选择“光栅图形.dwg”图形文件，然后依次单击“打开”和“确定”按钮，如图 5-10 所示。

2）在“附着图像”对话框中单击“确定”按钮后，命令栏提示“指定插入点<0,

0>:”，此时，只需要在绘图区域的空白处单击一点作为插入点即可，在命令行将显示图片的基本信息:

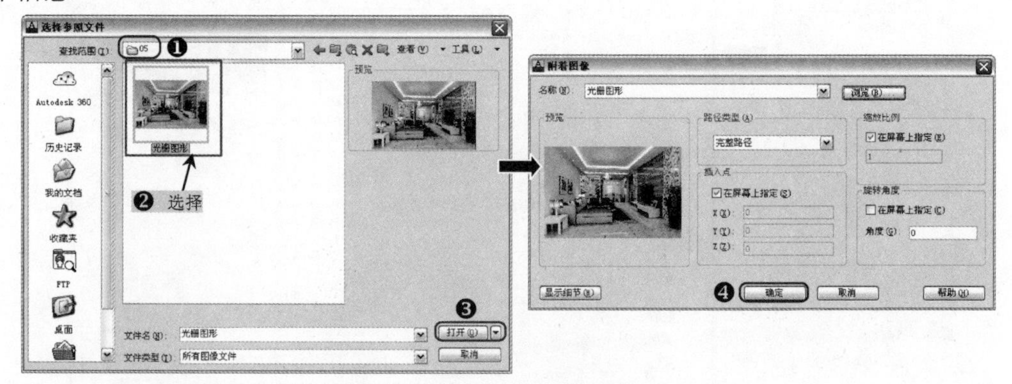

图 5-10　插入光栅图参照方法

基本图像大小: 宽: 529.166687，高: 352.777771，Inches

3）命令行将提示“指定缩放比例因子或 [单位(U)] <1>:”，如果此时用户按〈Enter〉键，以系统默认的“比例因子”为 1 进行缩放，就可以在绘图区域的空白处看到所插入的光栅格图像，（如果当前视图中不能完全地看一插入的光栅文件，可使用鼠标对当前视图进行缩放和平移操作)，如图 5-11 所示。

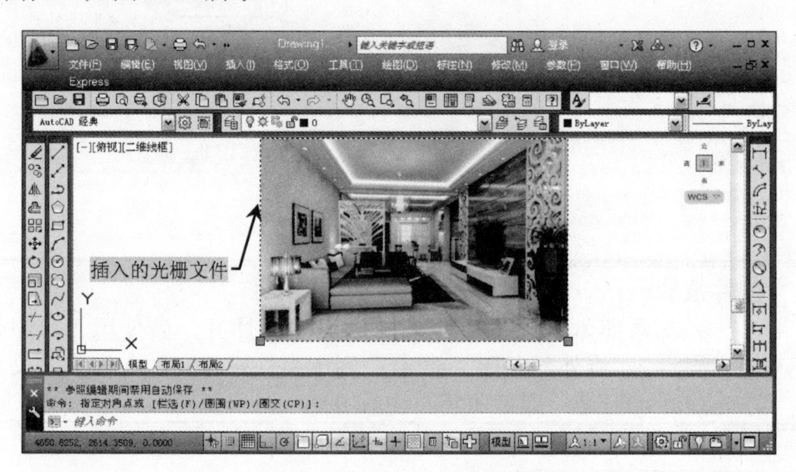

图 5-11　插入的光栅图像

4）如果需要把插入的图像作为参照底图来绘制图形，选中该对象并右击鼠标，从弹出的快捷菜单中选择“绘图次序 | 置于对象之下”命令，如图 5-12 所示。

5）为了使插入的图像比例因子合适，可以“标注”工具栏中单击“线性标注”按钮，然后对指定的区域进行“测量”，也可以根据所测量的数据对图形进行缩放。

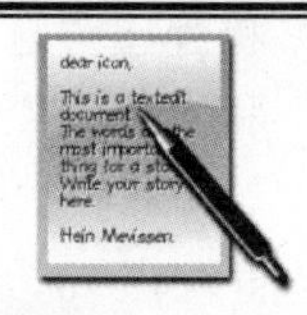

软件技能:

CAD 插入的光栅图形参照实际并没有插到 CAD 文件中，图片只是按插入的路径做了 CAD 的相应显示，若图片的路径变了，或是把 CAD 文件复制到其他计算机上的时候，这个图片就会显示异常。

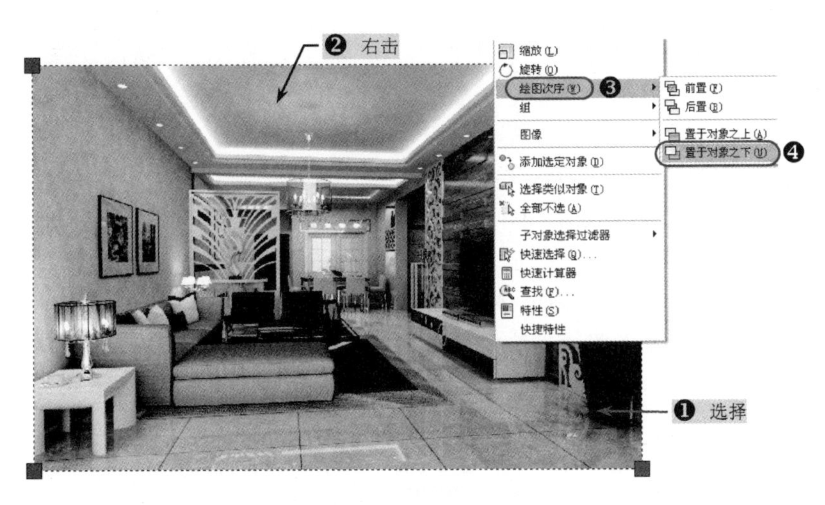

图 5-12 将图像置于对象之下

5.2.3 使用设计中心

AutoCAD 向用户提供了设计中心，设计中心是 AutoCAD 提供的一个直观、高效并与 Windows 资源管理器相类似的工具。通过此设计中心，用户不仅可以浏览、查找、预览和管理 AutoCAD 图形、光栅图像等不同的资源，而且还可以通过简单的拖放操作，将位于本地计算机、局域网或互联网上的块、图层、文字样式、标注样式等插入到当前图形。如果同时打开多个图形文件，在各文件之间也可以通过简单的拖放操作实现图形的插入，从而使已有资源得到再利用和共享，提高了图形管理和图形设计的效率。

用户可以通过以下 3 种方式打开设计中心。

◆ 菜单栏：选择“工具｜选项板｜设计中心”命令。

◆ 工具栏：在“标准”工具栏上单击“设计中心”按钮。

◆ 命令行：在命令行输入或动态输入“adcenter”命令（快捷命令“ADC”）。

◆ 快捷键：〈Ctrl+2〉组合键。

用户只需用上述其中一种方法就可将“设计中心”窗口打开，如图 5-13 所示。

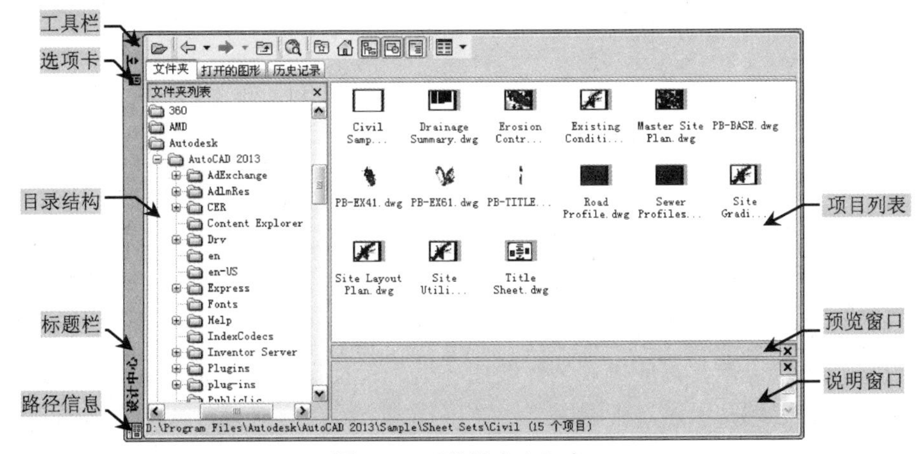

图 5-13 “设计中心”窗口

AutoCAD 设计中心有“桌面”、“打开图形”、“历史记录”、“树状图切换”、“收藏夹”、“加载”、“查找”、“上一级”、“预览”、“说明”、“视图”等多个按钮。接下来将分别介绍这些按钮的功能。

AutoCAD 设计中心主要按钮的含义如下。

1）“桌面”按钮：该按钮用于使设计中心显示本地计算机和网络驱动器中的资源文件，其中包括“我的电脑”、“网上邻居”等。可以用 ADCnavigate 命令将桌面定位到指定的文件名、目录或网络驱动器。执行 ADCnavigate 命令后，AutoCAD 将提示“输入路径名:”，在此提示下用户可输入路径、文件名或网络地址等。确定路径后，AutoCAD 自动将用户确定的有效路径或文件名加载到设计中心。

提示： 如果当前没有执行设计中心，执行 ADCnavigate 命令后，AutoCAD 首先打开“设计中心”选项板，然后再执行 ADCnavigate 命令。

2）“打开图形”按钮：该按钮用于在设计中心中显示在当前 AutoCAD 环境中打开的所有图形，其中包括最小化的图形，如图 5-14 所示。

3）“历史记录”按钮：用于显示用户最近浏览的 AutoCAD 图形。

4）“树状图切换”按钮：用于显示或隐藏树状视图窗口。单击此按钮即可实现切换。当需要更大的绘图区域时，可隐藏树状视图窗口。

5）“收藏夹”按钮：用于在控制板中显示“Favorites | Autodesk”目录（在此称为收藏夹）中的内容，同时会在树状视图中高亮度显示该目录。

6）“搜索”按钮：该按钮用于快速搜索对象。单击“搜索”按钮，AutoCAD 将弹出“搜索”对话框，如图 5-15 所示。

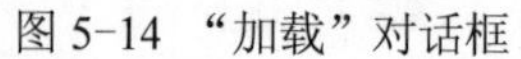
图 5-14 “加载”对话框

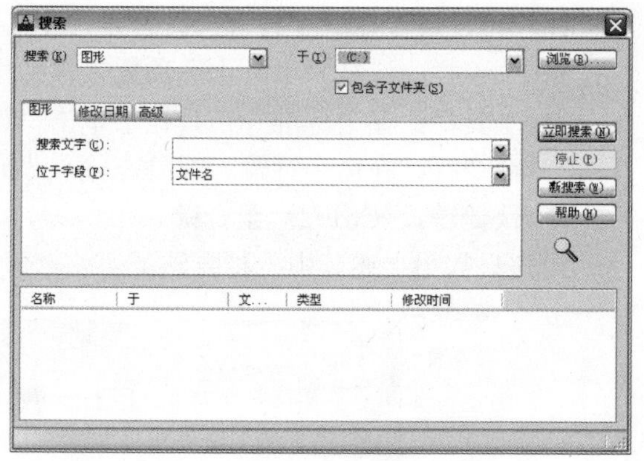

图 5-15 “搜索”对话框

5.2.4 通过设计中心添加图层和样式

用户在绘制图形之前，都应先规划好绘图环境，包括设置图层、设置文字样式、设置标注样式等，如果已有的图形对象中的图层、文字样式、标注样式等符合当前图形的要求，这时就可以通过设计中心来提示其图层、文字样式、标注样式，从而可以方便、快捷、规格统一地绘制图形。

下面通过实例来讲解通过设计中心添加图层、标注样式和文字样式的方法，操作步骤如下。

1）启动 AutoCAD 2013 软件，选择“文件｜打开”菜单命令，将“案例\05\某小区规划设计图.dwg”图形文件打开。

2）新建一空白文件，保存为“案例\05\园林景观样板.dwg”图形文件，并置为当前视图窗口。

3）按〈Ctrl+2〉组合键，打开“设计中心”窗口，在树形列表中选择“案例\05\某小区规划设计图.dwg”文件，可以看出当前已经打开的图形文件的已有图层对象和文字样式，如图 5-16 和图 5-17 所示。

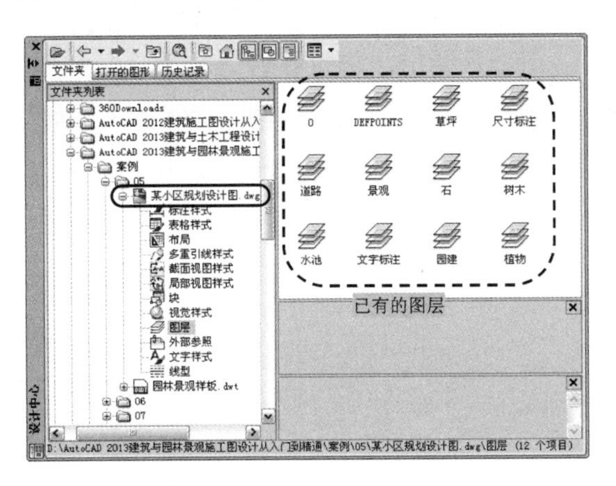

图 5-16　已有的图层

图 5-17　已有的文字样式

4）使用鼠标依次将已有的“图层对象”全部拖曳到当前视图的空白位置，同样再将“文字样式”拖曳到视图的空白位置。

5）在“设计中心”窗口的“打开的图形”选项卡中，选择“园林景观样板.dwg”文件，并分别选择“图层”和“文字样式”选项，即可看到所拖曳到新图形中的对象，如图 5-18 和图 5-19 所示。

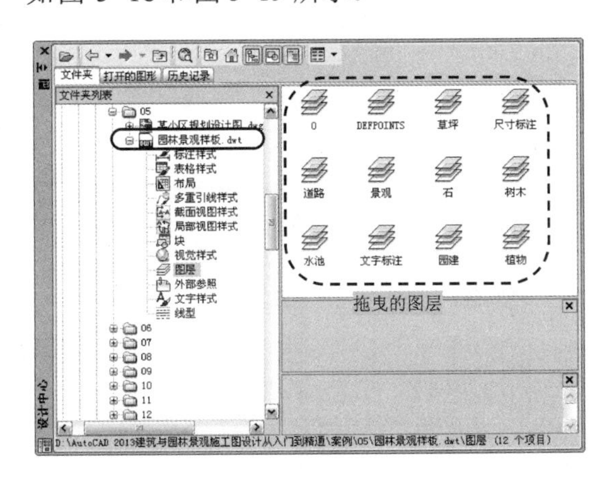

图 5-18　拖曳的图层

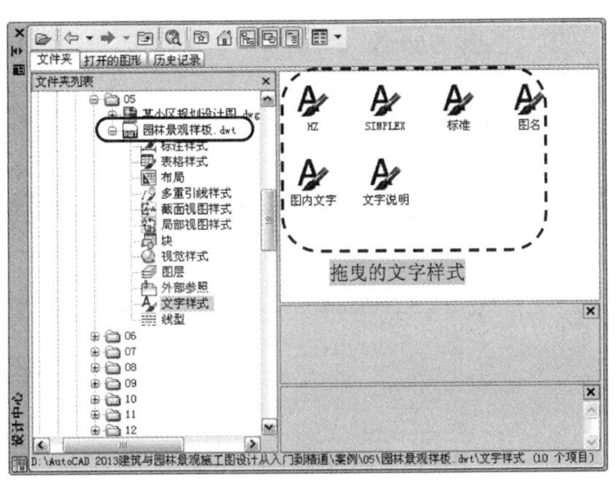

图 5-19　拖曳的文字样式

第 6 章　园林建筑的绘制

本章导读

本章主要向用户讲解如何绘制园林建筑的个体。园林是由单独的个体组成的，绿色植物和建筑是常见的园林建筑个体，在对园林进行布置之前，先绘制一些相应个体，或直接调用个体，可以加快绘图效率，在设计过程中也可以提前看到图形的设计效果。

本章首先对园林建筑的基本特点，以及如何绘制园林建筑进行了讲解，接着逐一讲解了亭、树、廊、花架和桥的绘制方法，从而让用户对园林建筑中的个体小品的绘制方法有了全方面的掌握，为后面复杂园林景观施工图的绘制打下基础。

主要内容

- 了解园林建筑的基本特点和功能
- 了解园林建筑个体小品的绘制步骤
- 掌握亭、树小品的绘制方法
- 掌握廊、花架和桥的绘制方法

效果预览

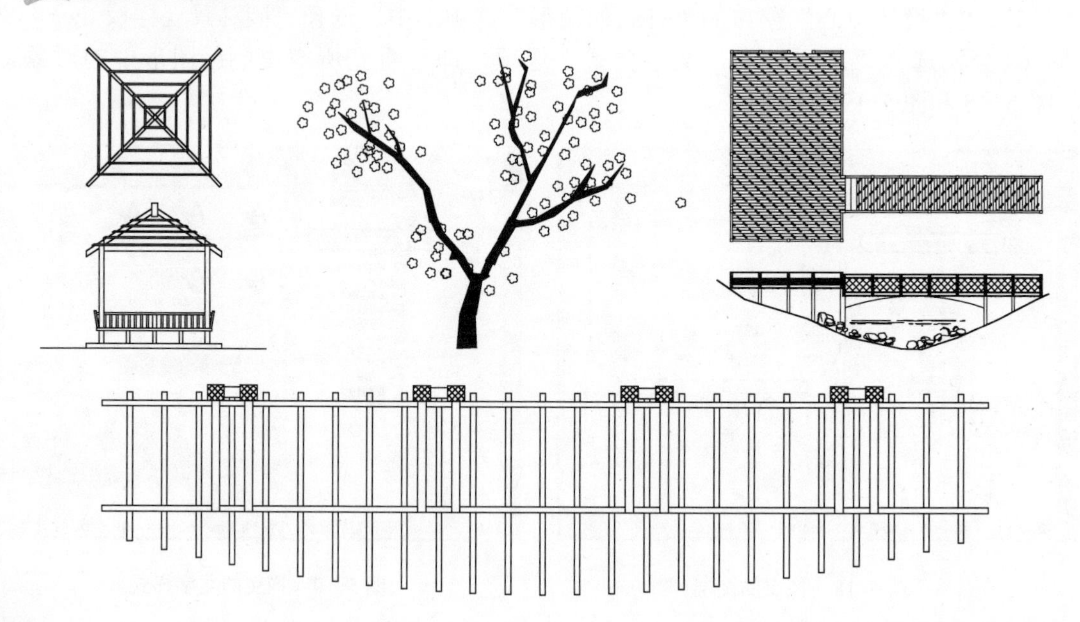

6.1 园林建筑概述

园林建筑是建造在园林和城市绿化地段内供人们游憩或观赏用的建筑物，常见的有亭、榭、廊、阁、轩、楼、台、舫、厅堂等。通过建造这些建筑主要起到园林造景、为游览者提供观景的视点和场所、为游客提供休憩及活动的空间等作用。

6.1.1 园林建筑的基本特点

园林建筑有如下基本特点。

1）建筑与环境的结合首先是要因地制宜，力求与周围的地形、地势、地貌结合，做到总体布局上依形就势，并充分利用自然地形、地貌，如图 6-1 所示。

2）建筑体体量宁小勿大。因为自然山水中，以山水为主、建筑为辅。与大自然相比，建筑物的相对体量和绝对尺度以及景物构成上所占的比重都是很小的，如图 6-2 所示。

图 6-1 园林小品与风景结合

图 6-2 园林小品与山水结合

3）园林建筑在平面布局与空间处理上都力求活泼、富于变化。设计中推敲园林建筑的空间序列和组织好观景路线非常重要。建筑的内外空间交汇地带，常常是最能吸引人的地方，也常是人感情转移的地方。虚与实、明与暗、人工与自然的相互转移都常在这个部位展开。因此过渡空间就显得非常重要，中国园林建筑常用落地长窗、空廊的形式作为这种交融的纽带。这种半室内、半室外的空间过渡都是渐变的，是自然和谐的变化，是柔和的、交融的，如图 6-3 所示。

园林建筑设计要把建筑作为一种风景要素来考虑，使之和周围的山水、岩石、树木等融为一体，共同构成优美景色。风景是主体，建筑是其中一部分。

6.1.2 绘制园林建筑图

1．建筑图的产生

园林建筑的设计程序一般分为初步设计和施工图设计两个阶段，较复杂的工程项目还要进行技术设计。

图 6-3 “长窗、空廊式”的园林建筑

初步设计主要是提出方案，说明建筑的平面布置、立面造型、结构选型等内容，绘制出建筑初步设计图后要送往有关部门审批；技术设计主要是确定建筑的各项具体尺寸和构造做法，进行结构计算，确定承重构件的截面尺寸和配筋情况；施工图设计主要是根据已批准的初步设计图，绘制出符合施工要求的图样。

2. 初步设计图的绘制

（1）初步设计图的内容

初步设计图包括基本图样、总平面图、建筑平立剖面图、有关技术和构造说明、主要技术经济指标等。通常还要作一幅透视图，表示园林建筑竣工后外貌。

（2）初步设计图的表达方法

初步设计图尽量画在同一张图样上，图面布置可以灵活些，表达方法可以多样。如可以画上阴影和配景，或用色彩渲染，以加强图面效果。

（3）初步设计图的尺寸

初步设计图上要画出比例尺并标注主要设计尺寸，如总体尺寸、主要建筑的外形尺寸、轴线定位尺寸和功能尺寸等。

3. 施工图的绘制

设计图审批后，再按施工要求绘制出完整的建筑施工、结构施工图样及有关技术资料。绘图步骤如下。

1）确定绘制图样的数量。根据建筑的外形、平面布置、构造和结构的复杂程度决定绘制哪种图样。在保证能顺利完成施工的前提下，图样的数量应尽量少。

2）在保证图样能清晰地表达其内容的情况下，根据各类图样的不同要求，选用合适的比例，平、立、剖面图尽量采用同一比例。

3）进行合理的图面布置。尽量保持各图样的投影关系，或将同类型的，内容关系密切的图样集中绘制。

4）通常先画建筑施工图，一般按“总平面→平面图→立面图→剖面图→建筑详图”的顺序进行绘制；然后绘制结构施工图，一般先绘制基础图、结构平面图，然后分别绘制出各构件的结构详图。

6.1.3 园林建筑的功能

园林建筑在园林中主要起到以下几方面的作用：一是造景，即园林建筑本身就是被观赏的景观或景观的一部分；二是为游客提供观景的视点和场所；三是为游客提供休憩及活动的空间；四是为游客提供简单的使用功能，诸如小卖部、售票厅、摄影等；五是作为主体建筑的必要补充或联系过渡，如图 6-4 所示。

图 6-4 小卖部和售票厅

6.2 亭的绘制

素材 视频\06\亭的绘制.avi
案例\06\亭.dwg

在绘制图形时，要对所绘制的图形进行观察，本案例是一个对称性的图形，用户在绘制时可以绘制其中一部分，其余相同部分进行镜像或复制即可。其最终的效果如图 6-5 所示。

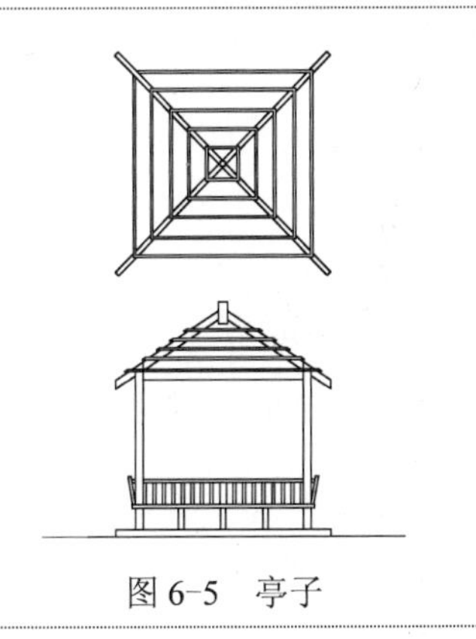

图 6-5 亭子

软件技能： 亭子的特点

亭子通常用来点缀园林景观，是园林小品的一种。材料多以木材、竹材、石材、钢筋混凝土为主，近年来玻璃、金属、有机材料等也被人们引进到这种建筑上，使得亭子这种古老的建筑体系有了现代的时尚风格，如图 6-6 所示。

图 6-6 亭子

➲ 6.2.1 设置绘图环境

用户在正式绘制图形之前，首先要设置与所绘制图形相匹配的绘图环境，包括新建文件、设置图形界限、设置图形单位以及新建图层等。

1）启动 AutoCAD 2013 软件，单击工具栏上的“新建”按钮，打开“选择样板”对话框，然后选择“acadiso.dwt”图形文件，如图 6-7 所示。

2）选择“文件 | 另存为”菜单命令，打开“图形另存为”对话框，将文件另存为“案例\06\亭.dwg”图形文件，如图 6-8 所示。

图 6-7　新建样板

图 6-8　保存文件

3）选择“格式 | 单位”菜单命令，打开“图形单位”对话框，把长度单位“类型”设定为“小数”，“精度”设定为“0.000”；角度单位“类型”设定为“十进制度数”，“精度”精确到小数点后二位“0.00”，如图 6-9 所示。

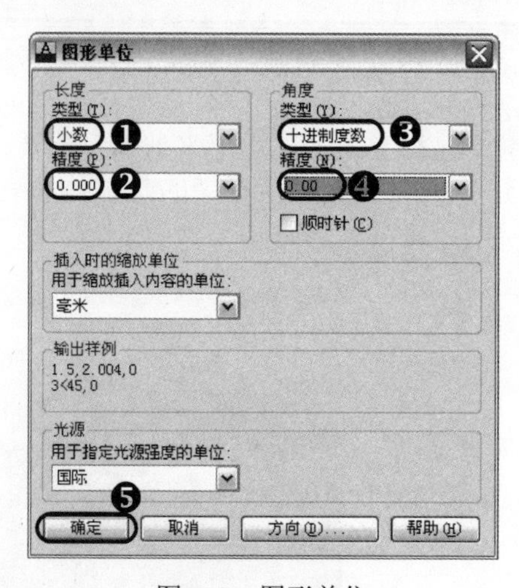

图 6-9　图形单位

4）选择“格式 | 图形界限”菜单命令，依照命令行提示设定图形界限的左下角点为（0，0），右上角点为（5400，2970）。

5）选择“格式｜图层”菜单命令（或输入“LA”命令），在打开的“图层特性管理器”面板中，新建“辅助线”图层，“颜色”为“红色”，“线型”为 ACAD-IS004W100，线宽为 0.2，置为当前图层，如图 6-10 所示。

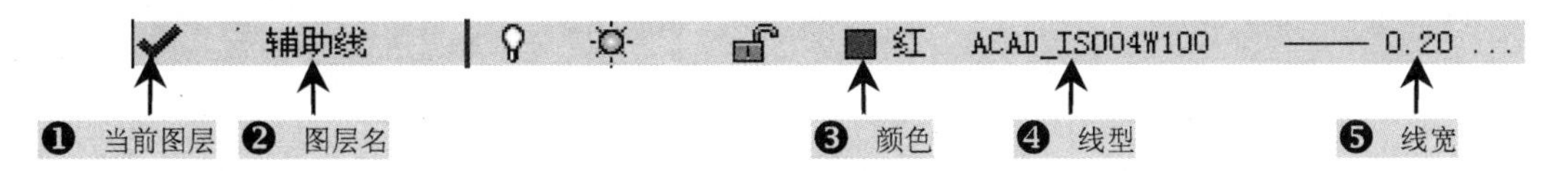

图 6-10　新建“辅助线”图层

6.2.2　亭平面图的绘制

由于本案例绘制的是一个四角亭，同四方图形相同，用户可以采用绘制其中一部分图形，然后进行镜像来完成整个平面亭图形的绘制。

专业知识：　　亭子的样式

亭子的平面样式很多，方形亭子是施工中最为简单的一种，它简单大方；圆亭更为秀丽，圆形亭子的施工比方形的复杂得多。亭子的平面形式有方、长方形、五角、六角、八角、圆、梅花、扇形等。亭顶除攒尖以外，歇山顶也相当普通。除这些形式以外，还有半亭、独立亭子、桥亭等。

1）选择“构造线”命令（XL），绘图区域的空白处绘制一条横向构造线和一条纵向构造线，如图 6-11 所示。

2）选择“旋转”命令（RO），选择绘制的两条构造线，根据命令行提示捕捉两条构造线的交点，再输入“复制（C）”选项，输入角度“45”，从而复制两条构造线。

3）选择“偏移”命令（O），将水平构造线向上、下各偏移 1500，将垂直构造线向左、右各偏移 1500，如图 6-12 所示。

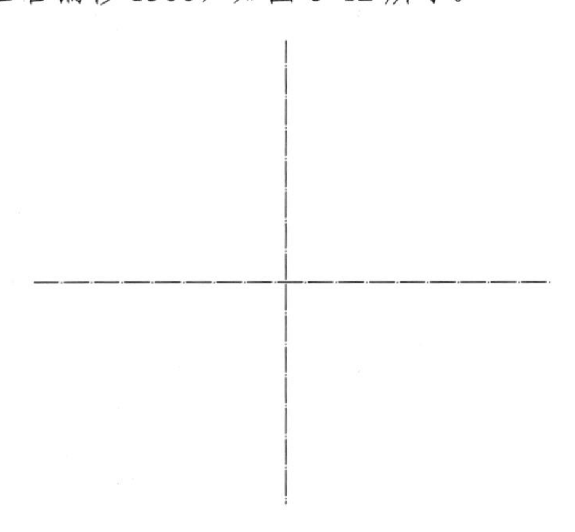

图 6-11　绘制轴线

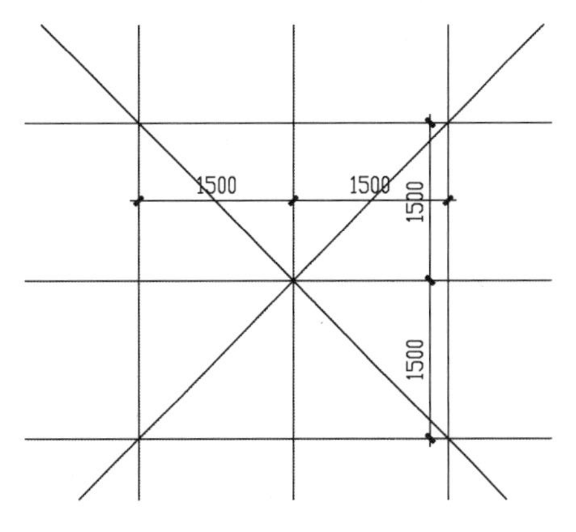

图 6-12　旋转和偏移构造线

4）选择“格式｜图层”菜单命令（或输入“LA”命令），在打开的“图层特性管理器”面板中，新建“亭”图层，“颜色”为“绿色”，“线型”为 Continuous，“线宽”为

0.2，置为当前图层，如图 6-13 所示。

图 6-13　新建“亭”图层

5）选择“矩形”命令（REC），在图形的相应位置绘制一个 3000×3000 的矩形，如图 6-14 所示。

6）选择“偏移”命令（O），将上一步绘制的矩形分别向内偏移 300、40、250、40、290、40、260、40、260、40、200；将斜线段向两侧各偏移 40，如图 6-15 所示。

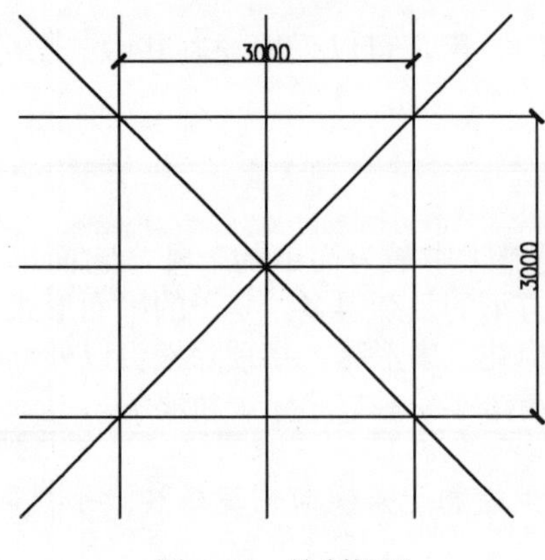

图 6-14　绘制矩形

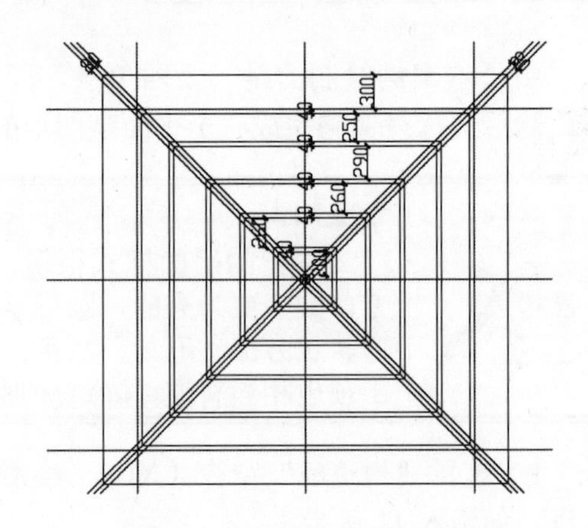

图 6-15　偏移矩形和斜线段

7）选择“删除”命令（E），选择中间的构造线；选择“偏移”命令（O），将外侧的矩形向外偏移 300，如图 6-16 所示。

8）选择“直线”（L）、“修剪”（TR）、“删除”（E）等命令，删除图形中所有构造线和最外侧的矩形；再修剪掉多余的辅助线，并绘制连接线段，如图 6-17 所示。

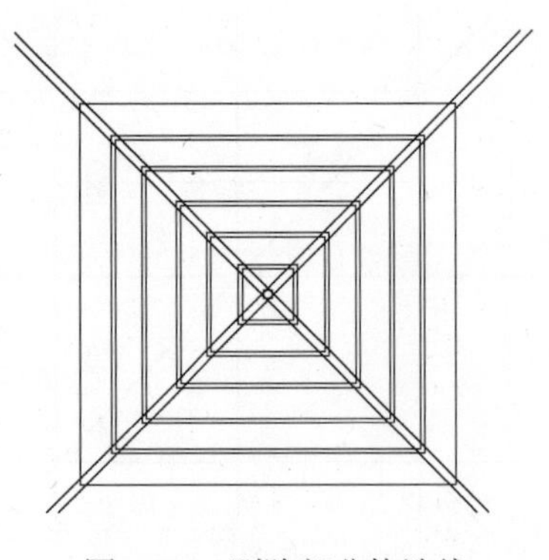

图 6-16　删除部分构造线

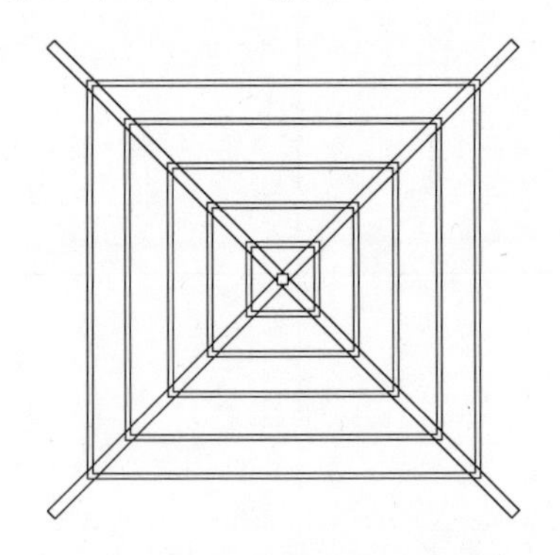

图 6-17　修剪多余的线段

9）选择“矩形”命令（REC），在图形相应位置（即从外向内数第 3 个矩形位置），绘制 5 个边长为 120 的小正方形，如图 6-18 所示。

10）选择“修剪”命令（TR），修剪掉多余的线段，结果如图 6-19 所示。

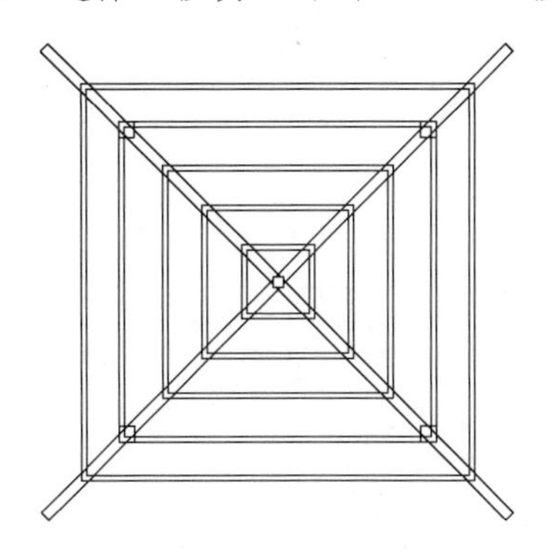

图 6-18 绘制小正方形

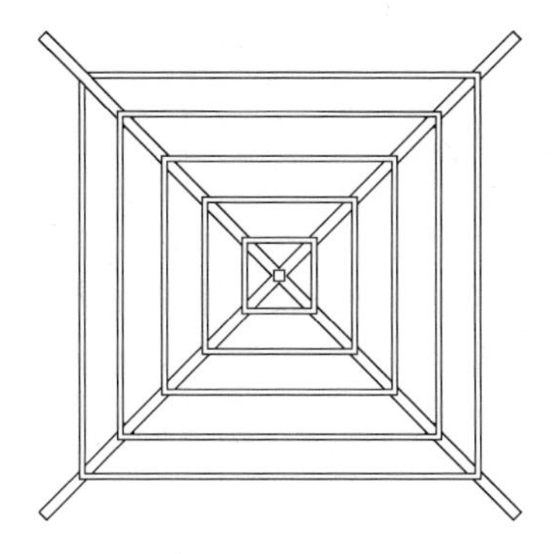

图 6-19 修剪多余的线段

6.2.3 亭立面图的绘制

根据前面绘制的平面图，可以观察出亭的 4 个立面中有 3 个立面是相同的，其中一侧为进入亭内的通道方向。用户可以选择一个方向进行绘制。本案例选择相同三侧的其中一侧进行讲解，用户再根据所掌握的绘制方法，学习绘制另一侧的立面图。

专业技能： 立面图的绘制

立面图的绘制是根据平面图来生成基本轮廓，在基本轮廓的基础之上再绘制立面的相应内容。在绘制立面图形时，可以对应平面图绘制轮廓，也可以根据平面图形的尺寸直接绘制轮廓。

1）选择“直线”命令（L），单击平面图形中最大矩形最下方横向直线的中点，向下绘制一条长为 5000 的直线，再向右绘制一条 3000 的直线。

2）选择“偏移”命令（O），将绘制的水平线段向上各偏移 120、340、60、350、50 和 1600，如图 6-20 所示。

3）选择“偏移”命令（O），将绘制的垂直线段向右各偏移 45、610、90、590、130、60 和 275，如图 6-21 所示。

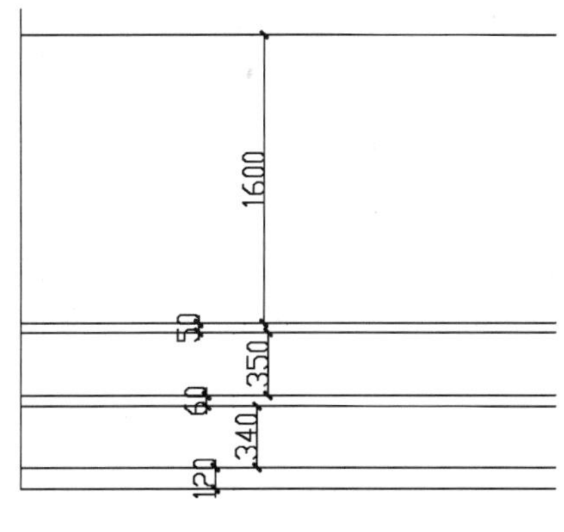

图 6-20 偏移水平线段

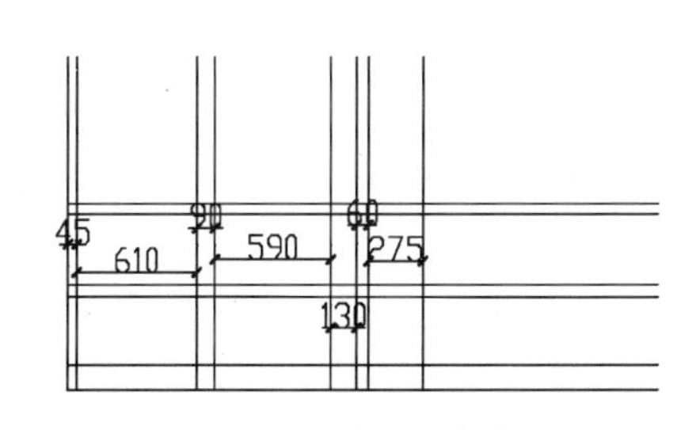

图 6-21 偏移垂直线段

4）选择“修剪”命令（TR），修剪掉多余的线段，结果如图 6-22 所示。

5）选择“直线“命令（L），按照如图 6-23 所示绘制直线。

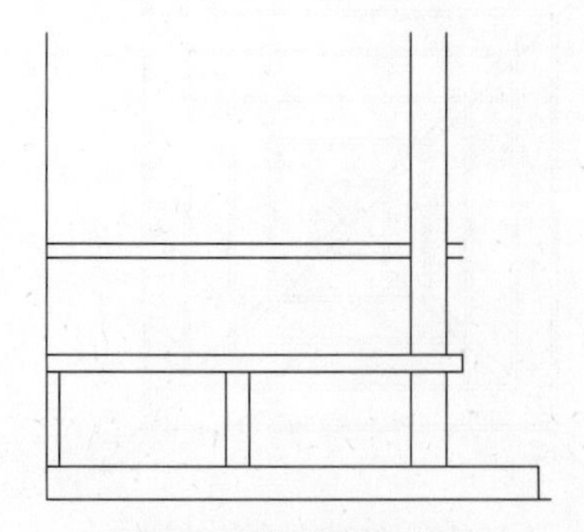

图 6-22　修剪线段的效果

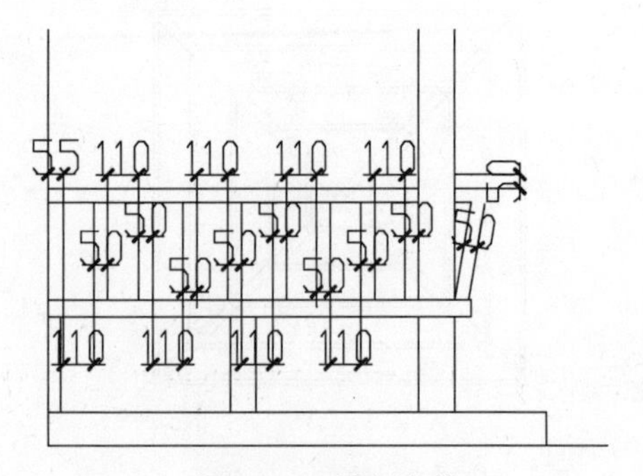

图 6-23　绘制直线

6）选择“倒角”（F）和“修剪”（TR）等命令，对图形进行编辑，如图 6-24 所示。

7）选择“直线“命令（L），按如图 6-25 所示绘制直线。

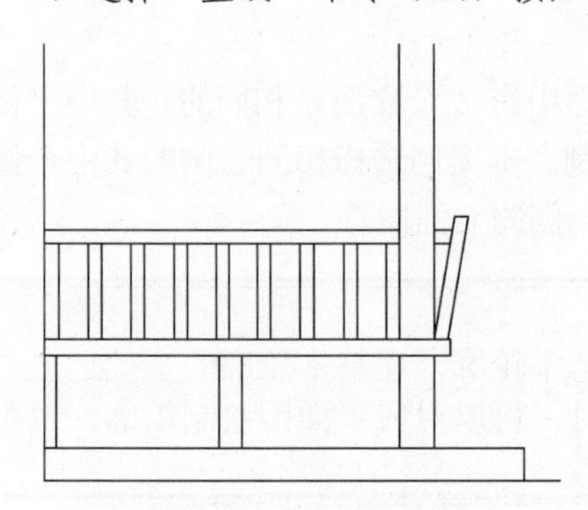

图 6-24　倒角和修剪

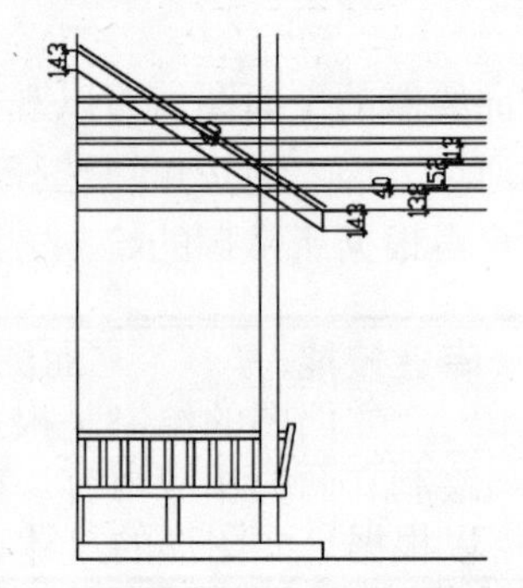

图 6-25　绘制直线

8）选择“修剪”命令（TR），修剪掉多余的线段，如图 6-26 所示。

9）选择“镜像”命令（MI），选择修剪好的图形，选择左侧的垂直线段为镜像轴线，向左进行镜像操作。再选择“删除”命令（E），删除掉镜像用的辅助垂直线段，如图 6-27 所示。

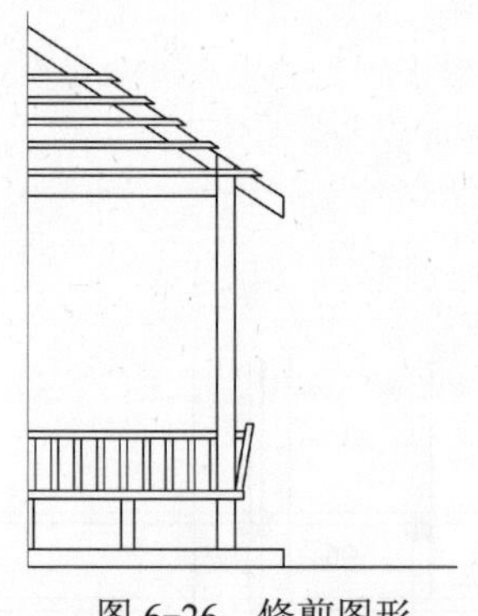

图 6-26　修剪图形

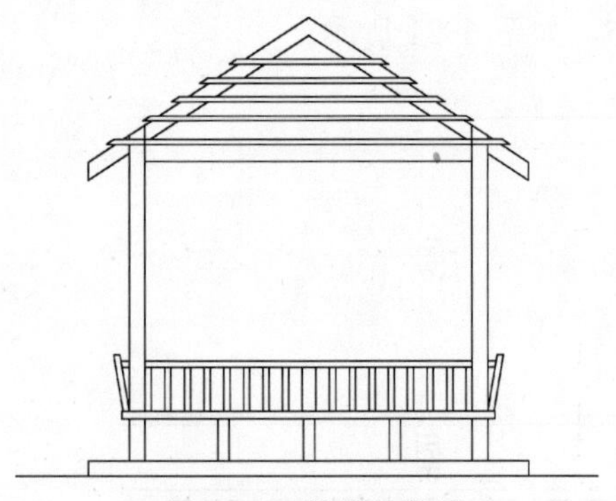

图 6-27　镜像的效果

10）选择“矩形”命令（REC），在图形顶端绘制 155×350 的矩形，如图 6-28 所示。

11）选择“修剪”命令（TR），修剪掉多余的线段，如图 6-29 所示。

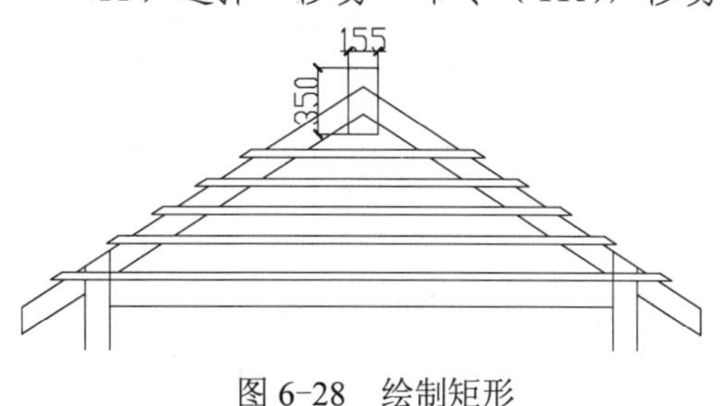

图 6-28　绘制矩形

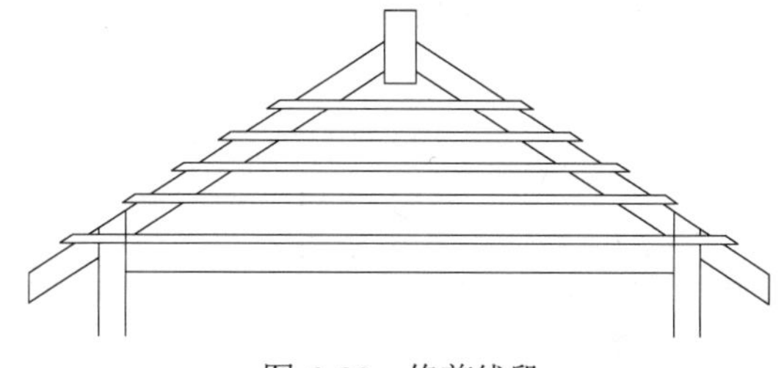

图 6-29　修剪线段

12）至此，亭子的平面图和立面图已经绘制完成，按〈Ctrl+S〉组合键进行保存。

专业技能：　　亭子立面图

由于本案例中的亭子为对称图形，在绘制立面图形时，选择了先绘制图形的右半部分，再把亭子的右半部分进行纵向镜像来完成整个亭子的图形绘制。无论什么图形，只要能找到对称线，都可以选择相同部分的一个区域来进行绘制并进行镜像，用这种方法绘制图形可以减少绘制时间，也可以让图形达到一致性和统一性。

6.3　树 的 绘 制

素材　视频\06\树的绘制.avi
案例\06\树.dwg

首先新建文件，并设置相关的绘图环境，包括图层的设置；再绘制轴网结构，来绘制相应的树干轮廓；再绘制梅花对象，并保存为图块，然后插入和多次复制到树干的相应位置，其最终的效果如图 6-30 所示。

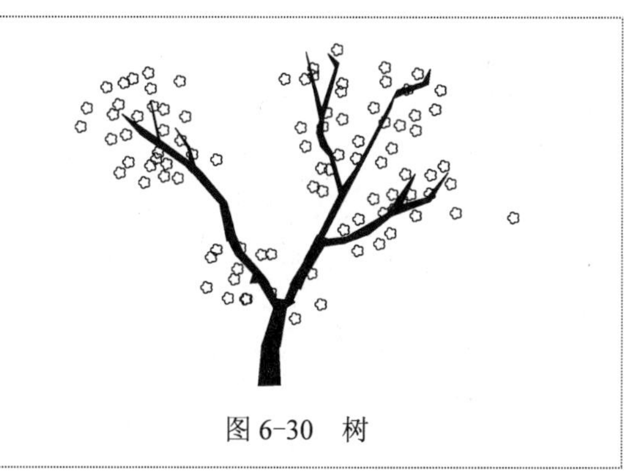

图 6-30　树

专业知识：　　树的基本特点

树木与人类生存息息相关，世界上许多国家都越来越重视植树造林。不是所有的树叶颜色都是绿色的，如枫叶到了一定的季节会变为红色。树有开花结果的，有不开花就结果的，也有不开花不结果的等，其外形繁多，如图 6-31 所示。所有树木都有如下基本特点。

图 6-31　三种树的对比

	1）大、高、具有年轮、地上部分与地下部分伸展的范围基本一致、向光生长等。 2）可以吸收大量二氧化碳，释放大量氧气。 3）可以保护土壤，防止水土流失。 4）需要水分、阳光和空气才能生长。

6.3.1 设置绘图环境

根据绘制亭时其绘图环境的设置方法，对树也进行相应设置，在后面的图形绘制时，不再单独讲解绘图区的设置方法。

1）启动 AutoCAD 2013 软件，单击工具栏上的“新建”按钮，打开“选择样板”对话框，然后选择“acadiso.dwt”图形文件，如图 6-32 所示。

2）选择“文件 | 另存为”菜单命令，打开“图形另存为”对话框，将文件另存为“案例\06\树.dwg”图形文件，如图 6-33 所示。

图 6-32　新建文件

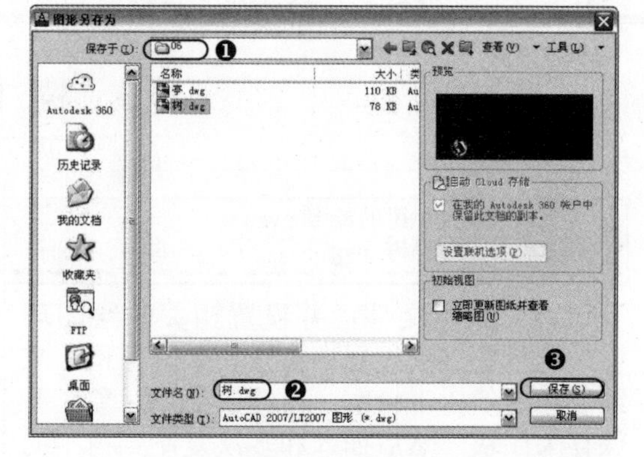

图 6-33　保存图形

3）选择“格式 | 图层”菜单命令（或输入“LA”命令），在打开的“图层特性管理器”面板中，按照前面的方法新建“轴线”、“树干”和“树叶”图层。

6.3.2 树干的绘制

由于树的形状并不规则，要绘制出树干效果，用户可以先绘制轴网图形，再通过多段线的方式来绘制其树干对象，然后对树干填充黑色。

1）单击“图层”下拉列表框，将“轴线”图层置为当前图层。

2）选择“构造线”命令（XL），绘制一条横向构造线和一条纵向构造线。

3）选择“偏移”命令（O），输入“100”，选择横向构造线，向上偏移 14 次；再选择纵向构造线，向右偏移 14 次，如图 6-34 所示。

4）单击“图层”下拉列表框，将“树干”图层置为当前图层。

5）选择“多段线”命令（PL），按照如图 6-35 所示绘制树干效果。

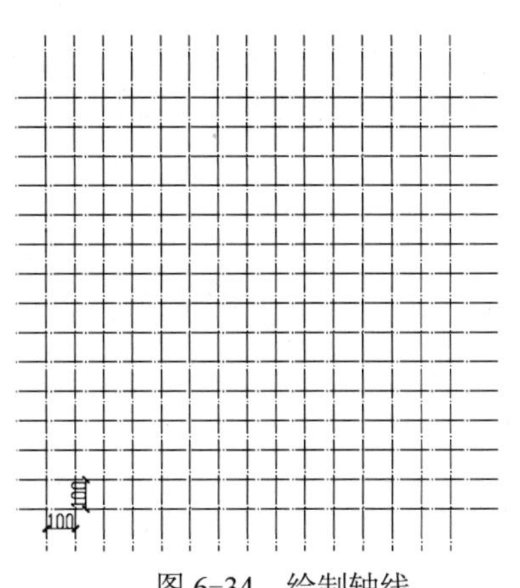

图 6-34　绘制轴线

图 6-35　绘制树干的轮廓

6）单击“图层”下拉列表框，将“轴线”图层关闭，其树干效果如图 6-36 所示。

提 示：

在“图层”下拉列表框中，单击相应图层的小灯泡图标，可以控制图层是否显示。在“打开”状态下，灯泡颜色为黄色，此时该图层上的对象将显示在视图中，也可输出打印；在“关闭”状态下，灯泡颜色变为灰色，此时该图层的对象将显示在视图中，并且也不能进行编辑或打印操作。

7）选择“图案填充”命令（H），弹出“图案填充和渐变色”对话框，单击图层后按钮，弹出“填充图案选项板”，选择图案“SOLID”，按“确定”按钮，单击“拾取点”按钮回到绘图区域，单击多段线内的空白处，按〈Enter〉键回到对话框中，然后单击“确定”按钮，则填充的树干效果如图 6-37 所示。

图 6-36　隐藏图层的效果

图 6-37　填充后的效果

6.3.3 树叶的绘制

由于本案例选择绘制的实例为梅花树，接下来绘制树叶梅花。用户可以首先绘制一朵梅花，再对梅花进行阵列复制即可。

1）将“树叶”图层置为当前图层，选择“圆弧”命令（ARC），在图形的空白处绘制一个半径为 10 的圆弧。

2）选择“旋转”命令（RO），捕捉圆心为基点，将圆弧对象旋转-54°。

3）选择“环形阵列”命令（ARR），选择圆弧的右下端点为阵列的中心点，设置“项目

(I)”选项，其值为“5”；设置“关联(AS)”选项，其值为“否(N)”，方便后面的移动操作。

4）选择“移动”命令(M)，将圆弧对象进行移动，组合成梅花的图形，如图6-38所示。

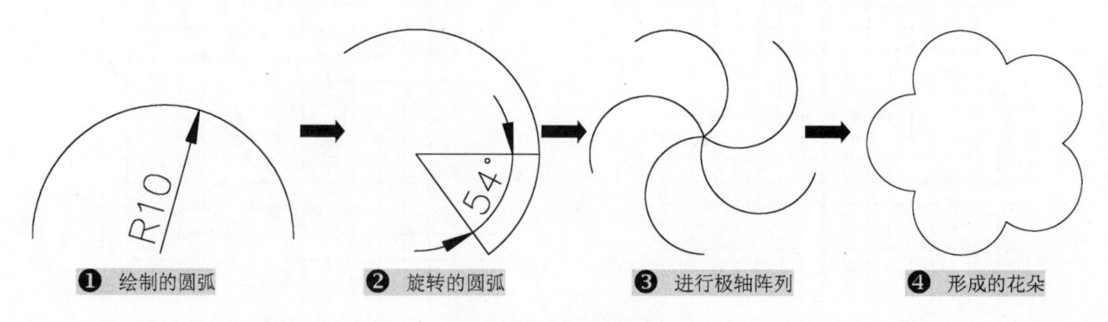

图6-38　绘制的梅花

5）选择“保存块”命令(B)，在打开的“块定义”对话框中，将上一步所绘制的梅花对象保存为“梅花”图块，如图6-39所示。

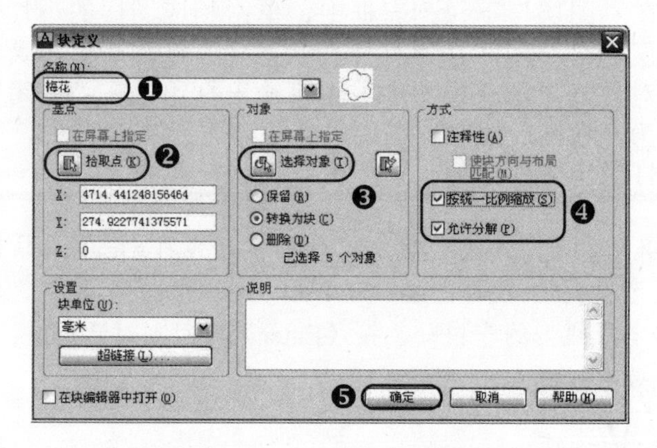

图6-39　“块定义”对话框

6）选择“插入块”命令(I)，在打开的“插入”对话框中，选择上一步保存的内部图块“梅花”，将其插入到树干的相应位置；然后将“梅花”图块分别多次进行复制，其效果如图6-40和图6-41所示。

图6-40　“插入”对话框

图6-41　最终效果

7）至此，该图形绘制完成，按〈Ctrl+S〉组合键进行保存。

6.4 廊 的 绘 制

素材 视频\06\廊的绘制.avi
案例\06\廊.dwg

首先新建文件，并设置相关的绘图环境，包括图层的设置；再通过构造线和偏移的方式来绘制廊的轴线；然后通过矩形、多线和直线的方式来绘制廊结构；最后设置文字和尺寸标注样式，并对其上、左、右侧进行尺寸标注，其最终的效果如图 6-42 所示。

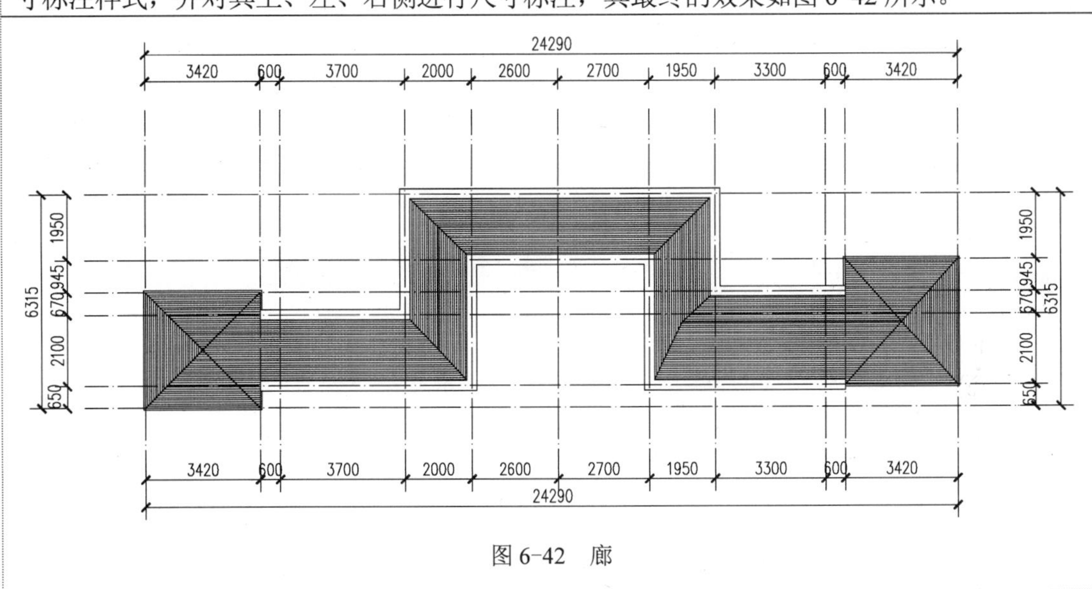

图 6-42 廊

专业知识： 廊的特点、结构、类型和平面设计

廊是指屋檐下的过道、房屋内的通道或独立有顶的通道，包括回廊和游廊，具有遮阳、防雨、小憩等功能。

在中国园林中，廊的常用结构有木结构、钢筋混凝土结构、竹结构等；廊顶有坡顶、平顶和共顶等，如图 6-43～图 6-45 所示。

图 6-43 木结构

图 6-44 钢筋混凝土结构

图 6-45 竹结构

廊的形式和设计手法丰富多样。按结构形式可分为：双面空廊、单面空廊、复廊、双层廊和单支柱廊 5 种。

廊的图样设计与其他建筑施工图的设计方法是相同的，要包括有平面图、立面图、侧面图、顶面图、基础图及构件详图等。

6.4.1 设置绘图环境

用户在绘制廊之前，首先要建立文件，并设置绘图环境，

1）启动 AutoCAD 2013 软件，单击工具栏上的“新建”按钮，打开“选择样板”对话框，然后选择“acadiso.dwt”图形文件。

2）选择“文件｜另存为”菜单命令，打开“图形另存为”对话框，将文件另存为“案例\06\廊.dwg”图形文件，如图 6-46 所示。

3）选择“格式｜图层”菜单命令（或输入“LA”命令），在打开的“图层特性管理器”面板中，按照前面的方法新建“轴线”、“廊”和“标注”图层。

图 6-46　保存文件

6.4.2 辅助线的绘制

用户可通过构造线和偏移的方式来绘制廊的网结构对象，以便后面廊结构的绘制。

1）单击“图层”下拉列表框，将“轴线”图层置为当前图层。

2）选择“构造线”命令（XL），绘制一条横向构造线和一条纵向构造线。

3）选择“偏移”命令（O），将横向构造线向上各偏移 650、2100、670、945 和 1950，将纵向构造线向右各偏移 3420、600、3700、2000、2600、2700、1950、3300、600 和 3420，如图 6-47 所示。

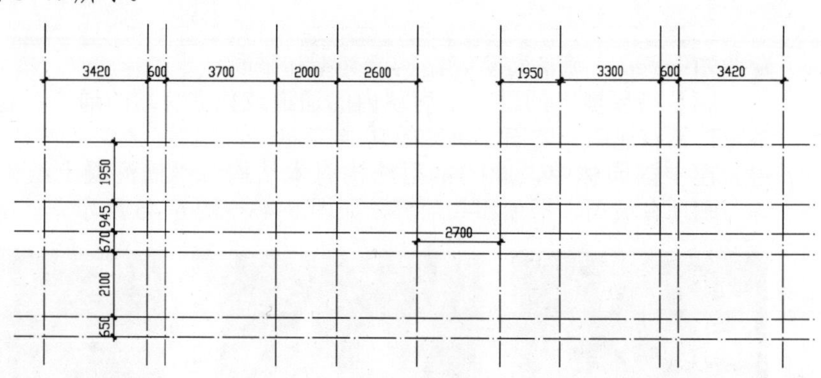

图 6-47　绘制轴线

6.4.3 廊结构的绘制

绘制两个矩形，再通过多线的方式来绘制廊的结构。

1）单击“图层”下拉列表框，将“廊”图层置为当前图层。

2）选择“矩形”命令（REC），在轴线的左、右侧分别绘制 3420×3420 和 3420×3715 的

矩形，如图 6-48 所示。

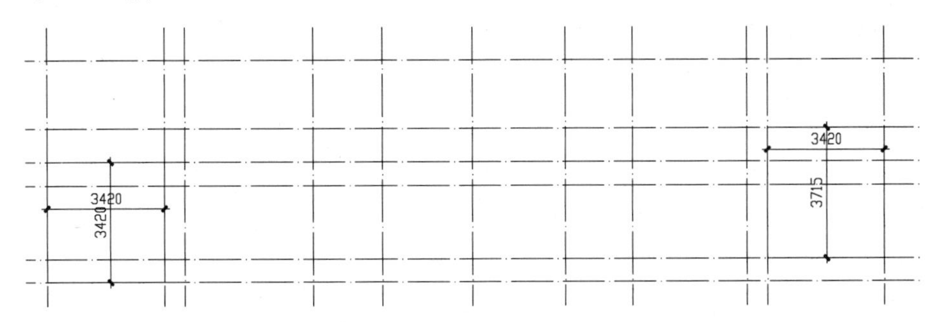

图 6-48　绘制的矩形

3）选择“格式丨多线样式”菜单命令，弹出“多线样式”对话框，单击“新建”按钮弹出“创建新的多线样式”对话框，在“新样式名”文本框中输入文字“廊”，如图 6-49 所示。

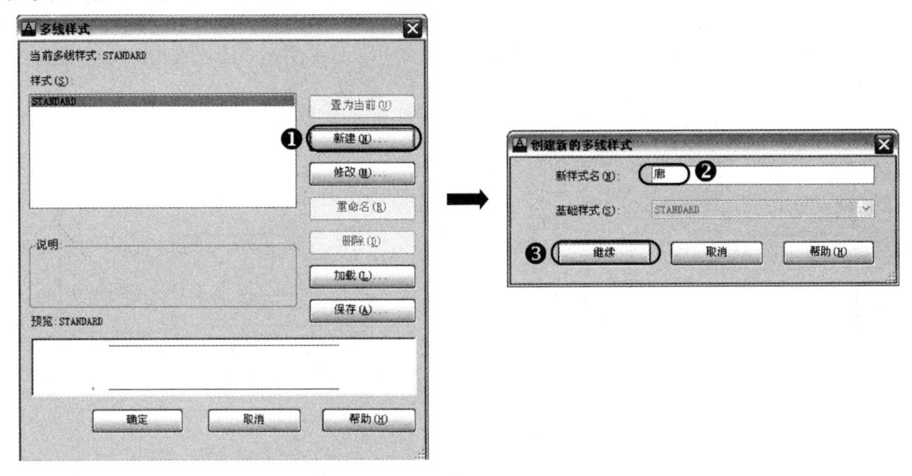

图 6-49　新建“廊”多线样式

4）单击“继续”按钮，将弹出“新建多线样式：廊”对话框，设置其图元偏移量为“150”和“-150”，返回到“多线样式”对话框，将“廊”样式置为当前，如图 6-50 所示。

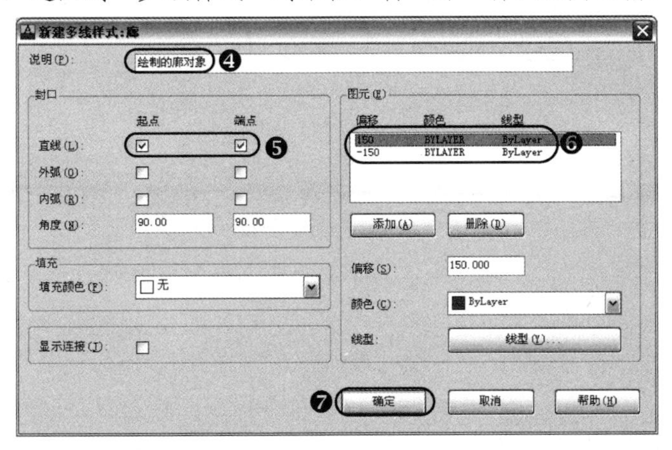

图 6-50　设置多线样式

5）选择“多线”命令（ML），根据命令行的提示选择“对正（J）”选项，设置为“无（Z）”；再选择“比例（S）”选项，将比例设置为“1”；然后在“指定起点:”和“指定下一点:”提示下，分别捕捉相应的交点，绘制两条多线对象，如图 6-51 所示。

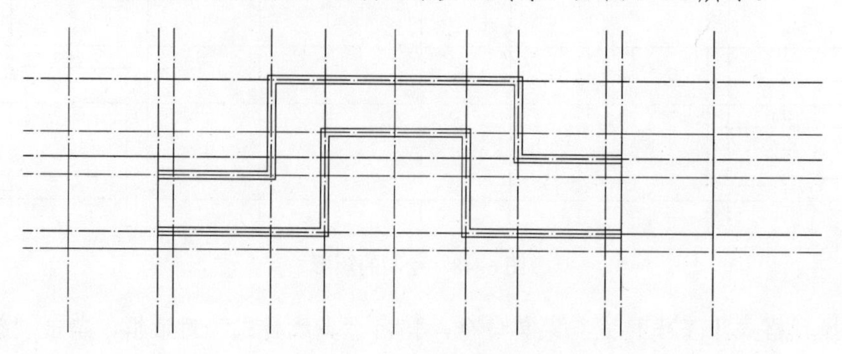

图 6-51　绘制的多线

6）选择“偏移”命令（O），选择前一步绘制的两个矩形，分别向外偏移 50。

7）单击“图层”下拉列表框，关闭掉“轴线”图层，效果如图 6-52 所示。

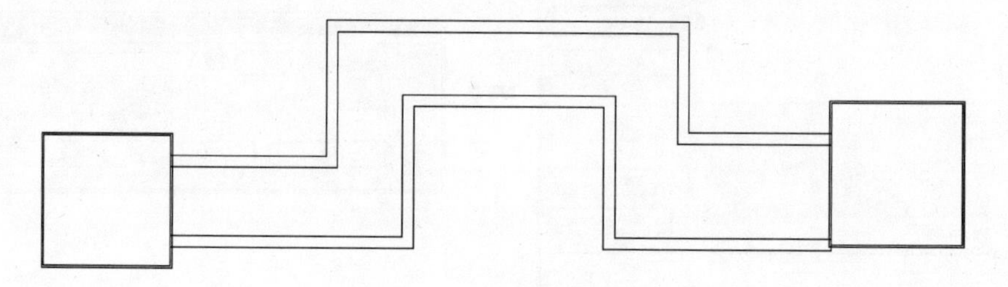

图 6-52　关闭轴线的效果

8）选择“修剪”命令（TR），将两侧矩形处多余的线段修剪掉，效果如图 6-53 所示。

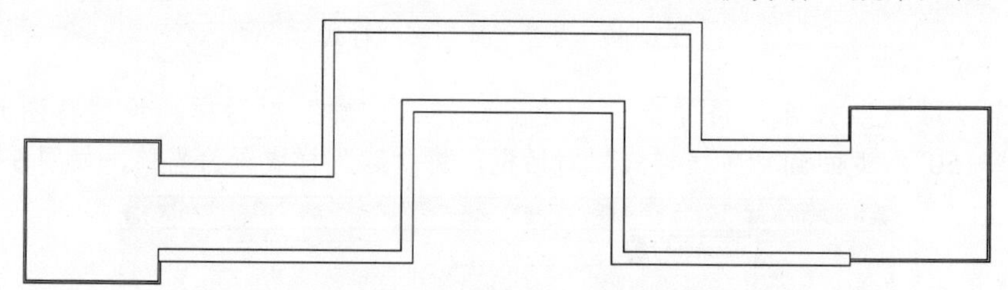

图 6-53　修剪多余的线段

9）选择“直线”命令（L），分别绘制两个矩形的对角线，如图 6-54 所示。

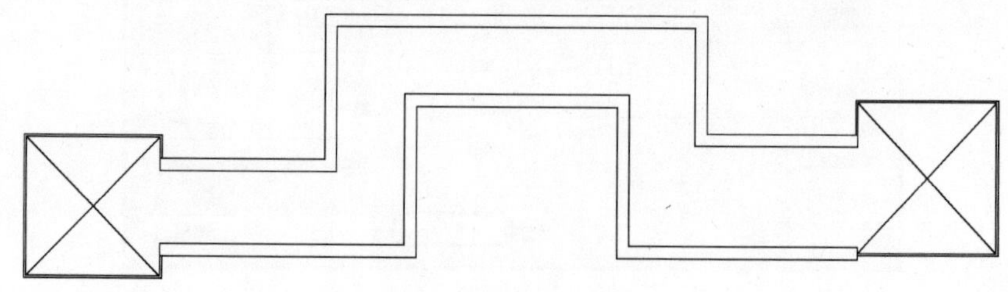

图 6-54　绘制对角线

10）选择“直线”命令（L），按如图6-55所示绘制直线。

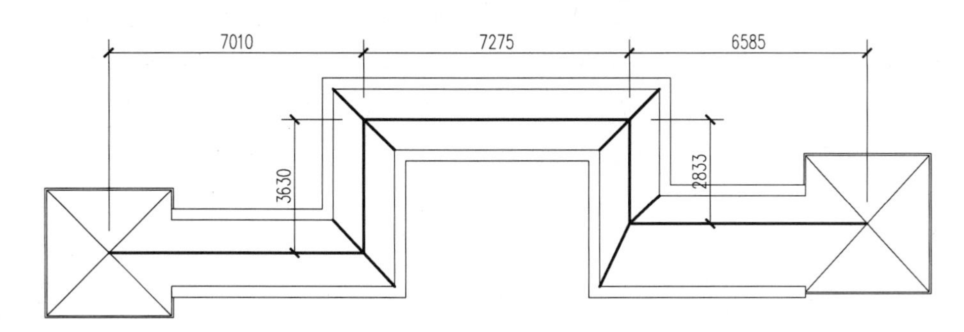

图6-55 绘制的线段

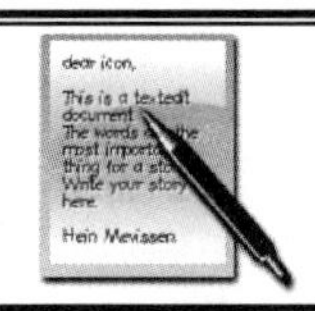

提 示：

此处为了显示绘制线段的效果，将绘制线段的线宽设置为0.30，然后单击状态栏中“显示/隐藏线宽”按钮观察。

11）选择“图案填充”命令（H），弹出“图案填充和渐变色”对话框，单击按钮，弹出“填充图案选项板”对话框，选择“BRASS”图案，并单击“确定”按钮；再单击“添加拾取点”按钮，然后单击需要填充的区域；在“比例”文本框中输入“20”，最后单击“确定”按钮，步骤如图6-56所示。

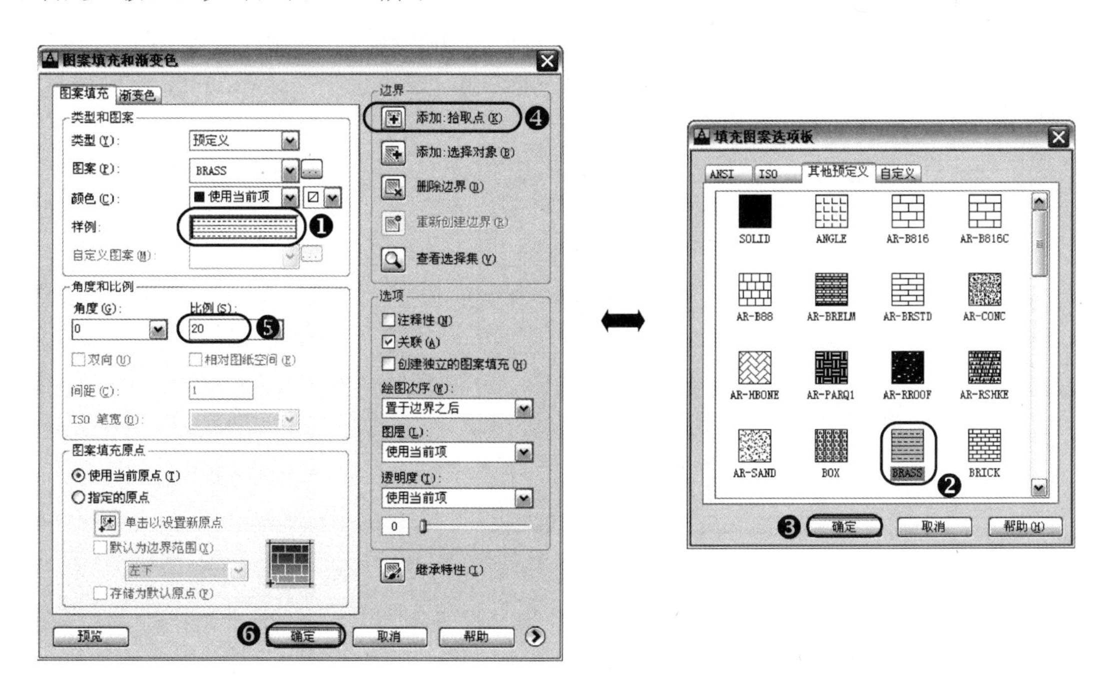

图6-56 设置填充参数

12）除两侧的小部分对象填充角度为90°外，其他的角度均为默认值，填充后的效果如图6-57所示。

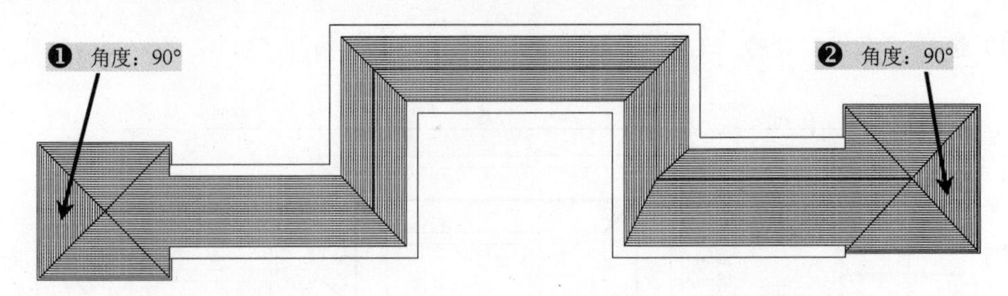

图 6-57　图案填充

6.4.4　设置文字样式

对廊图形对象进行尺寸标注。用户可按照如表 6-1 所示来设置文字样式。

表 6-1　文字样式

<table>
<tr><th>文字样式名</th><th>打印到图纸上的文字高度</th><th>图形文字高度（文字样式高度）</th><th>宽度因子</th><th>字体 | 大字体</th></tr>
<tr><td>图内说明</td><td>3.5</td><td>350</td><td rowspan="4">0.7</td><td rowspan="3">Tssdeng | gbcbig</td></tr>
<tr><td>尺寸文字</td><td>3.5</td><td>350</td></tr>
<tr><td>图名文字</td><td>7</td><td>700</td></tr>
<tr><td>轴号文字</td><td>5</td><td>500</td><td>Complex</td></tr>
</table>

1）选择“格式 | 文字样式”菜单命令，打开“文字样式”对话框，单击“新建”按钮，打开“新建文字样式”对话框，“样式名”定义为“图内说明”，如图 6-58 所示。

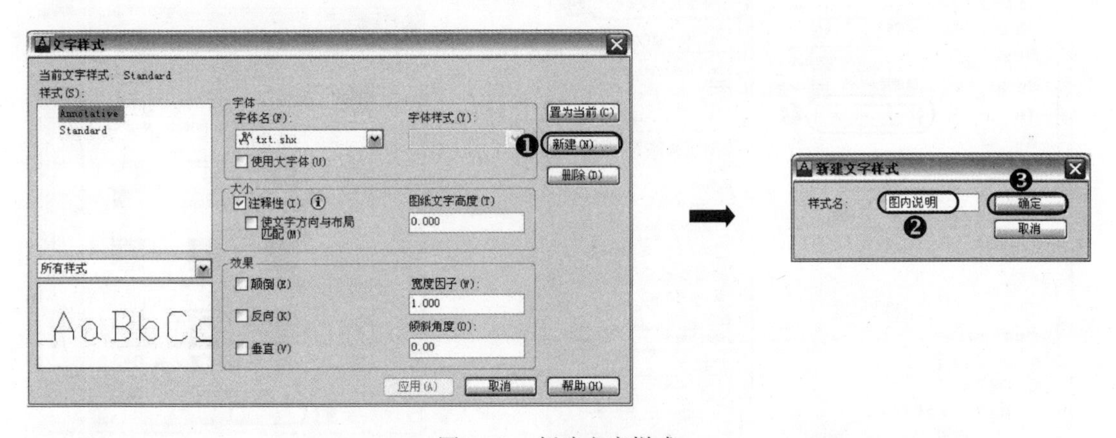

图 6-58　新建文字样式

2）在“SHX 字体”下拉列表框中选择字体“Tssdeng.shx”，勾选“使用大字体”复选框，并在“大字体”下拉列表框中选择字体“gbcbig.shx”，在“图纸文字高度”文本框中输入“350”，“宽度因子”文本框中输入“0.7”，单击“应用”按钮，从而完成该文字样式的设置，如图 6-59 所示。

3）重复前面的步骤，建立如表 6-1 所示中其他各种文字样式，如图 6-60 所示。

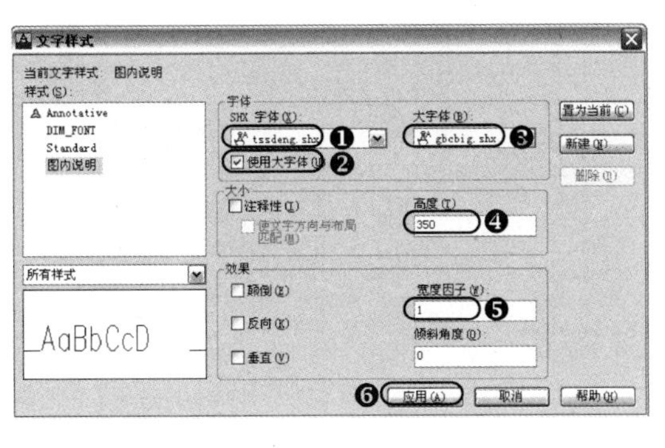

图 6-59 设置文字样式参数

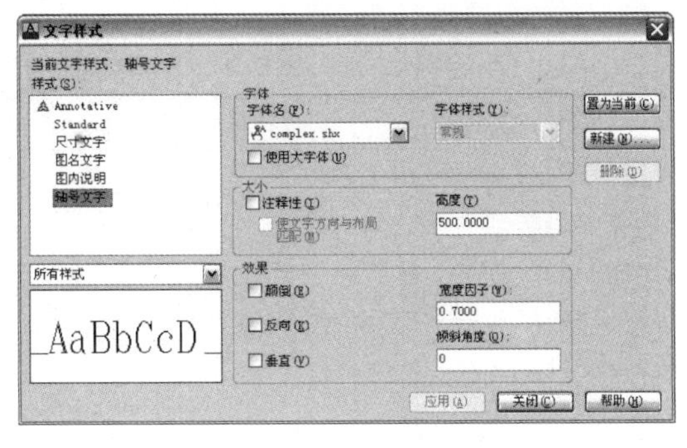

图 6-60 其他文字样式

软件技能：

用户在设置文字样式的“SHX 字体”和“大字体”时，由于 AutoCAD 2013 系统本身并没有带有“Tssdeng | Tssdchn”字体，用户可将“案例\CAD 字体库”文件夹“Tssdeng.shx”和“Tssdchn.shx”字体复制到 AutoCAD 2013 所安装的位置，即“X:\Program Files\Autodesk\CAD 2013\AutoCAD 2013 - Simplified Chinese\Fonts”文件夹中。

6.4.5 设置标注样式

根据平面图的尺寸标注要求，应设置其延伸线的起点偏移量为 2.5，超出尺寸线为 2.5，尺寸起止符号用“建筑标记”，其长度为 2，文字样式选择“尺寸文字”样式，文字大小为 3.5，其全局比例为 100。

1）选择“格式 | 标注样式”菜单命令，打开“标注样式管理器”对话框，单击“新建”按钮，打开“创建新标注样式”对话框，“新样式名”定义为“建筑平面-100”，如图 6-61 所示。

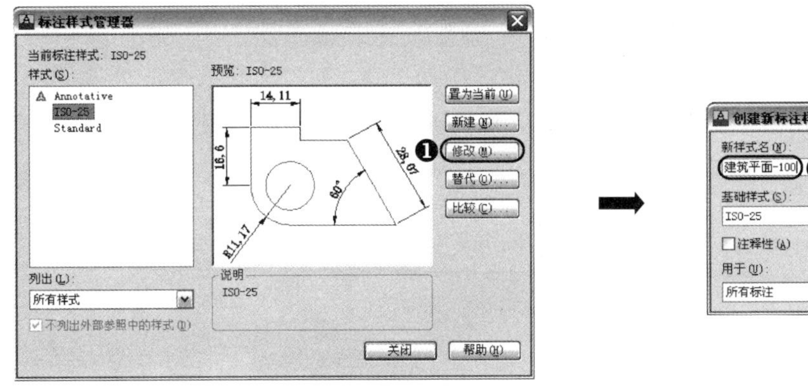

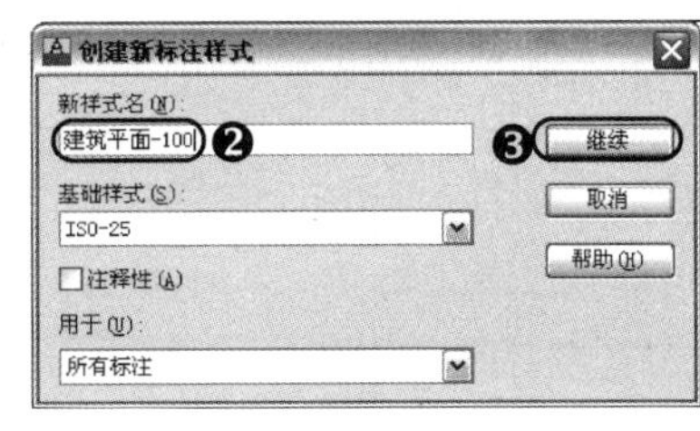

图 6-61 标注样式名称的定义

2）单击“继续”按钮后，进入到“新建标注样式”对话框，然后分别在各选项卡中设置相应的参数，其设置后的效果如表 6-2 所示。

表 6-2 “建筑平面-100”标注样式的参数设置

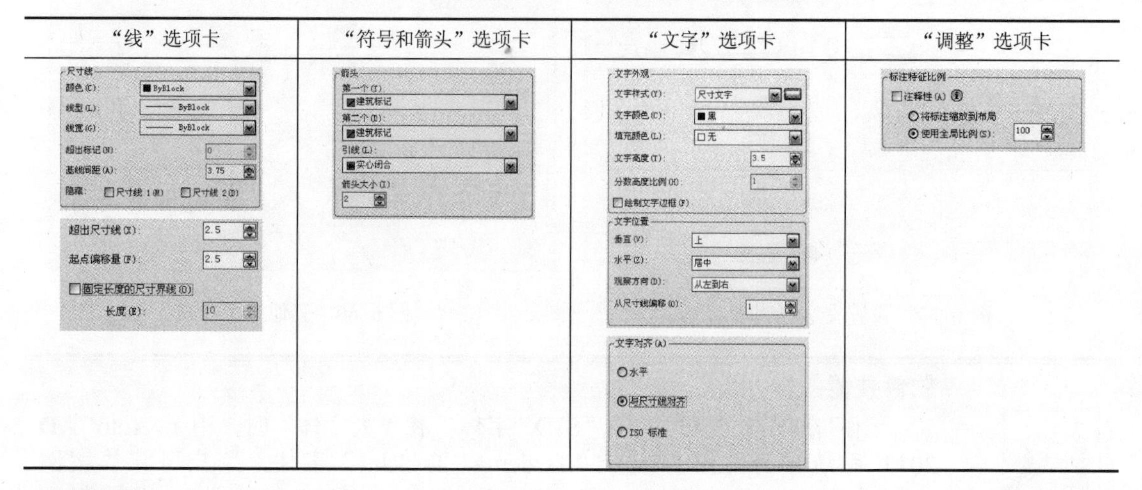

“线”选项卡	“符号和箭头”选项卡	“文字”选项卡	“调整”选项卡

6.4.6 廊的尺寸标注

设置好文字和标注样式后，就可以灵活方便地对前面所绘制的廊对象进行尺寸标注了。

1）单击“图层”工具栏的“图层控制”下拉列表框，打开“轴线”图层，并将“标注”图层置为当前图层。

2）选择“线性标注”命令（DLI），对廊图形的顶端进行尺寸标注，效果如图 6-62 所示。

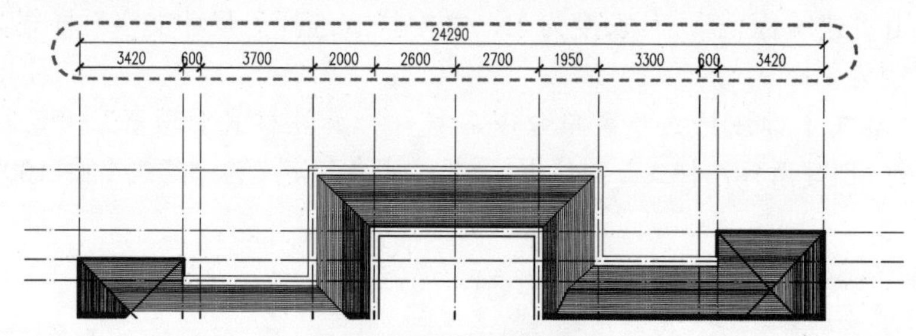

图 6-62 进行顶端的标注

3）使用相同的标注方法，对图形的左、右、底端进行尺寸标注，如图 6-63 所示。

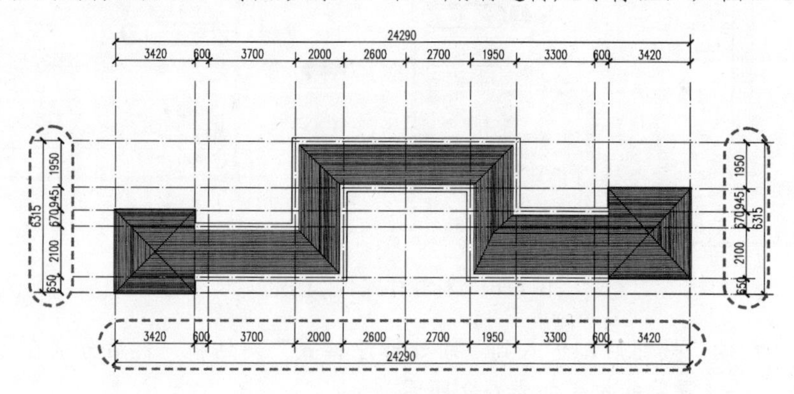

图 6-63 其他线性标注

4）至此，该廊图形绘制完成，按〈Ctrl+S〉组合键进行保存。

6.5 花架的绘制

首先通过构造线和偏移的方式来绘制花架的辅助线；再通过矩形、多线、直线和修剪的方式来绘制花架对象，最后对其进行图案填充，其最终的效果如图6-64所示。

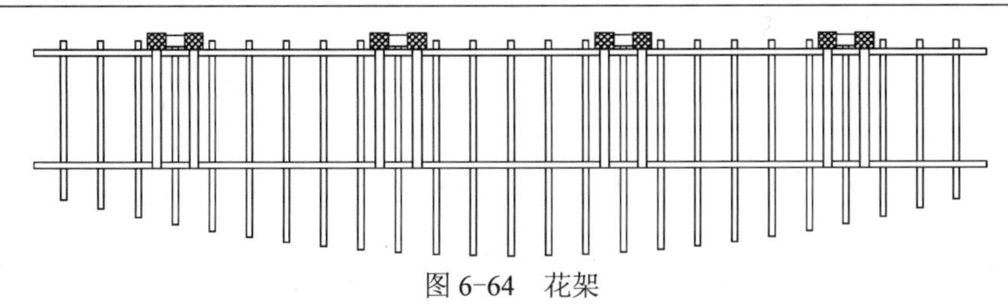

图6-64 花架

专业知识： 花架的设计要点

花架在现代园林设计中常常出现，一般是用钢性材料构成一定形状的格架供攀缘植物攀附的园林设施，又称棚架、绿廊，如图6-65所示。

图6-65 花架

下面向用户讲解一些花架的设计要点。

1）花架在绿荫掩映下要好看、好用，在落叶之后也要好看、好用，因此要把花架作为一件艺术品，而不是单作构筑物来设计，应注意比例尺寸和必要的装修。

2）花架体型不宜太高大。太大了不易做得轻巧，太高了不易荫蔽而显空旷，尽量接近自然。

3）花架的四周一般都较为通透开畅，除了起到支承的墙、柱外，没有围墙门窗。花架的下侧两个平面（辅地和檐口），也并不一定要对称和相似，可以自由伸缩交叉，相互引伸，使花架置身于园林之内，融汇于自然之中，不受阻隔。

4）花架高度控制在2.5～2.8m，适当的尺度给人以易于亲近，近距离观赏藤蔓植物的机会。花架开间一般控在3～4m，太大了构件显得笨拙臃肿。进深跨度则常用2700、3000、3300。

5）要根据攀援的特点、环境来构思花架的形体；根据攀援植物的生物学特性来设计花架的构造、选择材料等。

6.5.1 辅助线的绘制

用户可以先打开“案例\06\廊.dwg”文件，把文件另存为“案例\06\花架.dwg”，删除文件中的所有图形，再绘制花架。

1）启动 AutoCAD2013 软件，选择“文件 | 打开”菜单命令，将“案例\06\廊.dwg”文件打开，再选择“文件 | 另存为”菜单命令，将该文件另存为“案例\06\花架.dwg”，从而调用该文件的绘图环境。

2）单击“图层控制”下拉列表框，将“轴线”图层置为当前图层。

3）选择“构造线”命令（XL），在绘图区域内绘制一条横向构造线和一条纵向构造线。

4）选择“偏移”命令（O），根据命令栏提示输入“500”，把纵向构造线向右偏移 24 次，以同样的方法，把横向构造线依次向上偏移 750、460、1500 和 160，如图 6-66 所示。

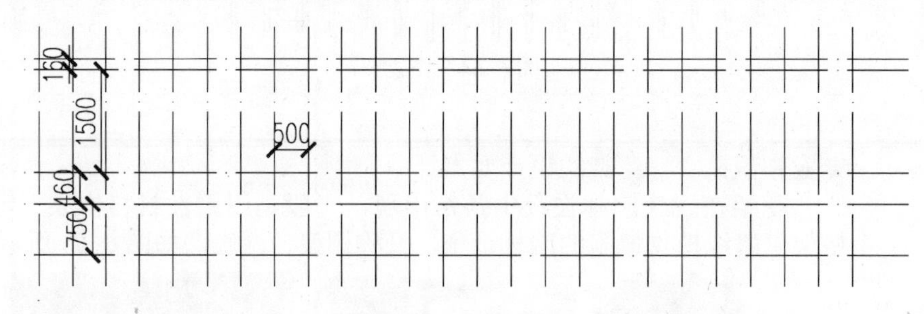

图 6-66　绘制轴线

5）单击“图层控制”下拉列表框，将“花架”图层置为当前图层。

6）选择“圆弧”命令（ARC），绘制一圆弧对象，如图 6-67 所示。

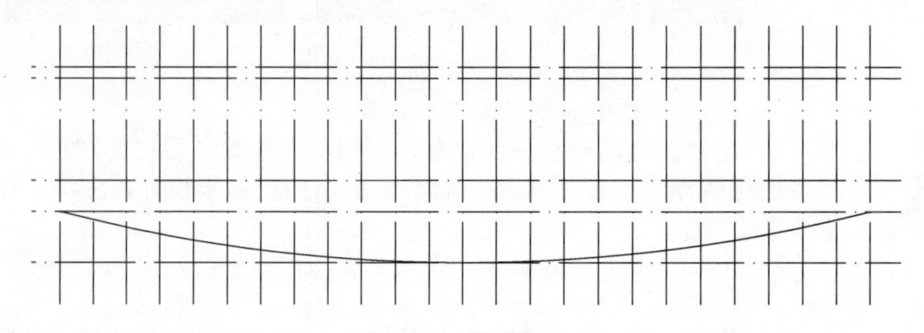

图 6-67　绘制圆弧

6.5.2 花架的绘制

在绘制花架时，选择“多线”命令的方法，可以快速绘制花架图形。

1）选择“格式 | 多线样式”菜单命令，弹出“多线样式”对话框，单击“新建”按钮弹出“创建新的多线样式”对话框，在“新样式名”文本框中输入文字“花架”，如图 6-68 所示。

2）单击“继续”按钮，将弹出“新建多线样式：花架”对话框，设置图元偏移量为“40”和“-40”，返回到“多线样式”对话框，将“花架”样式置为当前，如图 6-69 所示。

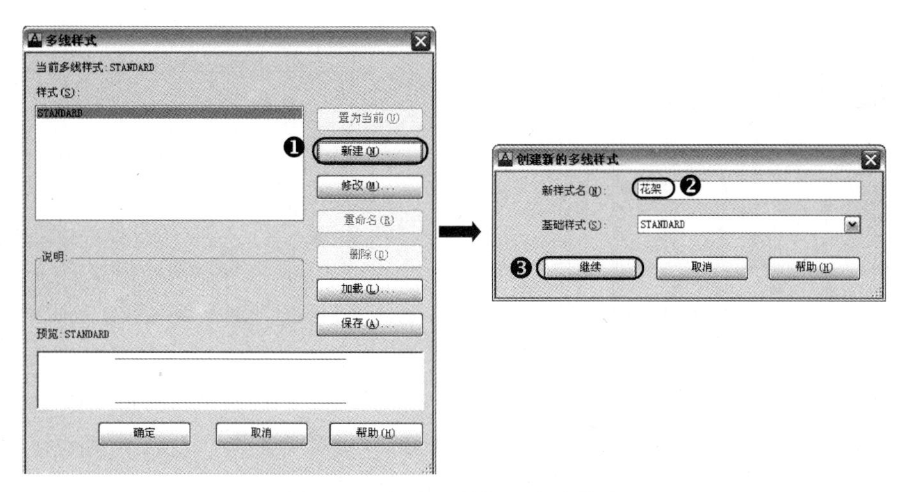

图 6-68 新建“花架”多线样式

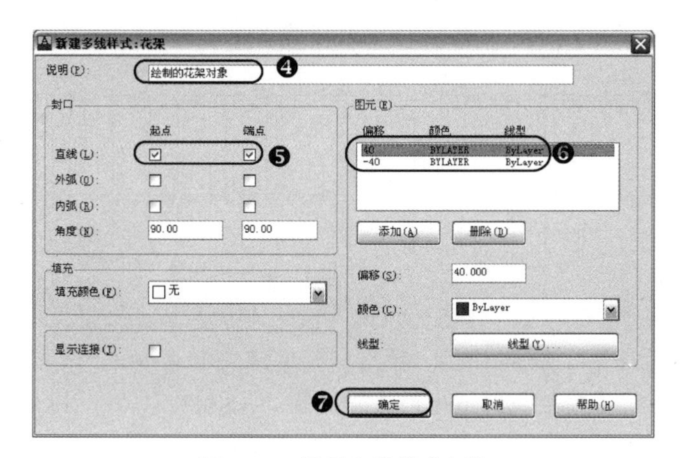

图 6-69 设置多线样式参数

3）选择“多线”命令（ML），根据命令行的提示选择“对正（J）”选项，设置为“无（Z）”；再选择“比例（S）”选项，设置为“1”，然后分别捕捉相应的交点，绘制多条多线对象，如图 6-70 所示。

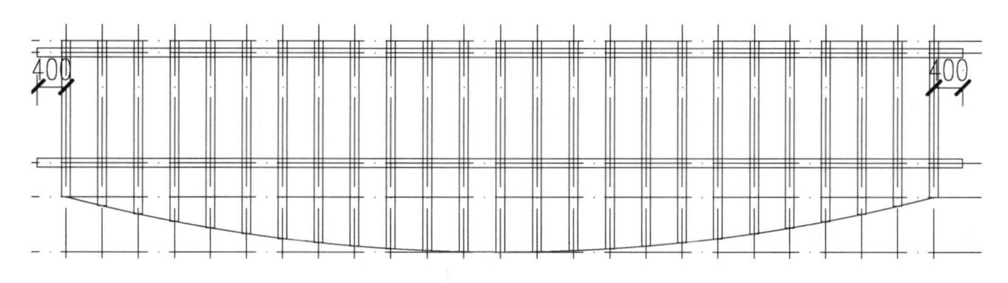

图 6-70 绘制的多线

4）选择“矩形”命令（REC），按如图 6-71 所示绘制 120×1580 和 200×220 的两个矩形。

5）选择“镜像”（MI）命令，选择上步绘制的左边两个矩形，并选择从左向右数第四条纵向构造线为轴线，进行垂直镜像，并保留源对象，输入“(否) N”选项，结果如图 6-72 所示。

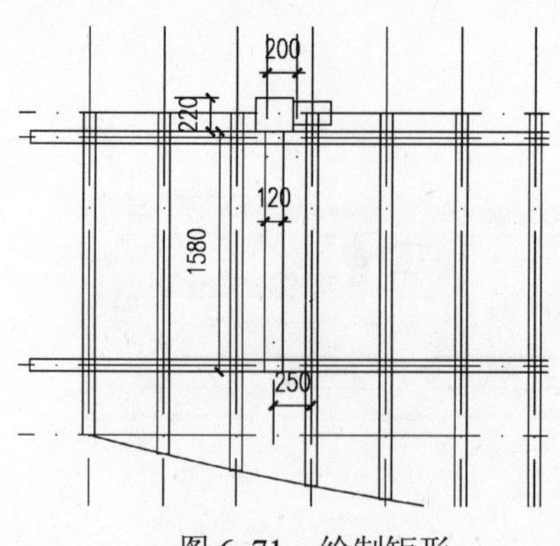

图 6-71　绘制矩形

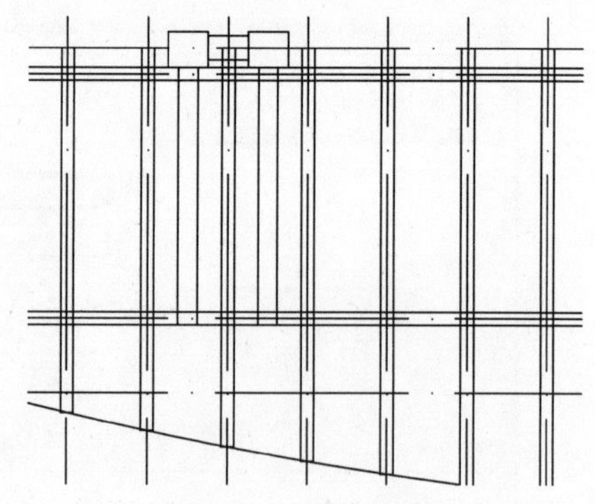

图 6-72　镜像对象

6）选择“复制”命令（CO），选择绘制的矩形和镜像的图形，分别复制到相应位置。

7）单击“图层控制”下拉列表框，关闭“轴线”图层。

8）选择“分解”命令（X），将所有的对象进行分解。

9）选择“修剪”命令（TR），修剪掉矩形位置多余的线段，如图 6-73 所示。

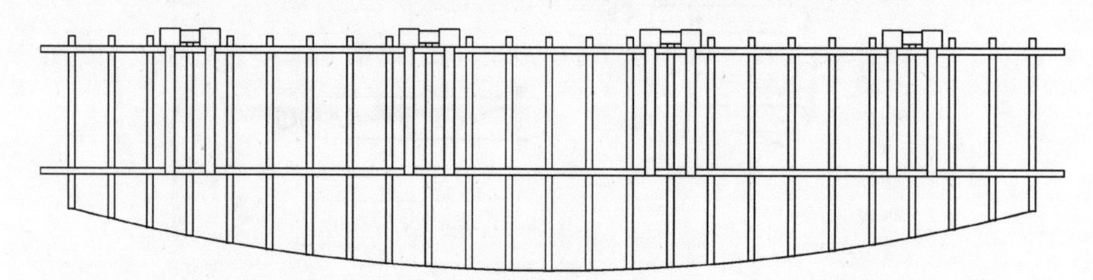

图 6-73　修剪线段的效果

10）选择“图案填充”命令（H），弹出“图案填充和渐变色”对话框，单击图层后按钮，弹出“填充图案选项板”对话框，选择图案“ANSI37”，按“确定”按钮，单击“拾取点”按钮回到绘图区域，单击小矩形对象，按〈Enter〉键返回到对话框中；设置比例为“20”，最后单击“确定”按钮，如图 6-74～和图 6-75 所示。

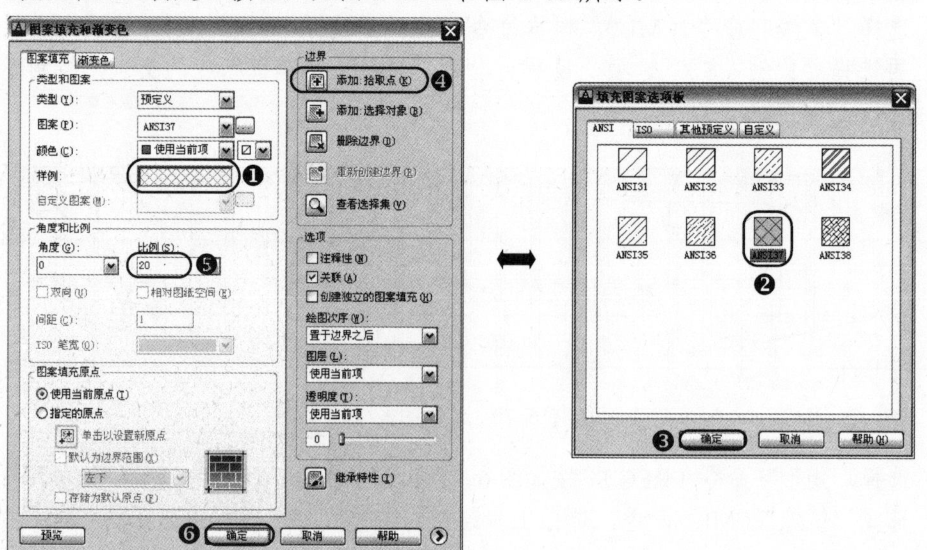

图 6-74　设置填充参数

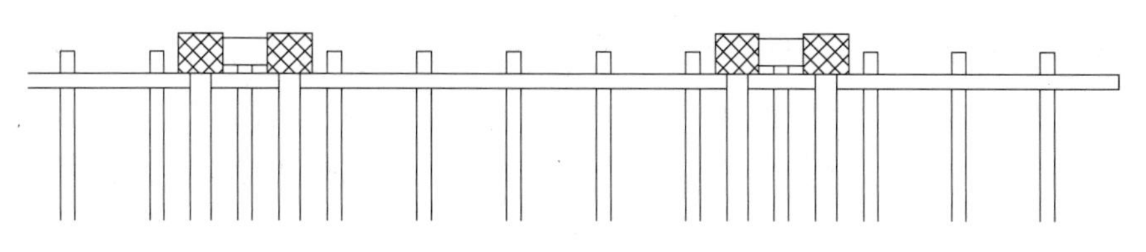

图 6-75 填充的效果

11）选择“删除”命令（E），删除掉底侧的辅助作用的圆弧，结果如图 6-76 所示。

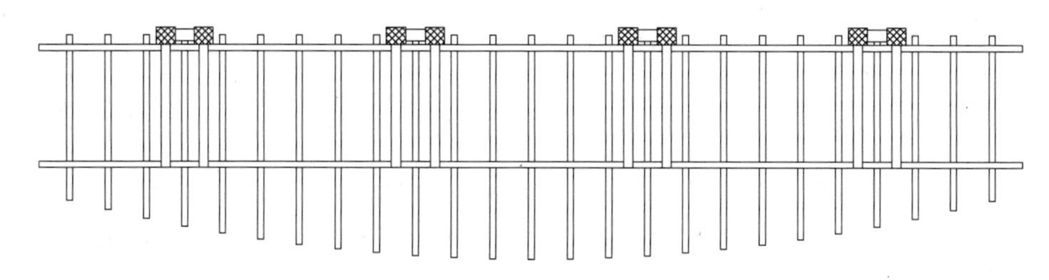

图 6-76 删除圆弧

12）至此，该花架图形绘制完成，按〈Ctrl+S〉组合键进行保存。

6.6 桥的绘制

素材 视频\06\桥的绘制.avi
案例\06\桥.dwg

首先通过构造线和偏移的方式来绘制平面桥的辅助线，再通过多线的方式来绘制平面桥轮廓，以及通过矩形来绘制桥栏杆，再通过图案填充来绘制平面桥面效果；然后通过构造线、直线的方式在图形的下侧绘制投影的立面桥轮廓，并绘制桥墩效果，再插入河道对象，其最终的效果如图 6-77 所示。

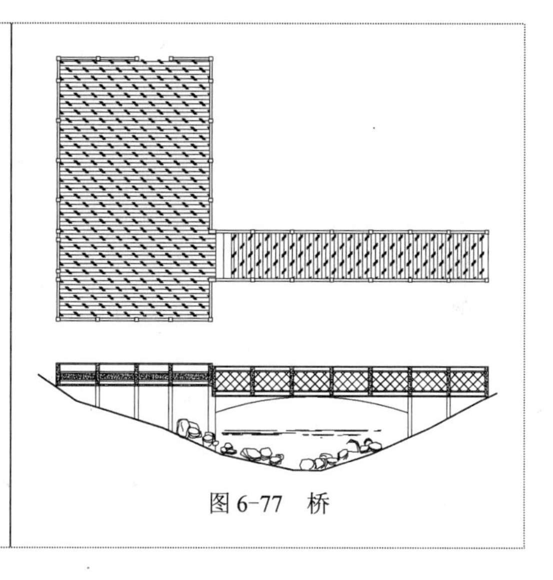

图 6-77 桥

6.6.1 辅助线的绘制

借助前面的花架文件，以此调用其绘图环境，再绘制构造线，并进行偏移，从而完成桥辅助线的绘制。

1）启动 AutoCAD2013 软件，选择“文件 | 打开”菜单命令，将“案例\06\花架.dwg”文件打开，再选择“文件 | 另存为”菜单命令，将该文件另存为“案例\06\桥.dwg”，从而调

用该文件的绘图环境。

2）单击“图层控制”下拉列表框，将“轴线”图层置为当前图层。

3）选择“构造线”命令（XL），在绘图区域内绘制一条横向构造线和一条纵向构造线。

4）选择“偏移”命令（O），将纵向构造线向右各偏移 1500、1500、1300、1500、125、1500、1500、1500、1500、1500、1500 和 1500；将横向构造线向下各偏移 830、1500、1500、1500、1180、320、1180、320 和 1500，结果如图 6-78 所示。

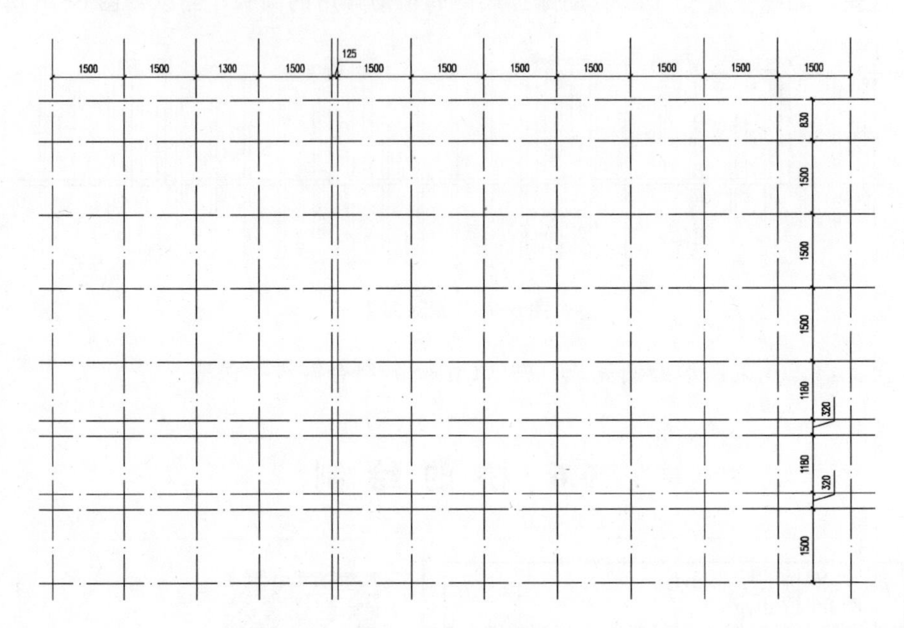

图 6-78　绘制轴线

6.6.2 桥平面图的绘制

通过“多线”来绘制桥轮廓，再通过“矩形”等命令来绘制桥栏杆效果，然后通过“图案填充”的方式来绘制桥面效果。

1）选择“图层”命令（LA），打开“图层特性管理器”选项板，将“花架”图层修改为“桥”图层，并且置为当前图层，如图 6-79 所示。

桥　绿　Continuous　0.20 毫米

图 6-79　更名的“桥”图层

2）选择“多线样式”命令（Mlstyle），弹出“多线样式”对话框，单击“新建”按钮，弹出“创建新的多线样式”对话框，在“景墙”样式的基础上新建“桥”多线样式，如图 6-80 所示。

3）单击“继续”按钮，将弹出“新建多线样式：桥”对话框，在“图元”文本框中输入偏移距离“50”和“-50”，最后单击“确定”按钮，返回到“多线样式”对话框，将“桥”样式置为当前，如图 6-81 所示。

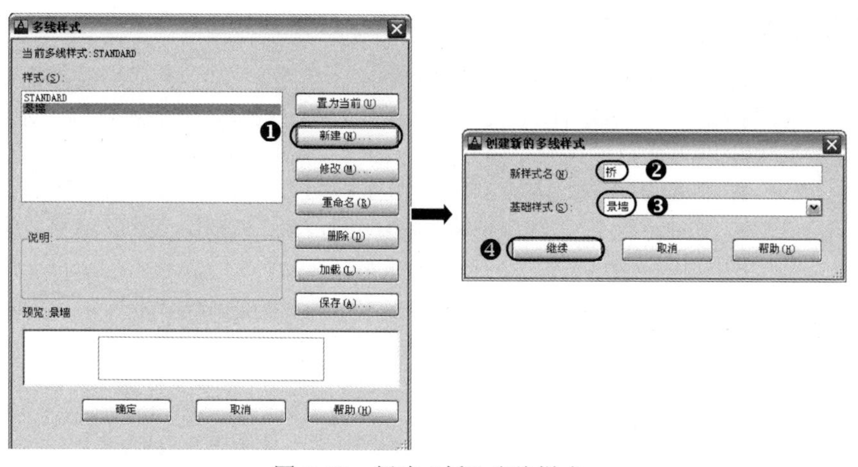

图 6-80 新建“桥”多线样式

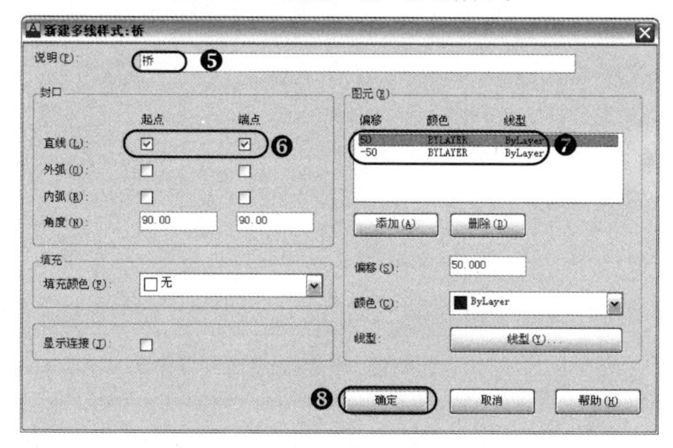

图 6-81 设置多线样式参数

4）选择“多线”命令（ML），根据命令行的提示选择“对正（J）”选项，设置对正方式为“无（Z）”；再选择“比例（S）”选项，在“输入多线比例:”提示下输入“1”，然后在“指定起点:”和“指定下一点:”提示下分别捕捉相应的交点来绘制多条多线对象，如图 6-82 所示。

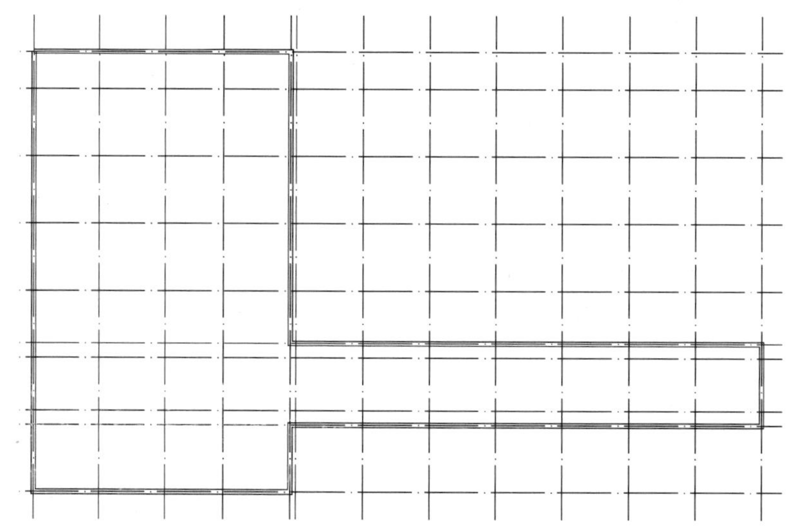

图 6-82 绘制的多线

软件技能：

如果是绘制较规则的多线对象时，在最后一步骤时，根据命令行的提示“指定下一点或 [闭合(C)/放弃(U)]:”时，输入“闭合（C）”选项，则可实现起点与终点的闭合。

如果因为一些原因没有及时对多线进行闭合，就需要对多线对象进行“角点结合”操作，双击需要编辑的多线，将弹出“多线编辑工具”对话框，如图 6-83 所示。

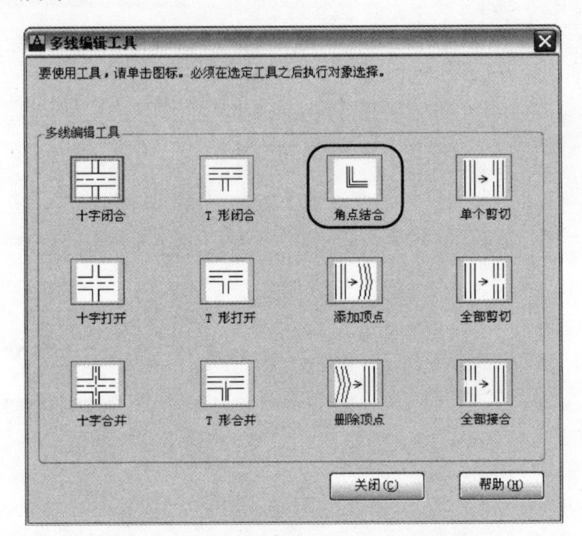

图 6-83 “多线编辑工具”对话框

1）选择“矩形”（REC）和“修剪”（TR）等命令，分别捕捉轴线与多线相交位置，绘制一 140×140 的矩形，再修剪掉矩形内的多线对象；并将“轴线”图层关闭，如图 6-84 所示。

2）选择“拉伸”（S）和“直线”（L）等命令，将两个矩形向右拉伸 125，即变成 265；再绘制高 1720 的两条垂直线段，如图 6-85 所示。

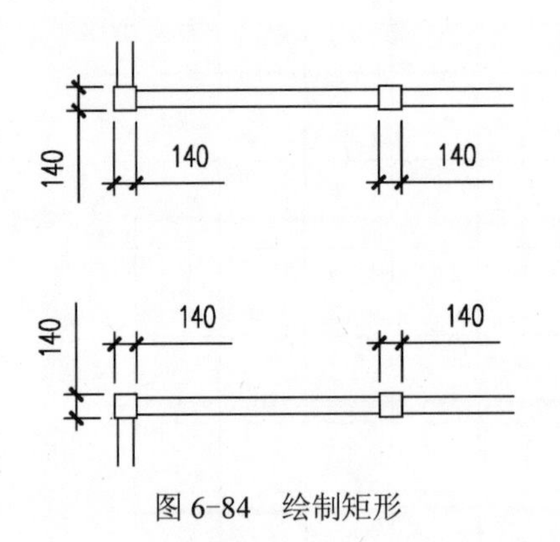

图 6-84 绘制矩形

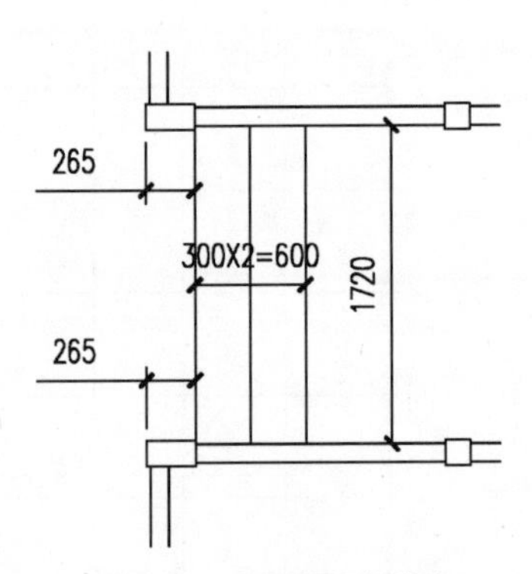

图 6-85 绘制垂直线段

3）选择“图案填充”命令（H），弹出“图案填充和渐变色”对话框，单击图层后按钮，弹出“填充图案选项板”对话框，选择“CORK”，按“确定”确定。单击“拾取点”按钮，回到绘图区域，单击左边区域的空白算相应位置，按〈Enter〉键；返回到对话框中，在“比例”文本框中输入“50”，在填充“角度”文本框中输入“90”，填充后的效果如图 6-86 所示。

4）选择“分解”（X）和“删除”（E）等命令，删除图形左侧顶端的多线对象，如图 6-87 所示。

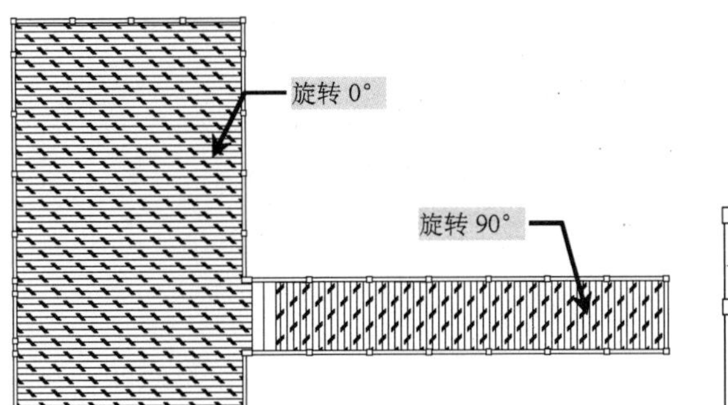

图 6-86 图案填充

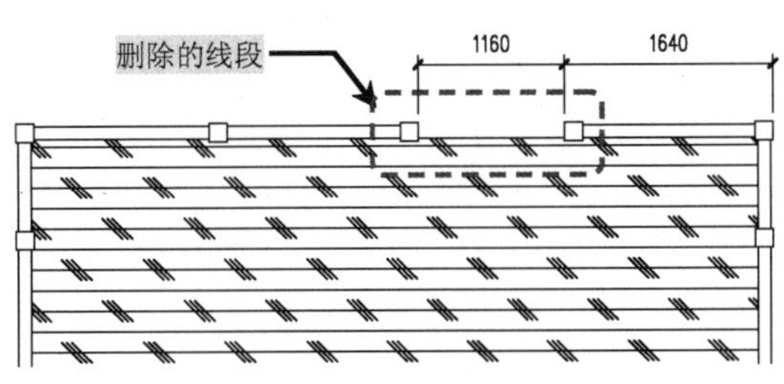

图 6-87 删除线段

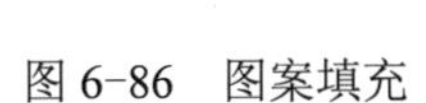

6.6.3 桥立面图的绘制

绘制桥立面时可以使用平面图形的中的纵向轴线，以桥平面图的纵向轴线作为立面图形中的纵向轴线。

1）单击“图层控制”下拉列表框，打开“轴线”图层。

2）选择“构造线”（XL）和“偏移”（O）等命令，绘制横向和纵向相交的构造线；将纵向构造线向右各偏移 1500、1500、1300、1500、125、1500、1500、1500、1500、1500、1500 和 1500；将横向构造线向下各偏移 100、220、530 和 400，如图 6-88 所示。

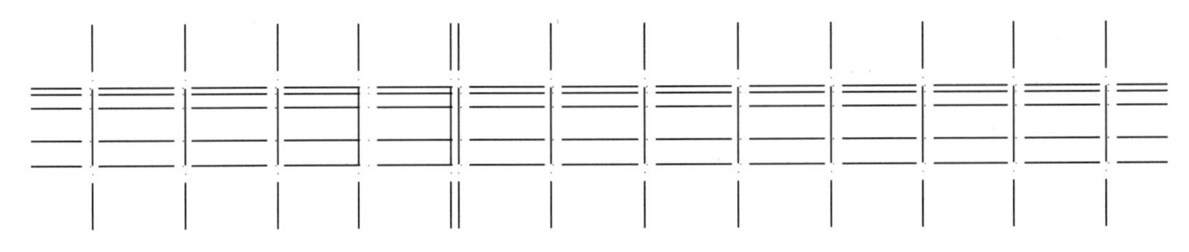

图 6-88 绘制的轴线

3）选择“格式｜多线样式”菜单命令，弹出“多线样式”对话框，单击“新建”按钮，弹出“创建新的多线样式”对话框，在“新样式名”文本框中输入“桥立面”。

4）单击“继续”按钮，将弹出“新建多线样式：桥立面”对话框，在“图元”文本框中输入偏移距离“70”和“-70”，然后单击“确定”按钮；返回到“多线样式”对话框，将“桥立面”多线样式置为当前，如图 6-89 所示。

5）选择“多线”命令（ML），根据命令行的提示选择“对正（J）”选项，设置为“无（Z）”；再选择“比例（S）”选项，设置为“1”；然后分别捕捉相应轴线的交点，绘制多条垂直多线，并将多余的线段进行修剪，结果如图 6-90 所示。

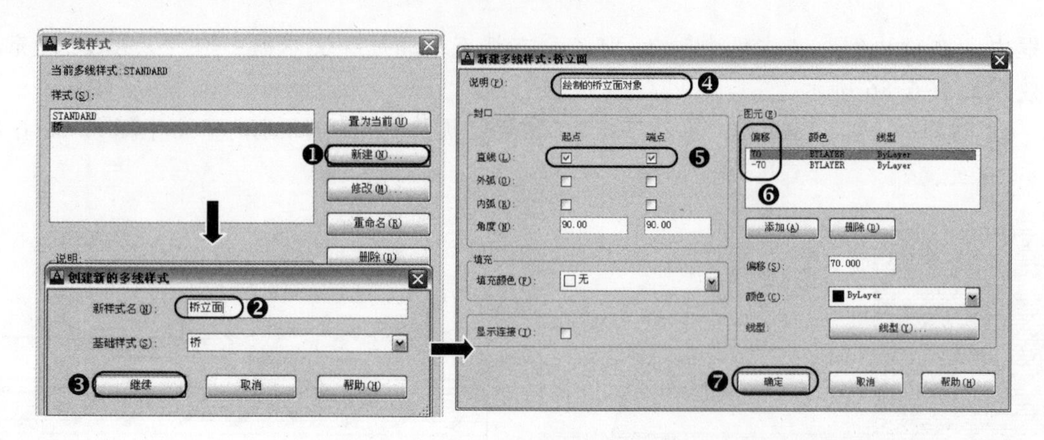

图 6-89　新建“桥立面”多线样式

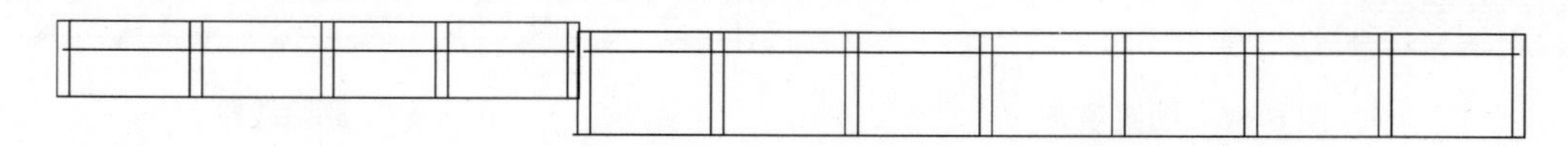

图 6-90　绘制的多线

6）选择“偏移”命令（O），将水平线段向上各偏移 50，如图 6-91 所示。

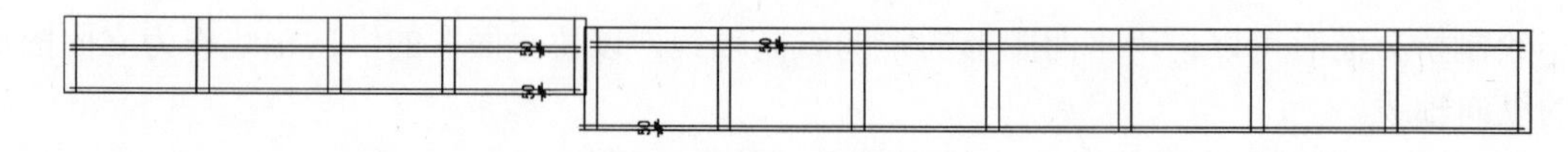

图 6-91　偏移图形

7）选择“修剪”命令（TR），修剪掉多余线段，结果如图 6-92 所示。

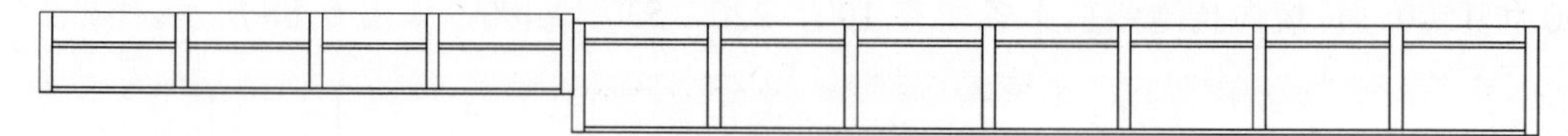

图 6-92　修剪线段

8）选择“复制”命令（CO），分别选择图形左、右侧中间的水平双线段，向下进行 300 和 750 距离的复制操作，如图 6-93 所示。

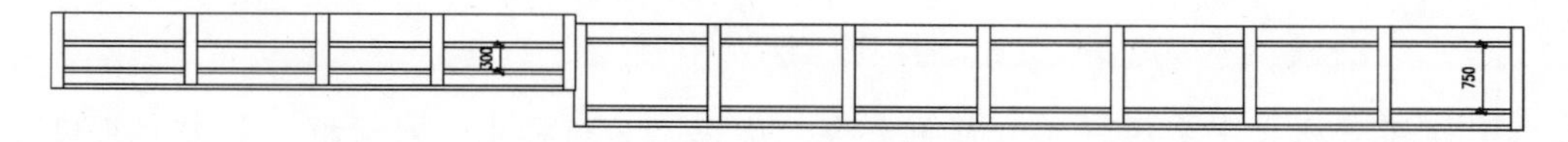

图 6-93　复制线段

9）选择“偏移”（O）和“修剪”（TR）等命令，将左、右侧顶部的水平线段向下各偏移 40；并修剪掉多余线段，结果如图 6-94 所示。

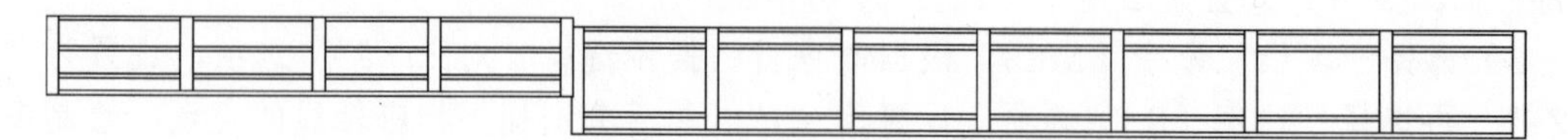

图 6-94　偏移和修剪线段

10）选择“图案填充”命令（H），弹出“图案填充和渐变色”对话框，选择图案“AR-CONC”，设置比例为“0.5”，填充后的效果如图 6-95 所示。

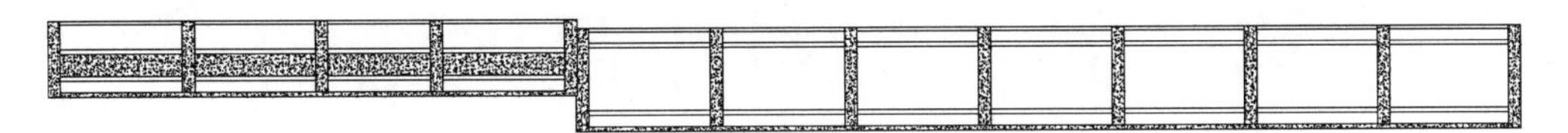

图 6-95　图案填充

11）选择“图案填充”命令（H），选择图案“ANSI37”，设置比例为“100”，填充后的效果如图 6-96 所示。

图 6-96　图案填充

12）选择“插入”命令（I），弹出“插入”对话框，单击“浏览”按钮，选择“案例\06\河道.dwg”文件，插入到图形中的相应位置，如图 6-97 所示。

图 6-97　插入图形

13）选择“直线”命令（L），在图形的左侧绘制垂直线段，从而形成桥墩效果，如图 6-98 所示。

图 6-98　绘制线段

14）选择“圆弧”命令（ARC），绘制一圆弧表示桥拱，如图 6-99 所示。

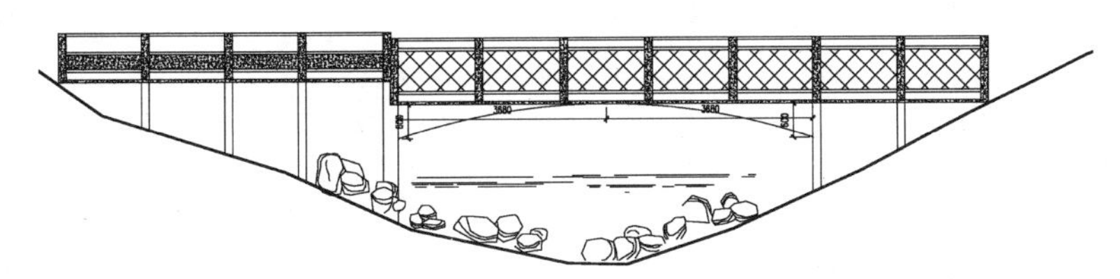

图 6-99　绘制圆弧

15）至此，该图形绘制完成，按〈Ctrl+S〉组合键进行保存。

第 7 章　园林小品的绘制

本章导读

在园林设计过程中，用户可以在场景中设计一些小品，如花池、坐凳等，园林小品可以丰富园林场景，同时对园林功能有所满足。

本章依次讲解了园林小品分类、用途和创建，标志牌和导向牌的绘制方法，坐凳的平面、立面和剖面图的绘制方法，垃圾箱平面和立面图的绘制方法，最后通过茶室建筑平面图和室内布置图的绘制方法来综合所学的内容进行全程讲解。

主要内容

- 了解园林小品的分类、用途和要求
- 掌握标志牌和导向牌的绘制方法
- 掌握坐凳平面、立面和剖面图的绘制方法
- 掌握垃圾箱的平面和立面图的绘制方法
- 掌握茶室建筑平面图和室内布置图的绘制方法

效果预览

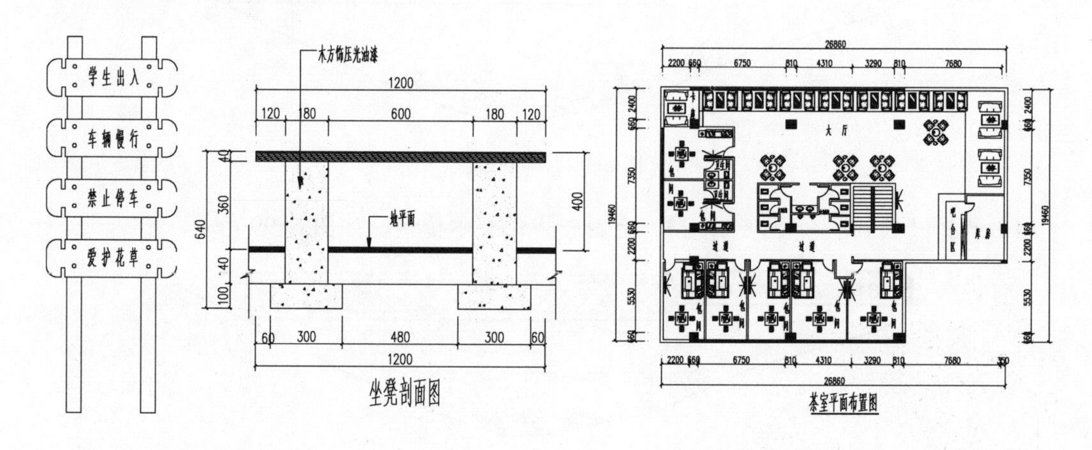

坐凳剖面图

茶室平面布置图

7.1 园林小品概述

园林小品是园林中供休息、装饰、照明、展示，以及园林管理和游人使用的小型建筑设施。一般没有内部空间，体量小巧、造型别致。园林小品既能美化环境，丰富园趣，为游人提供方便，又能使游人从中获得美的感受和良好的教益。

7.1.1 园林小品的分类

园林建筑小品按其功能分为 5 类：

◆ 供休息的小品。包括各种造型的靠背园椅、凳、桌和遮阳的伞、罩等。常结合环境，用自然块石或混凝土作成仿石、仿树墩的凳、桌；或利用花坛、花台边缘的矮墙和地下通气孔道来作椅、凳等；围绕大树基部设椅凳，既可休息，又能纳荫，如图 7-1 所示。

◆ 装饰性小品。主要包括各种固定的和可移动的花钵、饰瓶，可以经常更换花卉。如装饰性的日晷、香炉、水缸，各种景墙（如九龙壁）、景窗等，能在园林中起点缀作用，如图 7-2 所示。

图 7-1　石凳

图 7-2　装饰性小品

◆ 结合照明的小品。园灯的基座、灯柱、灯头、灯具都有很强的装饰作用，如图 7-3 所示。

◆ 展示性小品。各种布告板、导游图板、指路标牌以及动物园、植物园和文物古建筑的说明牌、阅报栏、图片画廊等，都对游人有宣传、教育的作用，如图 7-4 所示。

◆ 服务性小品。如为游人服务的饮水泉、洗手池、公用电话亭、时钟塔，为保护园林设施的栏杆、格子垣、花坛绿地的边缘装饰等，以及为保持环境卫生的废物箱等，如图 7-5 所示。

图 7-3　结合照明的小品

图 7-4　展示性小品

图 7-5　服务性小品

园林建筑小品具有精美、灵巧和多样化的特点，设计创作时可以做到“景致随机，不拘一格”，在有限空间得其天趣。

7.1.2 园林小品在园林中的用途

园林小品在园林中的作用大致包括以下三个方面。

1．组景

园林小品在园林空间中，除具有自身的使用功能外，更重要的作用是把外界的景色组织起来，在园林空间中形成无形的纽带，引导人们由一个空间进入另一个空间，起着导向和组织空间画面的构图作用，使园林在各个不同角度都构成完美的景色，具有诗情画意。园林小品还起着分隔空间与联系空间的作用，如图 7-6 所示。

2．观赏

园林小品作为艺术品，它本身具有审美价值，由于其色彩、质感、肌理、尺度、造型的特点，加之成功的布置，本身就是园林环境中的一景。运用小品的装饰性能够提高其他园林要素的观赏价值，满足人们的审美要求，给人以艺术的享受和美感，如图 7-7 所示。

3．渲染气氛

园林小品除具有组景，观赏作用外，还把桌凳、地坪、踏步、标示牌、灯具等功能作用比较明显的小品予以艺术化、景致化。一组休息的坐凳或一块标示牌，如果设计新颖、处理得宜，所以做成富有一定艺术情趣的形式，会给人留下深刻的印象，使园林环境更具感染力。如水边的两组坐凳，一个采用石制天然坐凳，恬静、祥和可与环境构成一幅中国天然山水画；一个凳面上刻有艺术图案，独特新颖、别具情趣，迎水而坐令人视野开阔、心旷神怡，如图 7-8 所示。

图 7-6 组景

图 7-7 观赏小品

图 7-8 组景小品

因此，构思独特的园林小品与环境结合会产生不同的艺术效果，使环境宜人而更具感染力。

7.1.3 园林小品的创建要求

园林建筑小品的创作要求是：

- 立其意趣，根据自然景观和人文风情，作出景点中小品的设计构思。
- 合其体宜，选择合理的位置和布局，做到巧而得体、精而合宜。
- 取其特色，充分反映建筑小品的特色，把它巧妙地熔铸在园林造型之中。

◆ 顺其自然，不破坏原有风貌，做到涉门成趣，得景随形。

◆ 求其因借，通过对自然景物形象的取舍，使造型简练的小品获得景象丰满充实的效果。

◆ 饰其空间，充分利用建筑小品的灵活性、多样性以丰富园林空间。

◆ 巧其点缀，把需要突出表现的景物强化起来，把影响景物的角落巧妙地转化成为游赏的对象。

◆ 寻其对比，把两种明显差异的素材巧妙地结合起来，相互烘托，显出双方的特点。

7.2 立面标志牌的绘制

素材 视频\07\标志牌立面图的绘制.avi
案例\07\标志牌立面图.dwg

首先打开前面所绘制的花架图形对象来新建文件，从而调用其绘图环境；再使用矩形和复制命令来绘制标志牌的“两脚”；其次使用矩形、圆、复制、圆角、修剪等命令来绘制其中一个指示牌，再通过复制的方式复制多个指示牌；最后输入相应的标志牌文字信息，其最终的效果如图 7-9 所示。

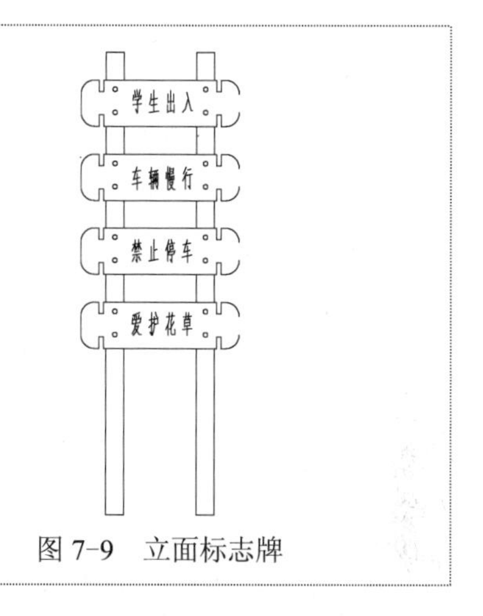

图 7-9 立面标志牌

专业知识： 标志牌按形态分类

1）横式：整个比例横向比较长。一般整面都被利用为标志标牌，在小店铺和大建筑的墙面上都可以看到。

2）竖式：整个比例竖向比较长，一般整面都被利用为标志标牌。

3）突形：在建筑物的墙面上突出，除了背面以外的整面或有两侧墙面的情况下，两侧都被利用为广告载体的标识标牌，如三面翻标识牌。

4）地柱形：标记在地面的某些固定构造上的横形、竖形、立体形的标识标牌。

5）屋顶式：指在某建筑物的屋顶上设置一些固定构造物，并在上面挂着或贴着的板形活立方形或环性的标识标牌。

1）启动 AutoCAD2013 软件，选择“文件 | 打开”菜单命令，将“案例\06\花架.dwg”文件打开；再选择“文件 | 另存为”菜单命令，将该文件另存为“案例\07\标志牌立面图.dwg”，从而调用该文件的绘图环境。

2）选择“删除”命令（E），选择文件中的所有图形，按〈Enter〉键。

3）选择“图层”命令（LA），打开“图层特性管理器”选项板，选择“花架”图层，修改图层名称为“标志牌”，并设置“标志牌”图层为当前图层。

4）选择“矩形”命令（REC），在绘图区域绘制一个 80 × 2000 的矩形，如图 7-10 所示。

5）选择“复制”命令（CO），选择上一步绘制的矩形，单击图形左上角，再输入400，如图7-11所示。

6）选择“矩形”命令（REC），在绘图区域相应位置绘制一个700×200的矩形，如图7-12所示。

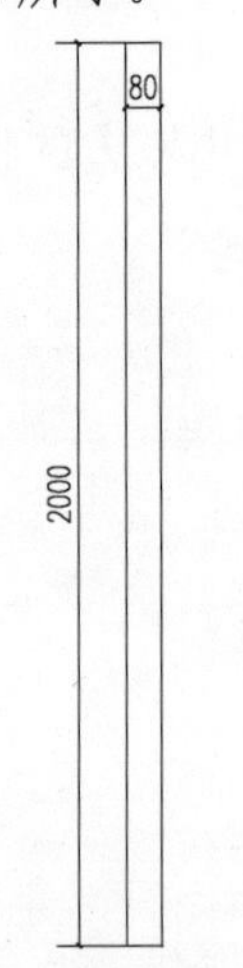

图7-10　绘制矩形

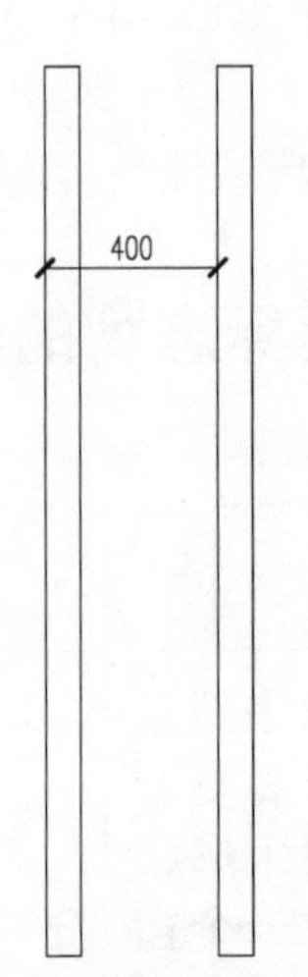

图7-11　复制矩形

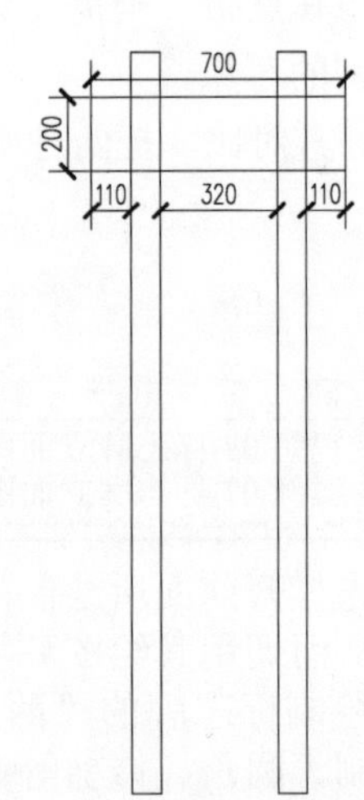

图7-12　绘制700×200矩形

7）选择“分解”命令（X），将上步绘制的矩形进行分解。

8）选择“偏移”命令（O），将底侧的水平线段向上偏移50，再选择下横线向上偏移50。

9）以上一步同样的方法，把左边纵向直线向右偏移80和20，如图7-13所示。

10）选择“修剪”命令（TR），按如图7-14所示对图形进行修剪。

11）选择“圆角”命令（F），根据命令行提示设置圆角半径为60，然后选择分解矩形的左上角和左下角，如图7-15所示。

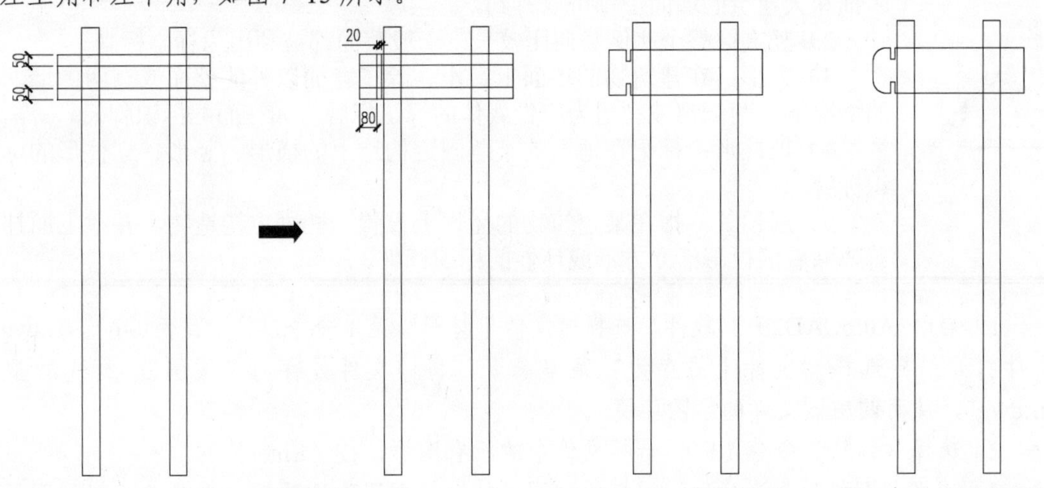

图7-13　偏移图形　　图7-14　修剪图形　　图7-15　圆角的图形

12）选择“圆”命令（C），在图形相应位置绘制一个半径为10的圆，如图7-16所示。

13）选择“复制”命令（CO），选择上一步绘制的圆，单击圆心，将其小圆垂直向下复制，其间距为100，如图7-17所示。

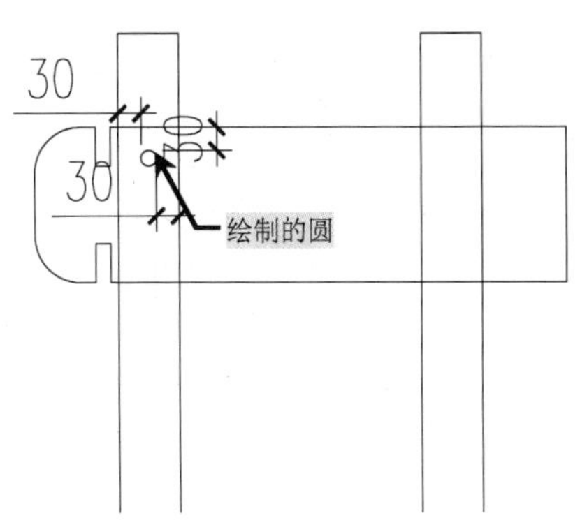

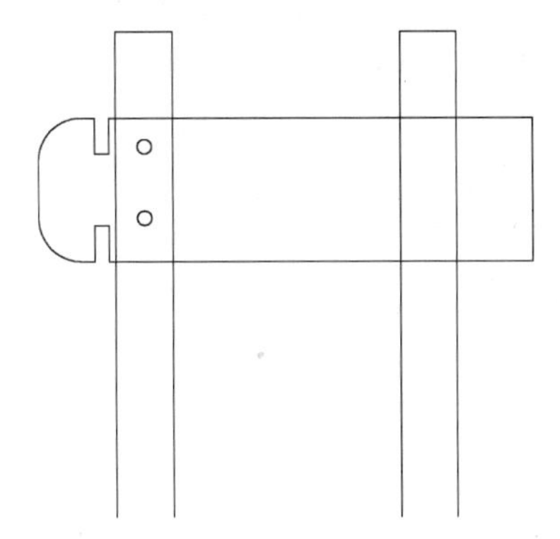

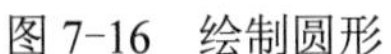

图 7-16 绘制圆形　　图 7-17 复制圆形

14）选择“镜像”命令（MI），按如图 7-18 所示进行镜像。

15）选择“修剪”命令（TR），按如图 7-19 所示修剪图形中多余线段。

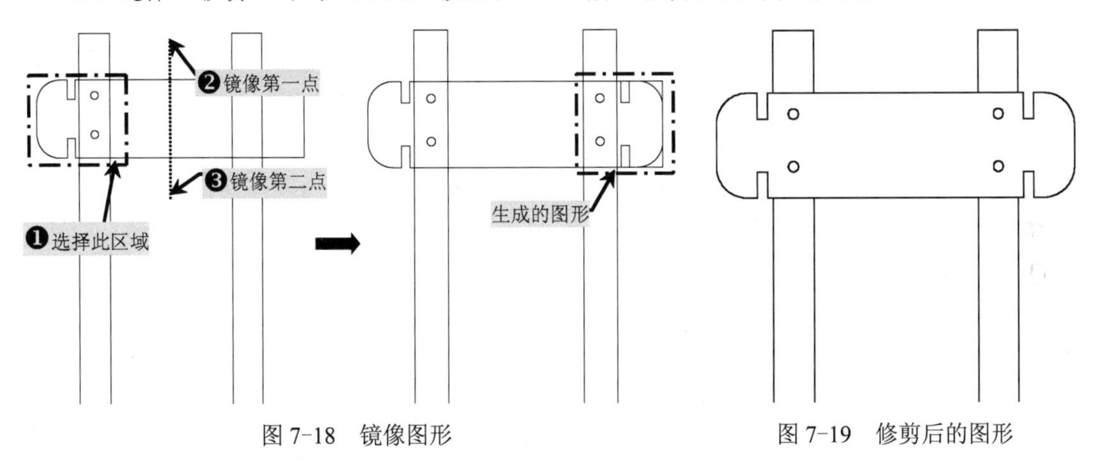

图 7-18 镜像图形　　图 7-19 修剪后的图形

16）选择“复制”命令（CO），选择图形中相应图形，按如图 7-20 所示进行复制。

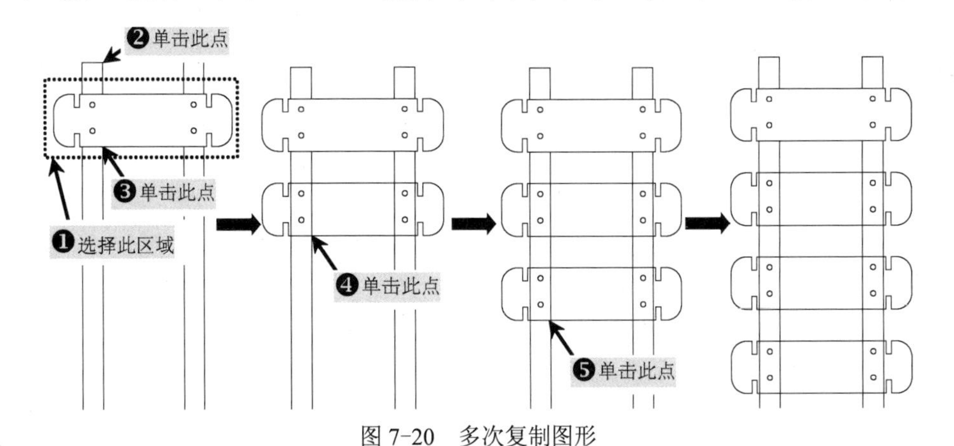

图 7-20 多次复制图形

17）选择“修剪”命令（TR），按如图 7-21 所示对图形中多余线段进行修剪。

18）选择“格式 | 文字样式”命令，弹出“文字样式”对话框，修改“尺寸文字”样式的高度为“70”。

19）使用“格式 | 单行文字”（TEXT）命令，单击图形相应位置，输入“学生出入”，

以同样的方式，在相应位置输入文字，如图 7-22 所示。

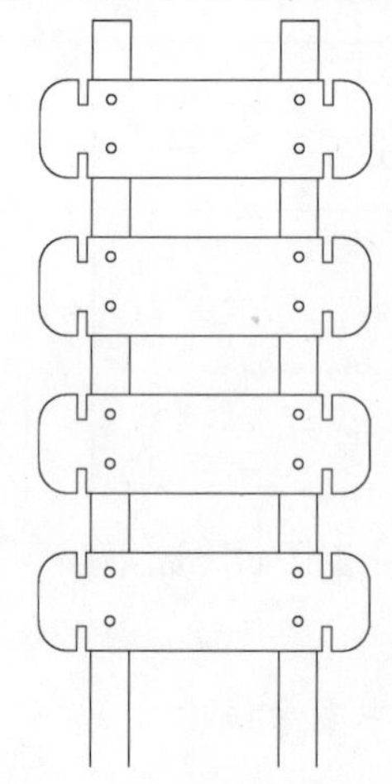

图 7-21　修剪后的图形

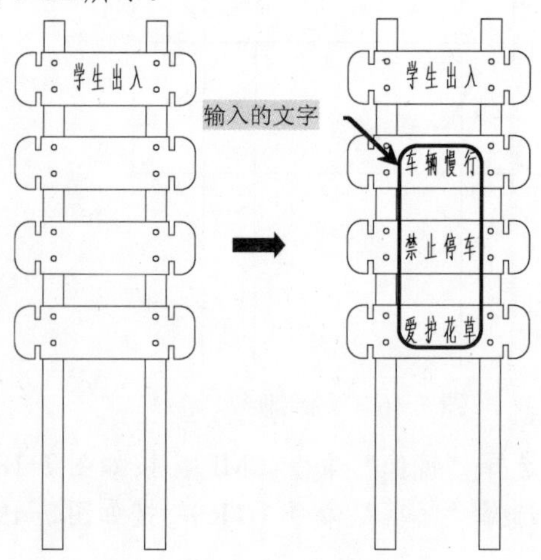

图 7-22　输入的文字

7.3　导向牌的绘制

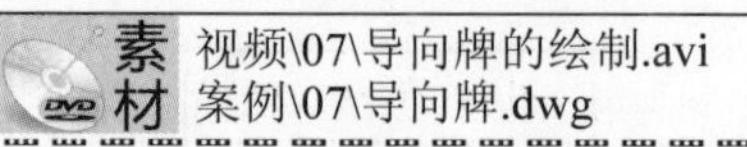

首先打开“桥”文件，以此调用绘图环境来绘制“导向牌”图形文件；其次使用矩形、拉伸、偏移、夹点等命令来绘制导向牌的平面效果；再使用复制、拉伸、打散、偏移、多行文字等命令，在其投影下侧来绘制导向牌的立面效果，如图 7-23 所示。

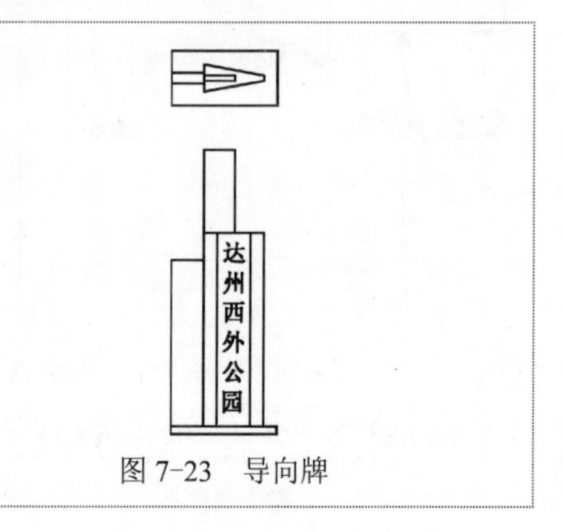

图 7-23　导向牌

7.3.1　导向牌平面图的绘制

首先调用“桥”的绘图环境，再通过“矩形”、“偏移”、“拉伸”等命令来绘制导向牌的平面图形。

1）启动 AutoCAD2013 软件，选择“文件 | 打开”菜单命令，将“案例\06\桥.dwg”文件打开，再选择“文件 | 另存为”菜单命令，将该文件另存为“案例\07\导向牌.dwg”，从而调用该文件的绘图环境。

2）选择“删除”命令（E），选择文件中的所有图形，按〈Enter〉键。

3）选择“图层”命令（LA），打开“图层特性管理器”选项板，选择“桥”图层，修改图层名称为“导向牌”，并将“导向牌”图层置为当前图层。

4）选择“矩形”命令（REC），在绘图区域绘制一个 800×400 的矩形。

5）选择“偏移”命令（O），将绘制的矩形向内偏移 100，如图 7-24 所示。

6）选择“拉伸”命令（S），选择内侧的矩形，框选矩形的左端，向右缩短 150，使其间距由 100 变成 250，如图 7-25 所示。

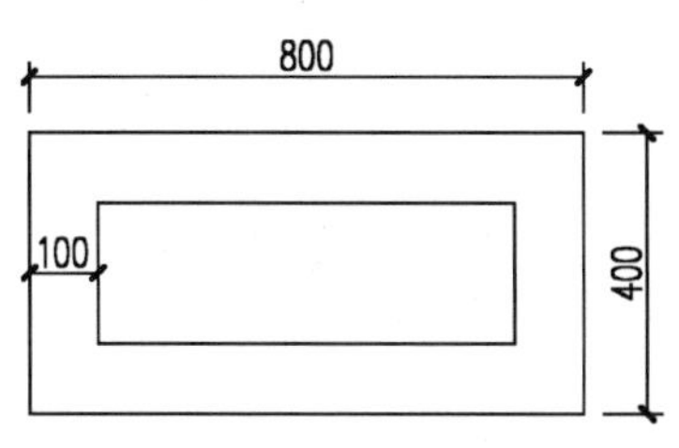

图 7-24　绘制和偏移矩形

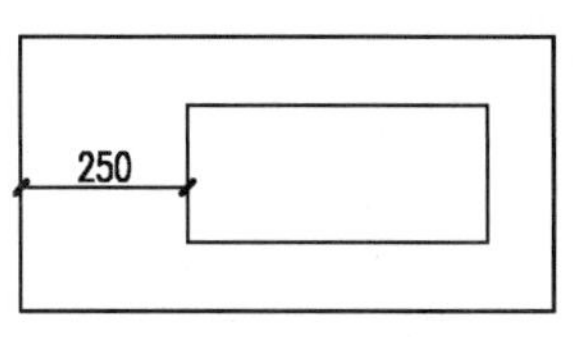

图 7-25　拉伸矩形

7）选择“矩形”命令（REC），在相应位置绘制 250×80、230×40 的矩形，如图 7-26 所示。

8）选择“分解”（X）、“延伸”（EX）、“修剪”（TR）、“夹点编辑”等命令，将 230×40 的矩形进行分解；再向右延伸到外侧的矩形垂直边；选中矩形，通过移动其夹点的方法，快速形成导向牌指示轮廓；最后修剪掉多余的线段，结果如图 7-27 所示。

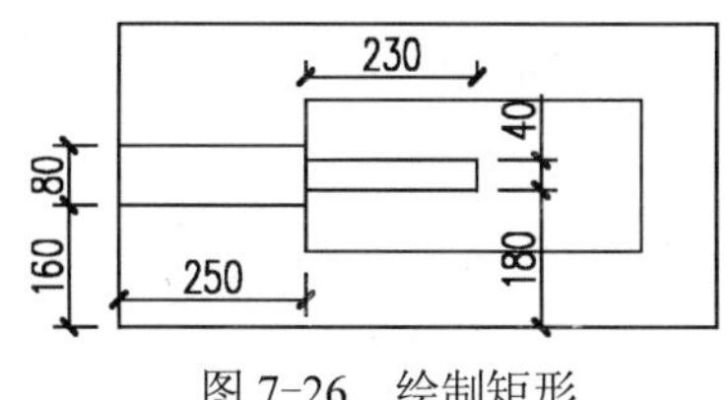

图 7-26　绘制矩形

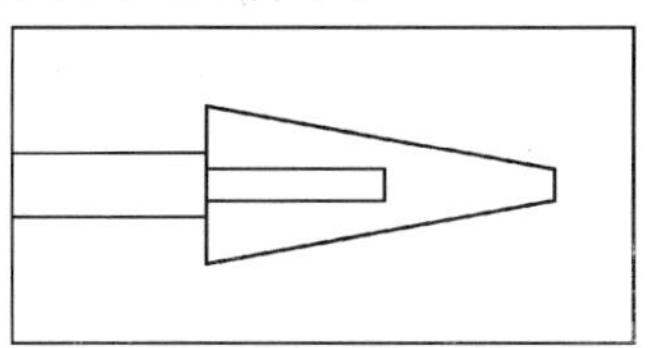

图 7-27　修剪线段

7.3.2 导向牌立面图的绘制

前面已经将导向牌的平面图绘制好了，接下来绘制其立面图形。

1）选择“复制”命令（CO），选择平面图形中最大的矩形，向下复制一份，间距为 600，如图 7-28 所示。

2）选择“拉伸”命令（S），选择复制得到的矩形，框选其下端，将其向下拉伸 1600，将其由 400 变成 2000，如图 7-29 所示。

3）选择“分解”命令（X），将矩形进行分解。

4）选择“偏移”命令（O），将水平线段向下偏移 600 和 200；垂直线段向右各偏移 250、100、250 和 100，如图 7-30 所示。

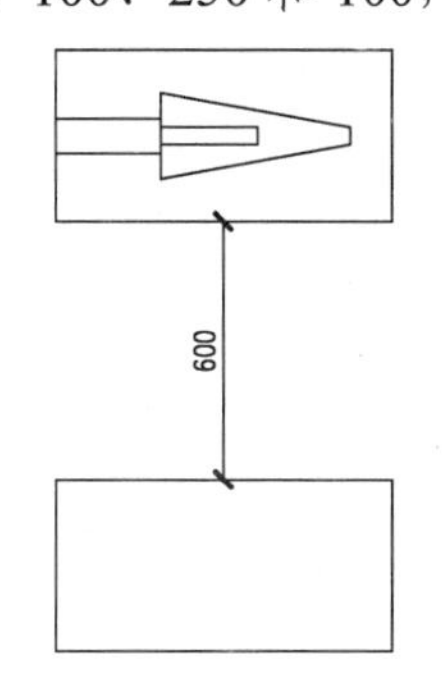

图 7-28　复制矩形

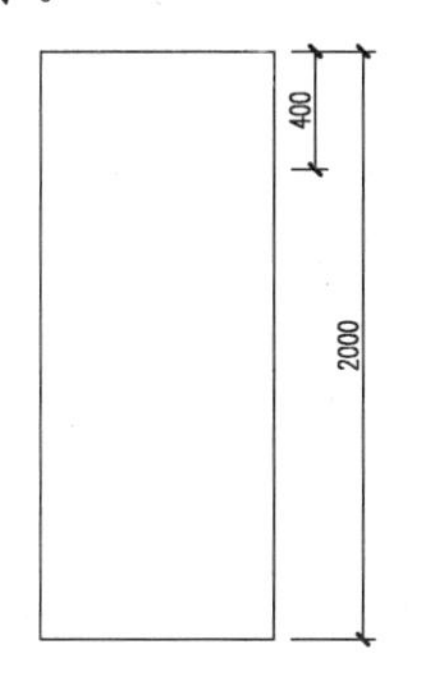

图 7-29　拉伸矩形

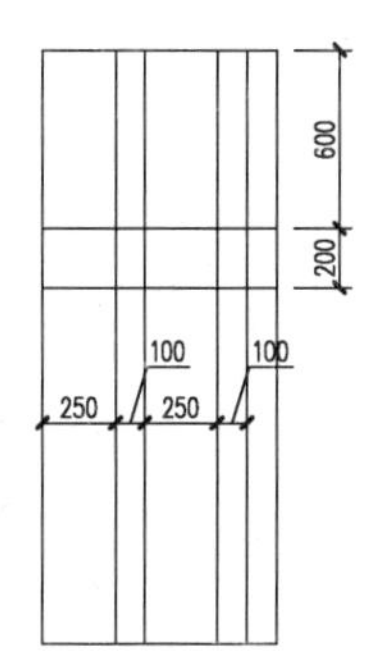

图 7-30　偏移线段

5）选择“修剪”（TR）和“删除”（E）等命令，修剪和删除线段，结果如图 7-31 所示。

6）选择“矩形”命令（REC），在图形的底端绘制 800×60 的矩形，如图 7-32 所示。

7）选择“多行文字”命令（T），输入文字“达州西外公园”，其文字高度为 120，如图 7-33 所示。

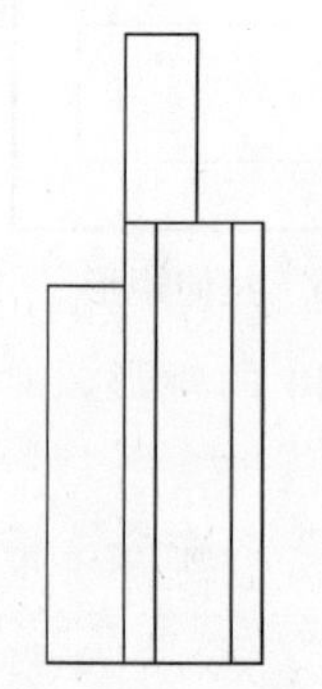

图 7-31　修剪多余的线段

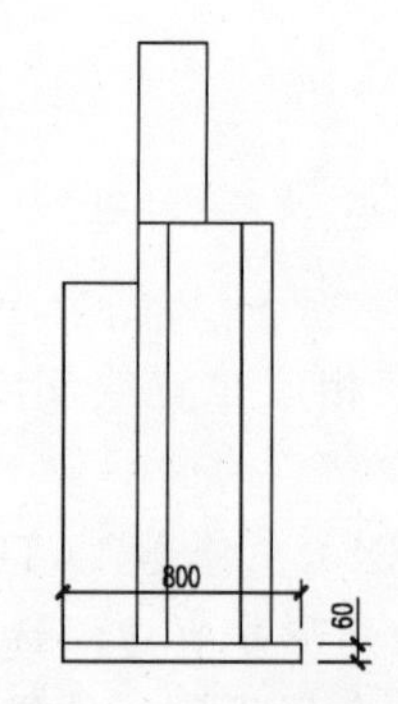

图 7-32　修剪直线

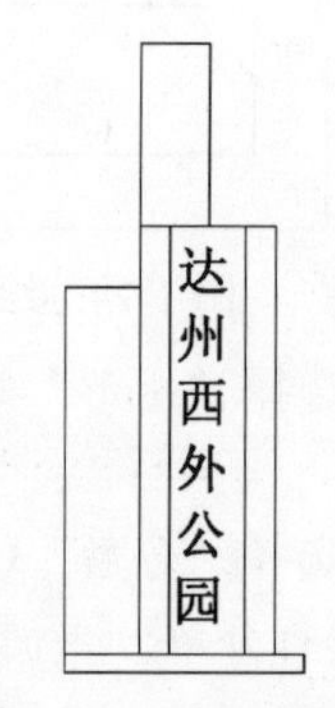

图 7-33　输入的文字

8）至此，该图形绘制完成，按下〈Ctrl+S〉组合键进行保存。

7.4　坐凳的绘制

素材　视频\07\坐凳的绘制.avi
案例\07\坐凳.dwg

首先打开“导向牌”文件，以此调用绘图环境来绘制“坐凳”图形文件；其次使用“矩形”、“偏移”、“圆”和“镜像”等命令来绘制坐凳平面图；再次，使用“矩形”、“多段线”、“修剪”等命令来绘制坐凳立面图；然后使用“复制”、“直线”、“修剪”、“图案填充”等命令来绘制坐凳剖面图效果；最后分别对其坐凳的平面、立面和剖面图进行尺寸、文字和图名标注，如图 7-34 所示。

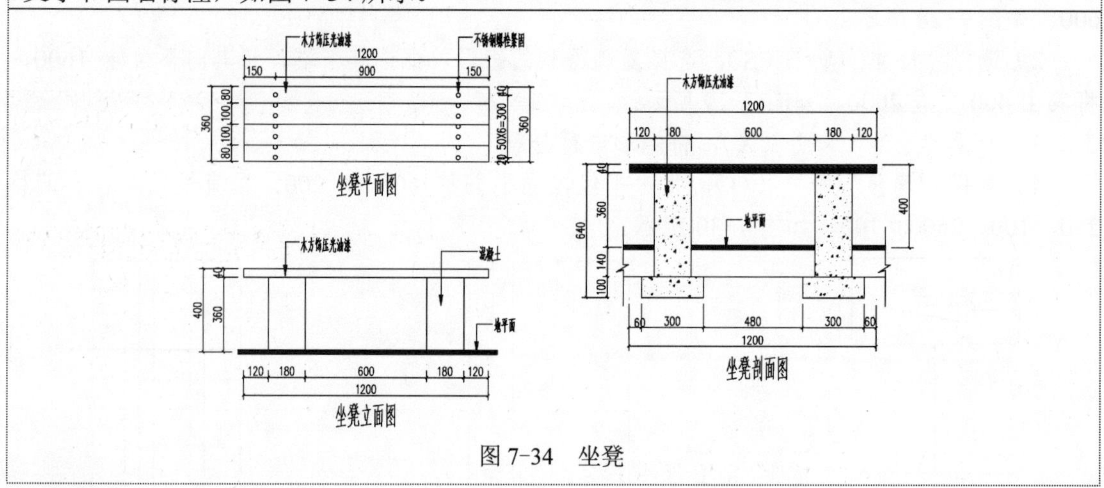

图 7-34　坐凳

7.4.1　坐凳平面图的绘制

首先调用“导向牌”的绘图环境，再通过“矩形”、“偏移”、“圆”和“镜像”等命令，来绘制坐凳的平面图效果。

1）启动 AutoCAD2013 软件，选择“文件 | 打开”菜单命令，将“案例\07\导向

牌.dwg”文件打开；再选择“文件｜另存为”菜单命令，将该文件另存为“案例\07\坐凳.dwg”，从而调用该文件的绘图环境。

2）选择“删除”命令（E），选择文件中的所有图形，按〈Enter〉键。

3）选择“图层”命令（LA），打开“图层特性管理器”选项板，选择“导向牌”图层，修改图层名称为“坐凳”，并且设置“坐凳”图层为当前图层。

4）选择“矩形”命令（REC），在绘图区域绘制一个1200×360的矩形。

5）选择“分解”命令（X），将矩形进行分解。

6）选择“偏移”命令（O），将底侧的水平线段向上各偏移80、100和100，如图7-35所示。

7）选择“圆”命令（C），分别绘制半径为10的圆，如图7-36所示。

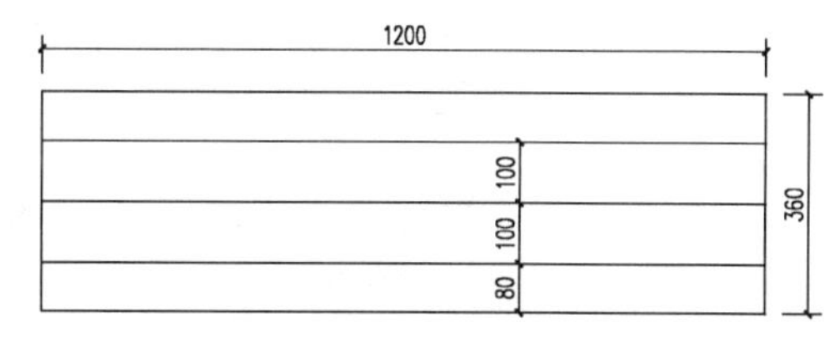

图7-35　绘制矩形和偏移线段

图7-36　绘制的圆

8）选择“镜像”命令（MI），选择所有圆和水平线段的中点，从而将左侧的圆对象镜像到右侧，结果如图7-37所示。

图7-37　镜像对象

软件技能：　设置对象捕捉

捕捉水平线段的中点时，可以按〈F3〉键，打开“捕捉”模式。或者选择“设置”命令（SE），在打开的“草图设置”对话框勾选“中点”复选框，如图7-38所示。

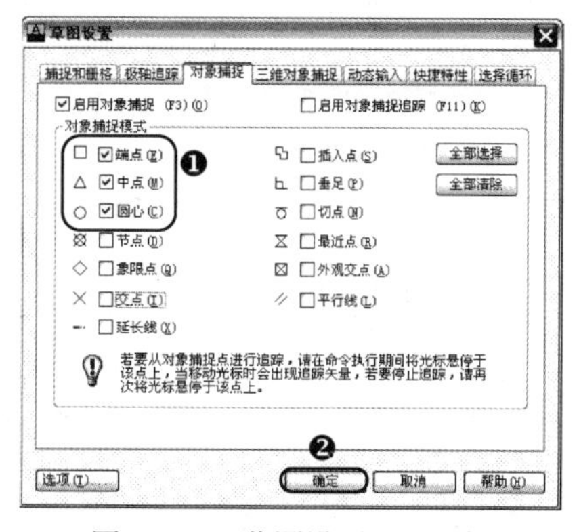

图7-38　“草图设置”对话框

7.4.2 坐凳立面图的绘制

通过“矩形”和“多段线”命令，在平面图的下侧绘制投影的立面图效果。

1）使用“矩形”命令（REC），在平面图的下侧位置，分别绘制一个 1200×40 和两个 180×360 的矩形，如图 7-39 所示。

2）选择“多段线”命令（PL），在图形的下方绘制一条线宽为 20、长度为 1270 的多段线，从而完成坐凳立面图的绘制，如图 7-40 所示。

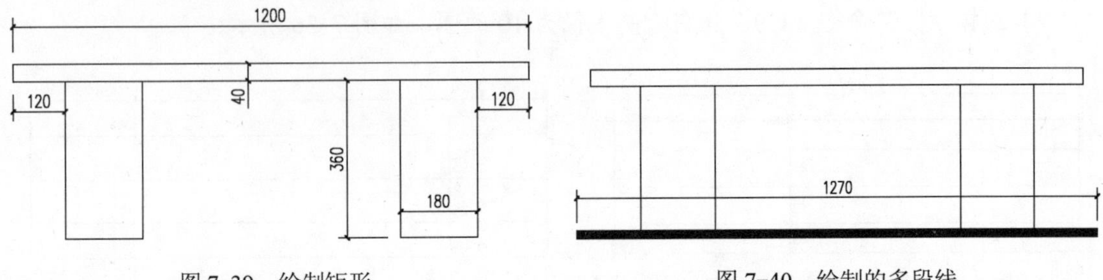

图 7-39　绘制矩形　　　图 7-40　绘制的多段线

7.4.3 坐凳剖面图的绘制

使用“复制”命令将前面所绘制的坐凳立面图复制一份，再通过“复制”、“直线”、“修剪”、“填充”等命令来绘制剖面图效果。

1）选择“复制”命令（CO），将立面图对象向右水平复制一份；再将其多段线对象向下复制 2 份；其间距分别为 140 和 100。

2）选择“分解”命令（X），将偏移得到的两条多段线，分解为直线，即线宽由 20 变成 0，如图 7-41 所示。

3）选择“延伸”（EX）和“修剪”（TR）等命令，延伸和修剪线段，如图 7-42 所示。

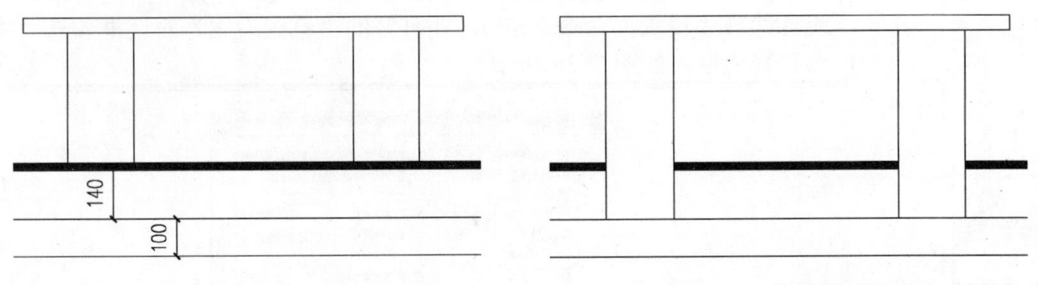

图 7-41　复制对象　　　图 7-42　延伸和修剪线段

4）选择“直线”命令（L），绘制 4 条垂直线段，如图 7-43 所示。

5）选择“修剪”命令（TR），修剪掉多余线段，结果如图 7-44 所示。

6）选择“多段线”命令（PL），在图形的左、右侧绘制剖断线，如图 7-45 所示。

7）选择“图案填充”命令（H），选择图案“CORK”，设置“比例”为“2”，对图形剖面图的顶侧进行填充，填充后的效果如图 7-46 所示。

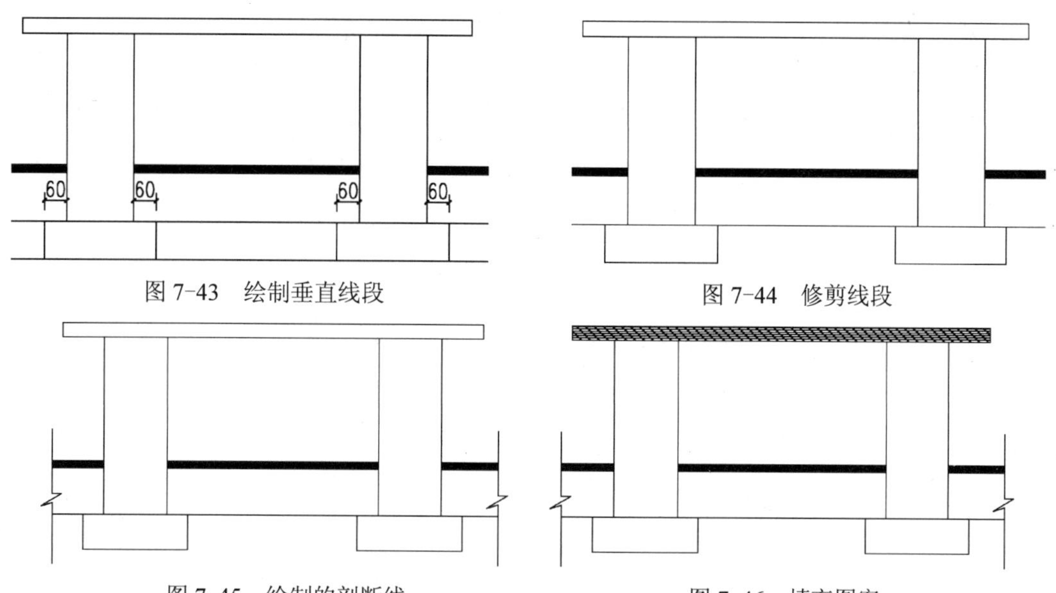

图 7-43　绘制垂直线段

图 7-44　修剪线段

图 7-45　绘制的剖断线

图 7-46　填充图案

8）使用相同的方法，对图形的其他相应位置也进行填充，选择图案“AR-CONC”，比例设为“0.5”，填充后的效果如图 7-47 所示。

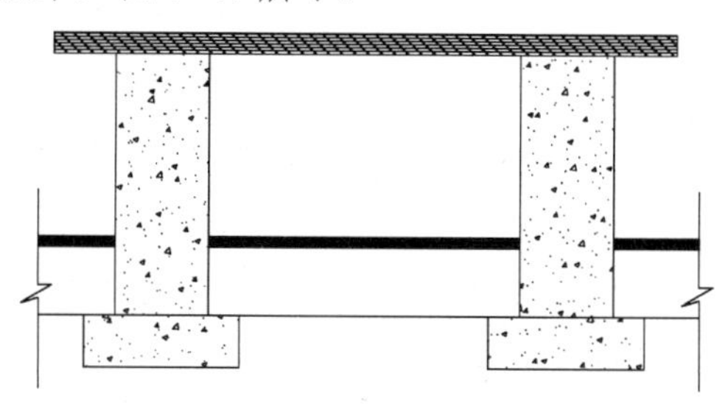

图 7-47　对其他位置也进行图案填充

7.4.4 坐凳尺寸和文字标注

绘制好坐凳平、立、剖面图形后，最后进行尺寸和文字的标注。

1）单击“图层控制”下拉列表框，将“标注”图层置为当前。

2）选择“线性标注”（DLI）和“连续标注”（DCO）等命令，对平面图进行尺寸标注，如图 7-48 所示。

3）使用相同的方法，对立面图进行尺寸标注，如图 7-49 所示。

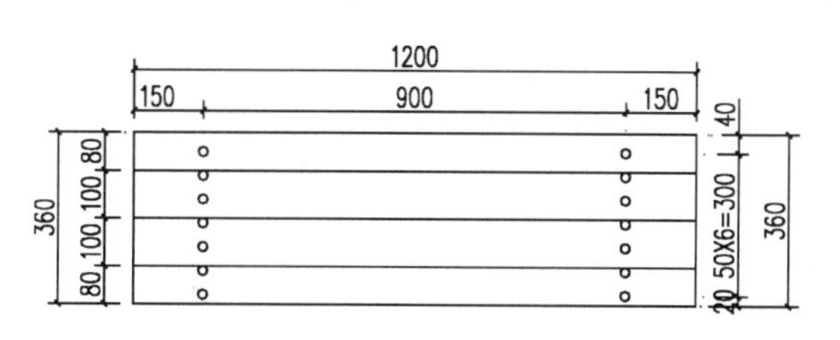

图 7-48　进行尺寸标注 1

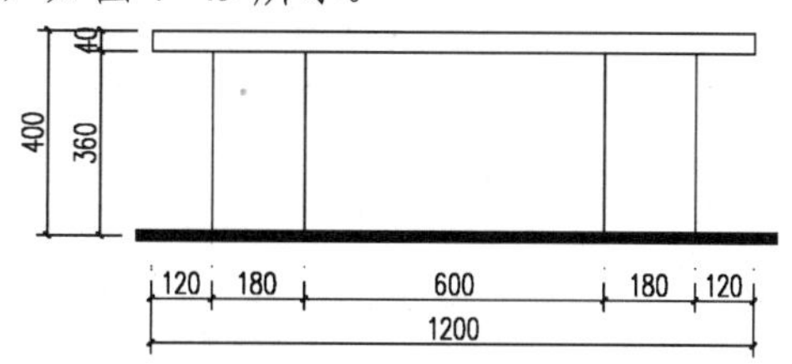

图 7-49　进行尺寸标注 2

4）使用相同的方法，对剖面图进行尺寸标注，如图 7-50 所示。

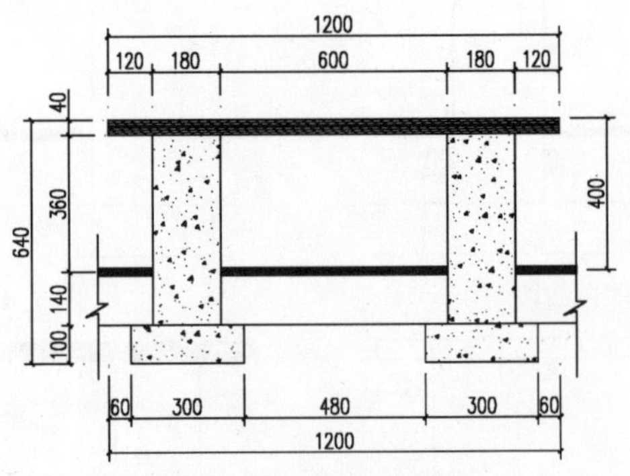

图 7-50　进行尺寸标注 3

5）选择“引线标注”命令（LE），箭头“大小”为 3，“类型”为“有箭头直线”，然后对图形进行材质的文字说明，如图 7-51 所示。

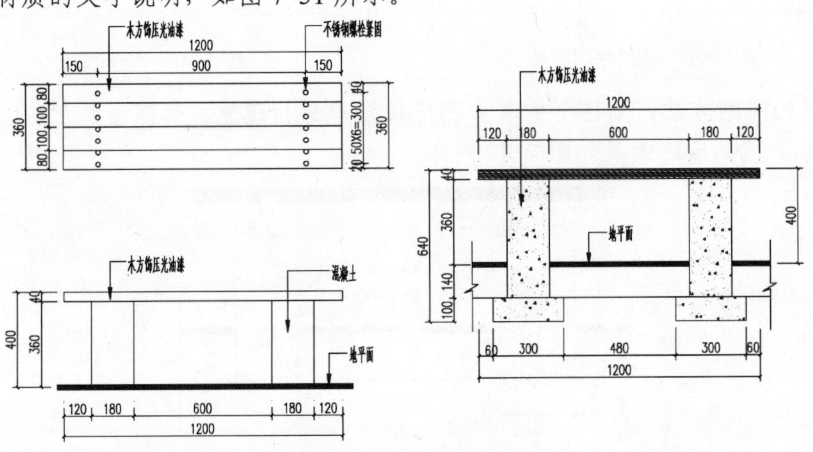

图 7-51　进行引线标注

6）选择“多行文字”命令（T），分别输入图名“坐凳平面图”、“坐凳立面图”和“坐凳剖面图”，其文字高度为 120，效果如图 7-52 所示。

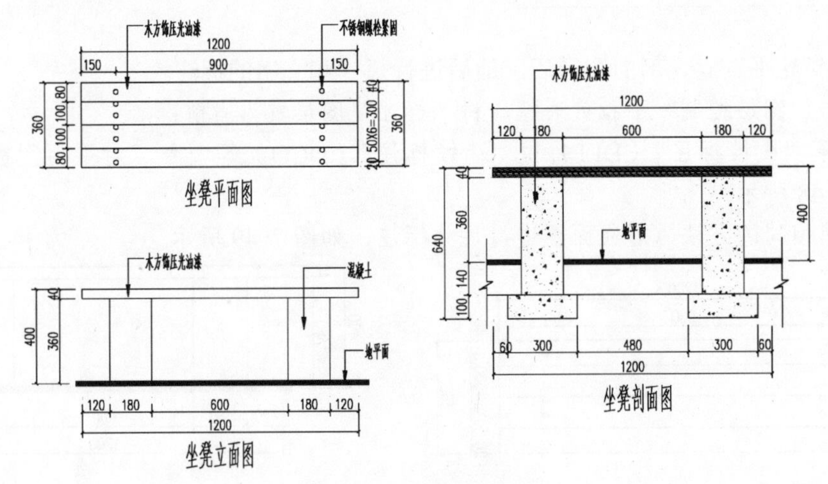

图 7-52　进行图名标注

7）至此，该图形绘制完成，按下〈Ctrl+S〉组合键进行保存。

7.5 垃圾箱的绘制

素材 视频\07\垃圾箱的绘制.avi
案例\07\垃圾箱.dwg

首先新建一个图形文件，并设置绘图环境，包括设置图形区域、界限、图层、文字样式等；其次使用“矩形”、“偏移”、“圆角”、“填充”等命令来绘制垃圾箱的平面图；然后使用“矩形”、“填充”等命令来绘制垃圾箱立面效果；最后对其平面和立面图进行尺寸、文字和图名注释标注，如图 7-53 所示。

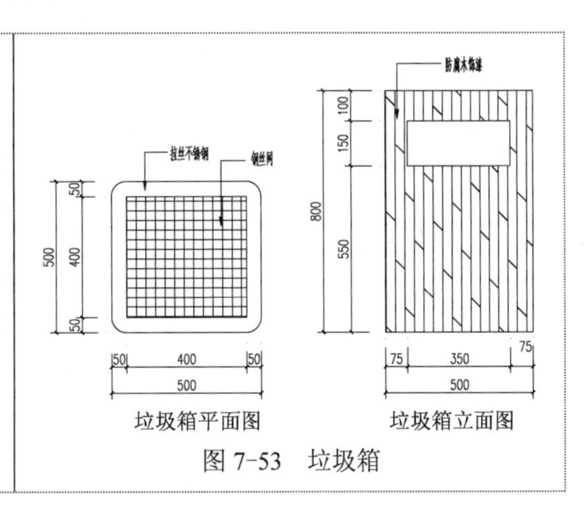

图 7-53 垃圾箱

7.5.1 设置绘图环境

本实例是通过新建的一个文件来开始的，那么首先就应该设置绘图环境，包括图形界限、单位、图层、文字样式等。

1．绘图区的设置

1）正常启动 AutoCAD2013 软件，单击工具栏上的“新建”按钮，打开“选择样板”对话框，选择“acadiso”作为新建的样板文件。

2）选择“文件｜另存为”菜单命令，打开“图形另存为”对话框，将其文件另存为“案例\07\拉圾箱.dwg”图形文件。

3）选择“格式｜单位”菜单命令，打开“图形单位”对话框，把长度单位“类型”设为“小数”，“精度”为“0.000”角度单位“类型”设为“十进制”，精度精确到小数点后二位，即“0.00”。

4）选择“格式｜图形界限”菜单命令，依照提示设定图形界限的左下角为（0，0），左上角为（1500，1500）。

5）在命令行输入命令“〈Z〉+〈空格键〉+〈A〉”，使输入的图形界限区域全部显示在图形窗口内。

2．规划图层

该垃圾箱图形主要由轮廓线、辅助线、文本标注、尺寸标注等元素组成，因此绘制平面图形时，应建立表 7-1 所示的图层。

表 7-1 图层设置

序 号	图层名	描述内容	线 宽	线 型	颜 色	打印属性
1	轮廓线	轮廓线	0.3	实 线	绿色	打 印
2	线细	辅助线	0.13	实 线	250 色	打 印

（续）

序 号	图层名	描述内容	线 宽	线 型	颜 色	打印属性
3	尺寸标注	尺寸线	0.13	实 线	蓝色	打 印
4	文字标注	图中文字	0.13	实 线	蓝色	打 印

1）选择“格式｜图层”菜单命令（或直接输入“LA+空格键”），打开“图层特性管理器”选项板，分别创建如表7-1所示的图层，如图7-54所示。

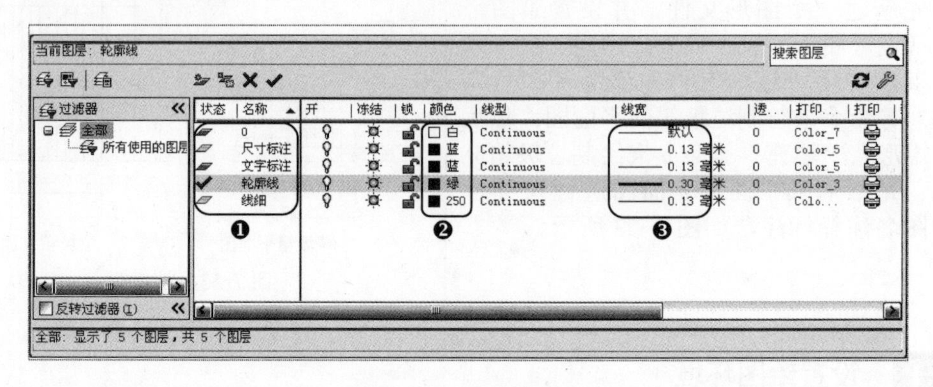

图7-54　创建的图层

2）选择“格式｜线型”菜单命令，打开“线型管理器”对话框，单击“显示细节”按钮，打开细节选项组，输入“全局比例因子”为“100”，此时“显示细节”按钮变成“隐藏细节”，如图7-55所示。

3. 文字样式

选择“格式｜文字样式”菜单命令，打开“文字样式”对话框，单击“新建”按钮，将打开“新建文字样式”对话框，在文本框中输入“图内文字”；返回到“文字样式”对话框，对“图内文字”样式进行设置，如图7-56所示。

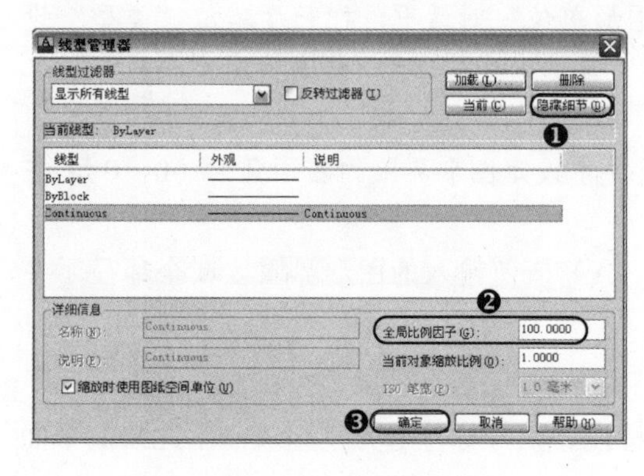

图7-55　线型设置

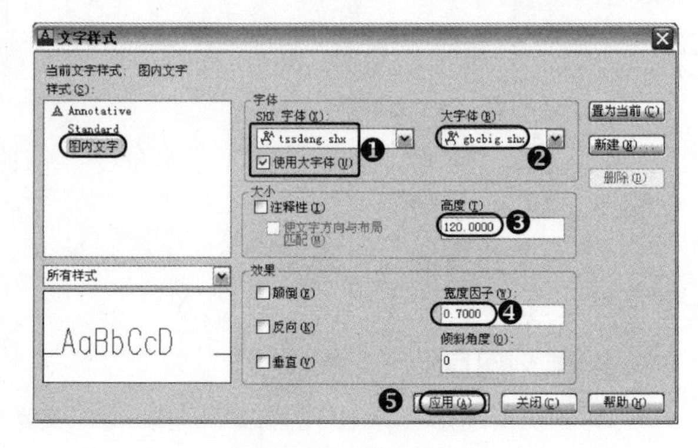

图7-56　文字样式设置

7.5.2 垃圾箱平面图的绘制

首先绘制一个矩形对象，再将其向内偏移，以及进行圆角处理，然后对内侧矩形进行图案填充，从而形成垃圾箱平面效果。

1）单击“图层控制”下拉列表框，选择“轮廓线”图层，并置为当前图层。

2）选择“矩形”命令（REC），绘制一个500×500的矩形。

3）选择“偏移”命令（O），选择绘制的矩形，向内偏移50，如图7-57所示。

4）选择“圆角”命令（F），输入“半径”（R），设置半径值为50，分别对外侧矩形四个角进行圆角操作，结果如图7-58所示。

5）单击“图层控制”下拉列表框，选择“细线”图层，并置为当前图层。

6）选择“图案填充”命令（H），选择图案“NET”，设置“比例”为10，对内侧的矩形区域进行图案填充，如图7-59所示。

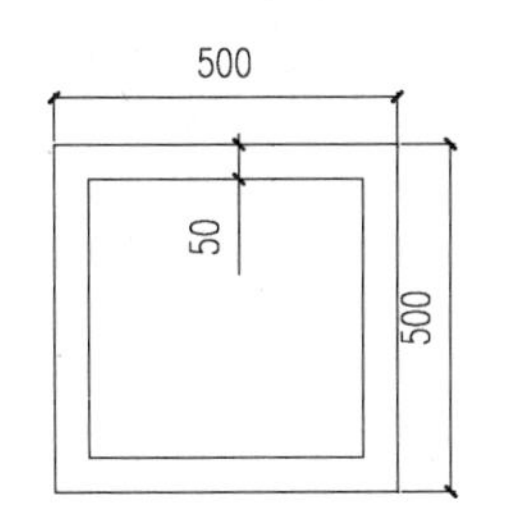

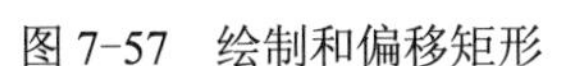
图7-57 绘制和偏移矩形

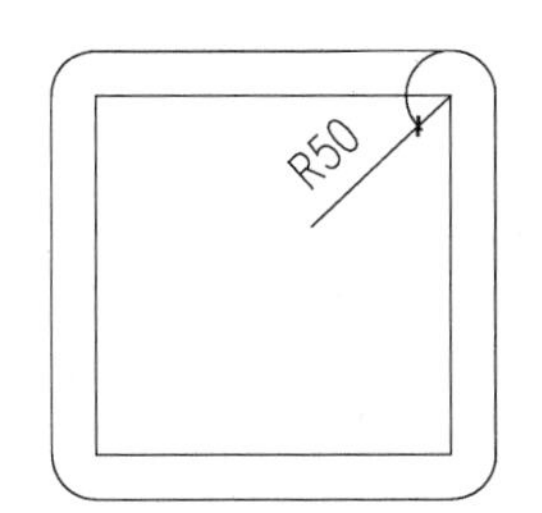

图7-58 圆角操作

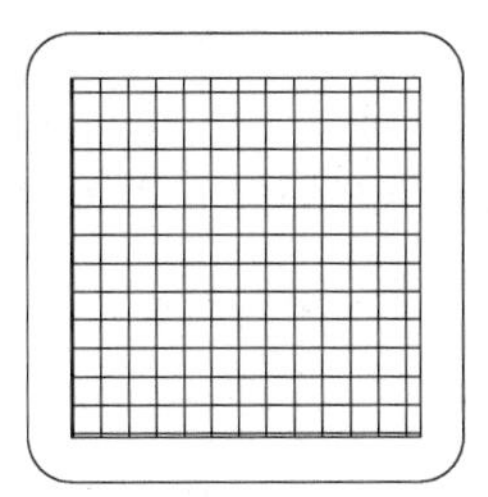

图7-59 图案填充

7.5.3 立面图的绘制

首先选择“矩形”命令绘制垃圾箱立面的外轮廓和垃圾口，再通过“图案填充”命令来形成垃圾立面效果。

1）单击“图层控制”下拉列表框，选择“轮廓线”图层，并置为当前图层。

2）选择“矩形”命令（REC），在图形的右侧，绘制500mm×800mm和350mm×150mm的两个矩形，如图7-60所示。

3）单击“图层控制”下拉列表框，选择“细线”图层，并置为当前图层。

4）选择“图案填充”命令（H），选择图案“DOLMIT”，设置“比例”为“5”，“角度”为“90”，对指定的区域进行图案填充，如图7-61所示。

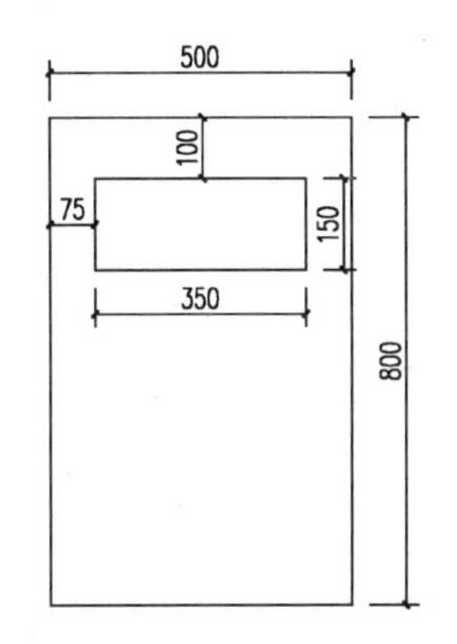

图7-60 绘制矩形

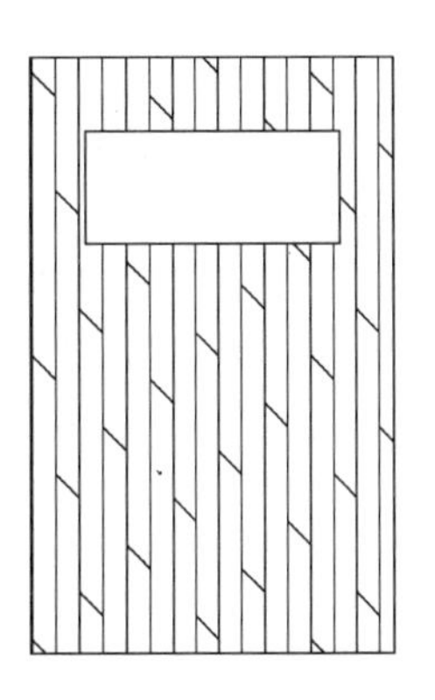

图7-61 图案填充

➲ 7.5.4 垃圾箱的尺寸和文字标注

首先对垃圾箱的平面和立面图进行尺寸标注，再对其进行引线注释标注，然后在图形的下侧分别进行图名标注。

1）单击“图层控制”下拉列表框，选择“尺寸标注”图层，并设为当前图层。

2）选择“线性标注”（DLI）和“连续标注”（DCO）等命令，对平面图、立面图进行尺寸标注，如图 7-62 所示。

3）单击“图层控制”下拉列表框，选择“标注”图层，并置为当前图层。

4）选择“引线标注”命令（LE），箭头大小为“3”，“类型”为“有箭头直线”，然后对图形进行材质的文字说明，如图 7-63 所示。

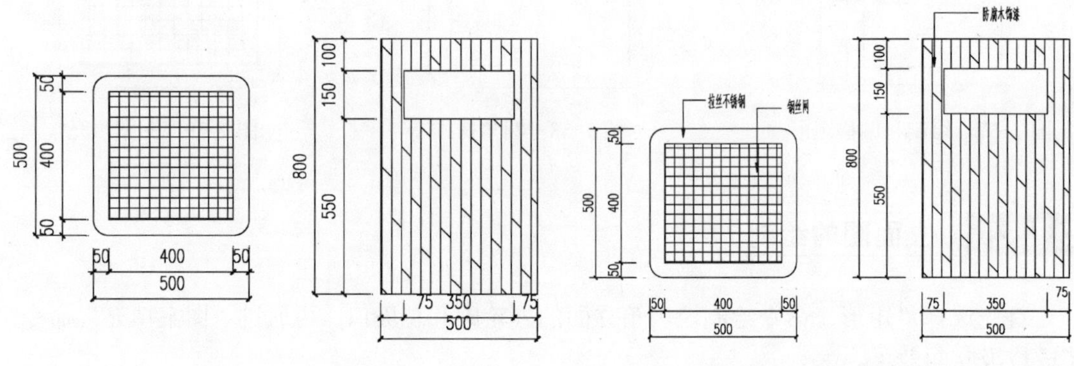

图 7-62　进行尺寸标注　　　　图 7-63　进行引线标注

5）选择“多行文字”命令（T），分别在图形的正下方输入图名“垃圾箱平面图”和“垃圾箱立面图”，其文字高度为 50。

6）至此，该图形绘制完成，按下〈Ctrl+S〉组合键进行保存。

7.6　绘制茶室

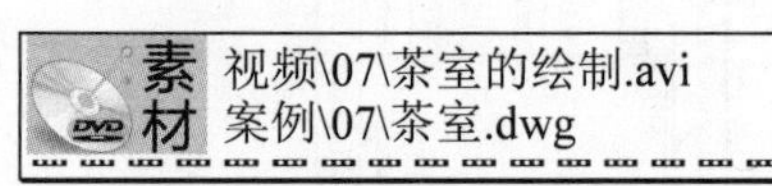

视频\07\茶室的绘制.avi
案例\07\茶室.dwg

首先新建文件，并设置绘图环境，包括设置界限、图层和文字样式；其次使用偏移命令来绘制轴网结构，以及使用矩形来绘制柱子对象；再次，新建“Q240”多线样式来绘制墙体结构，以及开启门窗洞口；再创建平面门图块对象，并安装门窗对象；然后新建“Q120”多线样式来绘制建筑内部的墙体结构，以及开启门窗洞口和安装门窗对象；最后插入室内布置的图块对象，以及进行尺寸和图名标注，如图 7-64 所示。

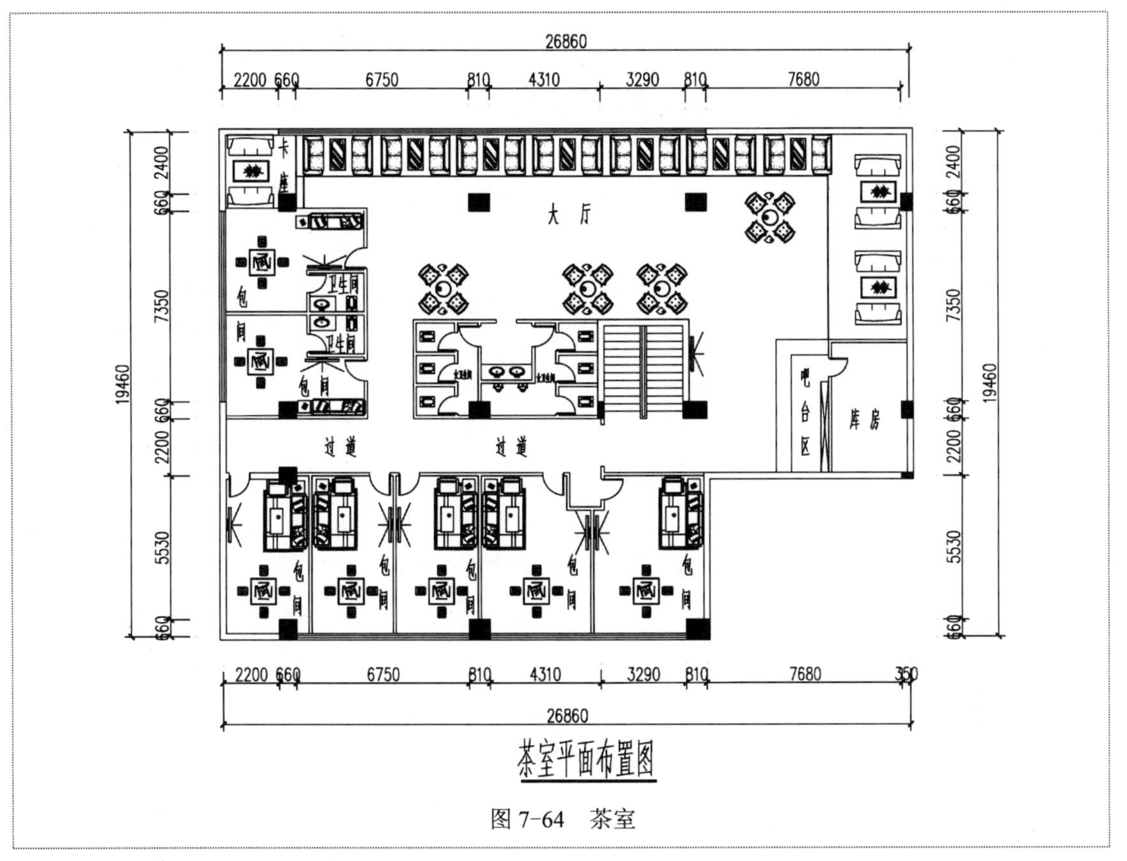

图 7-64 茶室

7.6.1 设置绘图环境

与“垃圾箱”实例的绘制一样，首先设置绘图环境，包括图形界限、单位、图层、文字样式等。

1. 绘图区的设置

1）正常启动 AutoCAD2013 软件，单击工具栏上的“新建”按钮，打开“选择样板”对话框，选择“acadiso”作为新建的样板文件。

2）执行“文件丨另存为”菜单命令，打开“图形另存为”对话框，将文件另存为“案例\07\茶室.dwg”图形文件。

3）执行“格式丨单位”菜单命令，打开“图形单位”对话框，把长度单位类型设定为“小数”，精度为“0.000”；角度单位类型设定为“十进制”，精度精确到小数点后二位“0.00”。

4）执行“格式丨图形界限”菜单命令，依照提示，设定图形界限的左下角为（0，0），左上角为（4000，3000）。

5）在命令行输入命令“〈Z〉+〈空格键〉+〈A〉”，使输入的图形界限区域全部显示在图形窗口内。

2. 规划图层

该案例绘制的图形比较简单，主要由轴线、墙体、尺寸标注、文字标注等元素组成，因此绘制该图形时，需要建立如表 7-2 所示的图层。

表 7-2　图层设置

序　号	图 层 名	线　宽	线　型	颜　色	打 印 属 性
1	轴线	0.15mm	ACAD_IS004W100	红色	不打印
2	墙体	0.30mm	实线	黑色	打印
3	柱子	0.15mm	实线	洋红色	打印
4	门窗	0.13mm	实线	青色	打印
5	楼梯	0.13mm	实线	144 色	打印
6	家具	0.13mm	实线	绿色	打印
7	尺寸标注	0.13mm	实线	蓝色	打印
8	文字标注	0.13mm	实线	黑色	打印

1）选择“格式｜图层”菜单命令（或直接输入“LA+空格键”），打开“图层特性管理器”选项板，分别创建如表 7-2 所示的图层，如图 7-65 所示。

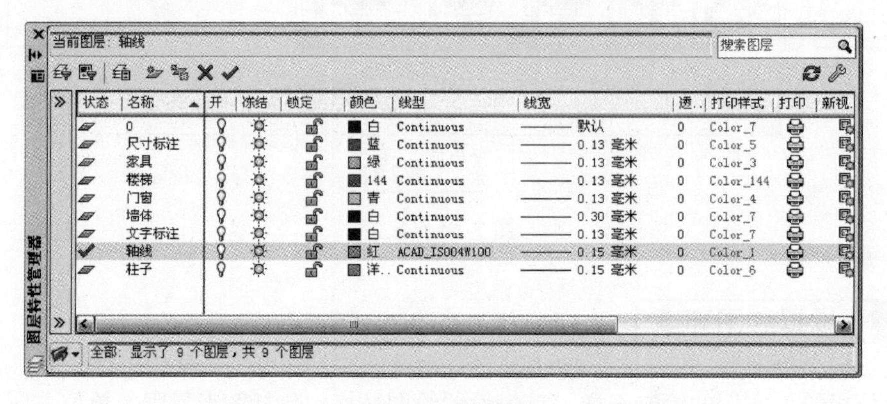

图 7-65　新建图层

2）选择“格式｜线型”菜单命令，打开“线型管理器”对话框，单击“显示细节”按钮，打开细节选项组，输入“全局比例因子”为“100”，如图 7-66 所示。

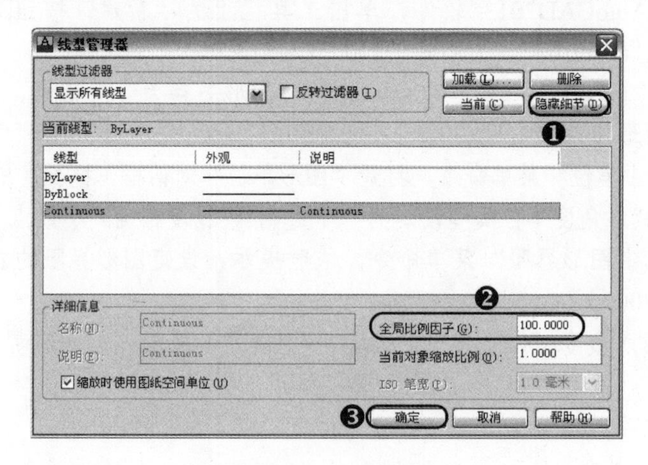

图 7-66　线型设置

3. 文字样式

由该茶室平面图可知，其文字样式有尺寸文字、图内文字、图名等，打印比例为 1∶100，文字样式中的高度为打印到图样上的文字高度与打印比例倒数的乘积。根据建筑制图标准，该平面图文字样式的规划如表 7-3 所示。

表 7-3 文字样式

文字样式名	打印到图纸上的文字高度	图形文字高度（文字样式高度）	宽度因子	字体 | 大字体
图内文字	3.5	350	0.7	Tssdeng | gbcbig
图名	5	500		Tssdeng | gbcbig
尺寸文字	3.5	0		tssdeng

1）执行“格式 | 文字样式”菜单命令，打开“文字样式”对话框，单击“新建”按钮将打开“新建文字样式”对话框，“样式名”定义为“图内文字”，如图 7-67 所示。

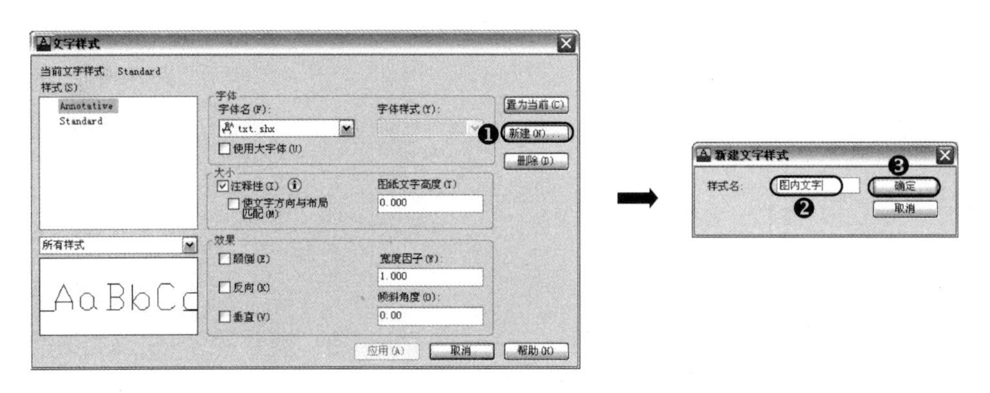

图 7-67 文字样式名称的定义

2）在“字体”下拉列表框中选择字体“Tssdeng.shx”，勾选“使用大字体”复选框，并在“大字体”下拉列表框中选择字体“gbcbig.shx”，在“高度”文本框中输入“350”，在“宽度因子”文本框中输入“0.7”，单击“应用”按钮，从而完成该文字样式的设置，如图 7-68 所示。

3）重复前面的步骤，建立如表 7-3 所示中其他各种文字样式，如图 7-69 所示。

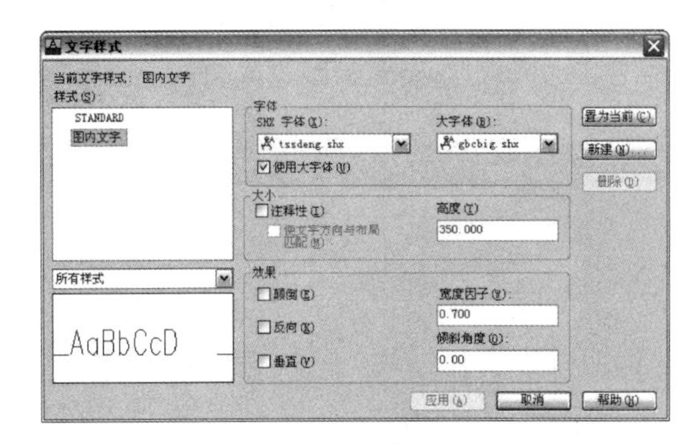

图 7-68 设置“图内文字”文字样式

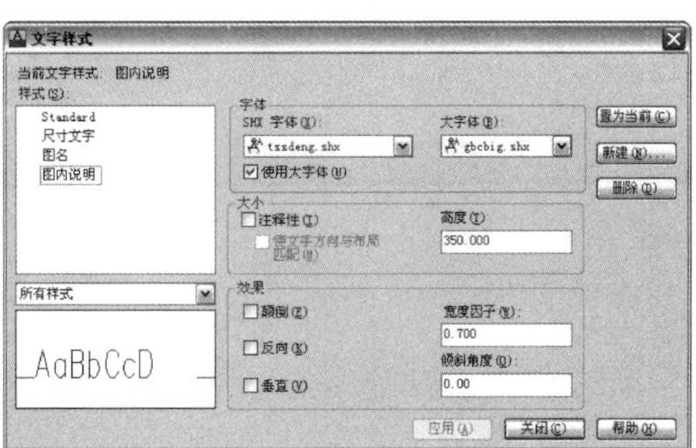

图 7-69 其他文字样式

7.6.2 建筑平面图的绘制

首先绘制建筑网线和柱子对象，其次设置多线对象来绘制楼梯间墙体和楼梯结构，再通过多线的方式来绘制墙体，并开启门窗洞口，最后对其进行尺寸和图名的标注。

1）单击“图层控制”下拉列表框，将“轴线”图层置为当前图层。

2）选择“构造线”命令（XL），绘制一条横向构造线和一条纵向构造线。

3）选择“偏移”命令（O），选择横向构造线依次向下偏移 2400、660、7350、660、2220、5530 和 660；选择纵向构线依次向右偏移 2200、660、6750、810、4310、3290、810、7680 和 350，如图 7-70 所示。

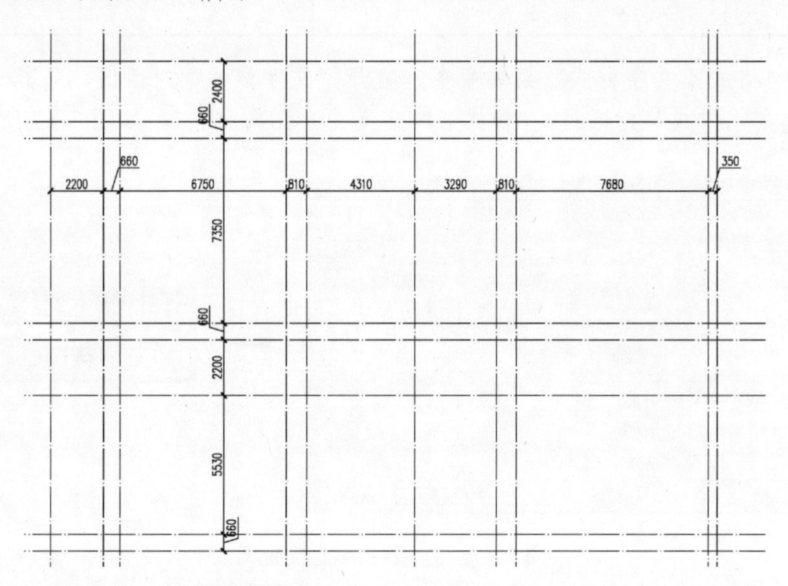

图 7-70　绘制轴线

4）单击“图层控制”下拉列表框，将“柱子”图层置为当前图层。

5）选择“矩形”（REC）、“图案填充”（H）和“复制”（CO）等命令，绘制和填充矩形，表示墙柱；再分别捕捉轴线的交点，复制到相应的位置，如图 7-71 所示。

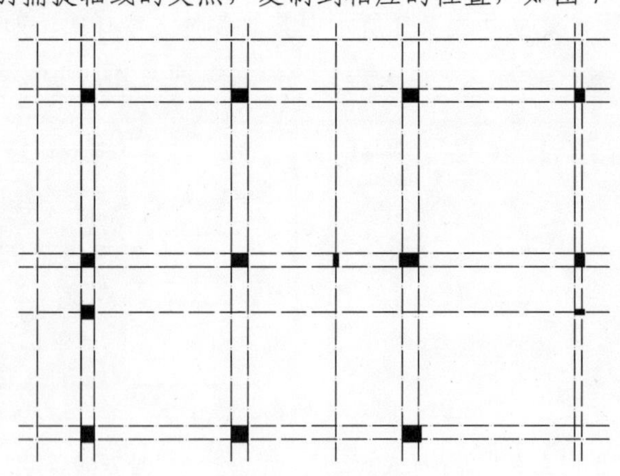

图 7-71　绘制柱子

6）选择“格式 | 多线样式”命令，弹出“多线样式”对话框，单击“新建”按钮，打开“创建新的多线样式”对话框，在“新样式名”文本框输入多线名称“Q240”，单击“继续”按钮，打开“新建多线样式：Q240”对话框，然后设置图元的偏移量分别为 120 和−120，单击“确定”按钮，如图 7-72 所示。

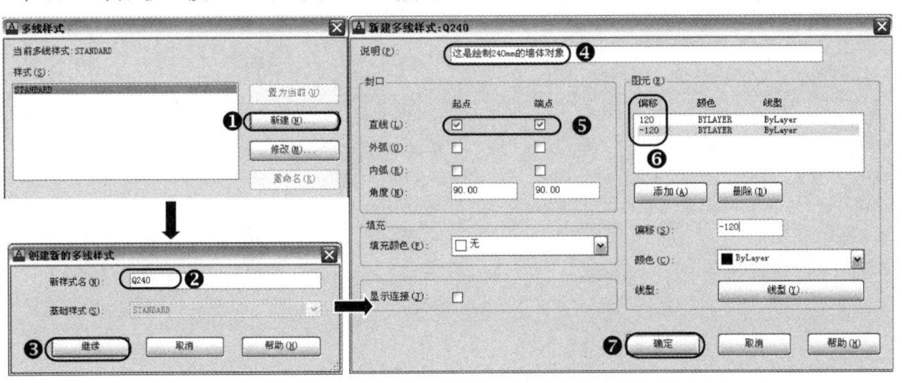

图 7-72　新建“Q 240”多线样式

7）单击“图层”工具栏的“图层控制”下拉列表框，选择“墙体”为当前图层。

8）选择“多线”命令（ML），根据命令行的提示选择“样式（ST）”选项，输入“Q240”；再选择“对正（J）”选项，选择“无（Z）”；再选择“比例（S）”选项，输入“1”；然后在“指定起点:”和“指定下一点:”的提示下，分别捕捉相应的交点来绘制多条多线对象，如图 7-73 所示。

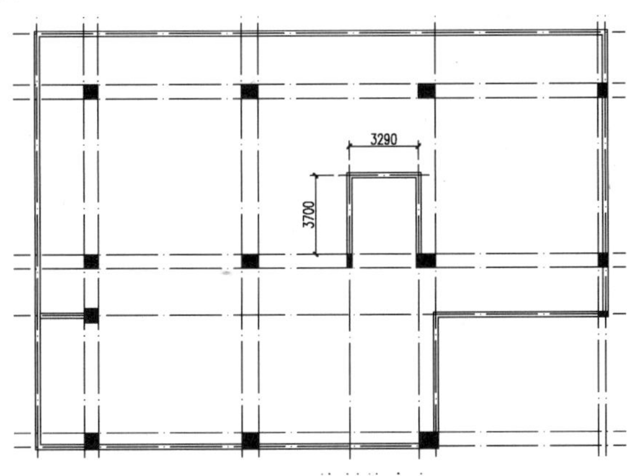

图 7-73　绘制的多线

9）双击绘制的多线，将弹出“多线编辑工具”对话框，如图 7-74 所示；单击“T 形合并”按钮，对其指定的交点进行合并操作；对多线进行编辑，并关闭“轴线”图层，其效果如图 7-75 所示。

10）单击“图层”工具栏的“图层控制”下拉列表框，选择“楼梯”为当前图层。

11）选择“直线”（L）和“偏移”（O）等命令，绘制和偏移线段，表示楼梯踏步，如图 7-76 所示。

12）选择“矩形”命令（REC），绘制 240×3580mm 的矩形；再进行偏移操作，表示楼梯的扶手，如图 7-77 所示。

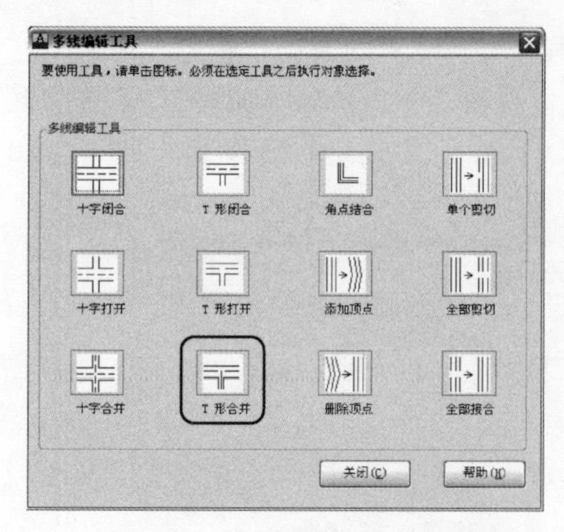

图 7-74 “多线编辑工具”对话框

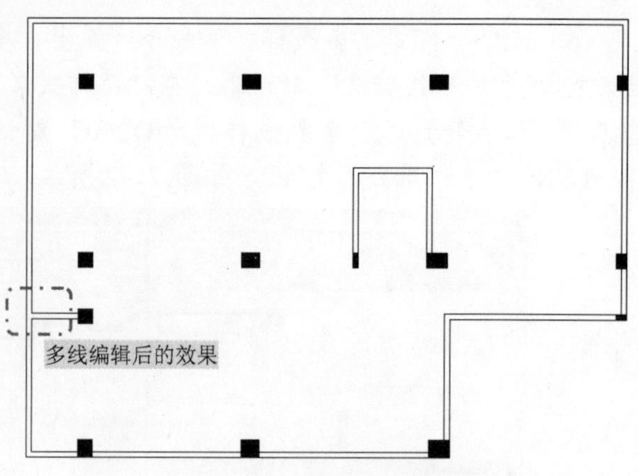

图 7-75 多线编辑的效果

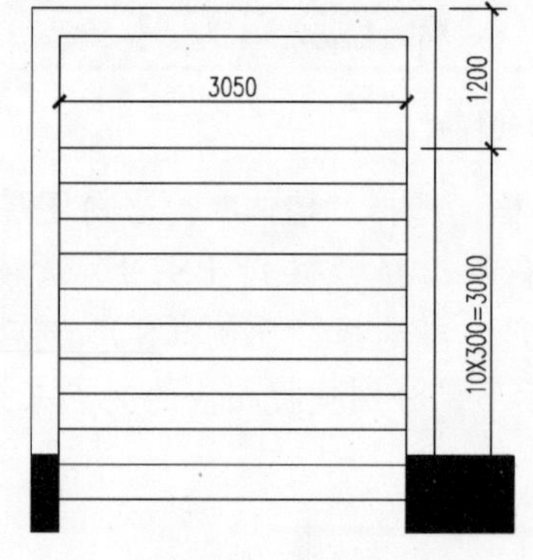

图 7-76 绘制踏步

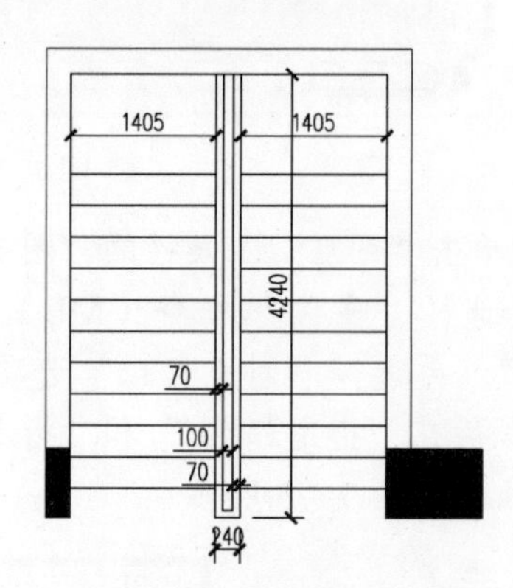

图 7-77 绘制扶手

13）选择“偏移”（O）和“修剪”（TR）等命令，偏移和修剪线段，从而形成窗洞口，如图 7-78 所示。

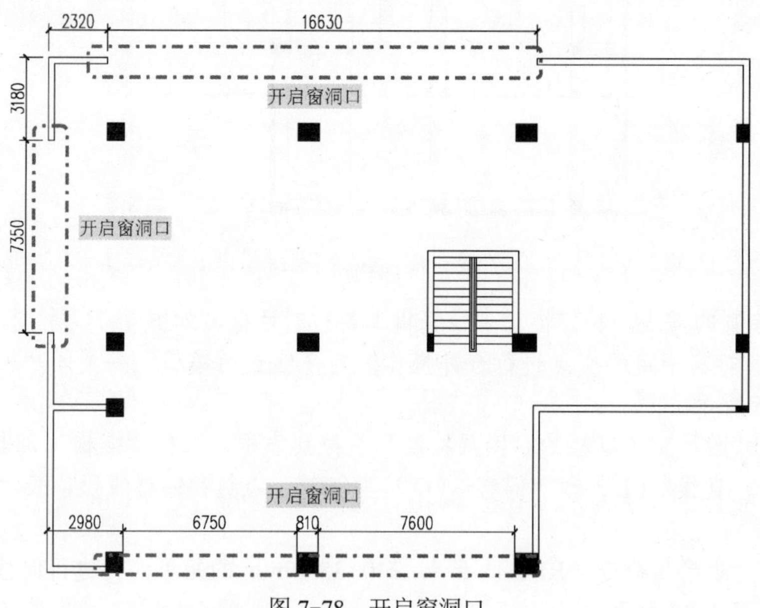

图 7-78 开启窗洞口

14）参照前面新建“Q240”多线样式的方法，选择“格式丨多线样式”命令，弹出“多线样式”对话框，新建“240 窗子”样式，其“图元”偏移量为 120、40、-40、-120；返回到“多线样式”对话框，将“240 窗子”样式置为当前，如图 7-79 所示。

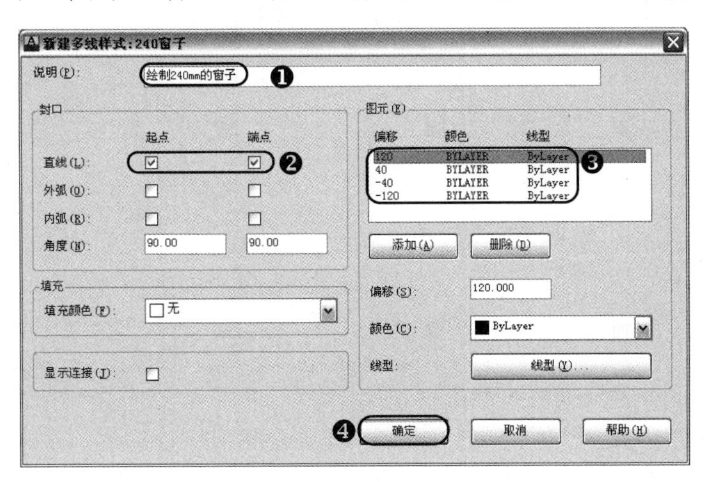

图 7-79　新建“240 窗子”多线样式

15）单击“图层”工具栏的“图层控制”下拉列表框，选择“门窗”为当前图层，并打开“轴线”图层。

16）选择“多线”命令（ML），根据命令行的提示，选择“对正（J）”选项，设置为“无（Z）”；再选择“比例（S）”选项，输入比例为“1”；然后在“指定起点:”和“指定下一点:”提示下，分别捕捉相应的轴线交点，绘制窗对象，如图 7-80 所示。

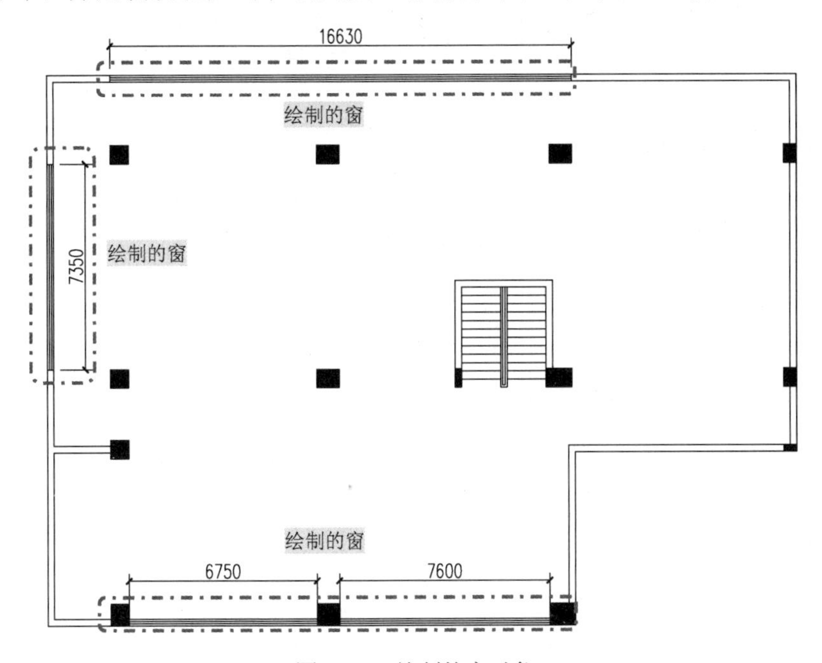

图 7-80　绘制的窗对象

17）单击“图层”工具栏的“图层控制”下拉列表框，选择“尺寸标注”为当前图层。

18）选择“线性标注”（DLI）和“连续标注”（DCO）等命令，对图形四周进行尺寸标注，如图 7-81 所示。

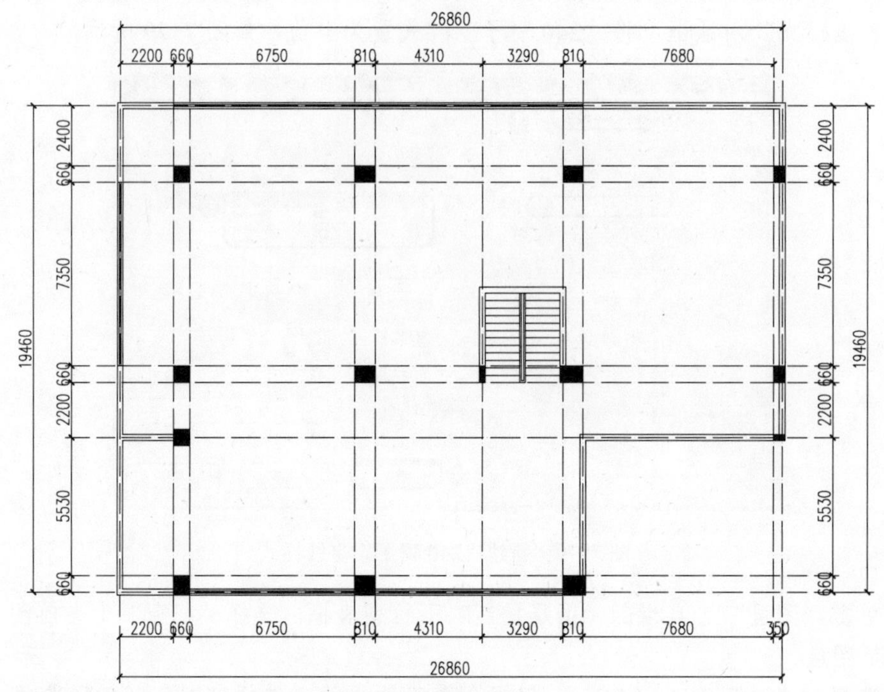

图 7-81　进行尺寸标注

19）单击“样式”工具栏左侧的“文字样式”下拉列表框，选择“图名”为当前文字样式。

20）单击“图层控制”下拉列表框，选择“文字标注”为当前图层，并关闭“轴线”图层。

21）选择“单行文字”命令（DT），在图形的底侧输入图名“茶室建筑平面图”，文字大小为 1500。

22）选择“多段线”命令（PL），在图名的底侧绘制一条线宽为 60、与图名等长的水平线段，其效果如图 7-82 所示。

茶室建筑平面图

图 7-82　图名标注

23）这样，茶室的建筑平面图就已经绘制完成，用户可按〈Ctrl+S〉组合键对当前所绘制的图形文件保存一次，以防图形文件丢失。

7.6.3　平面布置图的绘制

首先新建“Q120”多线样式，再根据茶室的要求来绘制 120 墙体对象，并开启门窗洞口，再创建平面门图块对象，然后分别安装在相应的门洞口位置。

1）选择“复制”命令（CO），将建筑平面图中的所有对象，水平向右复制一份。

2）单击“图层控制”下拉列表框，选择“墙体”图层为当前图层。

3）选择“格式 | 多线样式”菜单命令，在“Q240”多线样式的基础上，新建“Q120”多样样式，设置其图元偏移为 60 和−60，如图 7-83 所示。

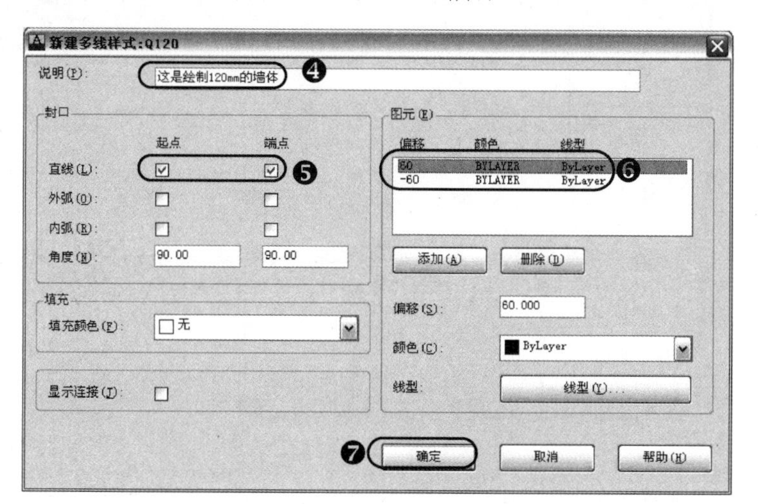

图 7-83　新建“Q120”多线样式

4）选择“多线”命令（ML），根据命令行的提示，选择“对正（J）”选项，设置为“无（Z）”；再选择“比例（S）”选项，输入比例为 1；然后在“指定起点:”和“指定下一点:”提示下，分别捕捉相应的轴线交点，绘制多线对象，表示内部墙体，如图 7-84 所示。

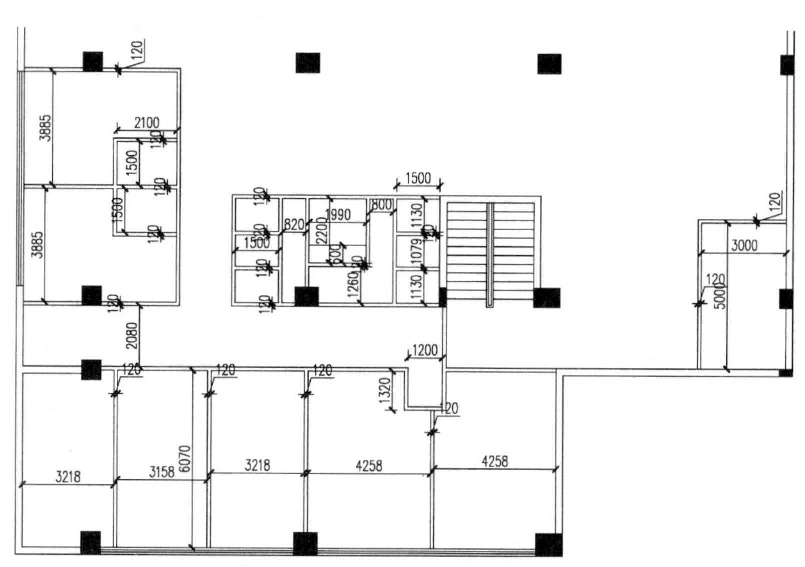
图 7-84　绘制的内墙体

5）选择“偏移”（O）和“修剪”（TR）等命令，偏移和修剪线段，从而形成门洞口，如图 7-85 所示。

6）选择“多段线”命令（PL），设置线宽为 10，在相应位置绘制多段线，如图 7-86 所示。

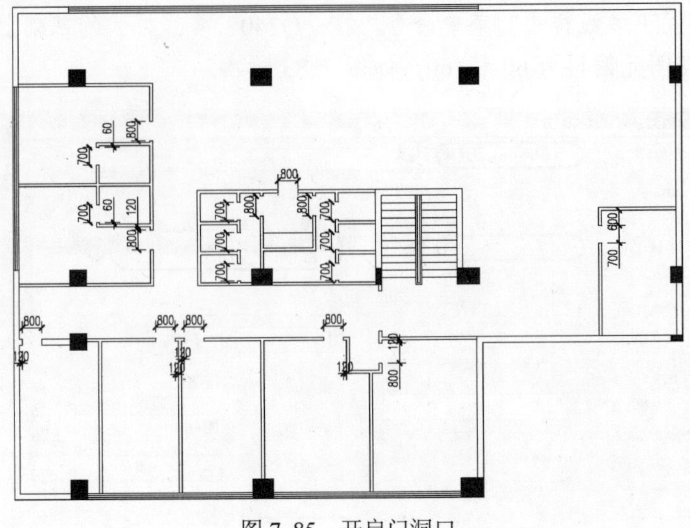

图 7-85 开启门洞口

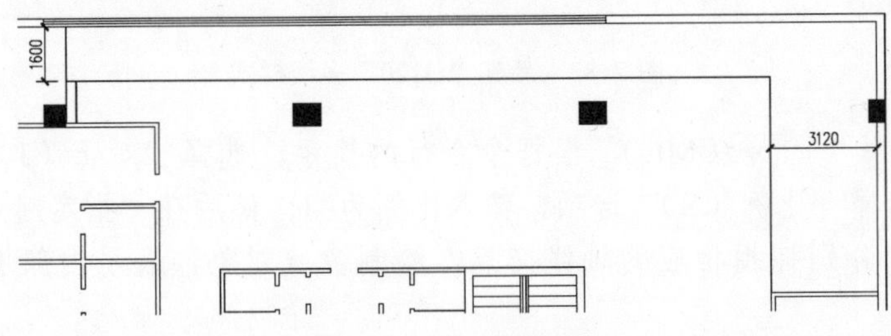

图 7-86 绘制多段线

7）单击“图层控制”下拉列表框，选择“家具”图层为当前图层。

8）选择“矩形”（REC）和“圆弧”（ARC）等命令，绘制尺寸为 40×800 的矩形；在矩形的右侧一个半径为 800 的圆弧，表示平面门。

9）再使用“块”命令（B），将图形保存为“平面门”内部图块，如图 7-87 所示。

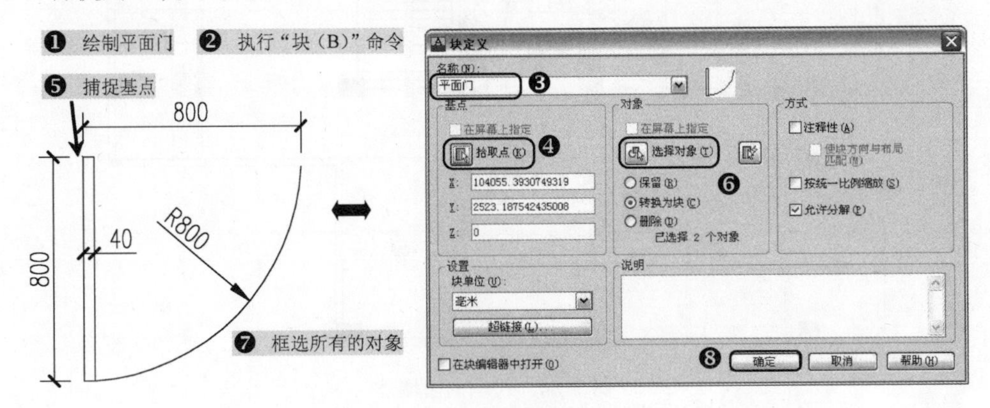

图 7-87 绘制平面门

10）单击“图层控制”下拉列表框，选择“门窗”图层为当前图层。

11）选择“插入块”命令（I），将平面门图块，分别插入到相应的位置；并结合使用“复制”（CO）和“旋转”（RO）等命令，其效果如图 7-88 所示。

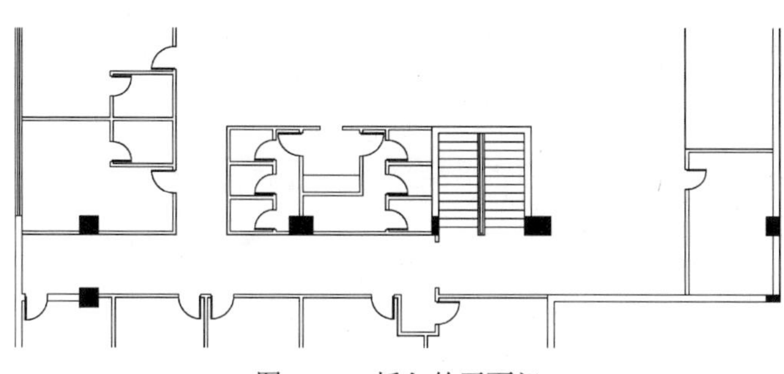

图 7-88　插入的平面门

➲ 7.6.4 茶室家具的布置

接下来进行茶室家具的布置。

1）打开“图层特性管理器”，选择“家具”图层为当前图层。

2）选择“直线（L）”命令，在图形相应位置绘制直线，如图 7-89 所示。

3）选择“插入（I）”命令，弹出“插入”对话框，选择路径为“案例\07/散坐.dwg”文件，插入到图形的相应位置，如图 7-90 所示。

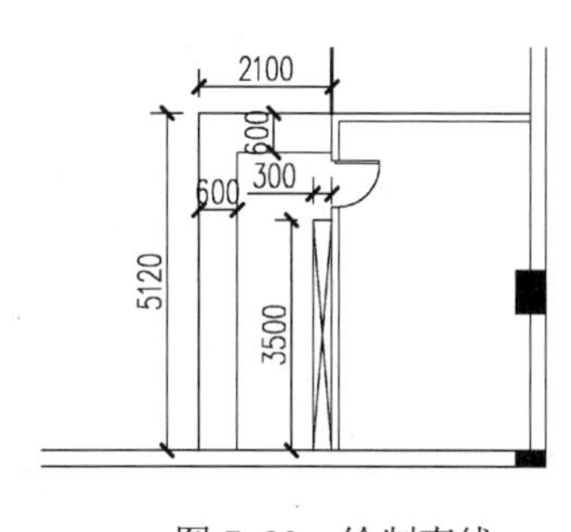

图 7-89　绘制直线

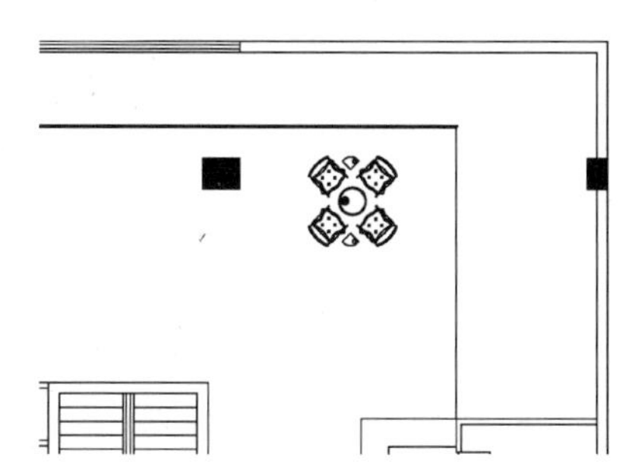

图 7-90　插入散坐图块

4）使用相同的方法，将“案例\07”文件夹下的“机麻”、“便盆”、“3+1 沙发”、“两人对座沙发”、“洗面盆”、“3 人对座沙发”等图块，分别插入到相应位置，如图 7-91 所示。

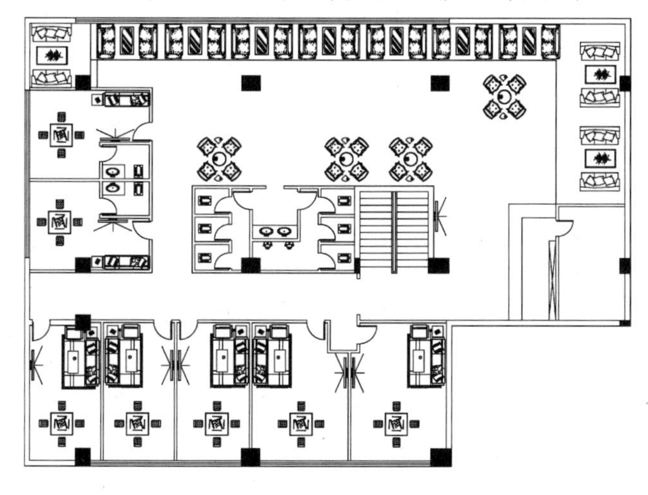

图 7-91　插入其他图块

5）选择“多行文字”命令（T），设置“字高”为“800”，分别输入“包间”、“过道”、“库房”、“大厅”、“吧台区”等文字，如图 7-92 所示。

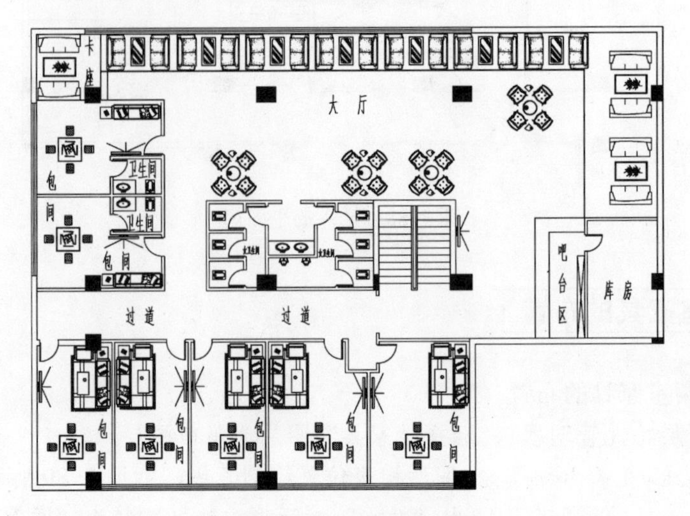

图 7-92　输入图内文字

6）选择“文字编辑”命令（ED），或直接双击前面的“茶室建筑平面图”图名标注，将其修改为“茶室平面布置图”，如图 7-93 所示。

茶室平面布置图

图 7-93　图名标注

7）至此，该茶室相关图形绘制完成，按下〈Ctrl+S〉组合键进行保存。

第 8 章　园林水景图的绘制

本章导读

水景在园林中是一道别样的风景点缀，随着近年来房地产的发展和社会的发展，园林在城市中渐渐增多。水对我们每个人来说都是必不可少的，在园林景观中发挥着重要的作用，为整个园林景观带来了不一样的效果，成为园林的重要构成要素。

本章首先讲解了水景的相关概述，包括人工水景类型、园林水体的分类、水景工程图的表达方式；其次讲解了水景树池的绘制方法，包括平面图、立面图和剖面图；最后讲解了水池的绘制方法，包括水池平面图、1—1 和 1—2 剖面图的绘制等。

主要内容

- 了解人工造水景观的类型和水体分类
- 了解水景工程图的表达方式
- 掌握水景树池平面图、立面图和剖面图的绘制方法
- 掌握水池平面图、1—1 和 1—2 剖面图的绘制方法

效果预览

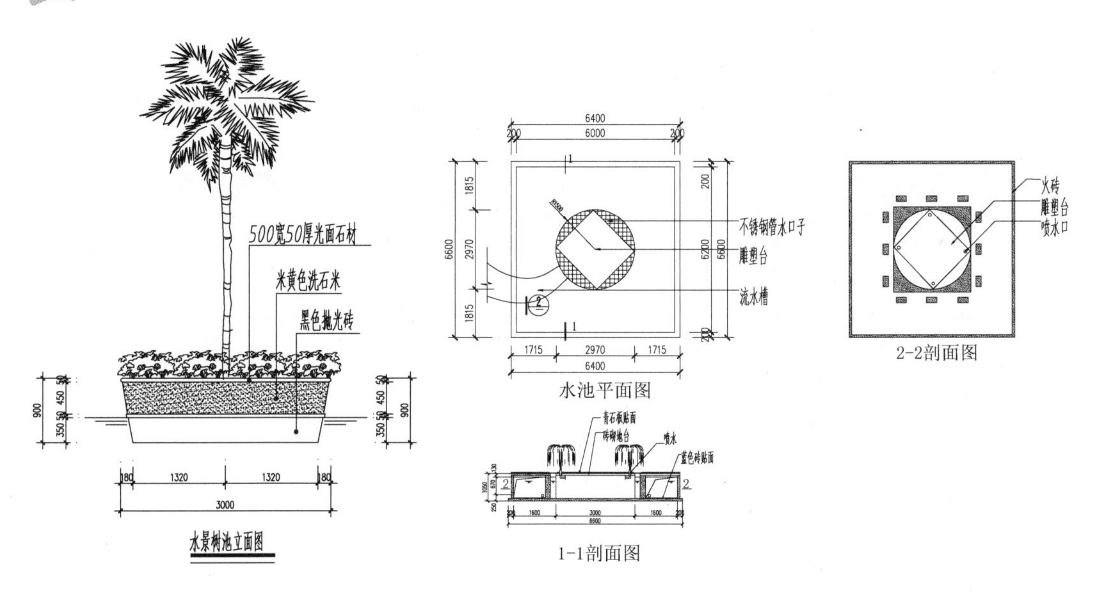

8.1 园林水景概述

水是园林绿地不可缺少的组成部分，山得水而活，树木得水而茂，亭榭得水而媚，空间得水而宽阔。水体能使园林产生很多生动活泼的景观，形成开阔的空间和透景线，是造景的重要因素之一。城市中较大的水面，可以改良小气候，也可以开展水上运动。

8.1.1 人工造水景观类型

在园林水景中，需要建什么样的喷水池，要依环境和条件而定，绝不是越大越高档越好。下面是人工造水景观的几大类型。

- 水池喷水：这是最常见的形式。设计好水池后，安装喷头、灯光等设备，其在停喷时是一个静水池，如图 8-1 所示。
- 旱池喷水：这类喷水池的喷头等隐于地下，适用于让人参与的地方，如广场、游乐场，停喷时是场中一块微凹地坪；缺点是水质易污染。上海人民广场和最近落成的普陀长寿路绿地“水钢琴”就是典型例子。
- 浅池喷水：这类喷水池的喷头于山石、盆栽之间，可以把喷水的全范围做成一个浅水盆，也可以仅在射流落点之处设几个水钵。美国迪斯尼乐园有座间歇喷泉，由 A 定时喷一串水珠至 B，再由 B 喷一串水珠至 C，如此不断循环跳跃，周而复始。
- 舞台喷水：在影剧院、跳舞厅、游乐场等场所，这类水池有时作为舞台前景、背景，有时作为表演场所和活动内容。这里的设施规模小，水池往往是活动的。
- 盆景喷水：这类水池主要作为家庭、公共场所的摆设，大小不一，往往成套出售。此种以水为主要景观的设施，不限于“喷”的水姿，因此易于吸取高科技成果，做出让人意想不到的景观，很有启发意义。
- 自然喷水：喷头置于自然水体之中，如济南大明湖、南京莫愁湖及瑞士日内瓦湖中的百米喷泉。
- 水幕影像：这类喷水池的主要代表是上海城隍庙的水幕电影，由喷水组成 10 余米宽、20 余米长的扇形水幕，与夜晚天际连成一片，放映电影时，电影人物驰聘万里、来去无影，如图 8-2 所示。

图 8-1　水池喷水

图 8-2　水幕影像

8.1.2 园林水体的分类

园林景观作为城市园林重要的一部分，拥有丰富多样的表现形式。园林水体按照存在的形态分为四类：喷水、跌水、流水、池水。

1）喷水：以水体因压力而向上喷，形成各种各样的喷泉、涌泉和喷雾等，如图 8-3 所示。

2）跌水：跌水是园林水景（活水）工程中的一种。一般而言，瀑布是指自然形态的落水景观，多与假山、溪流等结合；跌水是指规则形态的落水景观，常同时与多建筑、景墙、挡土墙等结合，如图 8-4 所示。

图 8-3 喷水

图 8-4 跌水

3）流水：水体因重力而流动，形成各种各样溪流、旋涡等，如图 8-5 所示。

4）池水：水面自然，不受重力及压力影响，池水水面宽阔且基本不流动的特殊水流形态。按照水面的动静与否可分为悦池和浪池两种形态，如图 8-6 所示。

图 8-5 流水

图 8-6 池水

8.1.3 水景工程图的表达方式

水体工程图主要有视图的配置、局部放大图、展开剖面图、分层表示法、掀土表示法等，用户可以根据以上内容和图形的相关情况与要求来绘制图形。

1. 视图的配置

水景工程图的基本图样仍然是平面图、立面图和剖面图。水景工程构筑物（如基础、驳岸、水闸、水池等）许多部分被土层覆盖，所以剖面图和断面图应用较多。人站在上游面向建筑物所得的视图叫做上游立面图，人站在下游面向建筑物所得视图叫做下游立面图。

为看图方便，每个视图都应在图形下方标出名称，各视图应尽量按投影关系配置。布置图形时，习惯使水流方向由左向右或自上而下流动。

2. 其他表示方法

（1）局部放大图

对细小结构可用大于原图所采用比例的形式画出来，并把它们放置在图样的适当位置，用这种方法画出的图形称为局部放大图，同时放大的详图必须标注索引标识和详图标识，如图 8-7 所示。

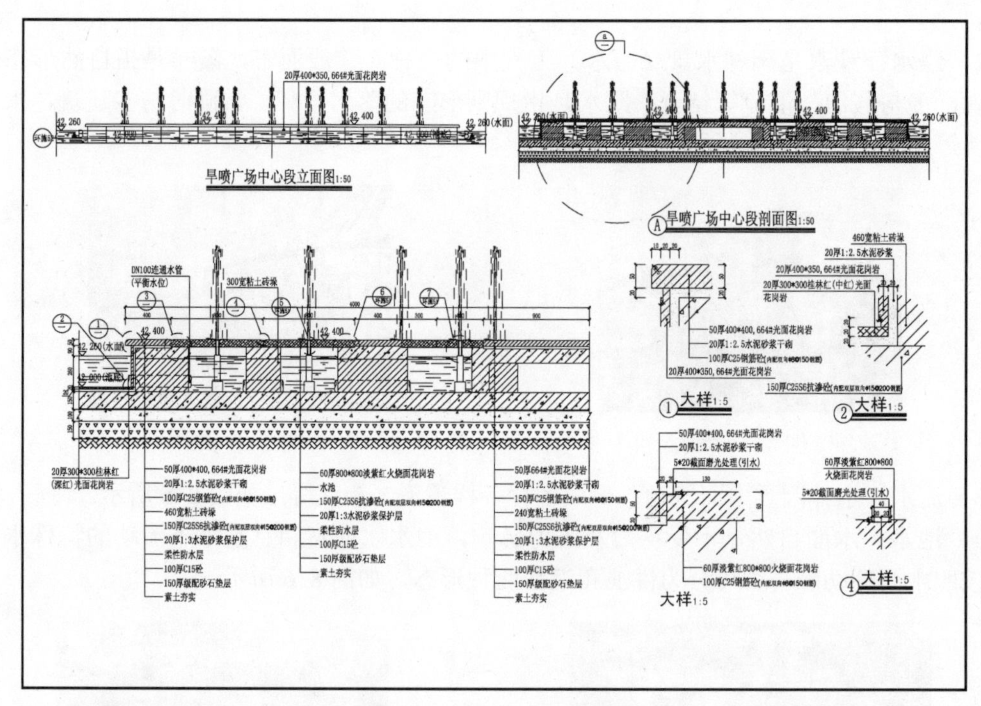

图 8-7　局部放大图样例

（2）展开剖面图

当构筑物的轴线是曲线或折线时，可沿轴线剖开物体并向剖切面投影，然后将所得剖面图展开在一个平面上，这种剖面图称为展开剖面图，在图名后应标注“展开”二字。

（3）分层表示法

当构筑物有几层结构时，在同一视图内可按其结构层次分层绘制。相邻层次用波浪线分界，并用文字在图形下方标注各层名称。

（4）掀土表示法

被土层覆盖的结构，在平面图中不可见。为表示这部分结构，可假想将土层掀开后再画出视图。

（5）规定画法

除可采用规定画法和简化画法外，构筑物中的各种缝线（如沉陷缝、伸缩缝和材料分界线）两边的表面虽然在同一平面内，但画图时一般按轮廓线处理，用一条粗实线表示。

8.2　水景树池的绘制

首先新建文件，并设置绘图环境；其次使用“构造线”、“偏移”、“圆弧”等命令来绘制其平面图；再次，根据投影的方式在图形的下侧来绘制立面图，并插入相应的图块对

象；然后使用“复制”、“直线”、“修剪”、“填充”等命令来绘制 1—1 剖面图；最后对 3 个图形进行尺寸和图名标注，如图 8-8 所示。

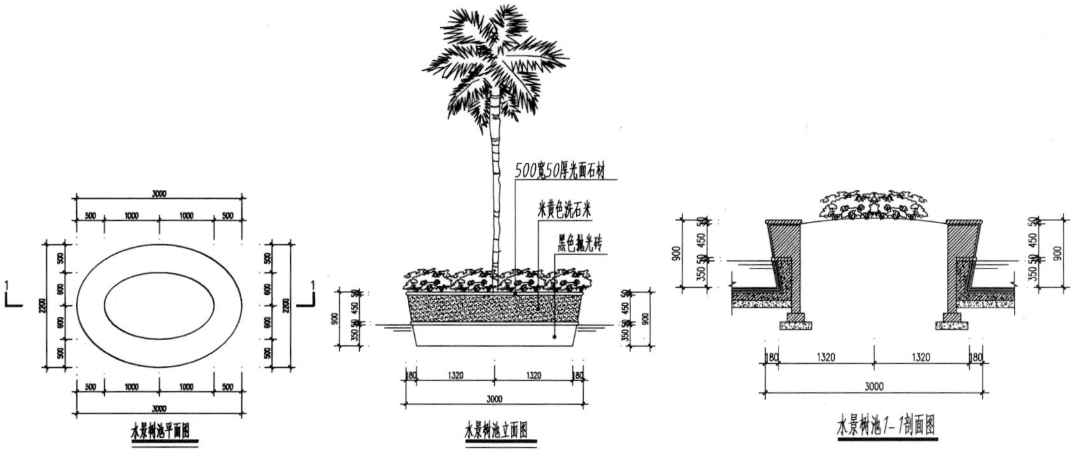

图 8-8 水景树池

8.2.1 绘图环境的设置

只要是新建的图形文件，都要设置相应的绘图环境，即设置图形界限、单位、图层和文字样式等。

1．绘图区的设置

1）正常启动 AutoCAD 2013 软件，单击工具栏上的“新建”按钮，打开“选择样板”对话框，选择“acadiso”作为新建的样板文件。

2）选择“文件 | 另存为”菜单命令，打开“图形另存为”对话框，将文件另存为“案例\08\水景树池.dwg”图形文件。

3）选择“格式 | 单位”菜单命令，打开“图形单位”对话框，把长度单位“类型”设定为“小数”，“精度”设定为“0.000”，角度单位“类型”设定为“十进制”，“精度”精确到小数点后两位“0.00”。

4）选择“格式 | 图形界限”菜单命令，依照提示设定图形界限的左下角为（0，0），左上角为（15000，15000）。

5）在命令行输入命令“〈Z〉+〈空格键〉+〈A〉”，使输入的图形界限区域全部显示在图形窗口内。

2．规划图层

无论绘制什么样的图形，都有图层。图层的设置是根据所需绘制的内容来定的，而绘图者往往在绘制之前对所需要的图形并不了解。如本案例是绘制水景树池，可以想象，该案例绘制的主要图层应有池水、树干、树叶、花台、地面、填充等主要部分，还应包括轴线、轮廓、尺寸标注、文字标注等元素，因此绘制此案例时，需要按照表 8-1 所示建立图层。

表 8-1　图层设置

序　号	图 层 名	线　宽	线　型	颜　色	打 印 属 性
1	轴线	0.05mm	ACAD_IS004W100	洋红	不打印
2	轮廓	0.30mm	实 线	黑色	打 印
3	填充	0.05mm	实 线	250	打 印
4	池水	0.05mm	实 线	250	打 印
5	文字标注	0.15mm	实 线	蓝色	打 印
6	树干	0.15mm	实 线	绿色	打 印
7	树叶	0.05mm	实 线	绿色	打 印
8	花台	0.15mm	实 线	青色	打 印
9	地面	0.15mm	实 线	黄色	打 印
10	标注尺寸	0.15mm	实 线	蓝色	打 印

1）选择“格式 | 图层”菜单命令（或直接输入“LA”并按空格键），打开“图层特性管理器”选项板，依次创建表 8-1 所示的图层，如图 8-9 所示。

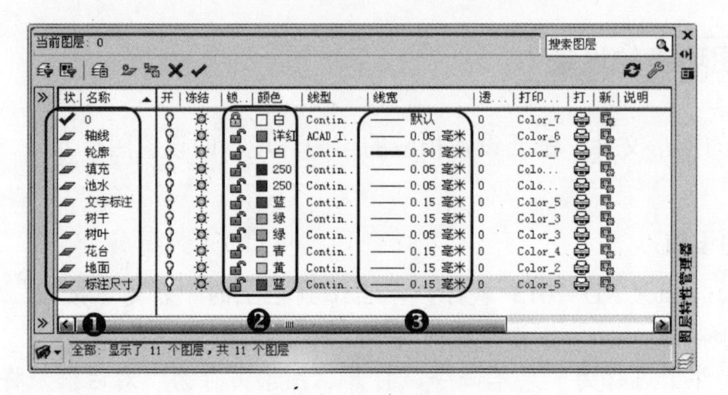

图 8-9　新建图层

2）选择“格式 | 线型”菜单命令，打开“线型管理器”对话框，单击“显示细节”按钮，打开细节选项组，输入“全局比例因子”为“100”。

3. 文字样式

由该水池平面图可知，其文字样式有尺寸文字、图内文字、图名等，打印比例为 1∶100，文字样式中的高度为打印到图纸上的文字高度与打印比例倒数的乘积。根据建筑制图标准，该平面图文字样式的规划如表 8-2 所示。

表 8-2　文字样式

文字样式名	打印到图纸上的文字高度	图形文字高度（文字样式高度）	宽 度 因 子	字体	大字体
图形标注	1.5	150	0.7	gbeitc	gbcbig
图名标注	35	300		gbeitc	gbcbig
尺寸文字	2.0	200		gbeitc	gbcbig

1）选择“格式 | 文字样式”菜单命令，打开“文字样式”对话框，单击“新建”按钮

打开“新建文字样式”对话框，样式名定义为“图内文字”，如图 8-10 所示。

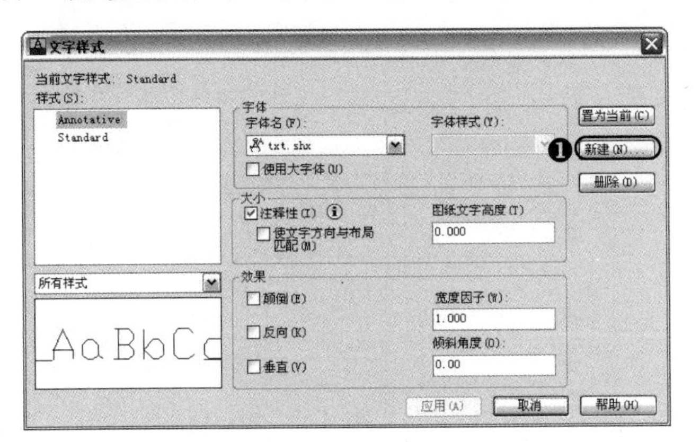
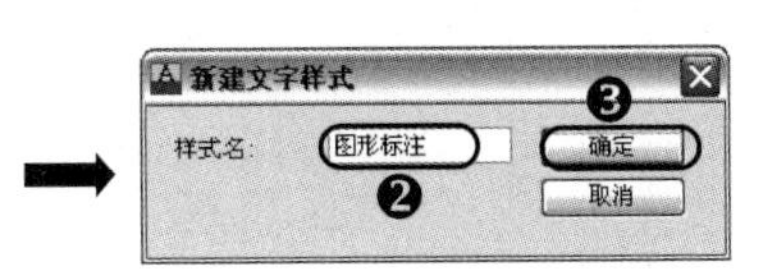

图 8-10　文字样式名称的定义

2）在“字体”下拉列表框中选择字体“gbcbig.shx”，勾选“使用大字体”复选框，并在“大字体”下拉列表框中选择字体“gbcbig.shx”，在“高度”文本框中输入“150”，在“宽度因子”文本框中输入“0.7”，单击“应用”按钮，从而完成该文字样式的设置。

3）使用与前两步同样的方法对其他文字样式进行新建和修改，如图 8-11 所示。

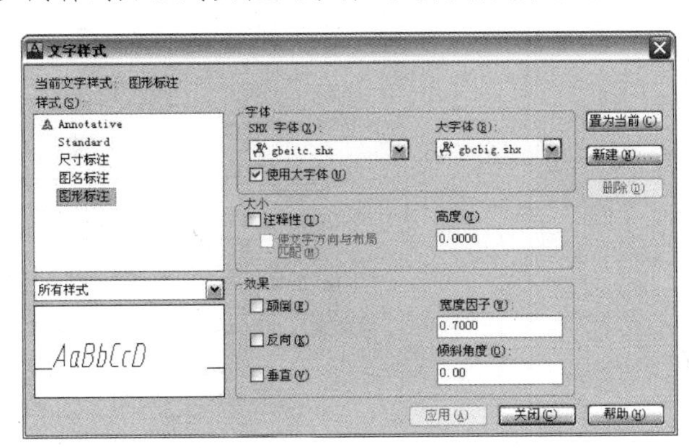

图 8-11　文字样式新建和定义

8.2.2　水景树池平面的绘制

首先绘制轴网对象，再捕捉相应的交点来绘制椭圆对象，并绘制剖切符号，然后对其进行尺寸及图名标注。

1）在“图层”面板的“图层控制”下拉列表框中，选择“轴线”图层为当前图层。

2）选择“构造线”命令（XL），绘制纵向和横向构造线。

3）选择“偏移”命令（O），将绘制的纵向构造线向左右两侧各偏移 1000 和 1500；再将横向横行线向上下各偏移 600 和 1100，如图 8-12 所示。

4）在“图层”面板的“图层控制”下拉列表框中，选择“花台”图层为当前图层。

5）选择“椭圆”命令（EL），按如图 8-13 所示绘制两个椭圆。

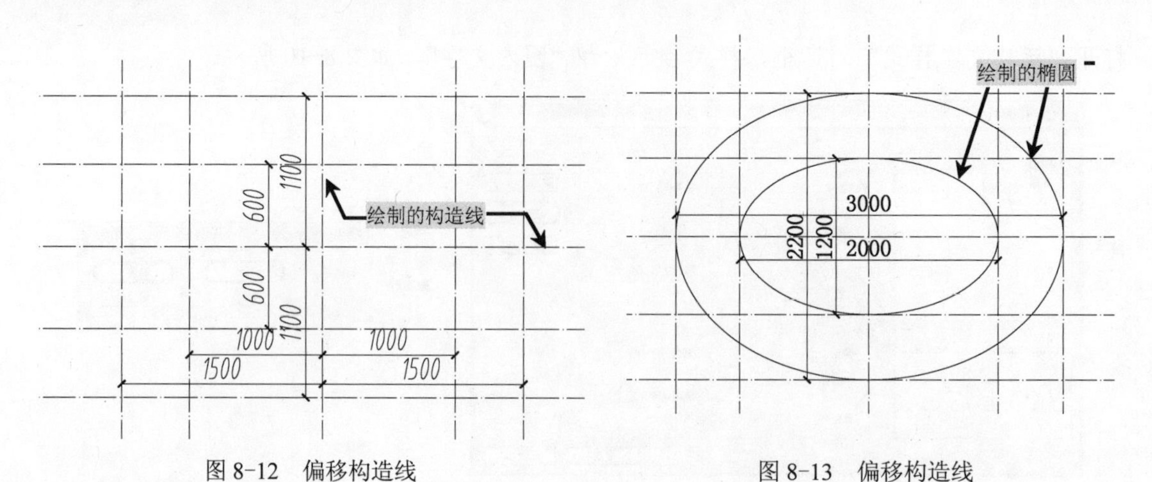

图 8-12　偏移构造线　　　　图 8-13　偏移构造线

6）选择“标注样式”命令（DIMST），弹出“标注样式管理器”对话框，新建“尺寸标注”样式，选择“文字样式”为“尺寸标注”，“全局比例”设为“40”。

7）在“图层”面板的“图层控制”下拉列表框中，选择“标注尺寸”图层为当前图层。

8）选择“线型标注”命令（DIMLIN），对图形进行标注，如图 8-14 所示。

9）选择“多段线”命令（PL），设置多段线的“半宽”为“10”，在图形的相应位置绘制多段线，如图 8-15 所示。

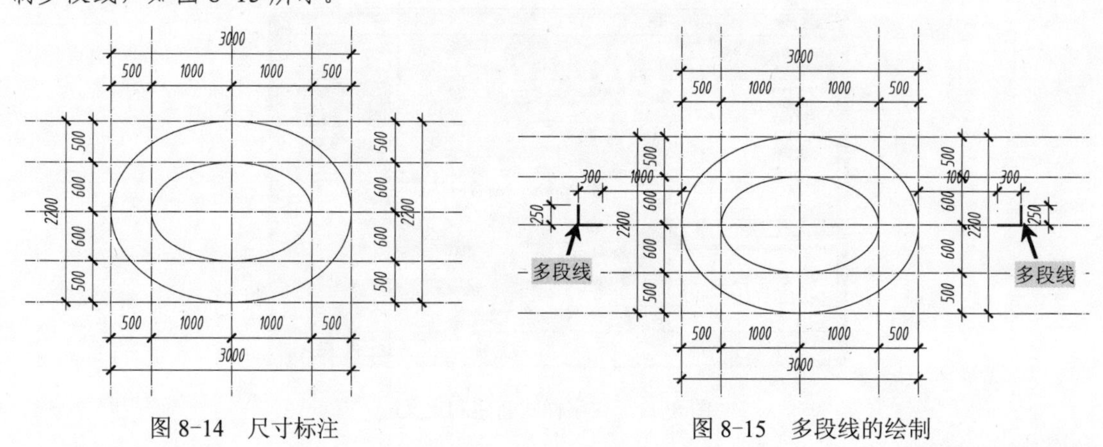

图 8-14　尺寸标注　　　　图 8-15　多段线的绘制

10）在“图层”面板的“图层控制”下拉列表框中，选择“文字标注”图层为当前图层。

11）选择“多行文字”命令（T），在多段线的相应位置单击一点，向右下角移动并单击，再输入“1”。

12）选择“复制”命令（CO），选择事先输入的文字，单击一点，移动鼠标到相应位置并单击，即可完成复制，如图 8-16 所示。

13）选择“多行文字”命令（T），在图形的相应位置单击一点，选择“图名标注”为当前文字样式，向右下角移动并单击，再输入“水景树池平面图”。

14）选择“多段线”命令（PL），设置“线宽”为“20”，然后在上一步输入文字的正下方绘制长度为 1200 的水平多段线。

15）选择“直线”命令（L），在多段线正下方的相应位置绘制一条长为 1200 的直线，如图 8-17 所示。

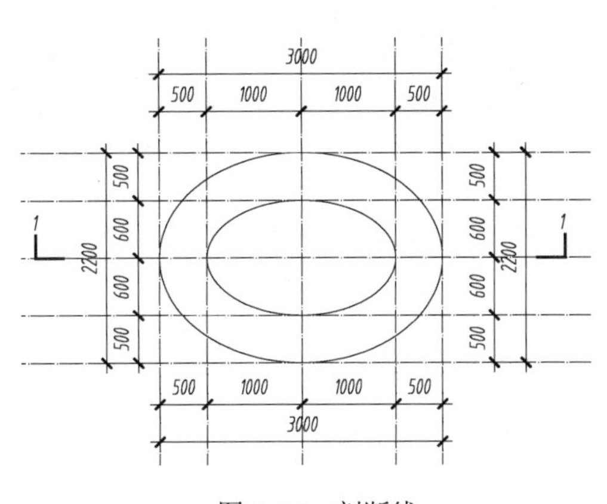

图 8-16 剖断线

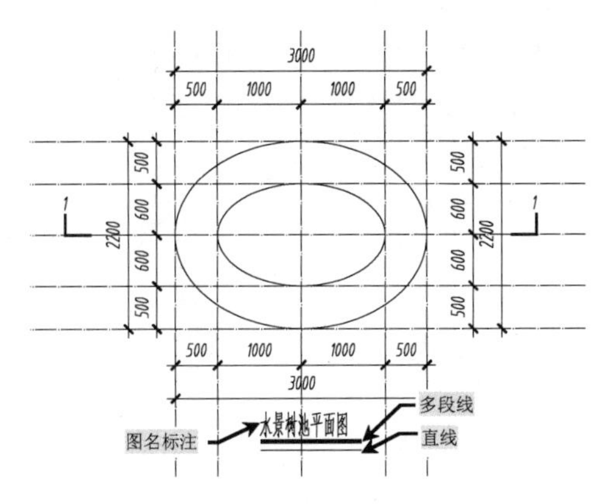

图 8-17 图名标注

➲ 8.2.3 水景树池立面图的绘制

水景树池的立面需结合平面图形来绘制，用户可以直接根据平面图形中的轴线来绘制。

1）在“图层”面板的“图层控制”下拉列表框中，选择“花台”图层为当前图层。

2）选择“直线”命令（L），在图形相应位置绘制一条长为 1500 的直线；再选择“偏移”命令（O），将上一步所绘制的水平条段按如图 8-18 所示进行偏移。

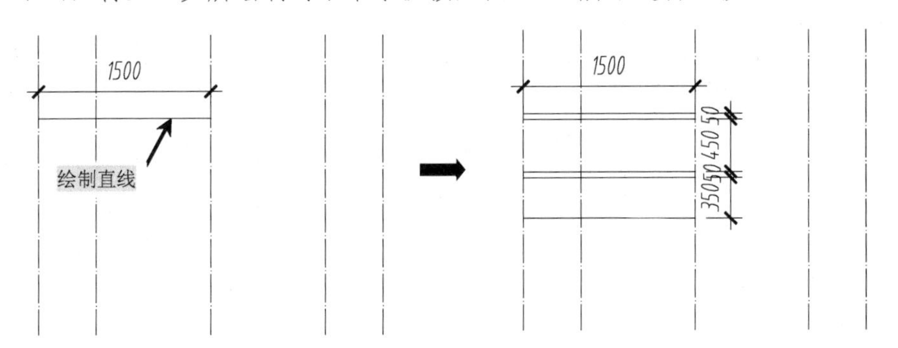

图 8-18 偏移直线

3）选择“直线”命令（L），以图形的左上角为第一点，按如图 8-19 所示绘制一条直线。

4）选择“偏移”命令（O），根据命令栏提示输入“20”，选择上步绘制的直线，向左偏移；再选择“修剪”命令（TR），选择绘制的图形，单击图形中多余的线段进行修剪，如图 8-20 所示。

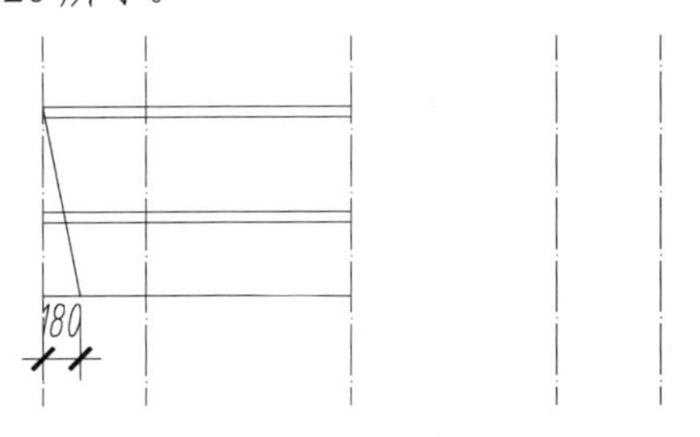

图 8-19 绘制直线

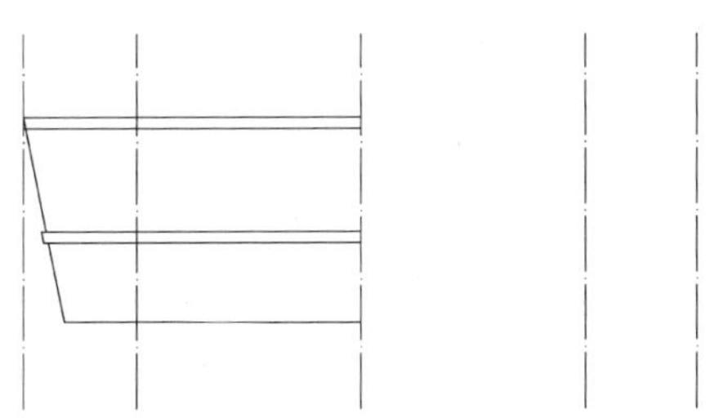
图 8-20 修剪图形

5）选择“圆”命令（C），在图形的左上角绘制一个直径为50的圆，如图8-21所示。

6）选择“修剪”命令（TR），选择绘制的图形，单击图形中多余的线段进行修剪，如图8-22所示。

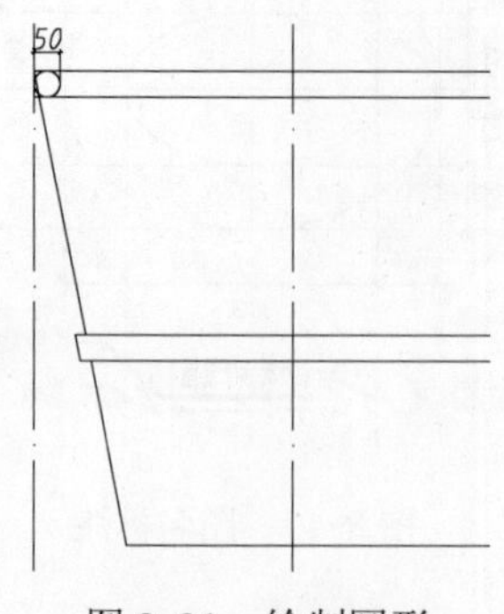

图8-21　绘制圆形

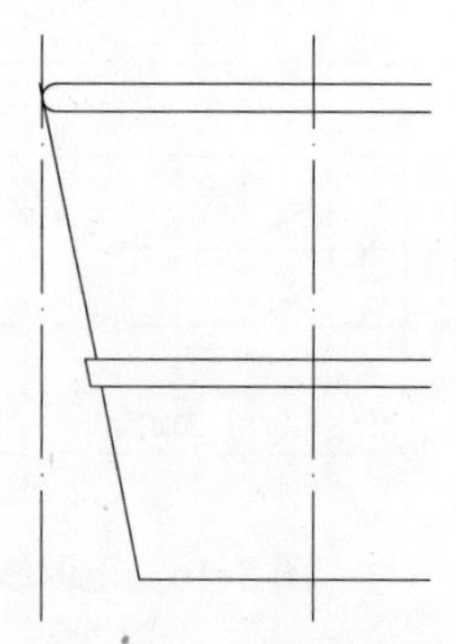

图8-22　修剪图形

7）选择左边斜直线，选择上面交点，将其移动到圆形下方。

8）选择“镜像”命令（MI），选择绘制的所有图形，单击最中间的纵向轴线，向下移动鼠标并单击，最后输入“N”（否），如图8-23所示。

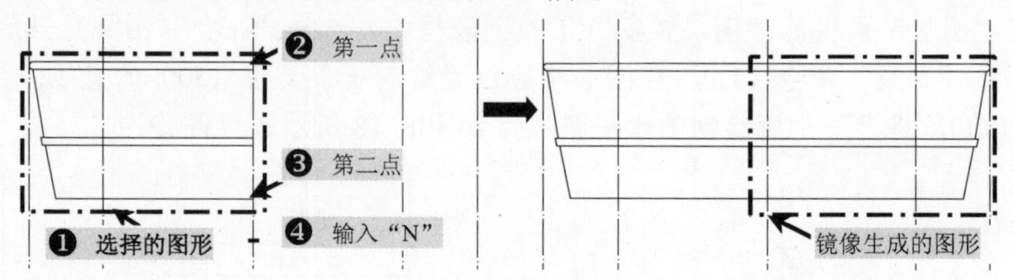

图8-23　镜像图形

9）选择“插入”命令（I），选择路径为“案例\08\植物立面.dwg”文件，插入到图形的相应位置。

10）选择“复制”命令（CO），选择上一步插入的图形，向右复制三个，如图8-24所示。

11）选择“插入”命令（I），选择路径为“案例\08\树立面.dwg”文件，插入到图形的相应位置，如图8-25所示。

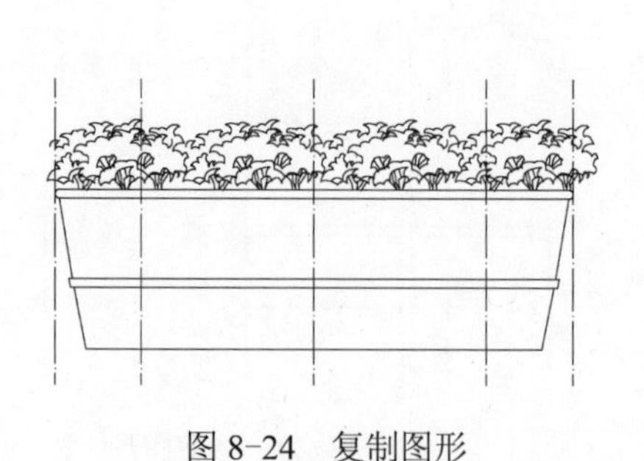

图8-24　复制图形

图8-25　插入图形

12）在“图层”面板的“图层控制”下拉列表框中，选择“池水”图层为当前图层。

13）选择“直线”命令（L），在图形的相应位置绘制三条直线，如图 8-26 所示。

14）选择“镜像”命令（MI），选择上步绘制的常水位，单击最中间的纵向轴线，向下移动鼠标并单击，最后输入“N”（否），如图 8-27 所示。

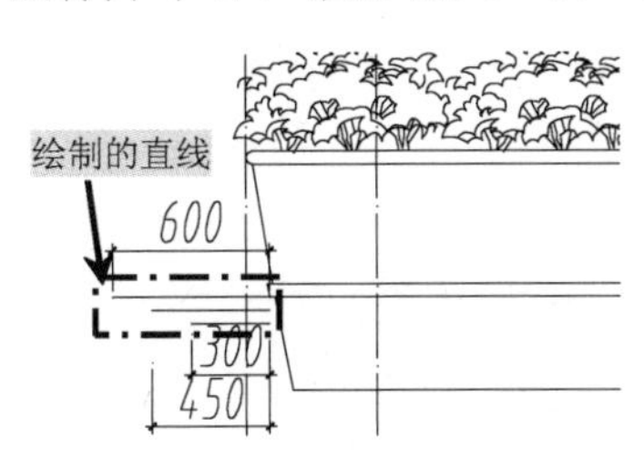

图 8-26　绘制常水位

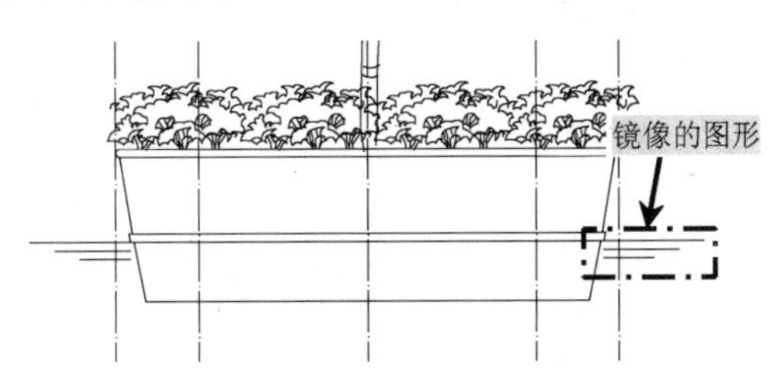

图 8-27　镜像常水位

15）在“图层”面板的“图层控制”下拉列表框中，选择“标注尺寸”图层为当前图层。

16）选择“线型标注”命令（DIMLIN），对图形进行标注，如图 8-28 所示。

17）选择“复制”命令（CO），选择平面图形中的图名标注，复制到立面图形的正下方。

18）双击立面图表下方图名标注的方字，再输入“水景树池立面图”，如图 8-29 所示。

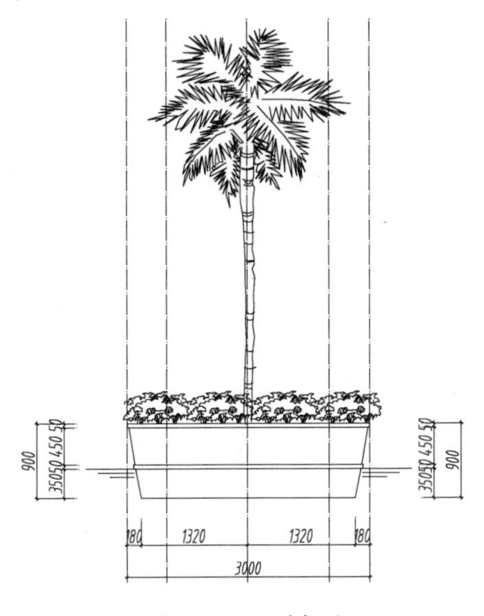

图 8-28　尺寸标注

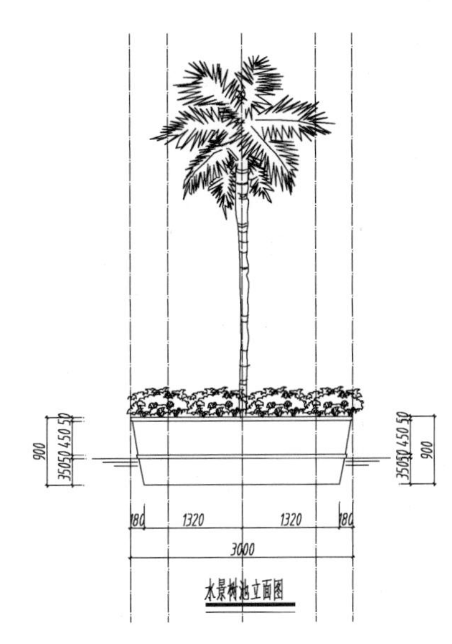

图 8-29　图名标注

19）在“图层控制”下拉列表框中，将“轴线”图层关闭，并选择“填充”图层为当前图层。

20）选择“图案填充”命令（H），对图形相应位置进行填充，选择图案为“AR-SAND”，比例为“1”，如图 8-30 所示。

21）在“图层控制”下拉列表框中，选择“文字标注”图层为当前图层。

22）选择“引线标注（LE）”命令，按如图 8-31 所示进行标注。

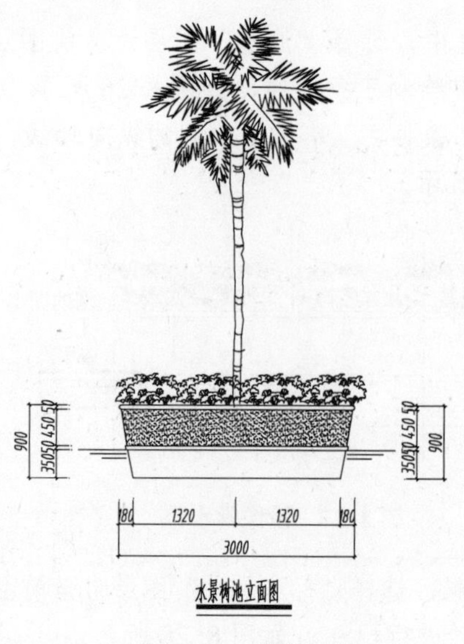

图 8-30　填充图案

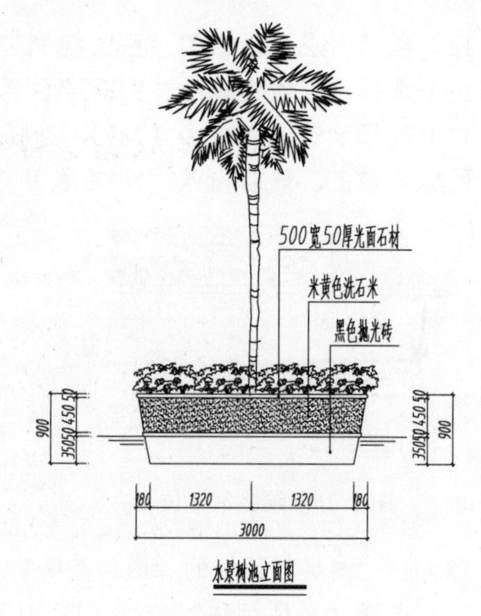

图 8-31　引线标注

8.2.4　水景树池剖面图的绘制

观察平面图形中的剖断线和立面图，在绘制 1-1 剖面图形时，可以根据立面图形进行绘制。

1）在“图层控制”下拉列表框中，打开“轴线”图层。

2）选择“复制”命令（CO），选择立面图形中的所有图形，单击任意一点，向下移动鼠标到相应位置并单击。

3）选择“删除”命令（E），选择图形中多余图形，再按〈Enter〉键，即可完成删除操作。

4）选择“直线”命令（L），在图形的相应位置绘制两条长为 50 的纵向直线，如图 8-32 所示。

5）选择“修剪”命令（TR），选择上步绘制的两条直线，单击两条直线之间的横向线段，如图 8-33 所示。

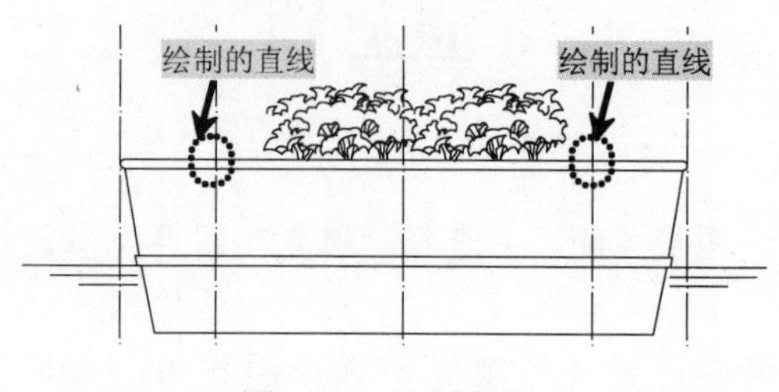

图 8-32　绘制直线

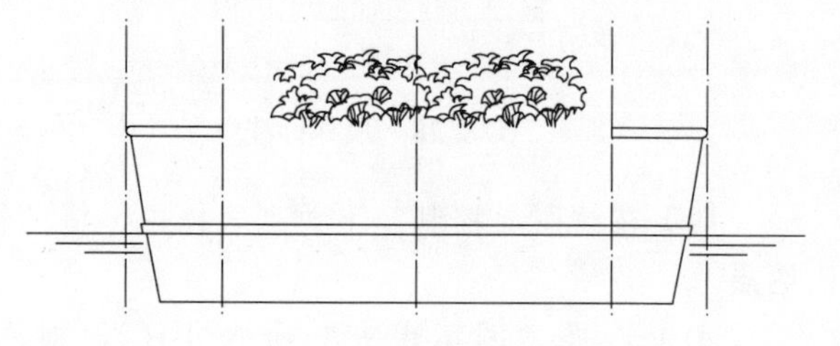

图 8-33　修剪图形

6）选择“直线”命令（L），按如图 8-34 所示绘制直线。

7）选择“修剪”命令（TR），选择绘制的所有图形，单击图形中的多余线段，如图 8-35 所示。

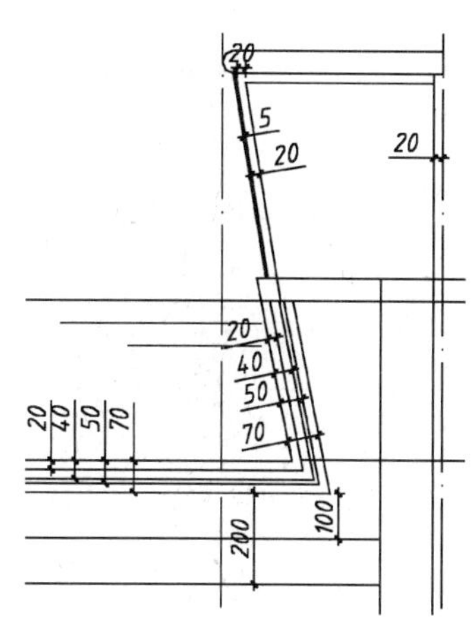

图 8-34　剖面结构

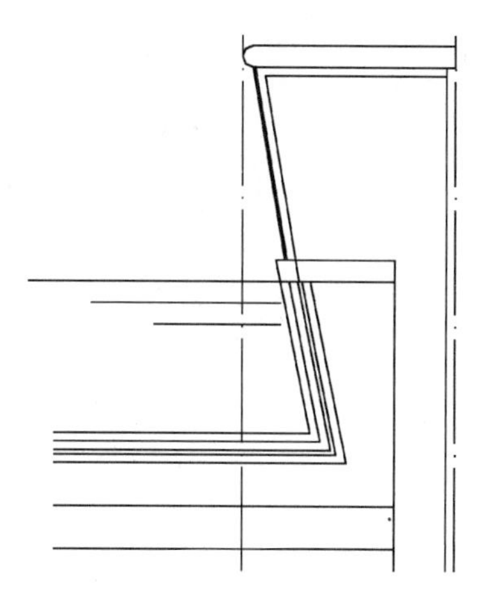

图 8-35　修剪剖面结构

8）选择“矩形”命令（REC），在图形的相应位置绘制一个 240 × 120 和 440 × 100 的矩形，如图 8-36 所示。

9）选择“多段线”命令（PL），单击图形相应位置，根据命令提示输入“半宽”（H），再输入“1”，按如图 8-37 所示绘制多段线。

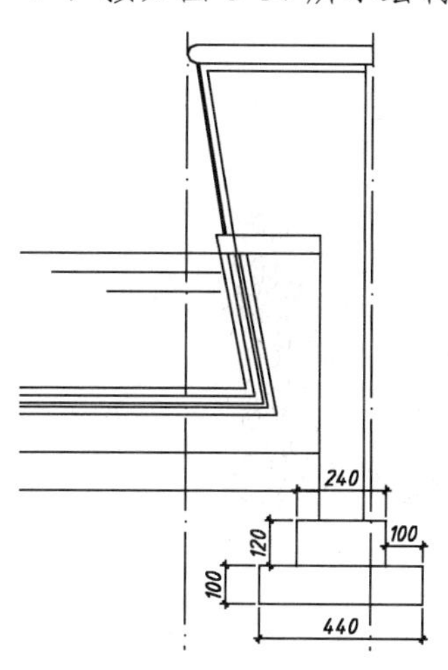

图 8-36　绘制矩形

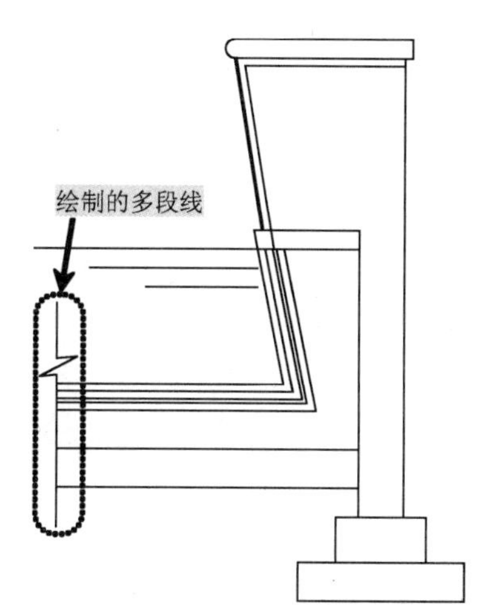

图 8-37　剖断符号

10）在“图层控制”下拉列表框中，关闭“轴线”图层，并选择“填充”图层为当前图层。

11）选择“图案填充”命令（H），对图形相应位置进行填充，选择图案为“ANSI 31”，比例为“10”，如图 8-38 所示。

12）以上一步同样的方法，进行再次填充，图案选择为“AR-CONC”，比例为“0.5”，如图 8-39 所示。

13）在“图层控制”下拉列表框中，打开“轴线”图层。

14）选择“删除”命令（E），选择最中间轴线右边的所有图形，按〈Enter〉键，即可完成删除图形。

15）选择“镜像”命令（MI），选择最中间轴线左边的所有图形，以中间轴线为对称线，进行镜像，如图 8-40 所示。

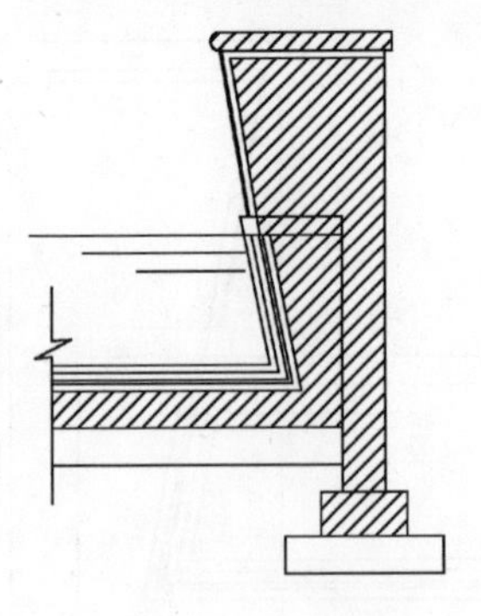

图 8-38　填充 1

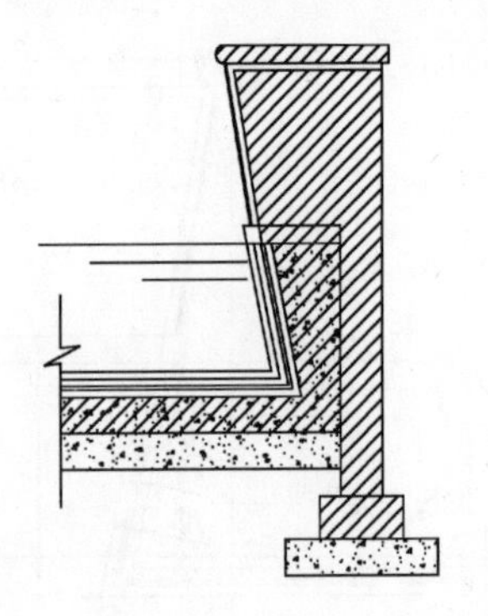

图 8-39　填充 2

16）选择“圆弧”命令（ARC），按如图 8-41 所示绘制一个圆弧。

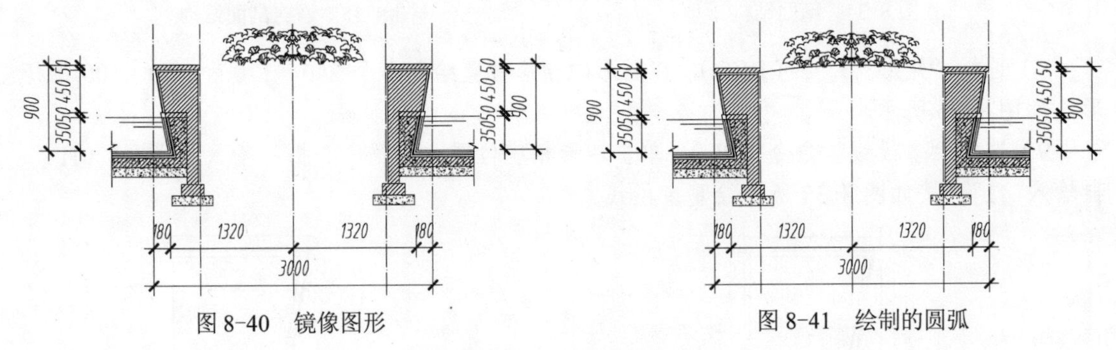

图 8-40　镜像图形　　　　图 8-41　绘制的圆弧

17）双击图名标注，输入“水景树池 1-1 剖面图”文字对象，如图 8-42 所示。

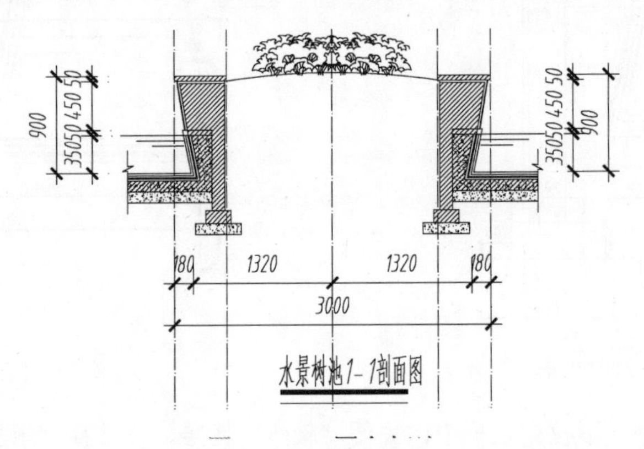

图 8-42　图名标注

18）至此，其水景树池的平面图、立面图和 1-1 剖面图已经绘制完成，按〈Ctrl+S〉组合键进行保存。

8.3　水池的绘制

本实例中主要绘制出水池的平面图、1-1 剖面图、2-2 剖面图，后面两个图形都依附在平面图形中，在这个案例中用户可以观察到，此水池是一个比较简单的水池，可根据如

图 8-43 所示来绘制。

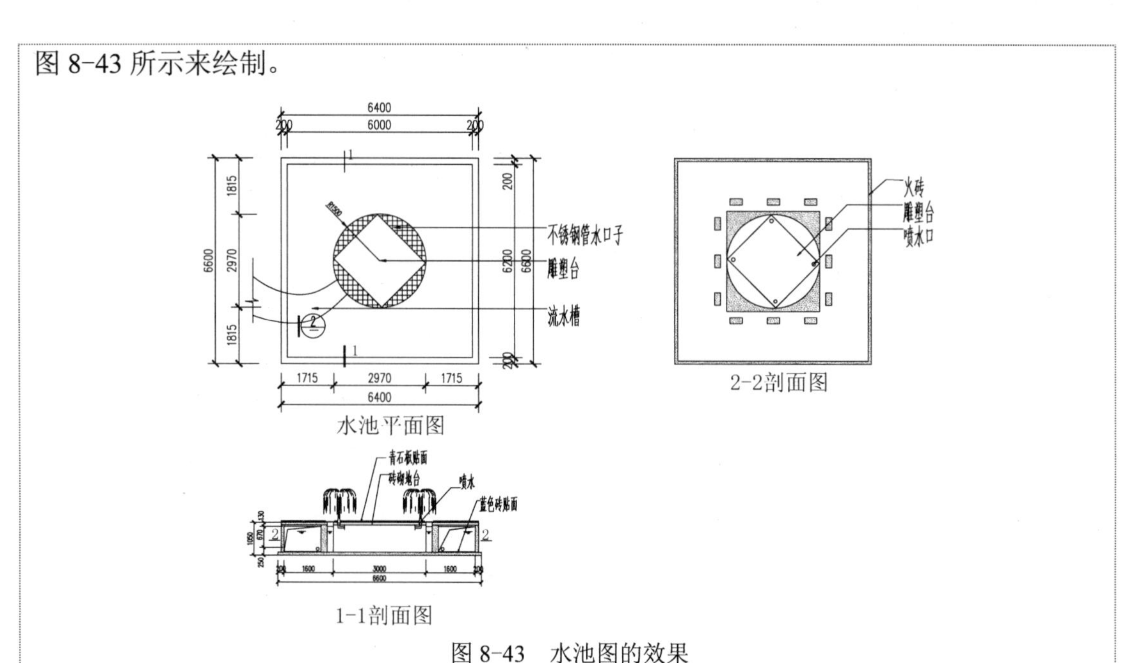

图 8-43 水池图的效果

专业知识： 水池的特点

水池的面积和深度较小，深度一般为几十厘米至一米左右，可根据需要建造地面上、地面下，或者半地上、半地下等形式。人工水池与天然湖池有一定的区别：一是人工水池采用各材料修建池壁和池底，并有较高的防水要求；二是人工水池采用管道给水排水，要修建闸门井、检查井、排放口和地下泵站等附属设备。

水池池体等土建构造的布置、结构、形状大小和细部构造，用喷水池结构图来表示。喷水池结构图通常包括表达喷水池各组成部分的位置、形状和周围环境的平面布置图，表达喷泉造型的外观立面图，表达结构布置和剖面图和池壁、池底结构详图或配筋图等。钢筋混凝土结构的表达方法应符合建筑结构制图标准的规定。

8.3.1 设置绘图环境

在绘制水池的相关图形之前，首先要设置好绘图环境，从而使用户在绘制图形时更加方便、灵活、快捷。设置绘图环境，包括绘图区域界限及单位的设置、图层的设置、文字和标注样式的设置等。

1. 绘图区的设置

1）正常启动 AutoCAD 2013 软件，单击工具栏上的“新建”按钮，打开“选择样板”对话框，选择“acadiso“作为新建的样板文件。

2）选择“文件 | 另存为”菜单命令，打开“图形另存为”对话框，将其文件另存为“案例\08\水池.dwg”图形文件。

3）选择“格式 | 单位”菜单命令，打开“图形单位”对话框，把长度单位“类型”设

定为“小数”，“精度”为“0.000”，角度单位“类型”设定为“十进制”，精度精确到小数点后二位，即“0.00”。

4）选择“格式 | 图形界限”菜单命令，依照提示设定图形界限的左下角为（0，0），左上角为（7500，7500）。

5）在命令行输入命令“〈Z〉+空格键+〈A〉”，使输入的图形界限区域全部显示在图形窗口内。

2．规划图层

本案例绘制的图形比较简单，主要由轴线、轮廓、池水、填充、尺寸标注、文字标注等元素组成，因此绘制此案例时，需要按照表8-3所示的设置建立图层。

表8-3　图层设置

序　号	图 层 名	线　宽	线　型	颜　色	打印属性
1	轴线	0.13	ACAD_IS004W100	红	不打印
2	轮廓	0.30	实 线	黑色	打 印
3	填充	0.13	实 线	黄色	打 印
4	池水	0.13	实 线	250色	打 印
5	文字标注	0.13	实 线	蓝色	打 印
6	标注尺寸	0.13	实 线	蓝色	打 印

1）选择“格式 | 图层”菜单命令（或直接输入“LA+空格键”），打开“图层特性管理器”选项卡，依次创表8-3所示的图层，如图8-44所示。

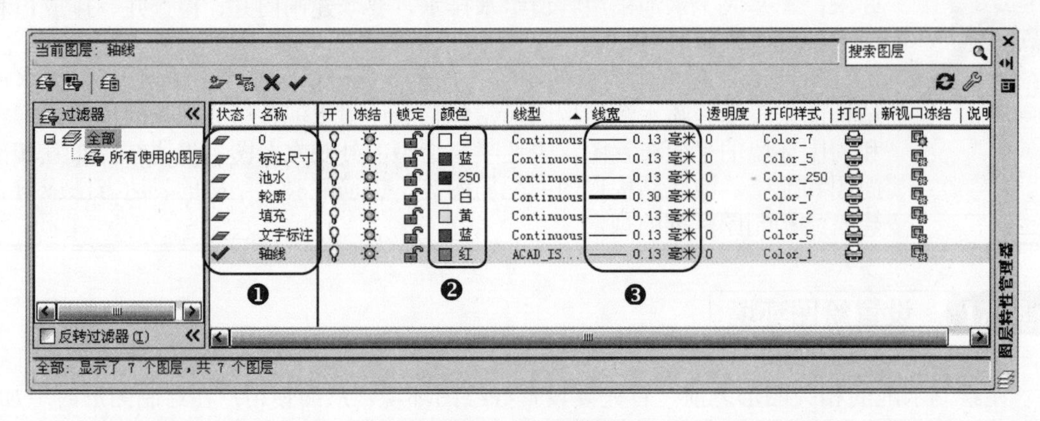

图8-44　新建图层

2）选择“格式 | 线型”菜单命令，打开“线型管理器”对话框，单击“显示细节”按钮，打开“细节”选项组，输入“全局比例因子”为“100”。

3．文字样式

由该水池平面图可知，其文字样式有尺寸文字、图内文字、图名等，打印比例为1∶100，文字样式中的高度为打印到图纸上的文字高度与打印比例倒数的乘积。根据建筑制图标准，该平面图文字样式的规划如表8-4所示。

表 8-4 文字样式

文字样式名	打印到图纸上的文字高度	图形文字高度（文字样式高度）	宽度因子	字体丨大字体
图内文字	3.5	350		Tssdeng丨gbcbig
图名	5	500	0.7	Tssdeng丨gbcbig
尺寸文字	3.5	0		tssdeng

1）选择“格式丨文字样式”菜单命令，打开“文字样式”对话框，单击“新建”按钮将打开“新建文字样式”对话框，“样式名”定义为“图内文字”，如图 8-45 所示。

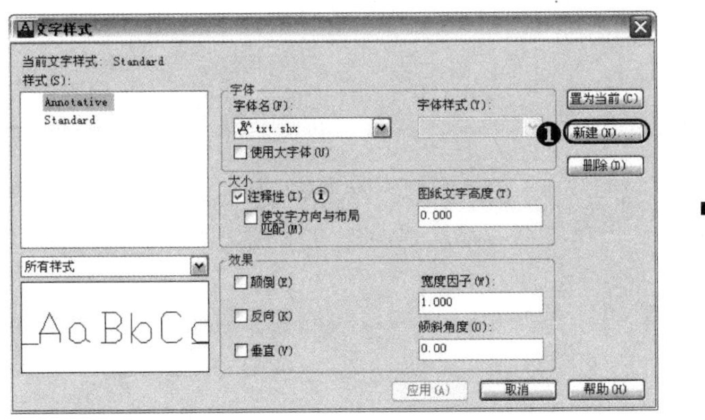

图 8-45 文字样式名称的定义

2）在“字体”下拉列表框中选择字体“Tssdeng.shx”，勾选“使用大字体”复选框，并在“大字体”下拉列表框中选择字体“gbcbig.shx”，在“高度”文本框中输入“350”，在“宽度因子”文本框中输入“0.7”，单击“应用”按钮，从而完成该文字样式的设置，如图 8-46 所示。

3）重复前面的步骤，建立如表 8-4 所示的其他各种文字样式，如图 8-47 所示。

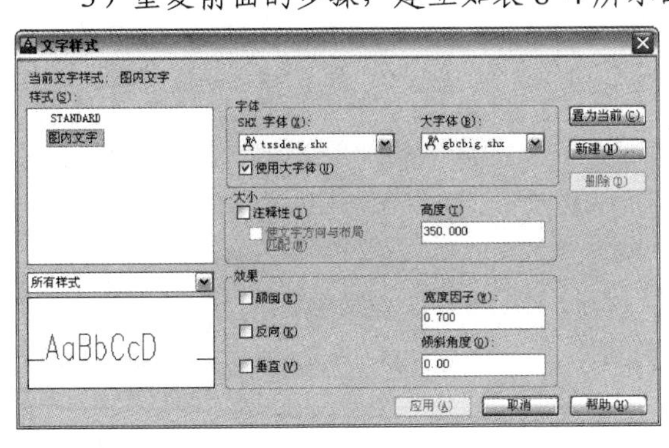

图 8-46 设置“图内文字”文字样式

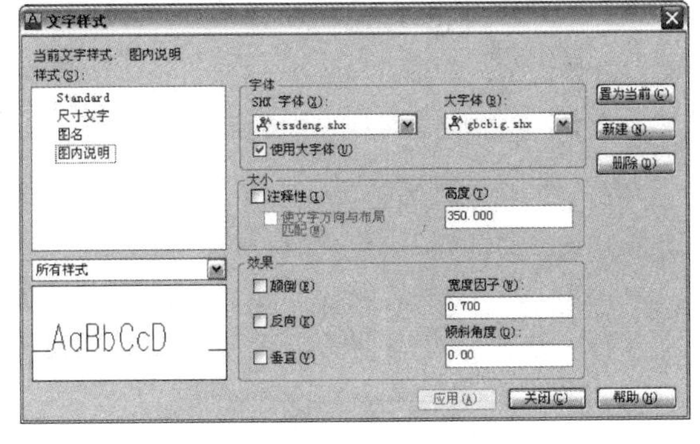

图 8-47 其他文字样式

8.3.2 水池平面图的绘制

本案例绘制的第一部分为水池的平面图形，绘制平面图形可以“从总到细”进行，也就是先绘制出图形的主体部分，再根据图形的主体来绘制图形中的其他细节部分，图形的详细部位可以依附于主体部分来绘制。

1）单击“图层控制”下拉列表框，选择“轮廓”图层为当前图层。

2）选择“矩形”命令（REC），绘制一个2000×2200的矩形，如图8-48所示。

3）单击“图层控制”下拉列表框，选择“轴线”图层为当前图层。

4）选择“构造线”命令（XL），绘制矩形的横向和纵向中心线，如图8-49所示。

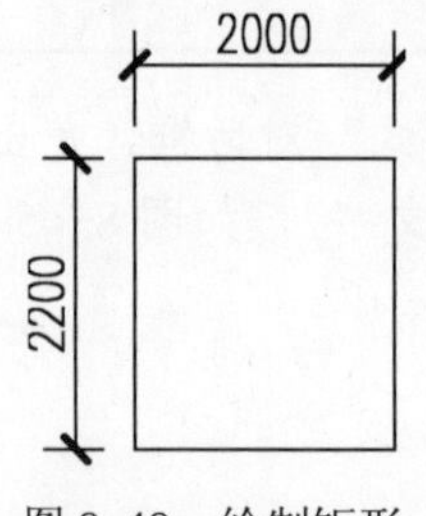

图8-48　绘制矩形

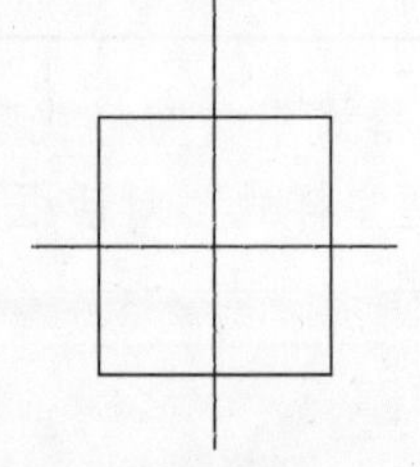

图8-49　绘制构造线

5）选择“偏移”命令（O），将绘制的矩形向外各偏移2000和200，如图8-50所示。

6）选择“圆”命令（C），捕捉两条构造线的交点作为圆心，绘制半径为1500的圆，如图8-51所示。

7）选择“旋转”命令（RO），选择最小的矩形，以构造线的交点为基点，将矩形旋转45°，如图8-52所示。

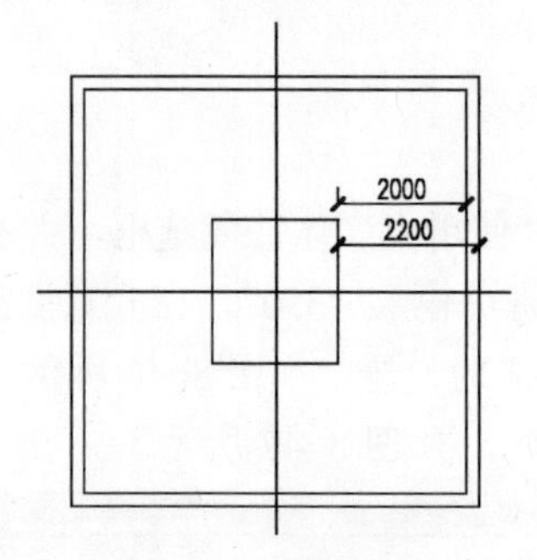

图8-50　偏移矩形

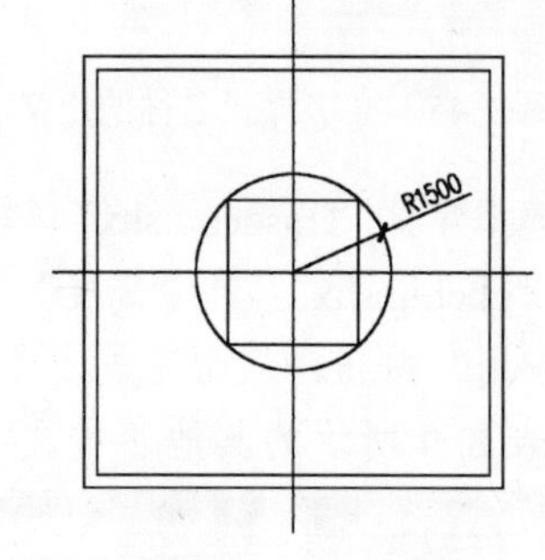

图8-51　绘制圆形

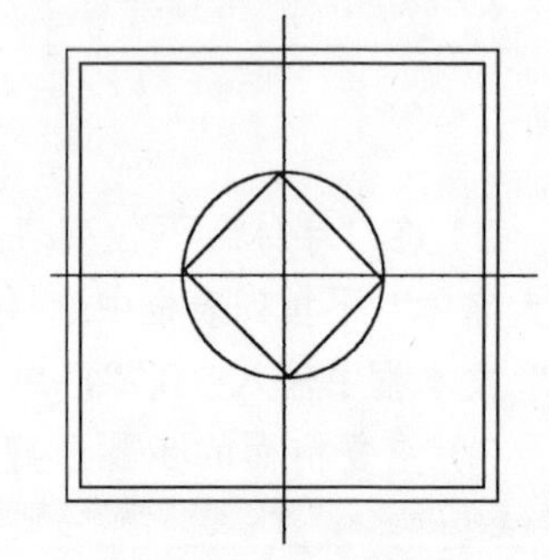

图8-52　旋转图形

8）单击“图层控制”下拉列表框，选择“填充”为当前图层，并关闭“轴线”图层。

9）选择“图案填充”命令（H），选择图案“NET”，设置“比例”为“50”，填充后的效果如图8-53所示。

10）单击“图层控制”下拉列表框，选择“池水”图层为当前图层。

11）选择“样条曲线”命令（SPL），绘制曲线表示流水槽，如图8-54所示。

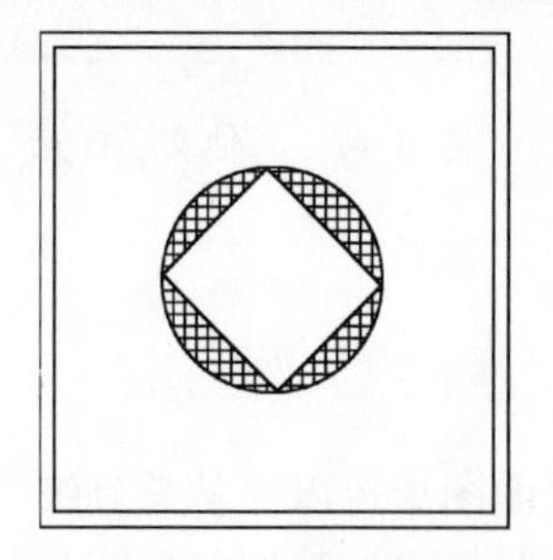

图8-53　填充图案

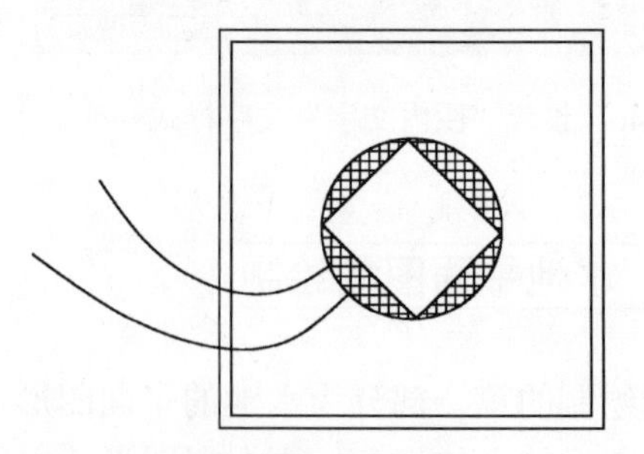

图8-54　绘制水槽

12）选择“多段线”（PL）和“修剪”（TR）等命令，绘制折断线，并修剪多余线段，如图 8-55 所示。

13）单击“图层控制”下拉列表框，选择“尺寸标注”图层为当前图层。

14）选择“线性标注”（DLI）和“连续标注”（DCO）等命令，对图形进行尺寸标注，如图 8-56 所示。

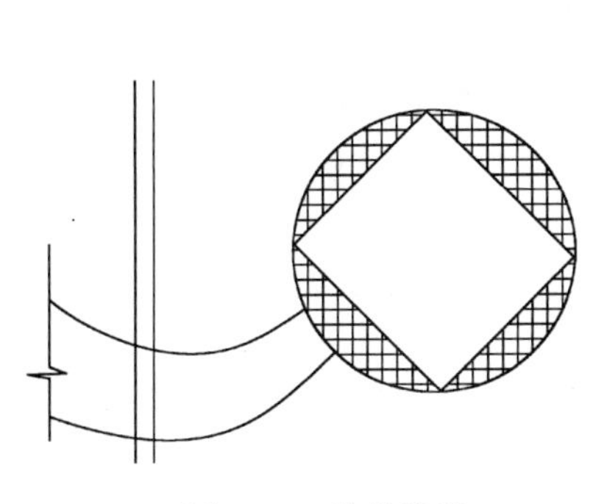

图 8-55　修剪线段

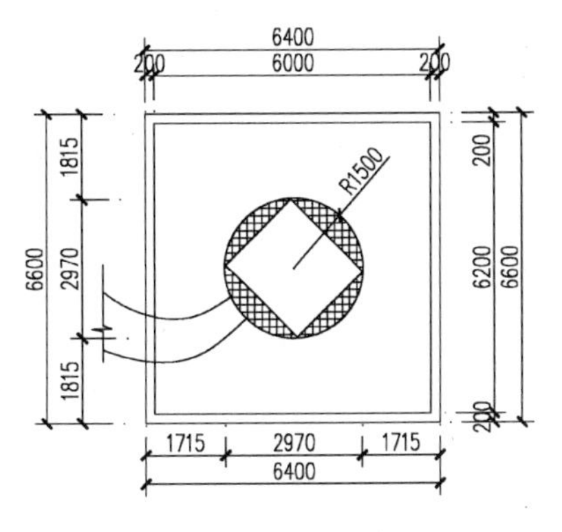

图 8-56　尺寸标注

15）单击“图层控制”下拉列表框，选择“文字标注”图层为当前图层。

16）选择“多段线”命令（PL），绘制剖切线符号；选择“引线标注（LE）”命令，对图形进行材质的文字说明，如图 8-57 所示。

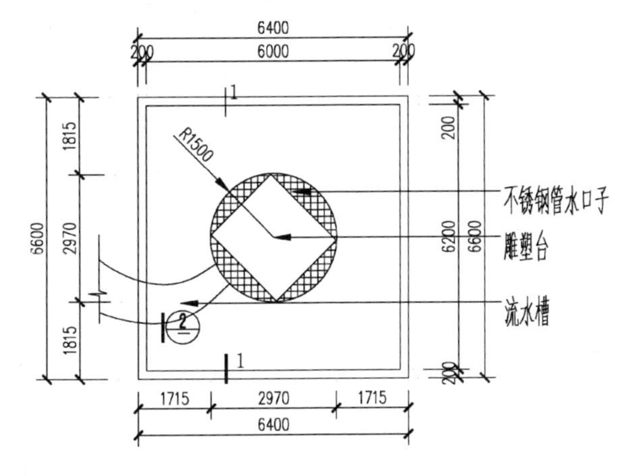

图 8-57　引线标注和剖切标注

17）选择“单行文字”命令（DT），输入图名“水池平面图”，文字大小为“500”。

18）至此，该水池平面图已经绘制完成，按〈Ctrl+S〉组合键进行保存。

8.3.3　水池 1–1 剖面图的绘制

本小节主要绘制水池的 1-1 剖面图形，在前面的图形中已经表示出需要绘制的剖面位置，剖面图是假设这个图形在所剖切的位置切开后所表露出的部分，同时这也是需要绘制的一部分。

专业知识： 喷水池防水

喷水池的防水做法，多是在池底上表面和池壁内外墙面抹厚度为20 防水沙浆。北方水池还有防冻要求，可以在池壁外侧回填时采用排水性能较好的轻骨料，如矿渣、焦渣或级配砂石等。喷水池土建部分用喷水池结构图表达，以下主要说明喷水池管道的画法。

1）单击“图层控制”下拉列表框，选择“轴线”为当前图层。

2）选择“构造线”命令（XL），绘制一条横向构造线和一条纵向构造线。

3）选择“偏移”命令（O），把横向构造线依次向上偏移 100、150、670、500 和 80，将竖向构造线依次向右各偏移 200、1600、3000、1600 和 200，如图 8-58 所示。

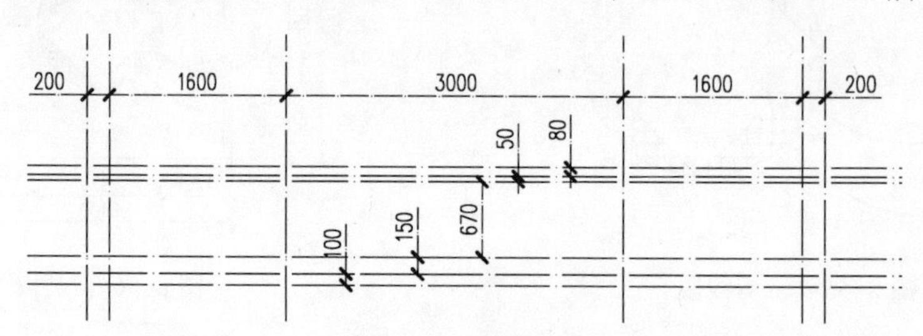

图 8-58 绘制轴线

4）单击“图层控制”下拉列表框，选择“轮廓”图层为当前图层。

5）选择“直线”命令（L），按照如图 8-59 所示来绘制直线。

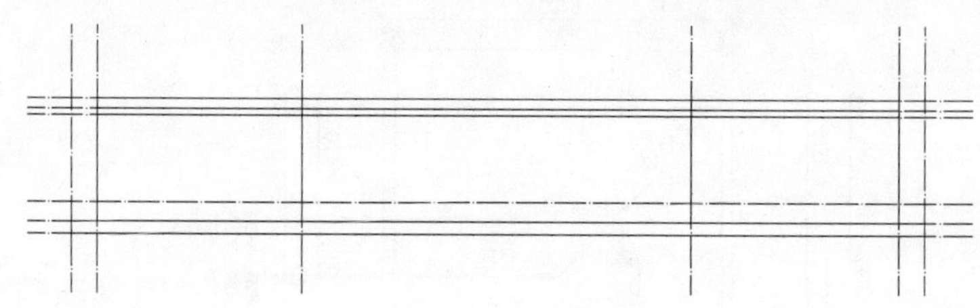

图 8-59 绘制直线

6）选择“偏移”命令（O），将左侧的垂直线段向右各偏移 100、1200、200、200、3000、200、200、1200 和 100；并关闭“轴线”图层，其效果如图 8-60 所示。

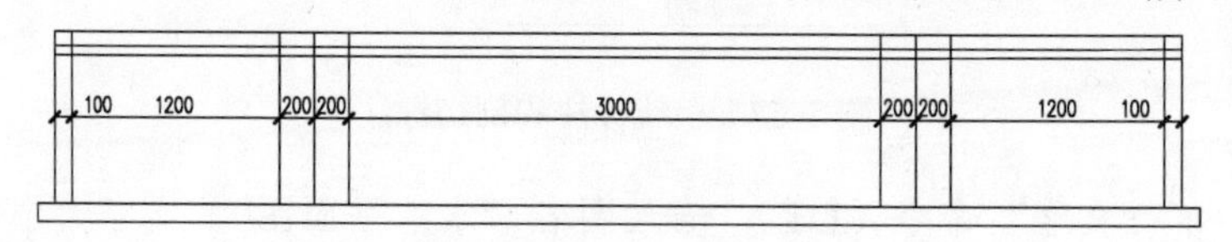

图 8-60 偏移垂直线段

7）选择“修剪”命令（TR），修剪掉多余的线段，如图 8-61 所示。

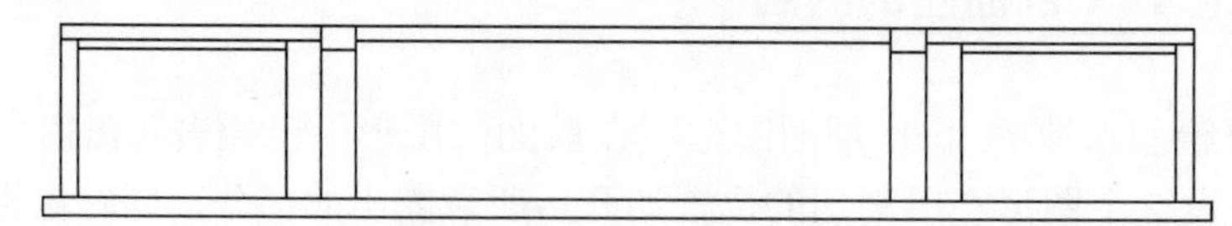

图 8-61 修剪多余的线段

8）选择“偏移”命令（O），将图形中最上方的水平线段向上各偏移 5、20、5 和 20，结果如图 8-62 所示。

图 8-62 偏移水平线段

9）选择“直线”命令（L），在相应的位置绘制垂直线段，如图 8-63 所示。

图 8-63 绘制垂直线段

10）选择“修剪”命令（TR），对图形中多余线段进行修剪，结果如图 8-64 所示。

11）单击“图层控制”下拉列表框，选择“填充”图层为当前图层。

12）选择“图案填充”命令（H），选择图案“ANSI 31”，设置“比例”为“5”，“角度”为“45”，填充的效果如图 8-65 所示。

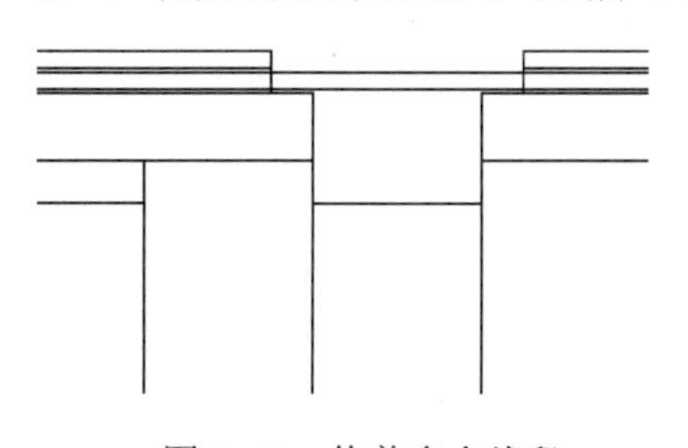

图 8-64 修剪多余线段

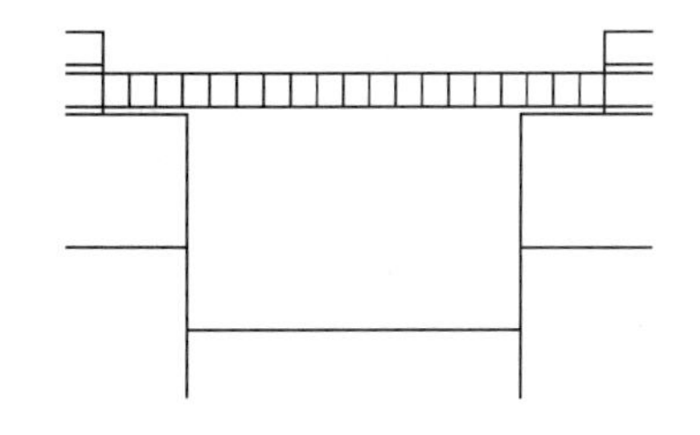

图 8-65 填充图案

13）选择“直线”命令（L），在相应的位置绘制三条水平直线和一些线段，如图 8-66 所示。

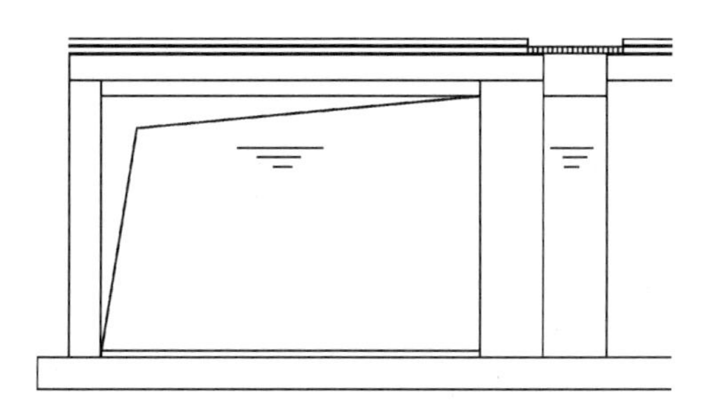

图 8-66 绘制线段

14）选择“圆”命令（C），在图形的底侧分别绘制半径为 50 的圆，如图 8-67 所示。

图 8-67　绘制的圆

15）选择“插入块”（I）和“镜像”（MI）等命令，选择路径为“案例\08\喷水.dwg”文件插入到图形中相应位置；再将其向左镜像一份，结果如图 8-68 所示。

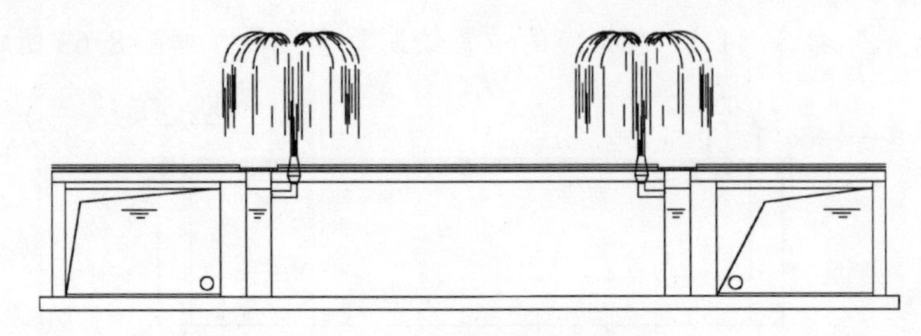

图 8-68　插入的喷水图块

16）选择“修剪”命令（TR），修剪掉插入的喷水图块位置多余的线段，如图 8-69 所示。

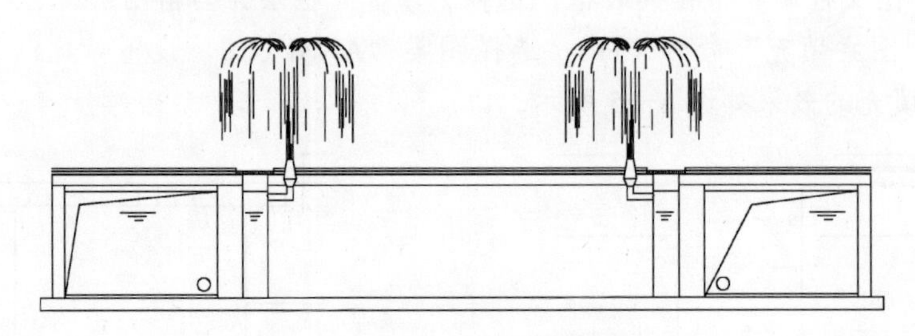

图 8-69　修剪多余线段

17）选择“图案填充”命令（H），选择图案“AR-SAND”，设置“比例”为“1”，填充后的效果如图 8-70 所示。

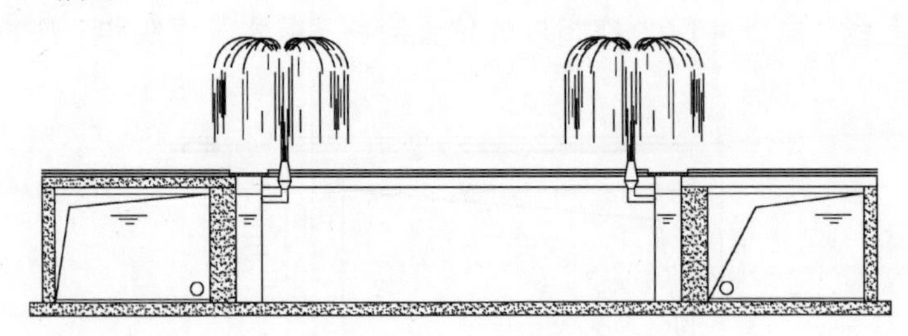

图 8-70　填充图案

18）单击“图层控制”下拉列表框，打开“轴线”图层，并选择“标注尺寸”图层为当前图层。

19）选择“线性标注”（DLI）和“连续标注”（DCO）等命令，对图形进行尺寸标注，如图 8-71 所示。

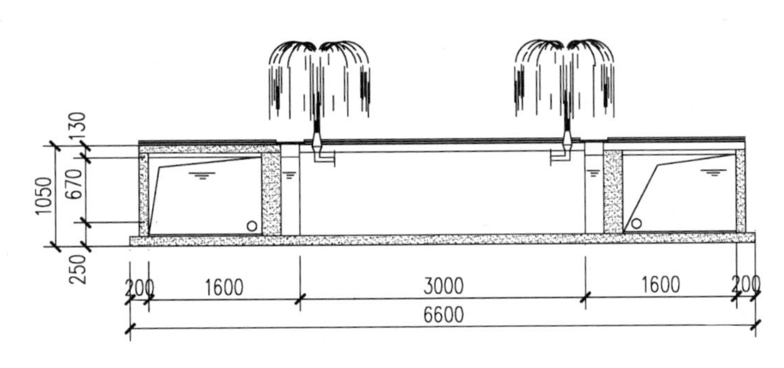

图 8-71 进行尺寸标注

提示： 由于水池平面图比 1-1 剖面图略大，在进行尺寸标注时，前者采用的标注比例为 100，而剖面图的标注比例则为 50，读者在对图形标注时，灵活掌握。

20）单击“图层控制”下拉列表框，并选择“文字标注”图层为当前图层。

21）选择“多段线”命令（PL），绘制剖切线符号，文字大小为“350”；选择“引线标注”命令（LE），对图形进行材质的文字说明，文字大小为“500”，箭头大小为“2”，如图 8-72 所示。

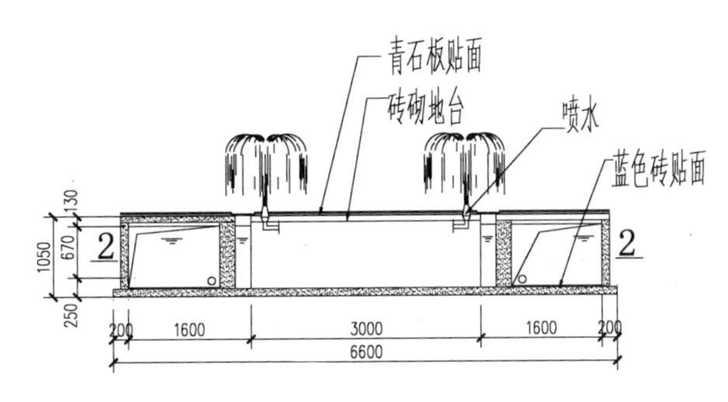

图 8-72 进行引线标注

22）选择“单行文字（DT）”命令，输入图名“1-1 剖面图”，文字大小为“500”。

23）至此，该水池 1-1 剖面图已经绘制完成，按〈Ctrl+S〉组合键进行保存。

专业知识： 喷水的形式

喷水的基本形式包括直射形、集射形、放射形、散剔形、混合形等。喷水又可与山石、雕塑、灯光等相互衬托，共同组合形成景观。不同的喷水外形主要取决于喷头的形式，可根据不同的喷水造型设计喷头。

8.3.4 水池 2–2 剖面图的绘制

从 1-1 剖面图中可以看出 2-2 的剖切位置，即 2-2 剖面图形对于 1-1 剖面图是垂直剖面，而对于前面的平面图则是一个水平剖面图。也就是说所绘制的图表表示的位置不同，说法也可以改变，但是图形是不会改变的，无论采用哪种说法，只要能清楚地表达出所需要部分的图形就可以了。

1）选择“复制”命令（CO），选择水池平面图，将其水平向右复制一份。

2）选择“删除”命令（E），选择图形中部分图形，结果如图 8-73 所示。

3）选择“偏移”命令（O），将外侧的矩形向内各偏移 100、1200、200 和 200，如图 8-74 所示。

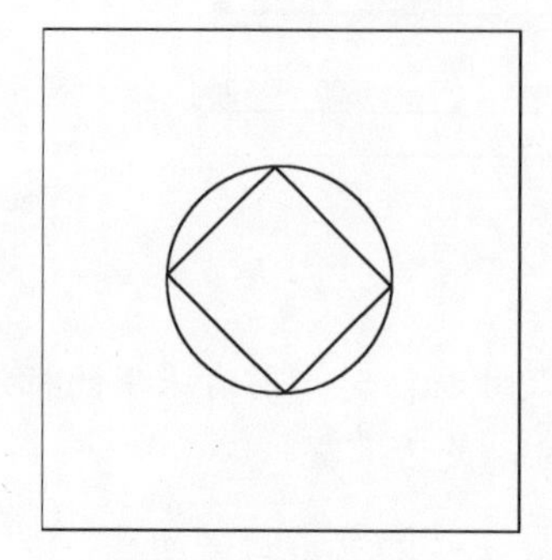

图 8-73　删除对象

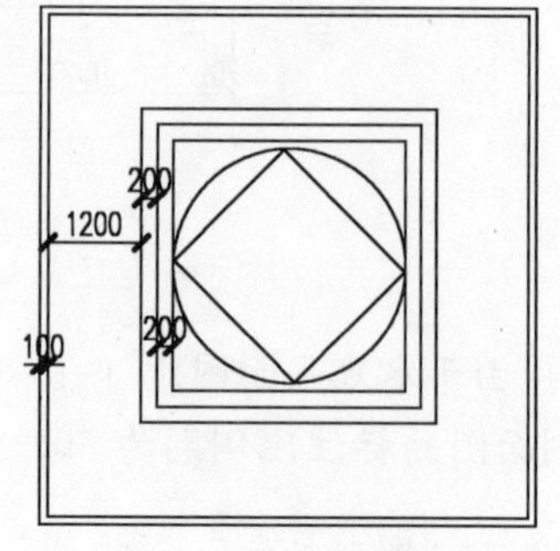

图 8-74　偏移矩形

4）单击“图层控制”下拉列表框，并选择“池水”图层为当前图层。

5）选择“直线”命令，按照如图 8-75 所示绘制高为 400 的线段。

6）选择“修剪”命令（TR），选择绘制的图形，修剪掉多余的线段，如图 8-76 所示。

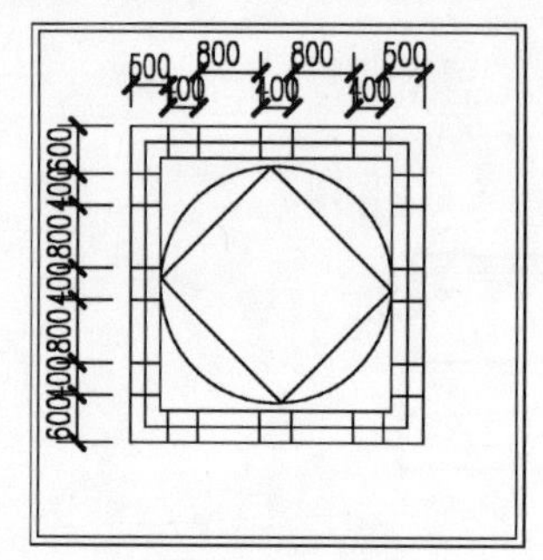

图 8-75　绘制线段

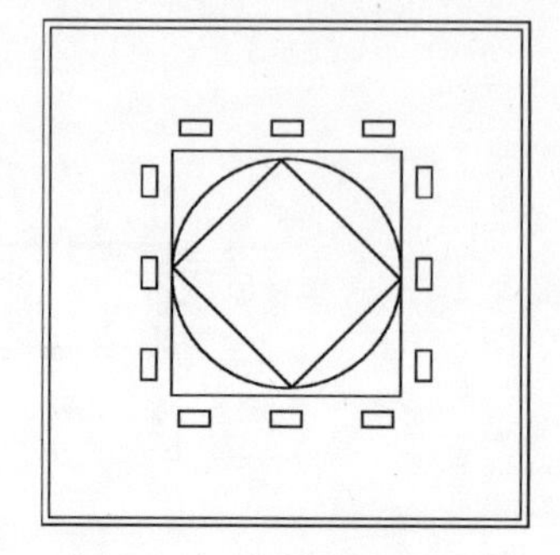

图 8-76　修剪多余的线段

7）选择“圆”命令（C），在最内侧的矩形 4 个对角，绘制直径为 117 的圆，如图 8-77 所示。

8）单击“图层控制”下拉列表框，并选择“填充”图层为当前图层。

9）选择“图案填充”命令（H），选择图案“AR-SAND”，设置“比例”为“1”，填充后的效果如图 8-78 所示。

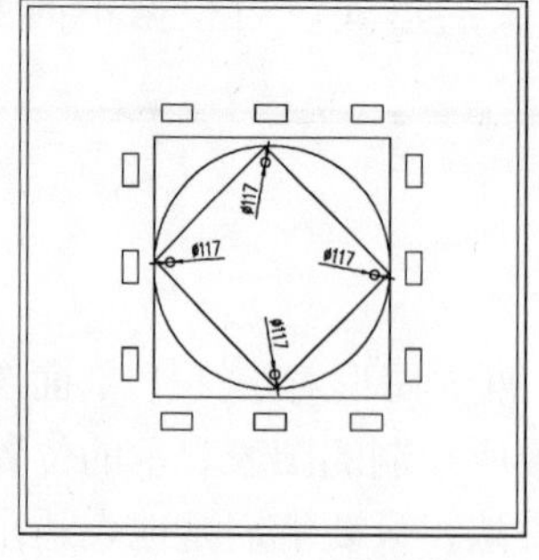

图 8-77　绘制圆

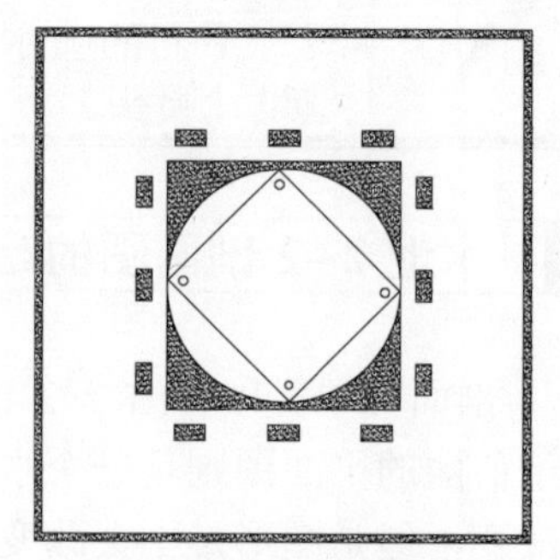

图 8-78　图案填充

10）单击“图层控制”下拉列表框，并选择“文字标注”图层为当前图层。

11）选择“多段线”命令（PL），绘制剖切线符号，文字大小为“350”；选择“引线标注”命令（LE），对图形进行材质的文字说明，文字大小为“500”，箭头大小为“3”，如图 8-79 所示。

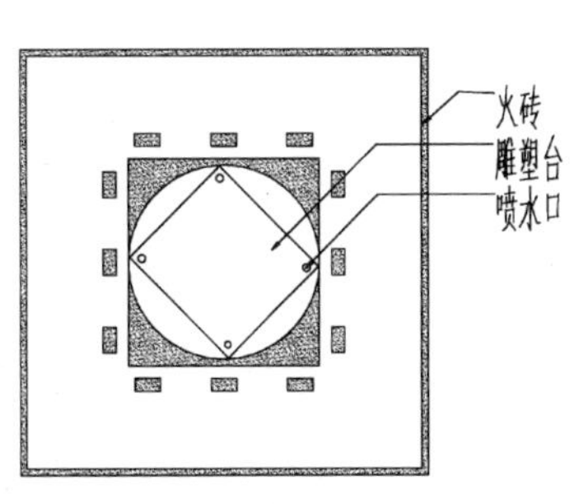

图 8-79　进行引线标注

12）选择“单行文字”命令（DT），输入图名“2-2 剖面图”，文字大小为“500”。

13）至此，该水池 2-2 剖面图已经绘制完成，按下〈Ctrl+S〉组合键进行保存。

第 9 章　园林植物的绘制

本章导读

园林设计中植物是不可缺少的项目，同时植物还会随着季节的更变而表现出不同的景色，植物与植物之间的搭配可以配置出丰富多样的景观，与其他小品搭配也可作为点缀之用，故植物的绘制将成为园林设计中的重要组成部分。

本章首先讲解了园林植物的概念，包括园林植物的原则、种植方式和园林图例的画法；其次，介绍了采用 AutoCAD 软件对几个典型的园林植物图例绘制方法；最后通过某屋顶建筑来进行屋顶花园的设计，并布置了一些园林植物及修砌花台等对象。

主要内容

- 了解园林植物的配置原则和种植方式
- 掌握园林植物图例平面图的绘制方法
- 掌握常用园林植物图例的绘制方法和技巧
- 掌握屋顶花园的规划设计和绘制方法

效果预览

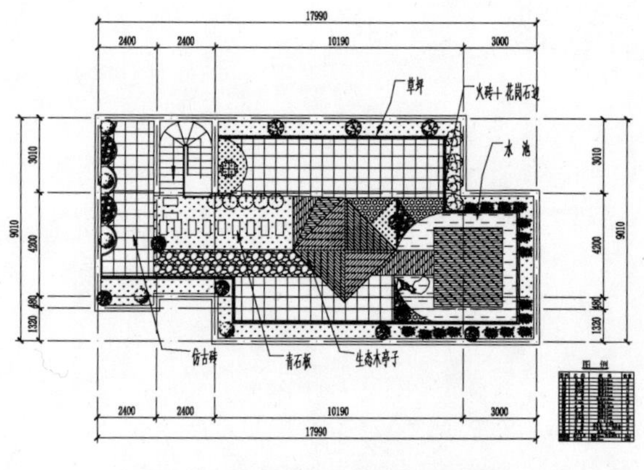

屋顶花园平面布置图

9.1 园林植物概述

园林植物是园林工程建设中的重要材料，植物的配置直接影响到园林工程的质量及园林功能的发挥。园林植物配置不仅要遵循科学性，力求进行科学合理的配置，而且要讲究艺术性，创造出优美的景观效果，从而使生态、经济、社会三者效益并举。

园林植物配置是按植物生态习性和园林布局要求，合理配置园林中各种植物（乔木、灌木、花卉、草皮和地被植物等），以发挥它们的园林功能和观赏特性，它是园林规划设计的重要环节。

9.1.1 园林植物的配置原则

园林植物的配置包括两个方面：一方面是各种植物相互之间的配置，考虑植物种类的选择，树丛的组合，平面和立面的构图、色彩、季节以及园林意境；另一方面是园林植物与其他园林要素（如山石、水体、建筑、园路等）相互之间的配置。

在园林植物的配置时，应遵循以下 4 个原则。

- 功用性：要符合绿地的性质和功能要求。设计的植物种类来源有保证，并且具备必需的功能特点，能满足绿地的功能要求，符合绿地的性质。
- 科学性：适宜的环境种适宜的植物。搭配及种植密度要合理，满足植物生态要求，使立地条件与植物生态习性相接近，做到“适地适树”。
- 经济性：要做到“花钱少，效果好”。苗木规格、价格档次与实际需要相吻合，量大的植物采用价格档次较低的，量少的重点植物用价格档次比较高的；同时，苗木数量的统计要准确。
- 艺术性：要考虑园林艺术构图的需要。

9.1.2 园林植物的种植方式

自然界的山岭岗阜上和河湖溪涧旁的植物群落，具有天然的植物组成和自然景观，是自然式植物配置的艺术创作源泉。中国古典园林和较大的公园、风景区中，植物配置通常采用自然式，但在局部地区、特别是主体建筑物附近和主干道路旁侧则大多采用规则式。

在园林植物的布置方法中，主要有孤植、对植、列植、丛植和群植等几种。

1．孤植

主要显示树木的个体美，常作为园林空间的主景。对孤植树木的要求是：姿态优美，色彩鲜明，体形略大，寿命长且有特色；周围配置其他树木，应保持合适的观赏距离；在珍贵的古树名木周围，不可栽植其他乔木和灌木，以保持其独特风姿。用于庇荫和孤植的树木，还要求树冠宽大，枝叶浓密，叶片大，病虫害少，以圆球形、伞形树冠为好，如图 9-1 所示。

2．对植

对植即对称地种植大致相等数量的树木，多用于园门、建筑物入口、广场或桥头的两旁。在自然式种植中，虽然不要求绝对对称，但对植时也应保持形态的均衡。

3．列植

列植也称带植，是指成行成列栽植树木，多应用于街道、公路的两旁，或规则式广场的周围。如用作园林景物的背景或隔离措施，一般宜密植，形成树屏，如图 9-2 所示。

图 9-1　孤植树木

图 9-2　列植树木

4．丛植

丛植指三株以上不同树种的组合，是园林中普遍应用的方式，可用作主景或配景，也可用作背景或隔离措施。配置宜自然，符合艺术构图规律，务求既能表现植物的群体美，又能看出树种的个体美，如图 9-3 所示。

5．群植

群植指相同树种的群体组合，树木的数量较多，以表现群体美为主，具有“成林”之趣，如图 9-4 所示。

图 9-3　丛植树木

图 9-4　群植树木

9.1.3　常用植物图例平面图的画法

大多植物图例都不是由规则的图形组成，而是由一些异形的多个图形组合而成的，还有一些复杂的图形包含多个异形图形。

绘制植物图例之前要先对图形进行分析，把图形拆分成多个单一的图形，再进行绘制。绘制植物图例大多是随手绘制，在尺寸上的讲究不会过于严格，只要求绘制图形的形状与实体相近，同时与其他图例相比也好辨识。

以如图 9-5 所示的竹子为例，用户可以看出此图形主要由竹杆和竹叶组成，竹叶又是由多个单一叶片经复制、旋转、缩放等方式进行组合而成的。

红花继木球图例无论是平面还是立面都可以采用同一种，如图 9-6 所示。此图例可以选用“多段线”绘制下半部分，再用“椭圆”和“弧形”绘制图形的上半部分。在绘制图例时需要结合实际物体的总体尺寸来绘制。

如图 9-7 所示的雪松图例，从绘制图形的角度看比较简单：首先绘制 5 个适当的圆形，再绘制一条直线，同时把直线进行旋转，接着延长部分直线，最后删除绘制的圆形，这样雪松图例就绘制完成了。

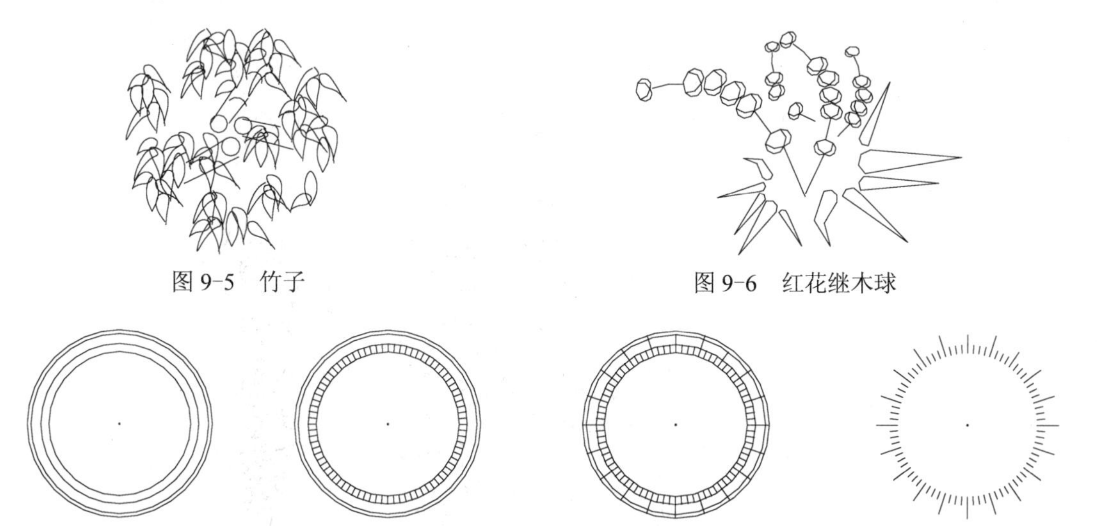

图 9-5　竹子

图 9-6　红花继木球

图 9-7　雪松图例

9.2　园林植物图例的绘制

在进行园林设置时，少不了一些园林植物对象，在本节中将针对几个典型的园林植物图例进行讲解。

9.2.1　狐尾椰子图例的绘制

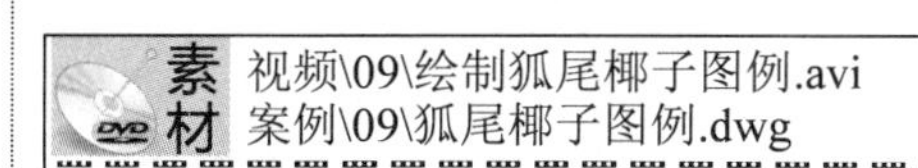

狐尾椰子为棕榈科，属常绿乔木，因形似狐尾而得名。树冠为伞状，植株高大挺拔，形态优美。耐寒耐旱，适应性强，为热带、亚热带地区最受欢迎的园林植物之一。适合列植于池旁、路边、楼前后，也可数株群植于庭院之中或草坪角隅，观赏效果极佳，如图 9-8 所示为狐尾椰子摄影图片。

本实例通过绘制一个狐尾椰子植物图例，使读者掌握绘制狐尾椰子图例的方法及技巧，绘制的狐尾椰子图例效果如图 9-9 所示。

图 9-8　狐尾椰子摄影图片

图 9-9　狐尾椰子图例

1）正常启动 AutoCAD 2013 软件，新建一个空白文件，选择“文件 | 另存为”菜单命令，将文件另存为“案例\09\狐尾椰子图例.dwg”文件。

2）选择“图层”命令（LA），在弹出的对话框中新建一个图层，命名为“狐尾椰子”，并将其设置为当前图层，如图 9-10 所示。

✔ 狐尾椰子 | 💡 ☼ 🔓 □绿 Continuous —— 默认

图 9-10　新建图层

3）选择“圆”命令（C），绘制一个半径为 1000 的圆。

4）选择“绘图 | 圆弧 | 起点、端点、半径”菜单命令，绘制一条圆弧对象，命令行提示与操作如下。

```
命令:_arc↙
指定圆弧的起点或 [圆心(C)]:  //拾取圆的圆心作为起点
指定圆弧的第二个点或 [圆心(C)/端点(E)]:e   //激活“端点”选项
指定圆弧的端点:          //拾取圆上相应的象限点作为端点
指定圆弧的圆心或 [角度(A)/方向(D)/半径(R)]:r        //激活“半径”选项
指定圆弧的半径: 600↙ //输入圆弧的半径，按〈Enter〉键结束命令，如图 9-11 所示
```

5）选择“绘图 | 圆弧 | 起点、端点、方向”菜单命令，分别以图 9-11 所示的“点 1”为起点，以“点 2”和“点 3”为端点，绘制两条圆弧，如图 9-12 所示。

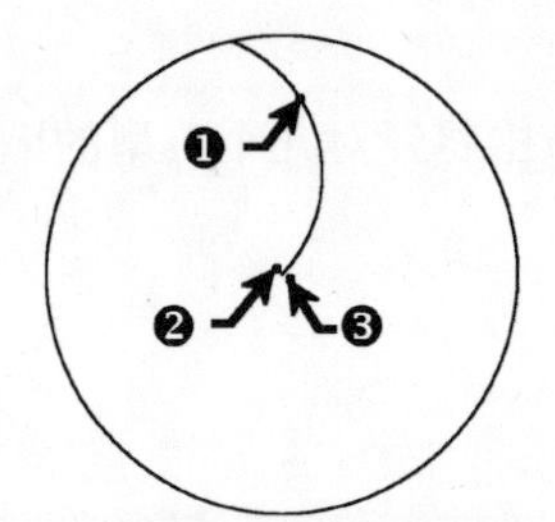

图 9-11　绘制圆弧

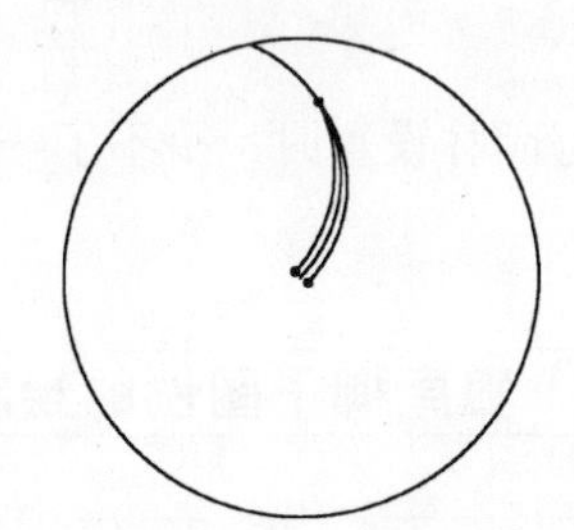

图 9-12　绘制圆弧

6）选择“绘图 | 圆弧 | 起点、端点、方向”菜单命令，在绘制的圆弧上绘制树叶图形，如图 9-13 所示。

7）使用相同的方法绘制圆弧上的其他树叶，如图 9-14 所示。

8）选择“阵列”命令（AR），选择绘制的所有树叶图形为阵列对象，进行极轴阵列，以圆心为中心点，项目“总数”为“5”，填充“角度”为“360”，然后将绘制的圆删除，其阵列后的效果如图 9-15 所示。

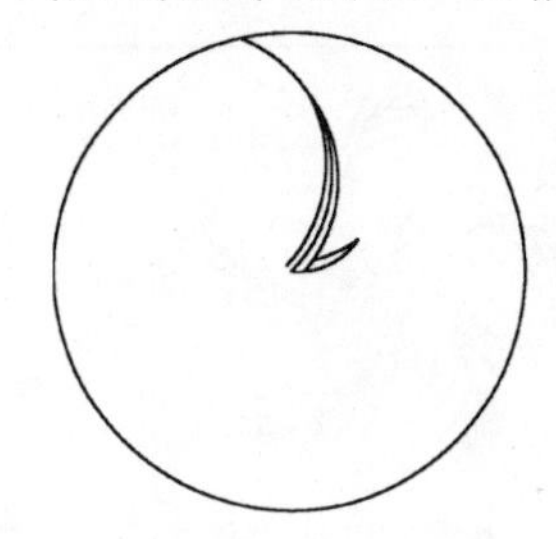

图 9-13　绘制树叶

图 9-14　绘制其他树叶

图 9-15　阵列的效果

9）选择“创建块”命令（B），将绘制的图形定义为块，命令为“狐尾椰子”。

10）至此，狐尾椰子植物图例已经绘制完成，然后按〈Ctrl+S〉组合键将该文件进行保存。

9.2.2 黄金叶球图例的绘制

素材 视频\09\绘制黄金叶球图例.avi
案例\09\黄金叶球图例.dwg

黄金叶球学名金露花，为马鞭草科常绿灌木。叶色翠绿，主要花期为6～10月，花色金黄、淡蓝或淡紫，亦有白花品种，果实金黄色。用于大型盆栽、花槽、绿篱，在庭园、校园或公园列植、群植均佳，开花能诱蝶。以观叶为主，用途极广泛，可地被、修剪造型、拼成图案或强调色彩配植树，极为耀眼醒目，为目前南方广泛应用的优良矮灌木。如图9-16所示为黄金叶球摄影图片。

本实例通过绘制一个黄金叶球植物图例，使读者掌握绘制黄金叶球图例的方法及技巧，绘制的黄金叶球图例效果如图9-17所示。

图9-16 黄金叶球摄影图片

图9-17 黄金叶球图例

1）正常启动 AutoCAD 2013 软件，新建一个空白文件，选择“文件 | 另存为”菜单命令，将文件另存为“案例\09\黄金叶球图例.dwg”文件。

2）选择“格式 | 图层”菜单命令，在弹出的对话框中新建一个图层，命名为“黄金叶球”，并将其设置为当前图层，如图9-18所示。

✔ 黄金叶球 | 绿 Continuous —— 默认

图9-18 新建图层

3）选择“圆”命令（C），绘制一个半径为580的圆。

4）输入“Sketch”，设置“记录增量”为“15”，沿圆的边线绘制树形轮廓，如图9-19所示。

5）选择“矩形”命令（REC），绘制一个250×280的矩形，然后将其移动到圆的中心位置，如图9-20所示。

6）选择“修订云线”命令（REVC），将绘制的矩形转换为修订云线，命令行提示与操作如下。

```
命令: _revcloud                                  //选择“修订云线”命令
最小弧长: 20    最大弧长: 30    样式: 普通
```

```
指定起点或 [弧长(A)/对象(O)/样式(S)] <对象>: a↙    //激活"弧长"选项
指定最小弧长 <20>: 180↙        //输入最小弧长
指定最大弧长 <30>: 180↙        //输入最大弧长
指定起点或 [弧长(A)/对象(O)/样式(S)] <对象>: s↙    //激活"样式"选项
选择圆弧样式 [普通(N)/手绘(C)] <普通>:N 普通       //激活"普通"选项
指定起点或 [弧长(A)/对象(O)/样式(S)] <对象>: o↙    //激活"对象"选项
选择对象:                                          //选择绘制的矩形
反转方向 [是(Y)/否(N)] <否>: y↙      //按〈Enter〉键结束命令，其绘制的修订云线如图 9-21 所示
```

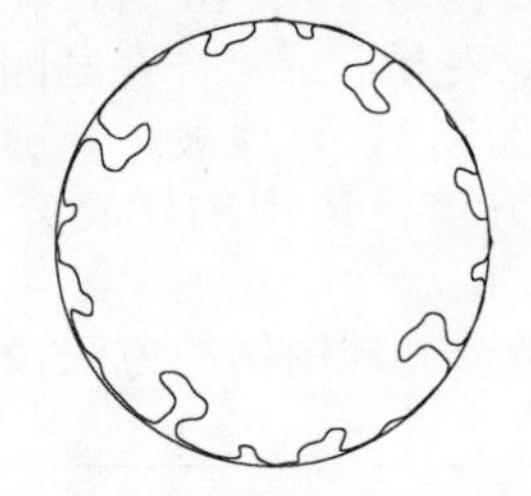

图 9-19　绘制树形轮廓

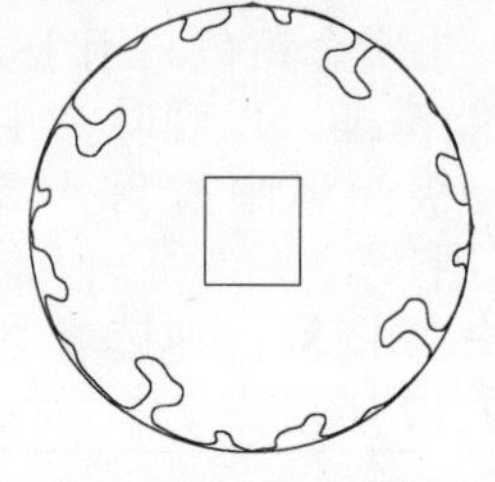

图 9-20　绘制矩形

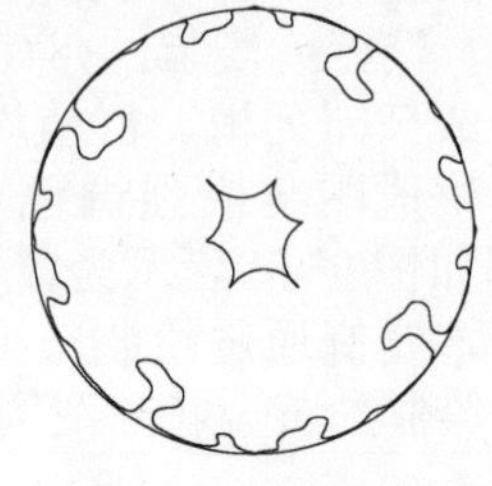

图 9-21　绘制树干轮廓

7）选择"构造线（XL）"命令，绘制树干纹理，单击云线内一点，出现一条直线，移动光标，单击不同的点旋转绘制多条构造线；再选择"修剪"命令（TR），将云线外的多段线修剪掉，如图 9-22 所示。

8）选择"图案填充（H）"命令，为绘制图形的内部相应区域填充"ANSI31"图案，填充比例为"3"，然后将绘制的圆形删除，如图 9-23 所示。

图 9-22　绘制树干纹理

图 9-23　填充图案

9）选择"创建块（B）"命令，将绘制的图形定义为块，命令为"黄金叶球"。

10）至此，黄金叶球植物图例已经绘制完成，按〈Ctrl+S〉组合键将该文件进行保存。

9.2.3　绿篱图例的绘制

素材　视频\09\绘制绿篱图例.avi
案例\09\绿篱图例.dwg

凡是由灌木或小乔木以近距离的株行距密植，栽成单行或双行，形成紧密结合、规则的种植形式，称为绿篱、植篱、生篱。因其可修剪成各种造型并能相互组合，从而提高了观赏效果。此外，绿篱还能起到遮盖不良视点、隔离防护、防尘防噪等作用，如图 9-24 所示为绿篱摄影图片。

本实例通过绘制绿篱图例，可以使读者掌握绘制绿篱图例的绘制技巧，同时可以学习园林设计中绿篱图例的表示方法，绘制的绿篱图例效果如图 9-25 所示。

图 9-24 绿篱摄影图片

图 9-25 绿篱图例

1）正常启动 AutoCAD 2013 软件，新建一个空白文件，选择“文件 | 另存为”菜单命令，将文件另存为“案例\09\绿篱图例.dwg”文件。

2）选择“格式 | 图层”菜单命令，在弹出的对话框中新建一个图层，命名为“绿篱”，并将其设置为当前图层，如图 9-26 所示。

绿篱				绿	Continuous	—— 默认

图 9-26 新建图层

3）选择“圆”命令（C），分别绘制半径为 400、800、1000、1500 的 4 个同心圆，如图 9-27 所示。

4）选择“直线”命令（L），捕捉最外侧圆上的象限点绘制圆的垂直直径，如图 9-28 所示。

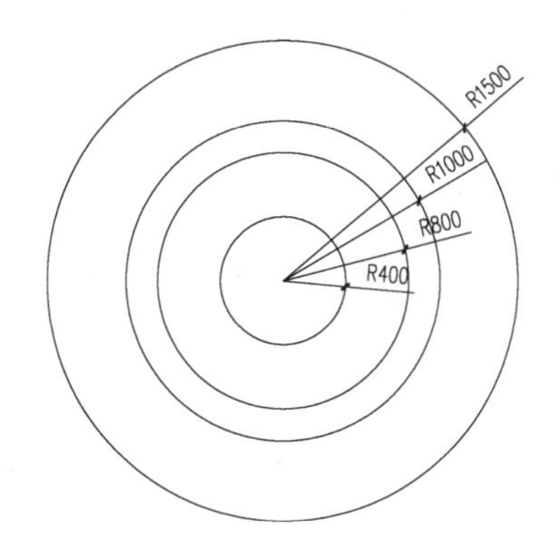

图 9-27 绘制同心圆

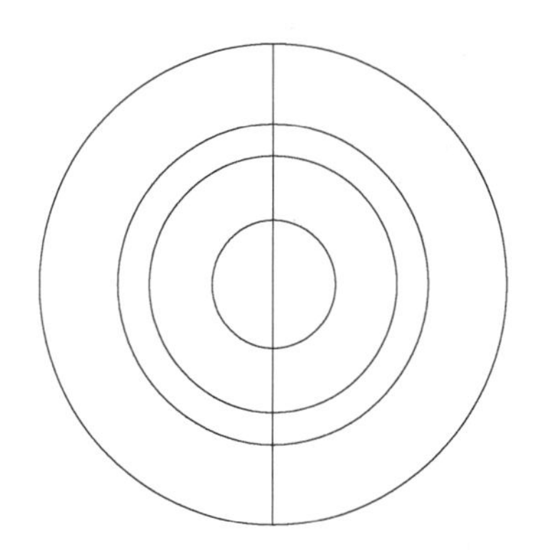

图 9-28 绘制垂直直径

5）选择“阵列”命令（AR），将垂直线段进行极轴阵列，以圆心为阵列中心点，“项目数”为“12”，其阵列的效果如图 9-29 所示。

6）选择“分解”命令（X），将阵列的线段分解；选择“修剪”命令（TR），对图中相应的线段进行修剪，其修剪的效果如图 9-30 所示。

7）选择“多段线”命令（PL），在前面绘制的图形内部绘制绿篱的外部轮廓，如图 9-31 所示。

8）选择“多段线”命令（PL），绘制出绿篱的内部轮廓，如图 9-32 所示。

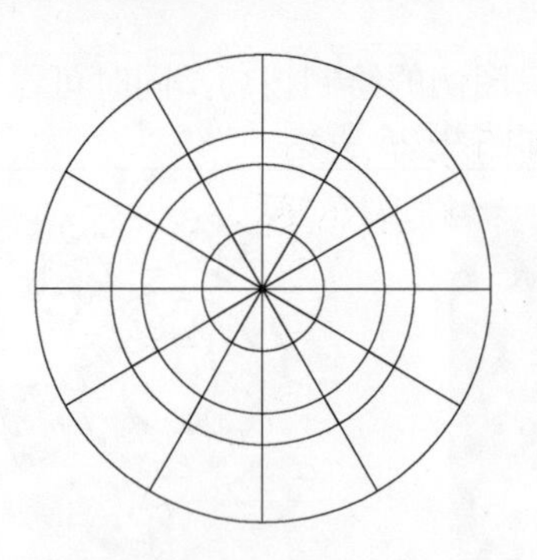

图 9-29　阵列的效果

图 9-30　修剪的效果

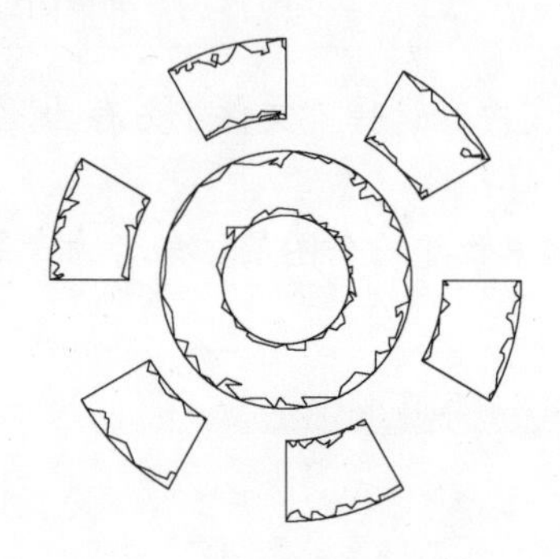

图 9-31　绘制绿篱外部轮廓

图 9-32　绘制绿篱内部轮廓

9）至此，绿篱图例已经绘制完成，按〈Ctrl+S〉组合键将该文件进行保存。

9.2.4　苏铁图例的绘制

素材　视频\09\绘制苏铁图例.avi
　　　案例\09\苏铁图例.dwg

苏铁，即铁树，另称避火蕉，因为树干如铁打般的坚硬、喜欢含铁质的肥料而得名。另外，铁树因为枝叶似凤尾，树干似芭蕉、松树的干，所以又名凤尾蕉。铁树属常绿植物，茎干都比较粗壮，植株高度可以达到 8m。花期在 7～8 月。雌雄异株，雄花在叶片的内侧，雌花则在茎的顶部。喜强烈的阳光、温暖湿润的环境。要求肥沃、沙质、微酸性、有良好通透性的土壤。耐寒性较差，多是栽种在南方。如图 9-33 所示为苏铁摄影图片。

本实例通过绘制一个苏铁植物图例，可以使读者掌握绘制苏铁图例的绘制方法及技巧，绘制的苏铁图例效果如图 9-34 所示。

图 9-33　苏铁摄影图片

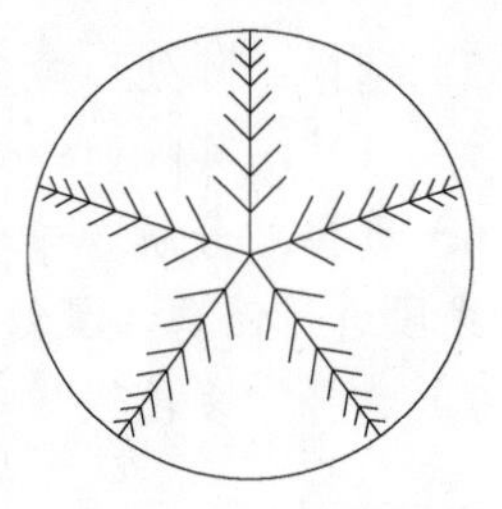

图 9-34　苏铁图例

1）正常启动 AutoCAD 2013 软件，新建一个空白文件，选择“文件 | 另存为”菜单命令，将文件另存为“案例\09\苏铁图例.dwg”文件。

2）选择“格式 | 图层”菜单命令，在弹出的对话框中新建一个图层，命名为“苏铁”，并将其设置为当前图层，如图 9-35 所示。

苏铁 绿 Continuous —— 默认

图 9-35 新建图层

3）选择“圆”命令（C），绘制一个半径为 350 的圆。

4）选择“直线”命令（L），捕捉圆心及圆上的象限点，绘制一条垂直线段，如图 9-36 所示。

5）选择“直线”命令（L），以垂直线段上的点为起点，向左绘制多条与垂直线段成 45°的斜线段，如图 9-37 所示。

6）将绘制的斜线段全部选中，选择“镜像”命令（MI），以垂直线段为镜像轴，向右镜像复制一份，其镜像的效果如图 9-38 所示。

7）选择“阵列”命令（AR），将斜线段及垂直线段选中，进行极轴阵列，以圆的圆心为中心点，“项目总数”为“5”，“填充角度”为“360”，其阵列的效果如图 9-39 所示。

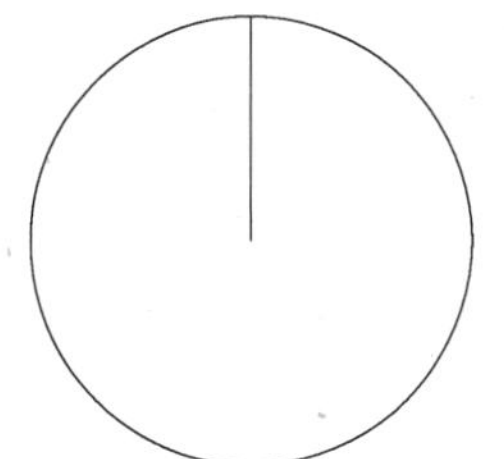

图 9-36 绘制垂直线段

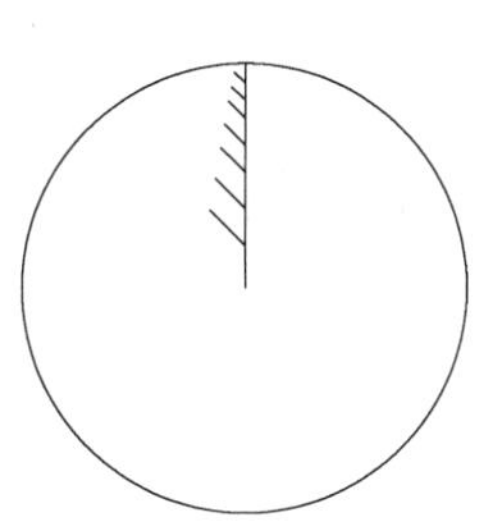

图 9-37 绘制斜线段

图 9-38 镜像的效果

图 9-39 阵列效果

8）选择“创建块（B）”命令，将绘制的图形定义为块，命令为“苏铁”。

9）至此，苏铁植物图例已经绘制完成，按〈Ctrl+S〉组合键将该文件进行保存。

9.2.5 竹林图例的绘制

素材 视频\09\绘制竹林图例.avi
案例\09\竹林图例.dwg

竹为高大、生长迅速的禾草类植物，茎为木质。分布于热带、亚热带至暖温带地区，东亚、东南亚和印度洋及太平洋岛屿上分布最集中，种类也最多。竹枝杆挺拔、修长，四季青翠，凌霜傲雨，备受中国人民喜爱，有“梅兰竹菊”四君子之一、“梅松竹”岁寒三友之一等美称。中国古今文人墨客，嗜竹咏竹者众多。如图 9-40 所示为竹林摄影图片。

本实例通过绘制竹林图例，可以使读者掌握绘制竹林图例的技巧，同时可以学习园林设计中竹林图例的表示方法，绘制的竹林图例效果如图 9-41 所示。

图 9-40　竹林摄影图片　　　　　　　　　　图 9-41　竹林图例

1）正常启动 AutoCAD 2013 软件，新建一个空白文件，选择“文件 | 另存为”菜单命令，将文件另存为“案例\09\竹林图例.dwg”文件。

2）选择“格式 | 图层”菜单命令，在弹出的对话框中新建一个图层，命名为“竹林”，并将其设置为当前图层，如图 9-42 所示。

✔ 竹林 | 绿 Continuous —— 默认

图 9-42　新建图层

3）选择“修订云线”命令（REVC），绘制出竹林的外部轮廓线，如图 9-43 所示。

图 9-43　绘制竹林外轮廓

4）选择“多段线”命令（PL），绘制表示单个竹叶形状的图形，如图 9-44 所示。

5）结合“复制”、“旋转”、“缩放”等命令，复制两个竹叶，然后对复制的竹叶进行编辑，如图 9-45 所示。

6）选择“图案填充”命令（H），为绘制的竹叶内部填充“SOLID”图案，如图 9-46 所示。

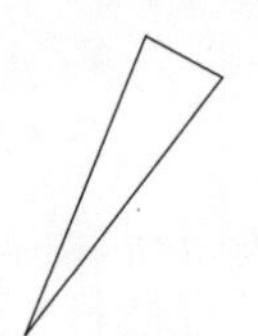

图 9-44　绘制单个竹叶

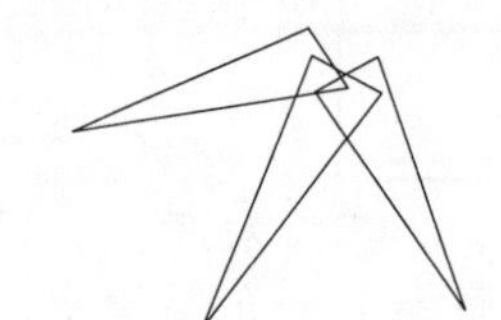

图 9-45　绘制组合竹叶

图 9-46　填充图案

7）选择“创建块”命令（B），将绘制的竹叶创建为块，命名为“竹叶”。

8）结合“复制”、“移动”、“缩放”、“旋转”等命令，将创建的竹叶图块布置到绘制的外轮廓线内部，如图 9-47 所示。

图 9-47　竹林图例

9）至此，竹林图例已经绘制完成，然后按〈Ctrl+S〉组合键将该文件进行保存。

9.3　屋顶花园的绘制

素材 视频\09\屋顶花园的绘制.avi
案例\09\屋顶花园.dwg

在现代的房屋建筑中，越来越多的人利用屋顶的空闲，来将其设计成屋顶花园效果，以供人们休闲之用。在本实例中，首先将事先准备好的屋顶平面图文件打开，再根据要求来规划好屋顶，并进行区分设计；然后将“园林图例”图块对象插入到文件中，将相应的园林植物对象分别插入到规划好的屋顶之中；最后对园林植物进行注释说明，以及进行尺寸和图名标注，其效果如图 9-48 所示。

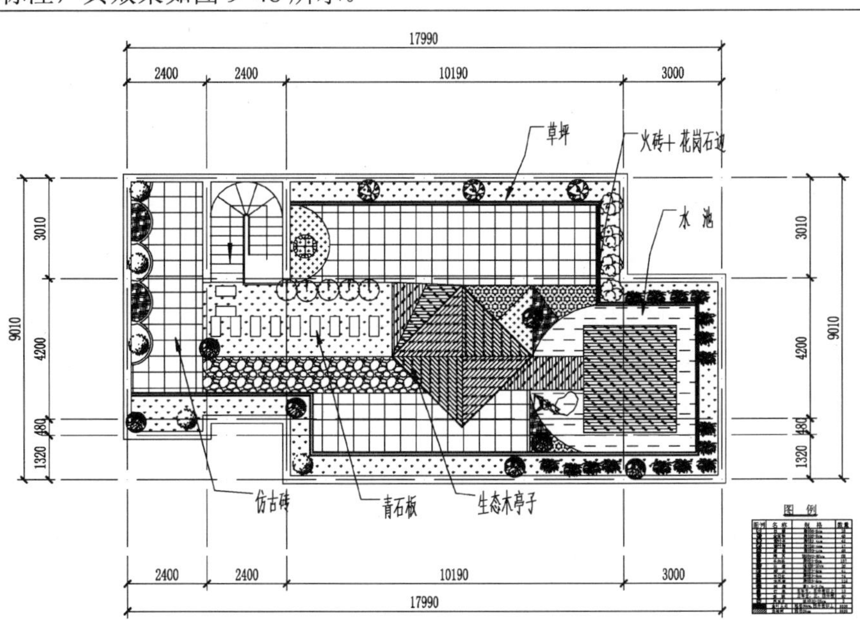

图 9-48　屋顶花园平面图

9.3.1 屋顶花园分区设计

将准备好的“屋顶平面图”文件打开，首先需要对种植绿化区域和其他区域进行规划，这样在绘制图形时才不会显得乱。按照从图形的总体区域到各区域的顺序进行详细布置和绘制，可以少图形修改次数，在绘制过程中能更清楚地看到绘制完成后的效果。

1）正常启动 AutoCAD 2013 软件，选择“文件 | 打开”菜单命令，将“案例\09\屋顶平面图.dwg”文件打开，如图 9-49 所示。

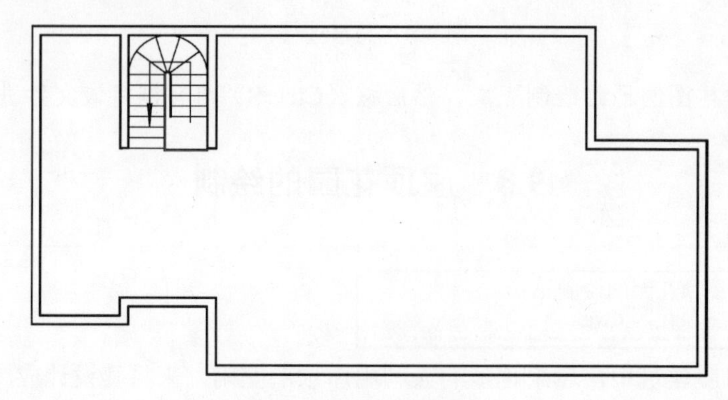

图 9-49 打开的文件

2）选择“文件 | 另存为”菜单命令，将文件另存为“案例\09\屋顶花园.dwg”文件。

3）选择“图层”命令（LA），打开“图层特性管理器”选项板，新建一“花台”图层，“颜色”为“洋红色”，“线宽”为“0.30”，并置为当前图层，如图 9-50 所示。

图 9-50 新建“花台”图层

4）暂时将“轴线”图层隐藏，选择“多段线”命令（PL），设置“宽度”为“30”，绘制一些多段线表示花台，如图 9 51 所示。

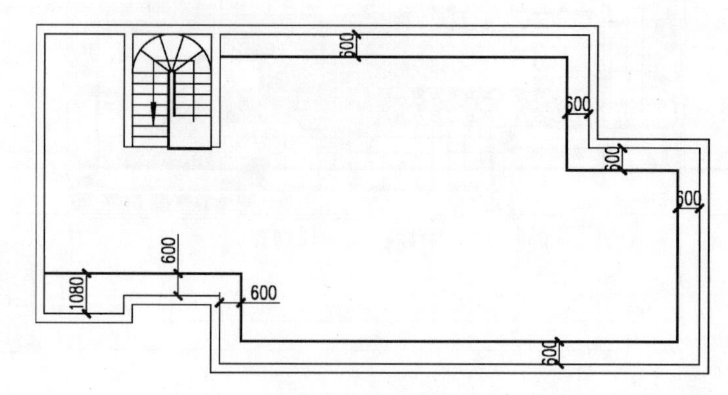

图 9-51 绘制的花台

5）选择“偏移”命令（O），将绘制的花台线段向内偏移 80。

6）选择“图层”命令（LA），新建一“道路”图层，并将其置为当前图层。

7）选择“矩形”命令（REC），在楼梯下方的相应位置，绘制 11 个 300×600 的矩形，如图 9-52 所示。

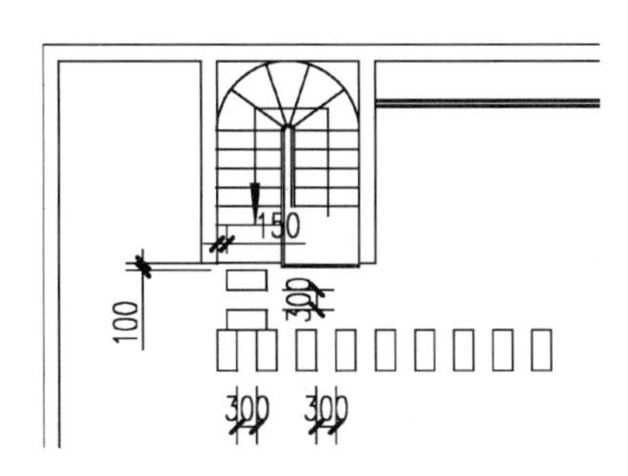

图 9-52　绘制矩形

8）选择“直线”命令（L），绘制一些线段表示道路，如图 9-53 所示。

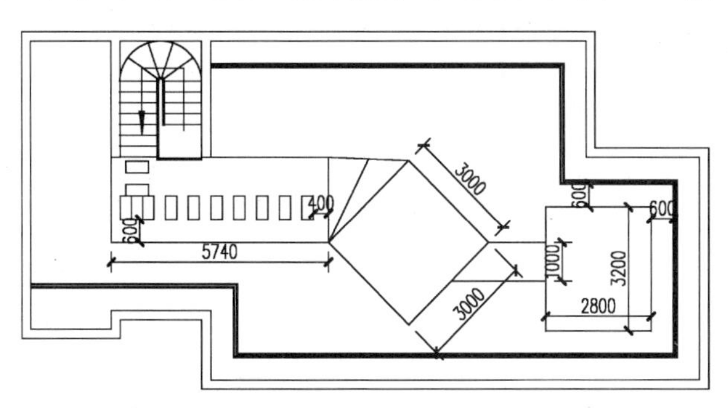

图 9-53　绘制线段

9）选择“圆弧”命令（ARC），在图形相应位置绘制两个圆弧，如图 9-54 所示。

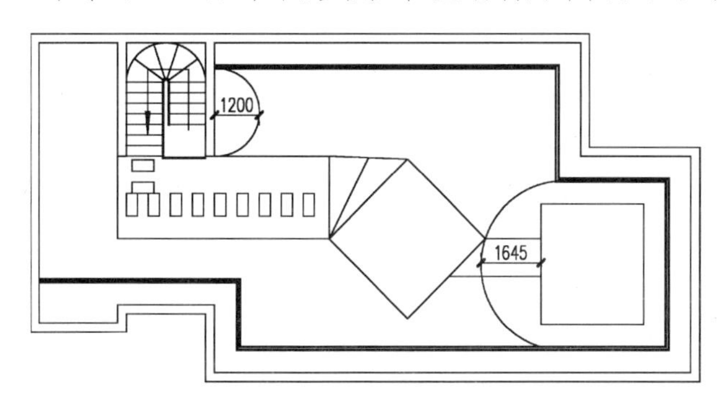

图 9-54　绘制圆弧

10）选择“圆”命令（C），以图形左上方第二个矩形对角作为圆心，分别绘制 5 个半径为 600 的圆，如图 9-55 所示。

11）选择“偏移”命令（O），分别选择绘制的圆，向外偏移 60。

12）选择“修剪”命令（TR），修剪多余的线段，形成花圃的效果，如图 9-56 所示。

13）选择“图层”命令（LA），新建一“地面边线”图层，并将其置为当前图层。

14）选择“直线”命令（L），在图形中绘制线段，如图 9-57 所示。

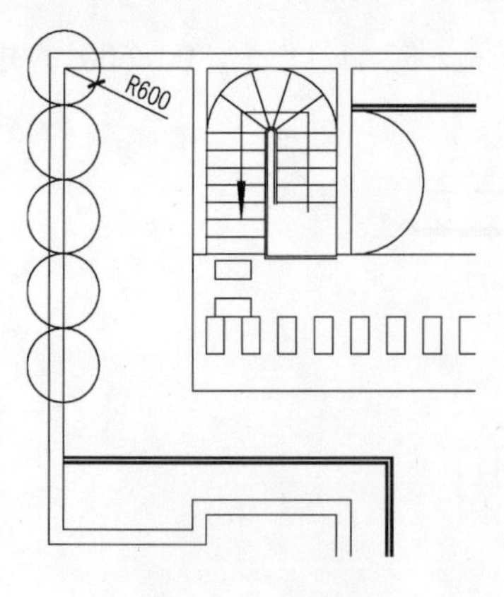

图 9-55　绘制圆

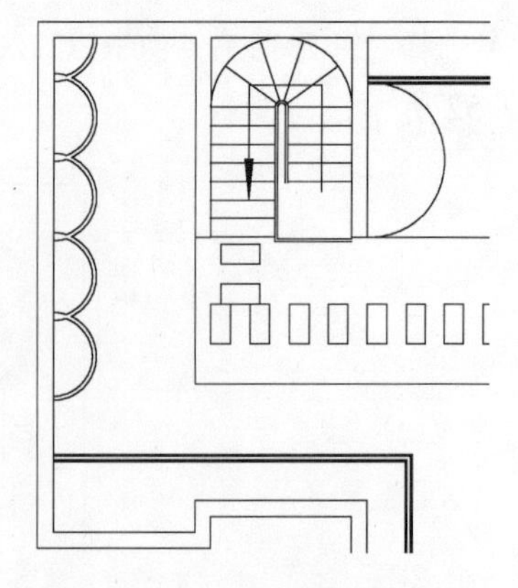

图 9-56　修剪线段

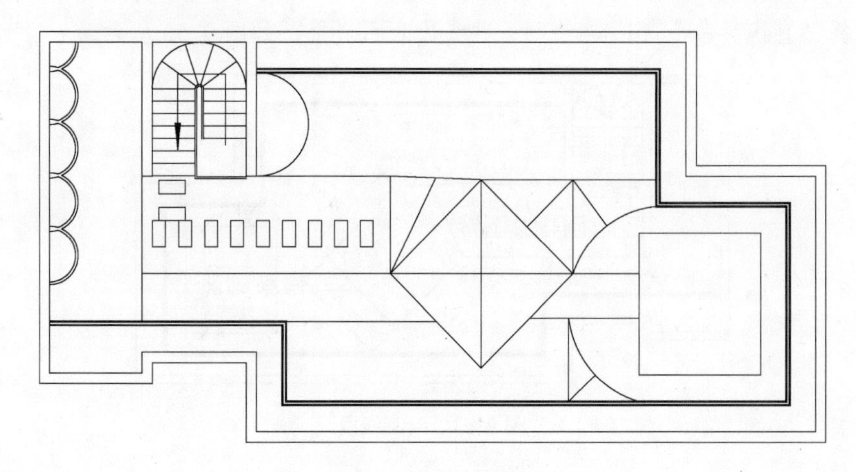

图 9-57　绘制线段

9.3.2　填充园林和插入图例

园林植物样式比较多，不同植物所表示的图案不一样，在对屋顶花园进行植物配置时，可以在图形中插入一个图例表，用户可以直接从图例中调用，图形的大小可以进行缩放。

1）选择“插入”命令（I），弹出“插入”对话框，选择路径“案例\09\花园图例.dwg”，如图 9-58 所示。

2）选择“分解”命令（X），选择插入的“花园图例”图块，进行分解。

3）选择“编组”命令（G），将各个图例对象编组成一个单一的对象。

4）选择“图层”命令（LA），新建一“植物”图层，“颜色”为“绿色”，并将其置为当前图层。

5）选择“图案填充”命令（H），选择图案“CORK”，设置“比例”为“30”，填充后的效果如图 9-59 所示。

6）选择“图案填充”命令（H），对图形的其他区域进行填充，效果如图 9-60 所示。

图 例

图例	名 称	规 格	数量
	白 蜡	胸径6-8cm	18
	金丝柳	胸径6-8cm	48
	紫叶李	胸径3-4cm	42
	榆叶梅	胸径3-4cm	17
	碧 桃	胸径3-4cm	48
	海 棠	冠径60-80cm	68
	毛白杨	胸径5-6cm	157
	石 榴	地径8-10cm	26
	樱 花	胸径3-4cm	41
	百日红	胸径3-4cm	74
	龙爪槐	胸径3-4cm	114
	棕 榈	高1.5-2.0m	35
	红 枫	五年生，五分枝以上	13
	连 翘	三年生，三、四分枝	40
	凤尾兰	地径20-25cm	3
	金叶女贞	冠径30cm，四分枝以上	5535
	龙柏树	冠径25cm	5535

图 9-58 插入图例表

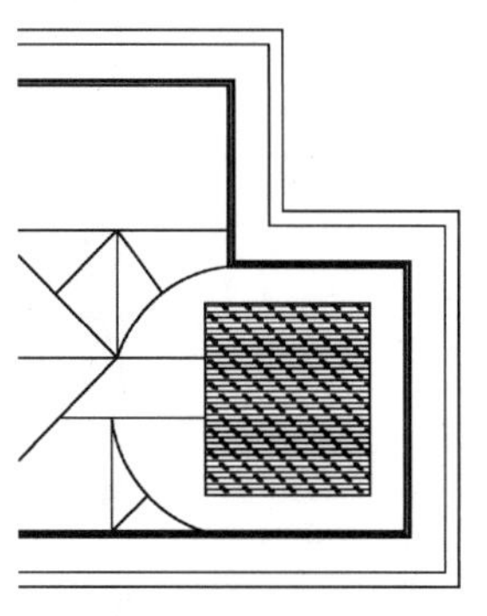

图 9-59 填充图案

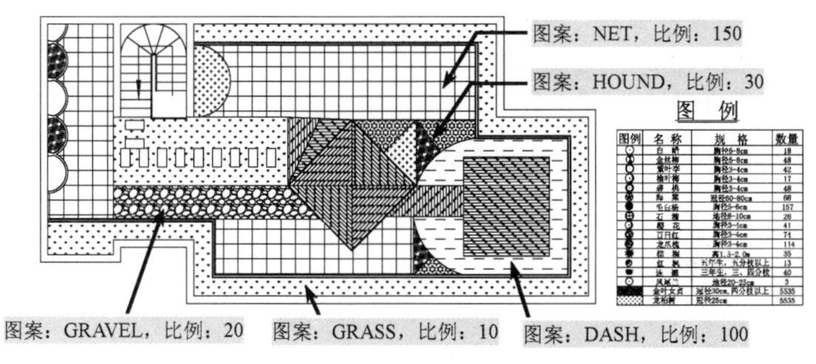

图 9-60 再次填充图案

7）选择“复制”命令（CO），选择图例中植物图形，分别复制到花园内相应位置；可结合选择“缩放”命令（SC），把复制的图形放大 5 倍，如图 9-61 所示。

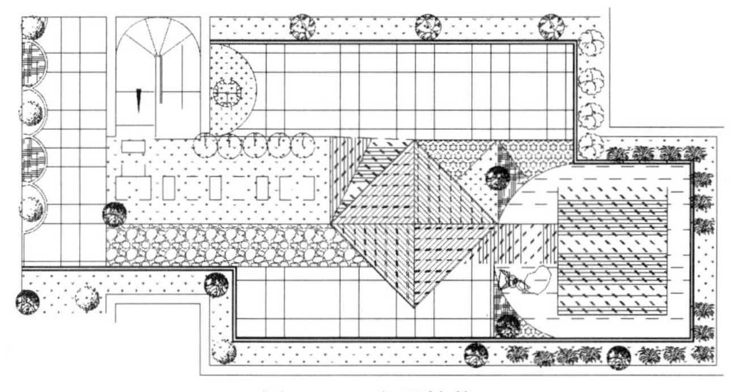

图 9-61 布置植物

9.3.3 尺寸和文字标注

屋顶花园也需要尺寸和文字的标注，在施工时可以依照尺寸进行修砌花台及其他园林小品。

1）单击“图案控制”下拉列表框，打开“轴线”图层，并将“尺寸标注”置为当前图层。

2）选择“线性标注”（DLI）和“连续标注”（DCO）等命令，对图形进行尺寸标注。

如图 9-62 所示。

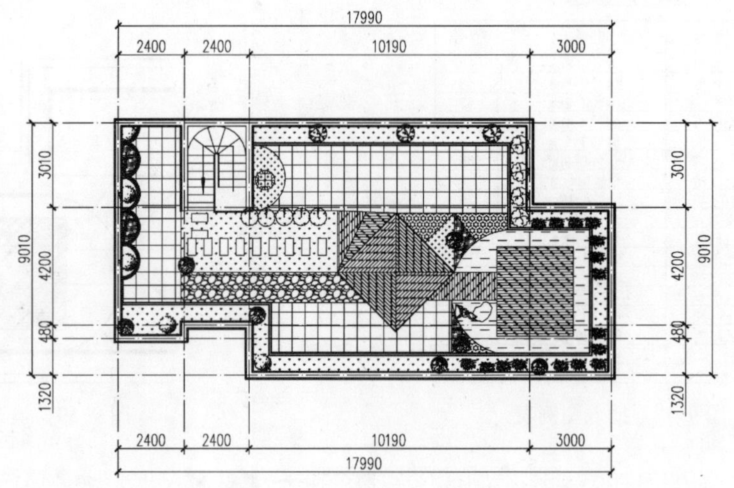

图 9-62　进行尺寸标注

3）单击“图案控制”下拉列表框，并将“文字标注”置为当前图层。

4）选择“图内文字”为当前文字样式。选择“引线标注”命令（LE），对图形中进行材质的文字说明，箭头大小为“4”，文字高度为“700”，结果如图 9-63 所示。

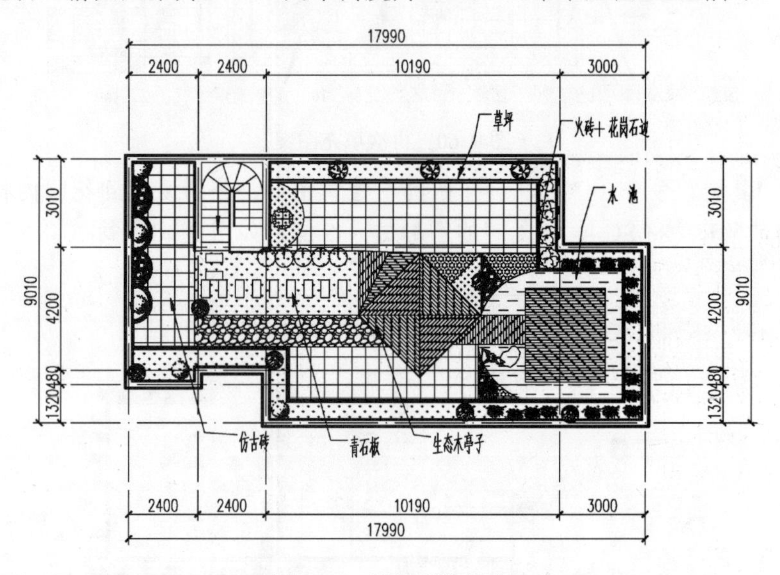

图 9-63　进行引线标注

5）选择“图名”为当前文字样式。选择“单行文字”命令（DT），输入图名“屋顶花园平面布置图”，文字高度为“1000”，并在下侧绘制一条水平线段，如图 9-64 所示。

屋顶花园平面布置图

图 9-64　进行图名标注

6）至此，该屋顶园已经绘制完成，按〈Ctrl+S〉组合键进行保存。

第 10 章　道路绿地的绘制

本章导读

城市道路是一个城市的骨架，而城市道路的绿化水平，不仅影响着整个城市面貌，更反映了城市绿化的整体水平。

本章首先讲解了道路绿地的概念，包括绿化的意义和作用、城市道路的植物配置、植物的选择与配置、道路绿化的布置形式等；再以某城市道路的绿化为基础，通过 AutoCAD 软件来进行绘制和设计；最后以规则式植物设计平面图为例来进行绘制讲解。

主要内容

- 了解城市道路绿化的意义和作用
- 了解城市道路的植物配置和布置形式
- 掌握城市道路绿化图的绘制方法和技巧
- 掌握规则式种植设计图的绘制方法和技巧

效果预览

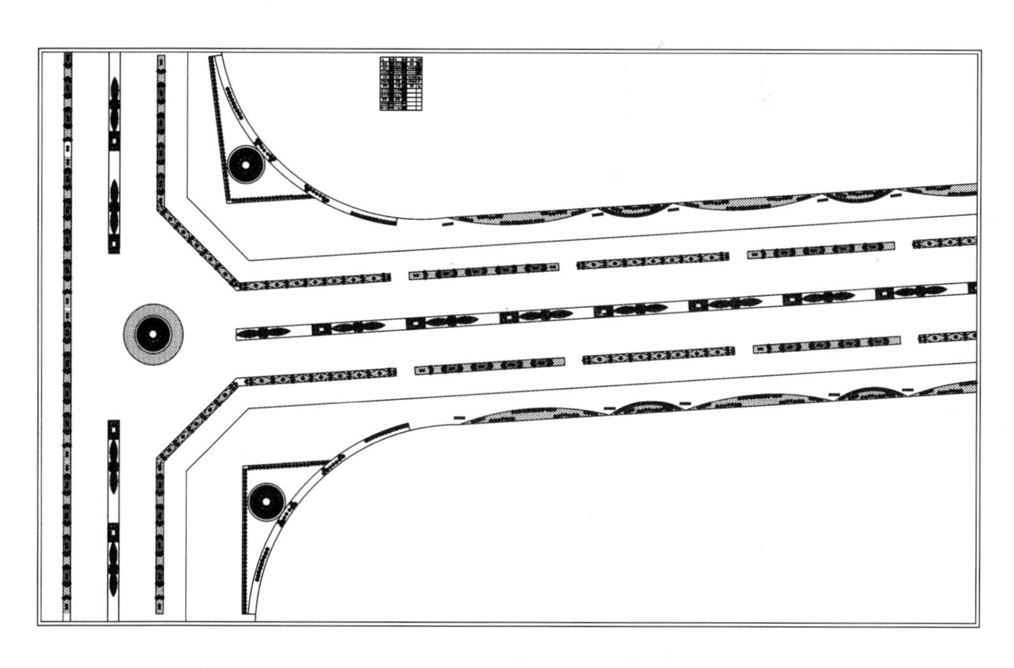

10.1 道路绿化概述

城市道路交通绿地主要指街道绿化，穿过市区的公路、铁路、高速干道的防护绿带，它不仅可以给城市居民提供安全、舒适、优美的生活环境，而且在改善城市气候、保护环境卫生、丰富城市艺术形象、组织城市交通和产生社会经济效益方面有着积极作用，是提高城市文化品位，创建文明城市的重要设施，如图 10-1 所示。

图 10-1 道路绿化

10.1.1 城市道路绿化的意义和作用

1. 卫生防护作用

◆ 道路绿地线长、面广，对道路上机动车辆排放的有毒气体有吸收作用，可净化空气、减少灰尘。

◆ 城市环境噪声 70%～80%来自城市交通，一定宽度的绿化带可以明显减弱噪声 5～8dB。

◆ 道路绿化还可以调节道路附近的温度、湿度，改善小气候；可以减低风速、降低日光辐射热，还可以降低路面温度，延长道路使用寿命。

2. 组织交通，保证安全

在道路中间设置绿化分隔带可以减少对向车流之间互相干扰；在机动车和非机动车之间设置绿化分隔带，则有利于解决快车、慢车混合行驶的矛盾；植物的绿色在视野上给人以柔和而安静的感觉；在车行道和人行道之间建立绿化带，可避免行人横穿马路，有利于提高车速和通行能力，利于交通。

3. 美化市容市貌

道路绿化可以美化街景，烘托城市建筑艺术，软化建筑的硬线条，同时还可以利用植物遮蔽影响市容的地段和建筑，使城市面貌显得更加整洁生动，在不同街道采用不同的树种，由于各种植物的体形、姿态、色彩等差别，可以形成不同的景观，如图 10-2 所示。

4．市民休闲场所

城市道路绿化除行道树和各种绿化带以外，还有面积大小不同的街道绿地、城市广场绿地、公共建筑前的绿地。这些绿地内经常设有园路、广场、坐凳、宣传廊、小型休息建筑等设施，有些绿地内还设有儿童游戏场，成为市民休闲的好场所，如图 10-3 所示。

图 10-2　市容配景

图 10-3　休闲广场配景

5．生产作用

道路绿化在满足各种功能要求的同时，还可以结合生产创造一些物质财富。如有些树木可提供油料、果品、药材等经济价值很高的副产品，如七叶树、银杏、连翘等；还有树木修剪下来的树枝，可供薪材之用。

6．防灾、战备作用

道路绿化为防灾、战备提供了条件，它可以伪装、掩蔽，在地震时搭棚，洪灾时用作救命草，作战时可砍树搭桥等。

10.1.2　城市道路的植物配置

城市道路的植物配置首先应考虑交通安全，有效地协助组织人流的集散，同时发挥道路绿化在改善城市生态环境和丰富城市景观中的作用。现代化城市中除必备的人行道、非机动车道、机动车道、立交桥、高速公路外，有时还有滨河路、滨海路、林荫道等。通过道路绿化，不仅美化了环境，同时也避免了司机的驾车疲劳，提高了安全性。

1．城市环城快速路的植物配置

通过绿地连续性种植或树木高度位置的变化来预示或预告道路线性的变化，引导司机安全操作；根据树木的间距、高度与司机视线高度、前大灯照射角度的关系种植，可以使道路亮度逐渐变化，并防止眩光；种植宽、厚的低矮树丛作缓冲种植，以免车体和驾驶员受到大的损伤，并且防止行人穿越。如图 10-4 所示。

2．分车绿化带

指车行道之间可以绿化的分隔带，其位于上下行机动车道之间的为中间分车绿带；位于机动车道与非机动车道之间或同方向机动车道之间的为两侧分车绿带。如图 10-5 所示。

3．行道树绿带

指人行道与车行道之间种植行道树的绿带。

4．路侧绿化

路侧绿带是指在道路的侧方，布设在人行道边缘至道路红线之间的绿带，如图 10-6 所示。

图 10-4　快速通道绿化

图 10-5　分车带绿化

图 10-6　路侧绿化

10.1.3　道路绿化植物选择与配置

1．乔木“主角”担大任

乔木主要作为行道树，选择品种时应满足：

◆ 株形整齐，观赏价值较高，最好树叶秋季变色，冬季可观树形、赏枝干。
◆ 生命力强健、病虫害少、便于管理，花、果、枝叶无不良气味。
◆ 树木发芽早、落叶晚，适合本地区正常生长，晚秋落叶期在短时间内树叶即能落光，便于集中清扫。
◆ 行道树树冠整齐，分枝点足够高，主枝伸张、角度与地面不小于 30°，叶片紧密浓荫。
◆ 繁殖容易，移植后易于成活和恢复生长，适宜大树移植。
◆ 有一定耐污染、抗烟尘的能力。
◆ 树木寿命较长，生长速度不太缓慢。

2．灌木地被“花样”多

灌木多应用于分车带或人行道绿带（车行道的边缘与建筑红线之间的绿化带），可遮挡视线、减弱噪声等，选择时应注意以下几个方面。

◆ 枝叶丰满、株形完美，花期长，花多而显露，防止树枝过长妨碍交通。
◆ 植株无刺或少刺，叶色有变，耐修剪，在一定年限内人工修剪可控制它的树形和高矮。
◆ 繁殖容易、易于管理、能耐灰尘和路面辐射。应用较多的有大叶黄杨、金叶女贞、月季等。
◆ 地被植物的选择。北方大多数城市主要选择冷季型草坪作为地被植物，根据气候、温度、湿度、土壤等条件选择适宜的草坪草种是至关重要的；另外多种低矮花灌木均可作地被应用，如棣棠等。
◆ 草本花卉的选择。一般露地花卉以宿根花卉为主，与乔灌草巧妙搭配，1～2 年生草本花卉只在重点部位点缀，不宜多用。

3．配置方式各不同

城市干道分为一般城市干道、景观游憩型干道、防护型干道、高速公路等类型。其植物配置方式各不相同。

4．观赏游憩两不误

景观游憩型干道的植物配置应兼顾其观赏和游憩功能，按植物群落的自然性和系统性来设计可供游人参与游赏的道路。如种植大量的香樟、雪松、水杉、女贞等高大的乔木，林下配置了各种灌木和花草，同时绿地内设置了游憩步道，其间点缀各种雕塑和园林小品。

5．防护型植物功能强

道路与街道两侧的高层建筑形成了城市大气下地面上的"狭长低谷"，不利于汽车尾气的排放，直接危害着两侧的行人和居民。

隔离防护主导功能的道路绿化主要发挥其隔离有害气体、噪声的功能。宜选择具有抗污染、滞尘、抗噪的植物（如雪松、圆柏、夹竹桃等），采用由乔木向小乔木、灌木、草坪过渡的形式，形成立体层次。

6．把握韵律和焦点

高速公路的绿化由中央隔离带绿化、边坡绿化和互通绿化组成。

7．多姿多彩看园路

园林道路分为主路、次路和小路。主路绿化常常代表绿地的形象和风格，如在入口的主路上定距种植较大规格的高大乔木（如悬铃木、香樟、杜英、榉树等），其下种植杜鹃、红花木、龙柏等整形灌木，节奏明快富有韵律，可以形成壮美的主路景观。

10.1.4 道路绿化断面布置形式

道路绿地的布置形式取决于城市道路的断面形式，我国现有城市中道路可分为：一板式、两板式、三板式等，道路绿地相应地出现了一板两带式、两板三带式、三板四带式、四板五带式等断面形式。

1）一板两带式：1 条车行道，2 条绿带，如图 10-7 所示。

图 10-7　一板两带式

这是一种最常见的绿化形式，中间是车行道，在车行道两侧的人行道上种植行道树。在绝大多数城市均选用此种道路模式。一般次干道、支线道路在 10～40m 宽以下，都采用一板两带式，道路横向距离近、障碍少，经济又实用，管理也便利。

- 优点：简单整齐，占地少，结构简单比较经济，管理方便。
- 缺点：车行道过宽时行道树的遮荫效果较差；同时，机动车辆与非机动车辆混合行驶，不利于组织交通，易出车祸。

2）二板三带式：道路在中间一条绿带隔离下分成单向行驶的两条车行道和两条行道

树。一般城市主、次干道在 40m 以上，为了分离不同车辆混流、车流，提高交通效率，均采用此种模式，如图 10-8 所示。

图 10-8　二板三带式

◆ 优点：此种形式对城市面貌有较好的效果，同时车辆分为上、下行，减少了行车事故发生。

◆ 缺点：由于不同车辆不能分开行驶，还不能完全解决互相干扰的矛盾。这种形式多用于高速公路和入城道路。

3）三板四带式：用两条分隔带把车行道分成 3 块，中间为机动车道、两侧为非机动车道，连同车道两侧的行道树共为 4 条绿带，故称为三板四带式，如图 10-9 所示。

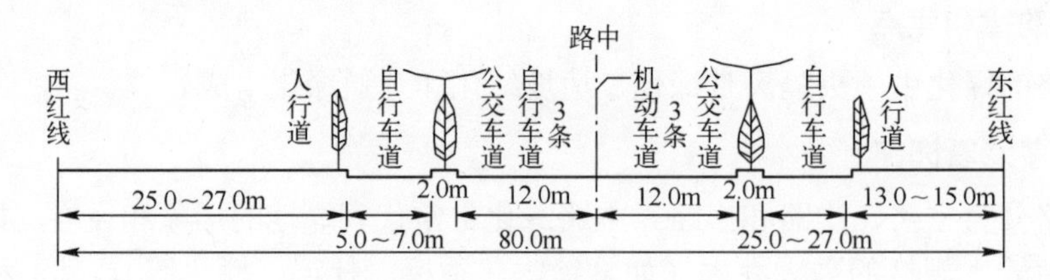

图 10-9　三板四带式

优缺点：用地面积较大，但组织交通方便、安全，解决了机动车和非机动车混合行驶的矛盾，尤其在非机动车辆多的情况下是较适合的。

4）四板五带式：利用 3 条分隔带将车道分成 4 条，如图 10-10 所示。

图 10-10　四板五带式

优缺点：这种道路分割可以使机动车和非机动车均分成上下行，互不干扰，保证了行车速度和行车安全。但用地面积较大，其中绿带可考虑用栏杆代替，以节约城市用地，此种还是可行的。

10.2　城市道路绿化的绘制

素材　视频\10\城市道路绿化的绘制.avi
案例\10\城市道路绿化.dwg

首先打开“公路”图形文件，并将其另存为新的文件；再绘制中间隔离带的绿化对象，并插入相应的植物图例；接着绘制两边隔离带绿化效果，并进行镜像操作；然后进行人行道的绿化布置；最后在交叉路口的位置来布置绿化植物，其效果如图 10-11 所示。

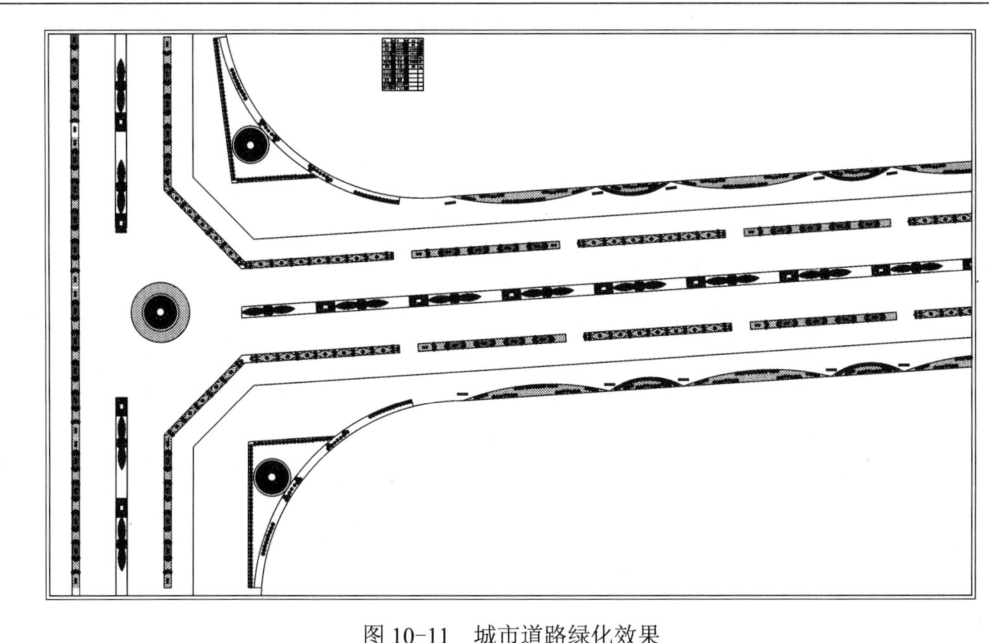

图 10-11 城市道路绿化效果

10.2.1 道路绿化绘图准备

前面对道路绿化进行了一定的了解，本案例以一段高速路的绿化为讲解内容。用户先打开一段高速路，把图形另存为新的文件，在此图形的基础之上进行绿化绘制。

1）启动 AutoCAD 2013 软件，按〈Ctrl+O〉组合键打开“案例\10\公路.dwg”文件，如图 10-12 所示。

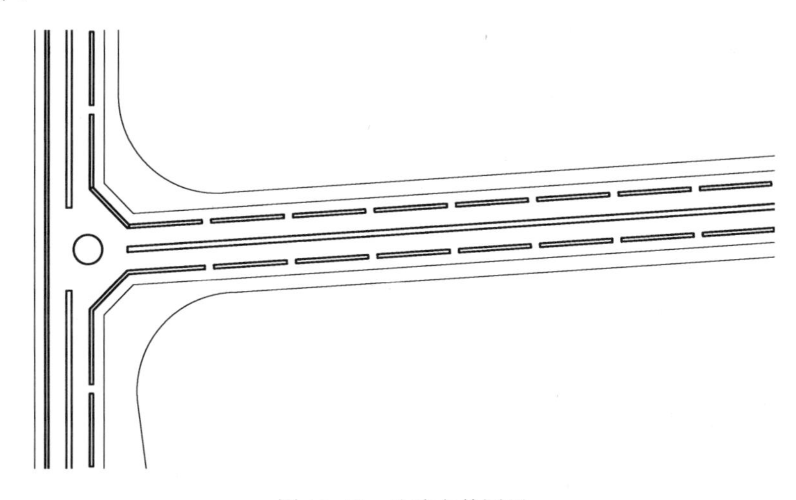

图 10-12 公路文件图形

2）按〈Ctrl+Shift+S〉组合键将该文件另存为“案例\10\城市道路绿化.dwg”文件。

3）选择“图层”命令（LA），打开“图层特性管理器”面板，新建“绿化”图层，颜色为“绿色”，线宽为“0.1”；再新建“填充”图层，颜色为“250”，线宽为“0.05”。

专业知识： 防风林带的规划设计

- ◆ 城市防风林一般由主林带和副林带组成。
- ◆ 主林带每带宽度不小于 10m，副林带的宽度不小于 5m。
- ◆ 副林带与主林带垂直布置，以便阻挡从侧面吹来的风。
- ◆ 防风林设在被防护的上风方向，并与风向垂直，如果受地形或其他因素限制，可有 30°偏角，但不应大于 45°。
- ◆ 防风林的树种一般选用深根性的或侧根发达的乡土树种，同时要选择展叶早的树种。
- ◆ 防风林带可结合地形、环境和当地的实际情况，建成市郊公园、果园，或与农田防护林结合，达到“一块绿地，满足多种功用”的综合功能。

10.2.2 中间隔离带绿化的绘制

由于本案例是一个比较长的规划区域，用户可以分段、分区来进行绘制，相同部分的图形只绘制一部分，然后再进行复制，即可完成所需效果。

1）在“图层控制”下拉列表框中，选择“绿化”图层为当前图层。

2）选择“圆弧”命令（ARC），在图形的空白处按如图 10-13 所示绘制一条圆弧。

3）选择“直线”命令（L），以圆弧的左端为起点，向右端绘制一条直线。

4）选择“构造线”命令（XL），按如图 10-14 所示绘制夹角为 54° 的斜线段；再选择“偏移”命令（O），将其斜线段偏移 300。

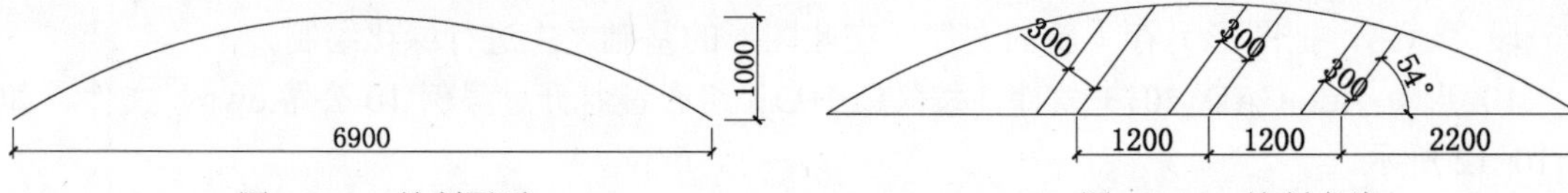

图 10-13 绘制圆弧　　图 10-14 绘制直线

5）选择“圆”命令（C），在图形相应位置绘制一个半径为 800 的圆。

6）选择“偏移”命令（O），将上一步所绘制的圆向外偏移 250 和 700。

7）选择“直线”命令（L），绘制最大圆的纵向直径。

8）选择“旋转”命令（RO），选择上一步绘制的直线，单击直线的中点，选择“复制(C)”选项，接着输入“15”，从而将该直线段旋转复制，如图 10-15 所示。

技巧：在 AutoCAD 2013 软件中，所执行的命令有相关的命令选项时，用户可以使用鼠标单击该命令选项即可。

9）以与上一步同样的方法对直线进行旋转复制，如图 10-16 所示。

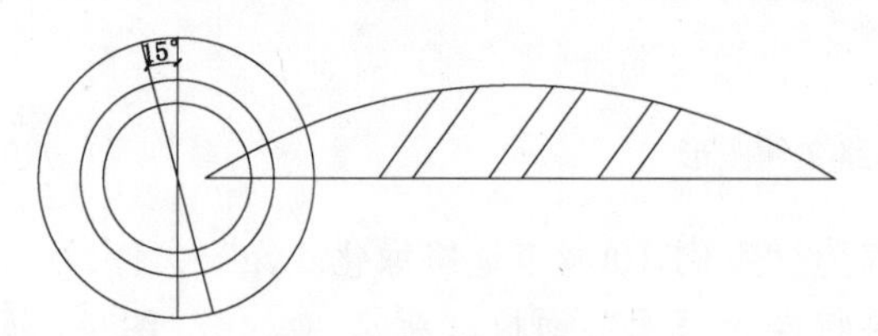

图 10-15 旋转图形

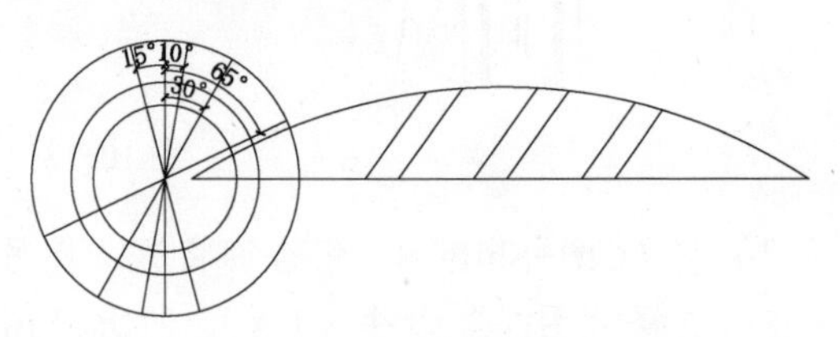

图 10-16 旋转复制图形

10）选择“镜像”命令（MI），选择指定的直线段将其进行镜像复制操作，如图 10-17 所示。

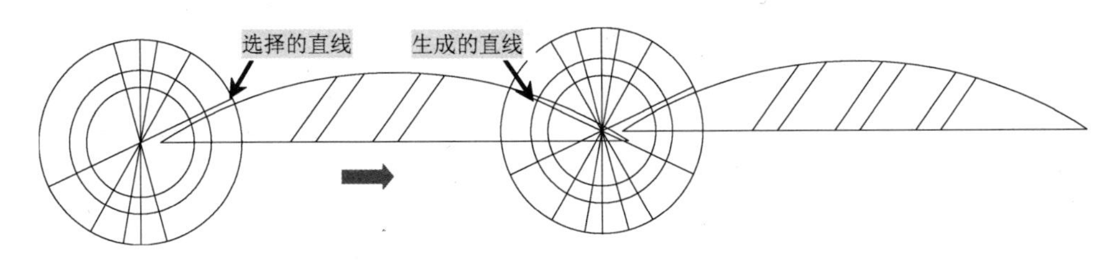

图 10-17　镜像图形

11）选择“修剪”命令（TR），选择绘制的图形，单击图形中多余的线段，然后按照如图 10-18 所示进行修剪。

12）在“图层控制”下拉列表框中，选择“填充”图层为当前图层。

13）选择“图案填充”命令（H），弹出“图案填充和渐变”对话框，选择图案为“EARTE”，比例为“40”，对指定的区域进行图案填充，如图 10-19 所示。

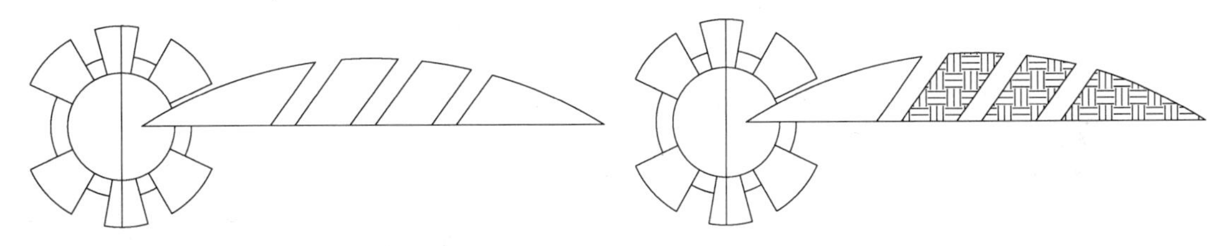

图 10-18　修剪后图形　　　　图 10-19　填充图案 1

14）以与上一步同样的方式，对其他相应位置也进行填充，如图 10-20 所示。

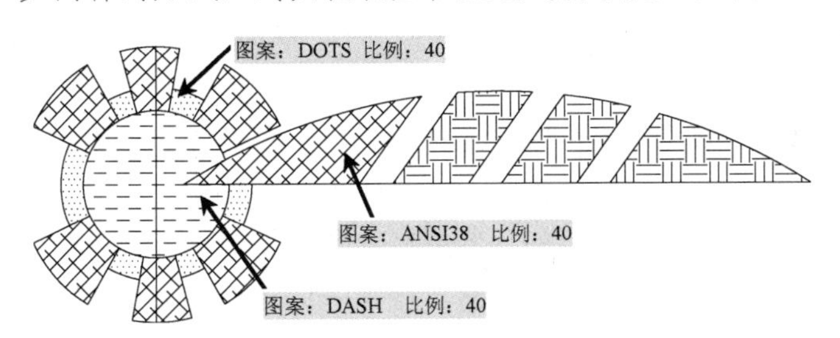

图 10-20　填充图案 2

15）选择“镜像”命令（MI），按如图 10-21 所示进行镜像。

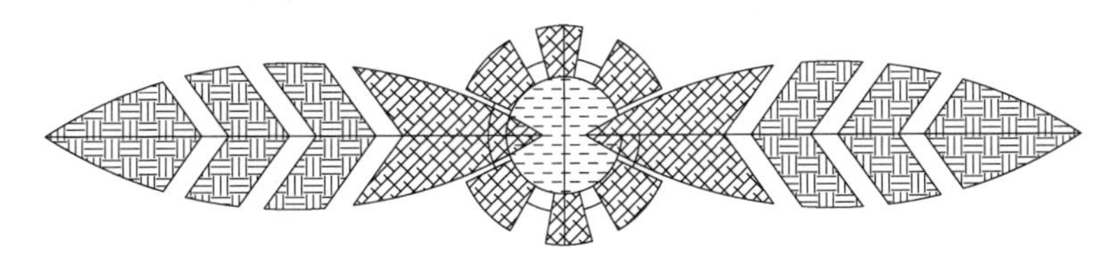

图 10-21　镜像图形

16）选择“修剪”命令（TR），选择绘制的图形，单击图形中多余线段。

17）选择“块定义”命令（B），弹出“块定义”对话框，选择前面所绘制的图形对象将其保存为“绿化群一”图块对象。

18）选择“移动”命令（M），将“绿化群一”图块对象移动到图形的相应位置，如图 10-22 所示。

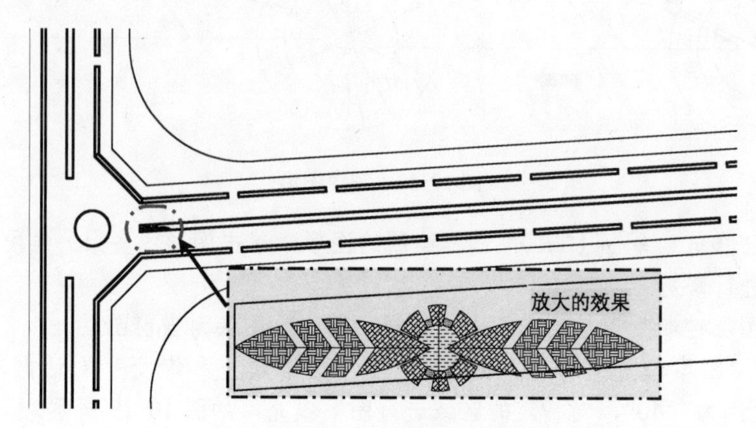

图 10-22　移动图块

19）选择“旋转”命令（RO），选择“绿化群一”图块，单击图块最左端，再输入“3”，从而将该图形对象旋转 3°，如图 10-23 所示。

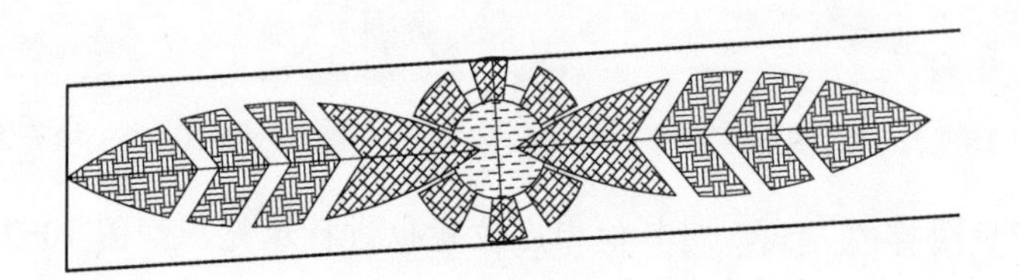

图 10-23　旋转图块

20）在“图层控制”下拉列表框中，选择“绿化”图层为当前图层。

21）选择“直线”命令，按如图 10-24 所示绘制两条直线。

22）选择“创建边界”命令（BO），弹出“边界创建”对话框，单击“拾取点“按钮，在上一步绘制的两条之线之间任意单击，然后按〈Enter〉键即可完成。

23）选择“偏移”命令（O），将上一步所创建的边界对象向内偏移 1000，如图 10-25 所示。

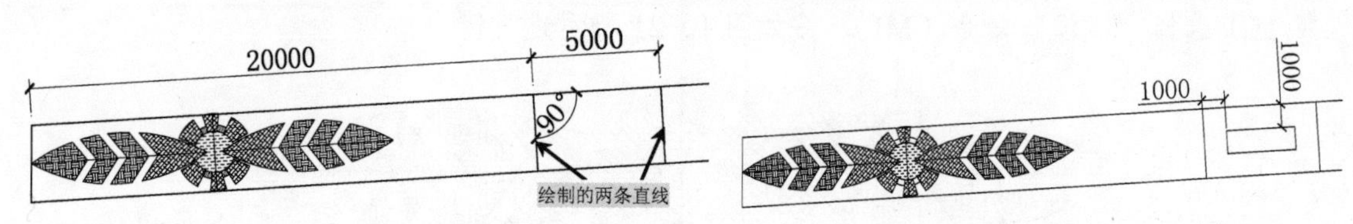

图 10-24　绘制直线　　　　图 10-25　偏移边界线

24）选择“删除”命令（E），选择绘制的两条直线，按〈Enter〉键即可完成删除。

25）选择“插入”命令（I），弹出“插入”对话框，单击“浏览”按钮，选择路径为“案例\10\植物表.dwg”文件，插入到图形相应位置，如图 10-26 所示。

26）选择“分解”命令（X），选择上一步插入的文件，按〈Enter〉键即可完成分解。

27）选择“编组”命令（G），将各个植物对象分别组合成一个单独的对象。

28）选择“复制”命令（CO），选择“五角枫”和“大叶女贞”图例对象分别复制到图形中的指定位置，如图 10-27 所示。

29）选择“块定义”命令（B），弹出“块定义”对话框，选择相应的图形将其定义为“绿化群二”图块对象，如图 10-28 所示。

名 称	图例	名 称	图例	名称	图例
雪松		龙爪槐		樱花	
黄栌		贴梗海棠		扶芳藤球	
白皮松		丰花月季		大叶女贞	
合欢		牡丹		卵石铺路	
黄杨球		碧桃		嵌草铺装	
棣棠		木槿		连翘	
百日红		五角枫			
红叶李		白玉兰			
紫荆		腊梅			
扶芳藤		金叶女贞			
紫叶小檗		广玉兰			

图 10-26 插入植物表

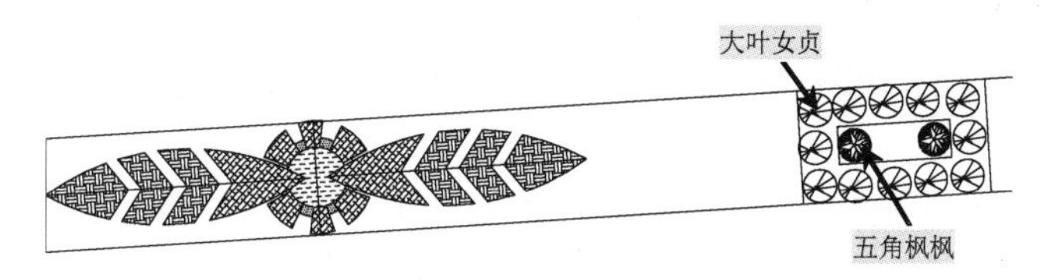

图 10-27 复制植物对应的图形

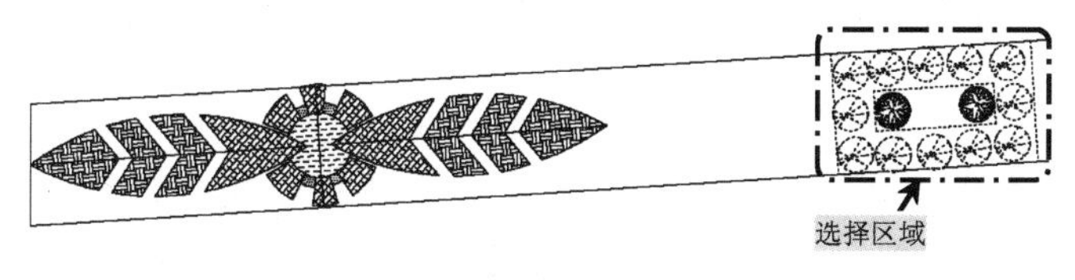

图 10-28 定义图块

30）选择“复制”命令（CO），选择“绿化群一”图块对象复制到“绿化群二”图块对象的右侧，如图 10-29 所示。

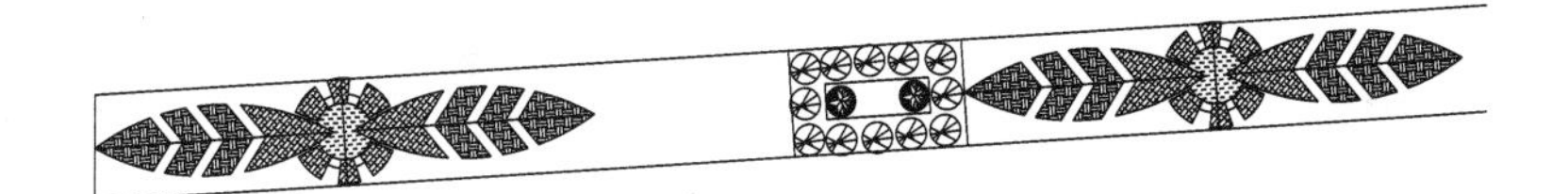

图 10-29 复制绿化群一

31）同样，按照前面的方法，分别对其“绿化群一”和“绿化群二”图块对象按照图 10-30 所示进行复制。

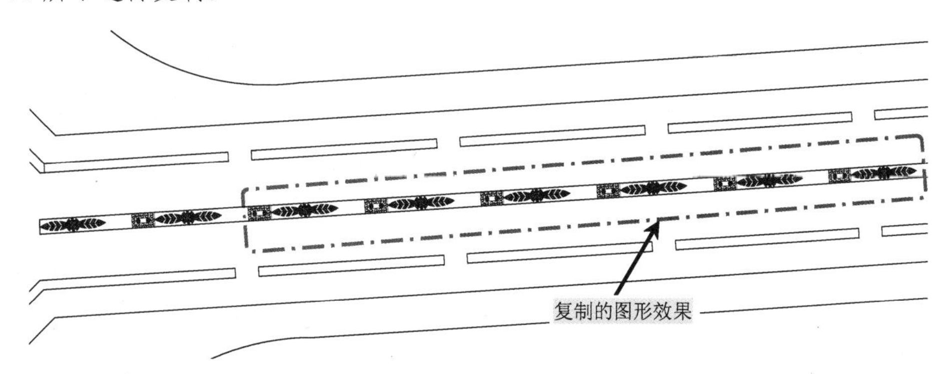

图 10-30 复制“绿化群一”和“绿化群二”

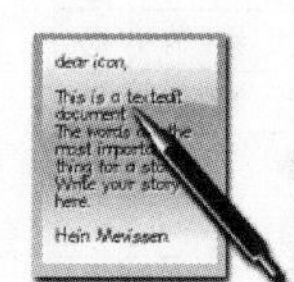

专业知识： 防风林带的结构

不透风林带是常绿乔木、落叶乔木和灌木相结合组成的，防护效果好，能降低风速 70%左右，但是气流越过林带会产生涡流，而且会很快恢复原来的风速；半透风林是在林带两侧种植灌木；透风林则是由林叶稀疏的乔灌木组成，或者用乔木不用灌木，如图 10-31 所示。

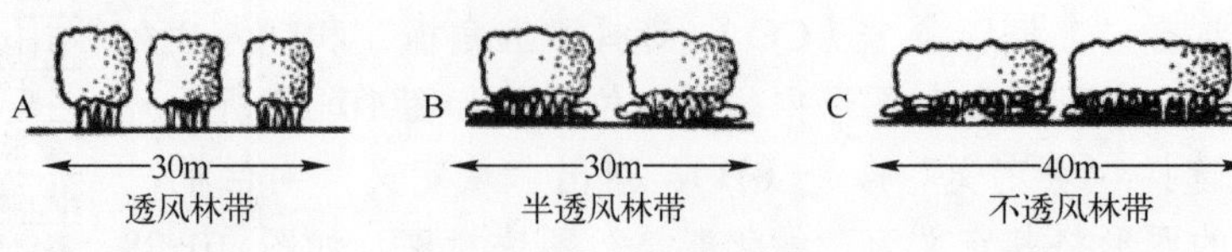

图 10-31 林带示意图

10.2.3 两边隔离带绿化的绘制

接下来绘制本案例中公路两边的绿化，在图形中已经把需要进行绿化的区域进行了化分，用户可以在区域内绘制直线，进行绿化的布置。

1）选择“偏移”命令（O），对图形中指定的线段偏移 5000，如图 10-32 所示。

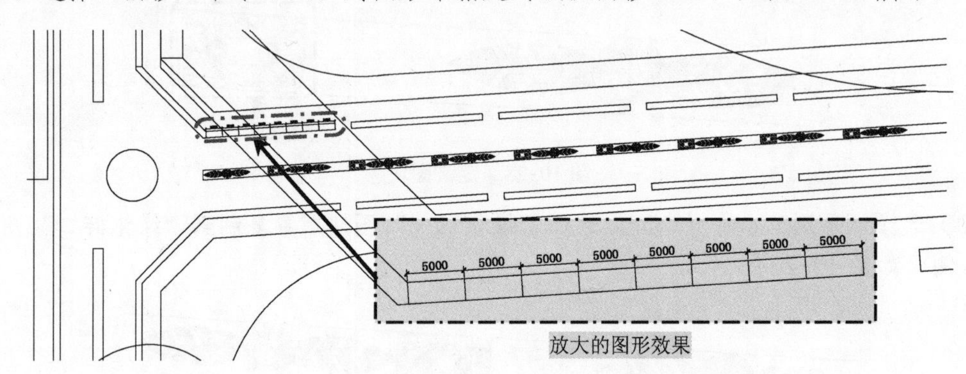

图 10-32 偏移直线

2）选择“样条曲线”命令（SPL），按照图 10-33 所示绘制样条曲线。

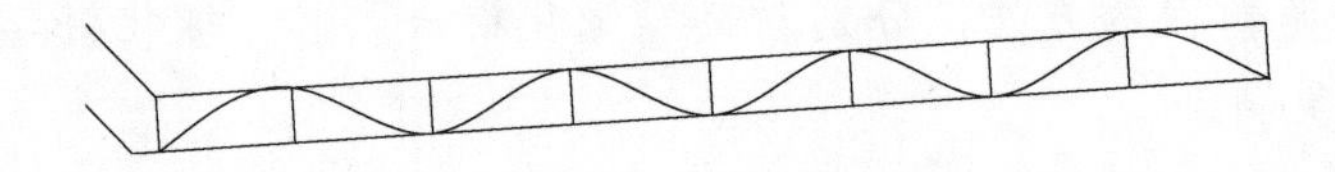

图 10-33 绘制样条曲线

3）选择“镜像”命令（MI），选择上一步绘制的样条曲线，将其进行镜像操作，如图 10-34 所示。

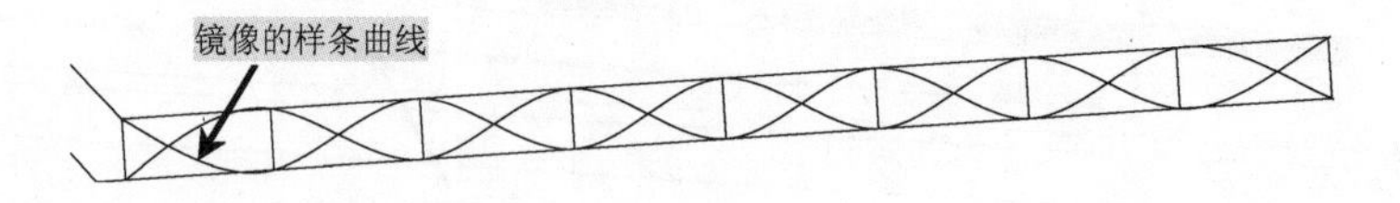

图 10-34 镜像样条曲线

4）选择“删除”命令（E），选择偏移的直线，按〈Enter〉键即可完成删除，如图 10-35

所示。

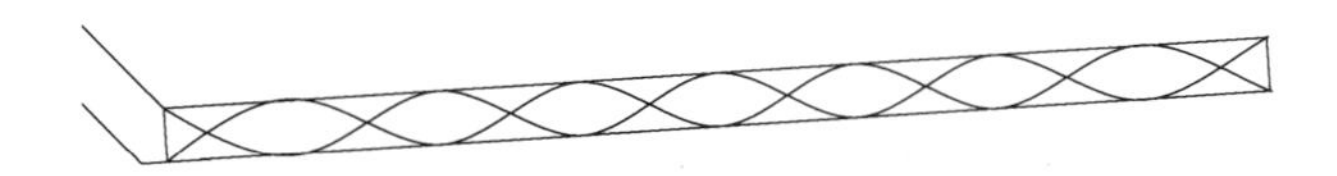

图 10-35 删除偏移直线

5）选择“图案填充”命令（H），弹出“图案填充和渐变色”对话框，选择“GRASS”图案，比例设置为“20”，拾取图形中相应内部点来进行填充，如图 10-36 所示。

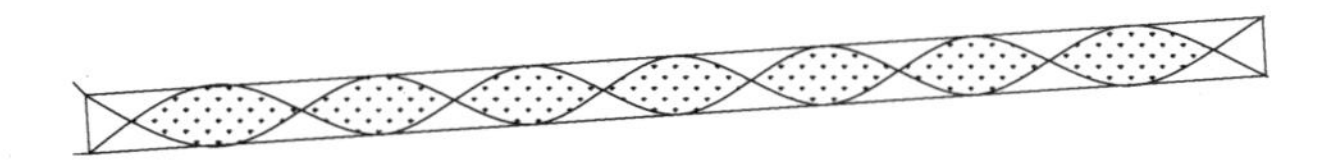

图 10-36 填充图案

6）选择“复制”命令（CO），选择“黄栌”和“扶芳藤球”图例到到相应位置，如图 10-37 所示。

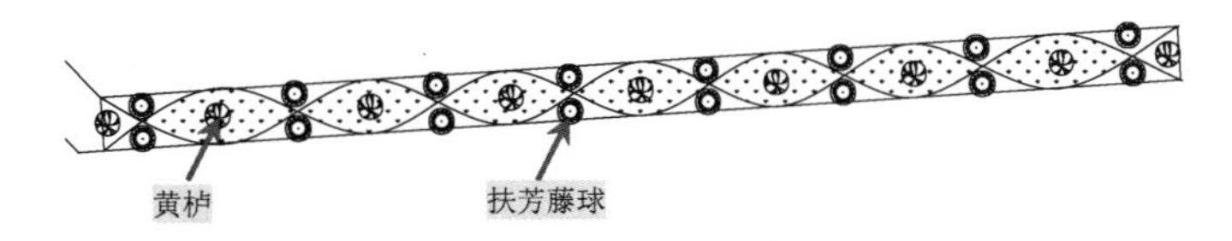

图 10-37 复制图形

7）选择“偏移”命令（O），按照图 10-38 所示进行偏移。

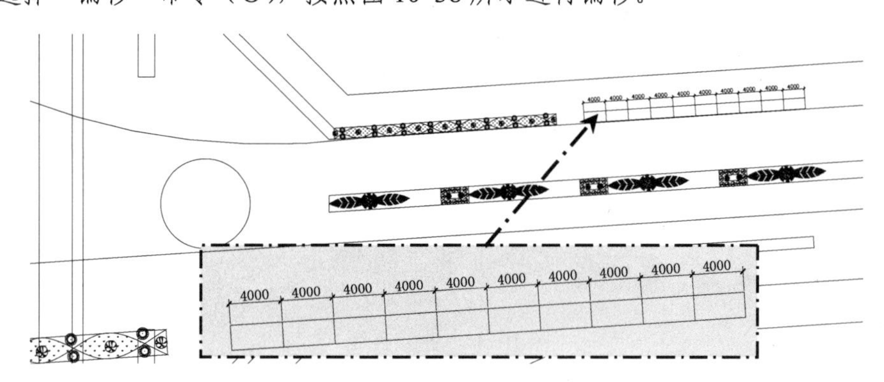

图 10-38 偏移图形

8）选择“圆”命令（C），分别以偏移直线的中点为圆心，绘制半径为 900 的圆，如图 10-39 所示。

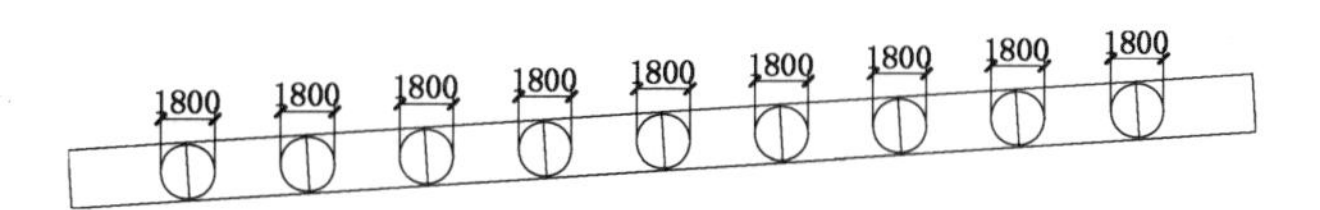

图 10-39 绘制圆

9）选择“修剪”命令（TR），选择图形中多余线段即可完成图形的修剪，如图 10-40 所示。

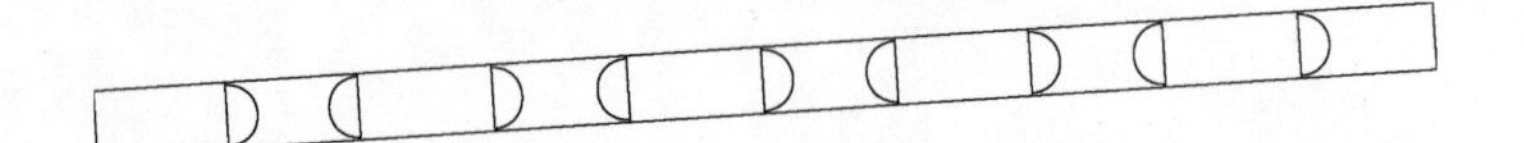

图 10-40 修剪圆

10）选择“图案填充”命令（H），弹出“图案填充和渐变色”对话框，选择“GRASS”图案，比例设置为“20”，拾取图形中相应内部点来进行填充，如图 10-41 所示。

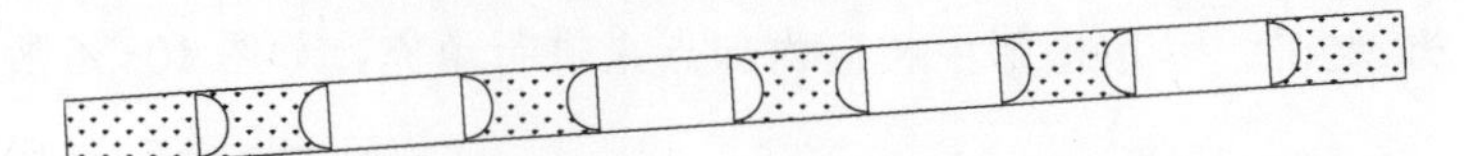

图 10-41 填充图案 1

11）以同样的方法再次进行填充，选择图案“JIS-LC-20”，比例为“20”，拾取图形中相应内部点，如图 10-42 所示。

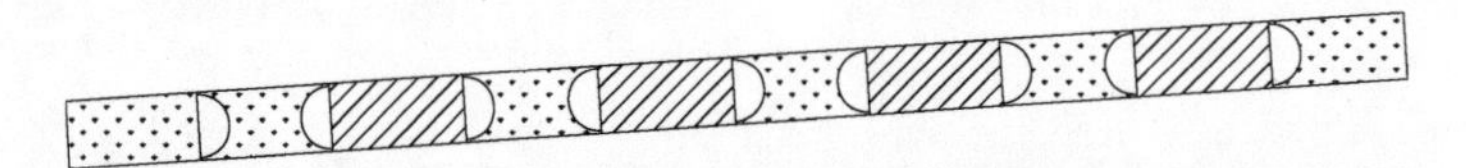

图 10-42 填充图案 2

12）选择“复制”命令（CO），选择“雪松”和“广玉兰”图例到相应位置，如图 10-43 所示。

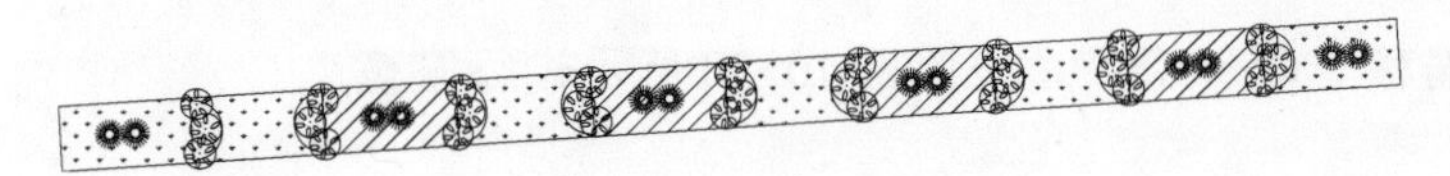

图 10-43 复制图形

13）选择“删除”命令（E），选择偏移的直线，按〈Enter〉键即可完成删除，如图 10-44 所示。

图 10-44 删除直线

14）选择“复制”命令（CO），选择前面绘制的所有图形，进行多次复制，如图 10-45 所示。

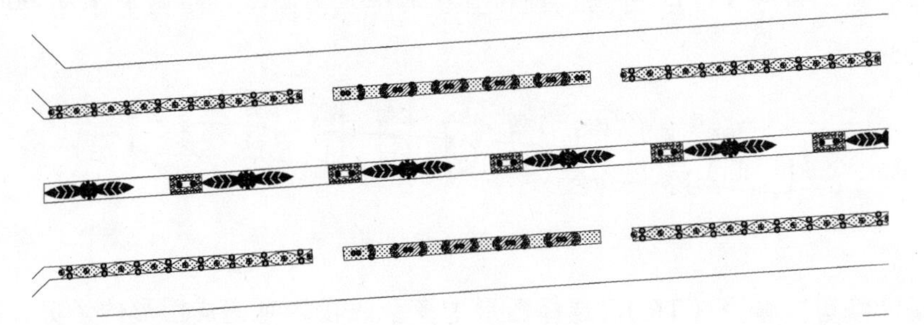

图 10-45 多次复制

➲ 10.2.4 人行道绿化的绘制

在对人行道进行绿化时，可以适当的加入一些休息的坐凳，让行人在行走的过程中，可以适当休息。

1）选择“直线”命令（L），在人行道位置绘制一条直线段；再选择“偏移”命令（O），将所绘制的直线段向右侧多次偏移20000，如图10-46所示。

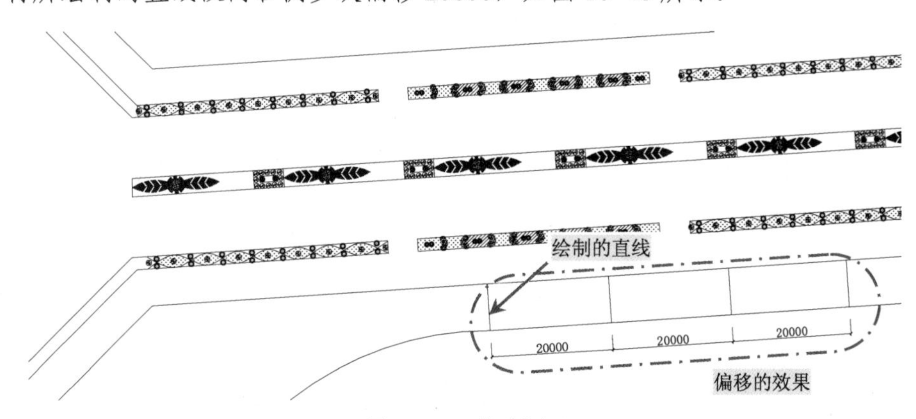

图10-46 偏移图形

2）选择“圆弧”命令（ARC），在图形相应位置绘制两条圆弧，如图10-47所示。

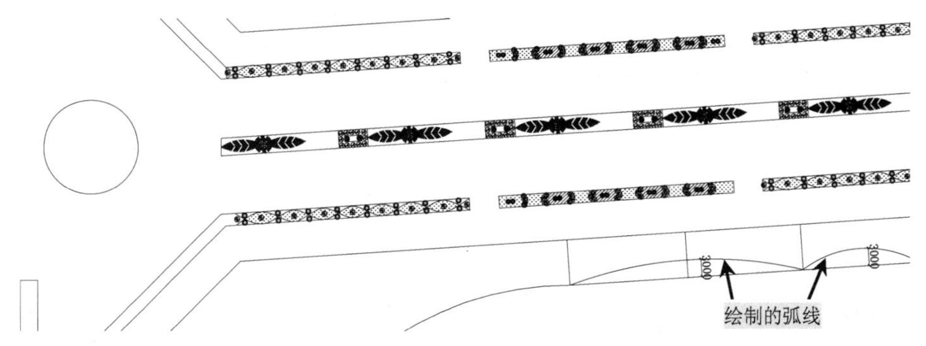

图10-47 绘制圆弧线

3）选择“图案填充”命令（H），弹出“图案填充和渐变色”对话框，选择“GRASS”图案，比例为“20”，拾取图形中相应内部点进行填充，如图10-48所示。

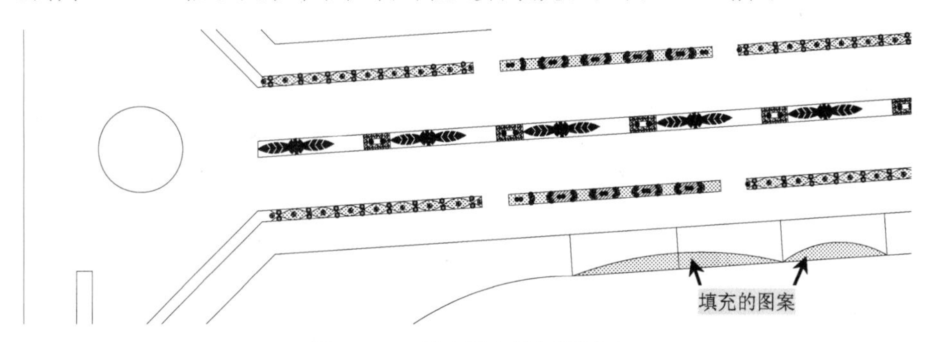

图10-48 填充图案到圆弧线内

4）选择“复制”命令（CO），选择“植物表”中对应图例到相应位置，如图 10-49 所示。

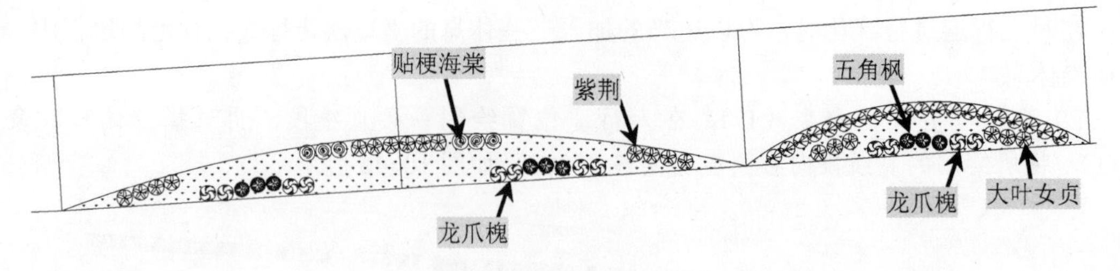

图 10-49　复制图形

5）选择“删除”命令（E），选择绘制的直线和偏移的直线，按〈Enter〉键即可完成删除。如图 10-50 所示。

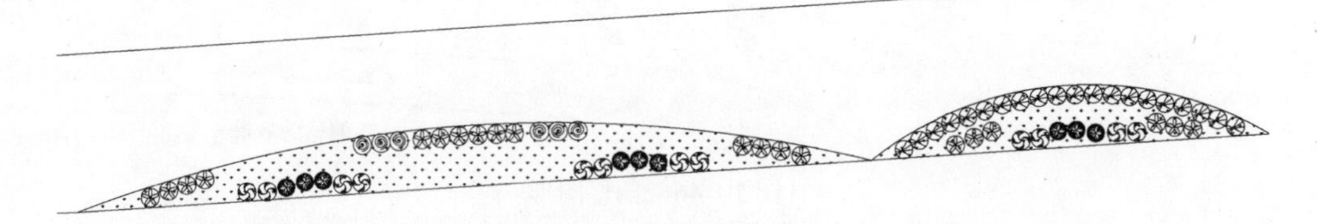

图 10-50　删除偏移直线

6）选择“复制”命令（CO），选择绘制的图形，单击图形的左端，再单击图形的右端进行多次复制，如图 10-51 所示。

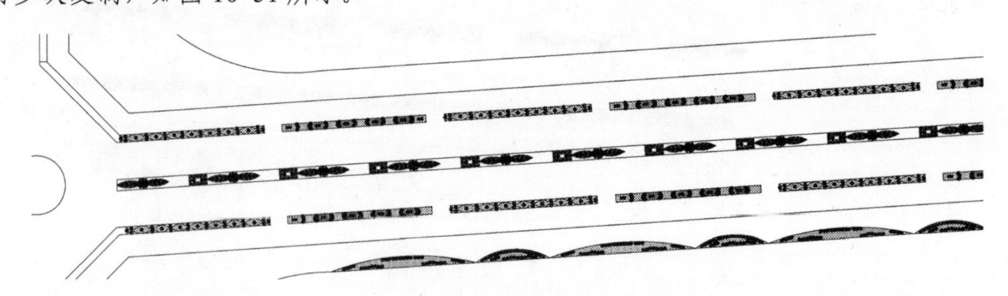

图 10-51　多次复制图形

7）选择“矩形”命令（REC），在图形空白处绘制一个 1400 × 500 的矩形。

8）选择“图案填充”命令（H），弹出“图案填充和渐变色”对话框，选择“CORK”图案，比例为“20”，拾取矩形的内部点进行填充，如图 10-52 所示。

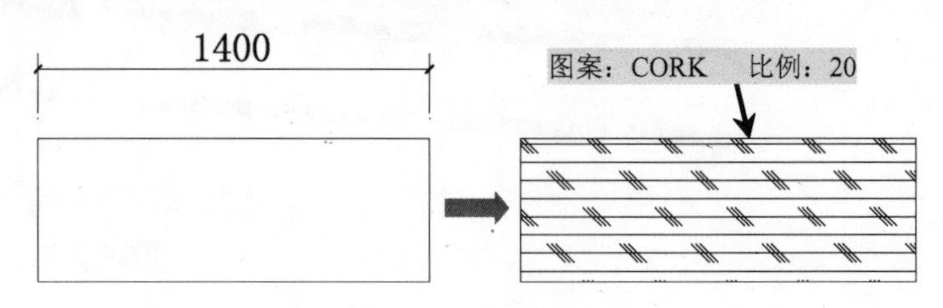

图 10-52　填充图案

9）选择“块定义”命令（B），弹出“块定义”对话框，将上一步所绘制的图形对象保存为“坐凳”图块。

10）选择“复制”命令（CO），选择“坐凳”图块对象，将其水平向右侧进行复制，如图 10-53 所示。

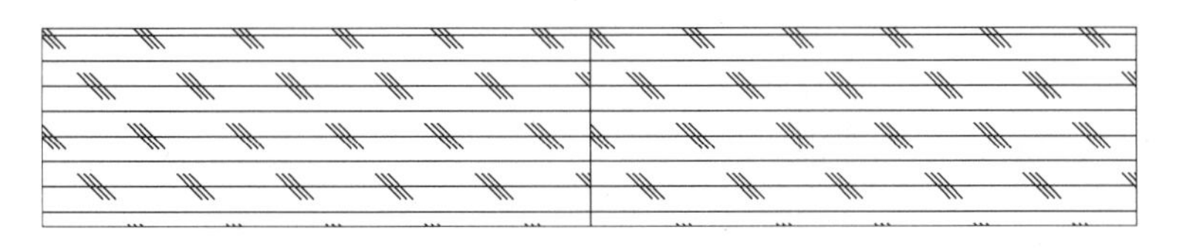

图 10-53　复制坐凳图块

11）选择“移动”命令（M），把两个“坐凳”对应的图形移动到相应位置，如图 10-54 所示。

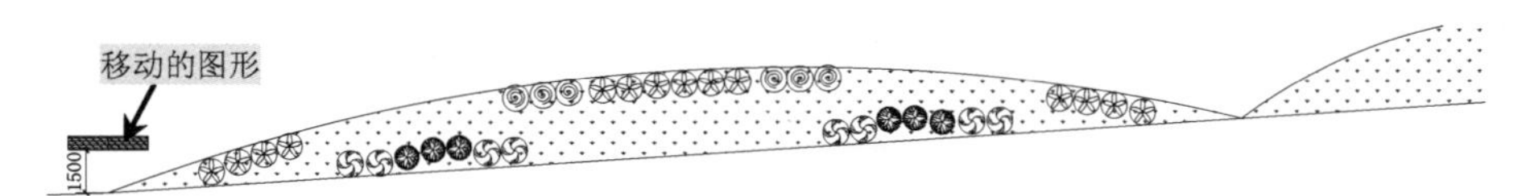

图 10-54　移动坐凳图块

12）选择“复制”命令（CO），选择上一步移动的图形，然后按照如图 10-55 所示进行多次复制。

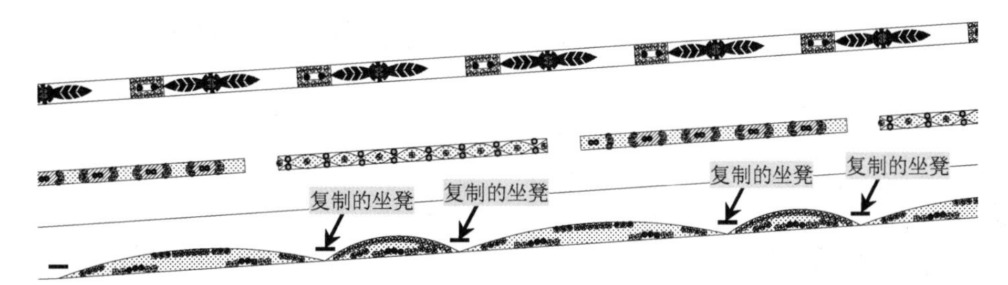

图 10-55　复制坐凳图块

13）选择“镜像”命令（MI），选择前面绘制的图形，按照如图 10-56 所示进行镜像。

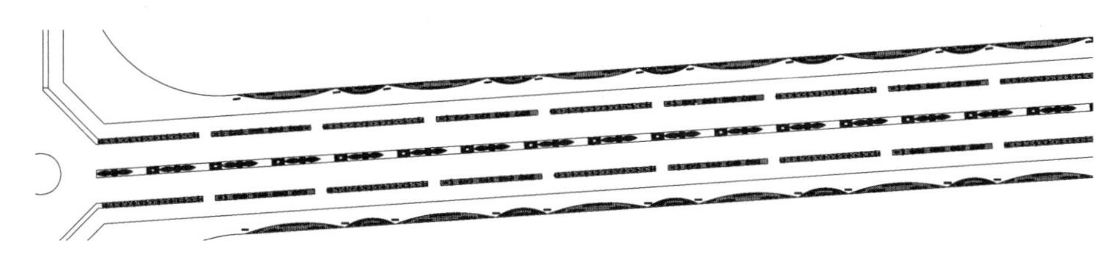

图 10-56　镜像图形

10.2.5 交叉路口的绘制

交叉处可以布置成交叉口、安全岛、交通岛、立体交叉（立交桥）等，这些地方也需要进行绿化，合理的绿化种植类型可以起到组织交通、保证行车速度和交通安全的作用。接下来绘制交叉路口的绿化。

1）选择“直线”命令（L），按如图 10-57 所示绘制两条直线。

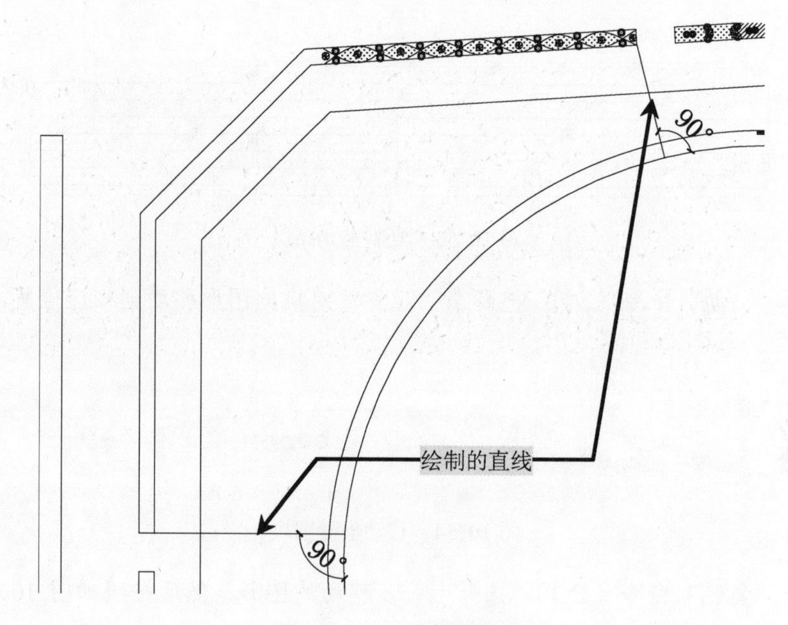

图 10-57　绘制垂直直线

2）选择“偏移”命令（O），按照如图 10-58 所示将指定的线段偏移 15000。

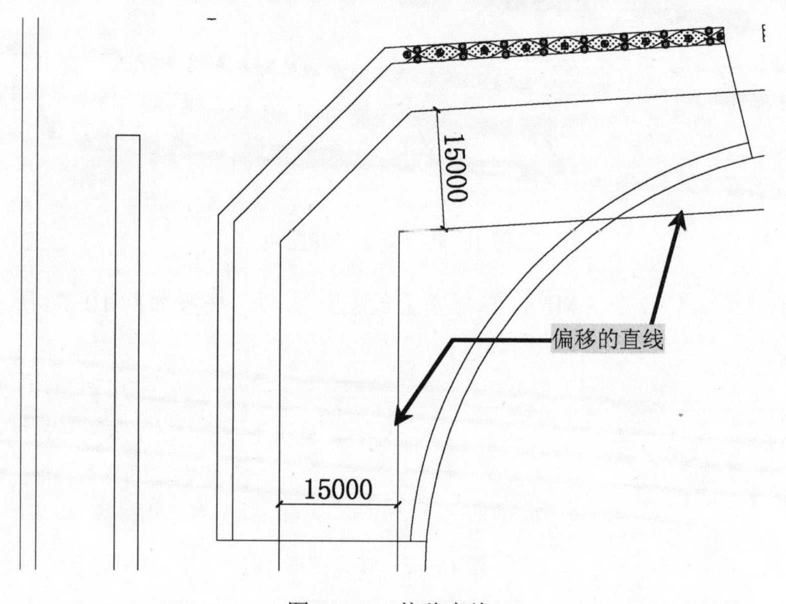

图 10-58　偏移直线

3）选择“修剪”命令（TR），按照如图 10-59 所示将多余的线段进行修剪。

4）选择“图案填充”命令（H），弹出“图案填充和渐变色”对话框，选择“GRASS”图案，比例为“20”，拾取图形中相应内部点进行填充，如图 10-60 所示。

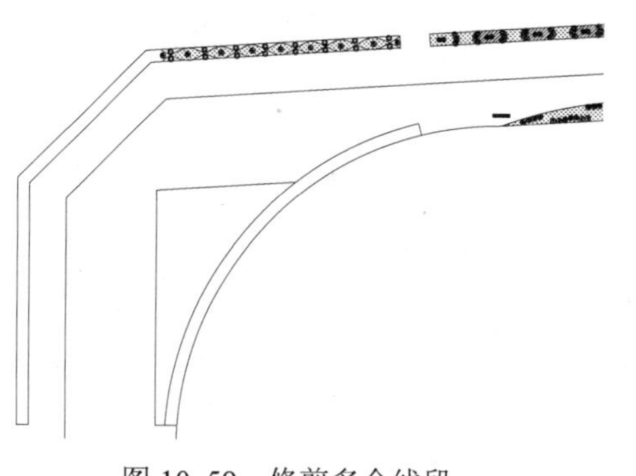

图 10-59 修剪多余线段

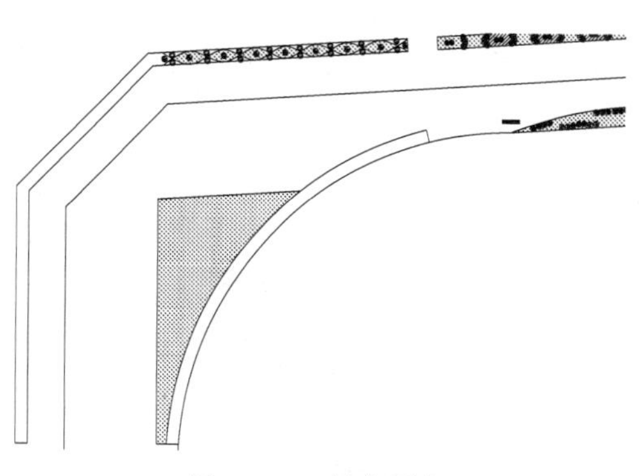

图 10-60 填充图案

5）选择“直线”命令（L），在图形的相应位置绘制一条直线，如图 10-61 所示。

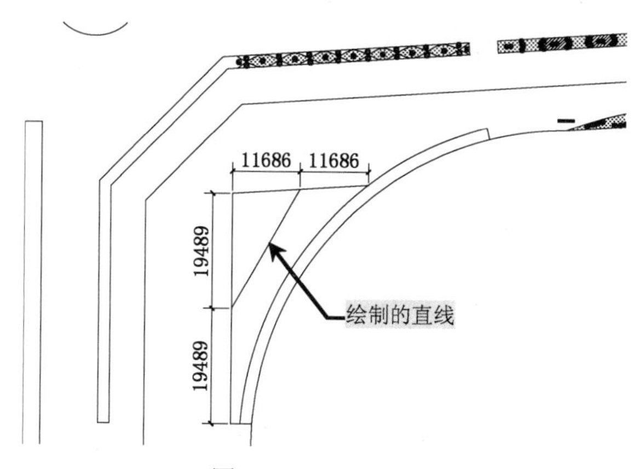

图 10-61 绘制直线

6）选择“复制”命令（CO），选择“棣棠”图例到上一步绘制直线的中点位置。

7）选择“环形阵列”命令（ARR），选择上一步复制的图形，单击图形最右边的点，输入“项目”（I），再输入“10”。

8）选择阵列的图形，单击半径夹点，输入 1500。

9）选择“删除”命令（E），选择绘制的直线，按〈Enter〉键即可完成删除，如图 10-62 所示。

10）选择“复制”命令（CO），选择“百日红”图案到上一步阵列图形的中间部分。

11）选择“环形阵列”命令（ARR），选择上一步复制的图形，单击图形最右边的点，输入“项目”（I），再输入“20”。

12）选择阵列的图形，单击半径夹点，输入 2500。

13）选择“移动”命令（M），选择上一步移动的图形移动到相应位置，如图 10-63 所示。

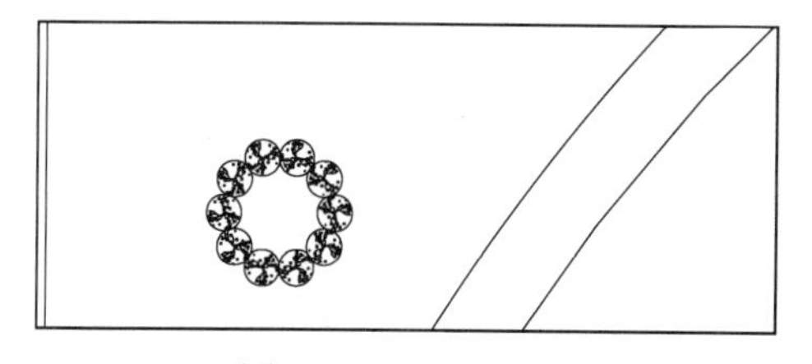

图 10-62 删除直线

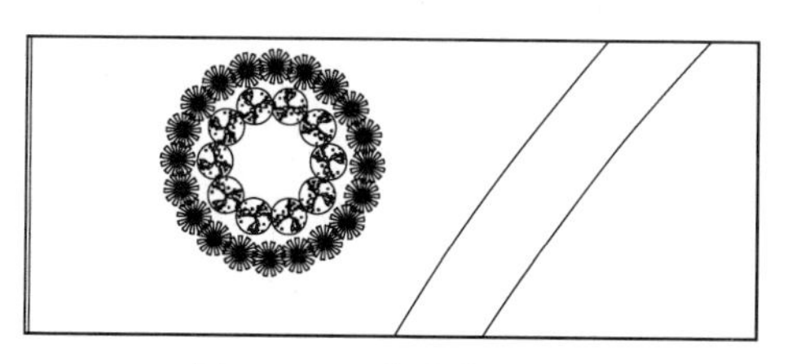

图 10-63 移动陈列图形

14）选择“复制”、“陈列”、“移动”等命令，把“丰花月季”对应的图 10-64 所示的图形进行绘制。

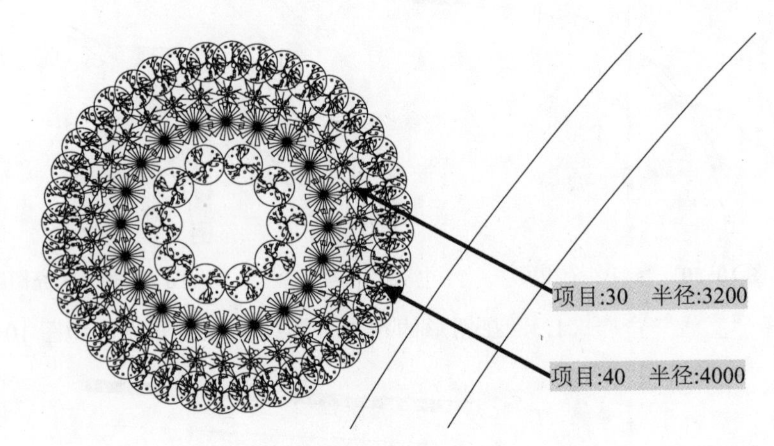

图 10-64　花坛效果

15）选择“圆”命令（C），在图形相应位置绘制一个半径为 5000 的圆，如图 10-65 所示。

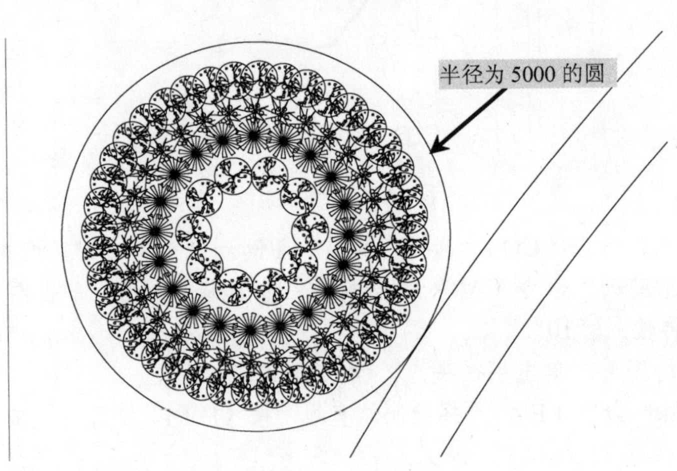

图 10-65　绘制圆形

16）选择“块定义”命令（B），弹出“块定义”对话框，选择上步绘制的圆及圆内的所有图形，单击图形中最左边的端点，在“名称”文本框中输入“绿化花坛”，最后单击“确定”按钮。

17）选择“复制”命令（CO），选择“植物表”中对应的图例对象，复制到图形的相应位置，如图 10-66 所示。

18）选择“镜像”命令（MI），选择绘制的所有图形，以“中间隔离绿化带”的中线为镜像线，再输入“否”（N），如图 10-67 所示。

19）选择“复制”命令（CO），选择“花坛”图块，单击图形的中点，再单击交叉路口圆形的中心，如图 10-68 所示。

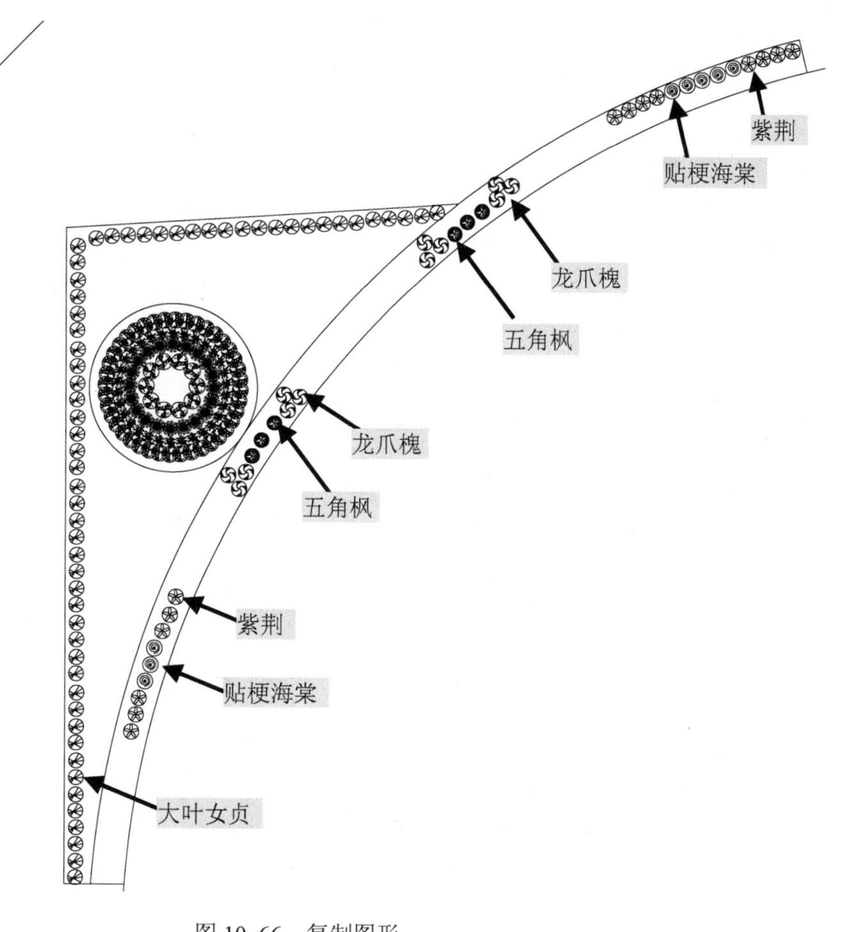

图 10-66 复制图形

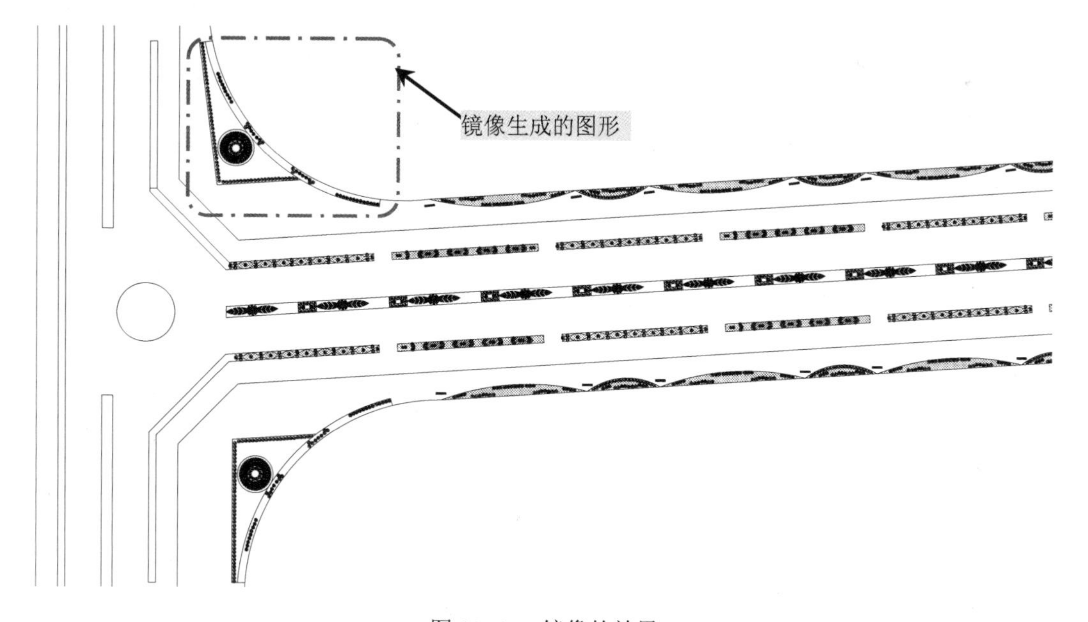

图 10-67 镜像的效果

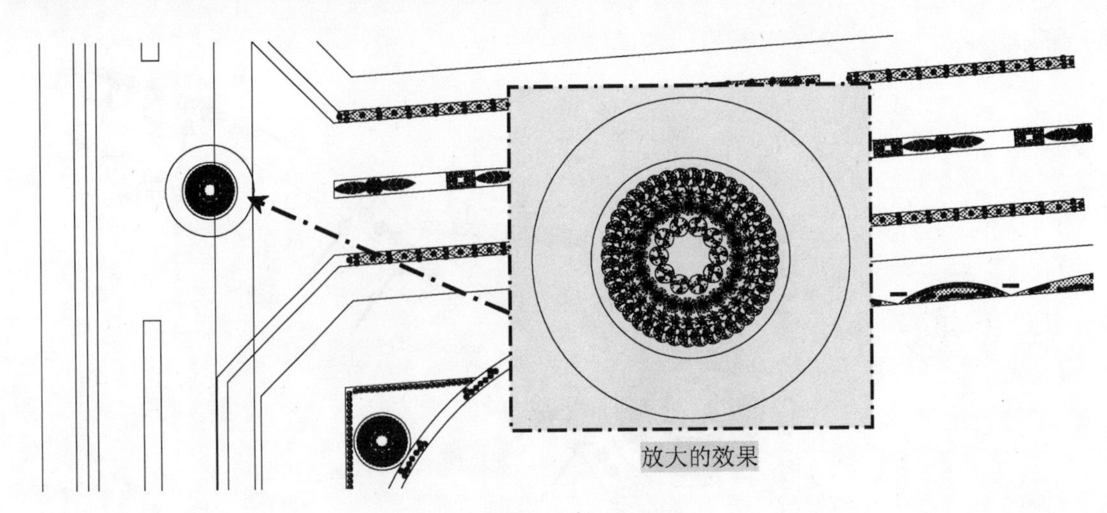

图 10-68　复制花坛

20）选择“图案填充”命令（H），弹出“图案填充和渐变色”对话框，选择“GRASS”图案，比例为“20”，拾取图形中相应内部点进行填充，如图 10-69 所示。

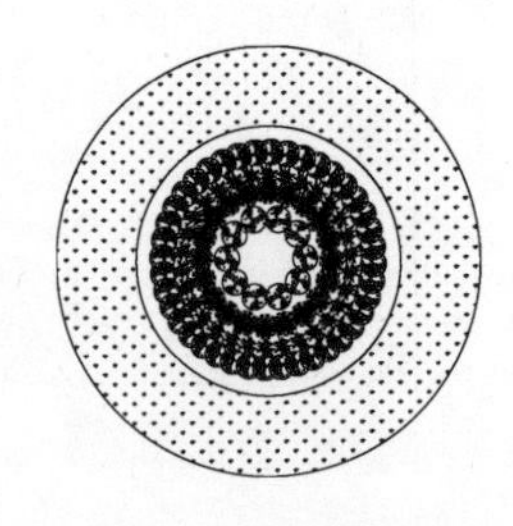

图 10-69　填充图案

21）选择“矩形”命令（REC），在图形的相应位置绘制一个 250000 × 150000 的矩形，如图 10-70 所示。

22）选择“修剪”命令（TR）和“删除”命令（E），将上步绘制矩形以外的图形进行修剪和删除，如图 10-71 所示。

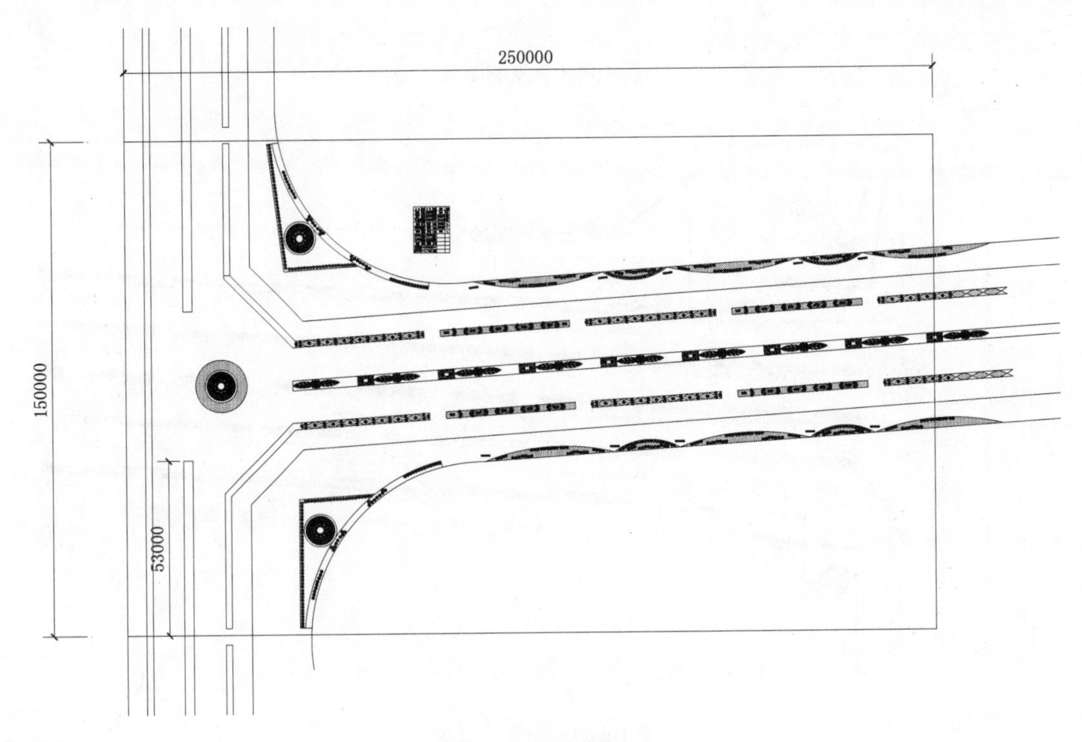

图 10-70　绘制矩形

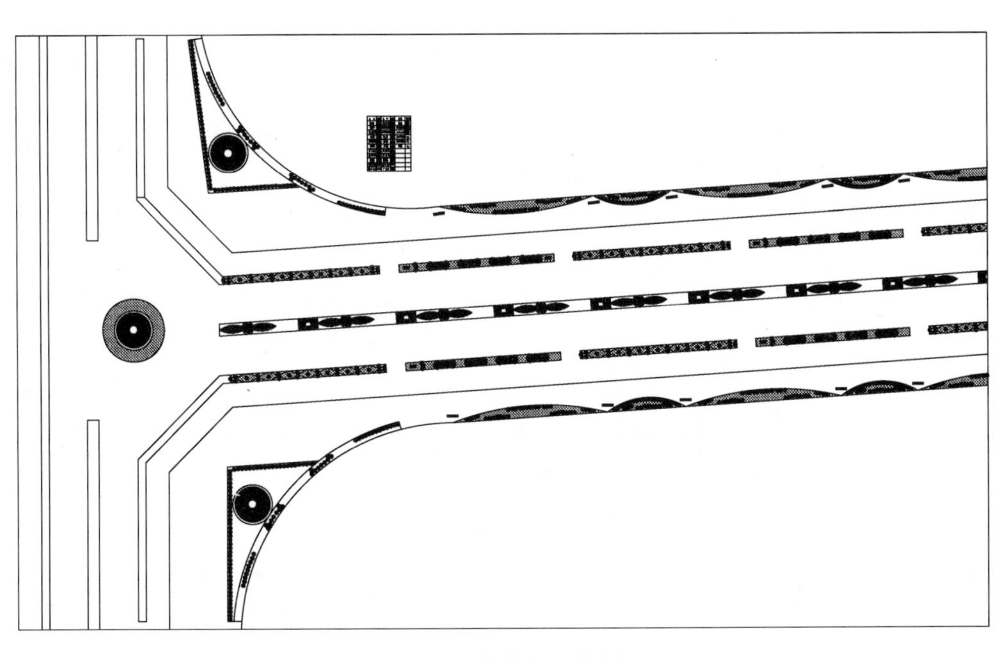

图 10-71 修剪矩形外图形

提示：图块无法使用“修剪”命令来完成修剪，如果需要对图块进行部分删除或部分修剪，可以先对其进行“分解”。

23）选择“偏移”命令（O），将前面所绘制的矩形对象向外偏移 1000。

24）选择“复制”命令（CO）和“旋转”命令（TR），参照前面的方法，将“绿化群一”、“绿化群二”和其他图形复制到图形的相应位置，如图 10-72 所示。

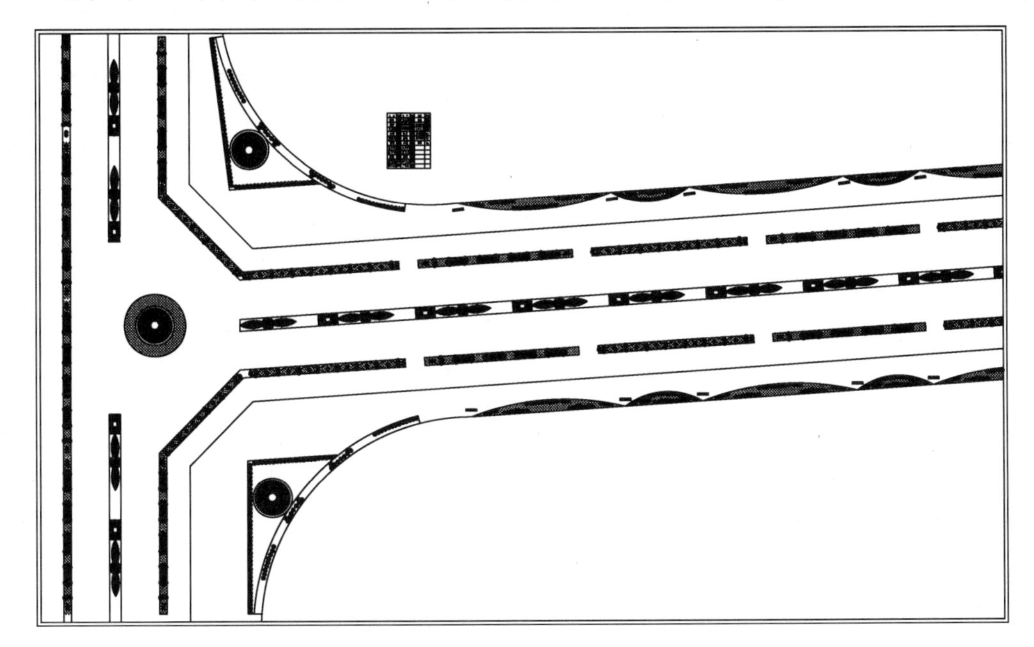

图 10-72 复制图形

25）至此，该城市道路的绿化图形已经绘制完成，按下〈Ctrl+S〉组合键进行保存。

10.3 规则式种植设计平面图的绘制

素材 视频\10\规则式种植设计平面图的绘制.avi
案例\10\规则式种植设计平面图.dwg

首先设置绘图环境，包括设置图层对象；再通过构造线和偏移的来绘制道路；然后通过“花园图例”中提供的植物图例对象来布置其中一侧的情况；最后通过镜像的方式来布置道路的另一侧植物，其效果如图 10-73 所示。

图 10-73 规则式种植设计平面图效果

专业知识： 规则式园林的特点

规则式园林，又称整形式、建筑式、几何式、对称式园林，整个园林及各景区景点皆表现出人为控制下的几何图案美。园林题材的配合在构图上呈几何体形式，在平面规划上多依据一个中轴线，在整体布局中为前后左右对称。园地划分时多采用几何形体，其园线、园路多采用直线形；广场、水池、花坛多采取几何形体；植物配置多采用对称式，株、行距明显均齐，花木整形修剪成一定图案，园内行道树整齐、端直、美观，有发达的林冠线。

10.3.1 设置绘图环境

打开软件，新建图形文件，同时对所新建的文件进行绘图设置。

1）启动 AutoCAD 2013 软件，单击工具栏上的“新建”按钮，打开“选择样板”对话框，选择“acadiso“作为新建的样板文件。

2）选择“文件 | 保存”菜单命令，打开“图形另存为”对话框，将其文件另存为“案例\10\规则式种植设计平面图.dwg”图形文件。

3）选择“格式 | 单位”菜单命令，打开“图形单位”对话框，把长度单位“类型”设定为“小数”，“精度”为“0.000”；角度单位“类型”设定为“十进制”，精度精确到小数点后二位“0.00”。

4）选择“格式 | 图形界限”菜单命令，依照提示，设定图形界限的左下角为（0，0），左上角为（12000，12000）。

5）在命令行输入命令“〈Z〉+〈空格键〉+〈A〉”，使输入的图形界限区域全部显示在图形窗口内。

6）选择“格式｜图层”菜单命令（或直接输入“LA+空格键”），打开“图层特性管理器”选项板，依次创建“轴线”、“公路”、“轮廓”、“乔木”等4个图层，如图10-74所示。

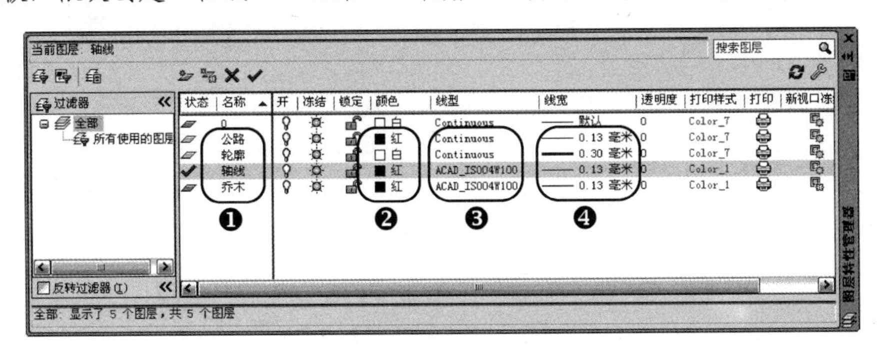

图10-74 新建图层

➲ 10.3.2 道路的绘制

用户可以使用构造线和偏移的方式来绘制道路。

1）单击“图层控制”下拉列表框，选择“轴线”图层为当前图层。

2）选择“构造线”命令（XL），在图形的空白处绘制一条横向轴线。

3）选择“偏移”命令（O），将横向轴线分别向上、下各偏移4000、4000和80；并将偏移得到的线段转换为“公路”图层，如图10-75所示。

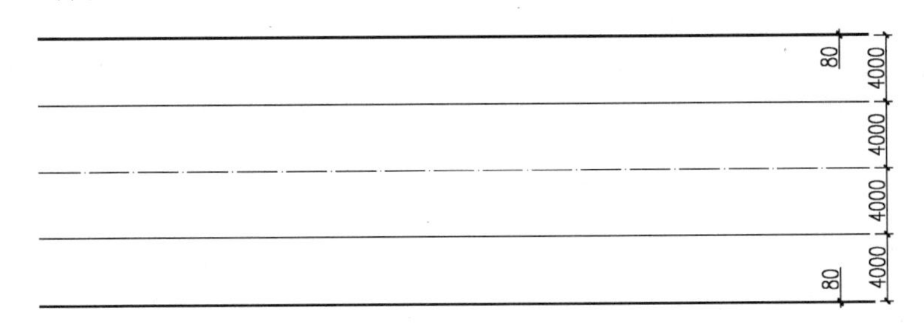

图10-75 绘制和偏移线段

➲ 10.3.3 绿地中乔木和灌木的绘制

绿地中乔木和灌木可以通过事先准备好的“花园图例”来进行布置，首先布置其中的一侧，再选择“镜像”命令来布置另一侧。

1）选择“插入”命令（I），选择路径“案例\10\花园图例.dwg”，插入到图形上方的空白处。

2）选择“分解”命令（X），选择插入的“花园图例”图块。

3）选择“编组”命令（G），将各个图例对象分别编组成单独的对象。

4）选择“复制”命令（CO），选择花园图例表中的图形插入到图形的相应位置，如图10-76所示。

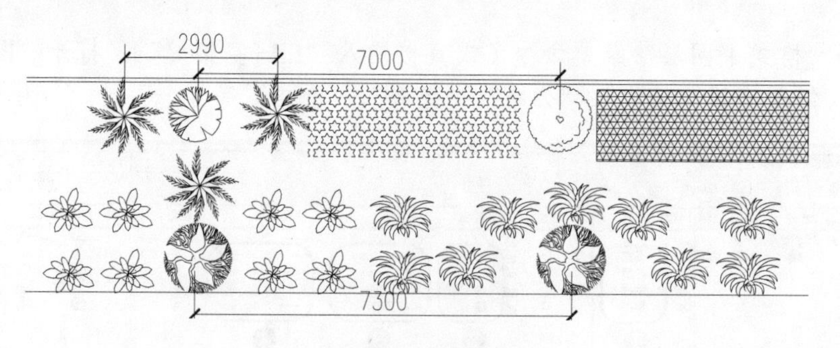

图 10-76　复制图例

5）选择“复制”命令（CO），选择上一步布置的所有图例，向右移动鼠标，依次输入 15000、30000、45000、60000，复制的效果如图 10-77 所示。

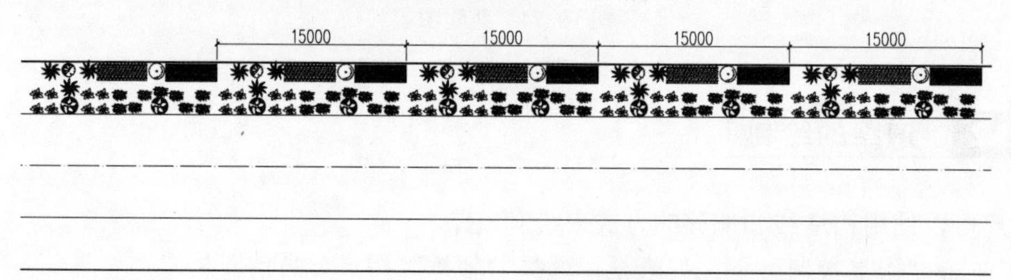

图 10-77　再次复制图例

6）选择“镜像”命令（MI），选择图形中上侧所有的乔木和灌木等图例，选择中间的横向构造线作为镜像轴线，向下镜像复制一份，效果如图 10-78 所示。

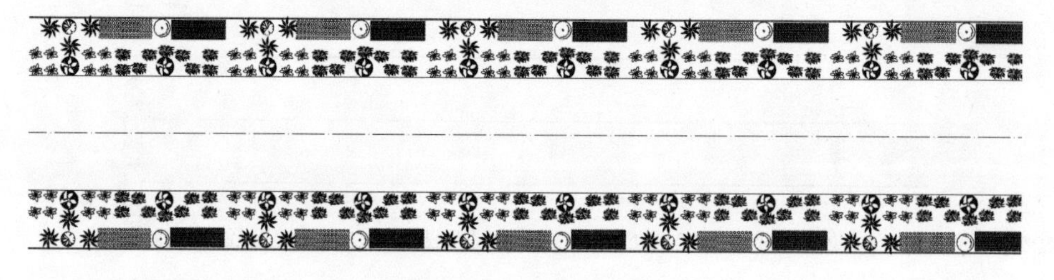

图 10-78　镜像的效果

7）至此，该图形绘制完成，按下〈Ctrl+S〉组合键进行保存。

第11章　城市广场景观施工图设计

本章导读

城市中心广场是一个城市的形象，也是这个城市的商业和人流最是为密集的一个地方。城市中心广场景观是一个城市的标致性景观，对一个城市有着重要的意义。城市中心广场景观有固定性景观，也有变动性景观，变动性景观往往是临时设立的。

本章以某城市中心广场景观图为例来详细讲解其设计和绘制方法与技巧。首先调用绘图环境，再来绘制城市中心广场及地形总轮廓图，接着讲解了广场卫生间和广场水景及花台的绘制方法，然后对其中心广场及地面铺贴进行了绘制，最后进行了广场植物和灯景系统的绘制。

主要内容

- 城市中心广场景观图的分析和效果预览
- 掌握绘制环境的调用
- 掌握广场总平面轮廓及地形图的绘制
- 掌握广场卫生间建筑对象的绘制
- 掌握广场水景及花台的绘制
- 掌握广场细部轮廓处的调整处理
- 掌握广场地面铺贴的绘制
- 掌握广场植物和灯景系统的绘制

11.1 广场景观分析及效果预览

素材 视频\11\城市中心广场景观施工图设计的绘制.avi
案例\11\城市中心广场景观施工图设计.dwg

广场景观不一定是规则的，也由很多由异形线条组合而成，为了在绘制图形时方便绘制，可以绘制出一个轴网。

本实例中主要针对城市的中心广场景观进行设计，在对图案例进行绘制时包括的内容比较多，如原始地形图以及一些轮廓线条，广场内的景观小品以及公共卫生间，道路的绘制包括无障碍通道、梯步、盲道、广场、园林中的绿化布置等。用户可以观察到图形中的异形线较多，可以先绘制轴网，这样可以准确地绘制出图形的坐标位置，其最终效果如图11-1所示。

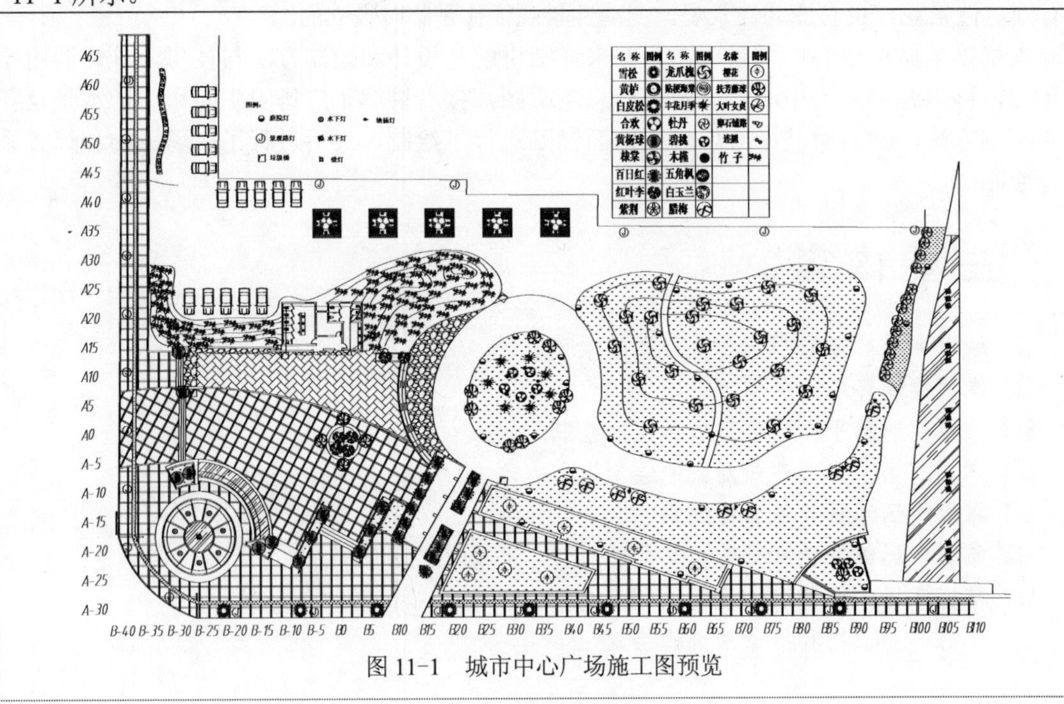

图 11-1　城市中心广场施工图预览

11.2 绘图环境的准备

绘图环境已经不是陌生的环节了，前面已经讲过很多次，虽然都是绘图环境的设置，大体差不多，但也不是完全相同，如图层的设置是根据所绘制的内容而定的，而新建、保存、单位的设置等都是相同的，前面已经完整的设置过绘图环境，在本章中就不再重复讲解绘图环境设置了，本章讲解如何利用已经有的图形环境绘制图形。

1）启动 AutoCAD 2013 软件，单击标题栏上的“打开”按钮，打开“选择文件”对话框，然后选择路径为“案例\11\商业街景观施工图设计.dwg”图形文件。

2）单击标题栏上“另存为”按钮，打开“图形另存为”对话框，将文件另存为“案例\11\城市中心广场景观施工图设计.dwg”图形文件，如图 11-2 所示。

图 11-2 另存文件

3）选择“删除”命令（E），选择图形中所有图形，按〈Enter〉键完成。

4）选择“图层”命令（LA），打开“图层特性管理器”选项板，分别创建图层，如图 11-3 所示。

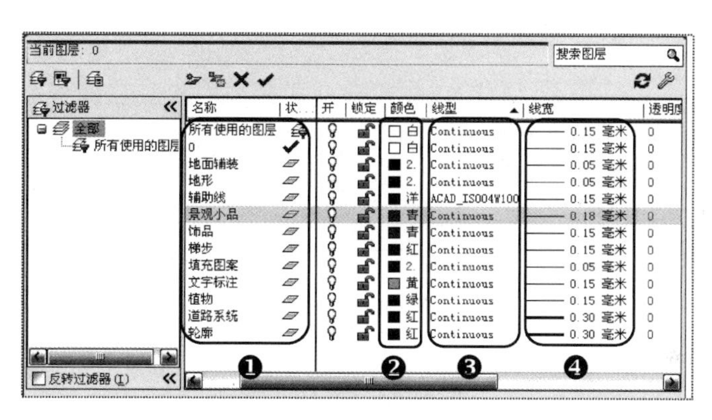

图 11-3 新建图层

11.3 总平面图轮廓线及地形的绘制

在前面已经讲解过本案例需要绘制轴网，在辅助线图层中横向绘制间距为 5000 的纵向线，纵向绘制 5000 的横向线，再根据轴网来绘制相关轮廓线。

11.3.1 轴线的绘制

1）打开“图层特性管理器”选项板，选择“辅助线”图层为当前图层。

2）选择“构造线”命令（XL），绘制一条横向构造线，再绘制一条纵向构造线。

3）选择“偏移”命令，将底侧的水平线段向上偏移 30 个 5000，将左侧的垂直线段向右偏移 30 个 5000，结果如图 11-4 所示。

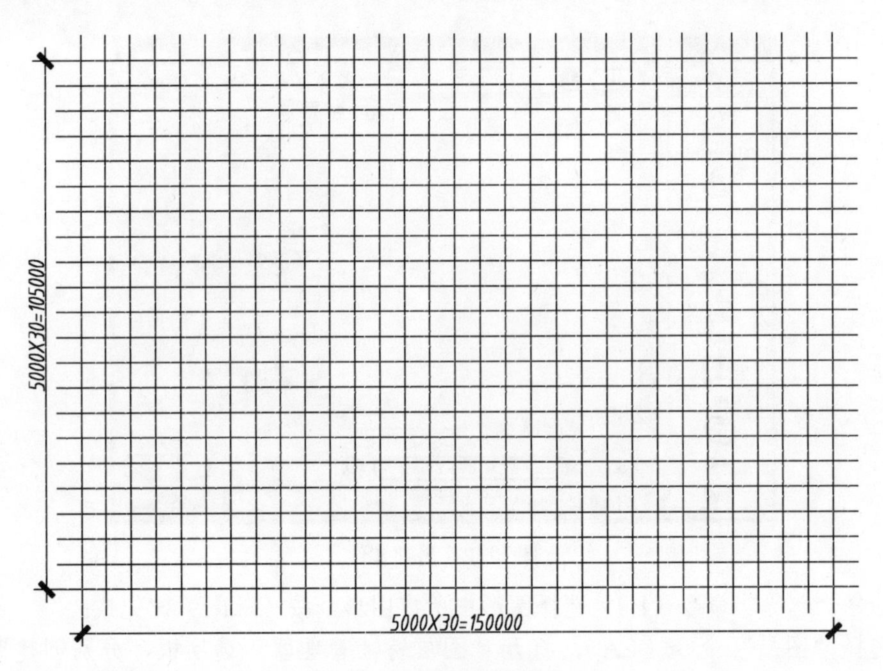

图 11-4　偏移的轴线

4）打开“图层特性管理器”选项板，选择“文字标注”图层为当前图层。

5）选择“单行文字”命令（DT），在图形绘图区域的相应位置单击一点，根据命令输入“0”，再输入“B-40”，再以同样的方法在相应位置输入“B-30、B-25……B110”和“A-30、A-25……A75”，如图 11-5 所示。

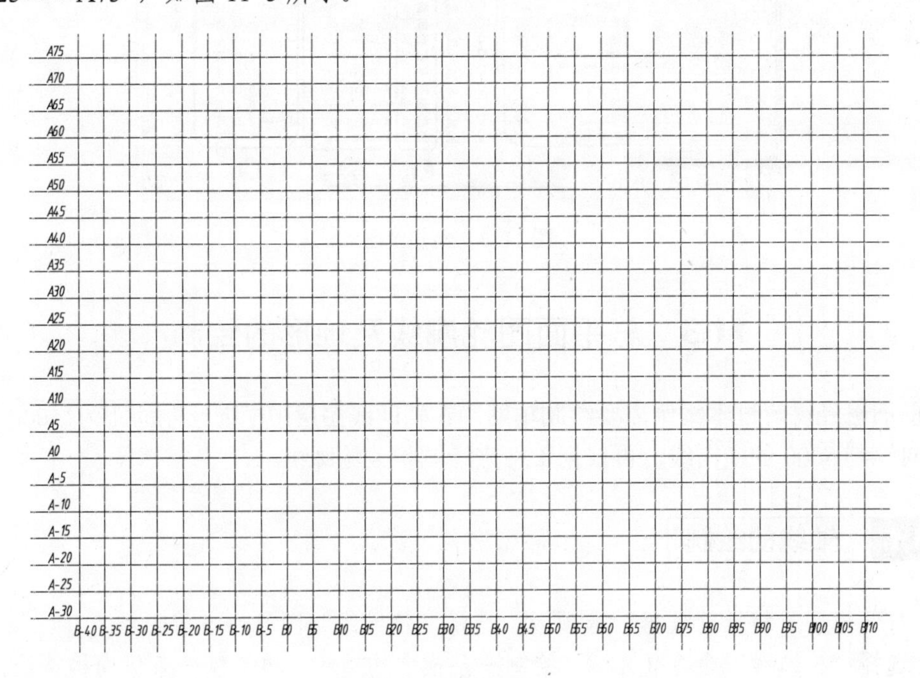

图 11-5　插入文字

6）选择“修剪”命令（TR），修剪多余的构造线，结果如图 11-6 所示。

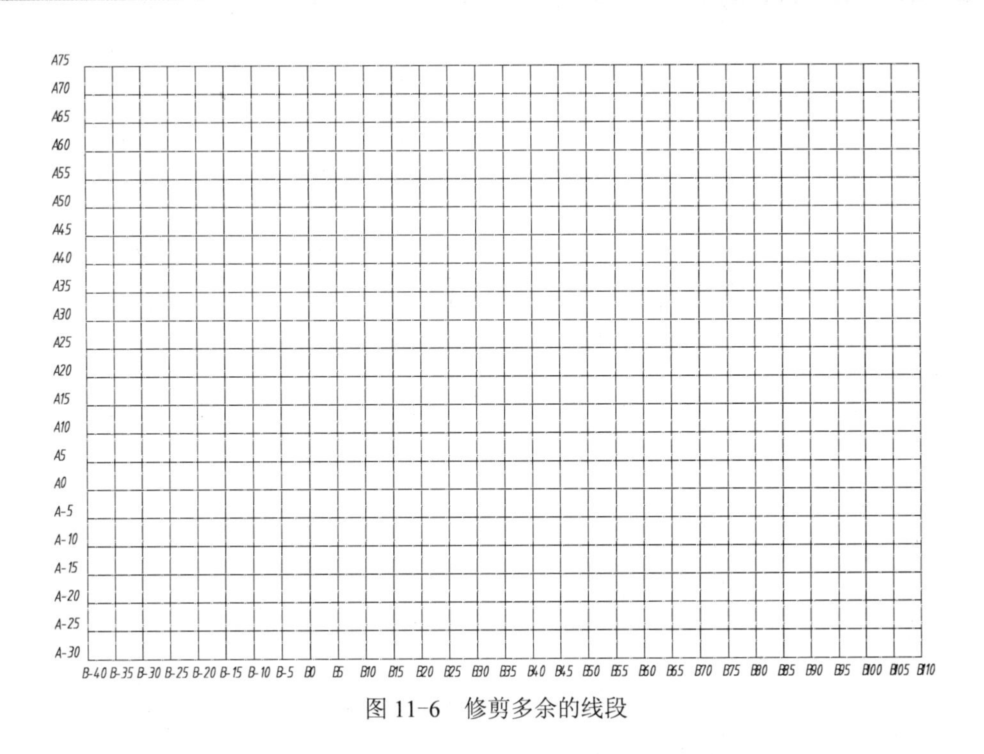

图 11-6　修剪多余的线段

11.3.2 区域的划分

区域划分可以选择“样条曲线”（SPL）、“直线”（L）、“圆弧”（ARC）等命令，来绘制区域轮廓线。

1）选择“直线”命令（L），按照如图 11-7 所示绘制直线。

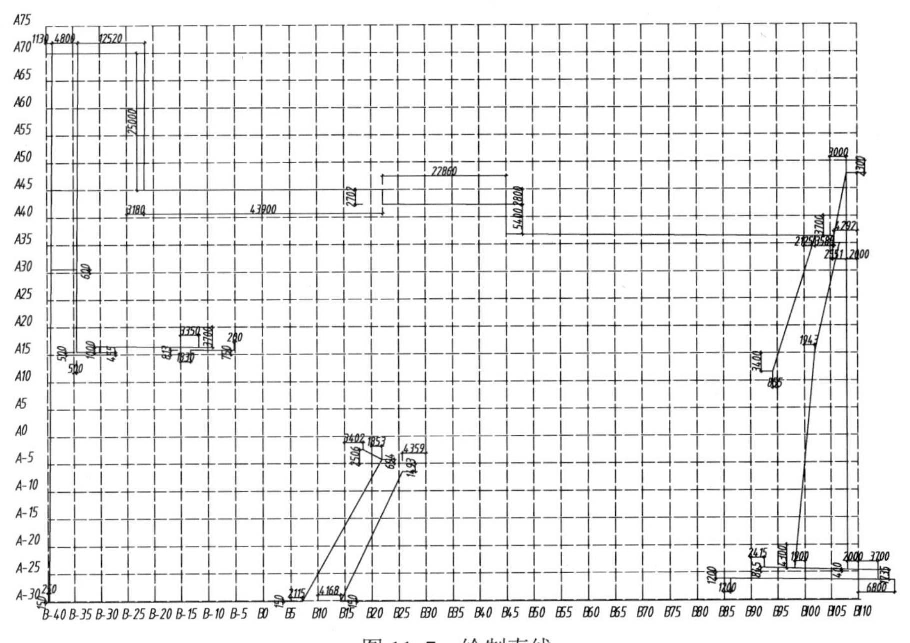

图 11-7　绘制直线

2）选择“圆角”命令（F），根据命令输入“20766”，选择图形最左下角的两条相交直线，如图 11-8 所示。

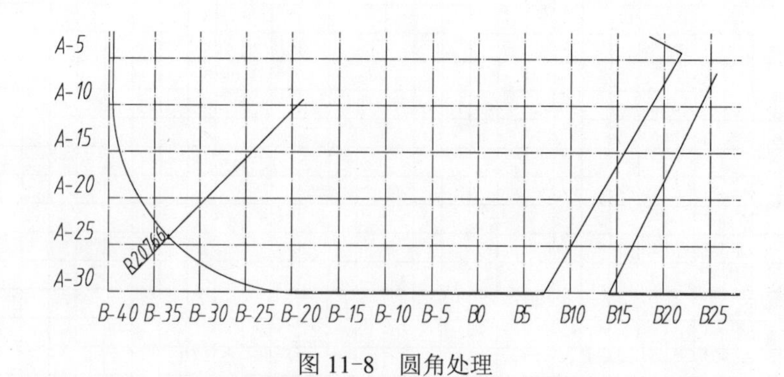

图 11-8　圆角处理

3）选择“偏移”命令（O），根据命令输入“200”，选择图形中相应直线进行偏移，如图 11-9 所示。

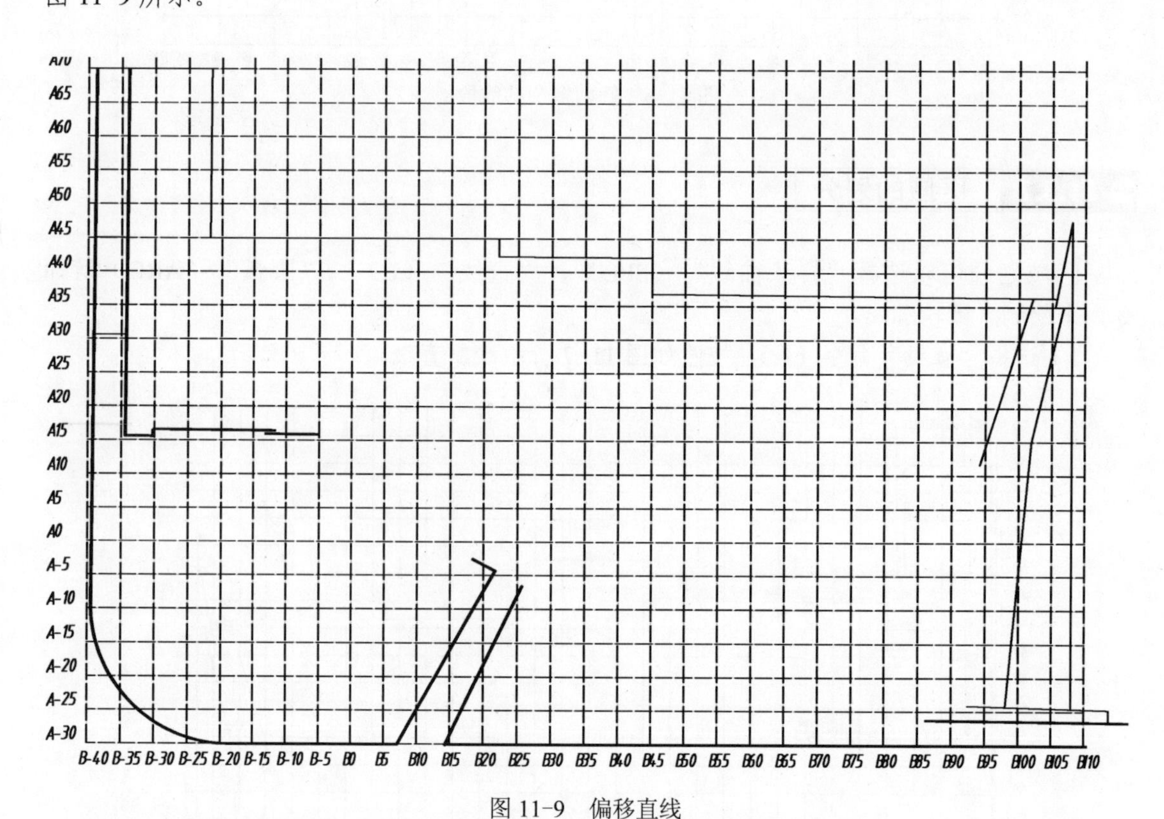

图 11-9　偏移直线

4）选择“修剪”命令（TR）和“倒角”命令（F），对图形进行修调整，倒角半径为 0，如图 11-10 所示。

5）选择“多段线”命令（PL），在图形相应位置绘制多段线，如图 11-11 所示。

6）选择“椭圆”命令（EL），在图形的相应位置绘制一个椭圆，如图 11-12 所示。

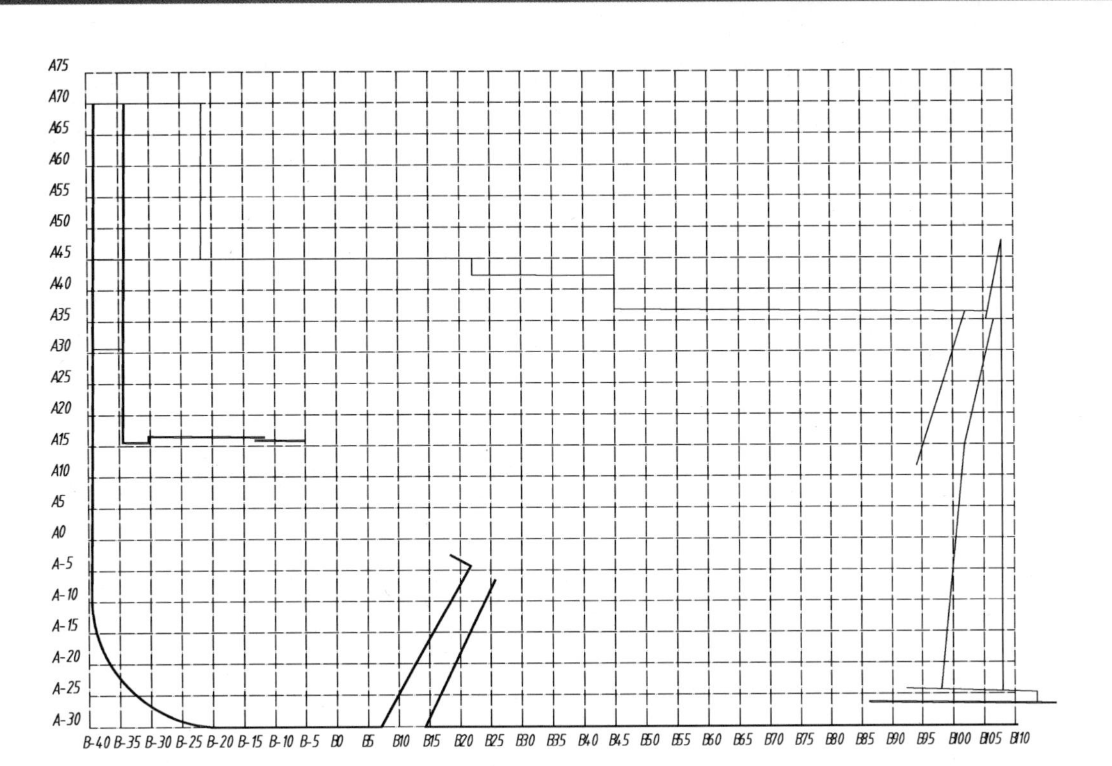

图 11-10 调整绘制的直线

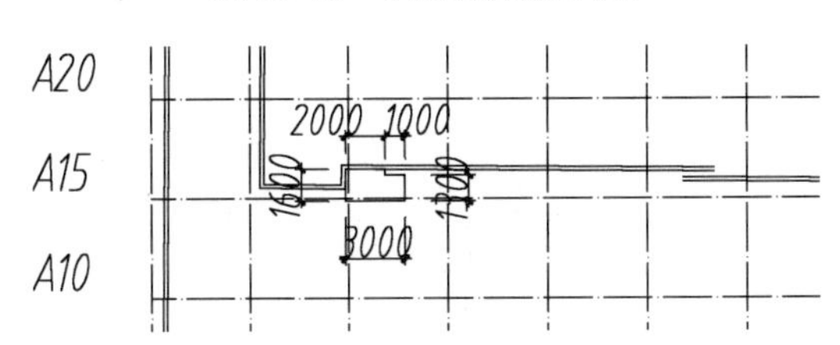

图 11-11 绘制多段线

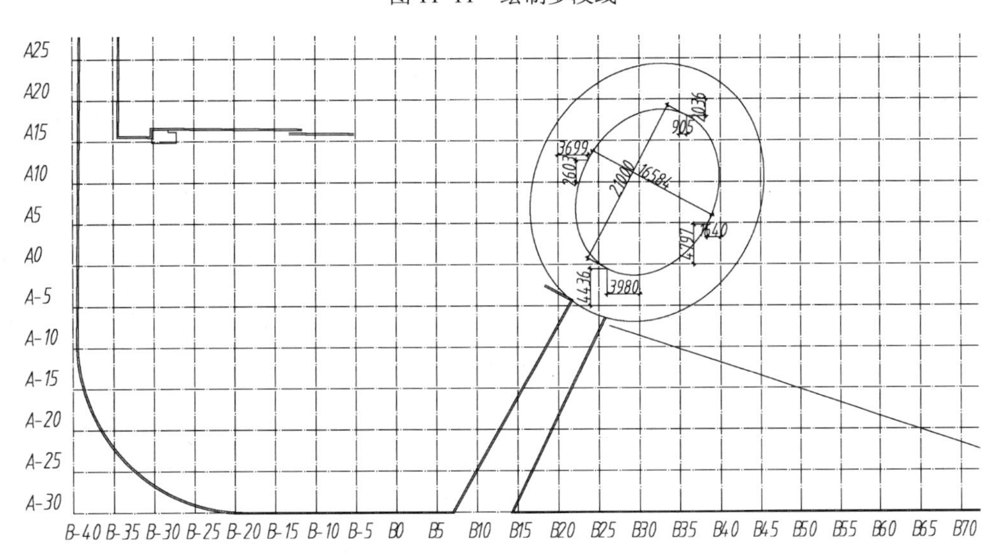

图 11-12 绘制椭圆

7）选择“偏移”命令（O），根据命令输入“5600”，选择上步绘制的椭圆向外偏移，如图 11-13 所示。

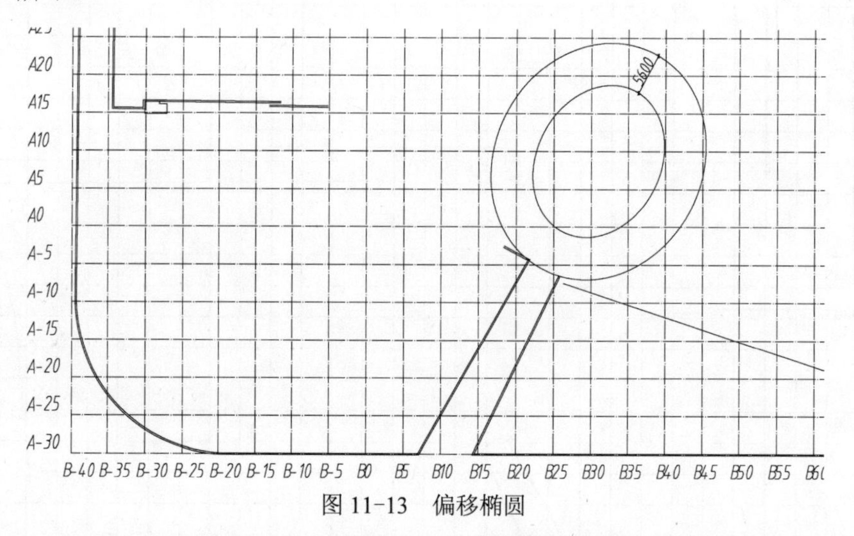

图 11-13　偏移椭圆

8）选择“样条曲线”命令（SP），按如图 11-14 所示绘制样条曲线。

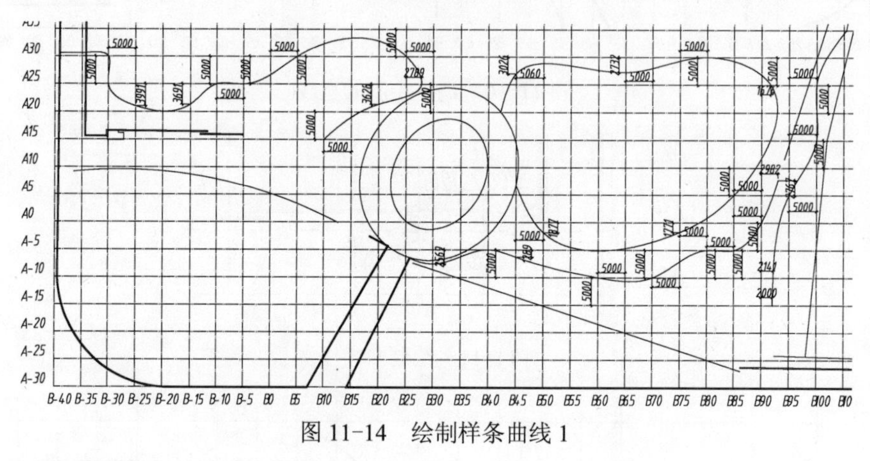

图 11-14　绘制样条曲线 1

9）以与上步同样的方法再次绘制样条曲线，如图 11-15 所示。

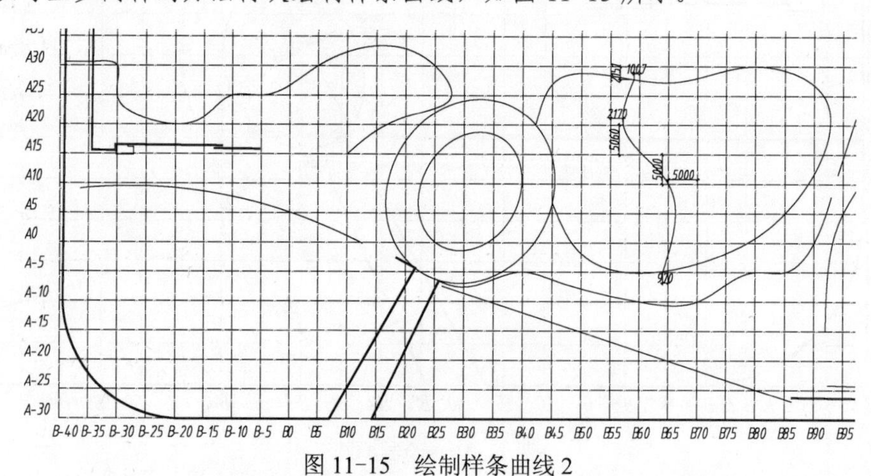

图 11-15　绘制样条曲线 2

10）选择“偏移”命令（CO），根据命令输入“1200”，选择上步绘制的样条曲线向左偏移，如图 11-16 所示。

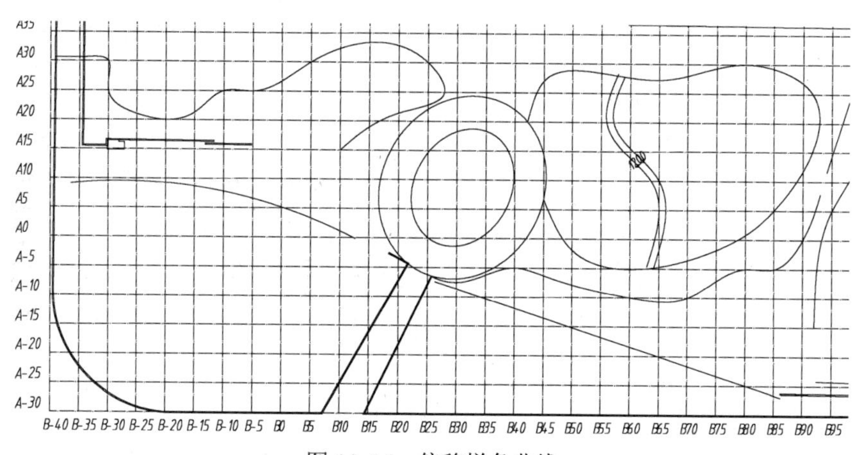

图 11-16　偏移样条曲线

11）选择偏移后的样条曲线，单击最下方夹点，移动到“A-5”轴线。

12）选择“修剪”命令（TR），选择绘制的样条曲线，单击图形中多余线段，如图 11-17 所示。

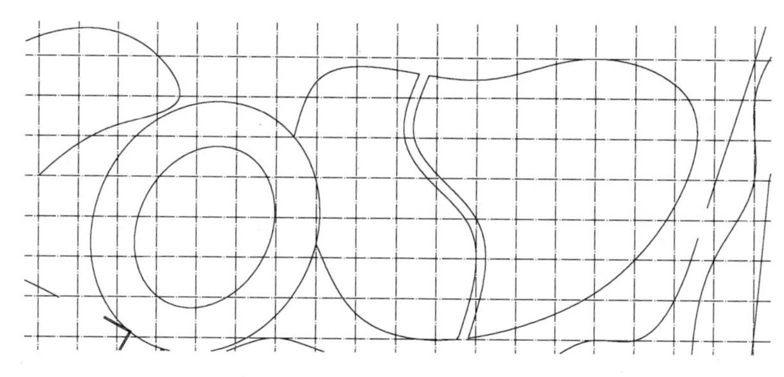

图 11-17　修剪样条曲线

13）选择“圆弧”命令（ARC），按如图 11-18 所示在图形的左边绘制圆弧线。

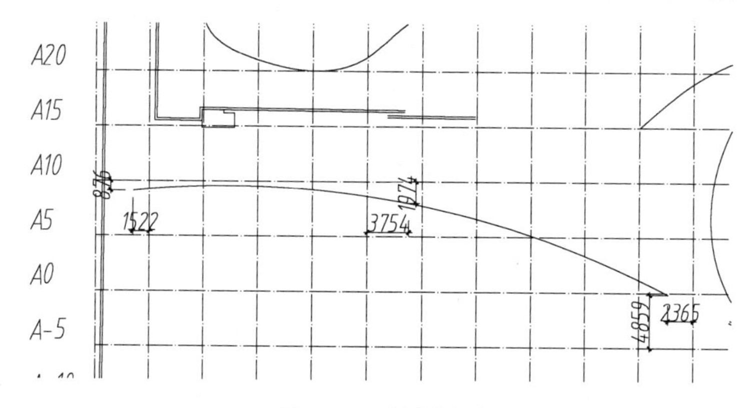

图 11-18　绘制圆弧

14）选择“偏移”命令（O），根据命令输入“250”，选择上步绘制的圆弧线向下偏移，如图 11-19 所示。

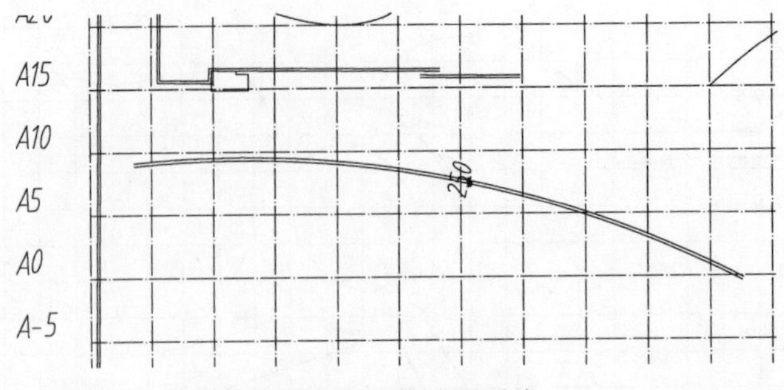

图 11-19　偏移圆弧线

15）选择“圆弧”命令（ARC），按照如图 11-20 所示在图形右端绘制两条弧线。

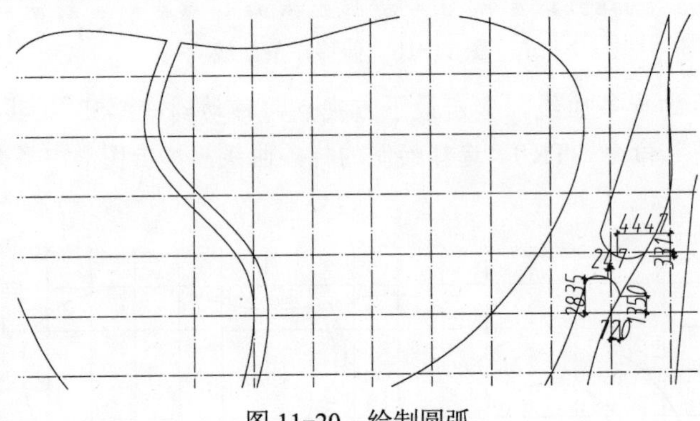

图 11-20　绘制圆弧

11.3.3　梯步的绘制

本案例是对城市中心广场进行景观设计，此中心广场也有地形上的差异，下面用绘制梯步来表示图形中的大体地形差。

1）打开“图层特性管理器”选项板，选择“梯步”图层为当前图层。

2）选择“圆弧”命令（ARC），按如图 11-21 所示在图形的左下角绘制一条弧线。

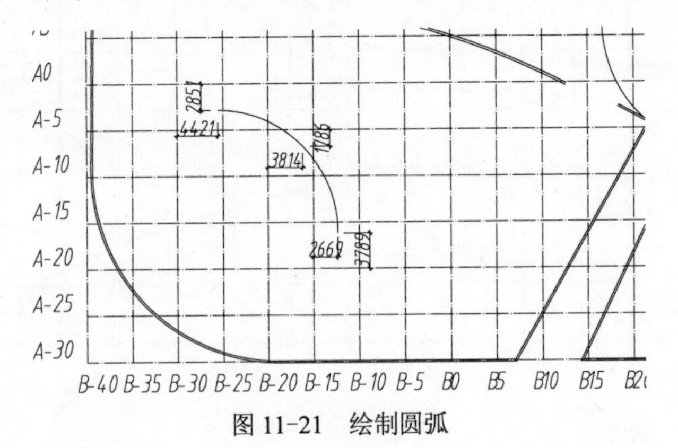

图 11-21　绘制圆弧

3）选择“偏移”命令，根据命令提示输入“500”，选择上步绘制的圆弧向下偏移，以同样的方法进行多次偏移，如图 11-22 所示。

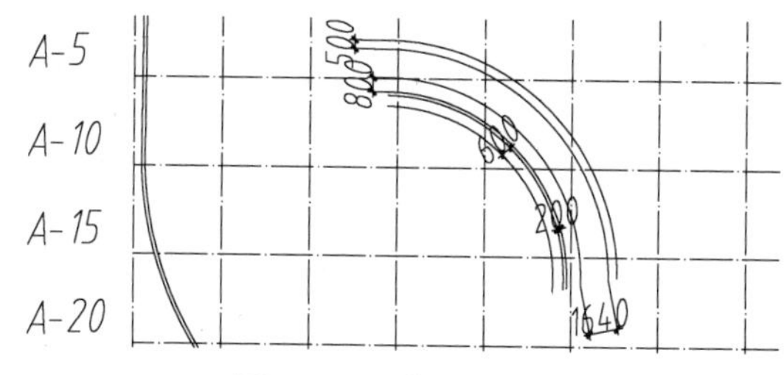

图 11-22　偏移的圆弧

4）选择“多段线”命令（PL），在上步偏移圆弧线的右下方，按如图 11-23 所示绘制多段线。

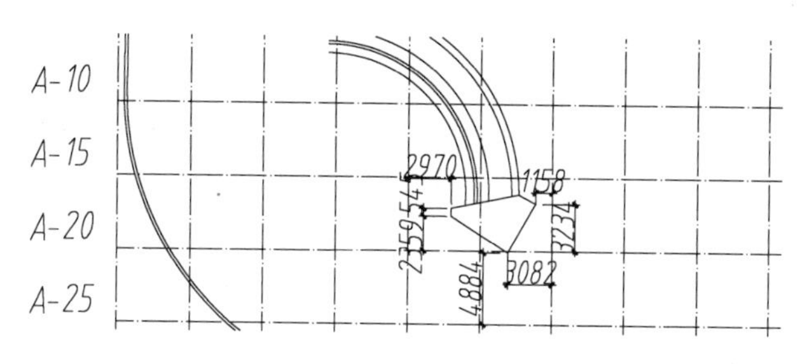

图 11-23　绘制多段线

5）选择“直线”命令（L），按如图 11-24 所示绘制直线。

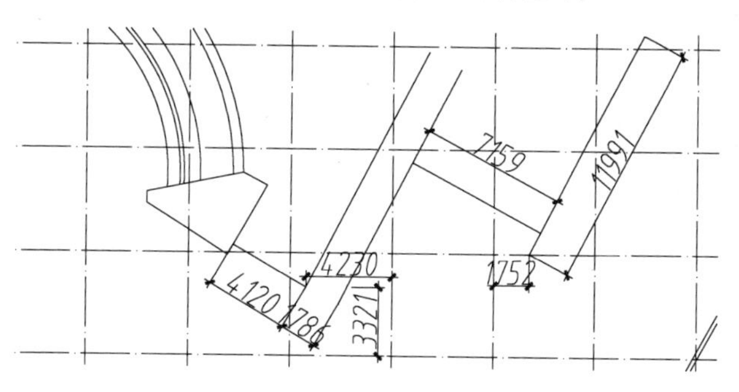

图 11-24　绘制直线

6）选择“偏移”命令（O），根据命令输入“600”，按如图 11-25 所示进行偏移。

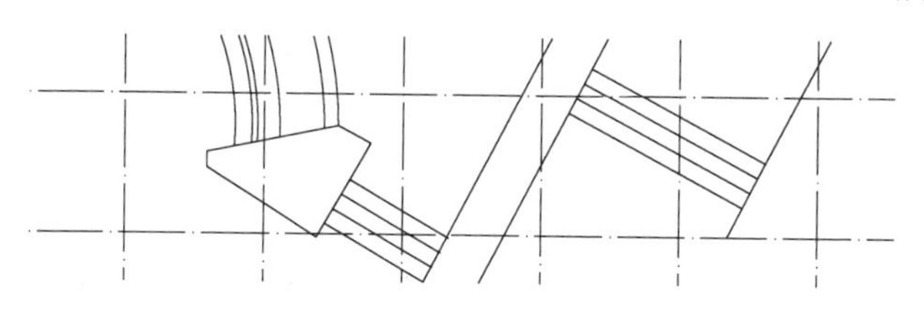

图 11-25　偏移直线

7）选择“圆弧”命令（ARC），在图形相应位置绘制一条弧线。

8）选择“偏移”命令（O），根据命令输入“4200”，选择上步绘制的弧线向下偏移，如图 11-26 所示。

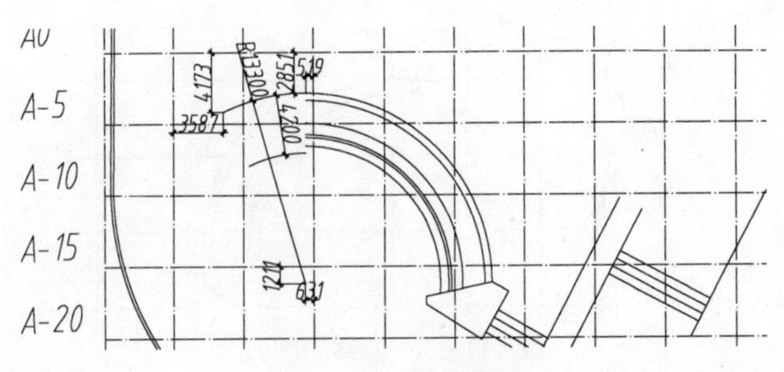

图 11-26　偏移圆弧

9）选择“直线”命令（L），分别以两条弧线为起点和终点绘制两条直线，如图 11-27 所示。

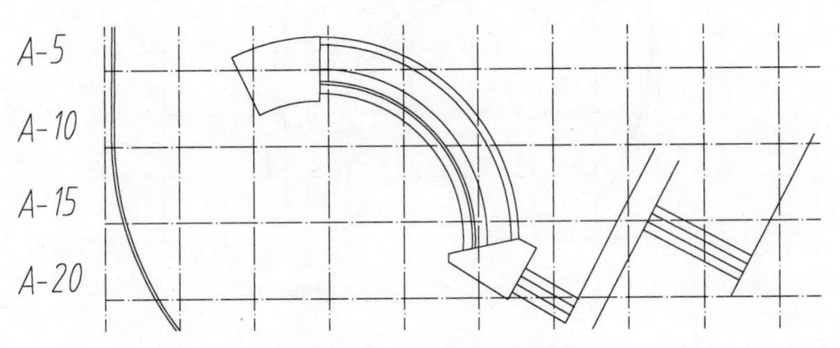

图 11-27　绘制直线

10）以上步同样的方式，在图形相应位置绘制一条纵向直线。

11）选择“偏移”命令（O），根据命令输入“300”，选择上步绘制的直线向右偏移 6 次，如图 11-28 所示。

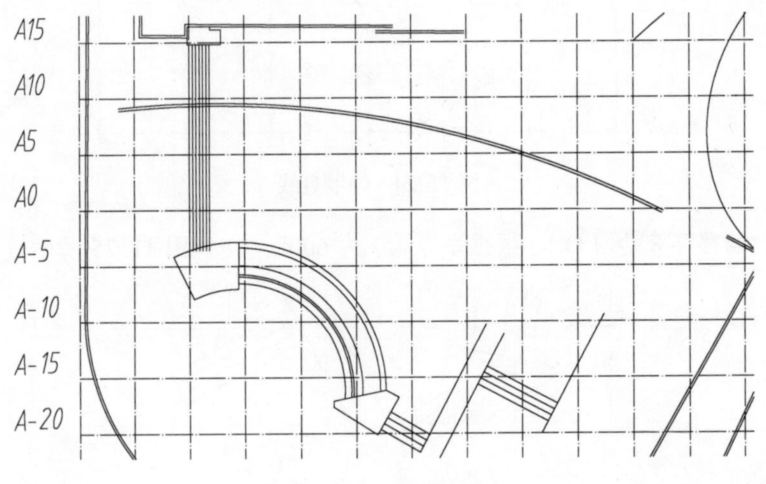

图 11-28　偏移图形

12）选择“修剪”命令（TR），选择绘制的图形，单击多余线段，如图 11-29 所示。

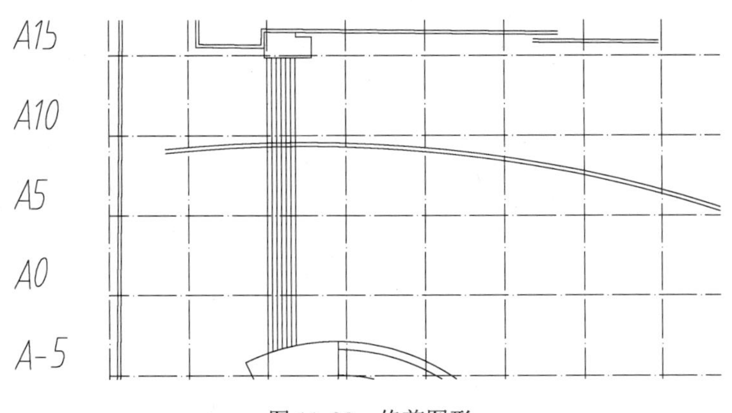

图 11-29　修剪图形

13）选择“矩形”命令（REC），在图形相应位置绘制一个 2800×1758 的矩形，如图 11-30 所示。

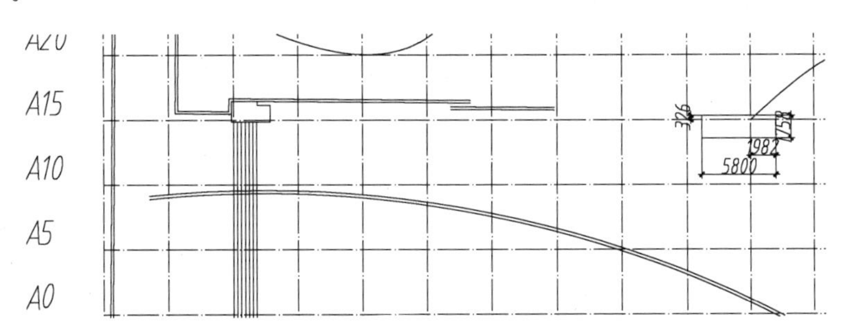

图 11-30　绘制矩形

14）选择“偏移”命令（O），根据命令输入“4800”，选择图形相应直线向右偏移。

15）选择“延伸”命令（EX），选择 A0 轴线，单击偏移直线的上端，如图 11-31 所示。

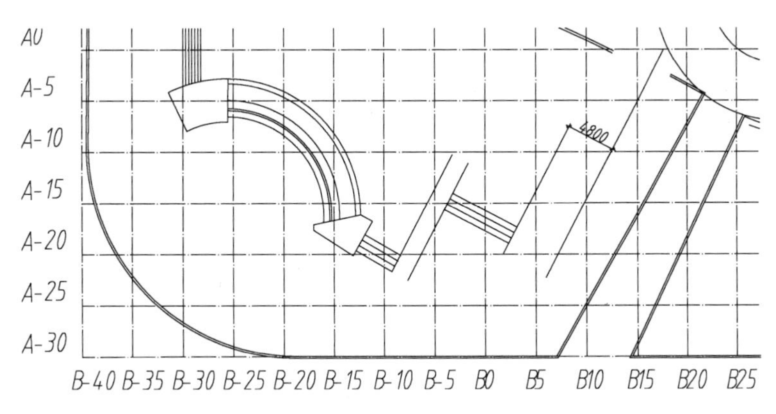

图 11-31　延伸图形

16）选择“圆弧”命令（ARC），按如图 11-32 所示在图形的的相应位置绘制一条弧线。

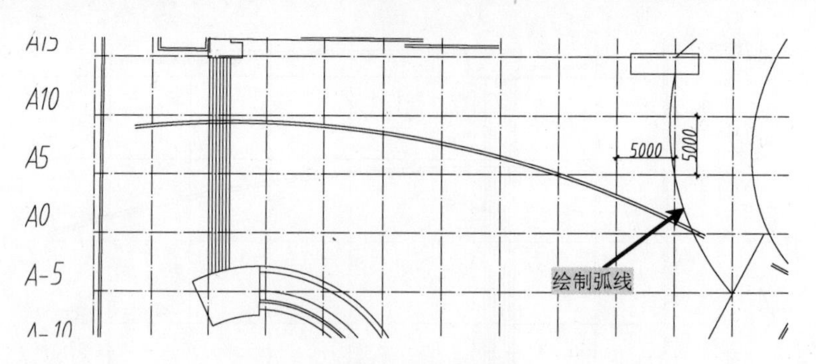

图 11-32　绘制圆弧

17）选择“偏移”命令（O），根据命令输入“600”，选择上步绘制的弧形向右偏移。

18）选择“延伸”命令（EX），选择绘制的矩形，在单击偏移弧线的上端。

19）选择“修剪”命令（TR），选择绘制的图形，单击偏移弧线的下端，如图 11-33 所示。

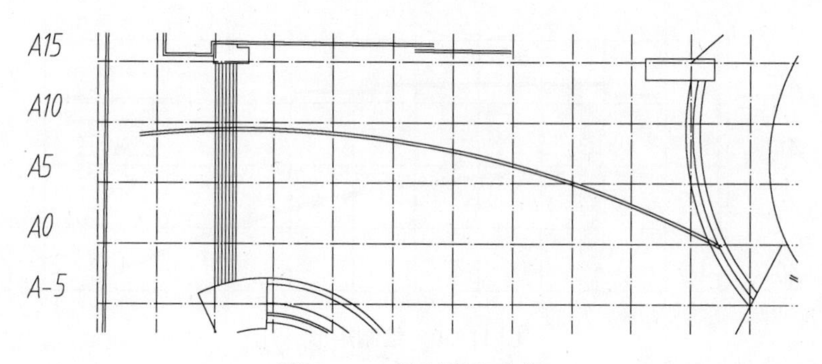

图 11-33　绘制样条曲线

11.4　广场卫生间的绘制

本案例中所涉及的主要小品为卫生间，绘制好卫生间墙体后，在卫生间墙体上开门窗洞和绘制门窗，然后插入卫生间内的相应图形即可。

11.4.1　主要墙体的绘制

1）打开“图层特性管理器”选项板，选择“景观小品”图层为当前图层。

2）选择“多段线”命令（PL），按如图 11-34 所示绘制直线。

3）选择“偏移”命令（O），根据命令输入“240”，选择上步绘制的多段线向内偏移。

4）选择“分解”命令（X），选择绘制的多段线和偏移的多段线，按〈Enter〉键即可完成分解。

5）选择“延伸”命令（EX），选择相应的直线，再选择相应直线的下端，如图 11-35 所示。

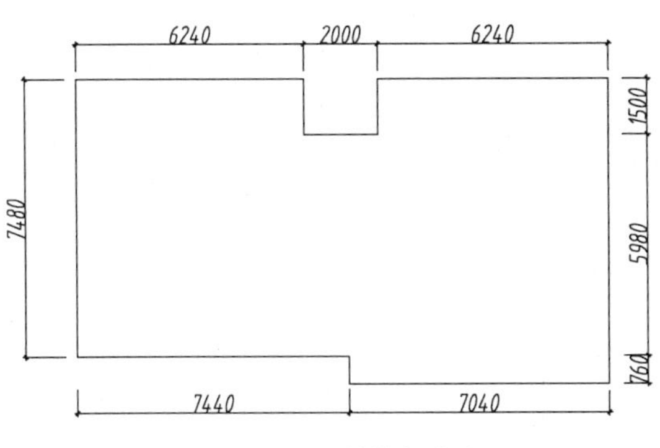

图 11-34 绘制样条曲线

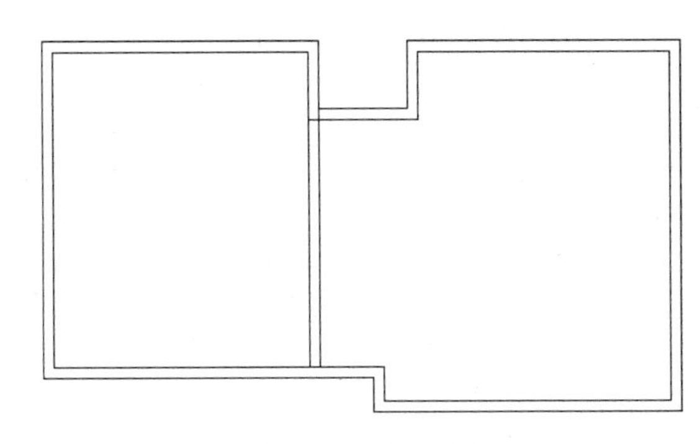

图 11-35 延伸图形

6）选择“偏移”命令（O），根据命令输入“3500”，选择图形中最右边的纵向直线，向左进行偏移，再输入“3740”，选择最右边的纵向直线向左偏移，如图 11-36 所示。

7）以与上步同样的方法，把图形中相应的直线进行偏移，如图 11-37 所示。

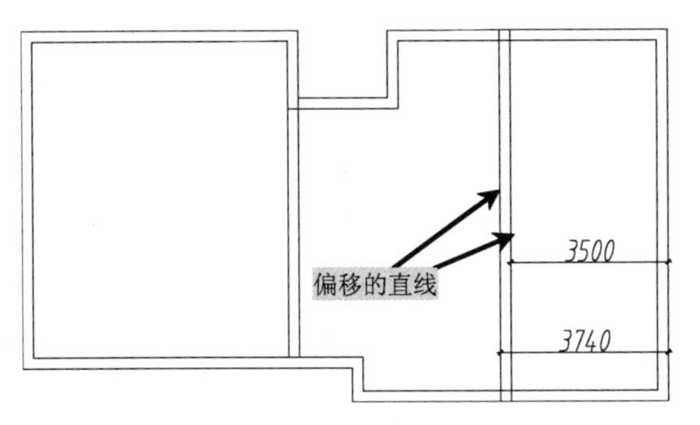

图 11-36 偏移图形

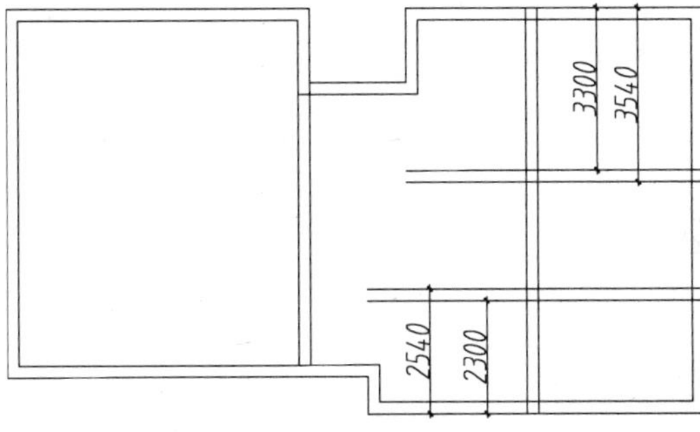

图 11-37 再次偏移

8）选择“延伸”命令（EX），选择相应的直线，如图 11-38 所示。

9）选择“修剪”命令（TR），选择绘制的图形，单击图形中多余线段，如图 11-39 所示。

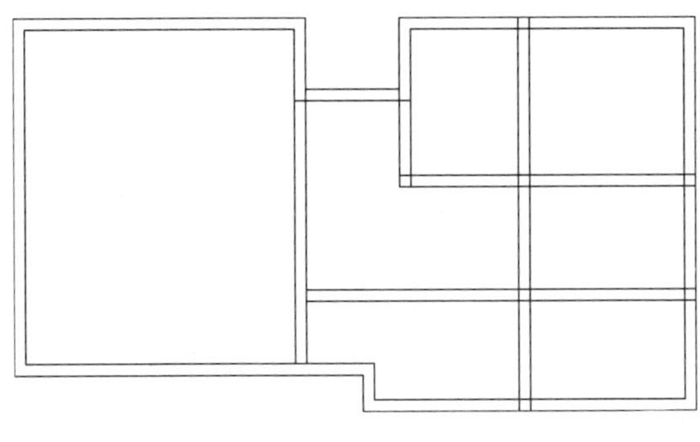

图 11-38 延伸偏移的直线

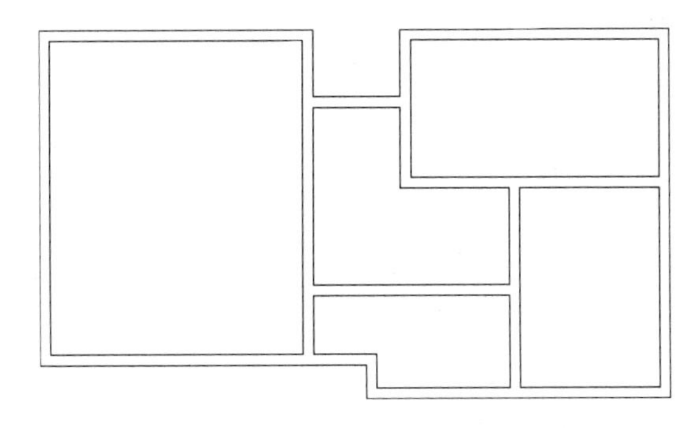

图 11-39 修剪直线

11.4.2 卫生间隔断的绘制

前面部分已经把卫生间的主要墙体绘制完成，接下来需要绘制卫生间的隔断，同时区分出每一个蹲位的位置。

1）选择“格式丨多线样式”命令，弹出“多线样式”对话框，新建“卫生间隔断”多线样式，分别在“图元”的两项偏移文本框中输入“30”和“-30”，并把“卫生间隔断”多线样式置为当前样式。

2）选择“多线样式”命令（ML），根据命令输入“对比”（J），再输入“无”（Z），接着输入“比例”（S），最后输入“1”，按图 11-40 所示绘制多线。

3）选择“矩形”命令(REC)，在图形的相应位置会制一个 300 × 3860 的矩形，如图 11-41 所示。

4）双击最左边的横向多线，弹出“多线编辑工具”，单击“T 型打开”按钮，分别选择图形中需要进行“T 型打开”的交点，如图 11-42 所示。

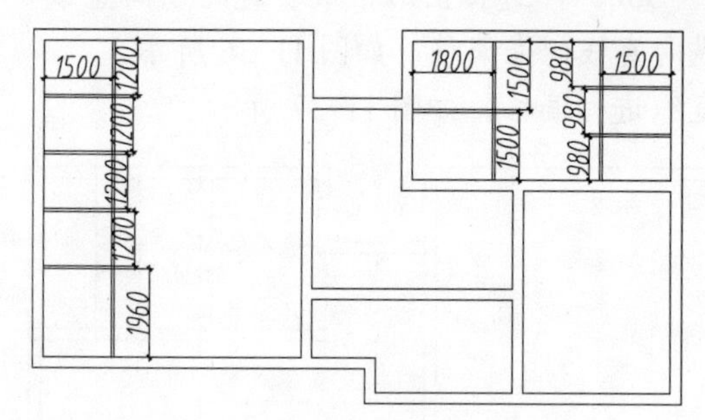

图 11-40 绘制多线样式

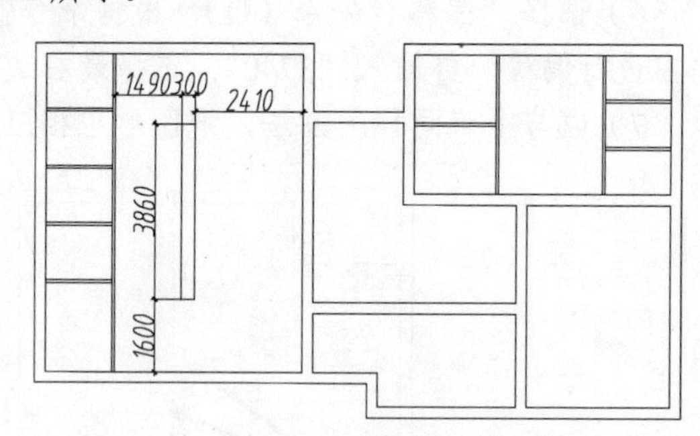

图 11-41 绘制矩形

11.4.3 卫生间门窗的绘制

绘制门窗之前，首选是给相应墙体及隔断开门窗洞，然后再绘制门窗。接下来对墙体先开窗洞和绘制窗子，再开门洞和绘制门。

1）选择“直线”命令（L），按如图 11-43 所示绘制直线。

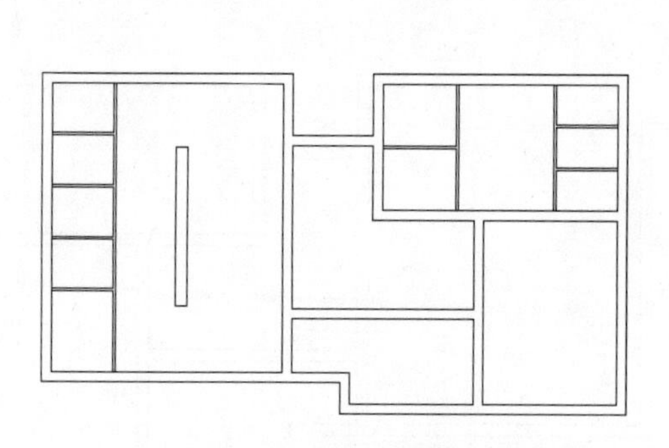

图 11-42 修改多线

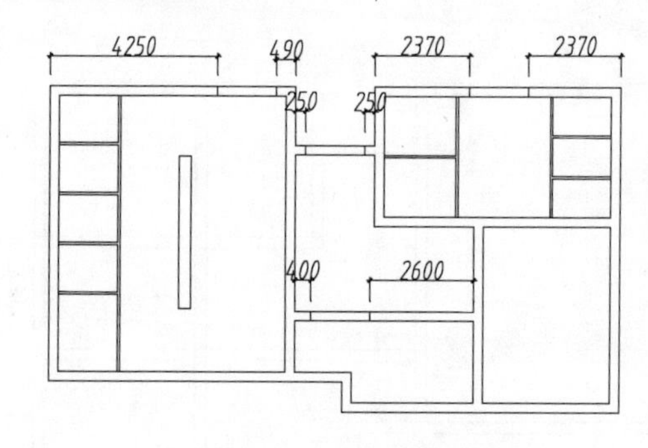

图 11-43 绘制直线

2）选择“修剪”命令（TR），选择上步绘制的直线，再单击直线之间的线段，如图 11-44 所示

3）选择“格式|多线样式”命令，弹出“多线样式”对话框，新建“窗子样式”多线样式，添加两项“图元”，分别在“图元”的 4 项偏移文本框中输入“120”、“50”、“-50”、“-120”，并把“窗子样式”多线样式置为当前。

4）选择“多线样式”命令（ML），根据命令输入“对比”（J），再输入“无”（Z），接着输入“比例”（S），最后输入“1”，按如图 11-45 所示绘制多线。

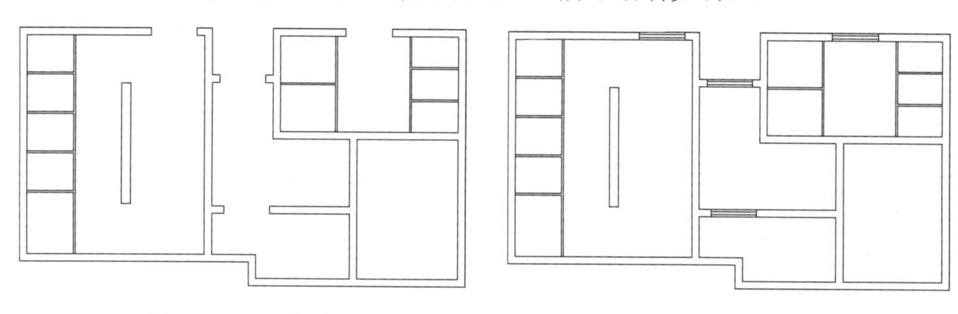

图 11-44　开窗洞　　　　图 11-45　绘制多线样式

5）选择“直线”命令（L），按如图 11-46 所示绘制直线。

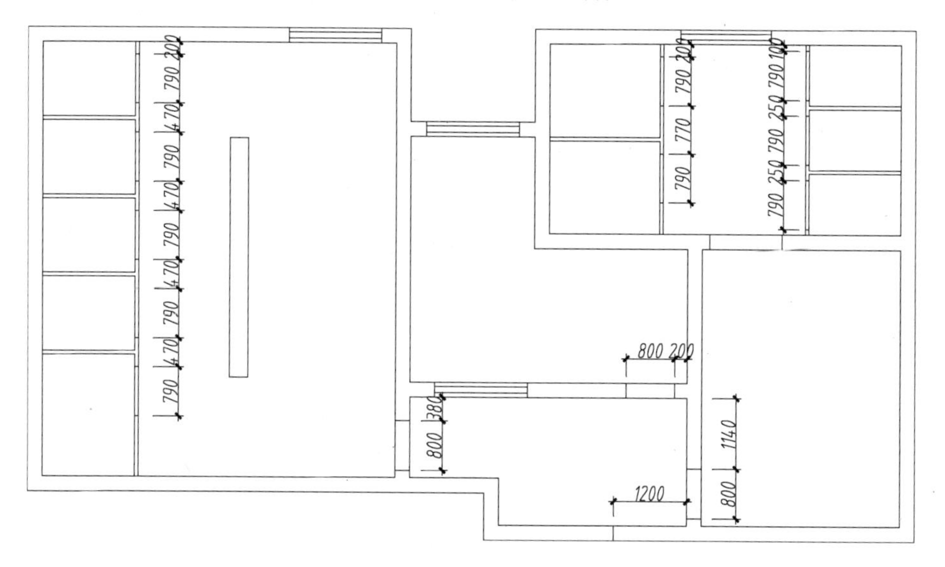

图 11-46　绘制门洞线

6）选择“修剪”命令（TR），选择上步绘制的直线，单击直线之间的线段，再按〈Enter〉键即可完成对图形的修剪，如图 11-47 所示。

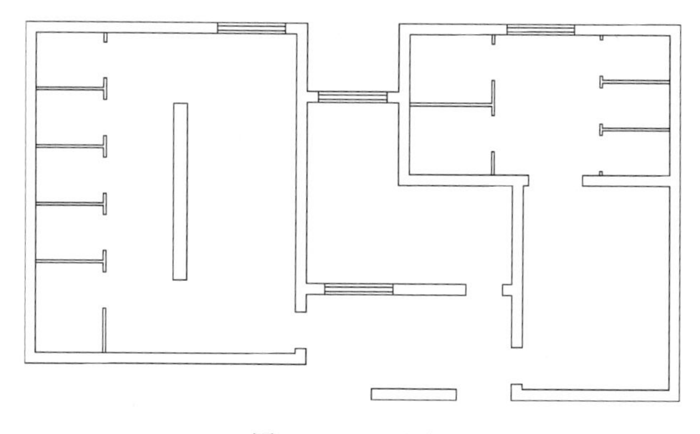

图 11-47　开门洞

7）选择“延伸”命令（EX），选择图形中最下方的相应直线，再单击需要延长直线的下端，如图 11-48 所示。

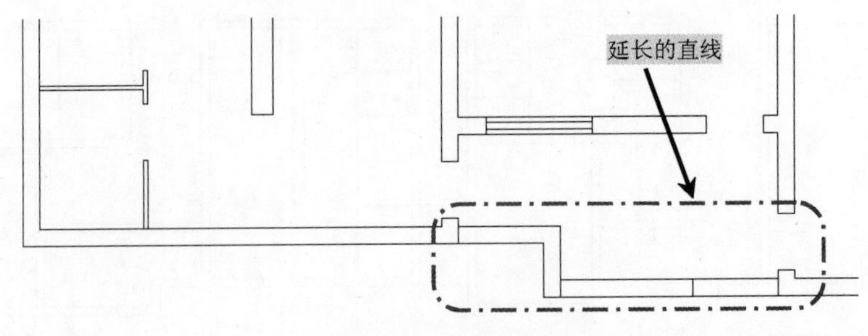

图 11-48　延伸直线

8）选择“修剪”命令（TR），选择延长的直线，单击直线之间的线段，再按〈Enter〉键即可完成对图形的修剪，如图 11-49 所示。

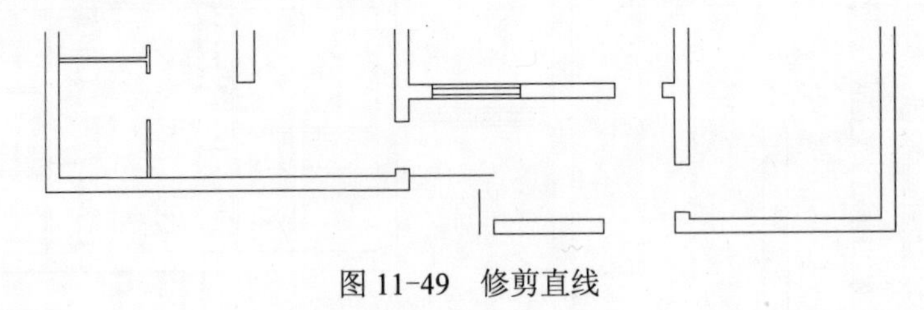

图 11-49　修剪直线

9）选择“删除”命令（E），选择图形中多余线段，按〈Enter〉键即可完成删除，如图 11-50 所示。

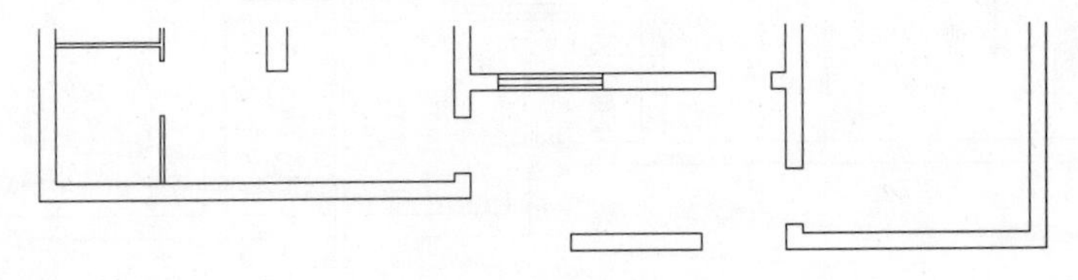

图 11-50　删除直线

10）选择“矩形”命令（REC），在右下角门洞的相应位置绘制一个 800 × 40 的矩形。

11）选择“圆”命令（C），以上步绘制矩形的左下角为圆心，绘制一个半径为 800 的圆。

12）选择“修剪”命令（TR），把上步绘制圆的多余部分修剪掉，如图 11-51 所示。

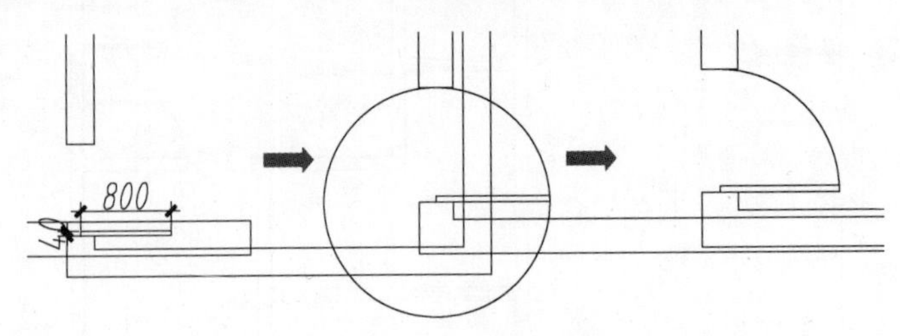

图 11-51　绘制开门

13）选择“复制”命令（CO），选择绘制的矩形和剩下的圆，复制到图形的相应位置，并选择“旋转”命令（TR）进行调整，如图 11-52 所示。

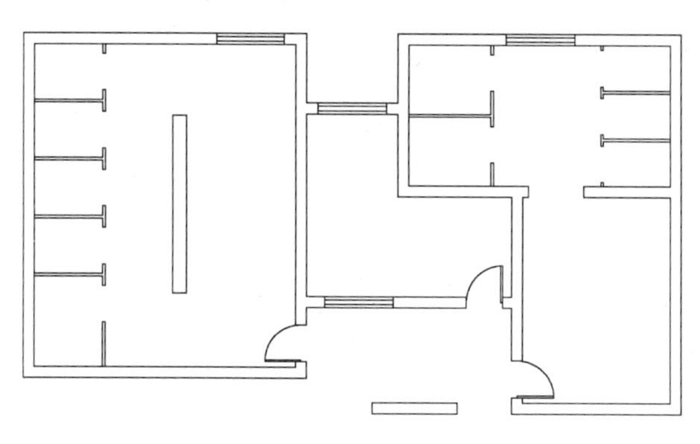

图 11-52 复制开门

14）选择“矩形”命令（REC），在左上角门洞的相应位置绘制一个 780 × 60 的矩形。

15）选择“圆”命令（C），以上步绘制矩形的右上角为圆心，绘制一个半径为 790 的圆。

16）选择“修剪”命令（TR），把上步绘制圆的多余部分修剪掉，如图 11-53 所示。

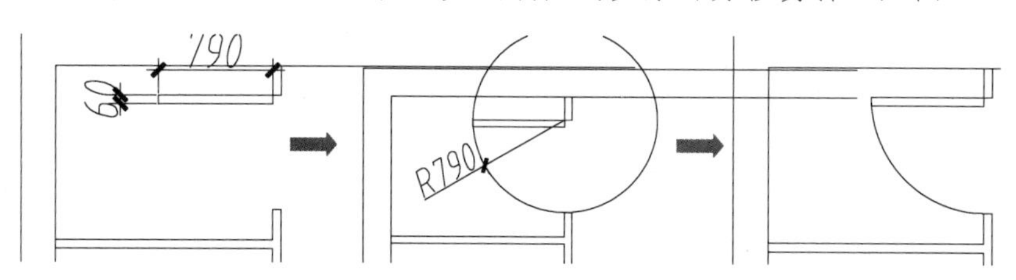

图 11-53 延伸偏移的直线

17）选择“复制”命令（CO），选择绘制的矩形和剩下的圆复制到图形的相应位置，并选择“旋转”命令（TR）进行调整，如图 11-54 所示。

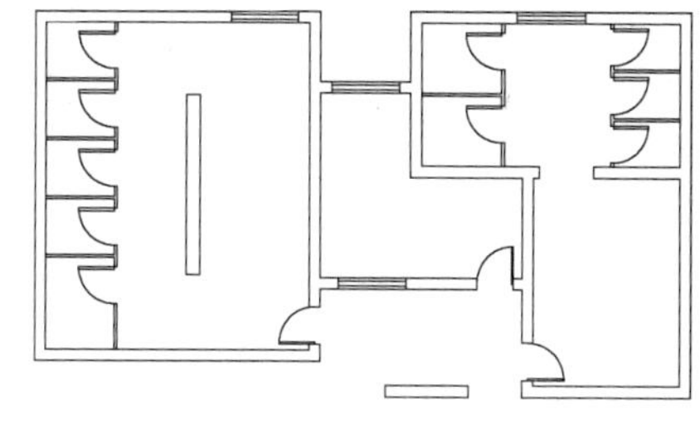

图 11-54 复制卫生间门

11.4.4 洁具布置

前面已经把卫生间绘制完成，接下来对卫生间内的洁具进行布置，卫生间的洁具可以不用直接绘制，从其他外部文件进行插入。

1）选择“插入”命令（I），打开“插入”对话框，单击“浏览”按钮，弹出“选择图形文件”对话框，选择路径为“案例\11\卫生间把手.dwg”的图形，单击“打开”按钮，回到“插入”对话框，再单击“确定”按钮。

2）使用同样的方法，将“案例\11”文件夹下的“踏便器.dwg”、“小便斗.dwg”、“马桶.dwg”、“洗面盆.dwg”等图块插入到相应位置，如图 11-55 所示。

3）选择“矩形”命令（REC），在图形相应位置绘制一个 600 × 3860 的矩形，如图 11-56 所示。

4）选择“偏移”命令（O），根据命令输入“600”，选择图形中相应纵向直线向左偏移，如图 11-57 所示。

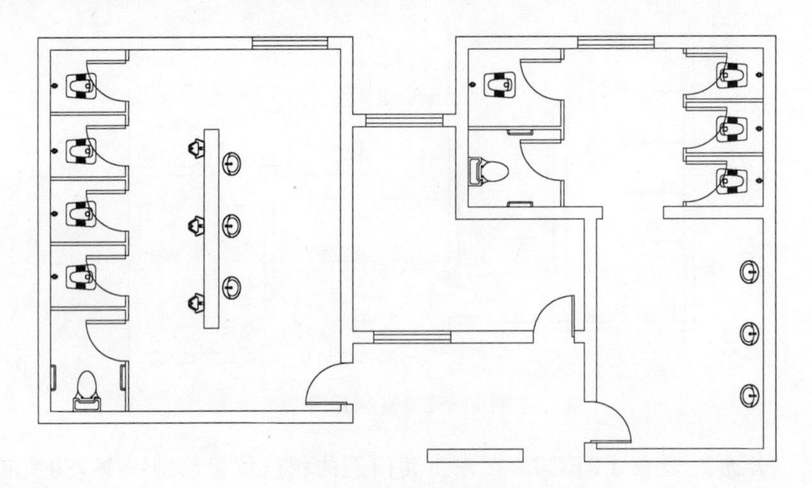

图 11-55　插入洁具

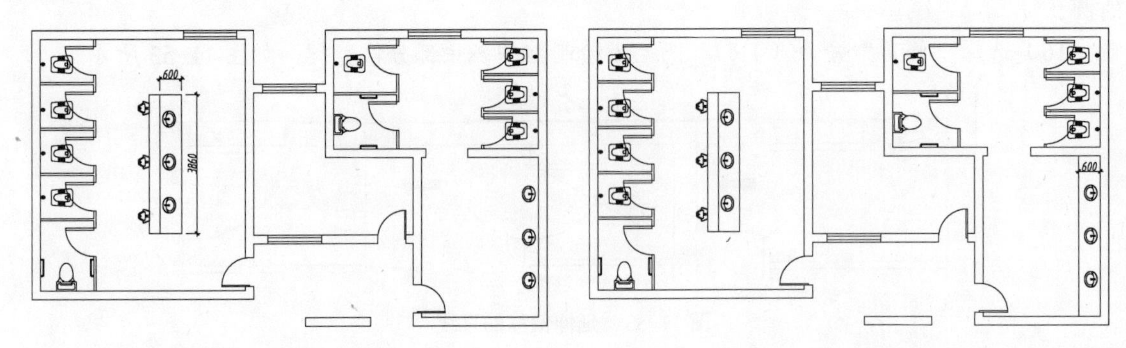

图 11-56　绘制洗面台　　　　图 11-57　偏移直线

5）选择“块定义”命令（B），单击“选择对象”按钮，选择本节中绘制的所有图形，再单击“拾取点”按钮，接着单击图形的左上角，然后在“名称”文本框中输入“卫生间”，按“确定”按钮即可完成块定义。

6）选择“移动”命令（M），选择“卫生间”图块，单击图块的左上角，移动到轴网的相应位置，如图 11-58 所示。

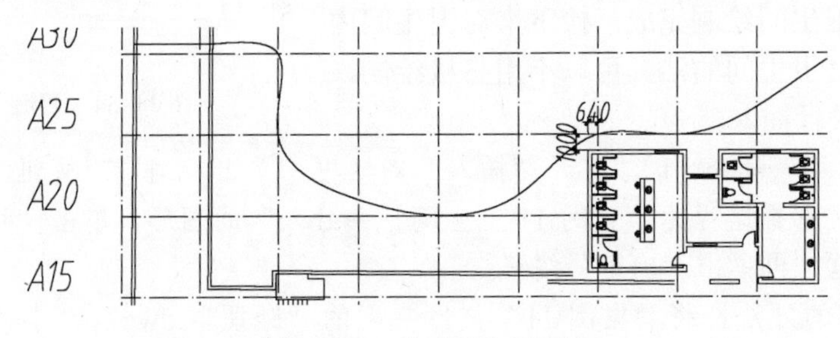

图 11-58　移动卫生间区域

11.5　广场水景及花台的绘制

本案例除有水景外，在图形的左下方有一个大型水景，本小节主要讲解如何绘制花台以及水景等。在前面的图形中已经绘制出了大体轮廓和大体地形，下面将根据绘制的图形更进一步进行绘制与调整。

11.5.1 水景的布置

1）选择“圆”命令（C），在图形左下角相应位置绘制一个半径为 2600 的圆，如图 11-59 所示。

2）选择“偏移”命令（O），将圆依次向外各偏移 200、3200、3800、4000、5200，如图 11-60 所示。

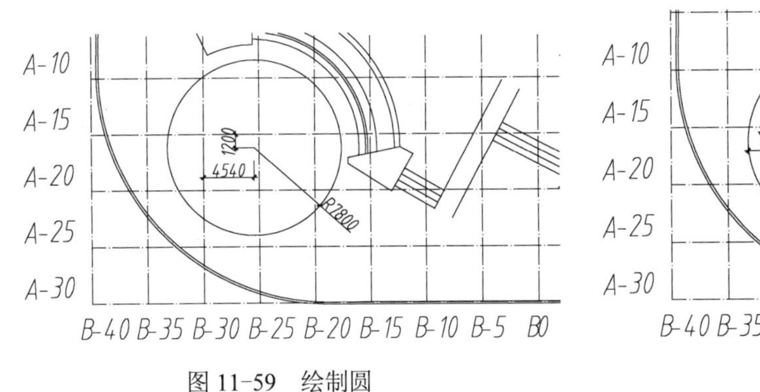

图 11-59 绘制圆　　图 11-60 偏移直线

3）选择“直线”命令（L），过圆心和左、右象限点，绘制一水平线段，如图 11-61 所示。

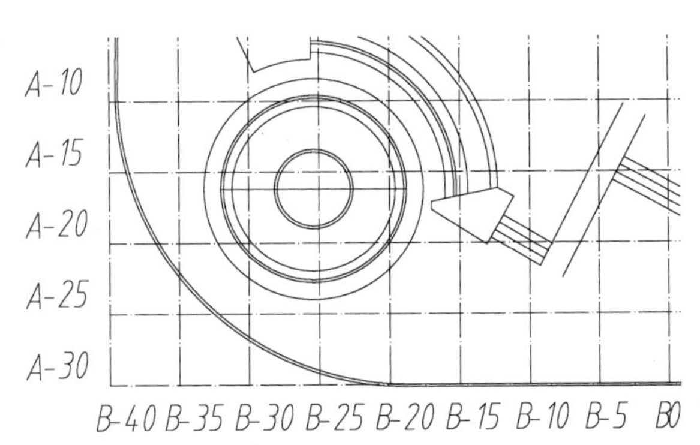

图 11-61 绘制直径

4）选择“偏移”命令（O），将绘制的水平线段向上和向下各偏移 100。

5）选择“环形阵列”命令（ARR），选中 3 条水平线段作为阵列的对象，再捕捉圆心作为阵列的基点，根据如下命令行的提示，阵列后的结果如图 11-62 所示。

```
命令: ARRAYPOL                  \\ 启动“环形阵列”命令
选择对象: 指定对角点: 找到 3 个
选择对象:
类型 = 极轴  关联 = 是
```

指定阵列的中心点或 [基点(B)/旋转轴(A)]:

选择夹点以编辑阵列或 [关联(AS)/基点(B)/项目(I)/项目间角度(A)/填充角度(F)/行(ROW)/层(L)/旋转项目(ROT)/退出(X)] <退出>: I

输入阵列中的项目数或 [表达式(E)] <6>: 7

选择夹点以编辑阵列或 [关联(AS)/基点(B)/项目(I)/项目间角度(A)/填充角度(F)/行(ROW)/层(L)/旋转项目(ROT)/退出(X)] <退出>: AS

创建关联阵列 [是(Y)/否(N)] <是>: N

选择夹点以编辑阵列或 [关联(AS)/基点(B)/项目(I)/项目间角度(A)/填充角度(F)/行(ROW)/层(L)/旋转项目(ROT)/退出(X)] <退出>:　\\ 按〈Enter〉键

6）选择“修剪”命令（TR），修剪掉多余的线段，如图 11-63 所示。

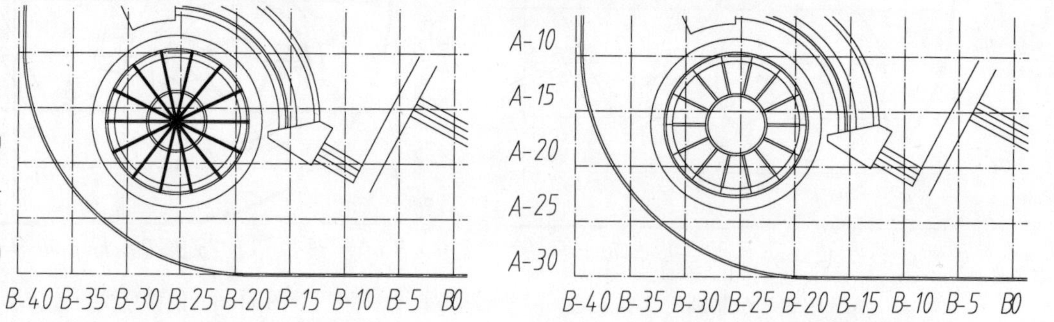
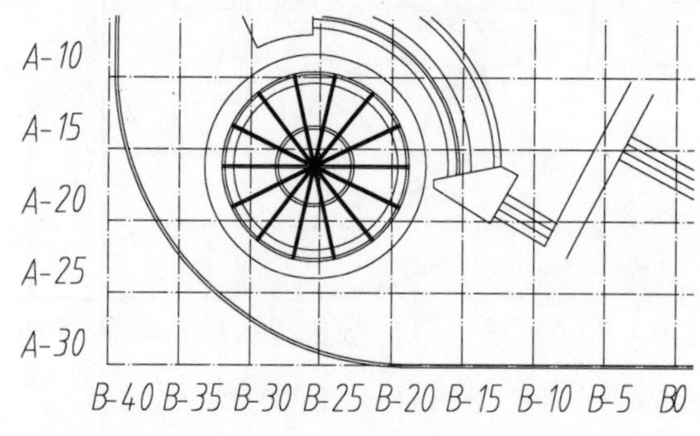

图 11-62　环形阵列

图 11-63　修剪线段的效果

7）打开“图层特性管理器”选项板，关闭“辅助线”图层，选择“填充图案”为当前图层。

8）选择“图案填充”命令（H），弹出“图案填充和渐变色”对话框，单击“图案选择”按钮，弹出“填充图案选项板”，选择图案“AR-RROOF”，单击“确定”按钮；再单击“添加：拾取点”按钮，回到绘图区域，单击图形中最小圆的内部，在“角度”文本框中输入“45”，在“比例”文本框中输入“50”，最后单击“确定”按钮，填充后的效果如图 11-64 所示。

9）选择“图案填充”命令（H），选择相同的图案和比例对圆弧图形进行图案填充，如图 11-65 所示。

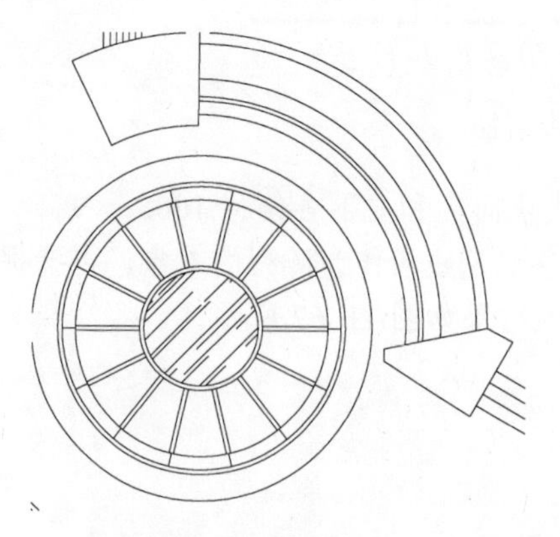

图 11-64　图案填充

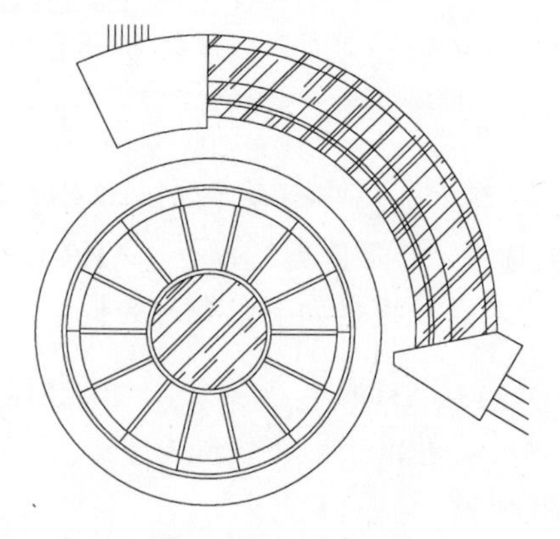

图 11-65　图案填充

11.5.2 花台的绘制

1）选择“偏移”命令（O），根据命令输入“1800”，选择图形中相应的直线向右偏移，如图 11-66 所示。

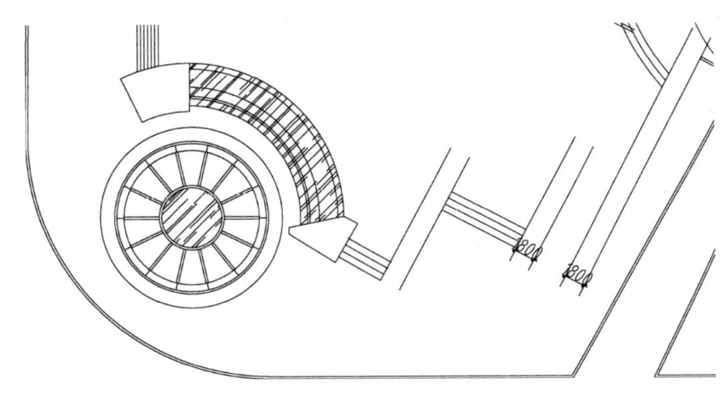

图 11-66 偏移直线

2）打开“图层特性”管理器，打开“辅助线”图层。

3）选择“多段线”命令（PL），按照如图 11-67 所示绘制多段线。

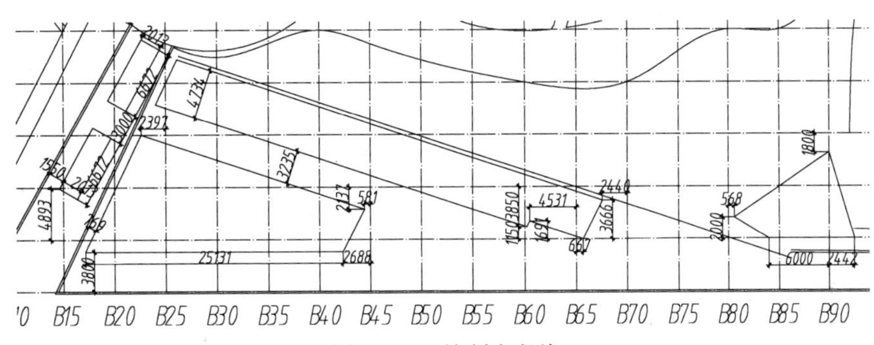

图 11-67 绘制多段线

4）选择“直线”命令（L），在图形相应位置绘制直线，如图 11-68 所示。

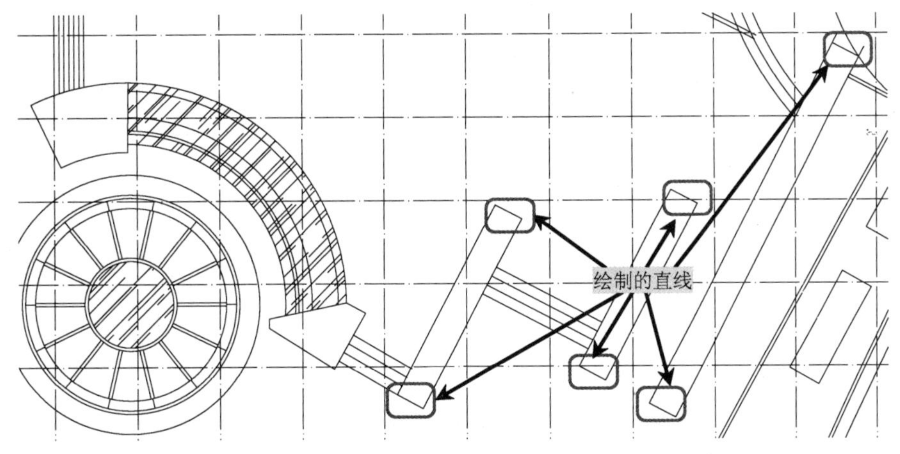

图 11-68 绘制直线 2

5）选择“偏移”命令（O），根据命令输入“200”，选择图形中相应图形进行偏移，如图 11-69 所示。

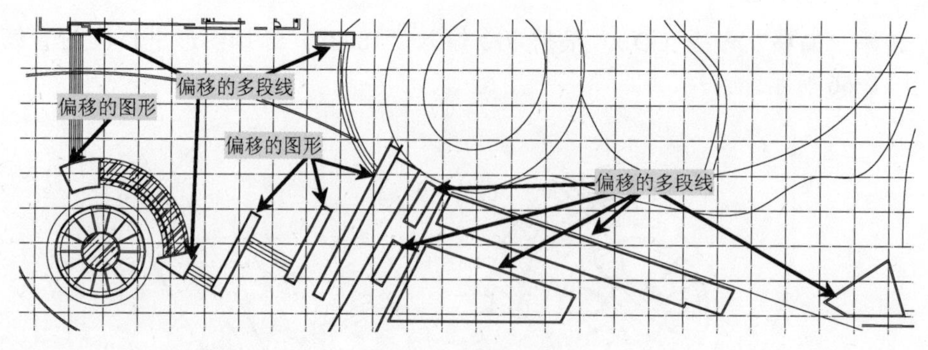

图 11-69　偏移直线

6）选择偏移的图形为“景观小品”图层。

7）选择“矩形”命令（REC），在 B-15 轴线的下端点位置绘制一个 1600 × 1600 的矩形。

8）选择“偏移”命令（O），将上步绘制的矩形向内偏移 300。

9）选择“复制”命令（CO），选择绘制的矩形和偏移的矩形向右复制，如图 11-70 所示。

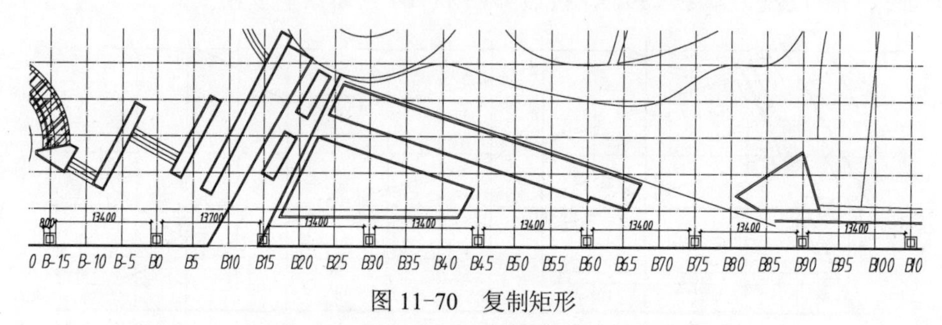

图 11-70　复制矩形

10）选择“多段线”命令（PL），按如图 11-71 所示绘制多段线。

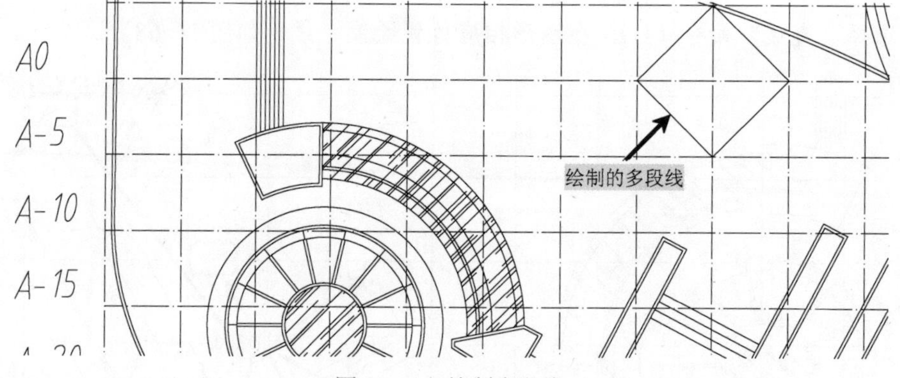

图 11-71　绘制多段线

11）选择“偏移”命令（O），根据命令输入“1000”，选择上步绘制的多段线向内偏移。

12）选择“分解”命令（X），选择上步偏移的多段线，再按〈Enter〉即可完成分解。

13）选择“延伸”命令（EX），选择绘制的多段线，再分别框选分解后多段线的 4 个角，如图 11-72 所示。

14）选择“圆”命令（C），在图形的相应位置绘制一个半径为 2500 的圆，如图 11-73 所示。

15）选择“偏移”命令（O），根据命令输入“400”，选择上步绘制的圆向外偏移。

16）选择“修剪”命令（TR），修剪圆位置多余的线段，结果如图 11-74 所示。

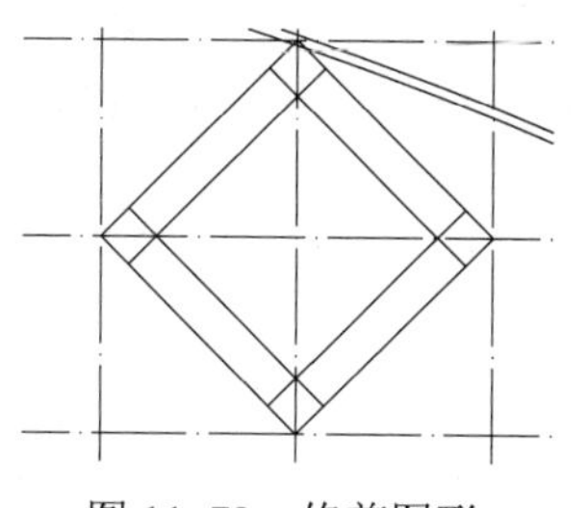

图 11-72 修剪图形

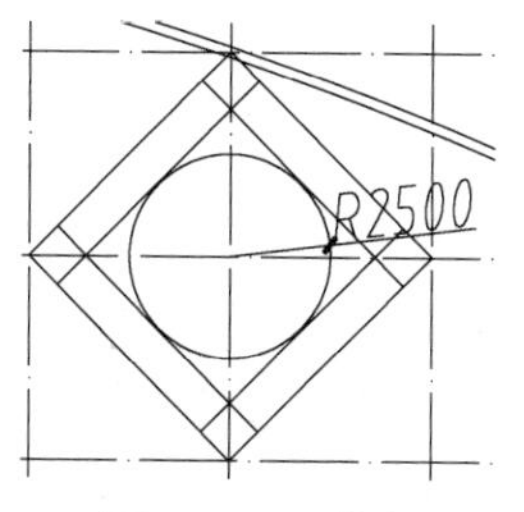

图 11-73 绘制圆

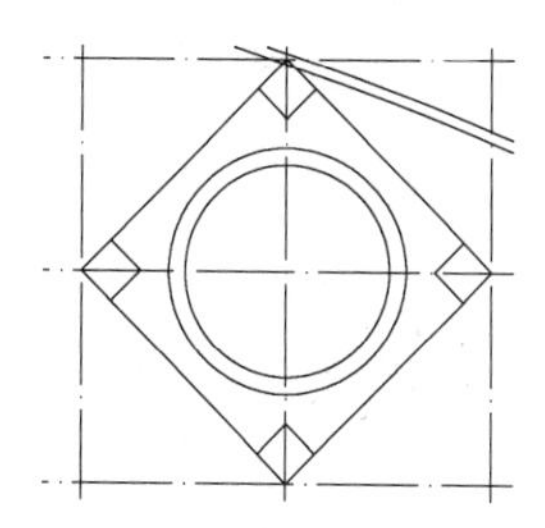

图 11-74 修剪图形

17）选择“矩形”命令（REC），在图形相应位置绘制 1 个 1800×1800 的矩形，如图 11-75 所示。

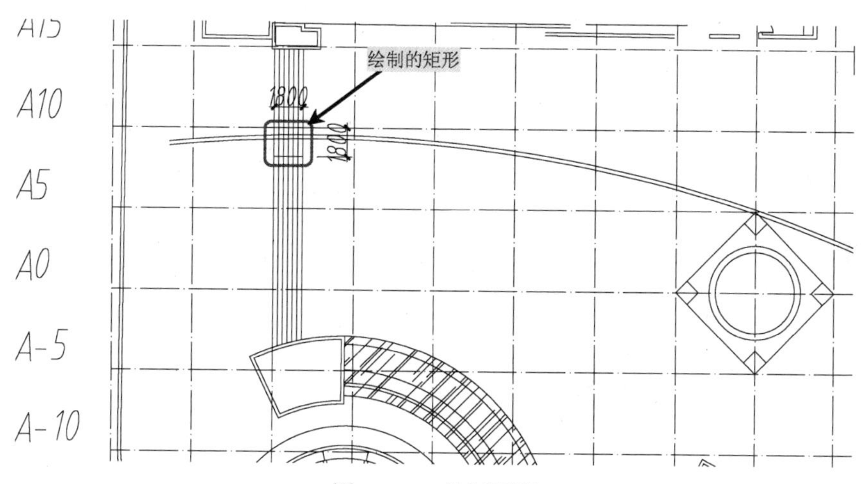

图 11-75 绘制矩形

18）选择“修剪”命令（TR），选择上步绘制的矩形，单击矩形内所有线段即可对其进行修剪，如图 11-76 所示。

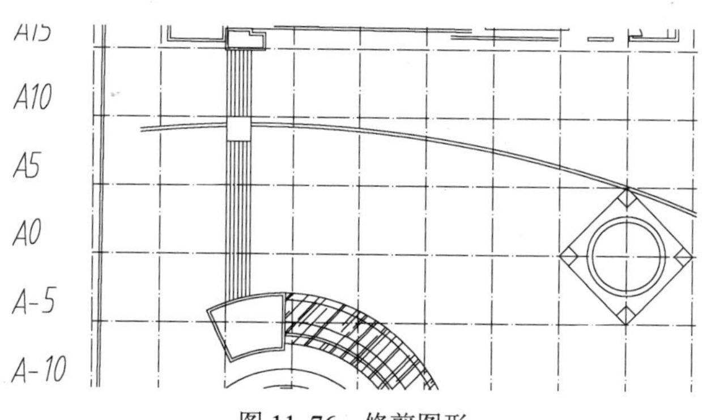

图 11-76 修剪图形

19）选择“偏移”命令（O），将绘制的矩形向内偏移 400。

20）选择“矩形”命令（REC），在图形相应位置绘制 5 个 5000×5000 的矩形。

21）选择“偏移”命令（O），将绘制的矩形向内偏移 600。

22）选择“直线”命令（L），绘制连接内、外矩形的对角线。

23）选择“修剪”命令（TR），修剪掉多余线段，如图 11-77 所示。

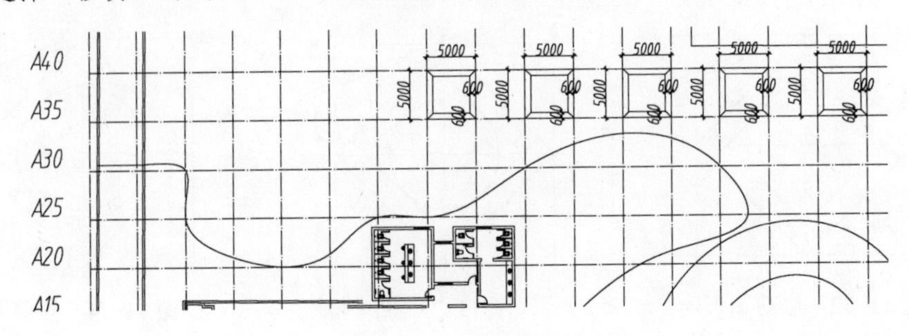

图 11-77　修剪图形

11.6　城市中心广场细部的绘制

前面对图形基本绘制完成，但是对本案例的地形还未进行表现，接下来讲解表现地形以及细部的绘制方法。

11.6.1　地形的绘制

1）打开“图层特性管理器”选项板，选择“地形”图层为当前图层，并打开“辅助线”图层。

2）选择“偏移”命令（O），根据命令输入“3000”，选择图形中相应曲线向内偏移，如图 11-78 所示。

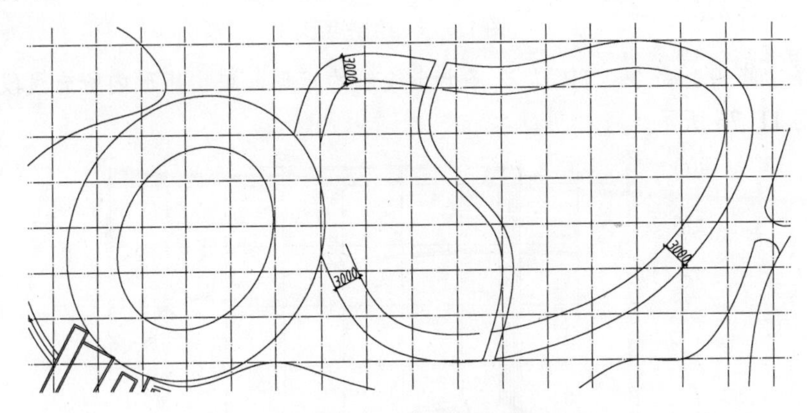

图 11-78　偏移样条曲线

3）选择偏移后的样条曲线，改图层为“地形”图层。

4）选择偏移的样条曲线，单击左上方样条曲线右下角夹点，移动至右边样条曲线的左端点，再单击左上方样条曲线左下角夹点，移动至下方样条曲线的左端点，接着单击下方样条曲线右下角夹点，移动至右方样条曲线的左端点，如图 11-79 所示。

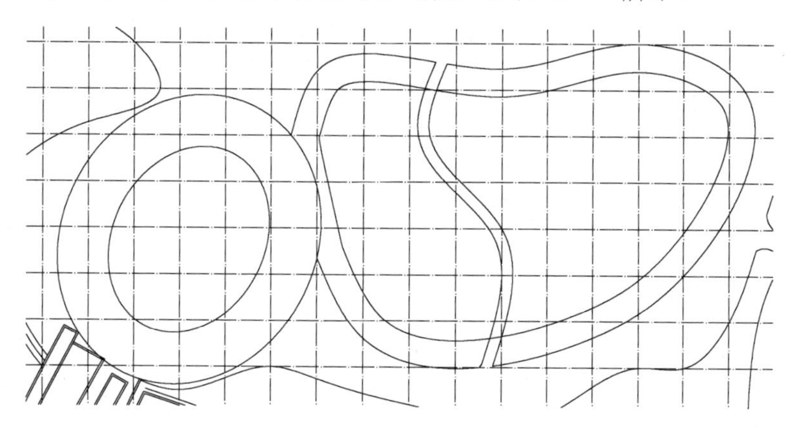

图 11-79 移动夹点

5）选择“偏移”命令（O），根据命令输入“4000”，按图 11-80 所示选择图形中相应图形进行偏移。

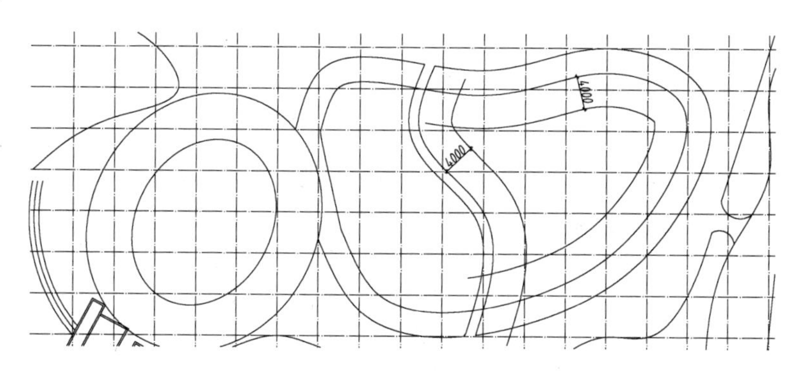

图 11-80 修移样条曲线

6）选择偏移后的样条曲线，改图层为“地形”图层。

7）选择“修剪”命令（TR），选择修移的样条曲线，单击偏移后多余的样条曲线，如图 11-81 所示。

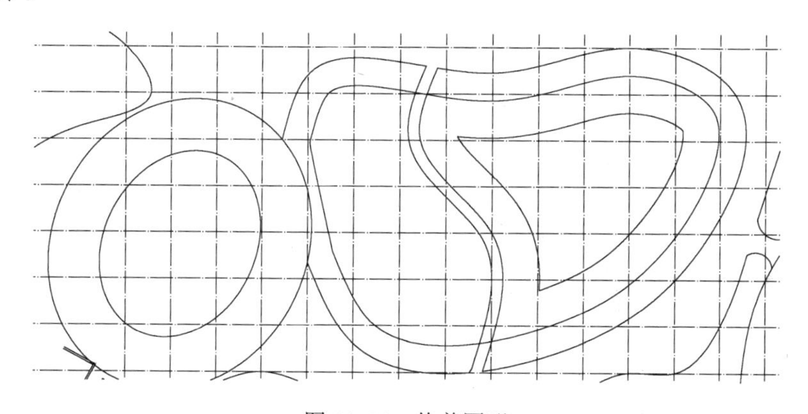

图 11-81 修剪图形

8）打开“图层特性管理器”选项板，选择“图案填充”图层为当前图层，并关闭“辅助线”图层。

9）选择“图案填充”命令（H），选择“AR-RROOF”图案，单击图形右下角的相应内部，其填充“角度”为“45”，“比例”为“100”，填充后的效果如图 11-82 所示。

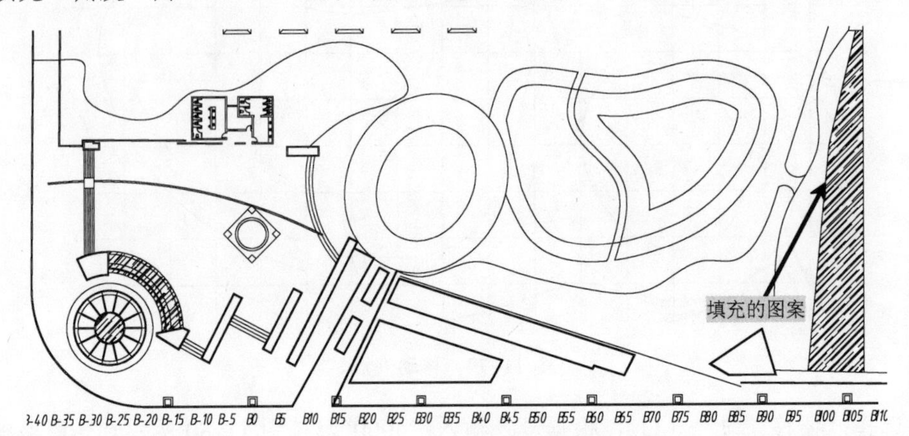

图 11-82　填充图案

➲ 11.6.2　图形细部的处理

1）选择“直线”命令（L），按如图 11-83 所示绘制直线。

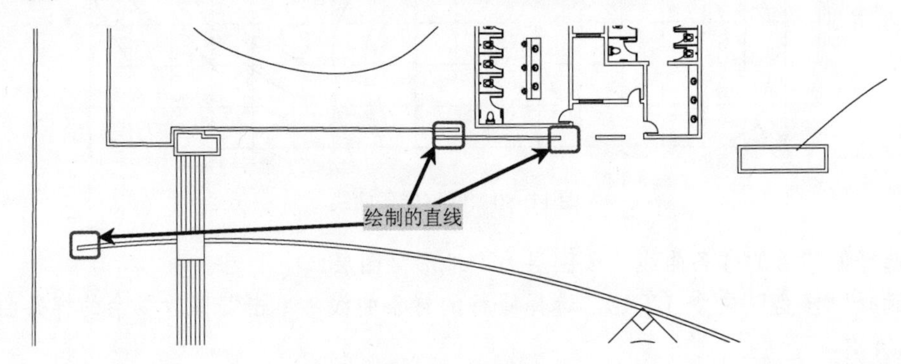

图 11-83　绘制直线

2）选择“延伸”命令（EX），对图形右下角相应图形进行延伸，如图 11-84 所示。

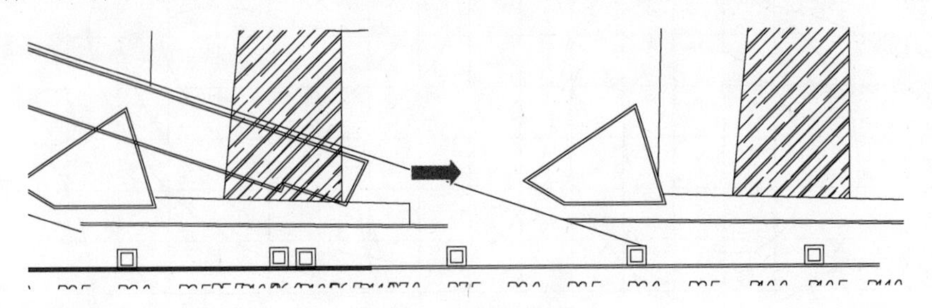

图 11-84　延伸图形

3）选择“直线”命令（L），按如图 11-85 所示绘制直线。

4）选择“修剪”命令（TR），选择绘制的图形，单击图形中多余线段，如图 11-86 所示。

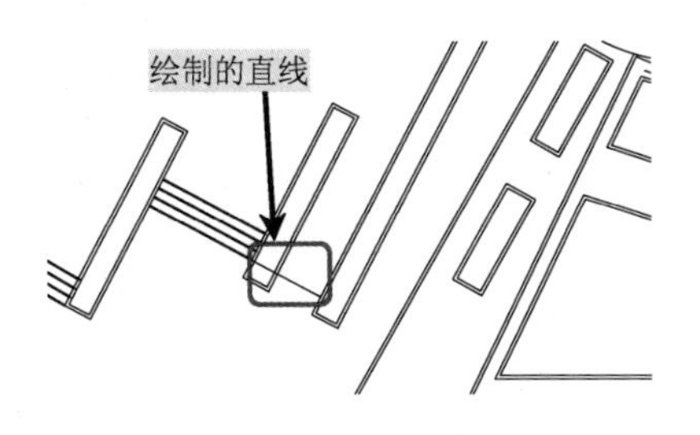

图 11-85　绘制直线

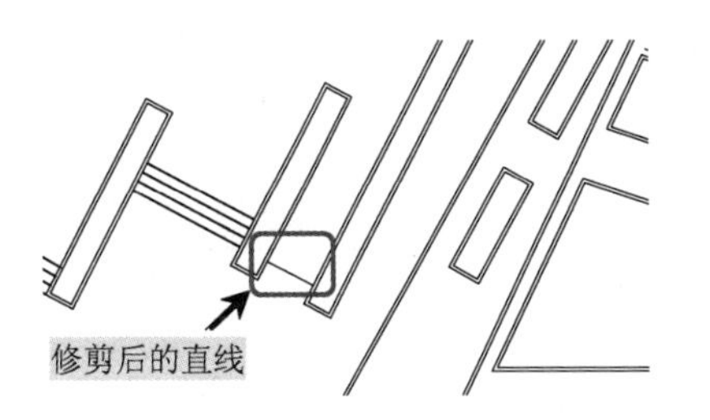

图 11-86　修剪直线

5）选择“偏移”命令（O），根据命令输入“10000”，选择上步修剪的直线向上偏移，如图 11-87 所示。

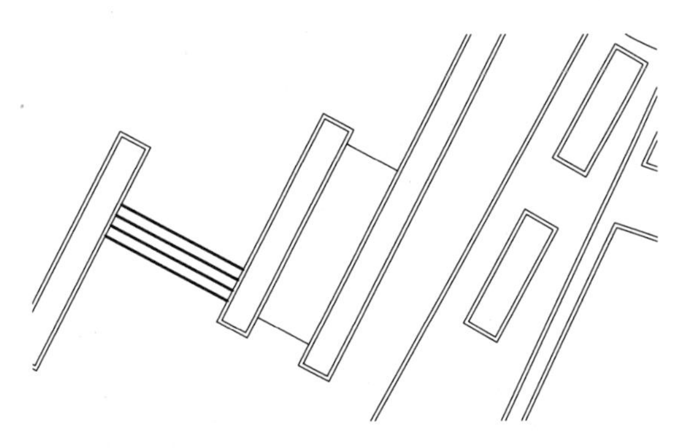

图 11-87　偏移直线

11.7　广场地面铺贴的绘制

城市中心广场的绿化面积一般会小于 50%，本小节将讲解广场地面铺贴的绘制方法。

11.7.1　广场砖铺贴

1）打开“图形特性管理器”选项板，选择“地面铺装”图层为当前图层。

2）选择“偏移”命令（O），选择图形中最底侧的水平线段，向上偏移输入“1600”；再将偏移得到的水平线段向上偏移 200。

3）选择偏移的两条直线，改图层为“地面铺装”图层。

4）选择“复制”命令（CO），将偏移得到的两条水平线段向上复制 13 次，如图 11-88 所示。

5）选择“直线”命令（L），在图形的左侧相应位置绘制一条垂直线段。

6）选择“偏移”命令（O），将绘制的垂直线段向右偏移 1600；再将偏移得到的垂直线段向右偏移 200。

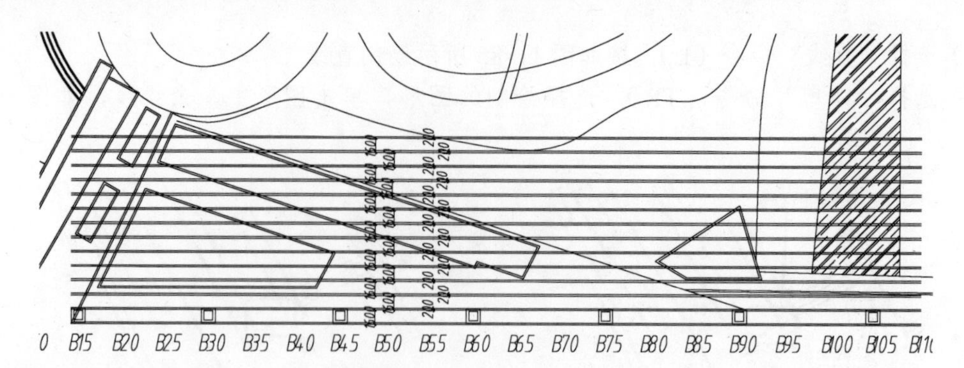

图 11-88　偏移和复制水平线段

7）选择“复制”命令（CO），将偏移得到的两条垂直线段向右复制多次，如图 11-89 所示。

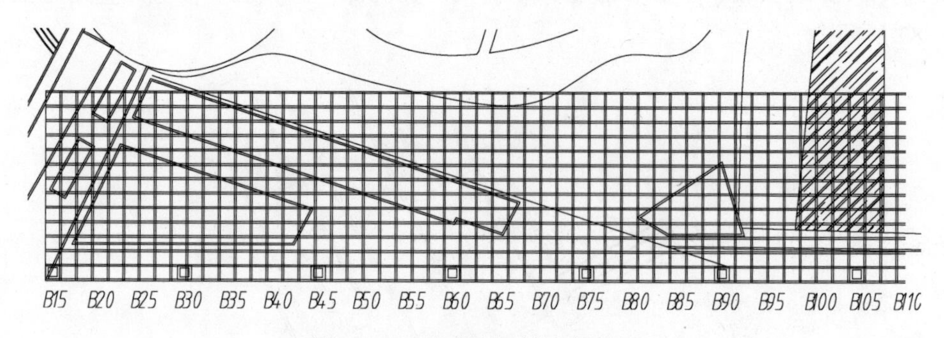

图 11-89　偏移和复制垂直线段

8）选择“修剪”命令（TR），修剪多余线段，如图 11-90 所示。

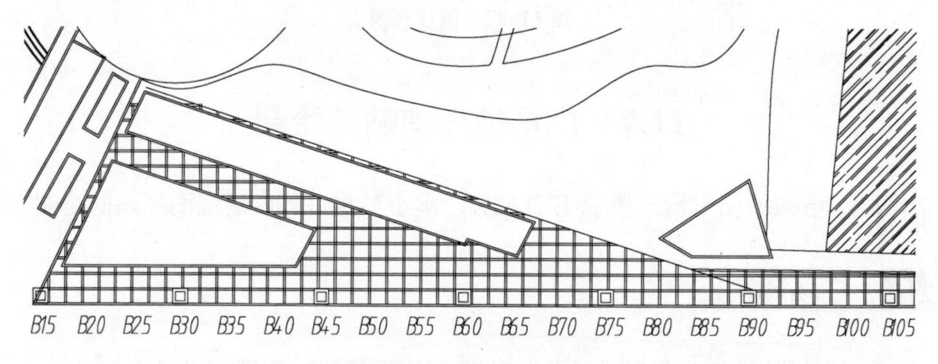

图 11-90　修剪线段的效果

9）使用前面相同的方法，对其他相应位置也进行偏移和修剪，结果如图 11-91 所示。

10）选择“图案填充”命令（H），选择“GRAVEL”图案，单击图形中最小圆内部，“角度”为“0”，“比例”为“50”，最后单击“确定”按钮完成，如图 11-92 所示。

提示：在对图形进行填充时，如果所需填充区域为不封闭区域，用户可以用直线把区域进行封闭，再进行填充。用户也可以在“图案填充和渐变色”对话框中的“公差”文本框中输入一个大于 0 的数据。

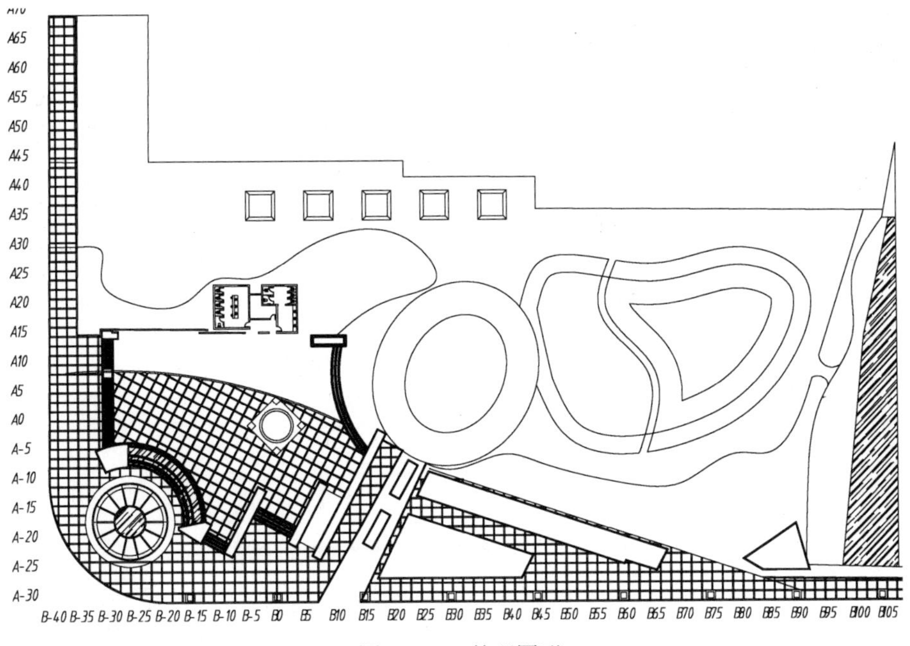

图 11-91　整理图形

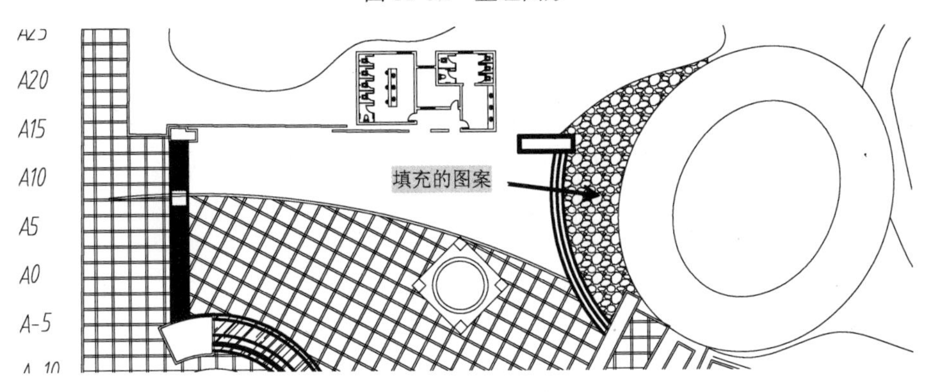

图 11-92　填充图案 1

11）再以同样的方法填充其他相应位置，选择“AR-HBONE”图案，在“角度”文本框中输入“0”，在“比例”文本框中输入“10”，如图 11-93 所示。

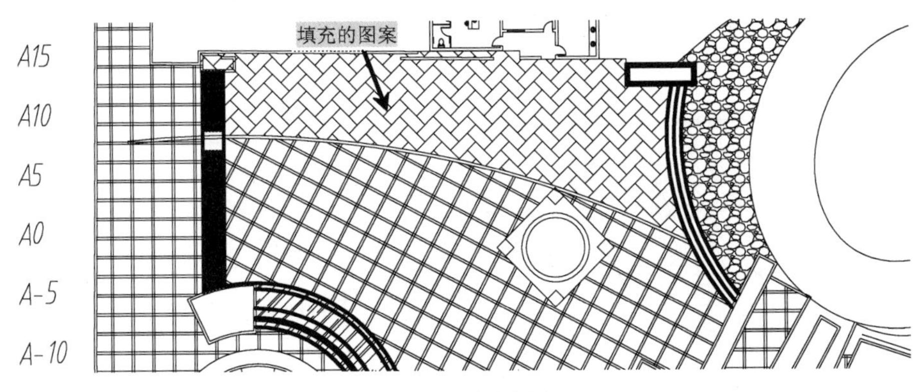

图 11-93　填充图案 2

11.7.2 盲道砖的铺贴

盲道是街道上必不可少的一条道路，这条道路主要是帮助盲人行走，同时这也是一条无障碍通道，这条道路是以地面砖来与其他道路进行区分的。

1）选择“偏移”命令（O），根据命令输入“2200”选择相应图形进行偏移，再输入“600”，对偏移后的图形再次进行偏移，如图 11-94 所示。

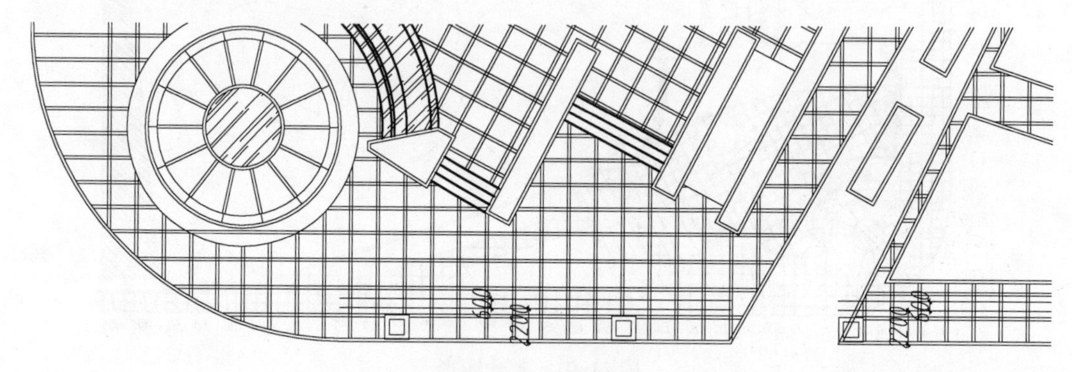

图 11-94　偏移图案

2）选择“延伸”命令（EX），把偏移后的图形延长到相应位置。

3）选择“修剪”命令（TR），选择上次偏移的所有图形，单击图形内的线段。

4）选择“图案填充”命令（H），对偏移后图形之间的区域进行填充，选择“BASH”图案，在“比例”文本框中输入“100”，如图 11-95 所示。

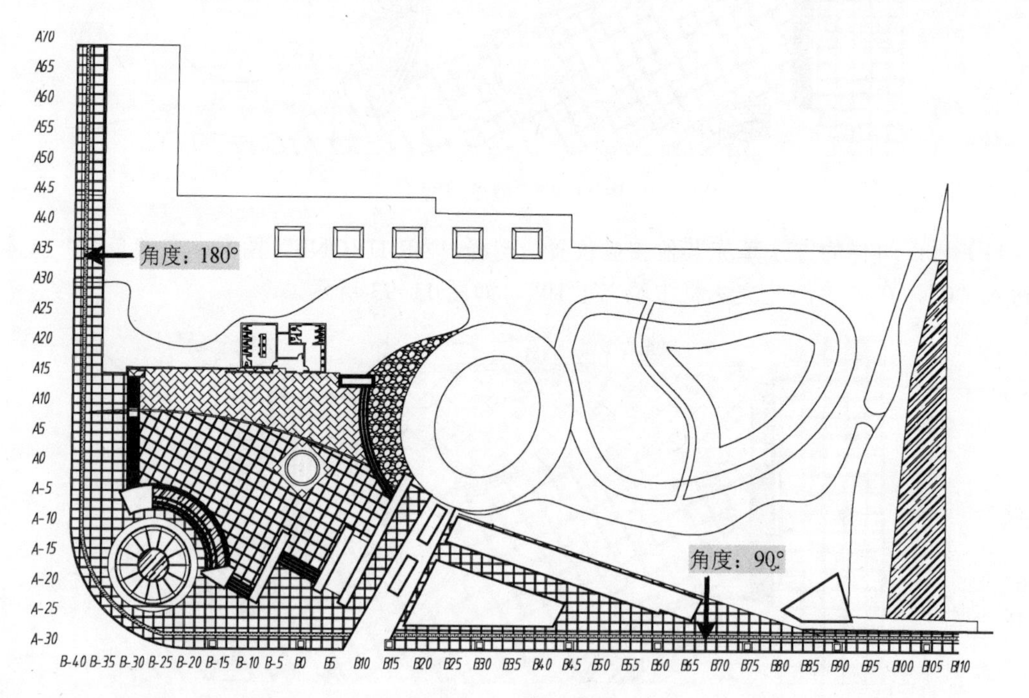

图 11-95　填充图案

11.8 广场植物的绘制

广场植物包括草坪和各种景观树木等，本案例在为广场进行植物配置时，先把草坪区域表现出来，再配置其他植物，草坪一般以填充的方式进行表示。

1）选择“图案填充”命令（H），给图形的相应区域进行填充，选择“GRASS”图案，设置“比例”为“40”，填充后的效果如图 11-96 所示。

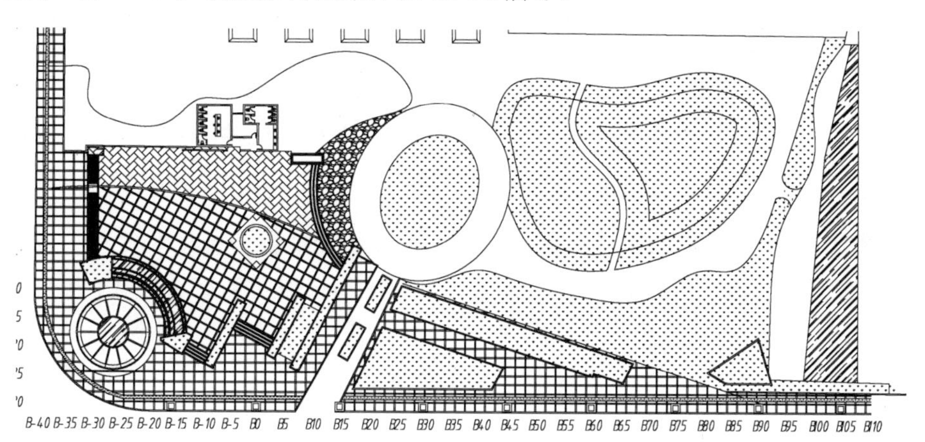

图 11-96 图案填充

2）选择“插入”命令（I），弹出“插入”对话框，单击“浏览”按钮，选择路径为“案例\11\植物列表 3.dwg”的文件打开，再单击“确定”按钮回到绘图区域，在绘图区域的空白处单击一点完成插入，如图 11-97 所示。

名称	图例	名称	图例	名称	图例
雪松		龙爪槐		樱花	
黄栌		贴梗海棠		扶芳藤球	
白皮松		丰花月季		大叶女贞	
合欢		牡丹		卵石铺路	
黄杨球		碧桃		连翘	
棣棠		木槿		竹子	
百日红		五角枫		腊梅	
红叶李		白玉兰		紫荆	

图 11-97 插入的“植物列表 3”

3）选择“分解”命令（X），选择上一步插入的“植物列表 3”图块进行分解。

4）选择“编组”命令（G），将各个植物图例对象分别编组为一个整体。

5）打开“图层特性管理器”，关闭“辅助线”图层。

6）选择“复制”命令（CO），选择列表中对应的植物，复制到图形相应位置，如图 11-98 所示。

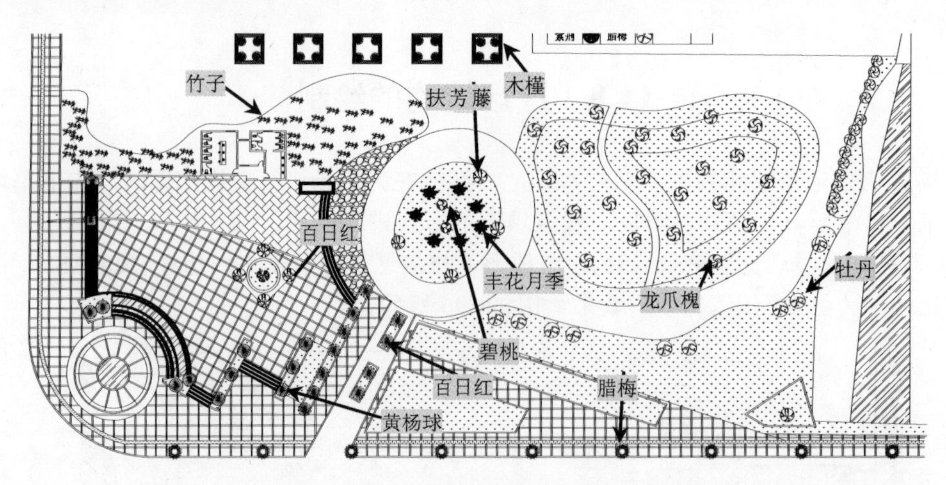

图 11-98　复制的效果

7）选择“插入”命令（I），弹出“插入”对话框，单击“浏览”按钮，选择路径为“案例\11\五台汽车.dwg”的文件打开，再单击“确定”按钮回到绘图区域，在绘图区域的空白处单击一点完成插入。

8）选择“复制”（CO）和“旋转”（RO）等命令，选择上一步插入的图形，复制到其他相应位置，如图 11-99 所示。

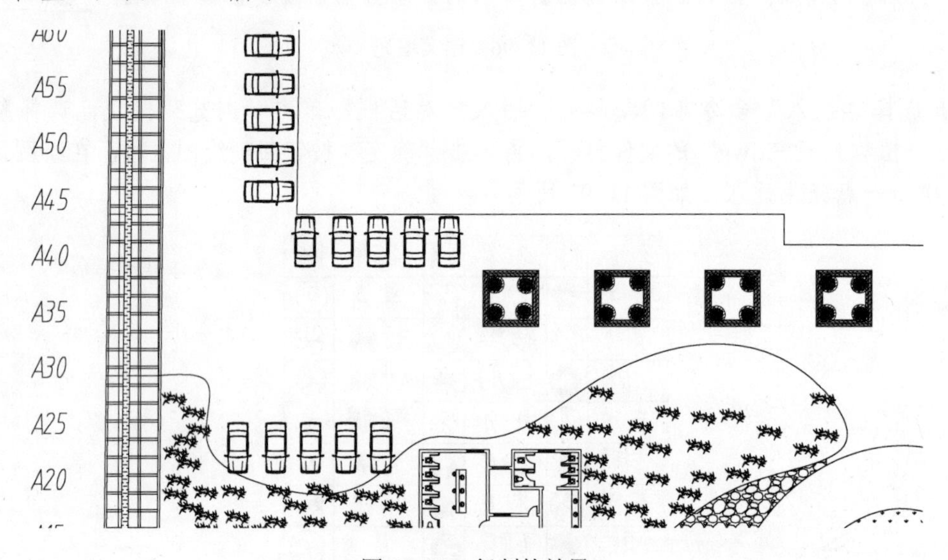

图 11-99　复制的效果

11.9　广场灯景系统的绘制

城市中心广场在夜晚也是一个休闲的好地方，夜间的景观园林都需要灯光的照射才能体现。随着经济的发展，城市亮化工程越来越受到人们的关注，特别是在园林绿地、广场及景区内，设计巧妙、造型各异、精致美观而又充满人性化的灯饰，将为城市的夜晚勾勒出一道绚丽而浪漫的景色。

1）选择“插入”命令（I），弹出“插入”对话框，单击“浏览”按钮，选择路径为“案例\11\景观灯组合.dwg”的文件打开，再单击“确定”按钮回到绘图区域，在绘图区域的空白处单击一点完成插入，如图 11-100 所示。

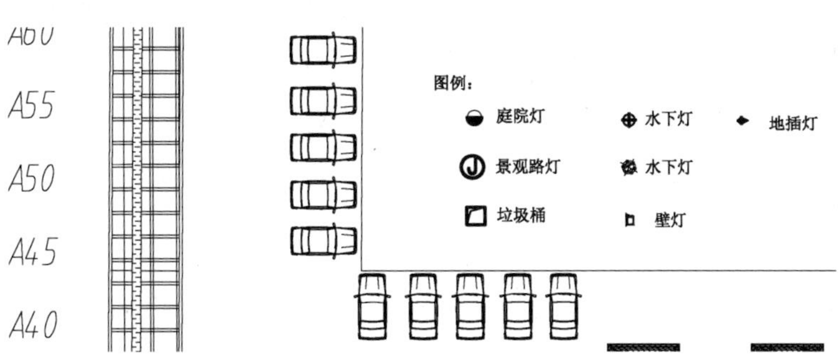

图 11-100　插入的“景观灯组合”图例

2）选择“分解”命令（X），选择上一步插入的“景观灯组合”进行分解；再选择“编组”命令（G），将各个灯景图例对象分别编组为一个整体。

3）选择“复制”（CO）和“旋转”（RO）等命令，选择上一步分解的图形，复制到相应位置，如图 11-101 所示。

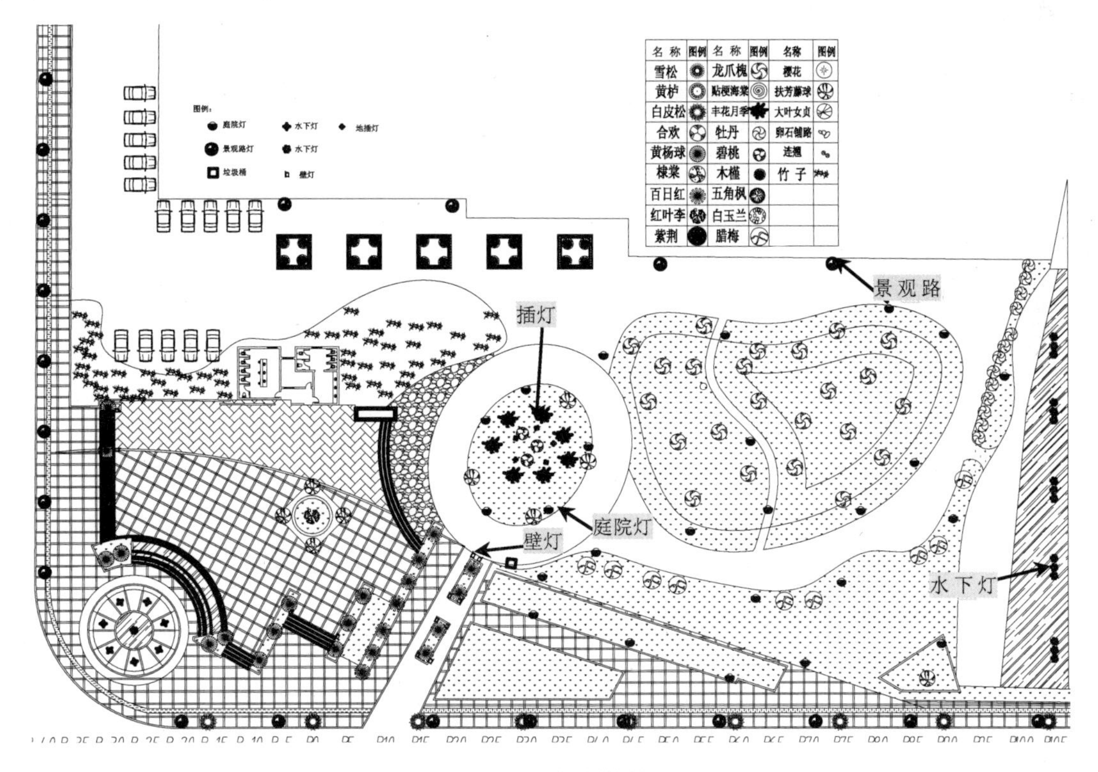

图 11-101　复制的效果

4）至此，该城市中心广场景观施工图已绘制完成，用户可按〈Ctrl+S〉组合键进行保存。

第 12 章　小区园林绿化施工图的绘制

本章导读

住宅小区的园林绿化设计应突出地方特色，个性鲜明，从而发挥最佳的生态效益、社会效益和经济效益。园林绿化生态效益的发挥，主要由树木、花草的种植来实现，因此，以绿为主是住宅小区绿化的着眼点。

本章就是以某小区的园林绿化为例来进行设计绘制的，首先讲解了绘图环境的设置；再对小区总平面图轮廓以及相应的建筑物轮廓进行了绘制；然后绘制了小区内道路系统轮廓和小区内园林景点对象；最后进行了小区地面、草坪和植物的绘制和配置。

主要内容

- 掌握园林绿化绘图环境的设置
- 熟练小区内总平面图轮廓的绘制
- 熟练小区内道路系统的规划绘制
- 熟练小区内各景点对象的规划绘制
- 熟练小区内花台的规划及绘制
- 熟练小区地面和草坪的规划和绘制
- 熟练小区内植物对象的规划和绘制

12.1 园林绿化分析及效果预览

素材 视频\12\住宅小区园林绿化景观施工图设计的绘制.avi
案例\12\住宅小区园林绿化景观施工图设计.dwg

本实例中主要针对一个住宅小区绿化景观，向用户讲解绘制住宅小区绿化景观施工图的步骤和方法。该小区总面积为 20000 多平方米，施工图包括小区总平面图轮廓、小区道路系统、小区景点规划、小区细部、小区植物配置等。用户需要先绘制出需要绿化景观的区域，再对相应区域进行绿化设置，其最终效果如图 12-1 所示。

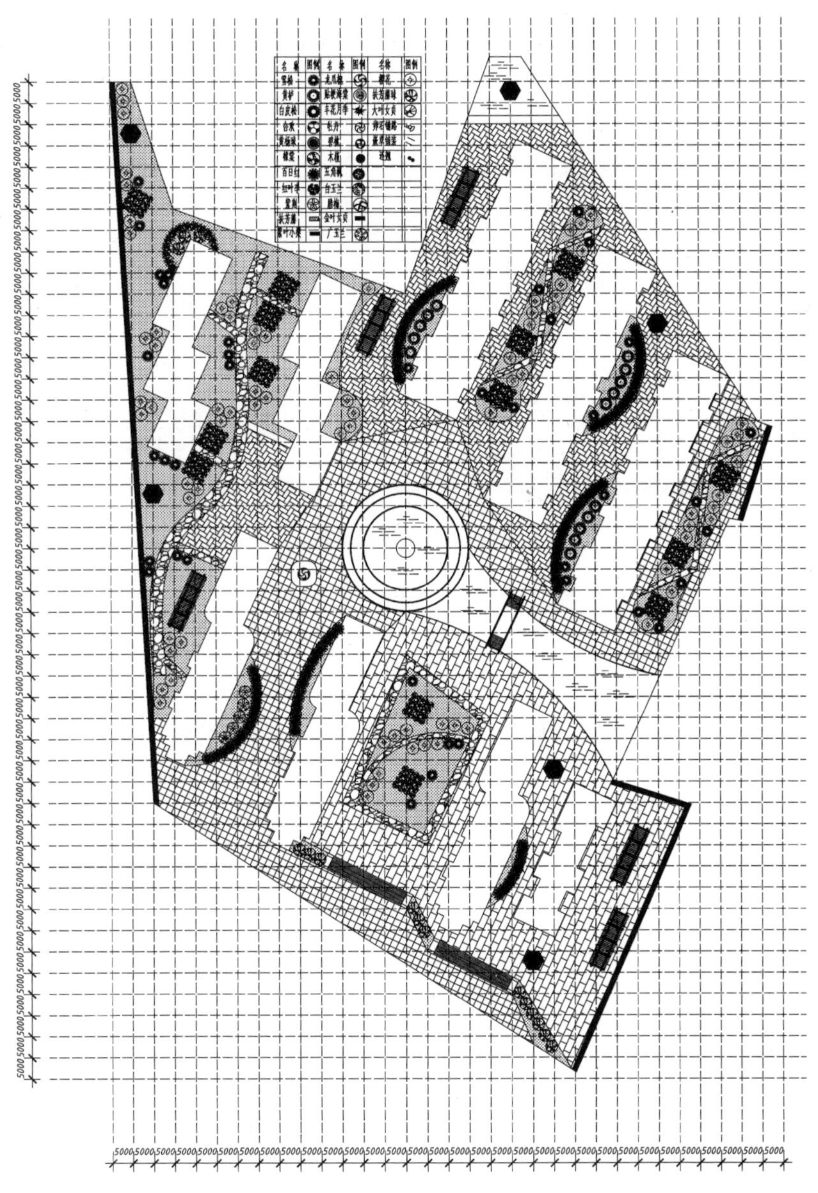

图 12-1　住宅小区园林绿化景观施工图

12.2 绘图环境的设置

住宅小区园林景观一般面积都比较大，在设置环境时要考虑到绘制图形的范围，用户绘制住宅小区园林绿化景观施工图时需要先新建一个对应的文件并保存；然后对文件进行环境设置，主要包括绘图区域的设置、图层规划、文字样式与标注样式的设置等。

1．绘图区的设置

1）启动 AutoCAD 2013 软件，选择“文件 | 新建”菜单命令，打开“选择样板”对话框，然后选择“acadiso.dwt”图形文件，如图 12-2 所示。

图 12-2　新建样板

2）选择“文件 | 另存为”菜单命令，打开“图形另存为”对话框，将文件另存为“案例\12\住宅小区园林绿化景观施工图.dwg”图形文件，如图 12-3 所示。

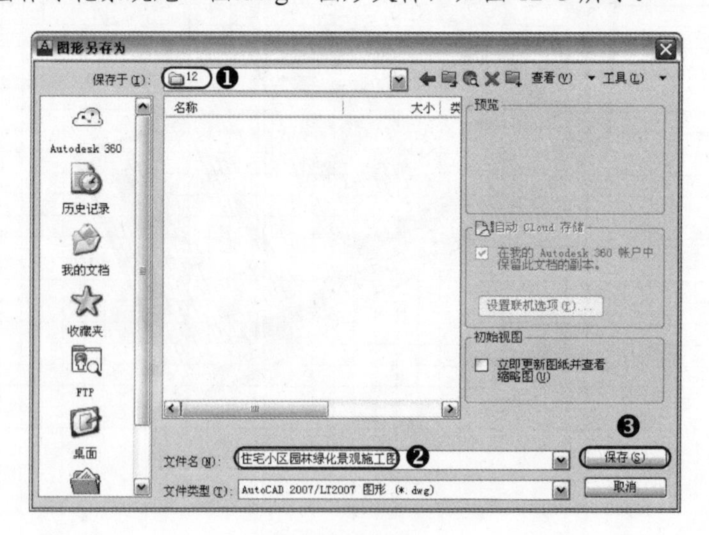

图 12-3　保存文件

3）选择“格式｜单位”菜单命令，打开“图形单位”对话框。把“长度”单位“类型”设定为“小数”，“精度”为“0.000”；“角度”单位“类型”设定为“十进制”，“精度”精确到小数点后二位“0.00”。

4）选择“格式｜图形界限”菜单命令，依照提示设定图形界限的左下角为（0，0），右上角为（500000，500000）。

5）在命令行输入命令“〈Z〉+〈空格键〉+〈A〉”，使输入的图形界限区域全部显示在图形窗口内。

2．规划图层

1）选择“格式｜图层”菜单命令（或直接输入“LA+空格键”），打开“图层特性管理器”选项板，依次新建轴线、道路、地面铺装、轮廓、园林小品、植物等图层，如图 12-4 所示。

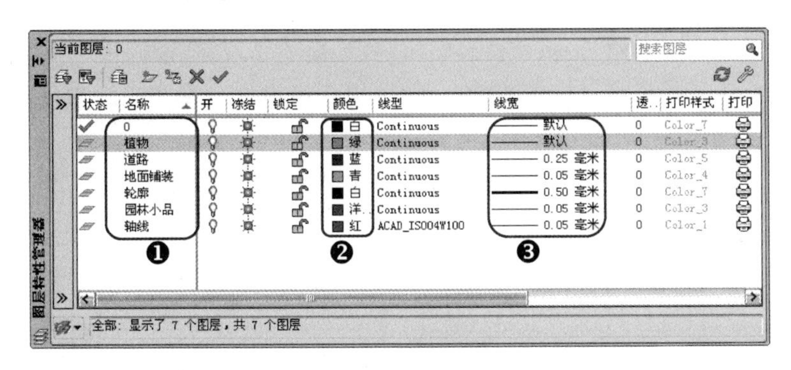

图 12-4　新建图层

提示：用户所建立的图层是根据在绘制图形中所需要的内容来建立的，在新建图形时，用户可以大致计划一下需要的图层，如果涉及的图层过多，可以考虑把部分图形绘制到同一个图层上。在绘制过程中如发现所需要的图层没有建立，用户可以随时新增图层。

2）选择“格式｜线型”菜单命令，打开“线型管理器”对话框，单击“显示细节”按钮，打开细节选项组，输入“全局比例因子”为“1000”，如图 12-5 所示。

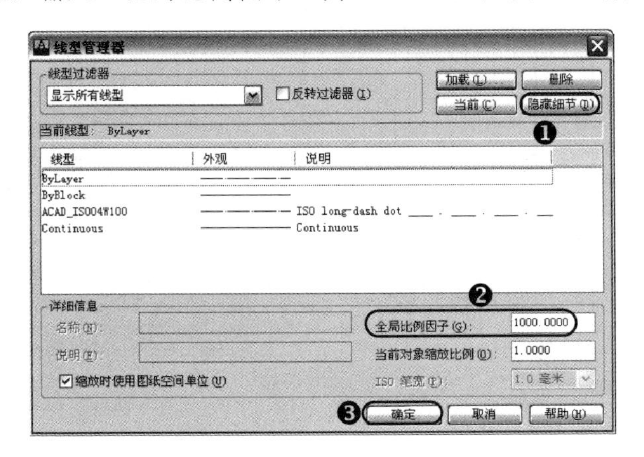

图 12-5　设置线型

此处文字样式和标注样式的创建方法，可参照第 8 章“水池的绘制”小节的相关知识，这里不再重复。

12.3 小区总平面图轮廓的绘制

总平面图是指所绘制项目的总体图形，而对应的轮廓线包括了总平面图的最外边缘线，对于住宅小区园林绿化景观施工图来说，平面图的轮廓线还包括了图形中建筑物所占有的位置。

12.3.1 辅助线的绘制

1）单击“图层控制”下拉列表框，选择“轴线”图层为当前图层。

2）选择“构造线”（XL）和“偏移”（O）等命令，分别绘制横向和纵向的构造线；再将横向构造线向上各偏移 47 个 5000，纵向构造线向右各偏移 32 个 5000，如图 12-6 所示。

3）选择“线型”标注命令（dimlinear），对绘制的轴线进行标注，如图 12-7 所示。

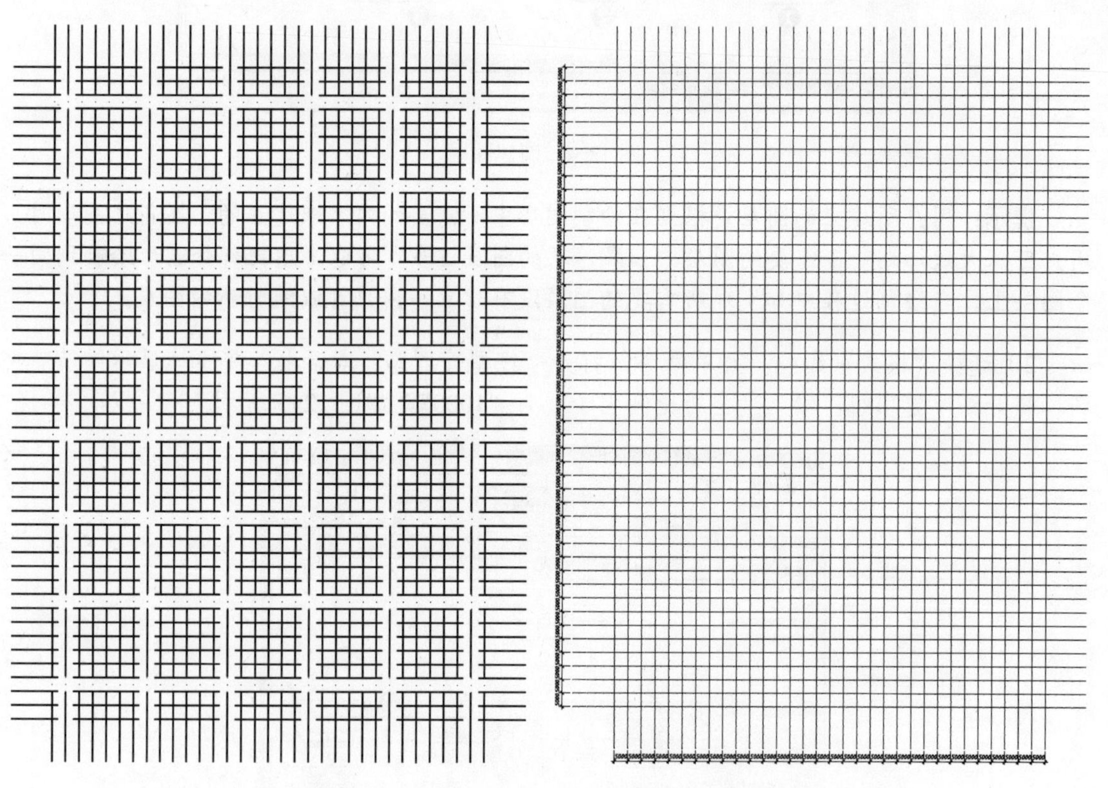

图 12-6 绘制轴网线 图 12-7 绘制轴网线

12.3.2 外沿轮廓线的绘制

1）单击“图层控制”下拉列表框，选择“轮廓”图层为当前图层。

2）选择“直线”命令（L），在图形上方分别绘制一条长为 5000 和一条长为 7610 的直线，如图 12-8 所示。

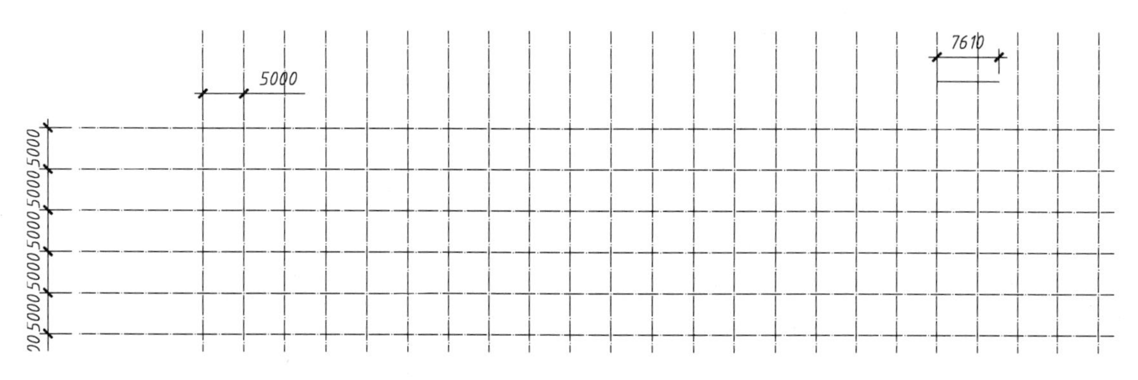

图 12-8　绘制的两条外轮廓直线

3）选择“多段线”（PL），以左边直线为起点，按照如图 12-9 所示向右边直线绘制多段线。

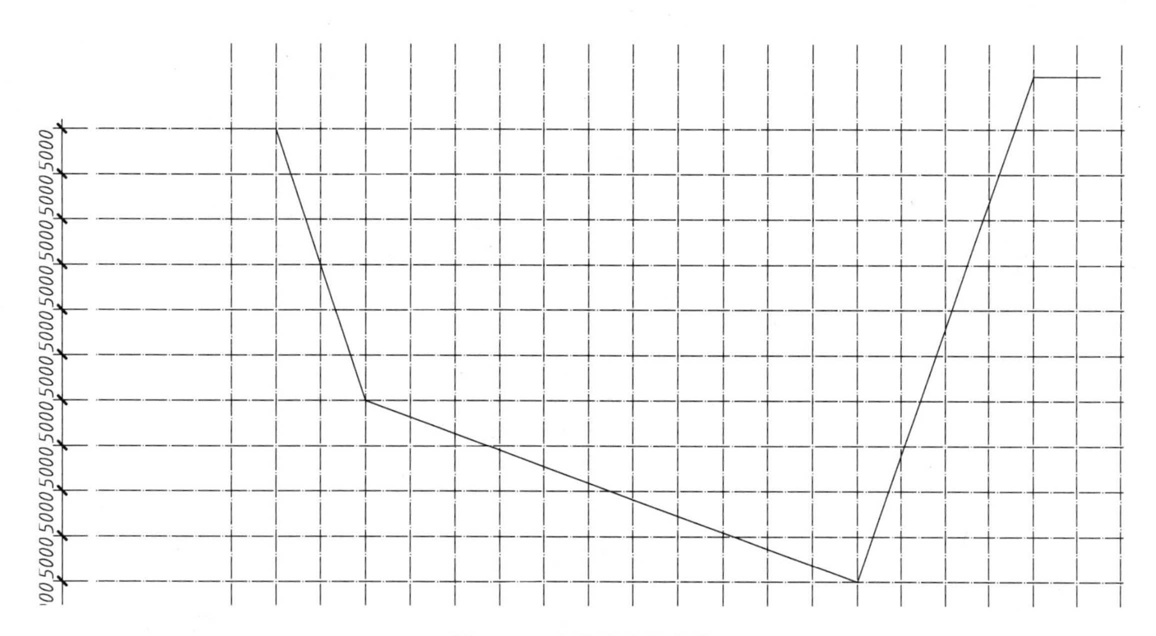

图 12-9　多段线外轮廓线

4）以上一步同样的方法，按照如图 12-10 所示再次绘制多段线。

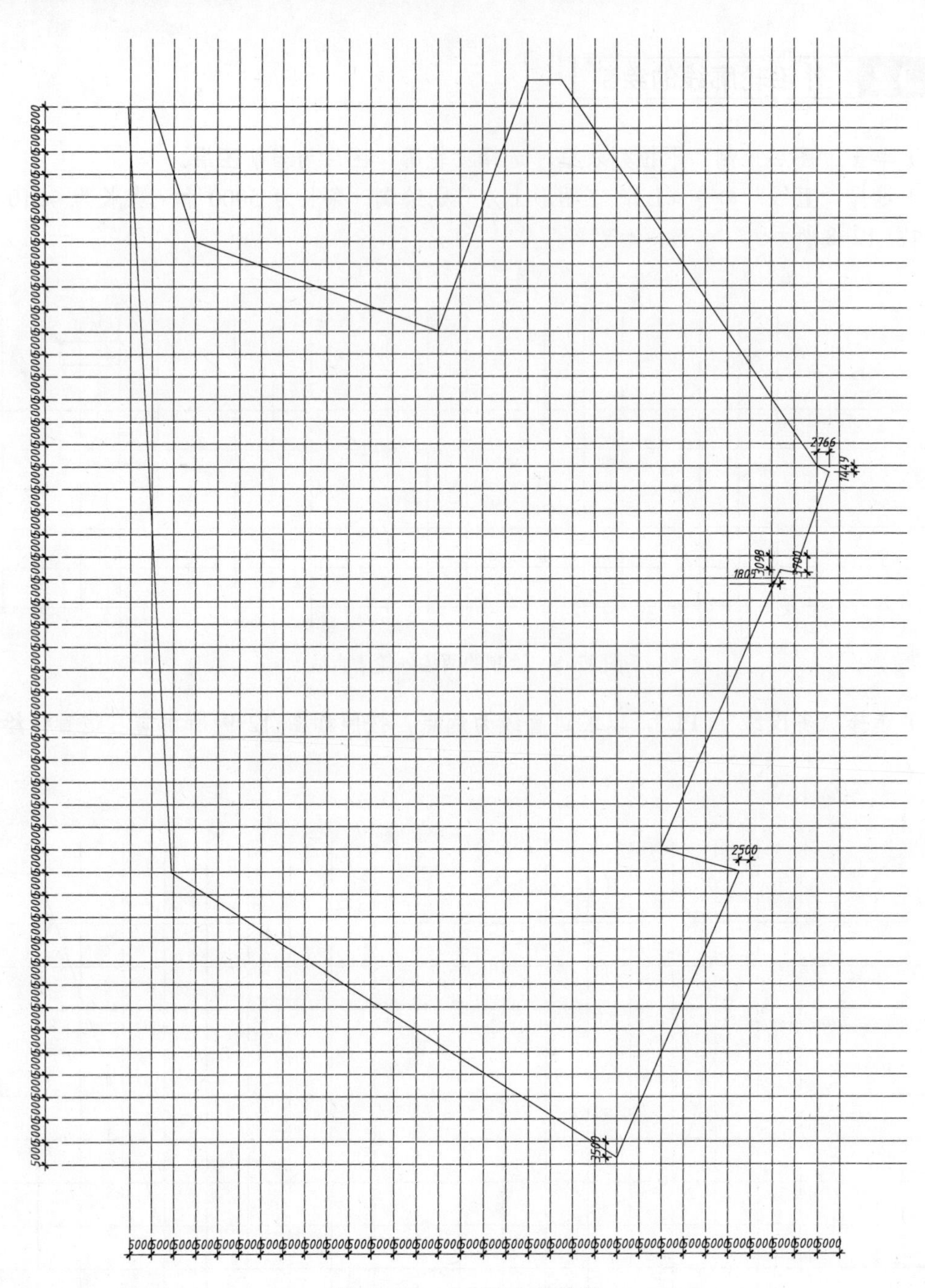

图 12-10　小区下方外轮廓

12.3.3　建筑轮廓一的绘制

本案例中建筑物较多，用户在绘制时只需要把建筑物的轮廓线绘制准确，能够清楚表示出此建筑物即可。本案例是先绘制图形左上角的建筑轮廓线，如果所需要绘制的建筑轮廓线较复杂，用户可以在其他空白处把图形绘制完成后再移动到相应位置。

1）选择“多段线”命令（PL），如图 12-11 所示，在图形空白处绘制多段线。

2）选择“旋转”命令（RO），选择上一步绘制的多段线，单击图形的右上角，再输入“-25”，如图 12-12 所示。

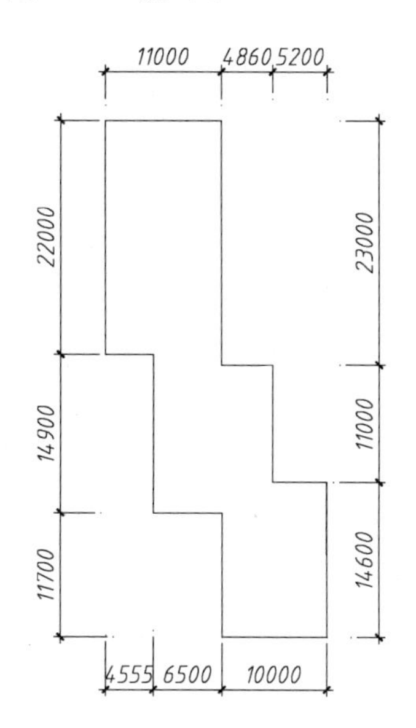

图 12-11 建筑的外轮廓

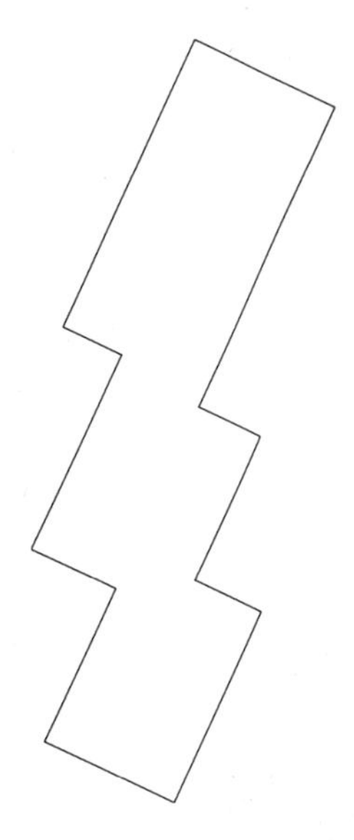

图 12-12 旋转建筑的外轮廓

3）选择“移动”命令（M），选择上一步旋转的多段线，移动到图形的相应位置，如图 12-13 所示。

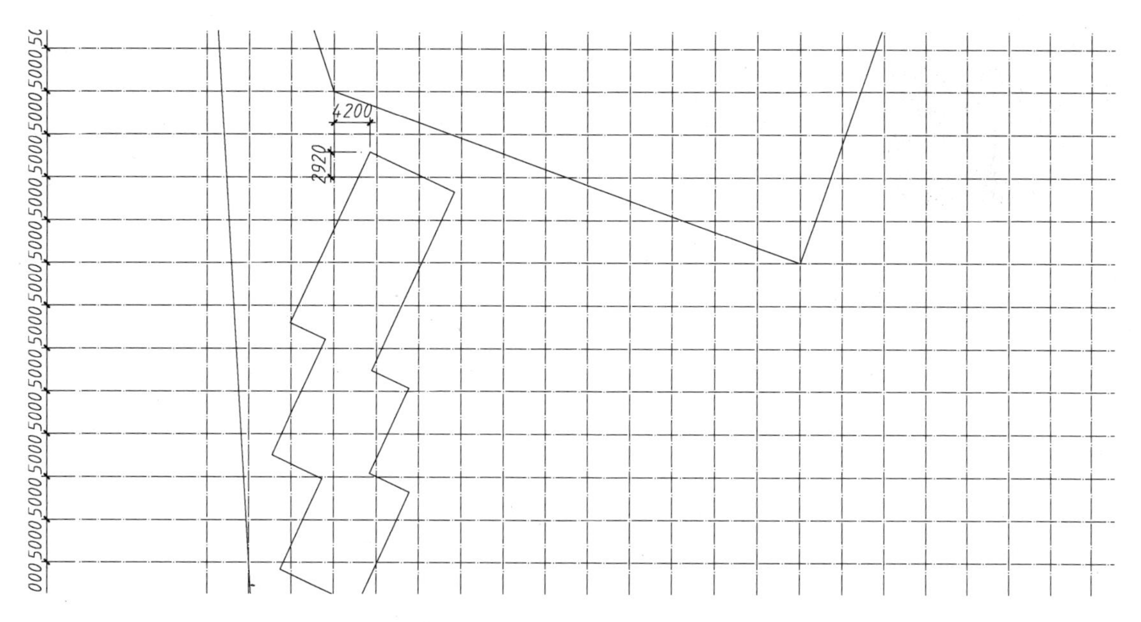

图 12-13 移动建筑的外轮廓

4）选择“复制”命令（CO），选择上一步移动的多段线，单击图形的左上角，将其复制到图形的相应位置，如图 12-14 所示。

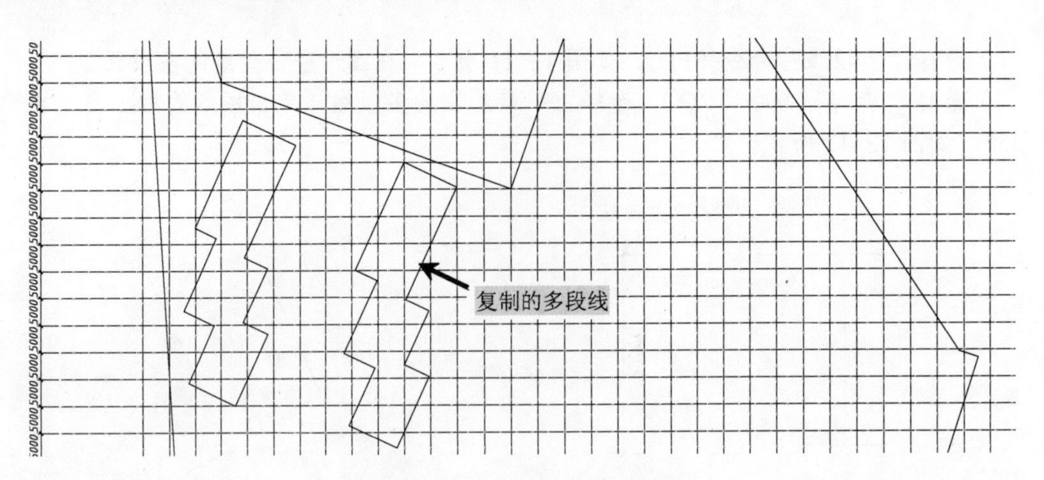

图 12-14　复制建筑的外轮廓

12.3.4 建筑轮廓二的绘制

1）选择“矩形”命令（REC），在图形空白处绘制一个 66000 × 15000 的矩形。

2）选择“偏移”命令（O），根据命令提示输入“1500”，选择上一步复制的矩形向内偏移，如图 12-15 所示。

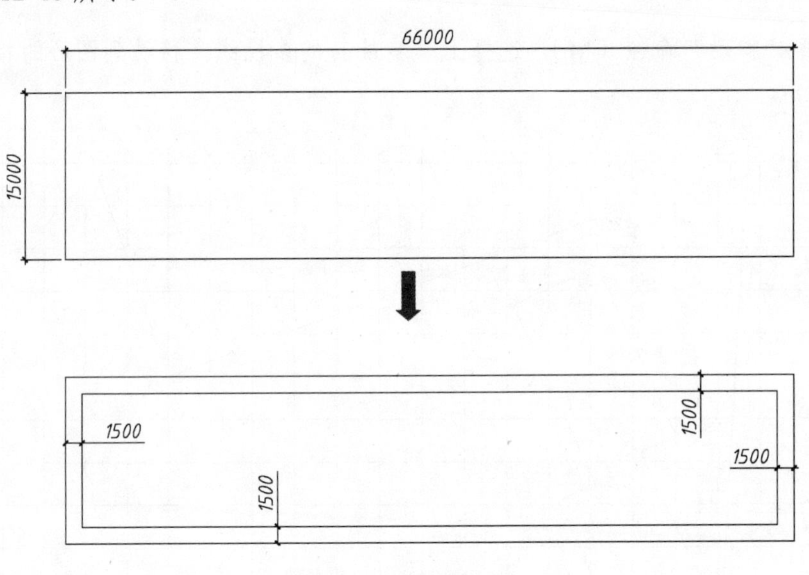

图 12-15　偏移矩形

3）选择“直线”命令（L），在图形相应位置绘制一条纵向直线。

4）选择“偏移”命令（O），根据图 12-16 所示把上步绘制的直线依次向右偏移。

5）选择“修剪”命令（TR），按照图 12-17 所示修剪图形。

6）选择“边界创建”命令（BO），弹出“边界创建”对话框，单击“拾取点”按钮回到绘图区域，然后单击上步修剪图形中间空白处，按〈Enter〉键即可完成边界的创建。

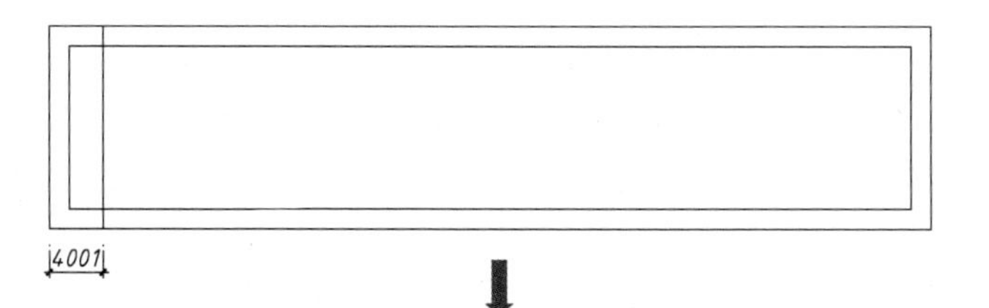

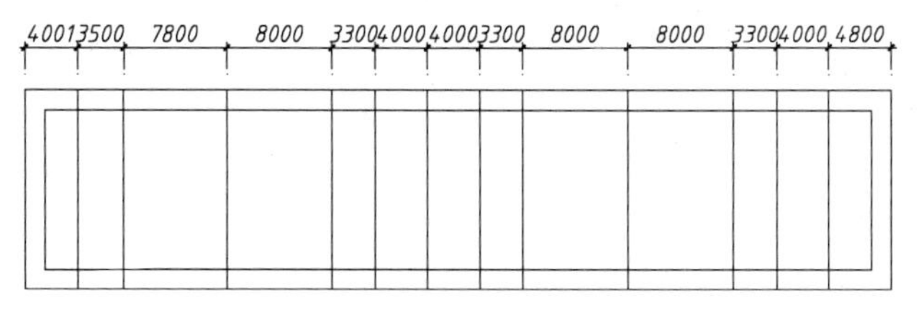

图 12-16 偏移直线

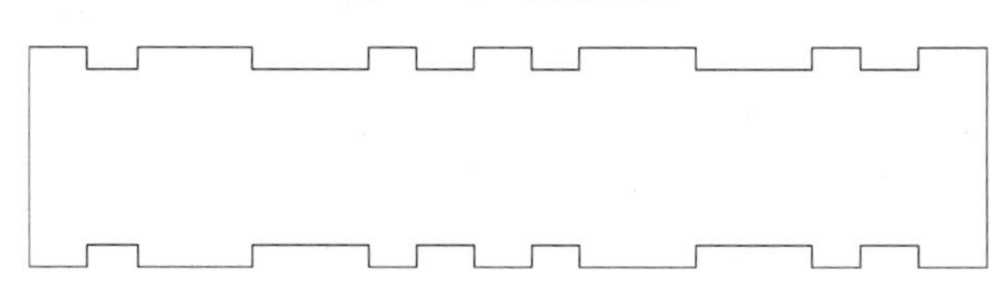

图 12-17 修剪图形

7）选择“旋转”命令（RO），选择上步绘制的多段线，单击上步创建的边界图形，接着单击图形的右上角，输入“65”，如图 12-18 所示。

8）选择“移动”命令（M），选择上一步旋转的图形，再单击图形的左上角，移动到图形的相应位置，如图 12-19 所示。

9）选择“复制”命令（CO），选择上一步移动的边界图形，单击图形的右下角复制到相应位置，如图 12-20 所示。

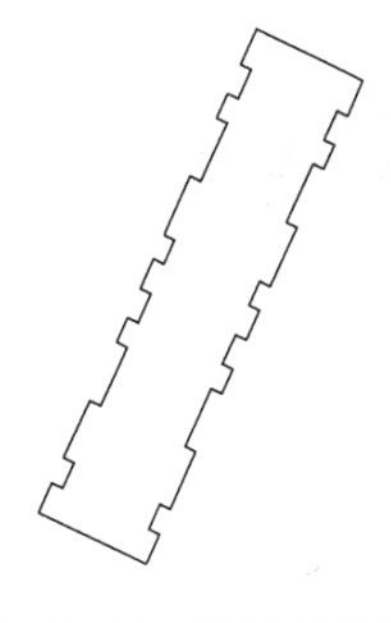

图 12-18 旋转外轮廓

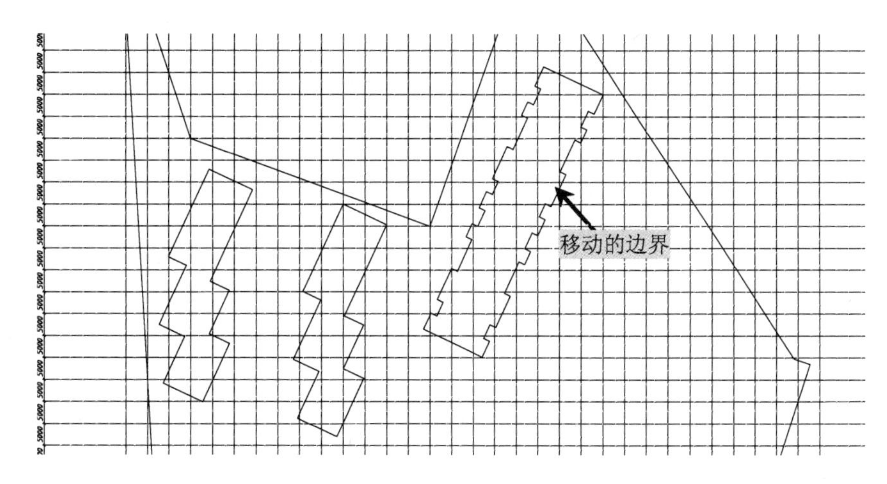

图 12-19 移动外轮廓

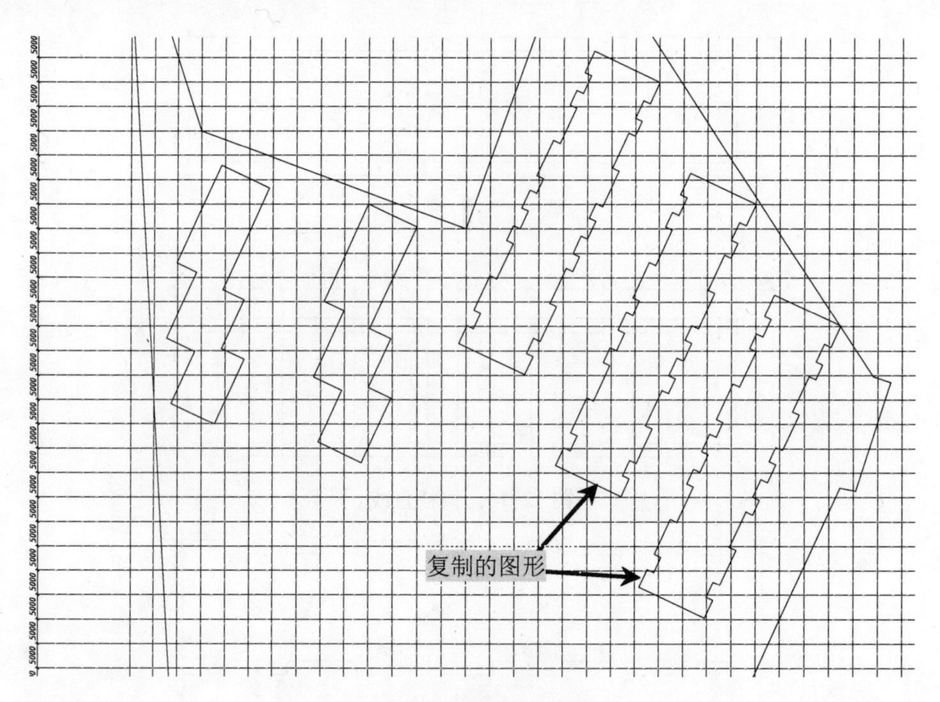

图 12-20　复制外轮廓

12.3.5　建筑轮廓三的绘制

1）选择“矩形”命令（REC），在图形空白处各绘制一个 36000 × 11500 和一个 20000 × 10000 的矩形，如图 12-21 所示。

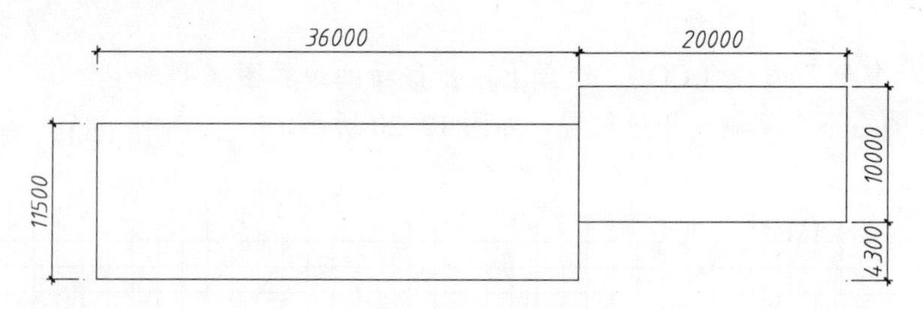

图 12-21　绘制矩形

2）选择“多段线”命令（PL），在图形左上角绘制多段线，如图 12-22 所示。

图 12-22　绘制多段线

3）选择“镜像”命令（MI），选择上步绘制的多段线，如图 12-23 所示进行镜像。

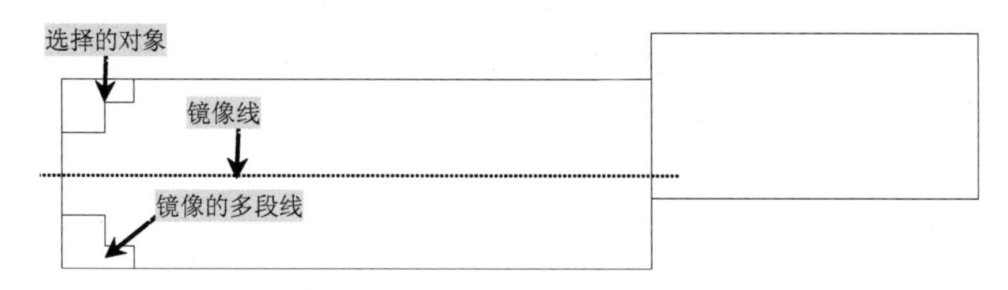

图 12-23　镜像多段线

4）选择“直线”命令（L），再按照如图 12-24 所示绘制直线。

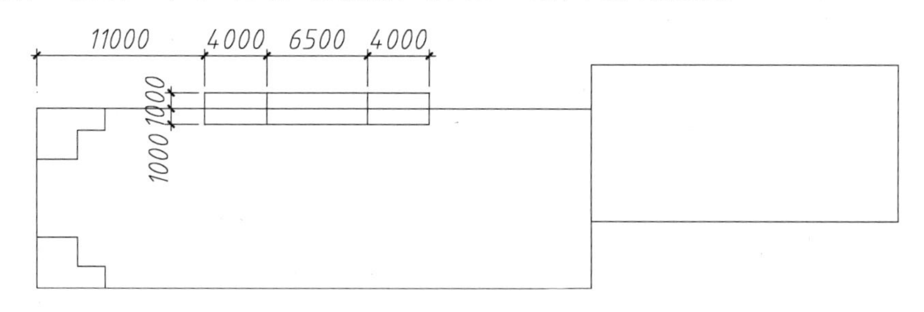

图 12-24　绘制直线

5）选择“圆”命令（C），以左边矩形的右上角为圆心，绘制一个半径为 2799 的圆，如图 12-25 所示。

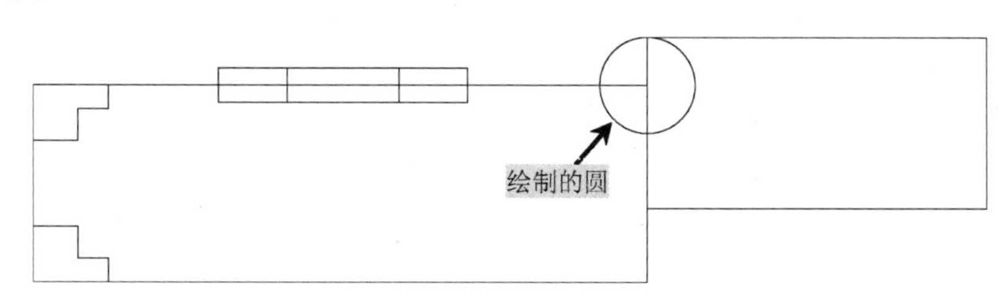

图 12-25　绘制圆

6）选择“修剪”命令（TR），对图形进行修剪，如图 12-26 所示。

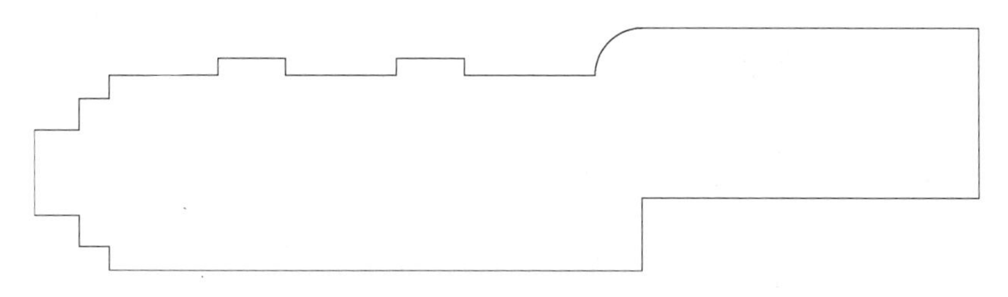

图 12-26　修剪图形

7）选择“圆角”命令（F），再输入“半径”（R）和“4000”，选择左边矩形的右下角，如图 12-27 所示。

8）选择“块定义”命令（B），选择对象为前面绘制的图形，拾取点为图形的右上角，名称为“建筑轮廓三”。

9）选择“旋转”命令（RO），选择“建筑轮廓三”图块，单击图形的右上角，输入“65”，即可完成图形的旋转，如图 12-28 所示。

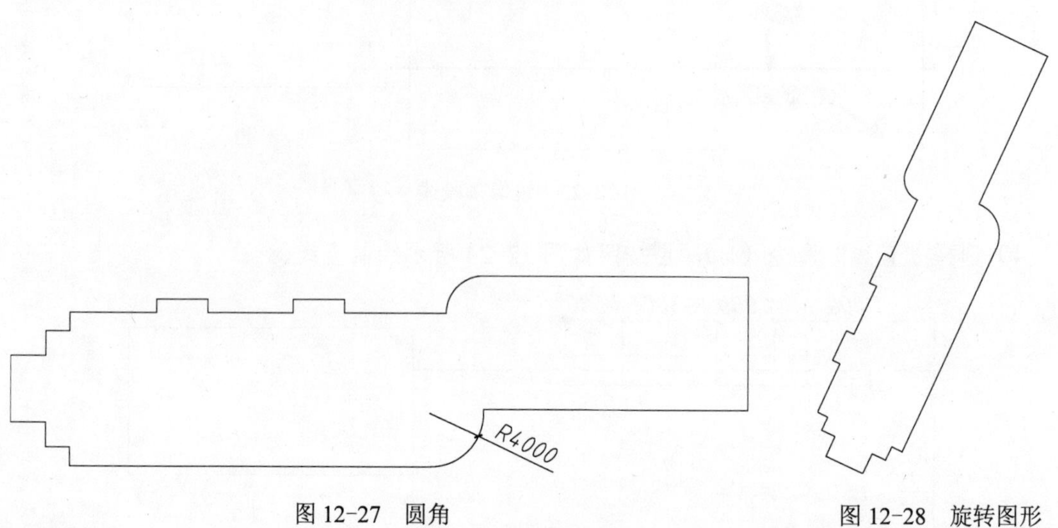

图 12-27　圆角　　　图 12-28　旋转图形

10）选择“移动”命令（M），选择上一步旋转的图形，单击图形的右上角，将其移动到图形相应位置，如图 12-29 所示。

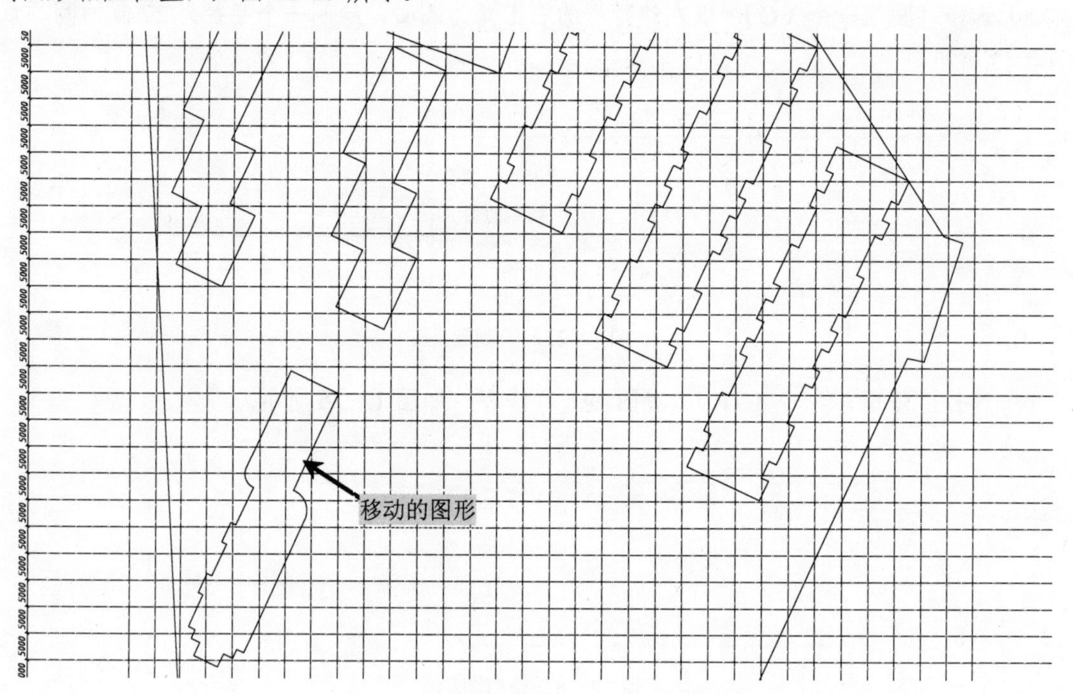

图 12-29　移动图形，复制到其他位置

11）选择“复制”命令（CO），选择上一步移动的图形相应位置，如图 12-30 所示。

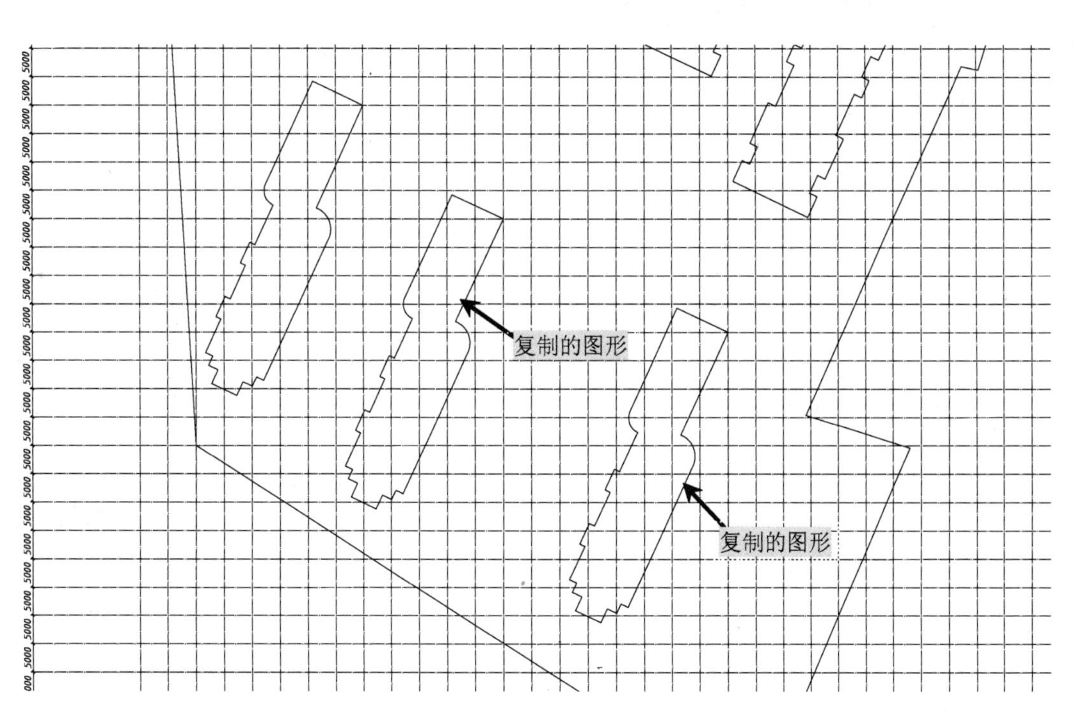

图 12-30 复制小区轮廓

12.3.6 建筑轮廓四的绘制

1）选择“矩形”命令（REC），在图形空白处绘制一个 35000 × 11000 的矩形。

2）选择“偏移”命令（O），选择上一步绘制的矩形向内偏移 2000，如图 12-31 所示。

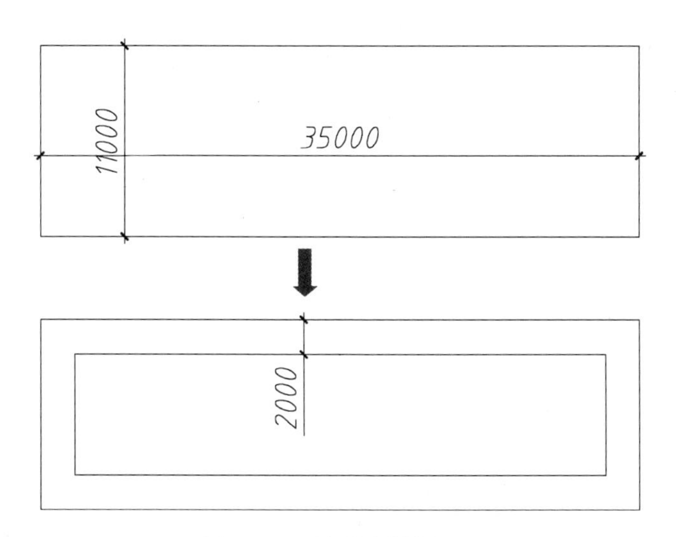

图 12-31 偏移绘制的矩形

3）选择“直线”命令，在图形相应位置绘制一条纵向直线。

4）选择“偏移”命令，按照如图 12-32 所示向右依次偏移。

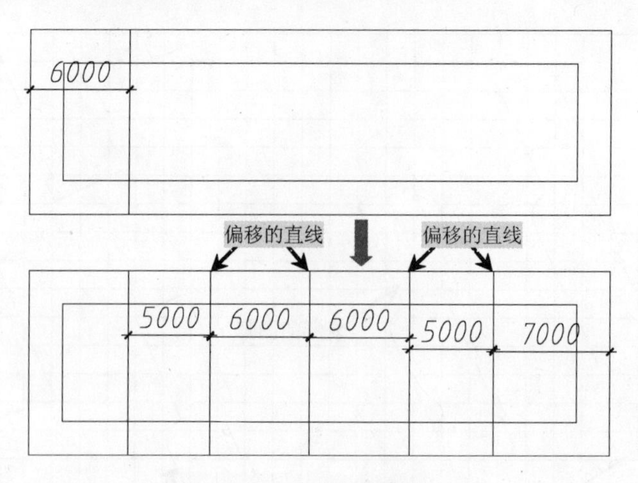

图 12-32　偏移绘制的直线

5）选择“修剪”命令（TR），选择前面绘制的图形，单击图形中多余线段，如图 12-33 所示。

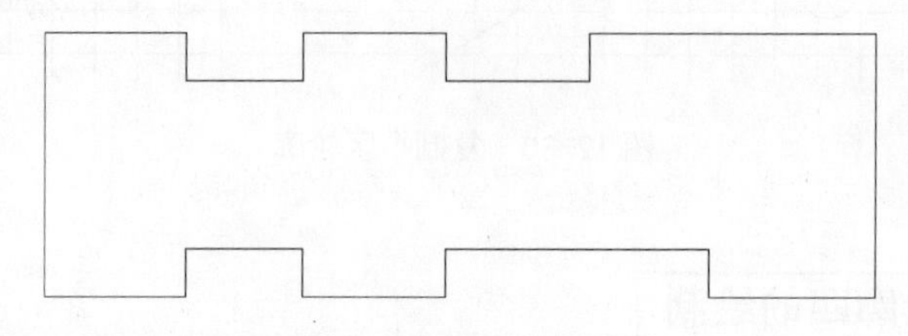

图 12-33　修剪轮廓线

6）选择“边界创建”命令（BO），弹出“边界创建”对话框，单击“拾取点”按钮回到绘图区域，单击上步修剪图形中间空白处，按〈Enter〉键即可完成边界的创建。

7）选择“旋转”命令（RO），选择上步绘制的多段线，单击上步创建的边界图形，再单击图形的右上角，输入“65”，如图 12-34 所示。

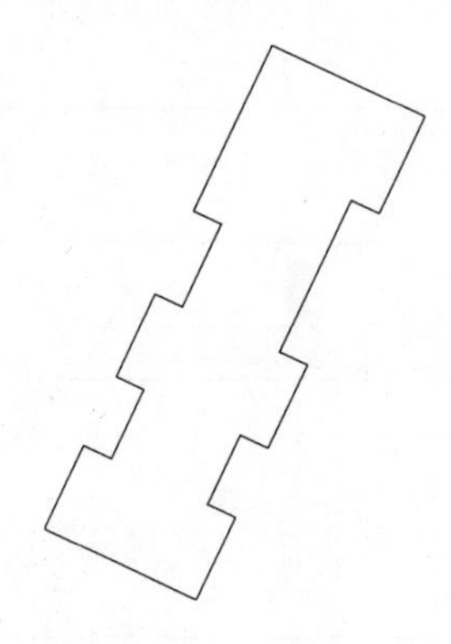

图 12-34　旋转图形

8）选择“移动”命令（M），选择上一步旋转的图形，再单击图形的右上角移动到图形的相应位置，如图 12-35 所示。

9）至此，几个建筑物的轮廓线已经绘制完成。

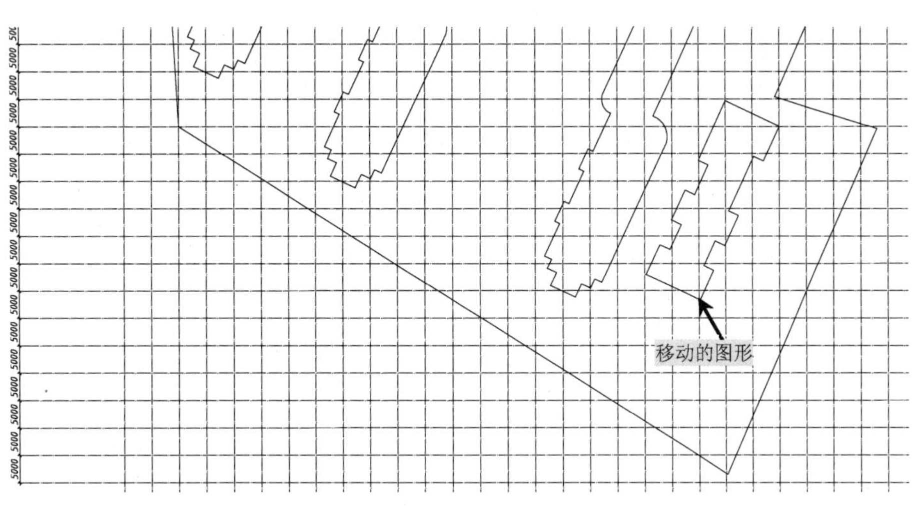

图 12-35 移动外轮廓

提示：轮廓线所用的线型比其他图形的线型都要粗，这是它与其他图形的一个主要区分，用户在进行图层绘制时，可把线宽的数值设大一点。绘制好轮廓对象后，可以将“轴线”图层关闭。

12.4 小区道路系统的绘制

部分小区道路系统包括人流道路和车流道路，由于小区的面积有限，本案例所设计的车流道路为单向行驶。当所绘制的小区过大，需要绿化的面积过多时，可以分区域进行绘制，也可以全小区同时绘制。

12.4.1 梯步的绘制

1）单击“图层控制”下拉列表框，选择“道路”图层为当前图层。

2）选择“直线”（L），在图形的相应位置绘制一条直线。

3）选择“偏移”（O），根据命令提示输入“300”，选择上一步绘制的直线依次向上偏移 12 次，如图 12-36 所示。

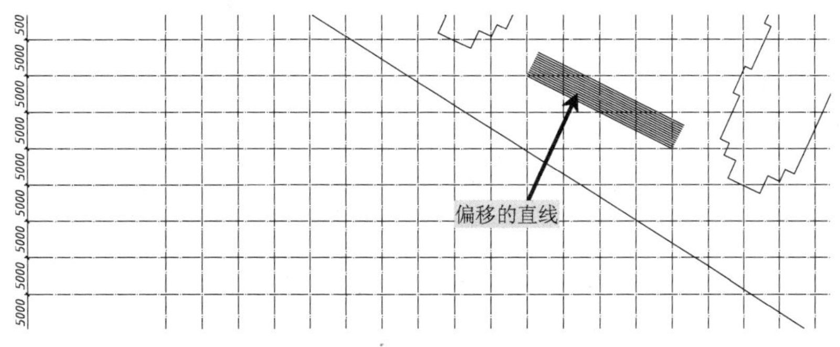

图 12-36 偏移绘制的直线

4）选择“直线”命令（L），把绘制的直线和偏移的最后一条进行边接，如图 12-37 所示。

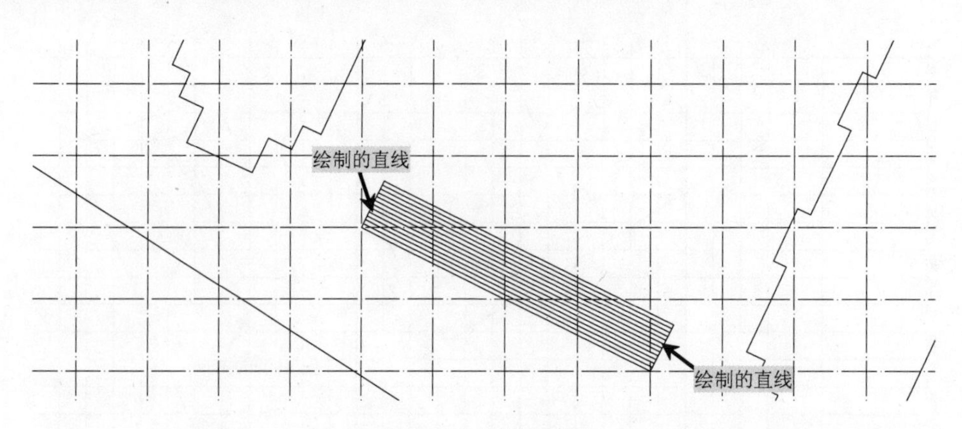

图 12-37　绘制直线

5）选择“偏移”命令（O），根据命令提示输入“1500”，分别对上一步绘制的直线进行偏移，如图 12-38 所示。

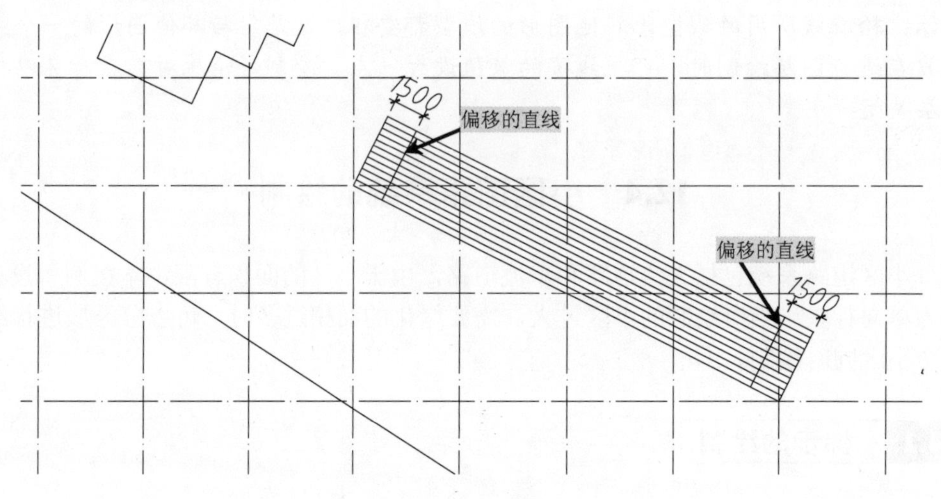

图 12-38 偏移直线

6）打开“图层特性管理器”选项板，关闭“轴线”图层。

7）选择“修剪”命令（TR），选择前面绘制的图形，对图形中多余线段进行修剪，如图 12-39 所示。

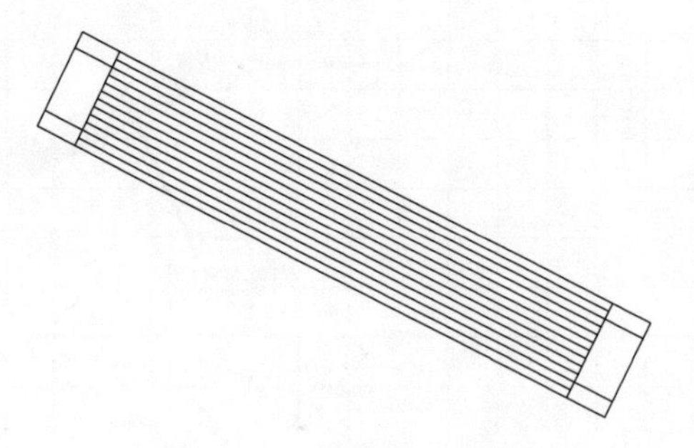

图 12-39　修剪多余线段

8）打开“图层特性管理器”选项板，打开“轴线”图层。

9）选择“复制”命令（CO），选择前面绘制的梯步，单击图形的右下角，复制到图形的相应位置，如图 12-40 所示。

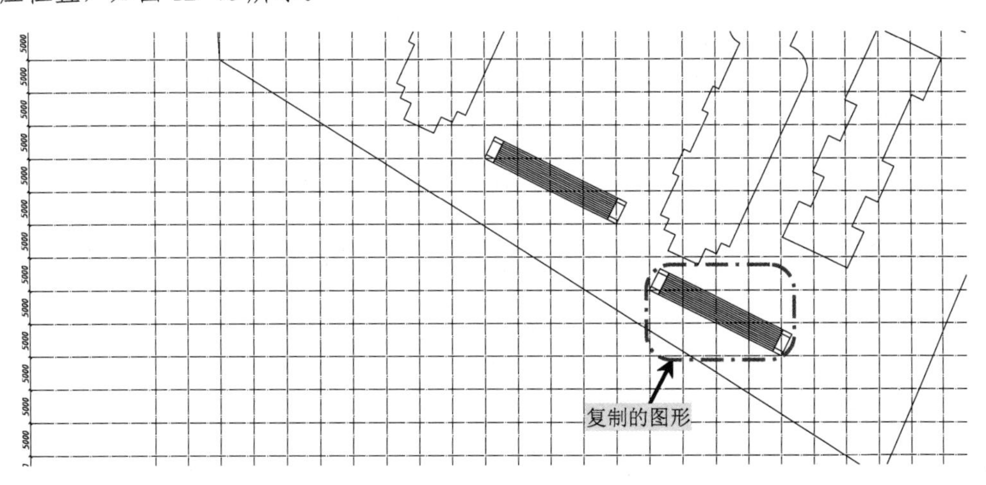

图 12-40　复制梯步

➲ 12.4.2　小区人行道路的绘制

1）选择“多段线”命令（PL），按照如图 12-41 所示在图形中的相应位置绘制多段线。

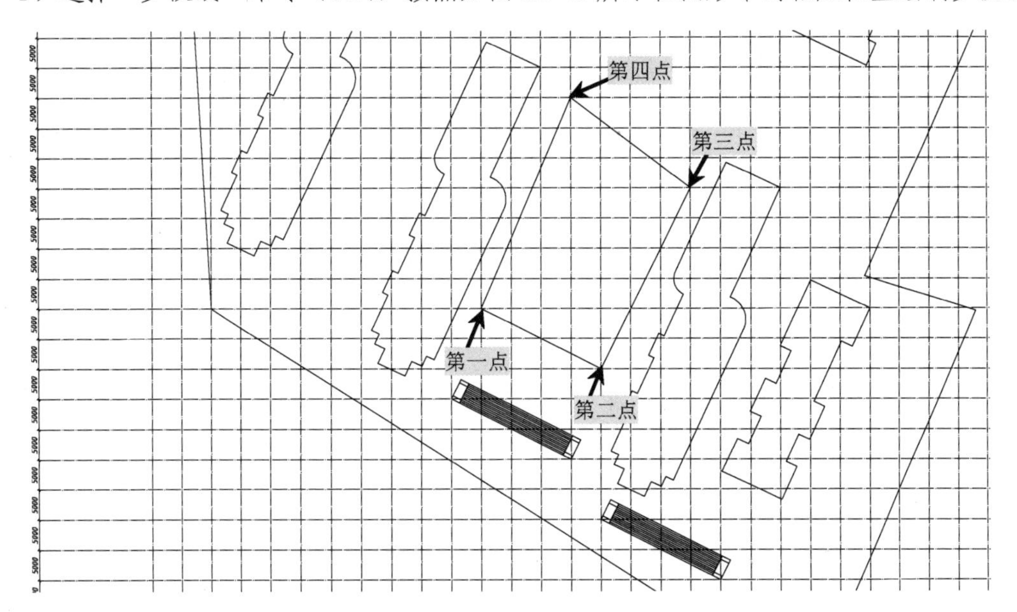

图 12-41　绘制多段线

2）选择“偏移”命令（O），根据命令提示输入“2000”，选择上一步绘制的多段线向内偏移。

3）选择“圆弧”命令（ARC），按照如图 12-42 所示在多段线内的相应位置绘制圆弧。

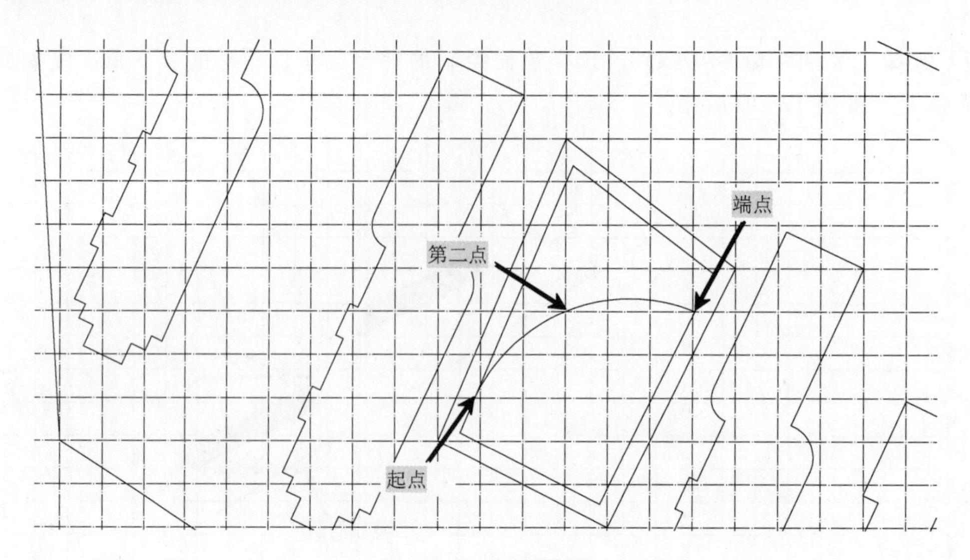

图 12-42　绘制圆弧

4）选择“偏移”命令（O），根据命令输入“1200”，选择上次绘制的弧线向下偏移。

5）选择“延伸”命令（EX），选择偏移的多段线，单击偏移弧线的下端即可把弧线延长至偏移的矩形。

6）选择“修剪”命令（TR），选择两条弧线并单击两条弧线之间的矩形，如图 12-43 所示。

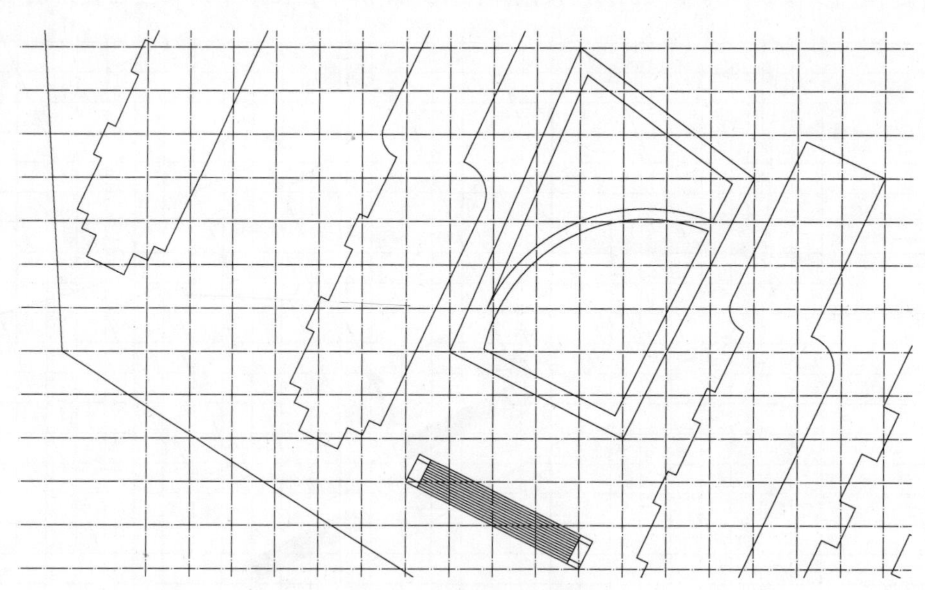

图 12-43　修剪多须线

7）选择“样条曲线”命令（SPL），按照如图 12-44 所示在图形的左上方部分绘制一条样条曲线。

8）选择“偏移”命令（O），根据命令提示输入“3000”，选择上步绘制的样条曲线向右偏移，如图 12-45 所示。

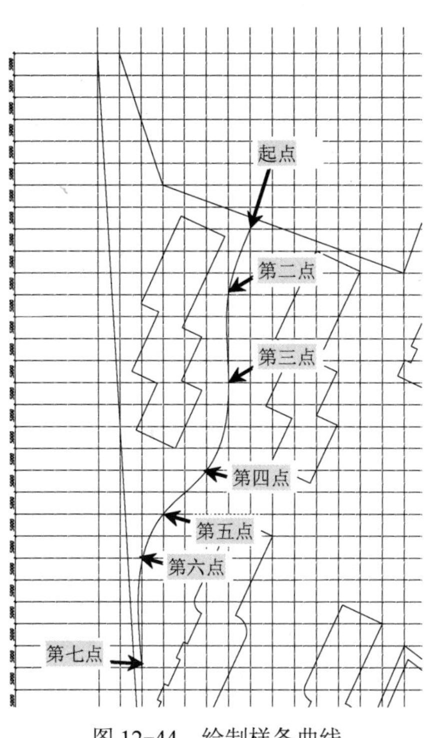

图 12-44　绘制样条曲线

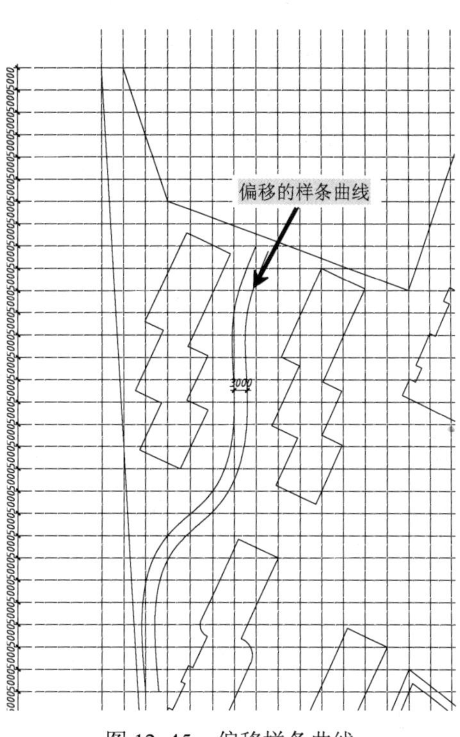

图 12-45　偏移样条曲线

9）选择“直线”命令（L），按照如图 12-46 所示绘制多条线段。

10）选择“偏移”命令，根据命令栏提示输入“1200”，选择上步绘制的直线，按图 12-47 所示进行偏移。

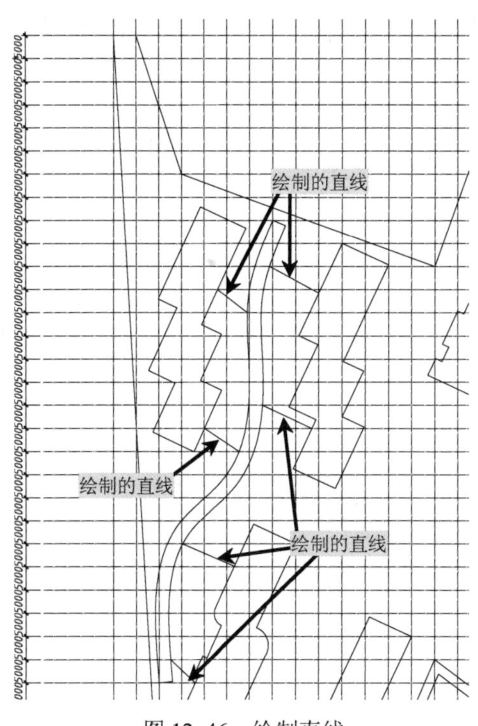

图 12-46　绘制直线

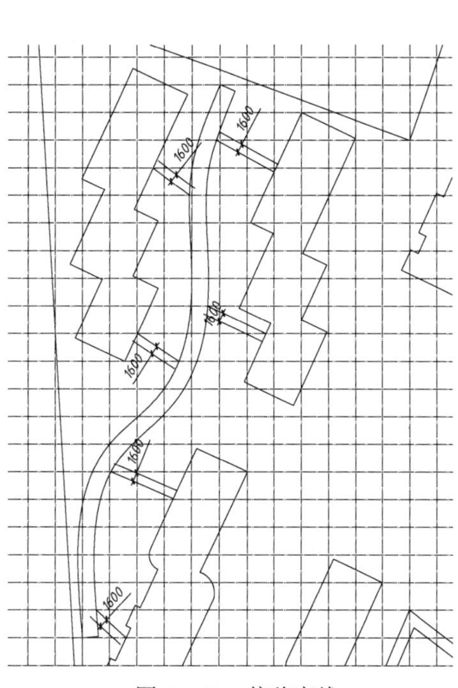

图 12-47　偏移直线

11）打开“图层特性管理器”选项板，关闭“轴线”图层。

12）选择“延伸”命令（EX），对图形中偏移的直线进行延伸。

13）选择“修剪”命令，选择前面绘制的图形，单击图形中多余线段，如图 12-48 所示

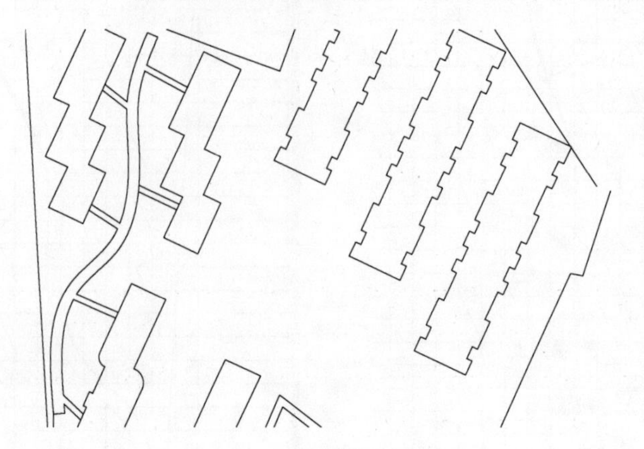

图 12-48　修剪样条曲线

14）打开“图层特性管理器”选项板，打开“轴线”图层。

15）选择“直线”命令（L），按如图 12-49 所示在图形相应位置绘制一条直线。

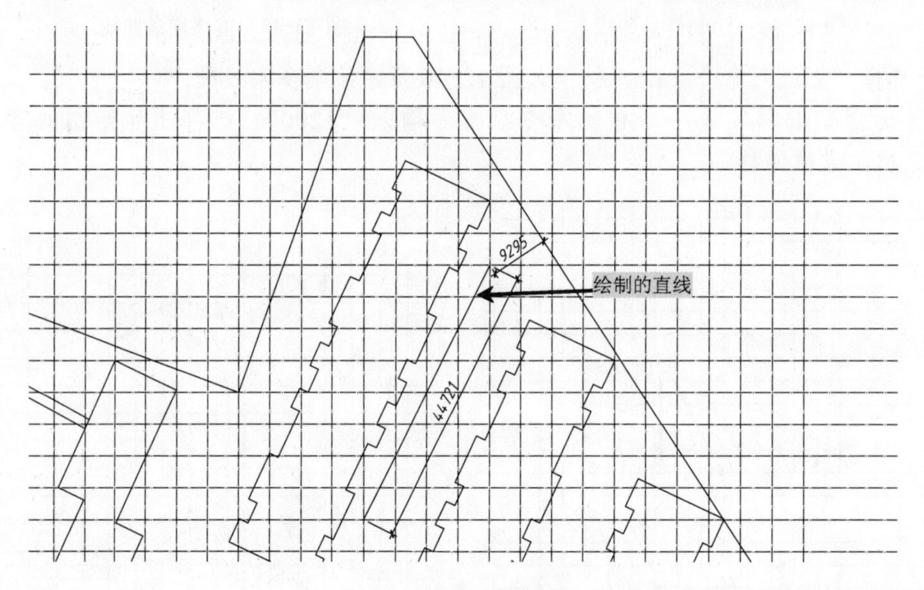

图 12-49　绘制直线

16）选择“偏移”命令（O），根据命令提示输入“8000”，选择上步绘制的直线向右偏移。

17）选择“圆弧”命令（ARC），分别以绘制直线的端点为起点，按照如图 12-50 所示在相应位置绘制两个圆弧。

18）选择“多段线”命令（PL），在图形的相应位置按照如图 12-51 所示绘制多段线。

19）选择“偏移”命令（O），根据命令提示输入“700”，选择上步绘制的多段线，向左偏移后再向右偏移，如图 12-52 所示。

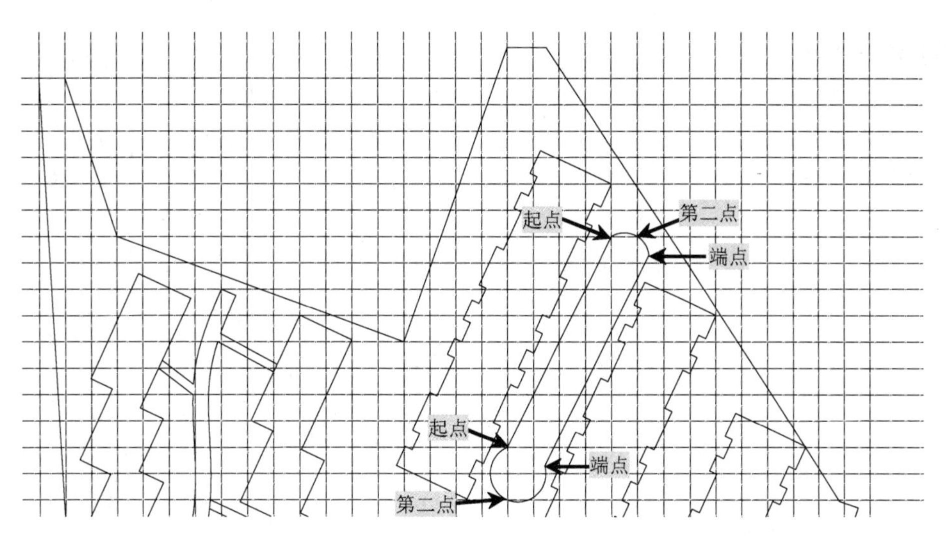

图 12-50 绘制圆弧

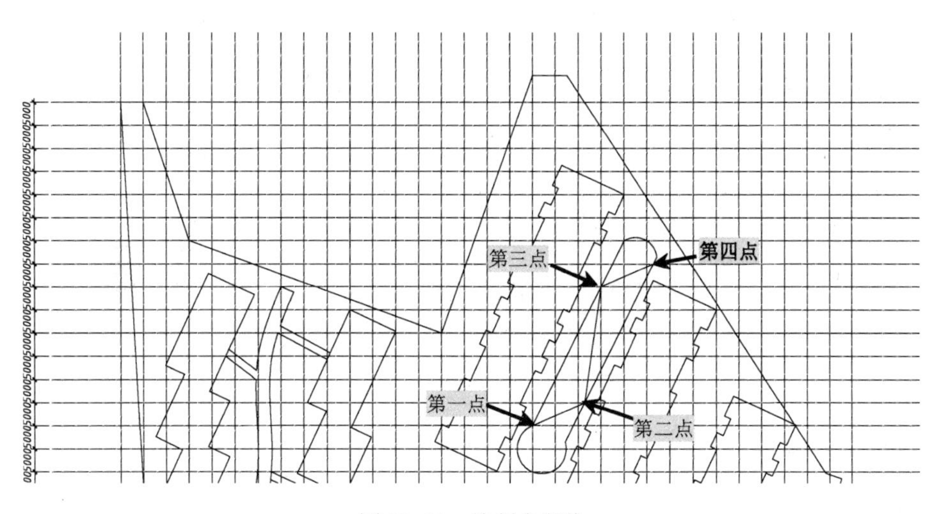

图 12-51 绘制多段线

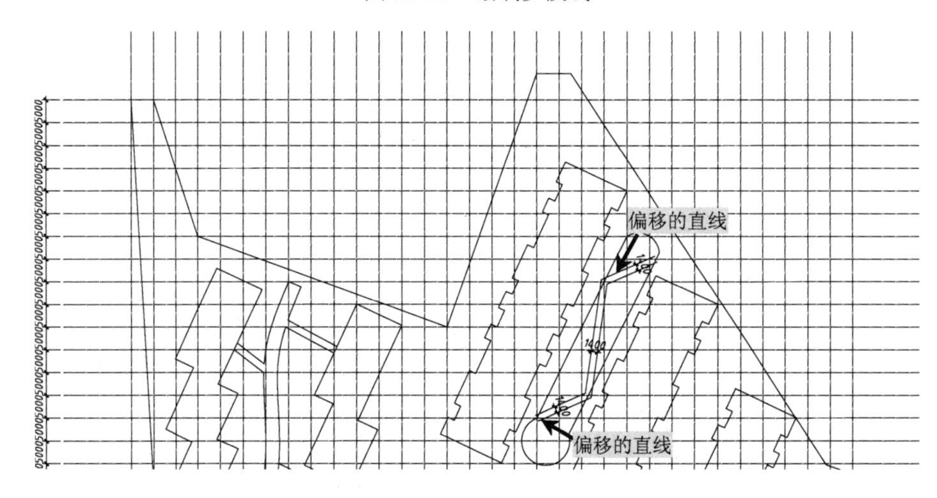

图 12-52 删除多段线

20）选择“删除”命令（E），选择绘制的多段线，按〈Enter〉键即可完成删除。

21）选择“延伸”命令（EX），延伸上步偏移的多段线至相应位置。

22）打开“图层特性管理器”选项板，关闭“轴线”图层。

23）选择“修剪”命令（TR），选择绘制的图形，单击图形中多余线段，如图 12-53 所示。

24）选择“圆角”命令（F），根据命令提示输入“2000”，分别选择图形中对应的两个角，如图 12-54 所示。

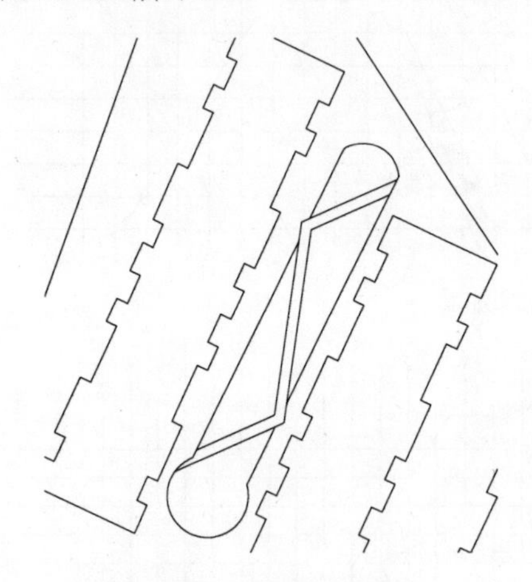

图 12-53　修剪多余线段

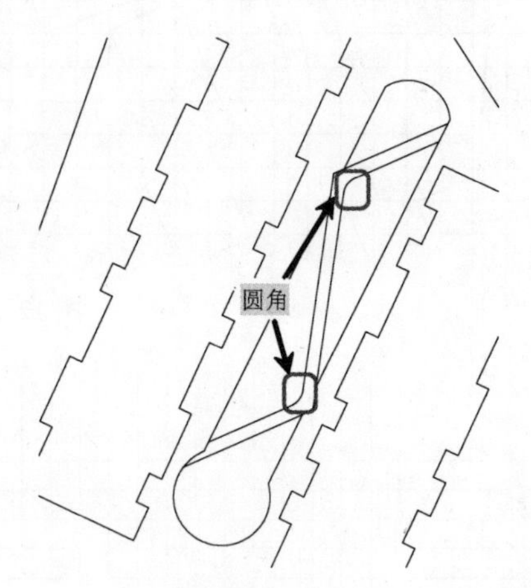

图 12-54　圆角

25）选择“复制”命令（CO），选择图形中相应图形，单击最上方“建筑轮廓二”的右上角，再单击最下方“建筑轮廓二”的右上角，如图 12-55 所示。

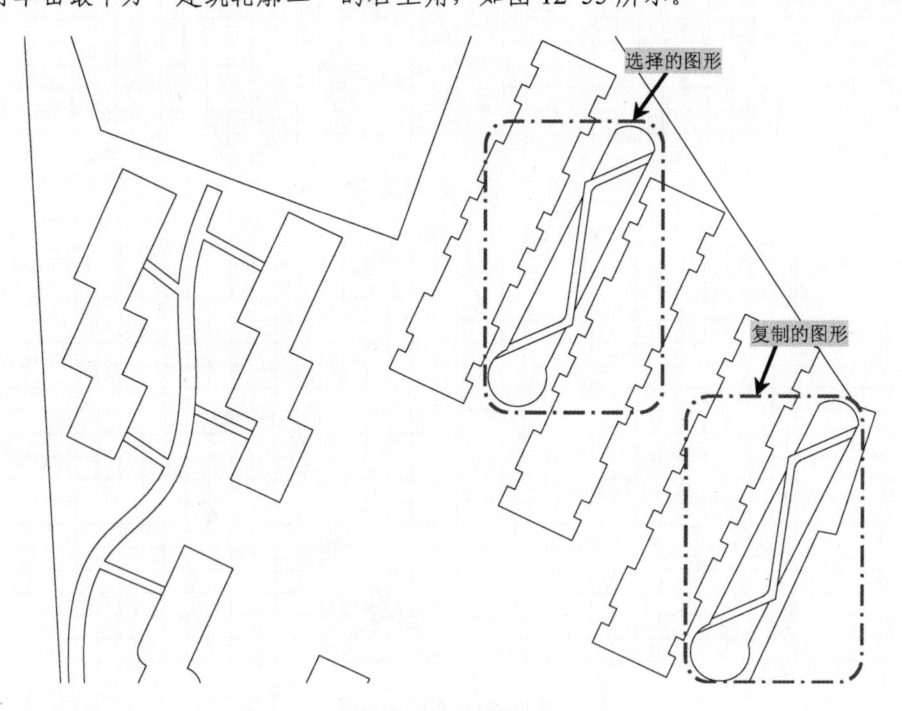

图 12-55　复制图形

提示：住宅小区中的园林绿化道路一般是根据绿化规划进行设计的，道路旁边一般设有绿化或园林小品，所以本案例中，在绘制道路系统时也就相应的把部分绿化区域规划好了。

12.5 小区景点的规划

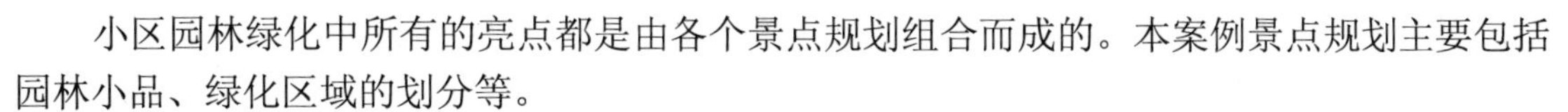

小区园林绿化中所有的亮点都是由各个景点规划组合而成的。本案例景点规划主要包括园林小品、绿化区域的划分等。

12.5.1 园林水景的绘制

1）单击“图层控制”下拉列表框，选择“园林小品”为当前图层，并打开“轴线”图层。

2）选择“圆”命令（C），在图形相应位置绘制一个半径为 15000 的圆，如图 12-56 所示。

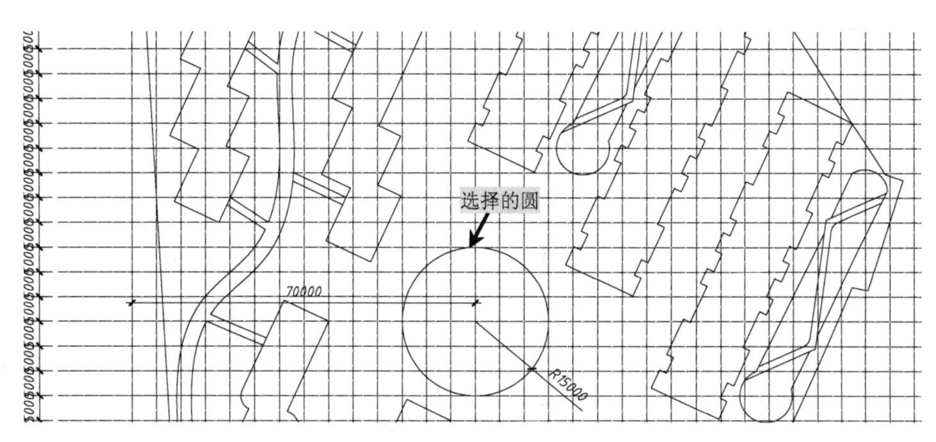

图 12-56 绘制圆

3）选择“偏移”命令（O），按照如图 12-57 所示对上步绘制的圆形进行偏移。

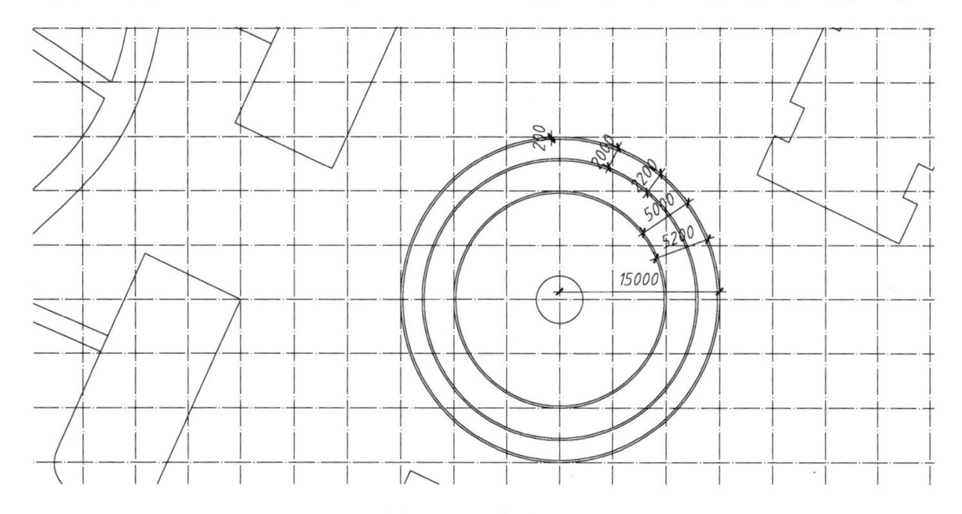

图 12-57 偏移圆形

4）选择“弧形”命令（ARC），按照如图 12-58 所示绘制两条弧形。

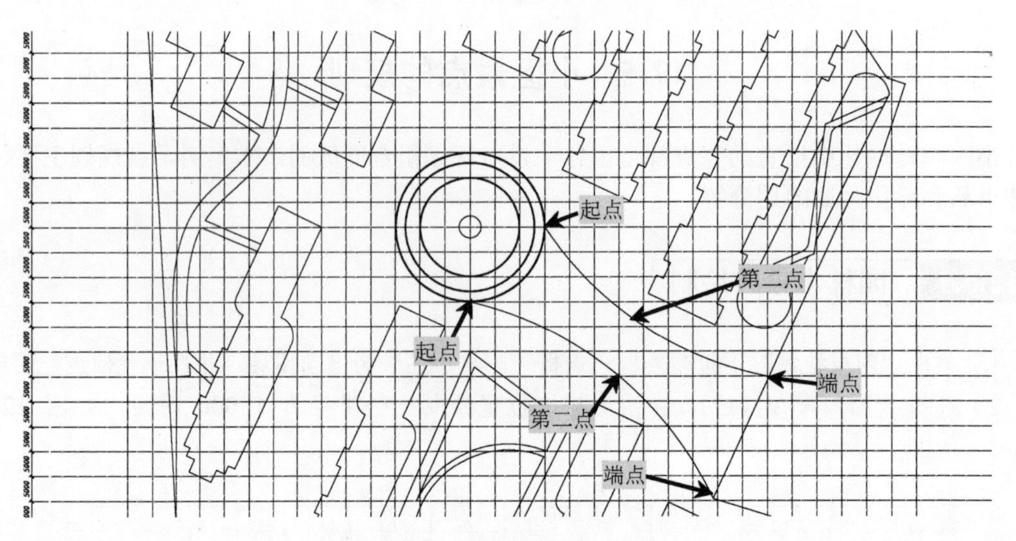

图 12-58　绘制弧形

5）选择“偏移”命令（O），根据命令提示输入“60”，选择上步绘制的下方弧形，向上偏移，选择上步绘制的上方弧形向下偏移。

6）选择“直线”命令（L），在图形上方相应位置绘制一条直线，如图 12-59 所示。

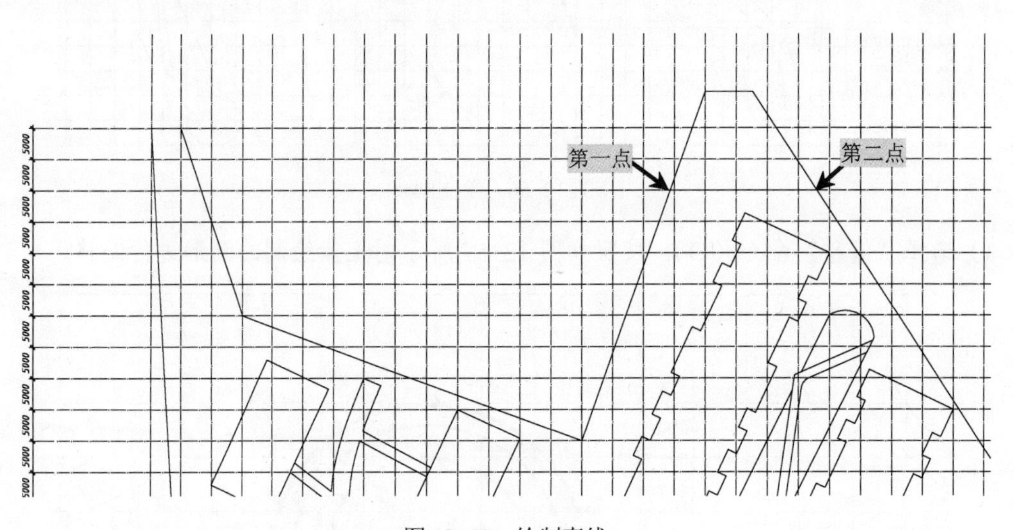

图 12-59　绘制直线

7）选择“偏移”命令（O），根据命令栏提示输入“2000”，选择上步绘制的直线向上偏移。

8）选择“修剪”命令（TR），单击图形的外轮廓线，再单击上步偏移直线的多余部分，如图 12-60 所示。

9）至此，该小区的水景轮廓已经绘制完成。

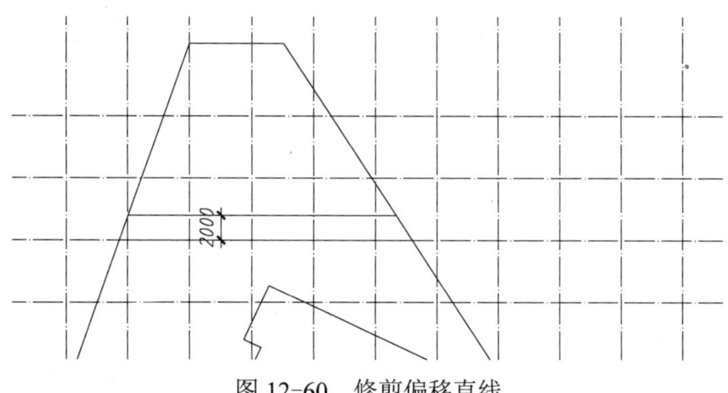

图 12-60 修剪偏移直线

12.5.2 园林六角亭的绘制

1）选择“多边形”命令（POL），根据命令提示输入侧面数“6”，在图形的空白处单击一点，选择“内接于圆”（I），并输入半径“2500”，即可完成六边形的绘制，作为六角亭的外框。

2）选择“直线”命令（L），按如图 12-61 所示绘制六边形的对应角线。

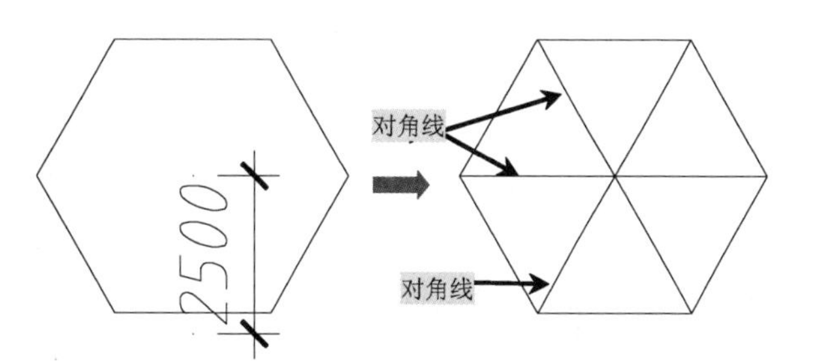

图 12-61 绘制六边形的对角线

3）打开“图层特性管理器”选项板，新建“填充”图层，“颜色”为“250”，“线宽”为“0.05”，并置“填充”图层为当前图层，如图 12-62 所示。

填充				250	Contin...	—— 0.05 毫米	0		

图 12-62 新建填充图层

4）选择“图案填充”命令（H），对上步所绘图形中上部分进行填充，图案选择“JIS_LC_8A”，角度选择“45”，比例为“10”。

5）选择“圆形阵列”命令（ARR），选择上步填充的图案，再单击六边形的中心点，然后输入“项目”(I)，最后输入“6”，如图 12-63 所示。

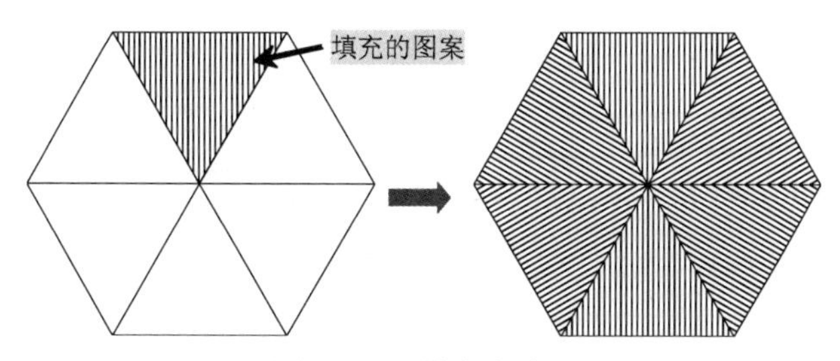

图 12-63 填充六边形

6）选择“移动”命令（M），选择前面绘制的图形，单击图形最方横线的中点，移动到图形左上方相应位置，如图 12-64 所示。

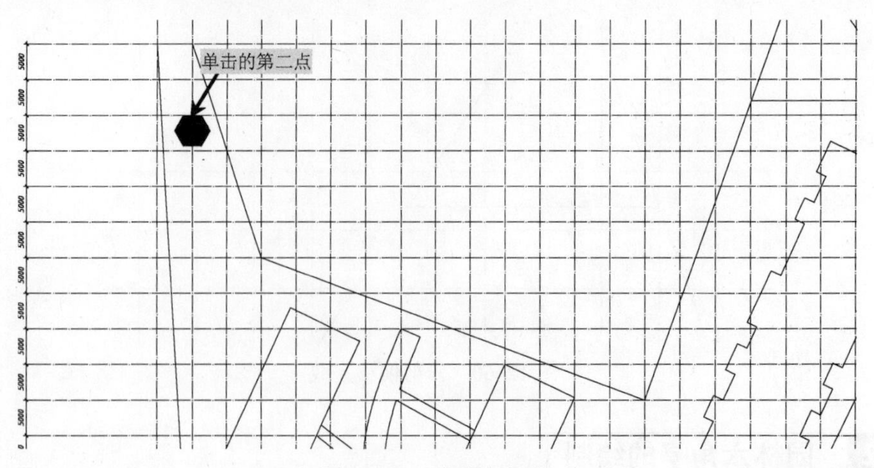

图 12-64　移动六角亭

7）选择“复制”命令（CO），选择上步移动的图形，复制到其他相应位置，如图 12-65 所示。

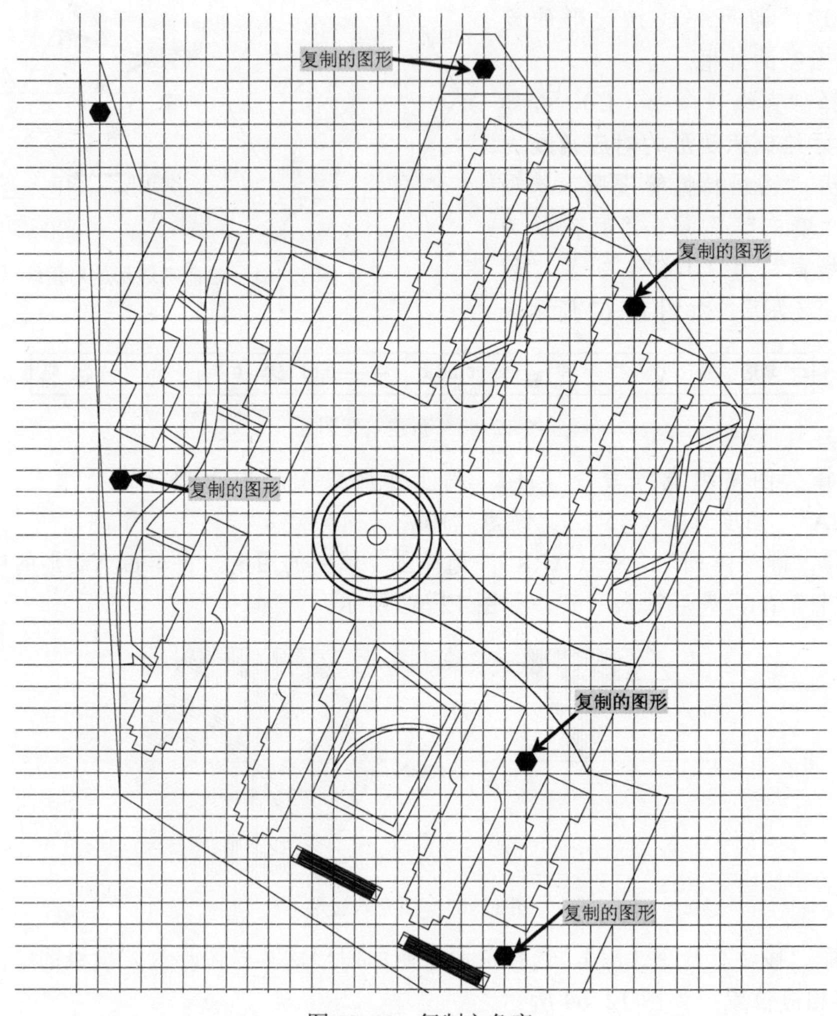

图 12-65　复制六角亭

8）至此，该小区园林中的六角亭已经绘制完成。

12.5.3 园林花架的绘制

1）打开“图层特性管理器”选项板，选择“园林小品”图层为当前图层。

2）选择“矩形”命令（REC），在图形空白处绘制一个 15000 × 250 的矩形。

3）选择“复制”命令（CO），选择上步绘制的矩形，并单击图形的右上角，再输入“2500”，使上步绘制的矩形和复制的矩形作为花架横梁，如图 12-66 所示。

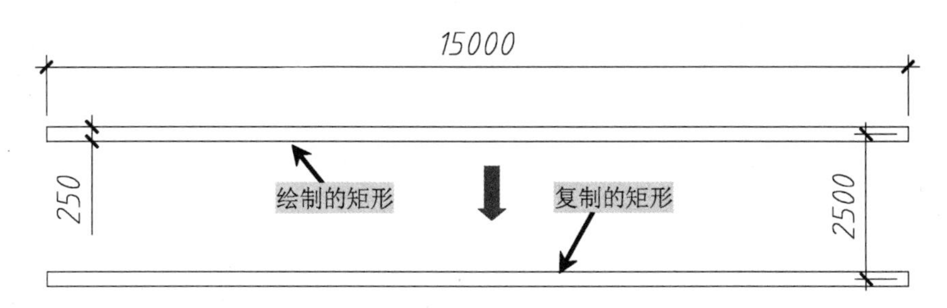

图 12-66 复制矩形

4）选择“矩形”命令（REC），在图形相应位置绘制一个 120 × 4000 的矩形。

5）选择“矩形阵列”命令（ARR），选择上步绘制的矩形，先输入“基数”（B），并单击上步矩形的左上角，再输入“列数”（COL），并输入“5”和“3500”，接着输入“行数”（R），并输入“1”，如图 12-67 所示。

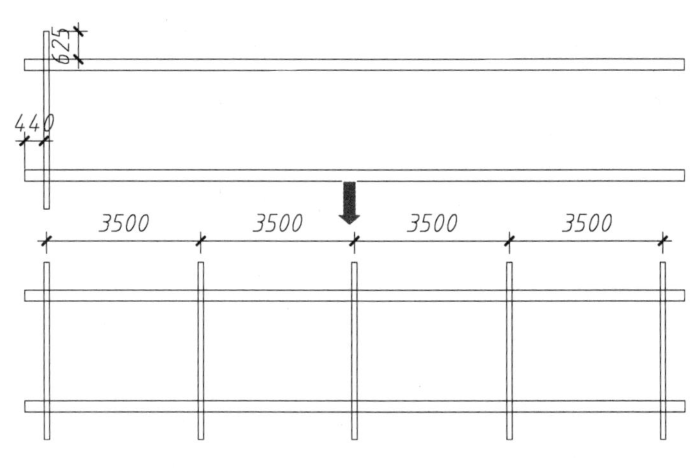

图 12-67 阵列矩形

6）选择“矩形”命令，在图形的相应位置绘制一个 60 × 4000 的矩形。

7）选择“阵列”命令（ARR），选择上步绘制的矩形，向右阵列 8 个，列偏移为 400，如图 12-68 所示。

8）选择“复制”命令（CO），选择上步阵列的矩形，向右复制三次，使这些矩形成为花架格栅，如图 12-69 所示。

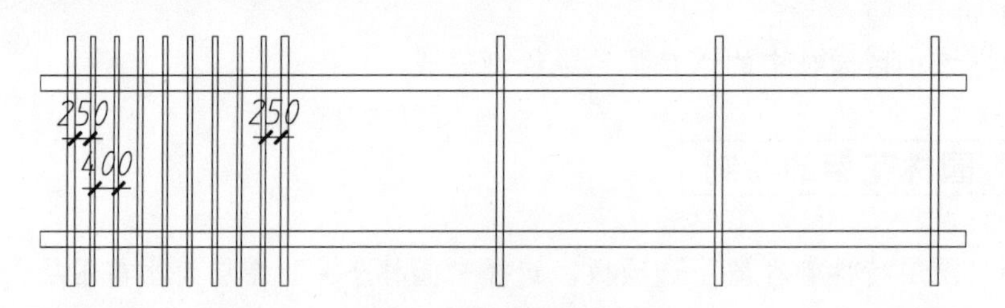

图 12-68　阵列花架

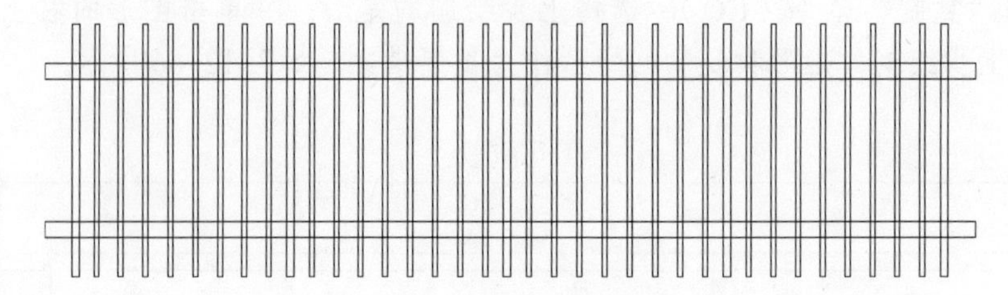

图 12-69　复制阵列的花架

9）选择“矩形”命令（REC），在图形左上角的相应位置绘制一个 250×250 的矩形，如图 12-70 所示。

10）选择“偏移”命令（O），将上一步绘制的矩形次向外偏移 50、30、40，使偏移的矩形形成花架的立柱，如图 12-71 所示。

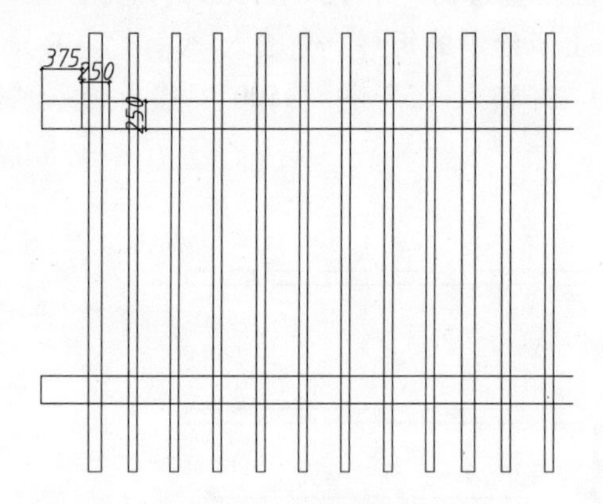

图 12-70　绘制矩形

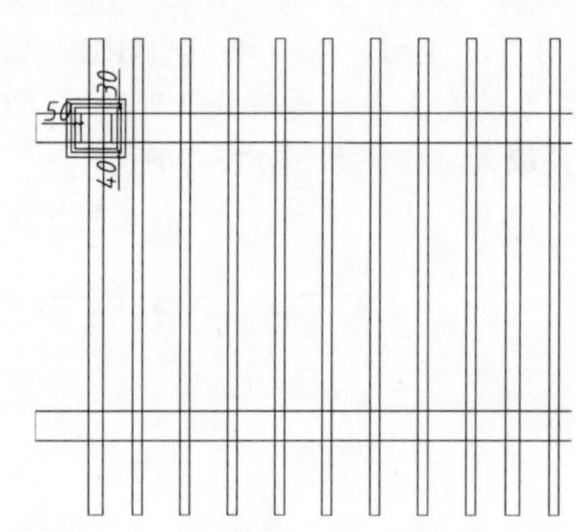

图 12-71　偏移矩形

11）选择“矩形阵列”命令（array），将绘制及偏移的花架立柱的 4 个矩形选中，设置阵列的行项目为“2”，行偏移为“2500”，列项目数为“5”，列偏移为“35000”，如图 12-72 所示。

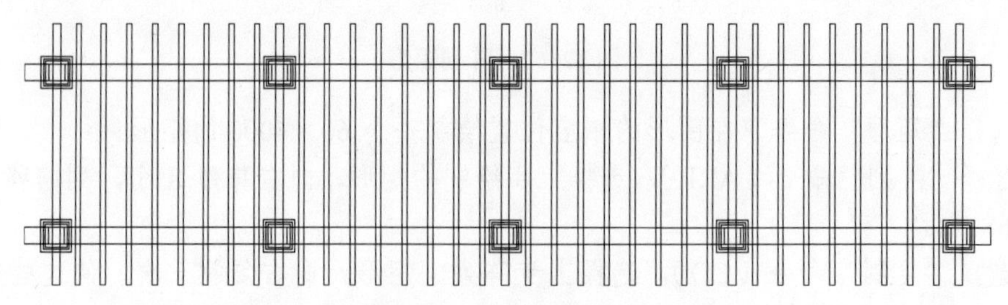

图 12-72　复制花架立柱

12）选择“旋转”命令（RO），选择前面绘制的花架图形，单击左上角并输入“65”，即可完成对花架的旋转，如图 12-73 所示。

13）选择“移动”命令（M），选择上步旋转的花架，单击图形的左上角，移动到图形的相应位置，如图 12-74 所示。

14）选择“复制”命令（CO），选择上步移动的花架，向下复制至相应位置，如图 12-75 所示。

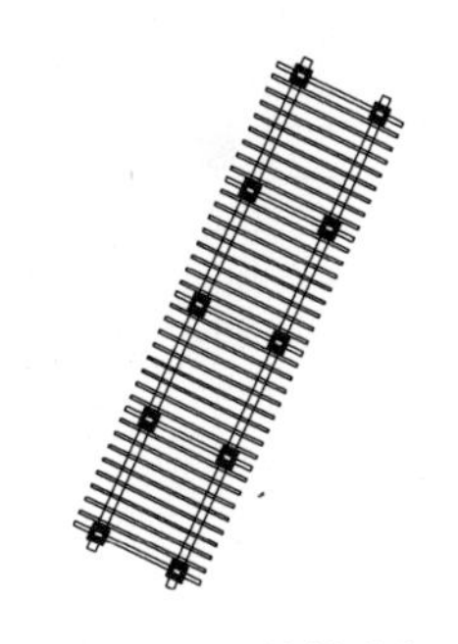

图 12-73 旋转花架

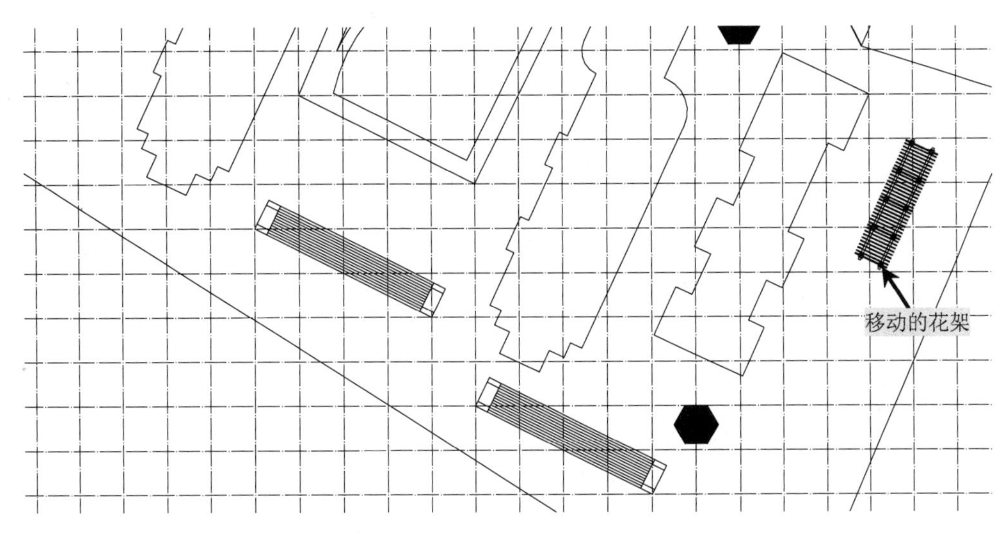

图 12-74 移动花架

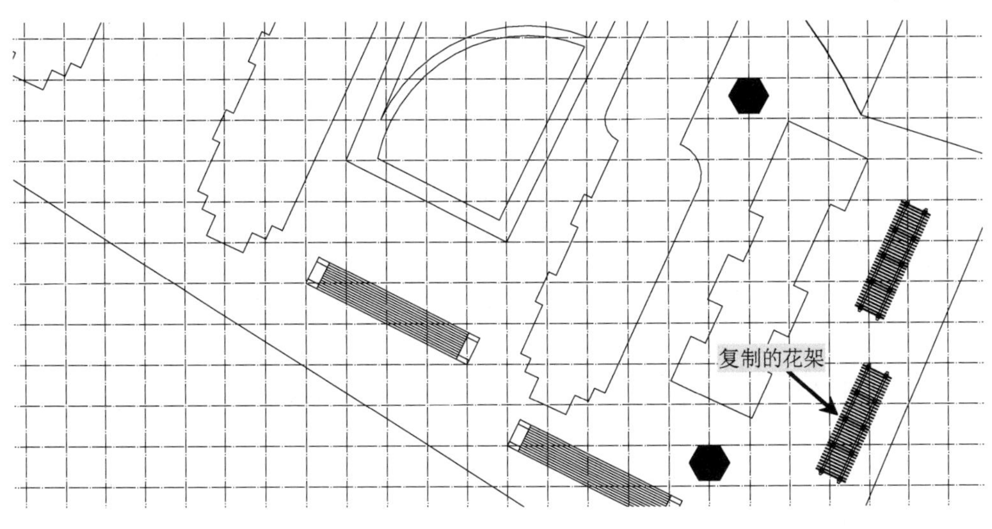

图 12-75 复制花架

15）以上步同样的方式对花架进行多次复制，并复制至图形的相应位置，如图 12-76 所示。

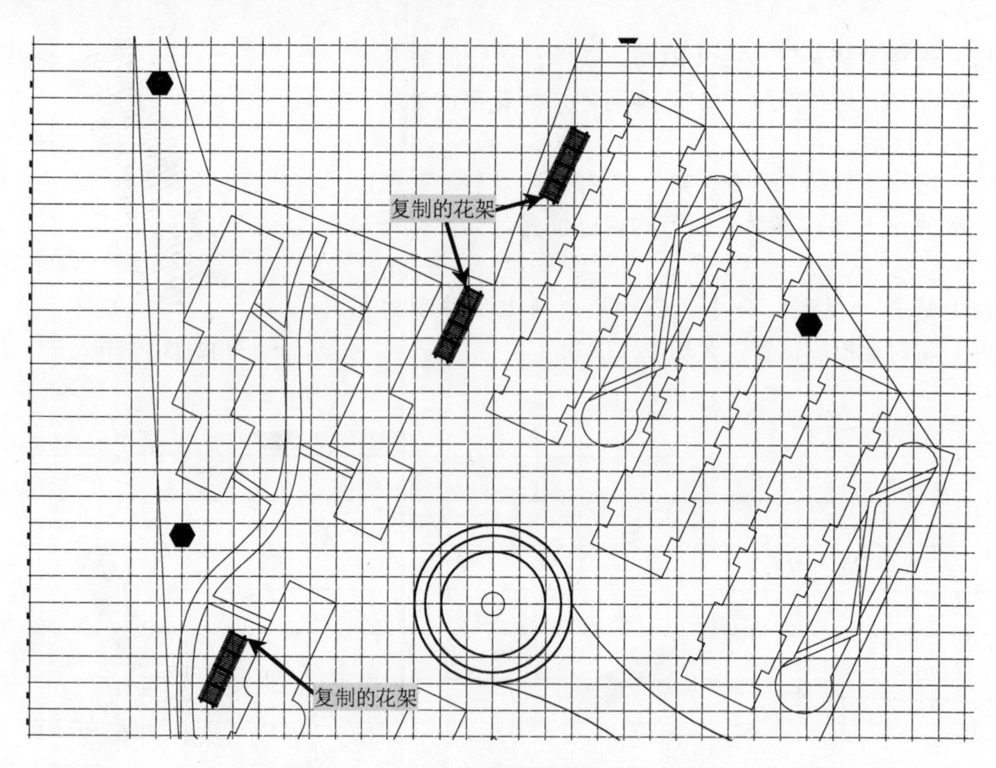

图 12-76　多次复制花架

16）至此，小区园林中的花架已经绘制完成。

12.5.4　园林景观桥的绘制

1）选择“矩形”命令（REC），在图形的右中部分相应位置，绘制一个 14950 × 300mm 的矩形作为景观桥的护栏，如图 12-77 所示。

2）以上步同样的方法，在左端绘制一个 100 × 100 的矩形，得到景观桥上的第一根立柱，如图 12-78 所示。

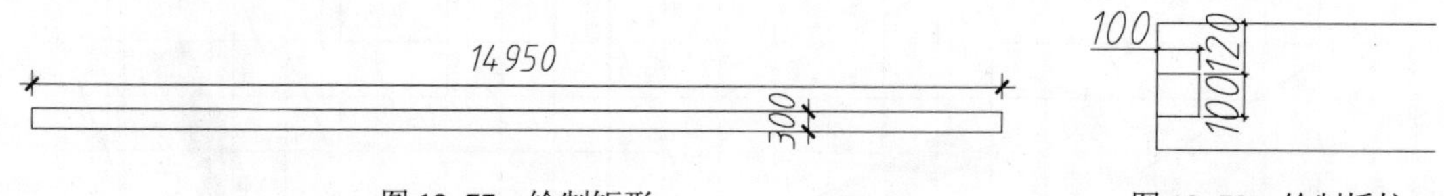

图 12-77　绘制矩形

图 12-78　绘制桥柱

3）选择“偏移”命令（O），根据命令提示输入“10”，选择上步绘制的矩形，向内偏移。

4）选择“直线”命令（L），分别绘制两个矩形的相应端点会制短斜线，如图 12-79 所示。

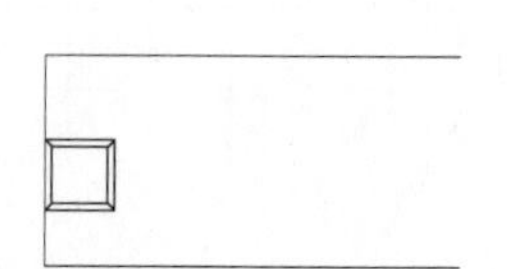

图 12-79　偏移矩形

5）选择“阵列”命令（array），选择景观柱上的所有图形，行数为“1”，列数为“12”，列间距为“1350”，即可完成景观柱的阵列，如图 12-80 所示。

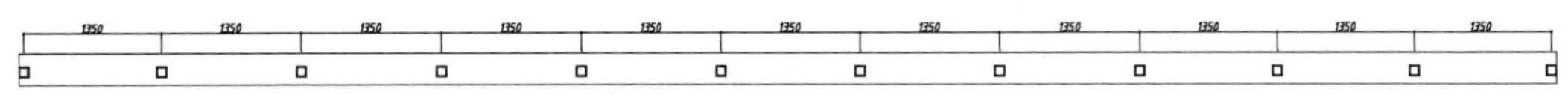

图 12-80　复制桥柱

6）选择“分解”命令（X），选择据第一步绘制的护栏矩形，按〈Enter〉键即可完成分解。

7）选择“偏移”命令（O），将矩形的上侧水平线依次向下偏移 70、70、60，如图 12-81 所示。

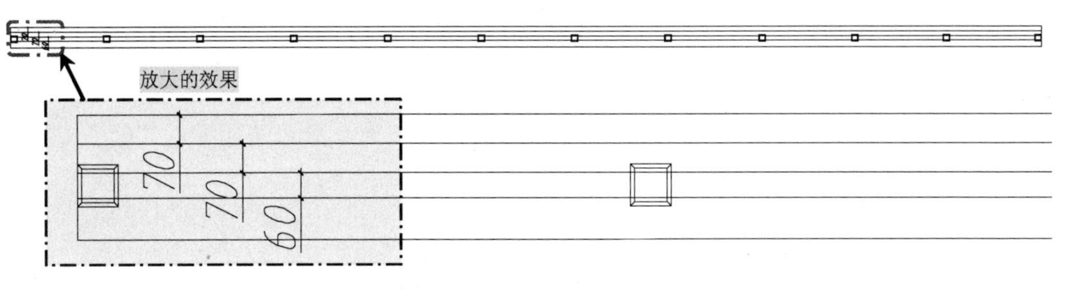

图 12-81　偏移直线

8）选择“修剪”命令（TR），将立柱内的多余线段进行修剪掉，如图 12-82 所示。

图 12-82　修剪直线

9）选择“矩形”命令（REC），在护栏下方绘制一个 13500×3000 的矩形，作为景观桥的踏步台面，如图 12-83 所示。

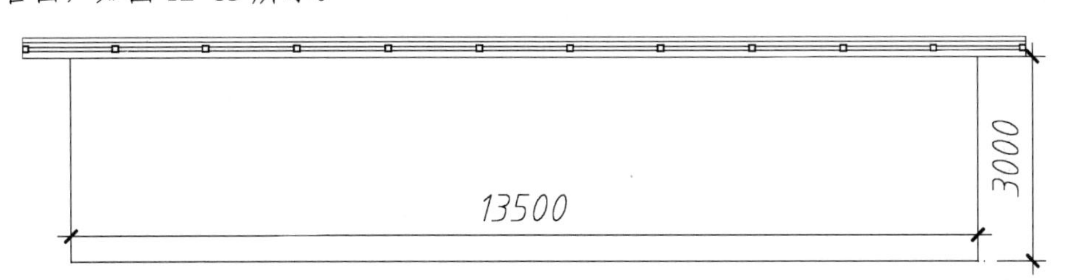

图 12-83　绘制踏步台面

10）选择“分解”命令（X），选择上步绘制的矩形，按〈Enter〉键即可完成分解。

11）选择“偏移”命令（O），选择矩形左边的纵向直线向右偏移 10 个 300，再将右边的纵向直线向左偏移 10 个 300，作为景观桥的台阶，如图 12-84 所示。

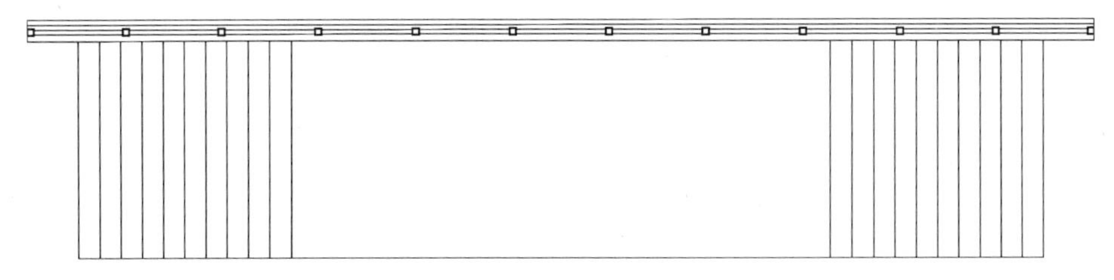

图 12-84　绘制梯步

12）选择“镜像”命令（MI），选择景观桥上的护栏及立柱，以中间矩形的左右两侧纵向直线的中点为镜轴，再输入“否”（N），如图 12-85 所示。

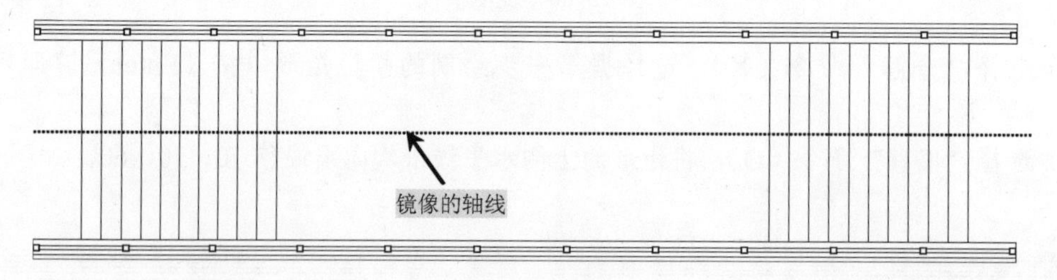

图 12-85　镜像图形

13）选择“旋转”命令（RO），选择前面绘制的桥，单击左上角并输入“65”，即可完成对花架的旋转，如图 12-86 所示。

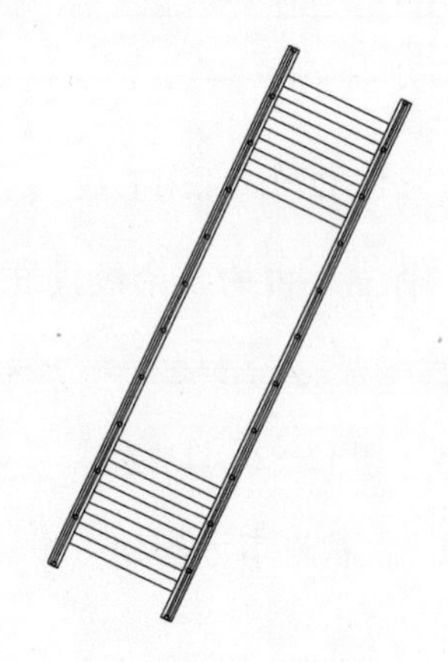

图 12-86　旋转桥图形

14）选择“移动”命令（M），选择上步旋转的图形，单击图形左上角，将其移动到图形的相应位置，如图 12-87 所示。

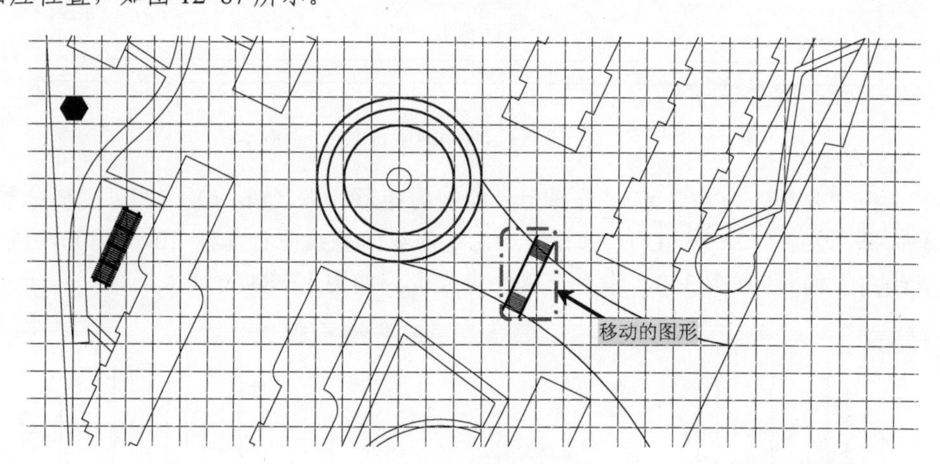

图 12-87　移动桥图形

15）至此，该小区内的景观桥就已经绘制完成。

12.6 小区内花台的绘制

1）打开“图层特性管理器”选项板，新建“花台”图层，颜色为“白”，线宽为“0.18”，并置“填充”图层为当前图层，如图 12-88 所示。

花台 白 Continuous —— 0.18 毫米 0 Color_7

图 12-88 新建“花台”图层

2）选择“偏移”命令（O），根据命令提示输入“1200”，选外框轮廓下方的多段线向内偏移。

3）选择偏移的多段线，改图层为“花台”图层。

4）选择“分解”命令（X），选择上步偏移的多段线即可完成图形的分解。

5）选择“删除”命令（E），选择分解多段线的多余线段，如图 12-89 所示。

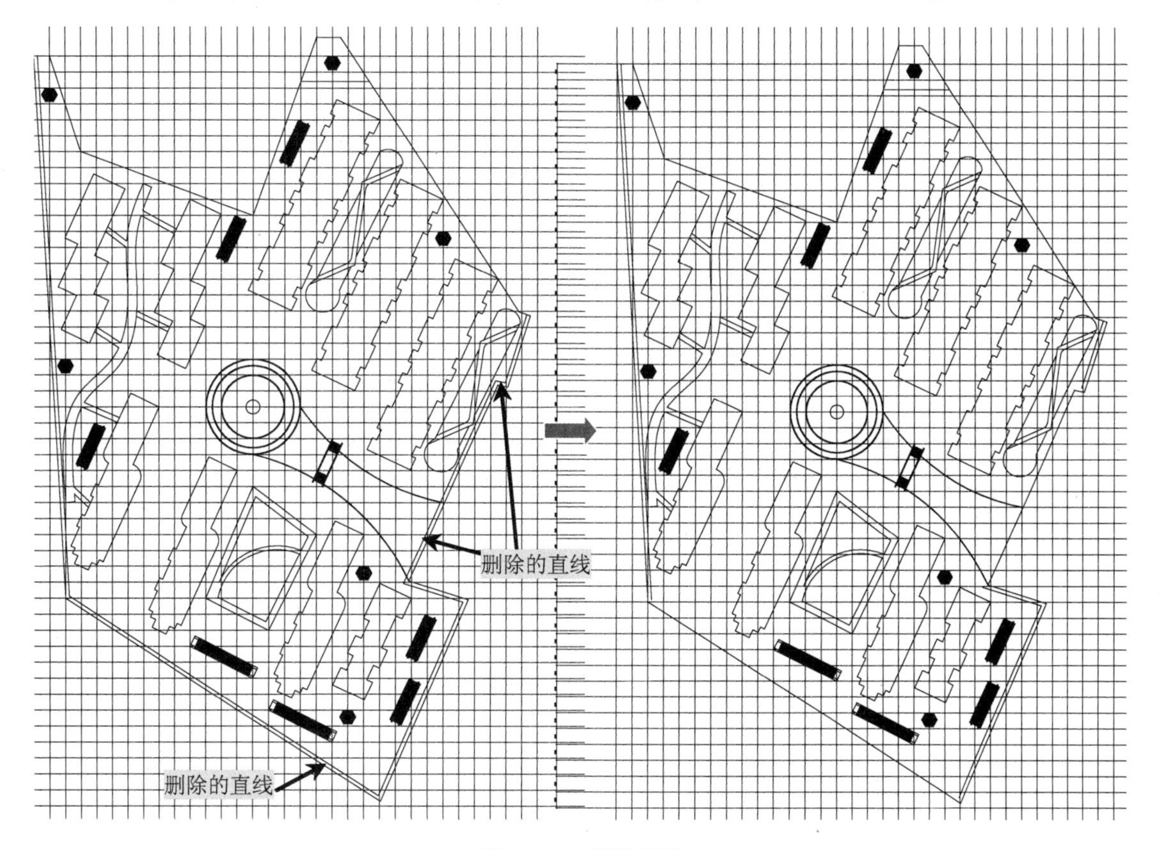

图 12-89 删除直线

6）选择“延伸”命令（EX）、“直线”命令（L）、“修剪”命令（TR），对余下的线段进行调整，如图 12-90 所示。

7）选择“直线”命令（L），按照如图 12-91 所示在相应位置绘制直线。

8）选择“弧形”命令（ARC），按照如图 12-92 所示绘制多个弧形花台。

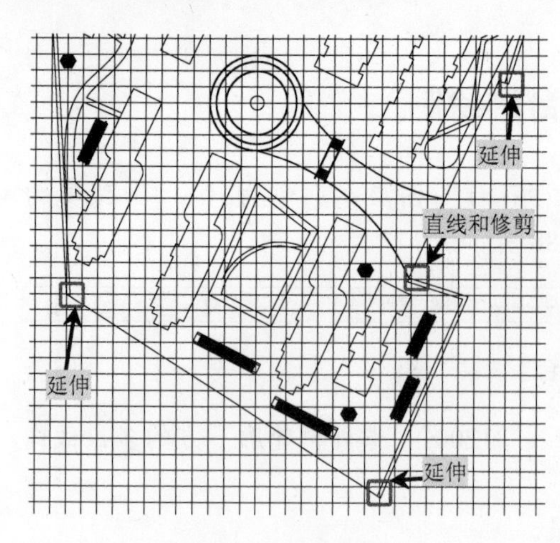

图 12-90　延伸直线

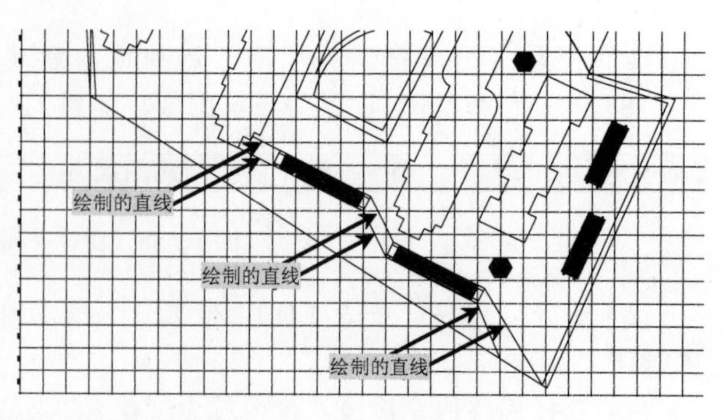

图 12-91　绘制花台线

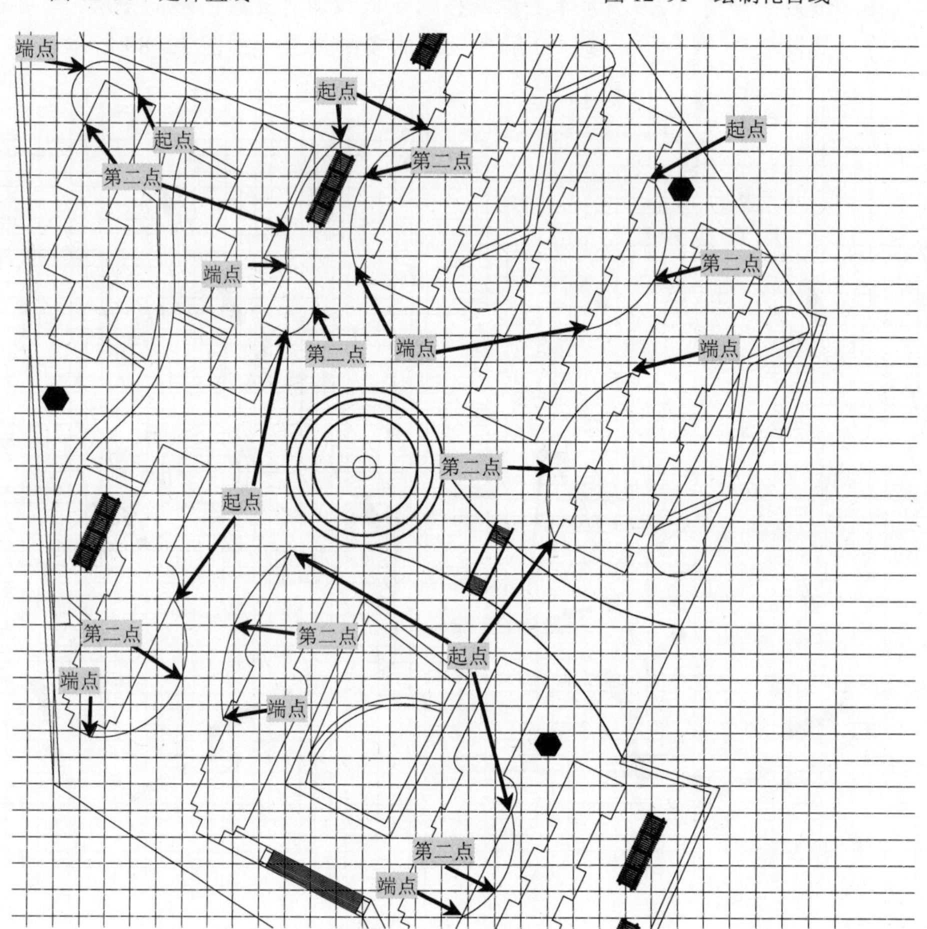

图 12-92　绘制弧形花台

9）选择“矩形”命令（REC），在图形空白处绘制一个 6000×6000 的矩形。

10）选择“偏移”命令，根据命令栏提示输入“2000”，选择上步绘制的矩形向内偏移。

11）选择“圆角”命令（F），输入“半径”（R）并输入“2000”，分别选择绘制矩形的4个角，如图12-93所示。

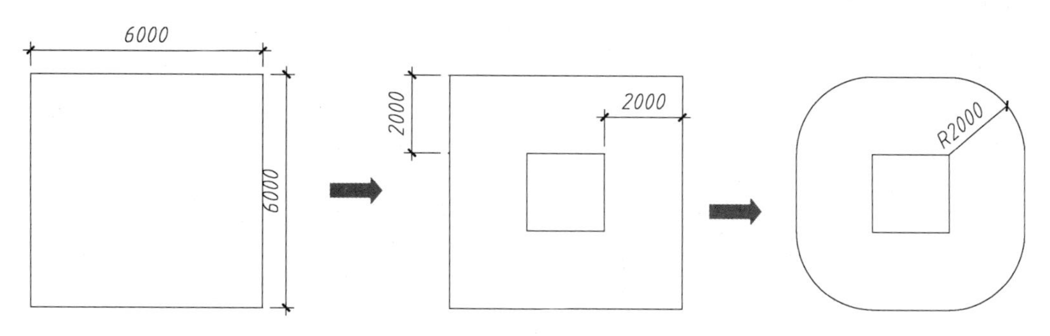

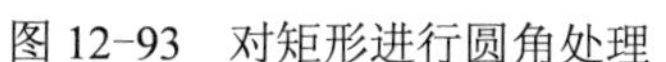
图12-93 对矩形进行圆角处理

12）选择“移动”命令（M），选择圆角的矩形和偏移的矩形，单击偏移矩形的左上角移动到图形的相应位置，如图12-94所示。

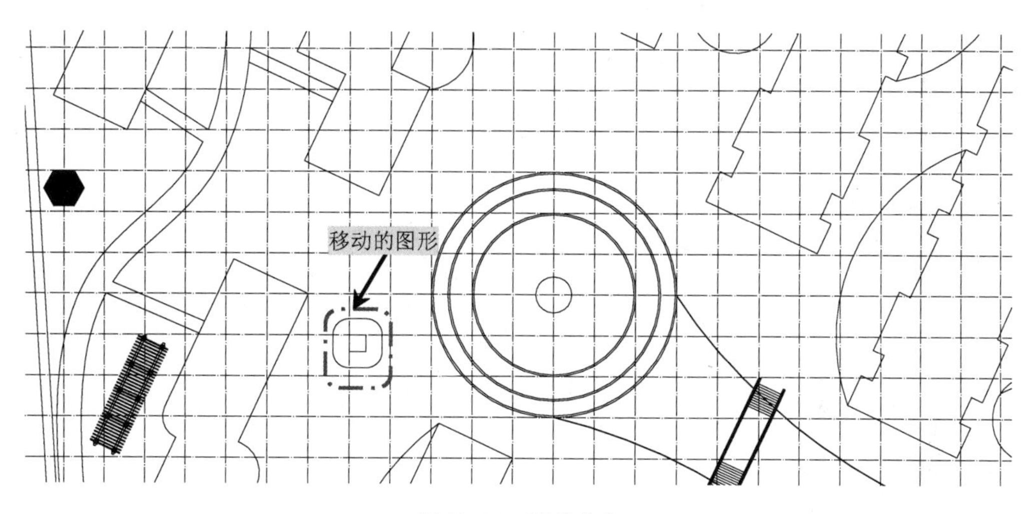

图12-94 移动花台

13）选择“复制”命令（CO），选择上步移动的图形复制到其他相应位置。

14）至此，该小区内的花台已经绘制完成。

12.7 小区地面和草坪的细化

在前面几节的绘制过程中，已经对本案例小区的园林景观进行了划分与主体上的布置，但是还未对图形进行详细调整，本小节将对地面材料和草坪进行表示。

1）打开“图层特性管理器”选项板，关闭“轴线”图层，选择“填充”图层为当前图层。

2）选择“填充”命令（H），按如图12-95所示对图形进行填充，图案选择“GRASS”，比例为“20”，以此作为草坪。

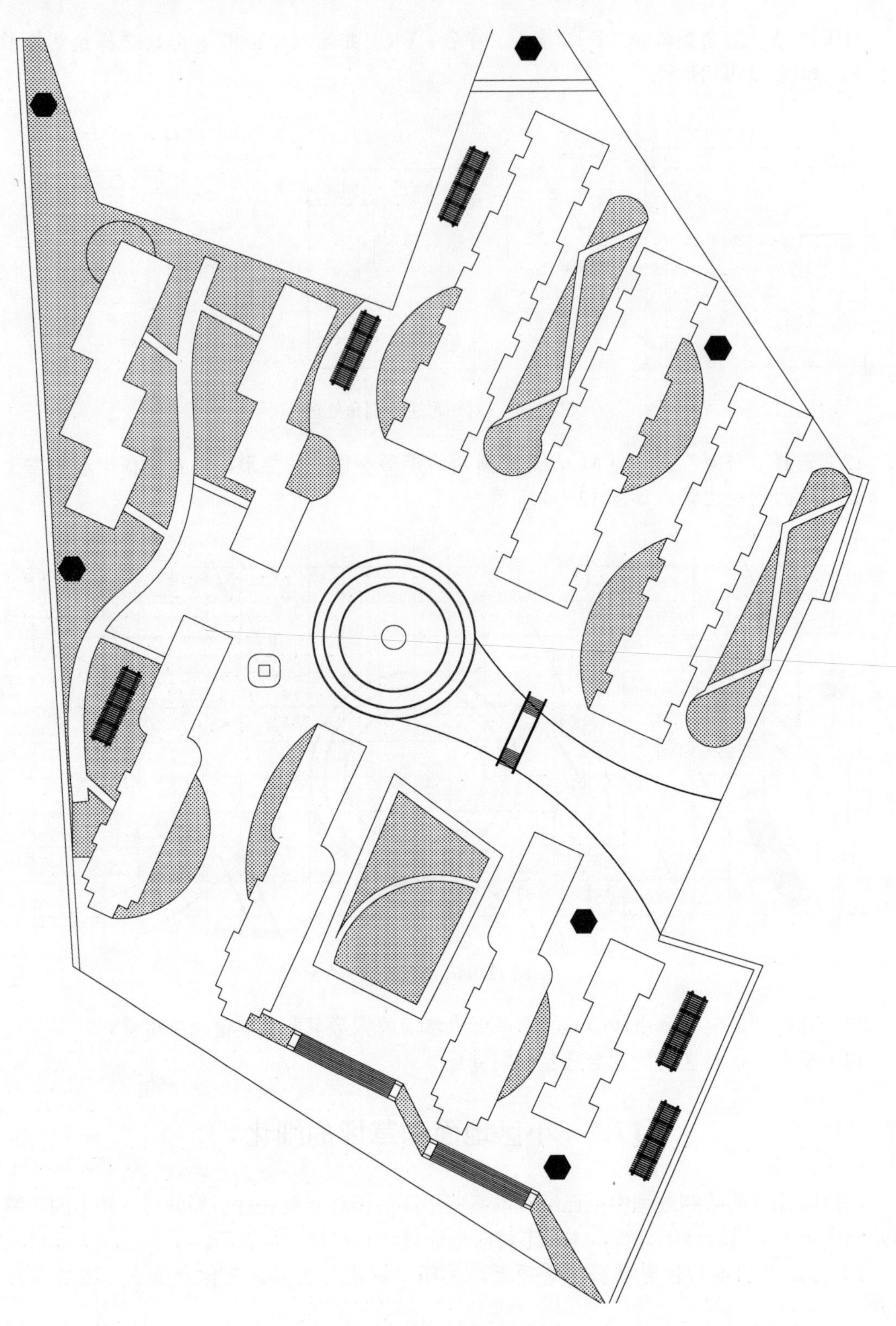

图 12-95　填充草坪

3）选择“直线”命令（L），在图形相应位置绘制直线，如图 12-96 所示。

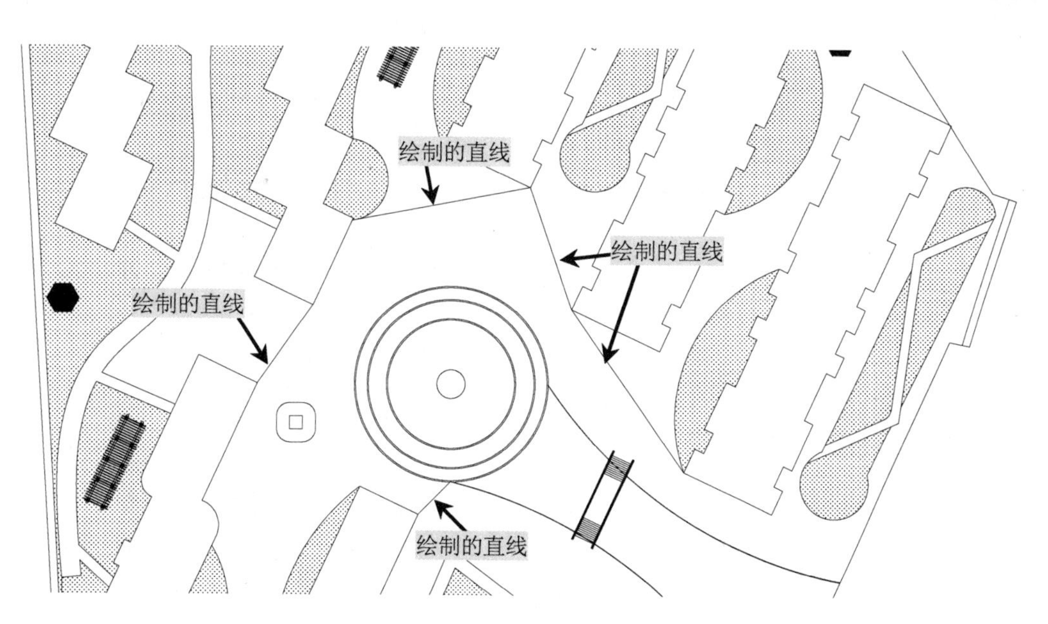

图 12-96　绘制直线

4）选择“图案填充”命令（H），图案选择“AR-B816”，角度为“65”，比例为“8”，按图 12-97 所示进行填充，以此作为青石板地面。

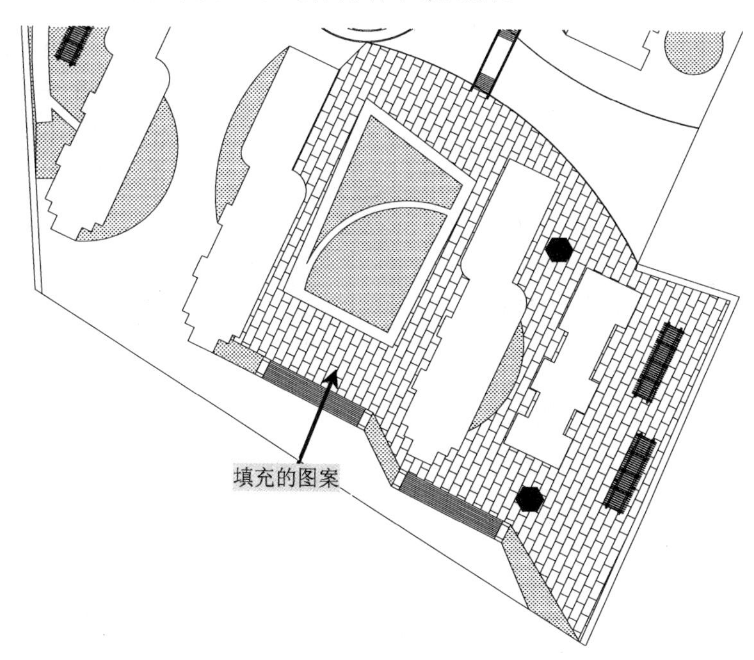

图 12-97　青石板填充

5）使用上步同样的方法对图形其他相应位置进行填充。图案选择“NET”，角度为“65”，比例为“500”，以此作为芝麻白花岗石，如图 12-98 所示。

6）以同样的方法再对图形进行填充，作为仿古砖地面辅贴和鹅卵石辅贴，按图 12-99 所示进行填充。

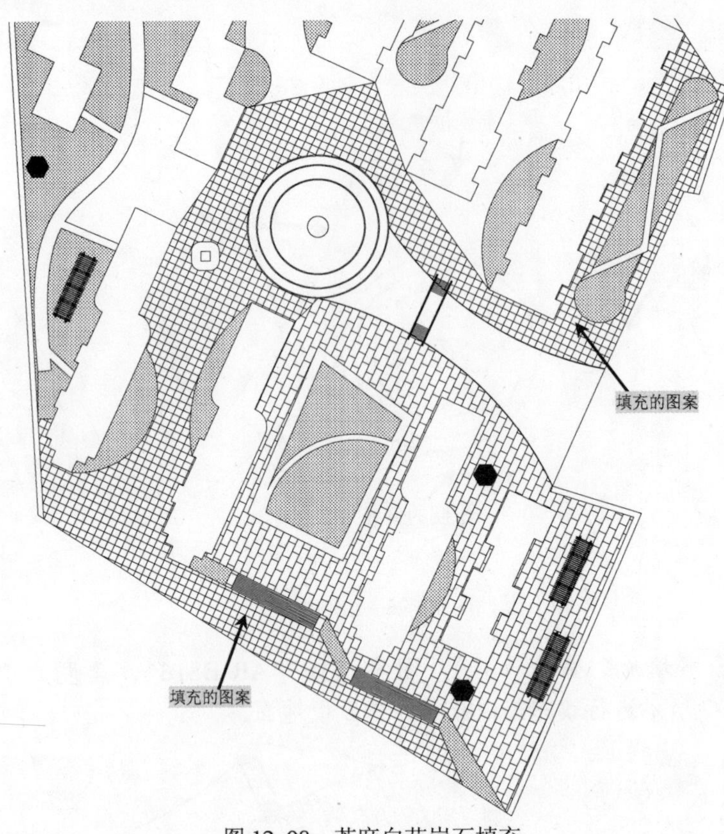

图 12-98　芝麻白花岗石填充

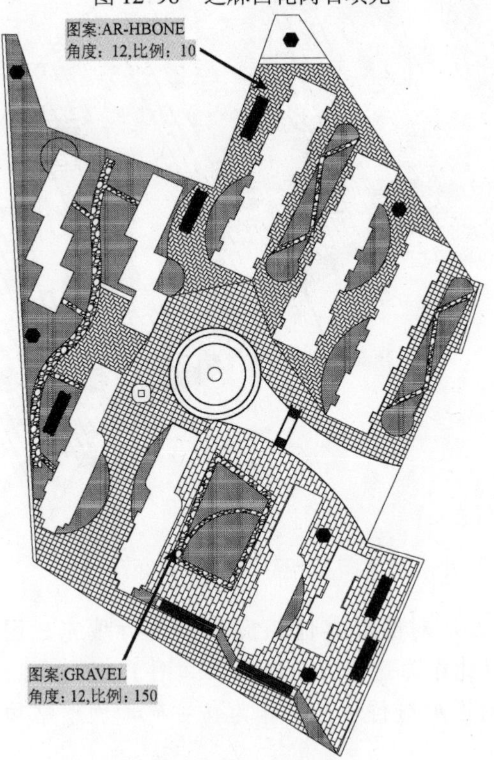

图 12-99　地面辅贴

7）打开“图层特性管理器”选项板，新建“水”图层，颜色为“250”，线宽为“0.05”，线型为“ACAD_IS004W100”，并置为当前图层，如图12-100所示。

图12-100 新建水图层

8）选择“直线”命令（L），在图形的相应位置绘制三条直线作为水波纹。

9）选择“复制”命令（CO），选择上步绘制的直线，复制到图形的相应位置，如图12-101所示。

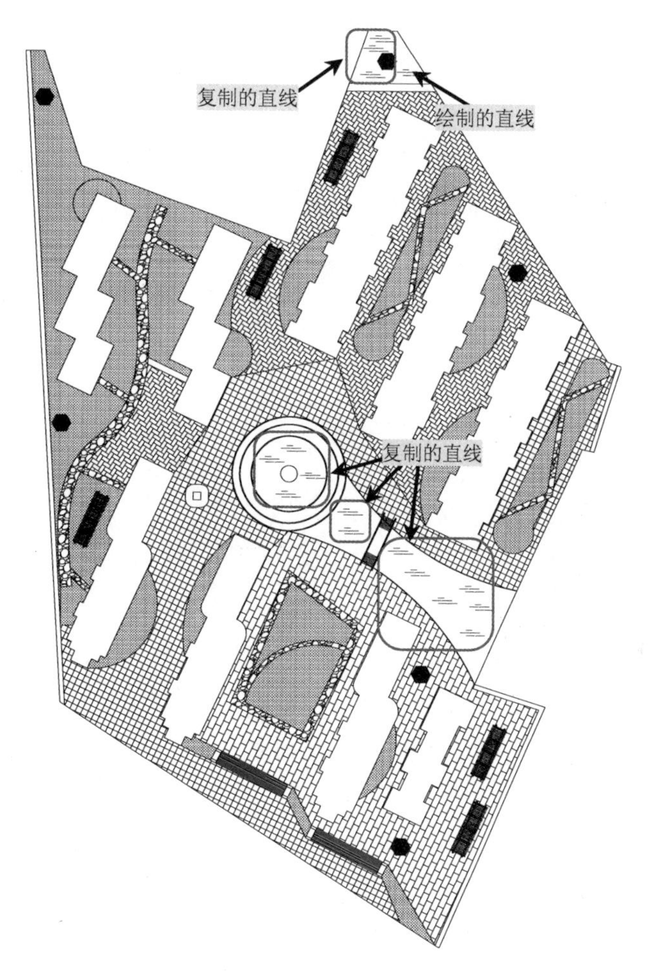

图12-101 复制水波纹

10）至此，该小区地面和草坪图形的细化就已经绘制完成。

12.8 小区植物的配置

在对小区进行植物配置之前除了对现有的图形和环境进行分析外，还要准备好所需要的一些植物配置图形，最好是插入一个“植物配置表”，这样在绘制时可以带来很多方便。下

面对本案例的植物配置进行详细讲解。

12.8.1 弧形花台植物的配置

1）单击“图层控制”下拉列表框，选择“植物”为当前图层。

2）选择“插入”命令（I），弹出“插入”对话框，单击“浏览”按钮，弹出“图形选择文件”对话框，选择路径为“案例\12\植物列表.dwg”文件，单击“打开”按钮，回到“插入”对话框，再单击“确定”按钮，在图形左上方的相应位置单击一点，如图 12-102 所示。

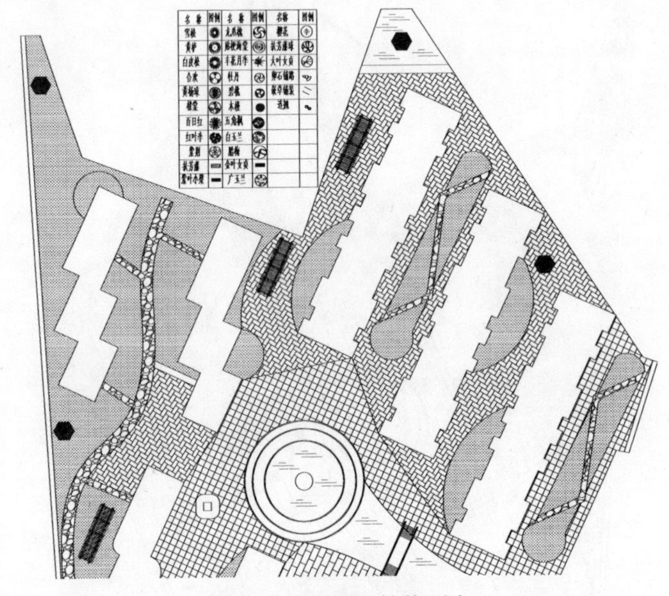

图 12-102 插入植物列表

3）选择“分解”命令（X），将插入的“植物列表”图块进行分解。

4）选择“复制”命令（CO），选择“植物列表”中“丰花月季”图形，复制到图形左上角圆弧的下端，如图 12-103 所示。

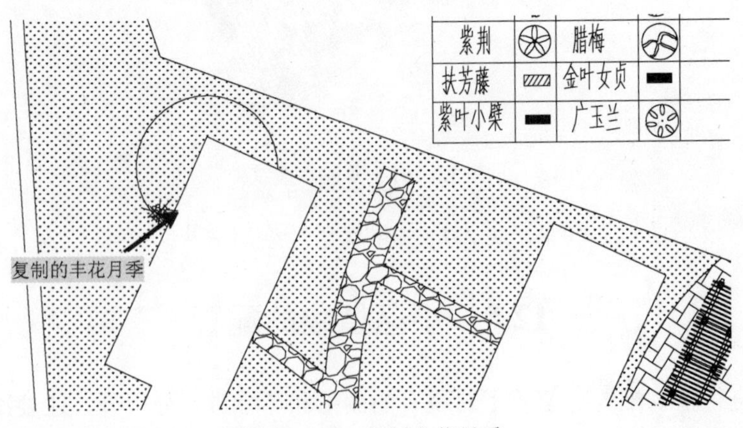

图 12-103 复制丰花月季

5）选择“路径阵列”命令（ARR），选择上步复制的“丰花月季”，再单击最近的圆弧作为路径，接着输入“项目”（I），并输入项目间距“2000”，项目数为“13”，如图 12-104 所示。

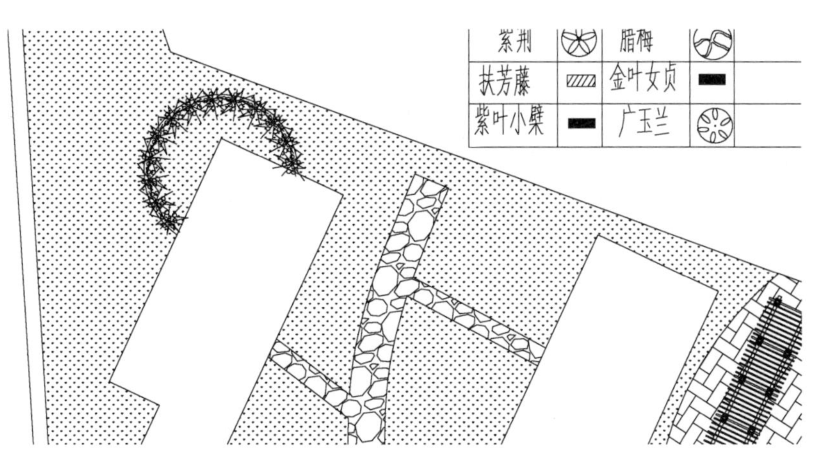

图 12-104 阵列三花月季

6）选择“复制”命令（CO），选择“扶芳藤球”，复制到上步阵列图形与建筑轮廓之间，如图 12-105 所示。

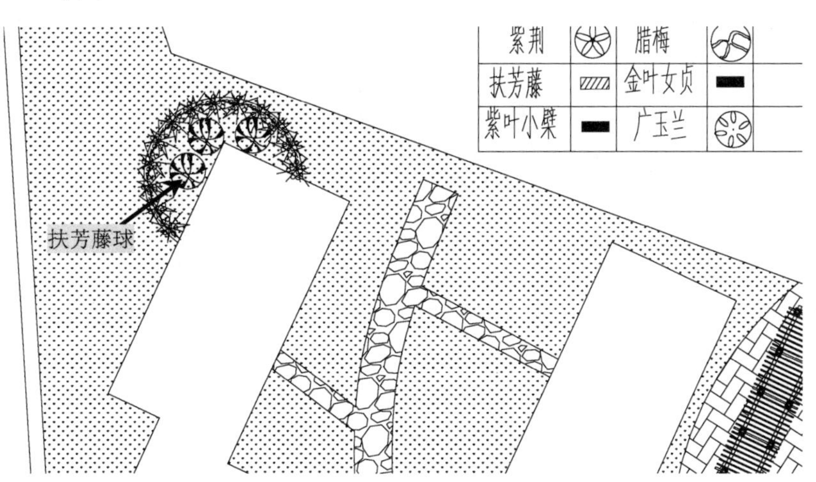

图 12-105 复制扶芳藤球

7）选择“复制”命令（CO），选择“百日红”，复制到图形左下方圆弧的下端。

8）选择“路径阵列”命令（ARR），选择上步复制的“丰花月季”，再单击最近的圆弧作为路径，接着输入“项目”（I），并输入项目间距“2000”，项目数为“15”。

9）选择“复制”命令（CO），选择“紫荆”图形按如图 12-106 所示进行多次复制。

10）选择“复制”命令（CO）和“路径阵列”命令（ARR），对其他相应圆弧花台也进行同样的植物布置，如图 12-107 所示。

11）选择“复制”命令（CO），选择“黄栌”，复制到图形的相应位置，如图 12-108 所示。

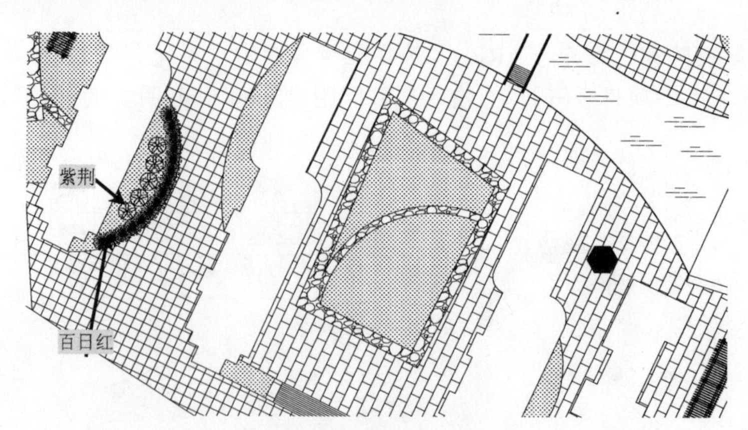

图 12-106　阵列百日红

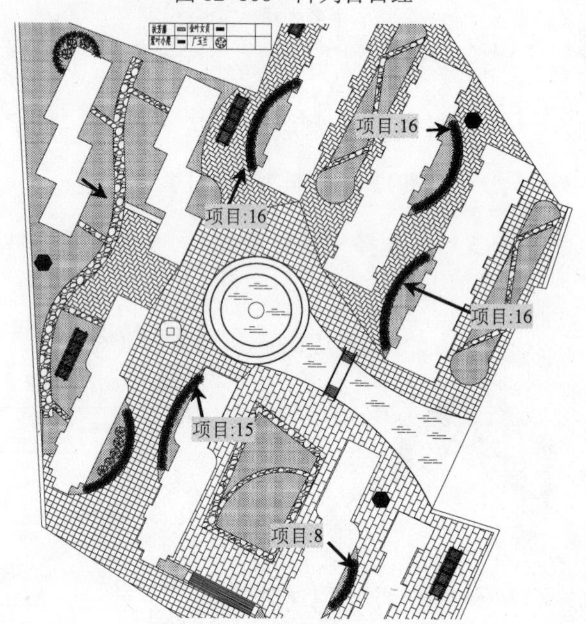

图 12-107　布置圆弧花台植物

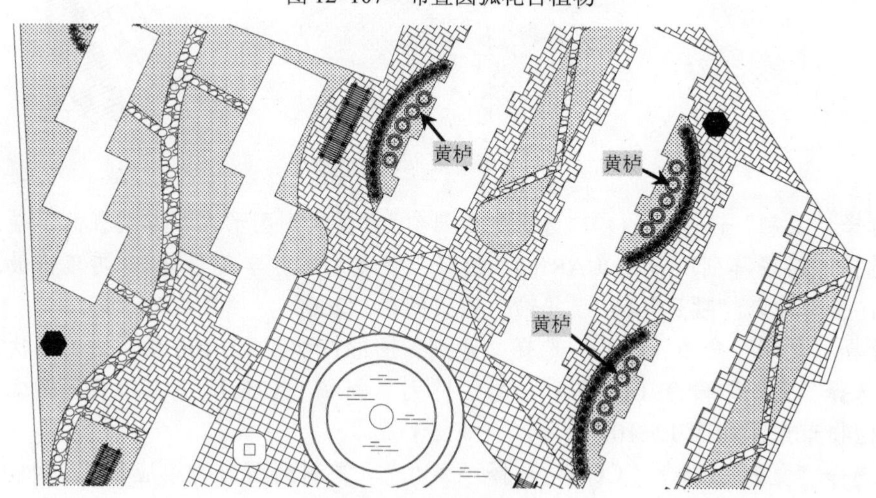

图 12-108　复制黄栌

12.8.2 其他植物的配置

1）选择“复制”命令（CO），选择“扶芳藤球”和“棣棠”，按照如图 12-109 所示复制到空白处。

2）选择“缩放”命令（SC），选择上步复制的图形，单击图形的左上角将其缩小到原来的 0.5 倍。

3）选择“旋转”命令，把上步缩小的图形旋转 60°，如图 12-110 所示。

图 12-109 组合的植物

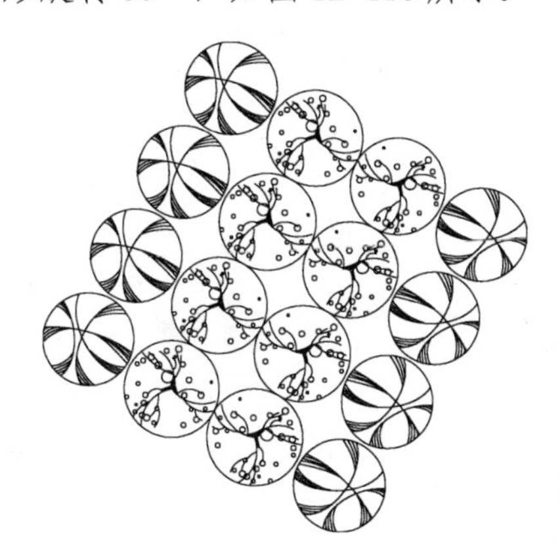

图 12-110 旋转的效果

4）选择“移动”命令（M），选择上步旋转的图形移动到图形的相应位置，如图 12-111 所示。

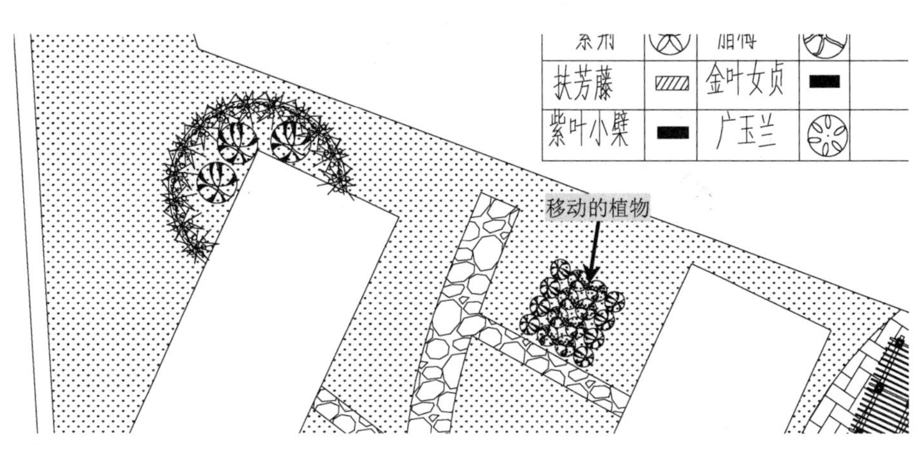

图 12-111 移动图形

5）打开“图层特性管理器”选项板，打开“轴线”图层。

6）选择“复制”命令（CO），选择上步移动的图形复制到其他相应位置，如图 12-112 所示。

7）打开“图层特性管理器”选项板，关闭“轴线”图层。

8）选择“复制”命令（CO），选择“樱花”图形，复制到图形相应位置，如图 12-113 所示。

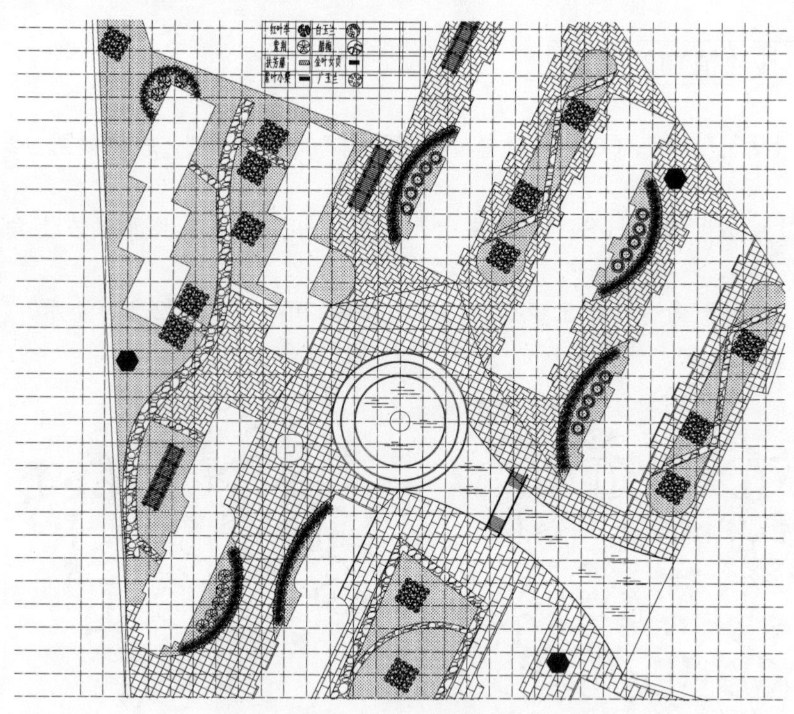

图 12-112　复制图形

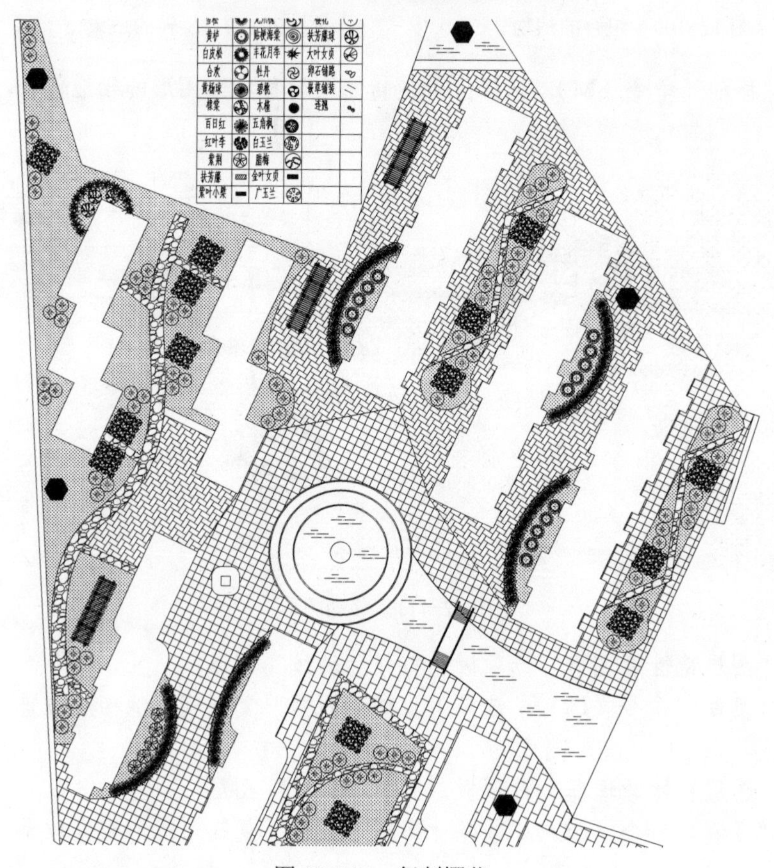

图 12-113　复制樱花

9）以上步同样的方法，选择“扶芳藤球”复制到右下角梯步旁边的花台上，如图 12-114 所示。

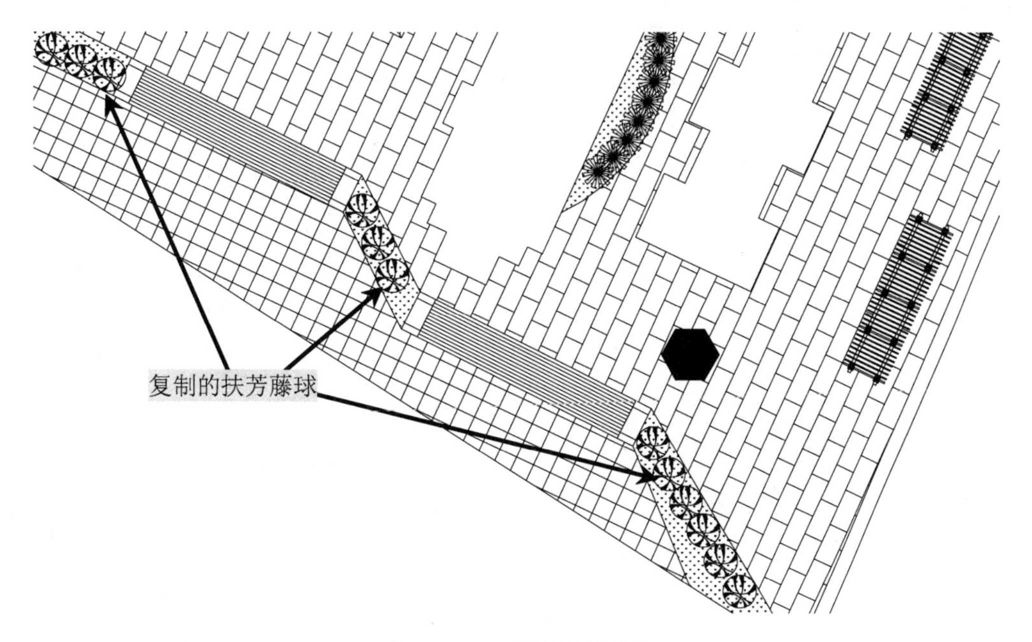

图 12-114 复制扶芳藤球

10）选择“复制”命令（CO），选择“龙爪槐”复制到图形相应位置，如图 12-115 所示。

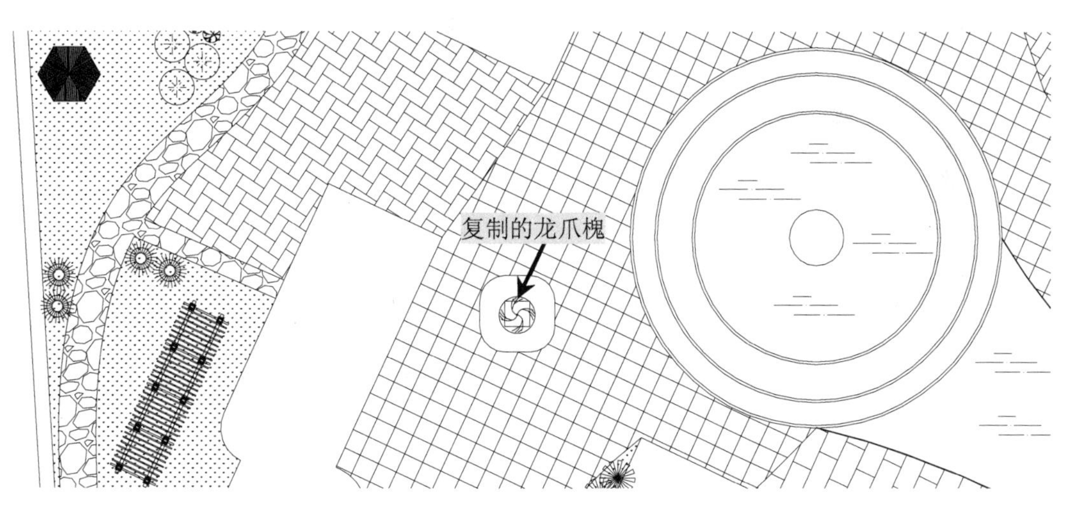

图 12-115 复制龙爪槐

11）选择“图案填充”命令（H），继承金叶女贞的特性对图形左边的花台和右边花台进行填充，如图 12-116 所示。

12）至此，该住宅小区园林景观施工图已绘制完成，用户可按〈Ctrl+S〉组合键进行保存。

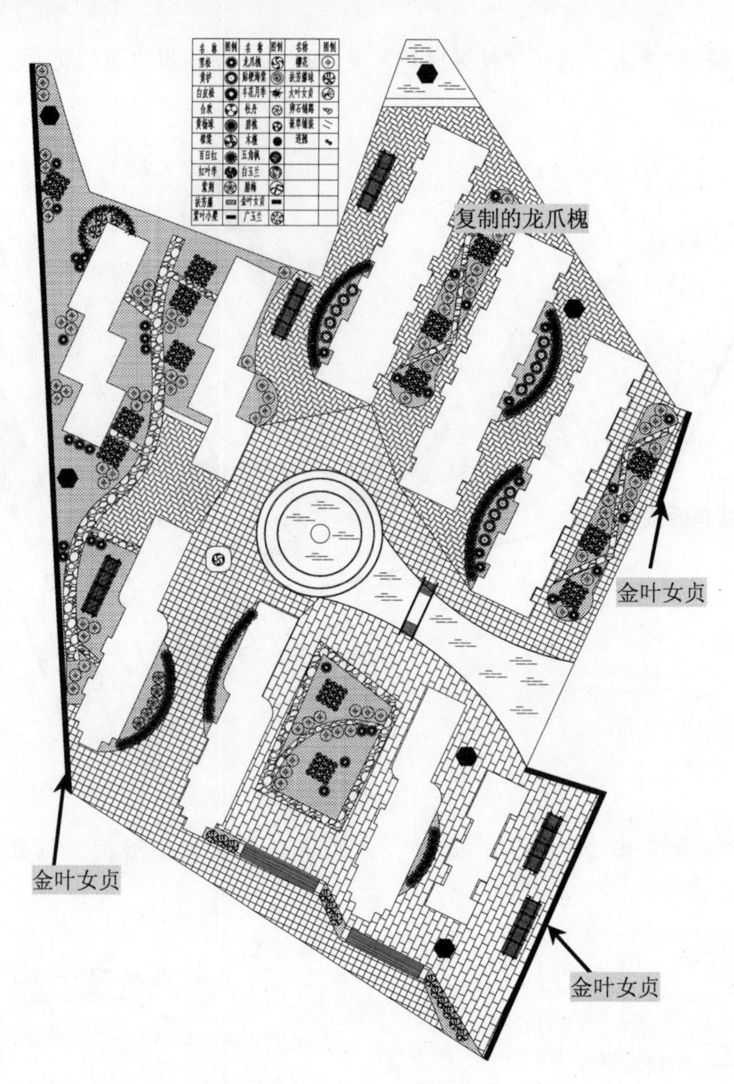

图 12-116　填充金叶女贞

第 13 章　商业街景观施工图设计

本章导读

商业街往往是市民和游客集中的场所，它通过两边的商铺和街道围合成线形空间，融传统文化景观和现代商业气氛为一体，对市民和外来游客都很有吸引力。它既是市民的体验性购物场所，也是游客感受当地文化、体验风味小吃和购买地方旅游纪念品的最佳场所。

在设计商业街时，可以融阳光、绿树、彩色路面铺装和街灯于一体，配以花池、喷泉和雕塑小品，街头穿插表演、展览、商贸和游戏活动，使之成为游客和市民休息、闲逛、玩耍等活动的公共空间。

本章以商业街景观设计为实例，首先讲解了绘图环境的设置，再对商业街总平面图轮廓和道路系统进行了设计绘制，然后对临时停车位和景观小品以及商业街绿化布置进行了设计和绘制，并且进行了植物配置，最后对其地面材质进行了布置。

主要内容

- 掌握商业街总平面图轮廓的设计绘制
- 掌握商业街道路系统的设计绘制
- 掌握商业街临时停车位及景观小品的绘制
- 掌握商业街环境绿化的规划及绘制
- 掌握商业街植物配置及绘制
- 掌握商业街地面材质的绘制

13.1 商业街景观分析及效果预览

素材
视频\13\商业街景观施工图设计的绘制.avi
案例\13\商业街景观施工图设计.dwg

本实例中主要针对一个商业街进行景观施工图设计，先绘制出商业街的总平面图和商业街建筑轮廓线；再绘制各道路系统和地面辅设，接着绘制景点的规划和植物的配置，最后对图形进行文字说明处理，其最终效果如图 13-1 所示。

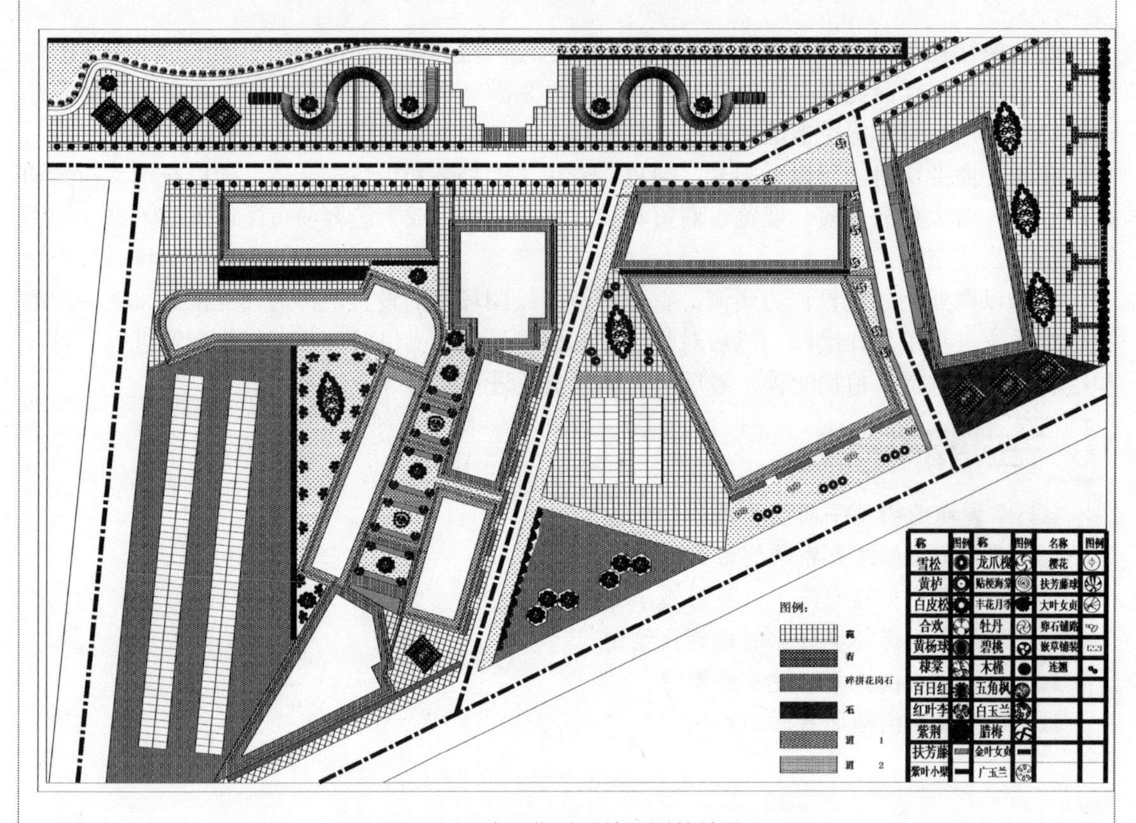

图 13-1　商业街景观施工图的效果

专业知识： 商业街的组织艺术

组景就是把景观要素系统地、艺术地组织起来，而不是简单地相加。景观同文字语言一样，可以用来说、读和写，是关于人类社会和自然系统的语言。景观要素是基本词，它们的形态、颜色、线条和质地是形容词和状语，系统科学和艺术是景观的语法。这些要素在空间上的不同组合，便构成了句子、文章和充满意味的书。我们不能孤立地设计步行商业街景观要素，而应把它们看做有机联系的整体，将步行商业街与自然美结合起来，使那些具有特殊风景或历史的步行商业街成为具有教育意义的书——风景步行商业街和文化步行商业街等。

13.2　绘图环境的设置

在前面一章已经讲解过如何设置绘图环境，用户可以根据前面所学习的知识对本节绘图环境进行相应设置。

1）启动 AutoCAD 2013 软件，选择“文件 | 另存为”菜单命令，打开“图形另存为”对话框，将文件另存为“案例\13\商业街景观施工图设计.dwg”图形文件，如图 13-2 所示。

2）选择“格式 | 单位”菜单命令，打开“图形单位”对话框。把“长度”单位“类型”设定为“小数”，“精度”为“0.000”；“角度”单位“类型”设定为“十进制”，“精度”精确到小数点后二位“0.00”。

图 13-2　保存文件

3）选择“格式 | 图形界限”菜单命令，依照提示设定图形界限的左下角为（0，0），右上角为（500000，500000）。

4）在命令行输入命令“〈Z〉+〈空格键〉+〈A〉”，使输入的图形界限区域全部显示在图形窗口内。

5）选择“格式 | 图层”菜单命令（或直接输入“LA+空格键”），打开“图层特性管理器”选项板，依次创建图层“轴线”、“绿化”、“填充”、“建筑”、“道路”、“园林小品”、“植物”、“标注”等图层，如图 13-3 所示。

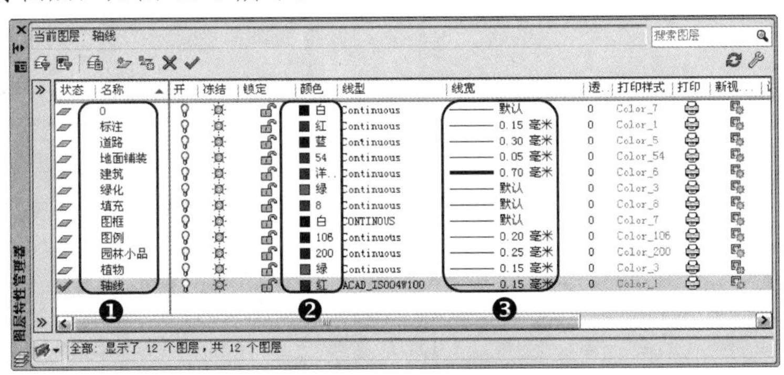

图 13-3　新建图层

6）选择“格式丨线型”菜单命令，打开“线型管理器”对话框，单击“显示细节”按钮，打开细节选项组，输入“全局比例因子”为“1000”。

13.3 商业街总平面图轮廓的绘制

本案例商业街的总平面图包括整个商业街的总体区域，平面图轮廓包括建筑平面图和总体区域外框线。

1）单击“图层控制”下拉列表框，选择“图框”图层为当前图层。

2）选择“矩形”命令（REC），在绘图区域绘制一个 378000 × 264600 的矩形。

3）选择“偏移”命令（O），将矩形向内偏移 3000，如图 13-4 所示。

4）单击“图层控制”下拉列表框，选择“轴线”图层为当前图层。

5）选择“直线”命令（L），绘制一些辅助线段，如图 13-5 所示。

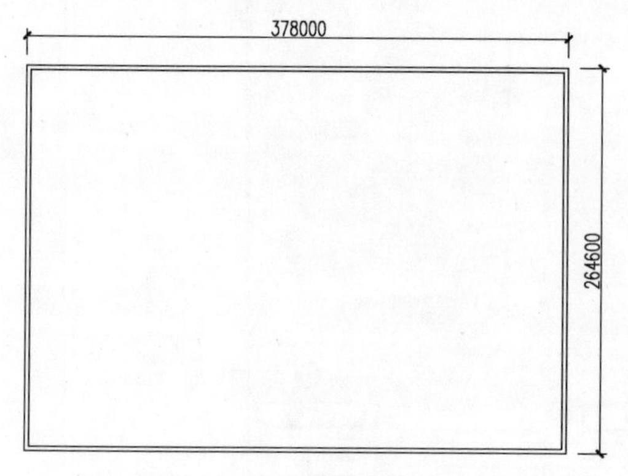

图 13-4　绘制和偏移矩形

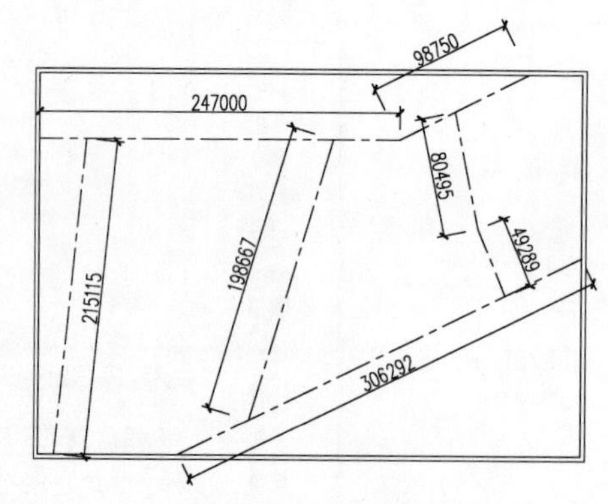

图 13-5　绘制轴线

6）选择“偏移”命令（O），选择上一步绘制的部分轴线，向左、右侧各偏移 10000，如图 13-6 所示。

7）选择“偏移”命令（O），将其他的轴线向上下、左右各偏移 3000 和 5000，如图 13-7 所示。

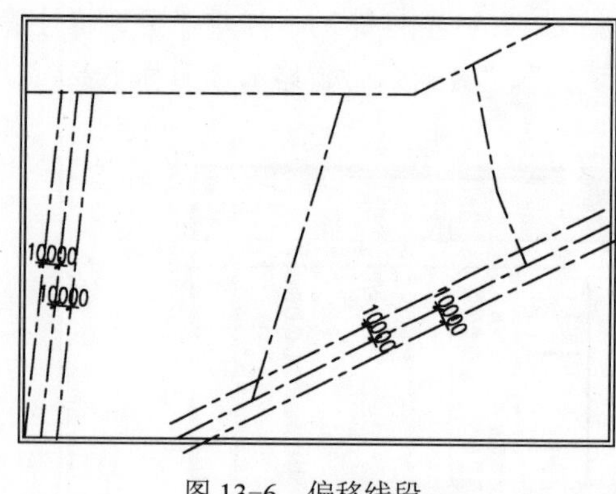

图 13-6　偏移线段

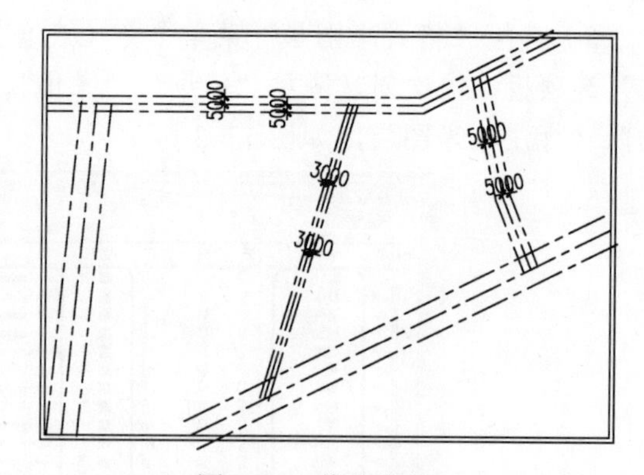

图 13-7　偏移线段

8）选择“延伸”（EX）和“修剪”（TR）等命令，将部分线段延伸到内侧的矩形上；再修剪掉多余的线段；最后将偏移得到的线段，由“轴线”图层转换为“道路”图层，如

图 13-8 所示。

9）单击“图层控制”下拉列表框，选择“建筑”图层为当前图层。

10）选择“多段线”命令（PL），设置线宽为“50”，按图 13-9 所示绘制多段线。

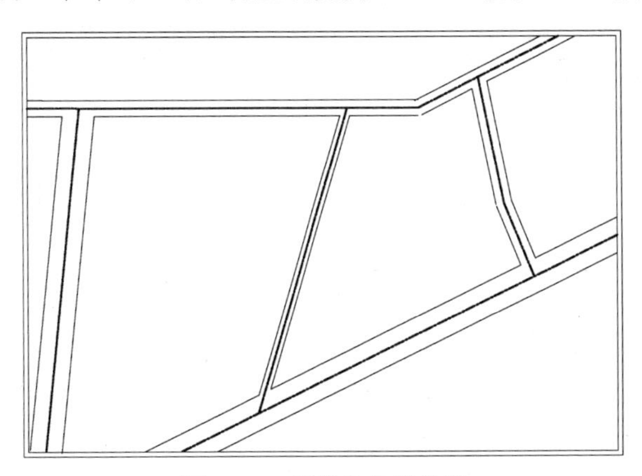

图 13-8　延伸和修剪线段

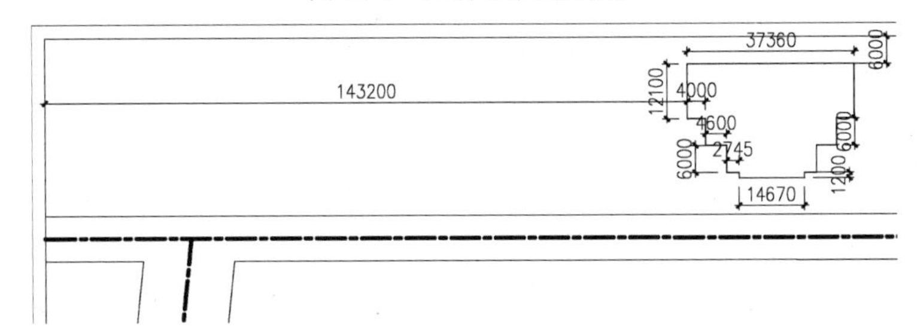

图 13-9　绘制的轮廓

11）使用相同的方法，绘制其他建筑的轮廓线，结果如图 13-10 所示。

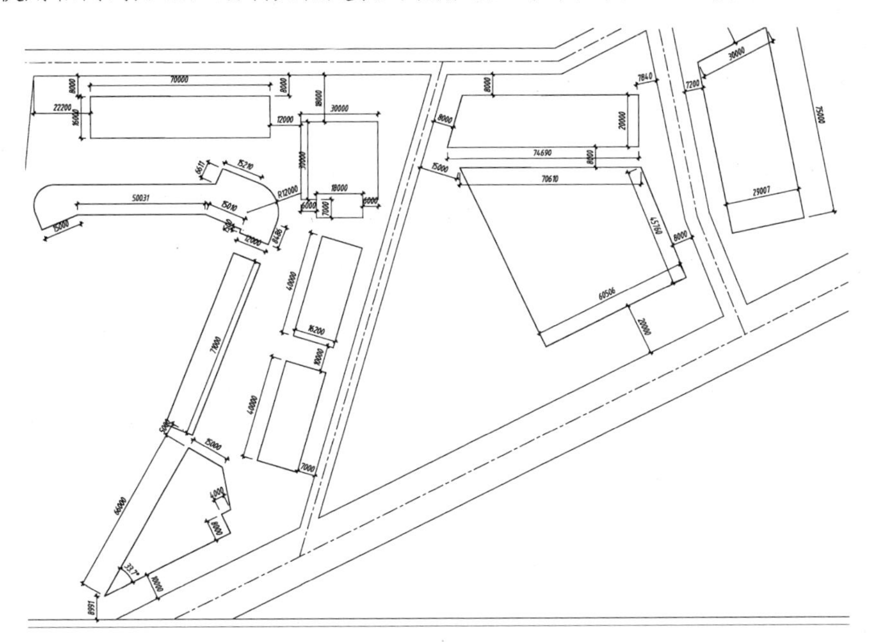

图 13-10　绘制的轮廓

13.4 商业街道路系统的绘制

商业街道路主要包括行人道路，但由于商业区货流量大，为了货流方便，通道在商业街都会设一些小型车流的道路。

1）选择“偏移”命令（O），选择建筑轮廓，分别向外偏移4000，如图13-11所示。

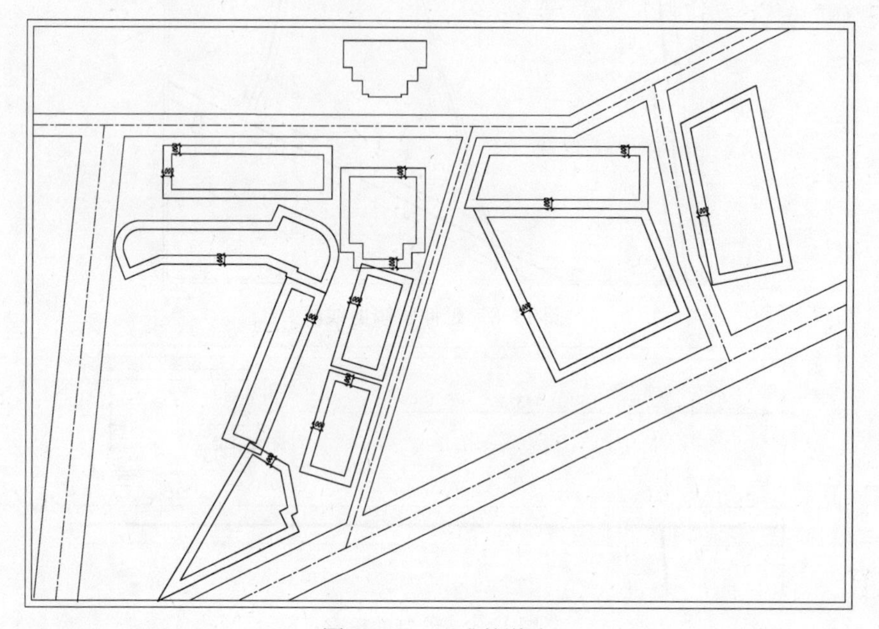

图13-11 形成的道路

2）选择“分解”命令（X），选择上一步偏移得到的轮廓线段进行分解，并将其图层转换为“道路”图层。

3）单击“图层控制”下拉列表框，选择“道路”图层为当前图层。

4）选择“直线”命令（L），按照如图13-12所示绘制直线。

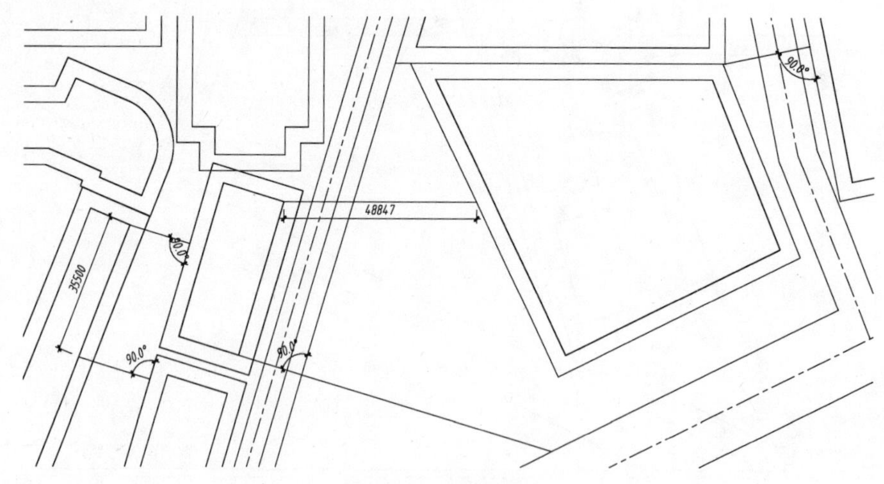

图13-12 绘制直线

5）选择“偏移”命令（CO），对上一步绘制的直线进行相应偏移，使其间距为 4000，结果如图 13-13 所示。

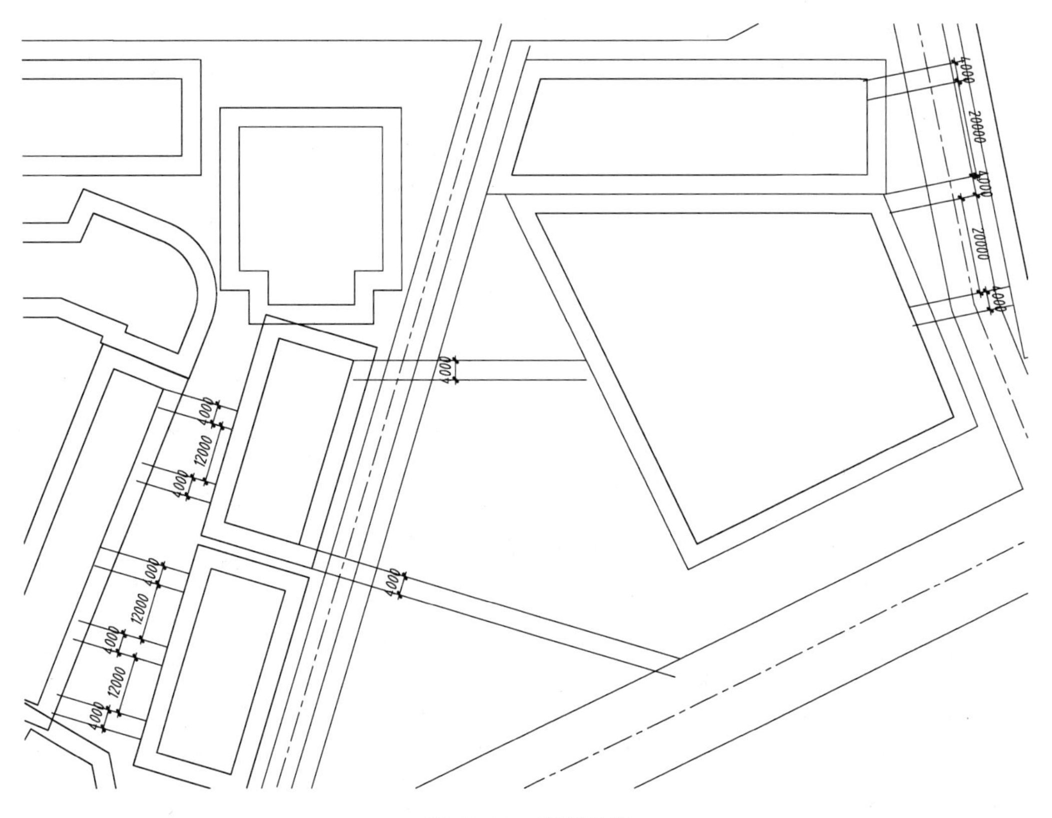

图 13-13　偏移线段

6）选择“修剪”命令（TR），修剪掉多余的线段，形成道路口的效果，如图 13-14 所示。

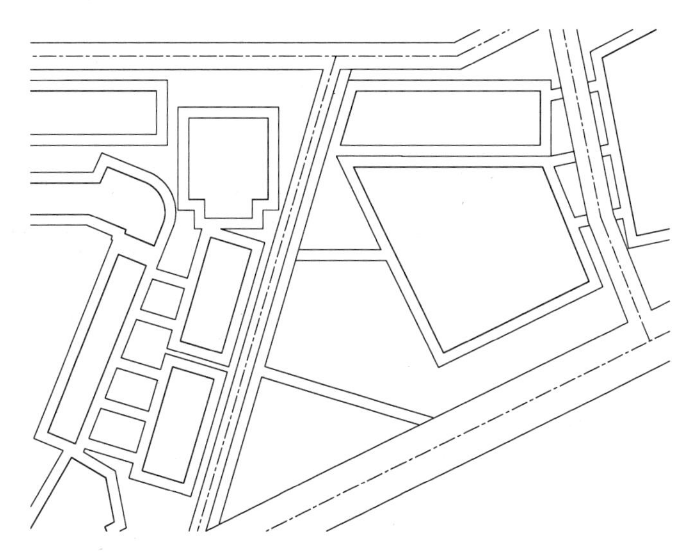

图 13-14　修剪线段

7）选择“删除”命令（E），删除多余和重叠的线段。

8）选择“延长”命令（EX），将部分线段进行延伸操作，如图 13-15 所示。

9）选择“矩形”命令（REC），在图形顶端建筑轮廓的位置绘制两个 6000×7000 的矩形，如图 13-16 所示。

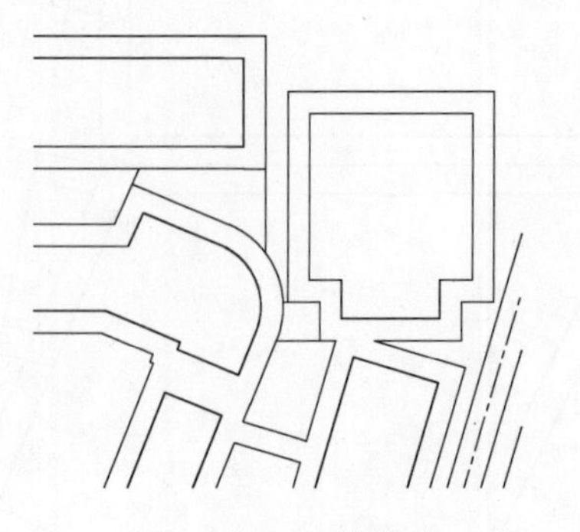

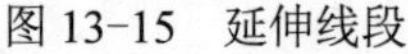

图 13-15　延伸线段

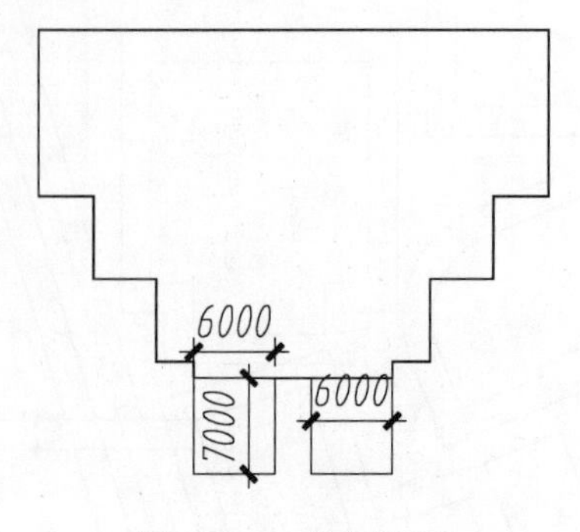

图 13-16　绘制矩形

13.5　商业街道临时停车位

商业街人群不只是附近人群，外来人员也比较多，汽车作为现代的主要交通工具，在商业街规划临时停车位是很有必要的。

1）单击“图层控制”下拉列表框，选择“地面辅装”图层为当前图层。

2）选择“偏移”命令（O），选择图形左下角相应的直线，向右依次偏移 10000、5000、5000、10000、5000 和 5000，如图 13-17 所示。

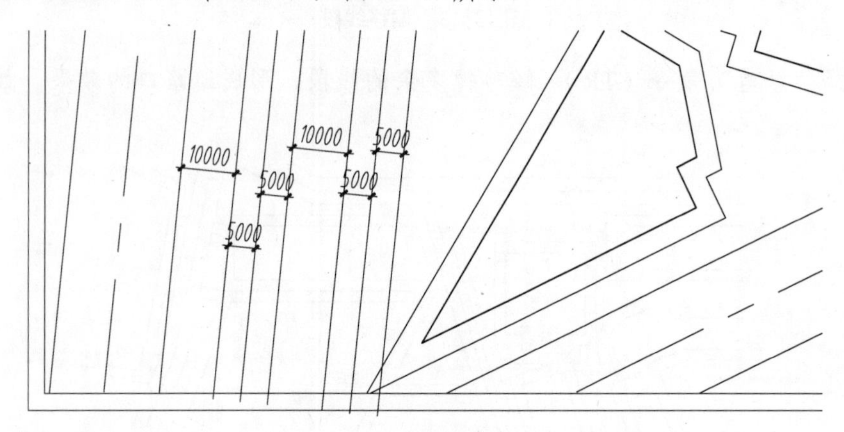

图 13-17　偏移图形

3）将偏移得到的线段，其图层转换为“地面铺装”图层。

4）选择“直线”命令（L），在图形相应位置绘制直线。

5）选择“偏移”命令（O），选择上一步绘制的直线，分别向上偏移 2500，结果如图 13-18 所示。

6）选择“修剪”命令（TR），修剪多余线段，结果如图 13-19 所示。

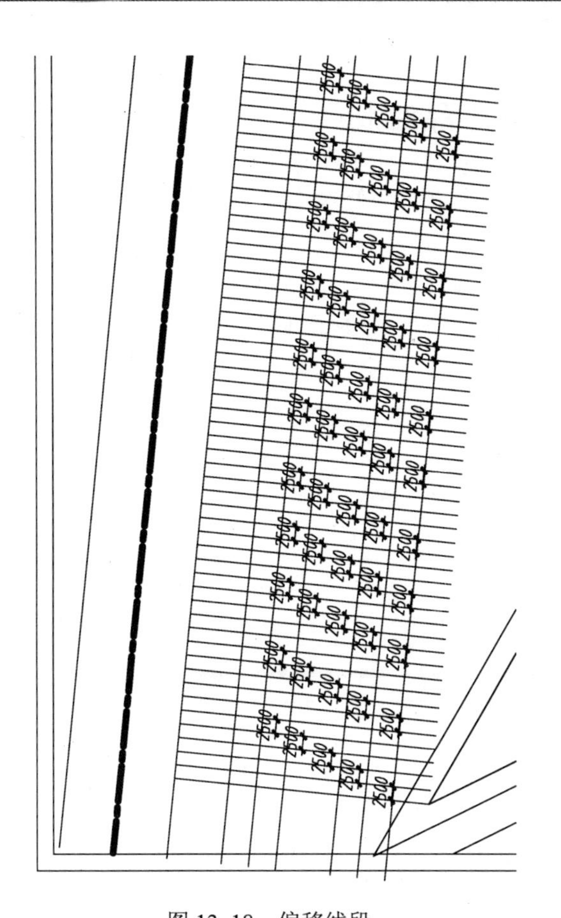

图 13-18 偏移线段

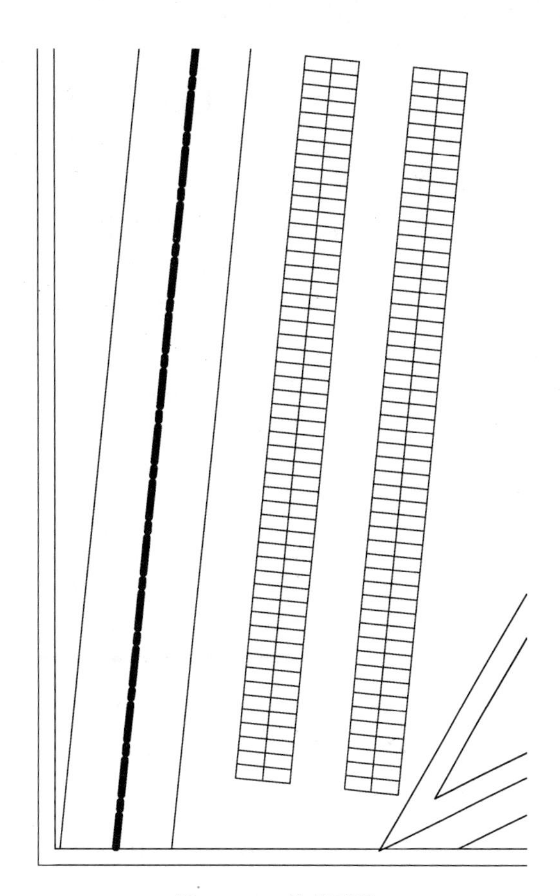

图 13-19 修剪线段

7）选择“矩形”命令（REC），在图形相应位置并列绘制两个 5000 × 2500 的矩形。

8）选择“复制”命令（CO），选择上一步绘制的矩形向下复制 11 个；再框选对象，向右复制一份，结果如图 13-20 所示。

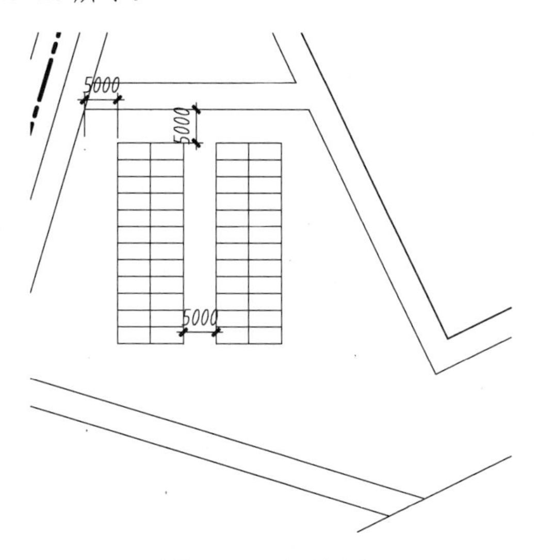

图 13-20 复制对象

13.6 商业街景观小品绘制

本案例的景观小品选择了异形亭，同时在案例正上方有两处对称小品，在绘制本案例异形亭时，先从“主心”手，绘制好图形中的曲线。

1）单击“图层控制”下拉列表框，选择“园林小品”图层为当前图层。

2）选择“圆”命令（C），在图形顶端建筑轮廓的位置，分别绘制 3 个半径为 9000 的圆，如图 13-21 所示。

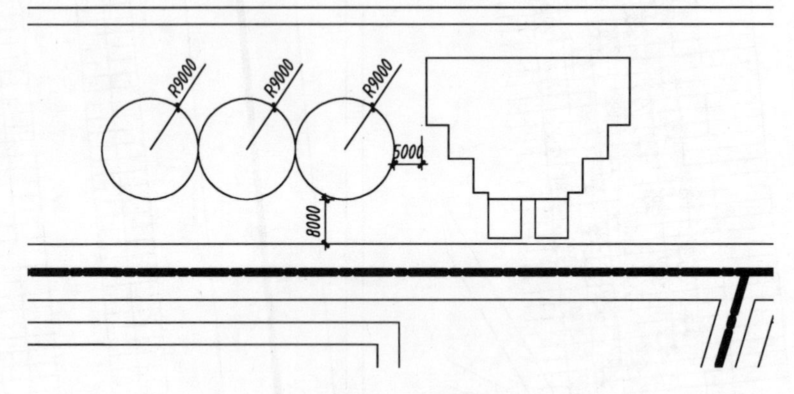

图 13-21 绘制的圆

3）选择“直线”命令（L），捕捉圆的左、右象限点，绘制圆的直径。

4）选择“修剪”命令（TR），修剪掉多余线段，结果如图 13-22 所示。

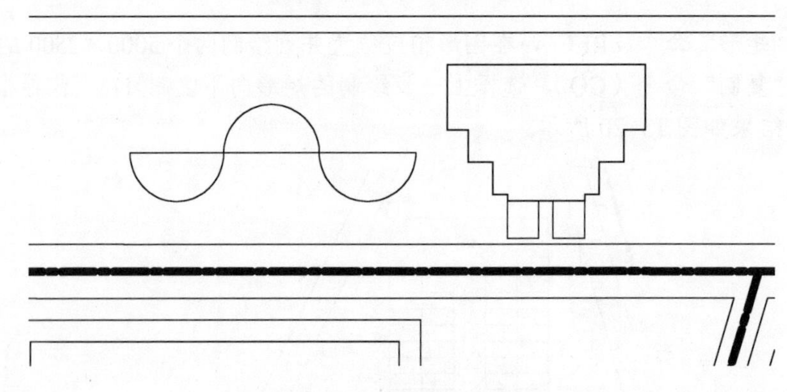

图 13-22 绘制和修剪线段

5）选择“删除”命令（E），删除掉水平线段。

6）选择“直线”命令（L），在左圆弧的左侧绘制一条 12000 的横向直线；在右圆弧的右侧绘制一条 12000 的纵向直线，如图 13-23 所示。

7）选择“合并”命令（J），将上一步绘制的直线和圆弧合并为一条多段线。

8）选择“偏移”命令（O），选择合并的对象向上偏移 3000，向下偏移 600，如图 13-24 所示。

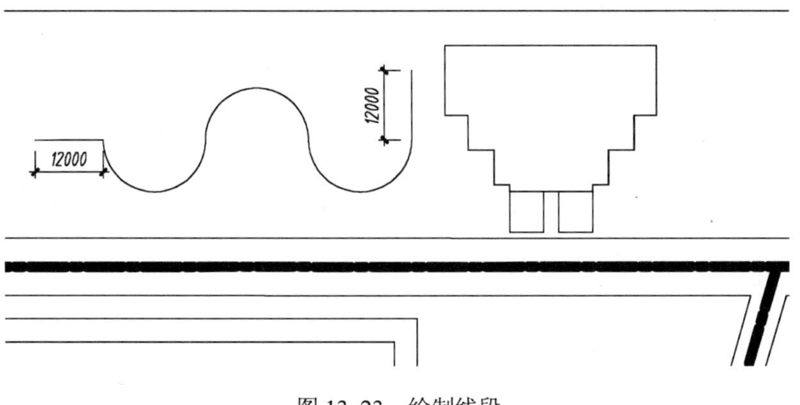

图 13-23 绘制线段

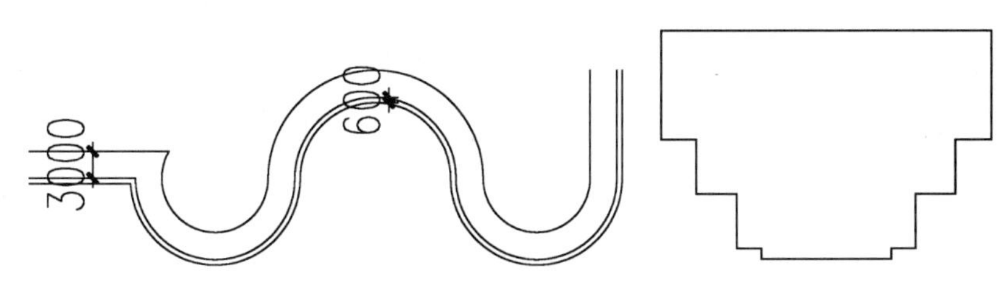

图 13-24 偏移线段

9）选择“矩形”命令（REC），在图形左端绘制一个 150 × 4200 的矩形，表示亭子。

10）选择“阵形”命令（AR），选择 150 × 4200 的矩形，选择“矩形（R）”阵列，设置列数为“23”，列间距为“600”，其阵列的效果如图 13-25 所示。

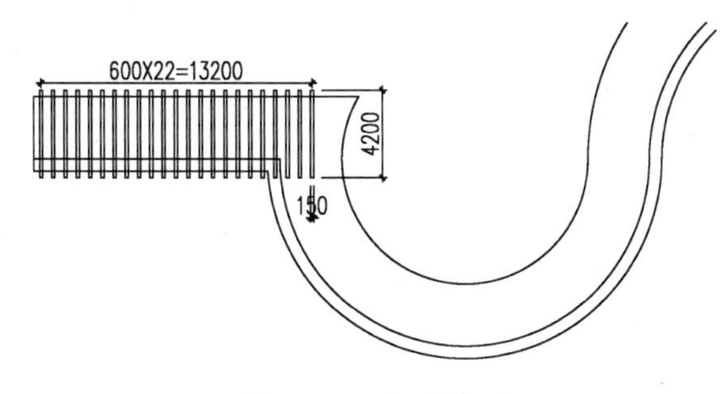

图 13-25 矩形阵列

11）选择“矩形”命令（REC），在图形左侧圆弧右端位置绘制一个 4200 × 1500 的矩形，如图 13-26 所示。

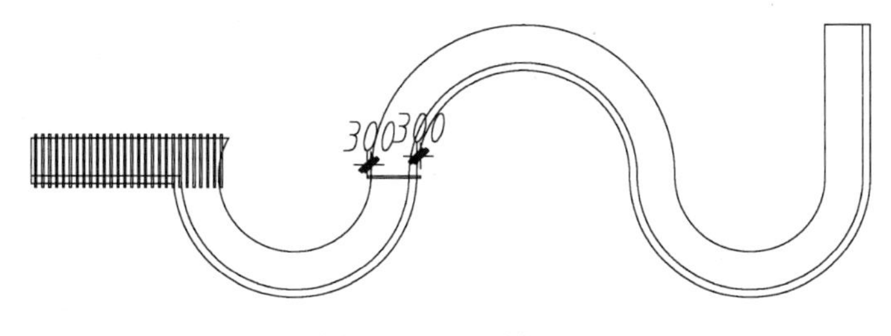

图 13-26 绘制矩形

12）选择“极轴阵列”命令（arraypath），根据命令选择上步绘制的矩形，接着选择左上方的弧形线段，输入“关联”（AS），再输入“是”（Y），然后选择“填充角度”（F）项，并输入角度为-210，再选择“项目”（I），项目为 36，间距为 600，阵列后的效果如图 13-27 所示。

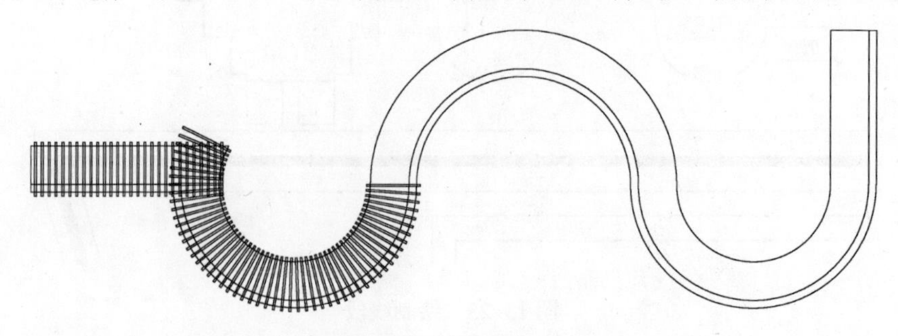

图 13-27　路径阵列

13）选择“路径阵列”命令（ARR），对“凸形”的路径进行角度各为 180°，项目数为 38，间距为 1000 的阵列；输入“关联”（AS），再输入“是”（Y）。

14）选择“镜像”命令，将左侧“凹形”路径上阵列的对象，捕捉“凸形”圆弧的中点作为镜像的基点，将对象向右进行镜像。其结果如图 13-28 所示。

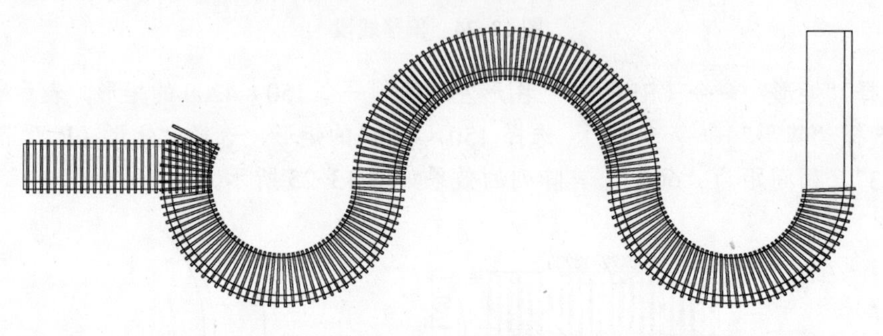

图 13-28　路径阵列

提示：在阵列一些相同的对象时，如果其路径较相似，可以结合使用镜像、复制、阵列等命令。本案例中，由于右侧“凹形”路径与左侧相同，所以采用镜像的方式，向右镜像一份；可根据实际需要，按下〈Ctrl+S〉组合键重新设置项目数。

15）选择“旋转”命令（RO），选择“复制（C）”选项，把左侧水平的矩形对象旋转复制到右边，角度为-90°，结果如图 13-29 所示。

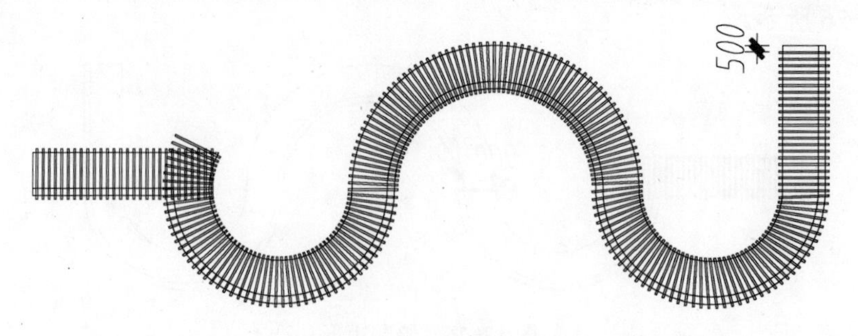

图 13-29　旋转复制对象

16）选择“分解”命令（X），选择所有阵列的对象进行分解。

17）选择“删除”命令（E），删除掉阵列中重叠多余的矩形，如图 13-30 所示。

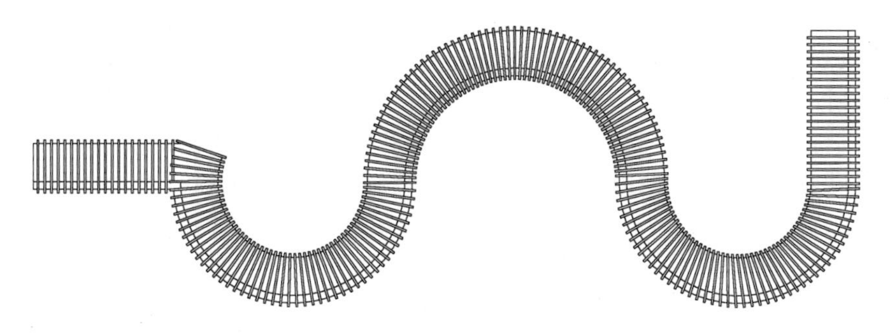

图 13-30　删除多余的对象

18）选择“修剪”命令（TR），修剪掉矩形处多余的线段，如图 13-31 所示。

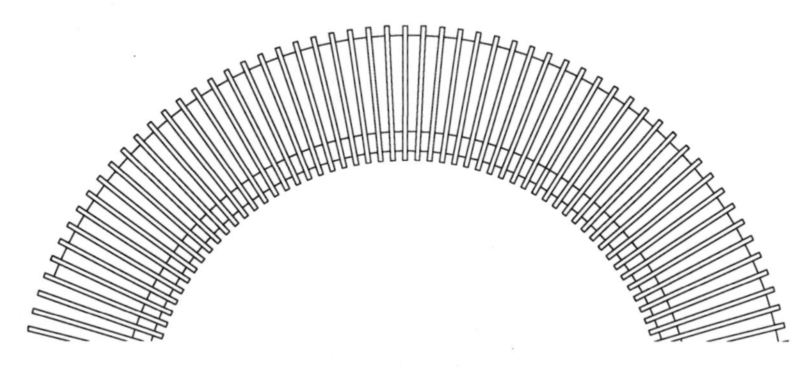

图 13-31　修剪线段的效果

19）选择“镜像”命令（MI），选择左侧绘制好的亭子对象向右镜像一份，如图 13-32 所示。

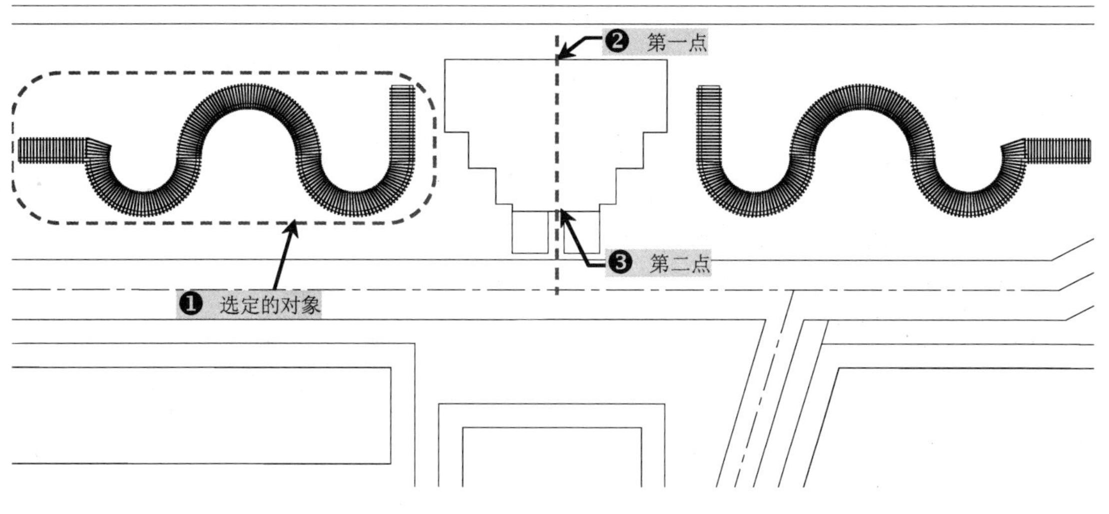

图 13-32　镜像对象

13.7 商业街绿化规划

商业街景观是本案例的主要核心，对商业街的景观先做一个规划，也就是把各区域需要进行植物的进行划分。

1）单击“图层控制”下拉列表框，选择“绿化”图层为当前图层。

2）选择“矩形”命令（REC），在图形相应位置绘制一个 1000 × 1000 的矩形。

3）选择“偏移”命令（O），将矩形向内偏移 100，用于放置花盆，如图 13-33 所示。

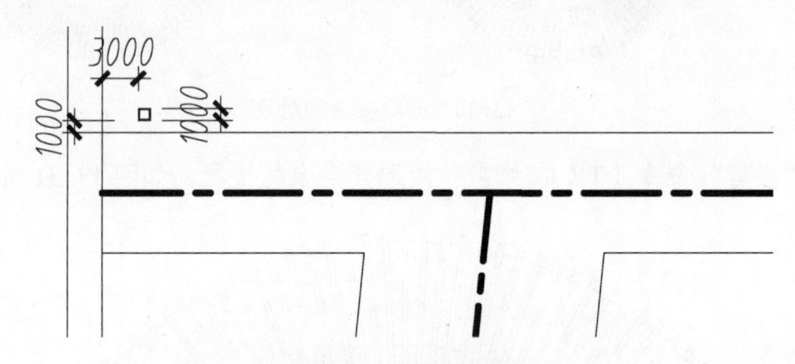

图 13-33 绘制和偏移矩形

4）选择“复制”命令（CO），选择矩形复制到相应位置，其间距为 4100，如图 13-34 所示。

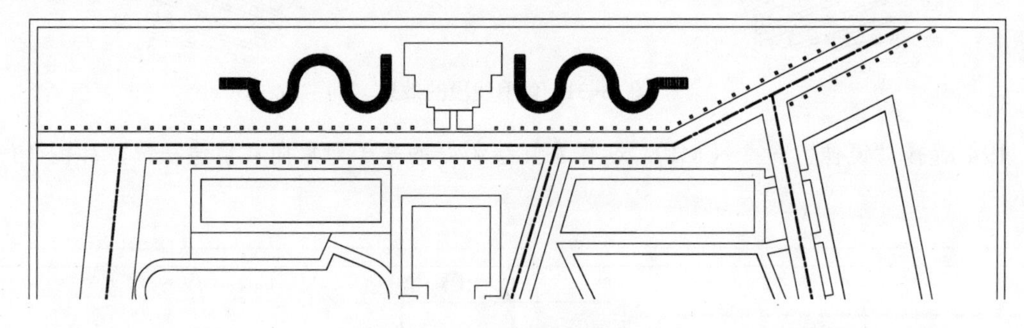

图 13-34 复制对象

5）选择“样条曲线”命令（SPL），绘制一些样条曲线，如图 13-35 所示。

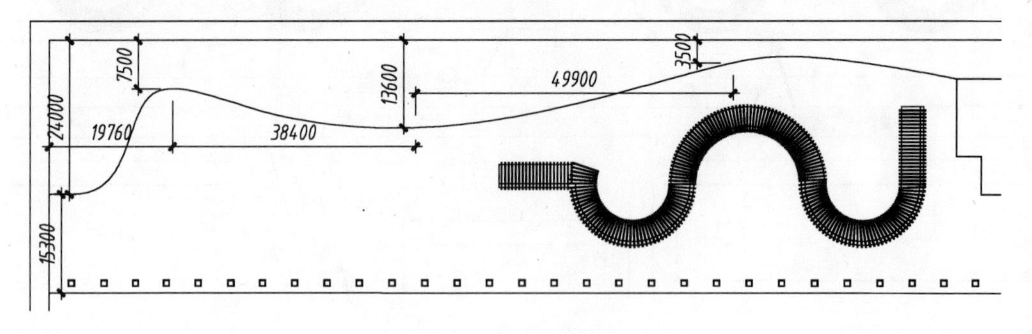

图 13-35 样条曲线

6）选择“偏移”命令（O），将样条曲线向上偏移 1200，向下偏移 2000，如图 13-36 所示。

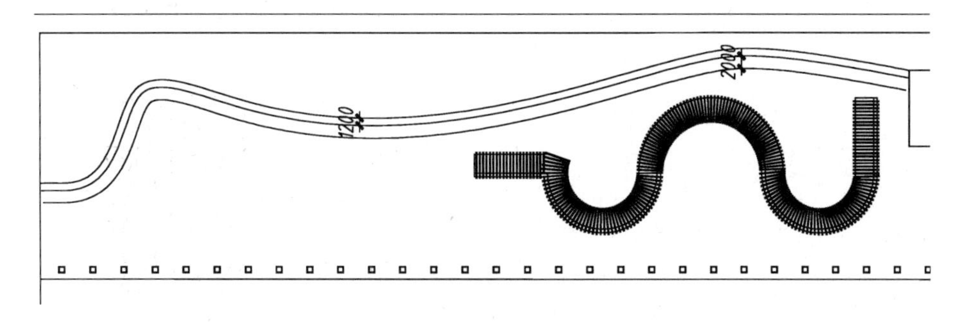

图 13-36 偏移样条曲线

7）选择“圆弧”命令（ARC），在图形相应位置绘制一个半径为 2000 的圆弧。

8）选择“镜像”命令（MI），选择上步绘制的圆弧，以起点和端点为对称轴进行镜像。

9）选择“移动”命令（M），选择上步镜像后的图形，单击图形的第一点，再单击第一个圆弧的中点。

10）选择“复制”命令（CO），选择前面的两个圆弧进行多次复制，如图 13-37 所示。

11）选择“修剪”命令（TR），修剪掉多余线段。

12）选择“多边形”命令（POL），根据命令行的提示输入边数为“6”，再输入“内接于圆”（I）和“半径”值为 4000，绘制一六边形。

13）选择“复制”命令（CO），将“六边形”对象进行相应复制，结果如图 13-38 所示。

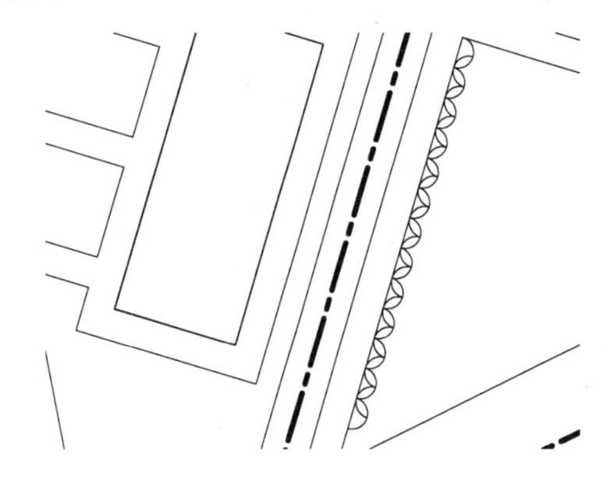

图 13-37 复制圆弧

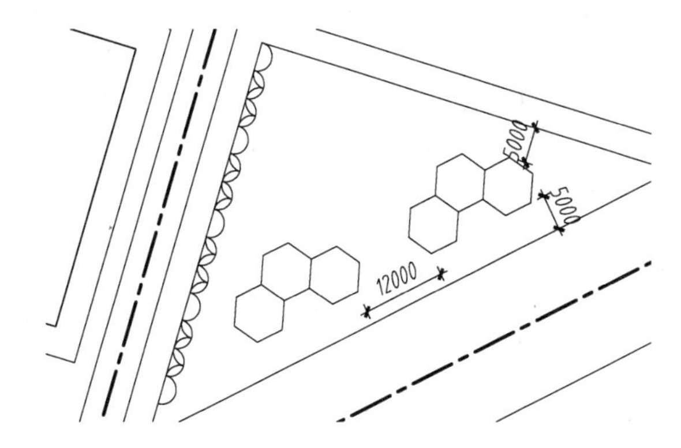

图 13-38 复制六边形

14）选择“直线”命令（L），在图形相应位置绘制两条直线，如图 13-39 所示。

15）选择“矩形”命令（REC），在图形相应位置绘制 2000 × 2000 的矩形。

16）选择“复制”命令（CO），选择上步绘制的矩形进行多次相应复制，如图 13-40 所示。

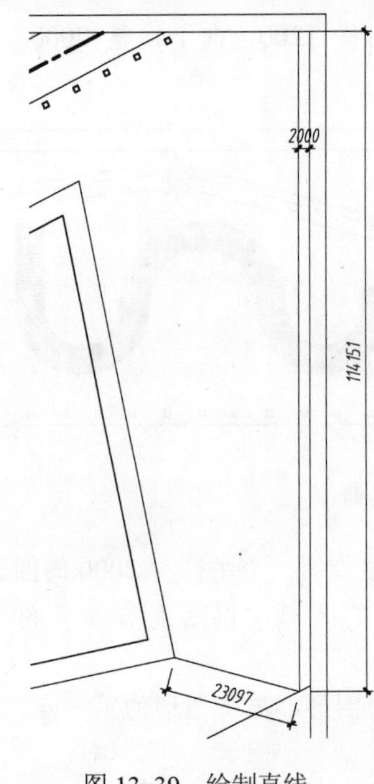

图 13-39　绘制直线

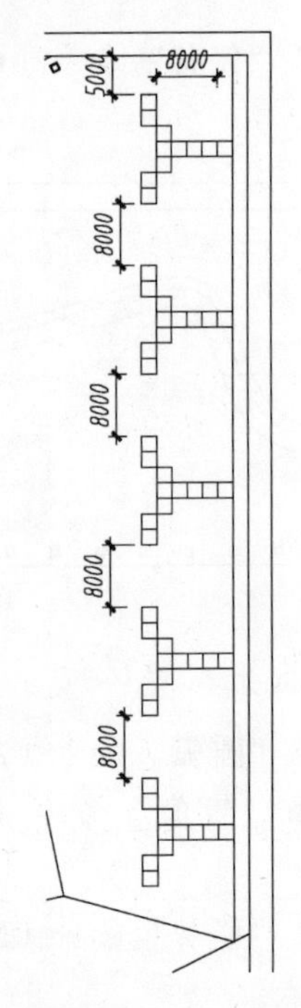

图 13-40　复制矩形

17）选择“直线”命令（L），按如图 13-41 所示在图形中绘制相应的直线。

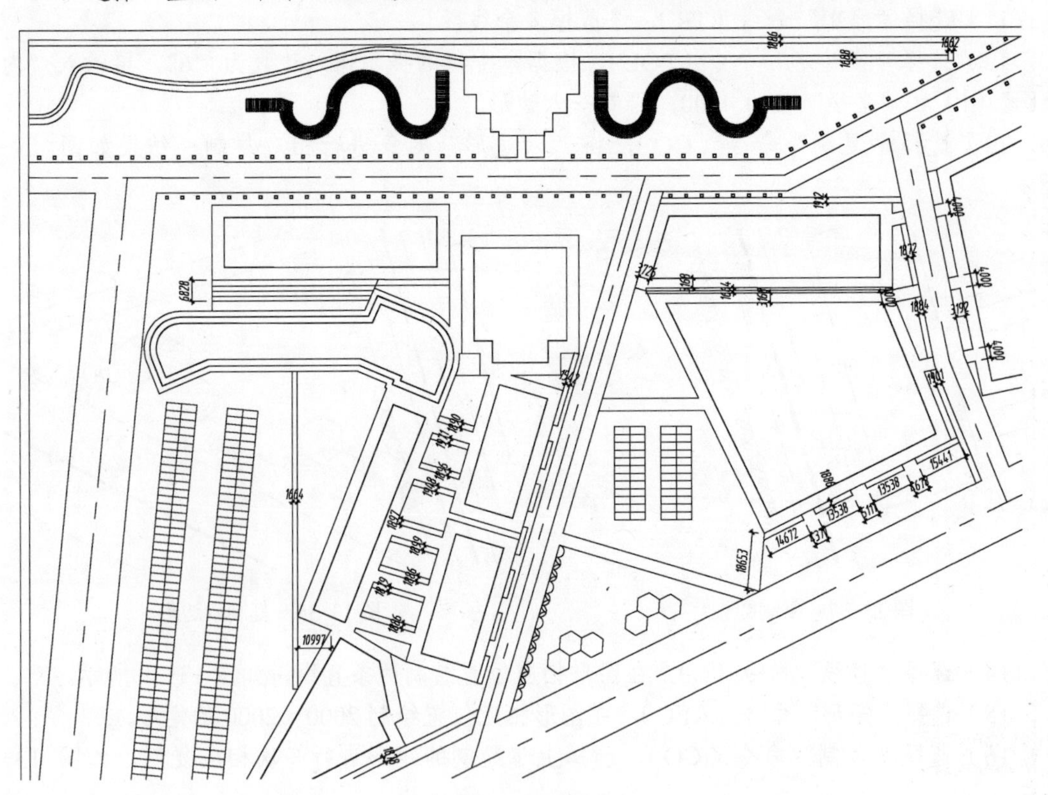

图 13-41　绘制直线

13.8 商业街植物配置

上一小节中对绿化进行了规划，本小节是在所规划的范围内进行植物配置，先插入植物列表，列表中选择所需要的植物复制到图形的相应位置。

专业知识： 商业街的色彩及视觉感受

人对色彩有着很明显的心理反应：红、黄、绿、白能引起人们的注意力，提高视觉辨识能力，多用于标志、广告等，可以突出步行街的商业气氛。另外，绿色植物可缓解紧张情绪，花卉可给人带来愉快。步行街景观是动态的，并且应该具有良好的视觉连续性。一条笔直、单调的步行商业街不会给人留下深刻的印象，弯曲的步行商业街则会使步移景异，始终牵着人们的视线而展开。因此，步行商业街要有适宜的空间尺度，设计时要运用空间的收放、转折、渗透来增加景观的层次、趣味性和连续性。

13.8.1 植物布置准备

1）单击“图层控制”下拉列表框，将“图例”图层置为当前图层。

2）选择“插入”命令（I），将“案例\13\植物列表 2.dwg”文件插入到图形的右下角，如图 13-42 所示。

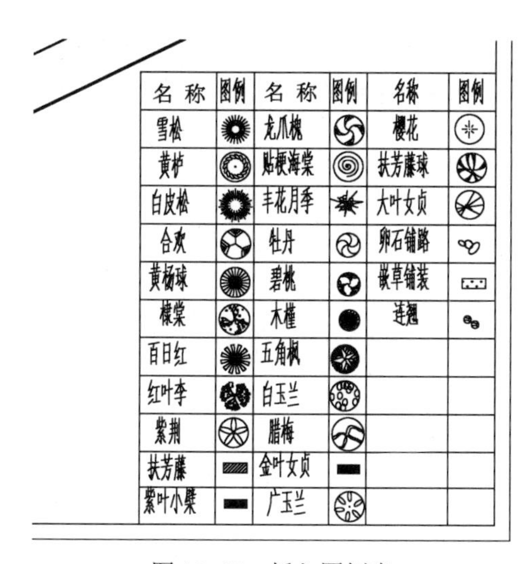

名 称	图例	名 称	图例	名称	图例
雪松		龙爪槐		樱花	
黄栌		贴梗海棠		扶芳藤球	
白皮松		丰花月季		大叶女贞	
合欢		牡丹		卵石铺路	
黄杨球		碧桃		嵌草铺装	
棣棠		木槿		连翘	
百日红		五角枫			
红叶李		白玉兰			
紫荆		腊梅			
扶芳藤		金叶女贞			
紫叶小檗		广玉兰			

图 13-42 插入图例表

3）选择“分解”命令（X），选择上一步插入的图例进行分解；选择“编组”命令（G），将各个植物图例分别编组成独立的对象。

13.8.2 零星植物布置

1）选择“复制”命令（CO），选择“龙爪槐”图形复制到相应位置，如图 13-43 所示。

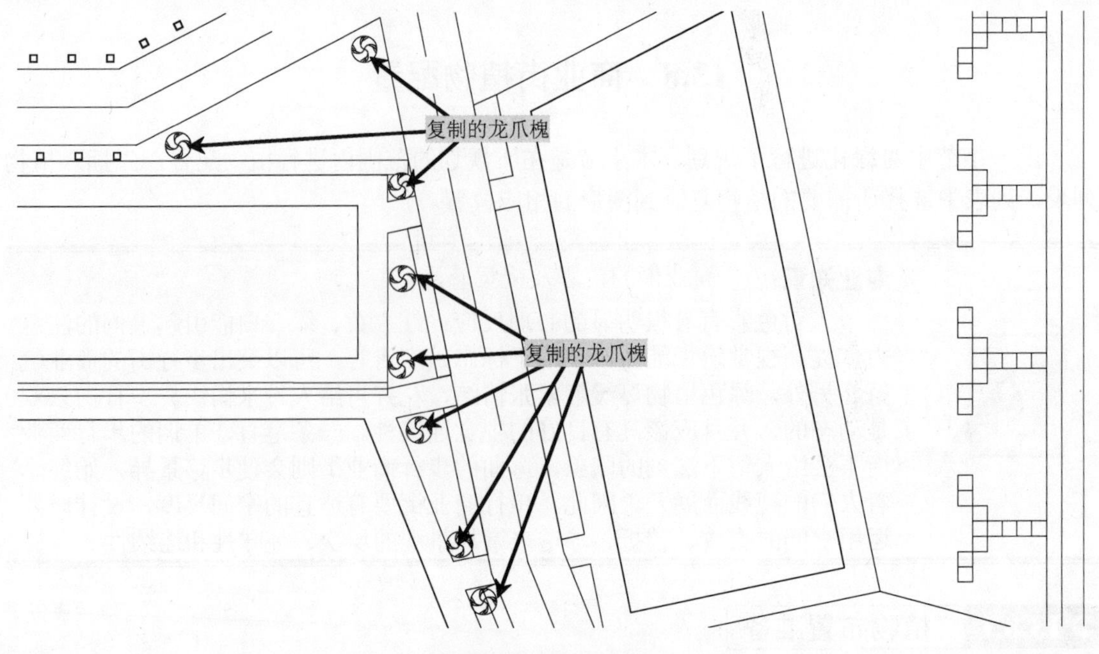

图 13-43　复制龙抓槐

2）以上步同样的方法，把其他图形也进行复制，如图 13-44 所示。

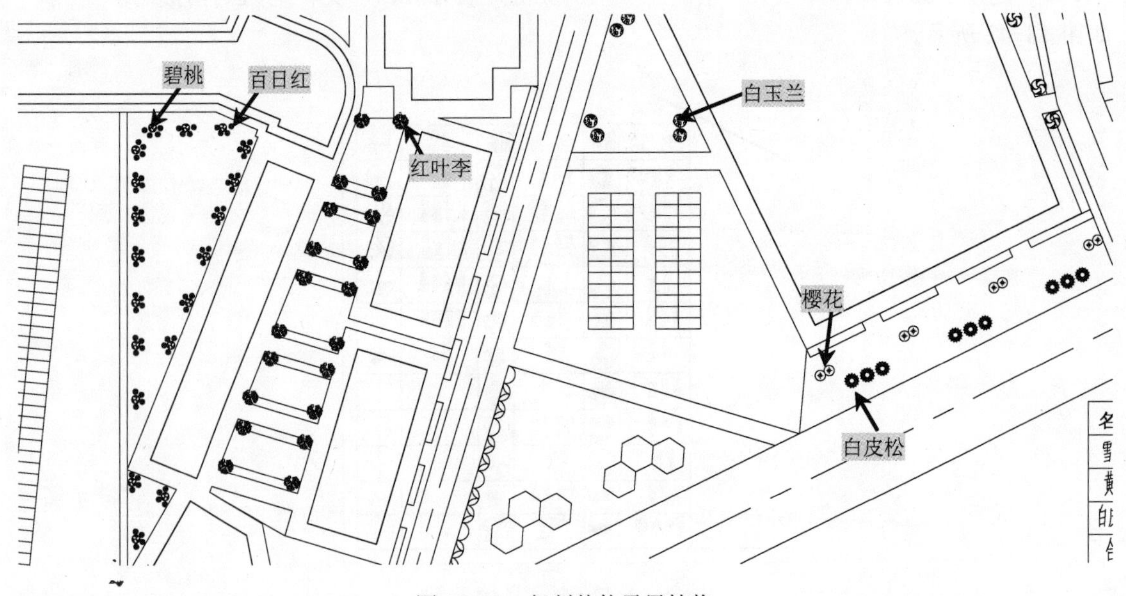

图 13-44　复制其他零星植物

13.8.3　花台植物布置

1）选择“复制”命令（CO），选择 “牡丹”和“百日红”图形复制到图形相应位置，如图 13-45 所示。

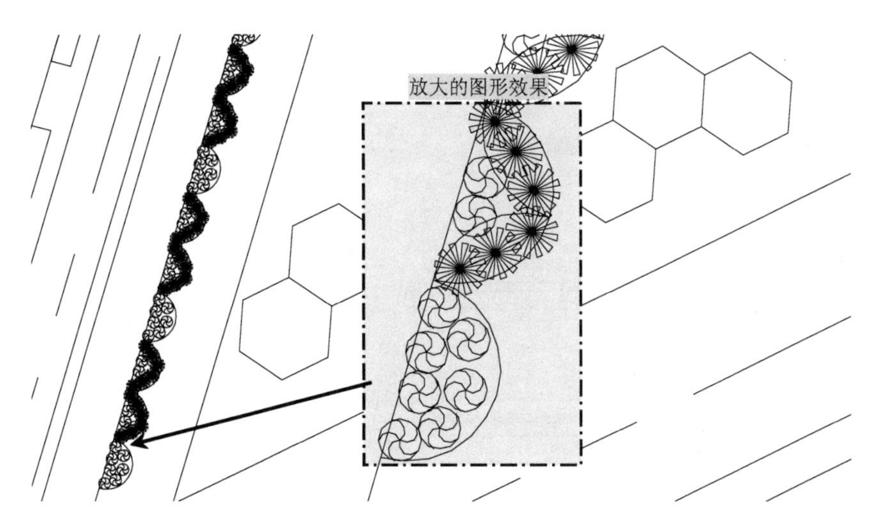

图 13-45 复制牡丹和百日红

2）选择“复制”命令（CO），选择 “丰花月季”图形复制到图形右上方。

3）选择“矩形阵列”命令（ARR），选择上步复制的“丰花月季”，输入“列数”（COL）后，接着输入“1”和“-2800”，再输入“基点”（B）并单击图形的右上角。最后输入“关联”（AS）和“是”（Y）。

4）选择上步阵列的图形，单击图形最上方夹点并向下移动至相应位置，如图 13-46 所示。

5）以同样的方法，复制“黄栌”并阵列和移动夹点，如图 13-47 所示。

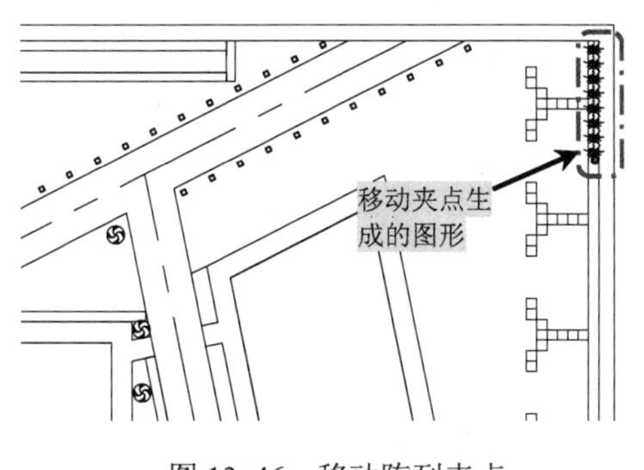

图 13-46 移动阵列夹点

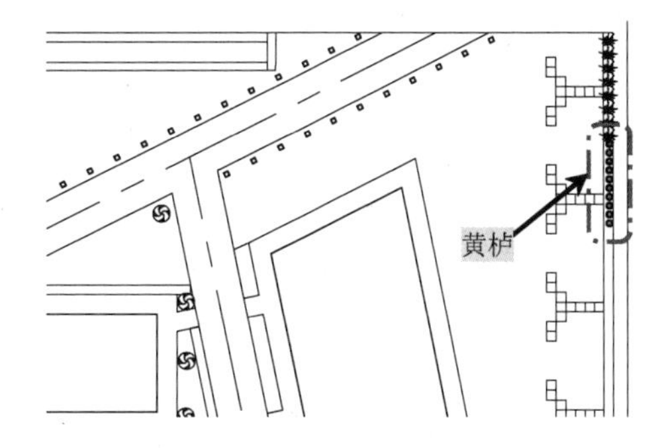

图 13-47 阵列图形

6）选择“复制”命令（CO），选择前面阵列的“黄栌”和“丰花月季”到图形的相应位置，如图 13-48 所示。

提示：在复制图形时，可以适当的进行调整，如在复制阵列图形时，可以根据绘制图表的情况调整夹点、间距、数量等。

7）选择“复制”命令（CO），选择“棣棠”图形和“扶芳藤球”复制到图形右上方矩形内，如图 13-49 所示。

8）选择“复制”命令（CO），以上步同样的布置方法对右边矩形内复制上相应图形，如图 13-50 所示。

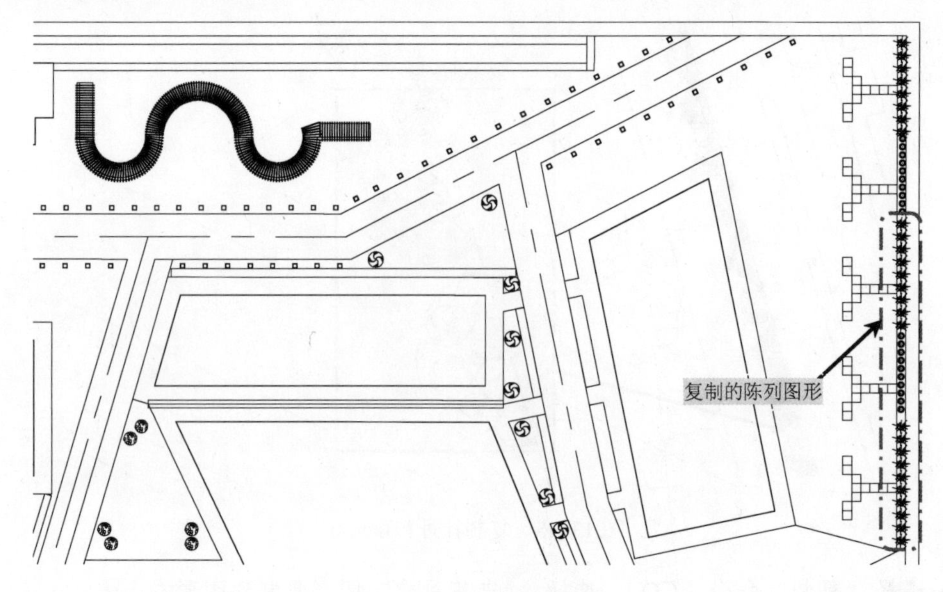

图 13-48　复制阵列图形

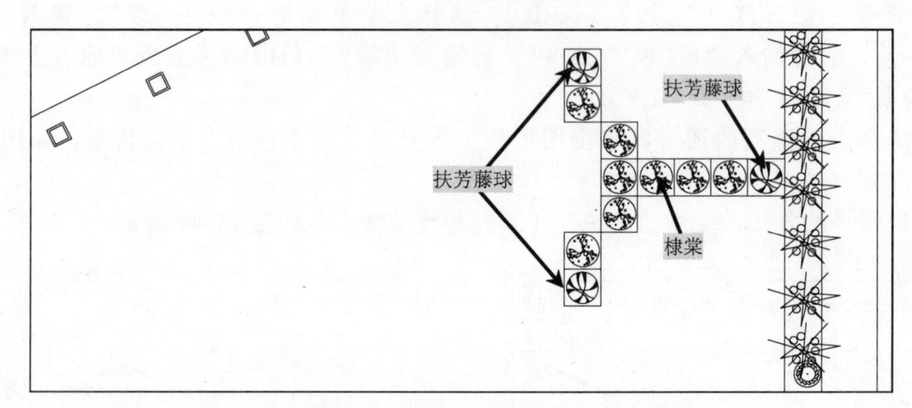

图 13-49　棣棠和扶芳藤球的布置

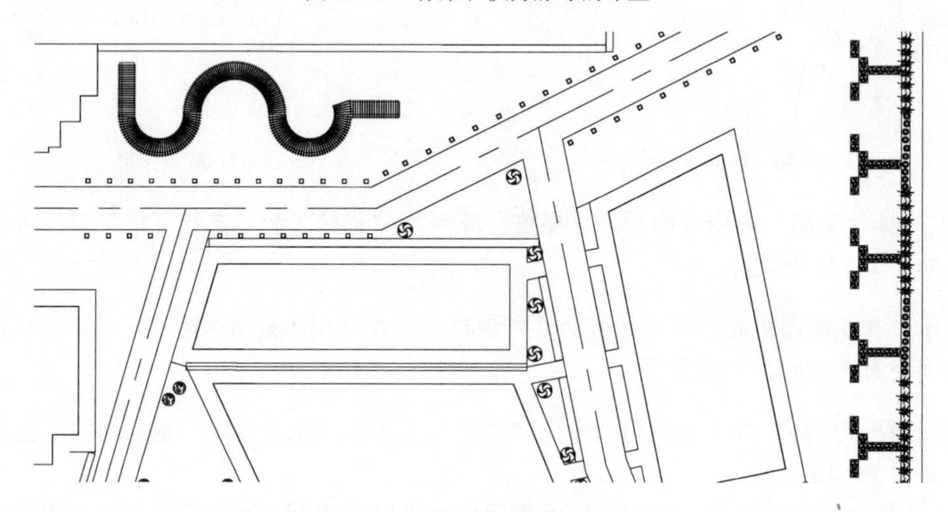

图 13-50　复制棣棠和扶芳藤球

13.8.4 花群的布置

1）选择“复制”命令（CO），选择“红叶李”图形和“牡丹”，复制到图形相应位置。如图 13-51 所示。

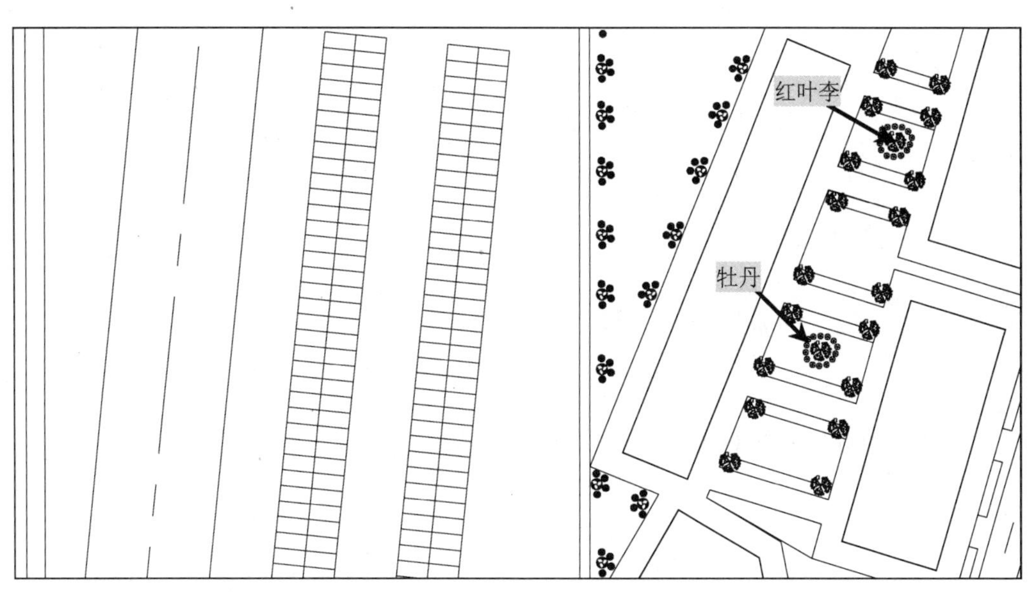

图 13-51　复制红叶李和牡丹

2）选择“复制”命令（CO），选择“腊梅”图形，复制 6 个到图形右上方相应位置。

3）再以上步同样的方法复制“木槿”到“腊梅”周围，按如图 13-52 所示。

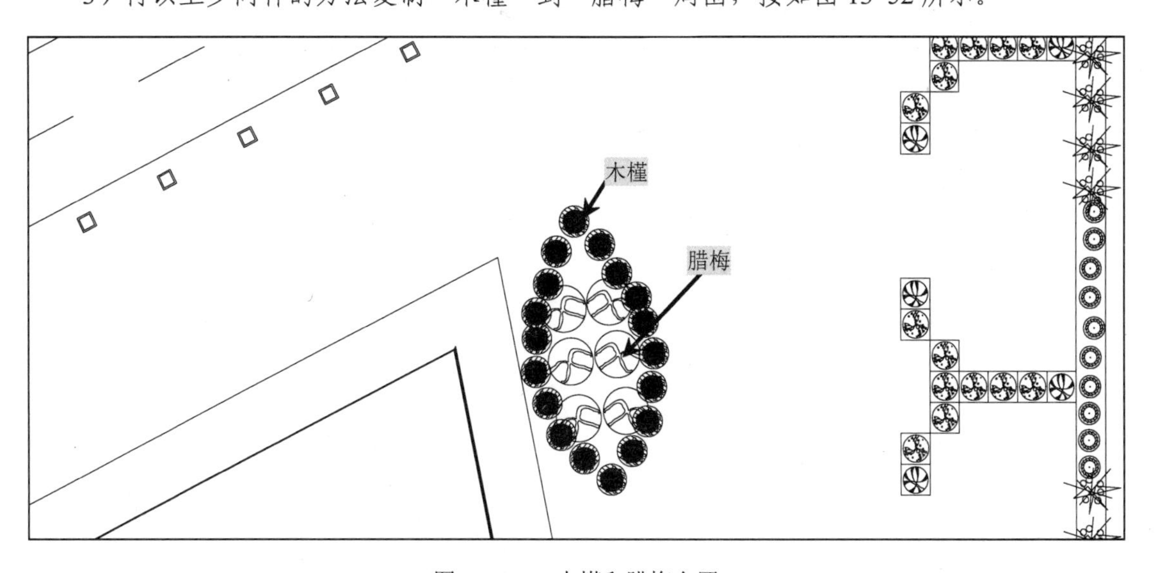

图 13-52　木槿和腊梅布置

4）选择“复制”命令（CO），选择前两步复制的图形到相它相应位置，如图 13-53 所示。

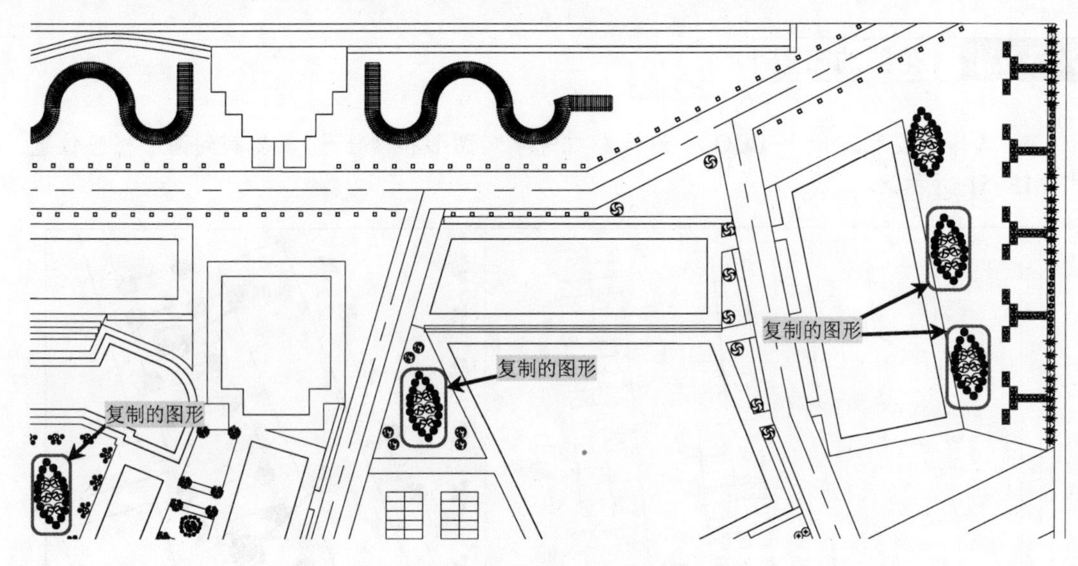

图 13-53　复制木槿和腊梅

5）选择“复制”命令（CO），选择“樱花”图形，复制 3 个到图形左上方相应位置，如图 13-54 所示。

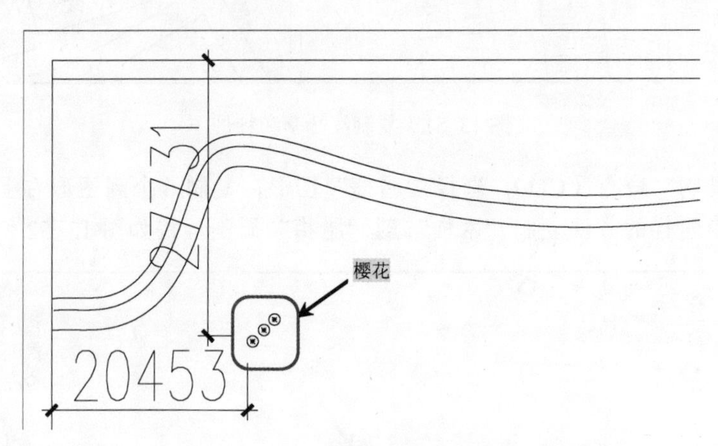

图 13-54　复制樱花

6）以上步同样的方法，选择“牡丹”图形和“百日红”，按图 13-55 所示进行布置。

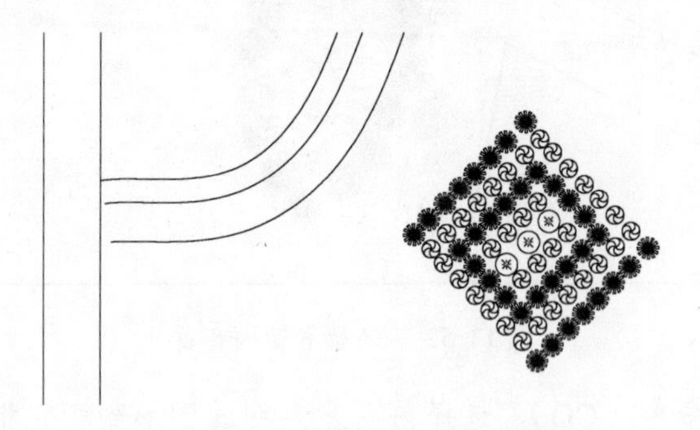

图 13-55　牡丹和百日红的布置

7）选择“复制”命令（CO），选择前两步复制的图形到其他相应位置，如图 13-56 所示。

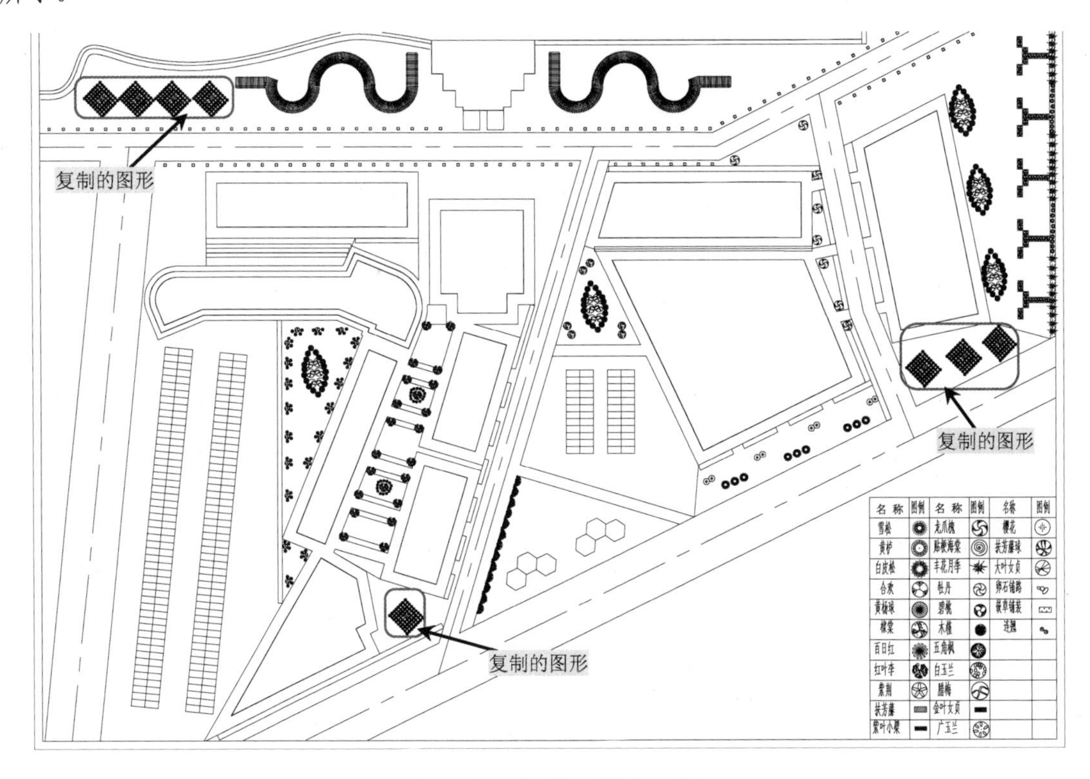

图 13-56　复制牡丹和百日红

8）选择“复制”命令（CO），选择 “红叶李”图形和“黄栌”复制到图形左上方相应位置，如图 13-57 所示。

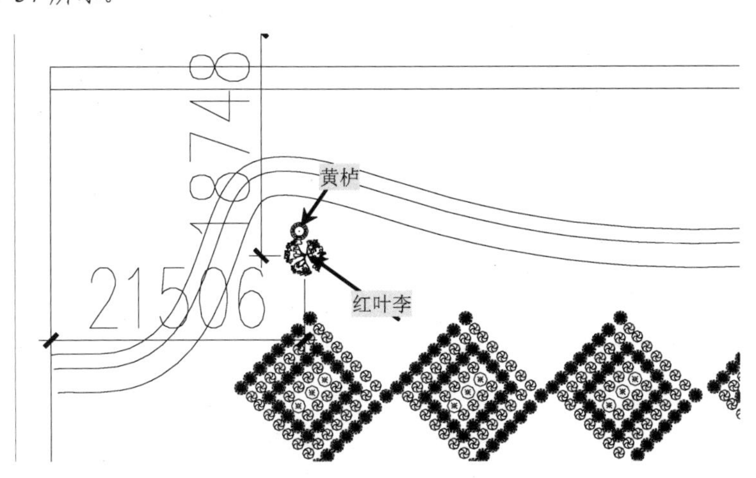

图 13-57　复制红叶李和黄栌

9）选择“圆形阵列”命令（arraypolar），选择上步复制的“黄栌”，单击“红叶李”的中点，再输入“项目”（I）和“9”，最后输入“关联”（AS）和“否”（N），如图 13-58 所示。

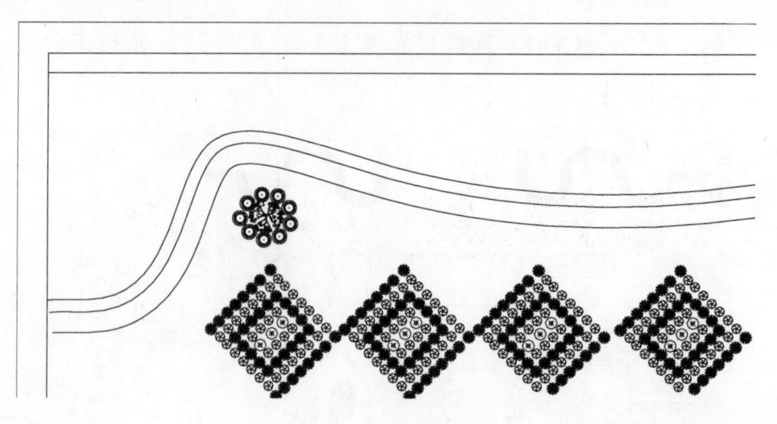

图 13-58　阵列黄栌

10）选择“复制”命令（CO），选择阵列的“黄栌”和“红叶李”图形，复制到相应位置，如图 13-59 所示。

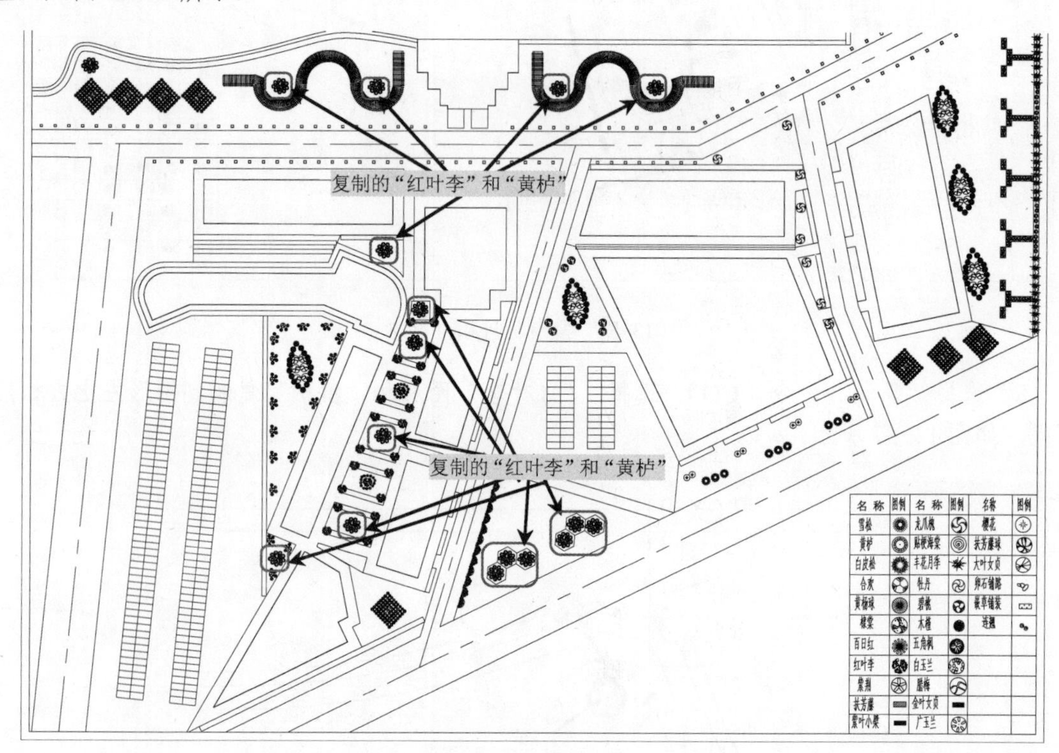

图 13-59　复制图形

11）单击“图层控制”下拉列表框，将“植物”图层置为当前图层。

12）选择“复制”命令（CO），选择“案例植物列表 2”中对应的“雪松”图形，复制到图形左上方相应位置，如图 13-60 所示。

13）选择“缩放”命令（SC），将“雪松”图形缩放为原来的 0.4 倍。

14）选择“复制”命令（CO），选择缩放后的图形，复制到图形中顶侧水平道路的两侧相应位置，如图 13-61 所示。

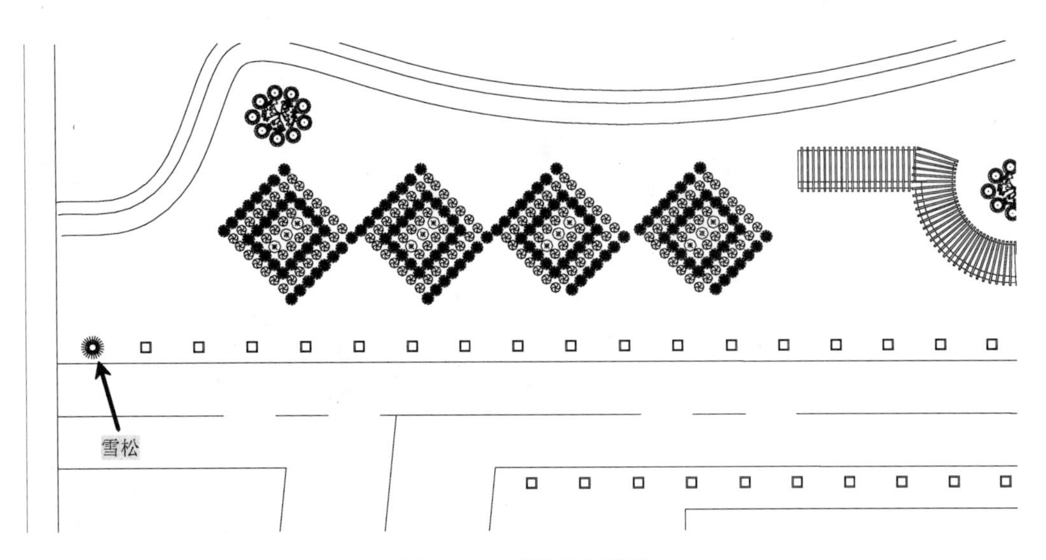

图 13-60　单次复制雪松

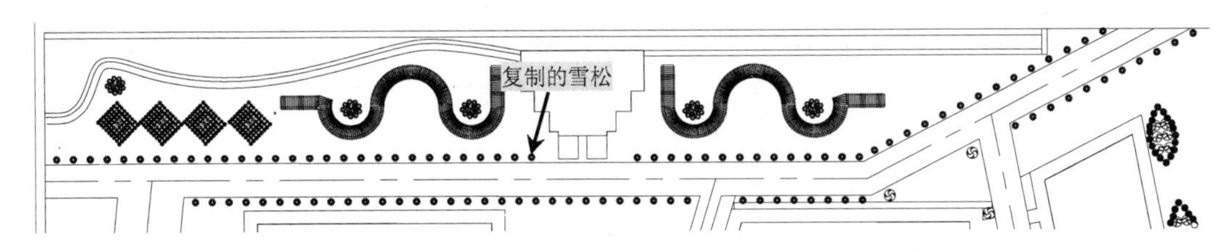

图 13-61　多次复制“雪松”图形

15）选择“复制”命令（CO），选择“贴梗海棠”图形复制到图形的相应位置。

16）选择“缩放”命令（SC），将“贴梗海棠”图形缩放为原来的 0.4 倍。

17）选择“路径阵列”命令（arraypath），根据命令行的提示选择缩放后的“贴梗海棠”图形；接着选择图形中最上方的曲线作为路径；再输入“关联”（AS）和“是”（Y），然后输入“项目”（I），最后输入“3500”，阵列的效果如图 13-62 所示。

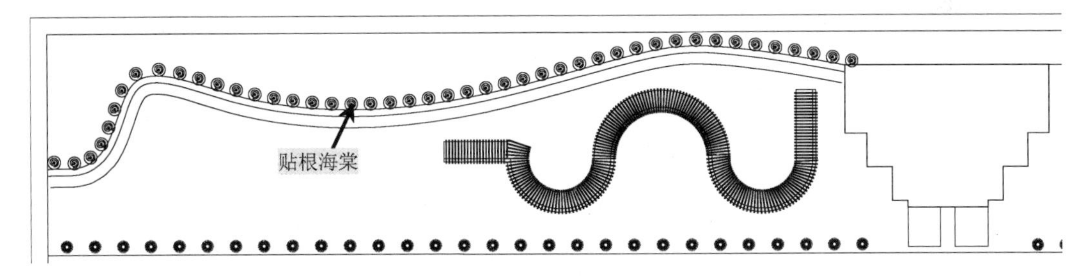

图 13-62　路径阵列

18）选择“复制”命令（CO），选择“合欢”图形复制到图形的相应位置。

19）选择“缩放”命令（SC），将“合欢”图形缩放为原来的 0.5 倍。

20）选择“矩形阵列”命令（arrayrect），根据命令行的提示选择缩放后的“贴梗海棠”图形；接着选择图形中最上方的曲线作，再输入“关联”（AS）和“是”（Y），然后输入“行数”（R）和输入“1”，最后输入“间距”（S）和“4500”，如图 13-63 所示。

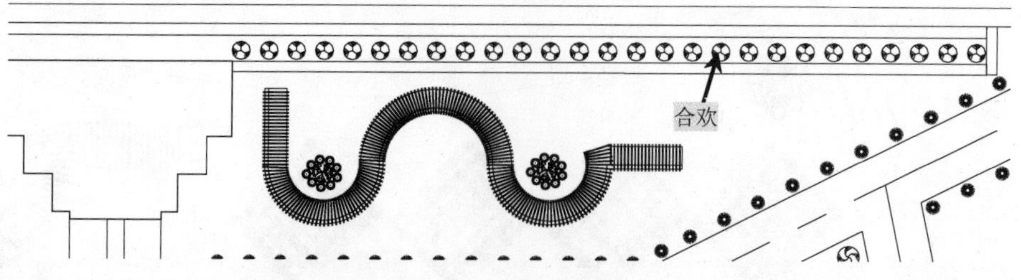

图 13-63 矩形阵列

21）选择“复制”（CO）、“缩放”（SC）等命令，把图形中对应的图形布置到相应位置。

22）单击“图层控制”下拉列表框，将“绿化”图层置为当前图层。

23）选择“图案填充”命令（H），分别选择图案“ANSI31”，比例为“150”，图案为“GRASS”，比例为“50”，对花坛、草坪处进行填充，其效果如图 13-64 所示。

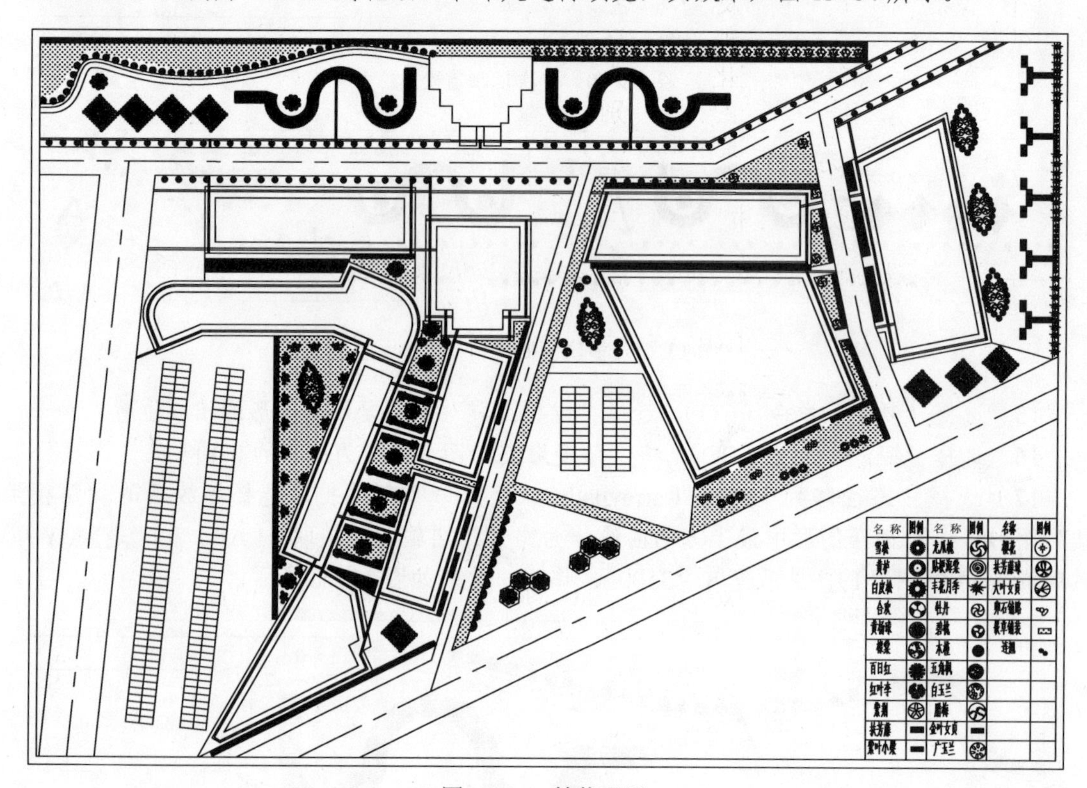

图 13-64 植物配置

13.9 商业街地面材质布置

商业街地面材质是指地面铺贴材料，商业街地面应选择防滑、耐磨的材料。

13.9.1 盲道的布置

地面铺贴除大面积的铺贴外，还有一种专用的道路为“盲道”。盲道是为盲人提供行路方便和安全的道路设施，盲道一般由两类砖铺就：一类是条形引导砖，引导盲人放心前行；一类是带有圆点的提示砖，提示盲人前面有障碍，该转弯了。盲道是在人行道上铺设一种固定形态的地面砖，促使盲人产生不同的脚感，引导盲人向前行走和辨别方向，盲人利用导盲杆，使其在无人引导的情况下自己做出判断，让自己能够安全顺畅地通行。盲道设施属于基础的无障碍设施，是现代社会文明的标志之一，是人性化的体现。

专业知识： 商业街的步行心理

不同的人，甚至同一个人在不同年龄和时刻，对景观的评价是不同的。不同的使用者由于使用目的的不同而对景观也有着不同的要求。购物者可能会非常关注步行商业街道建筑立面、橱窗、广告店招聘等信息；休闲娱乐者主要关注的是游乐设施、休闲场所；旅游者可能更关注标志性景观、街道小品及特殊的艺术表演等。

步行时，如果视觉环境和步行感受无变化会使人感到厌倦，而缺乏连续性的景观变化又会给人突兀之感。在步行设计商业街时，要避免使用过长直线，过长的直线特别是在景观无变化处，易造成步行单调，步行者易疲乏。因此，景观设计时应考虑其适应性、多样性及复杂性。

1）单击“图层控制”下拉列表框，将“填充”图层置为当前图层。

2）选择“直线”命令（L），在图形中表示人行道的十字口、拐角口等位置绘制出盲道区域。

3）选择“修剪”命令（TR），修剪掉多余的线段，如图 13-65 所示。

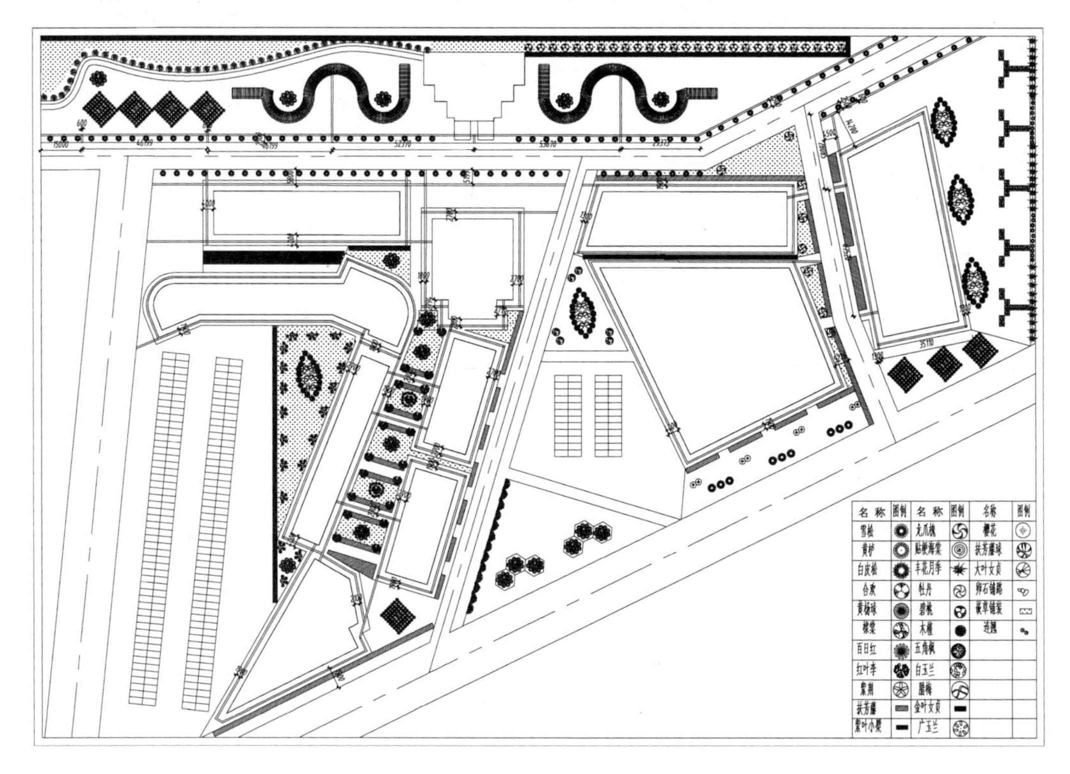

图 13-65 修剪图形

4）选择“图案填充”命令（H），分别选择图案“HEX”、“DASH”，比例为“20”，填充后的盲道效果如图 13-66 所示。

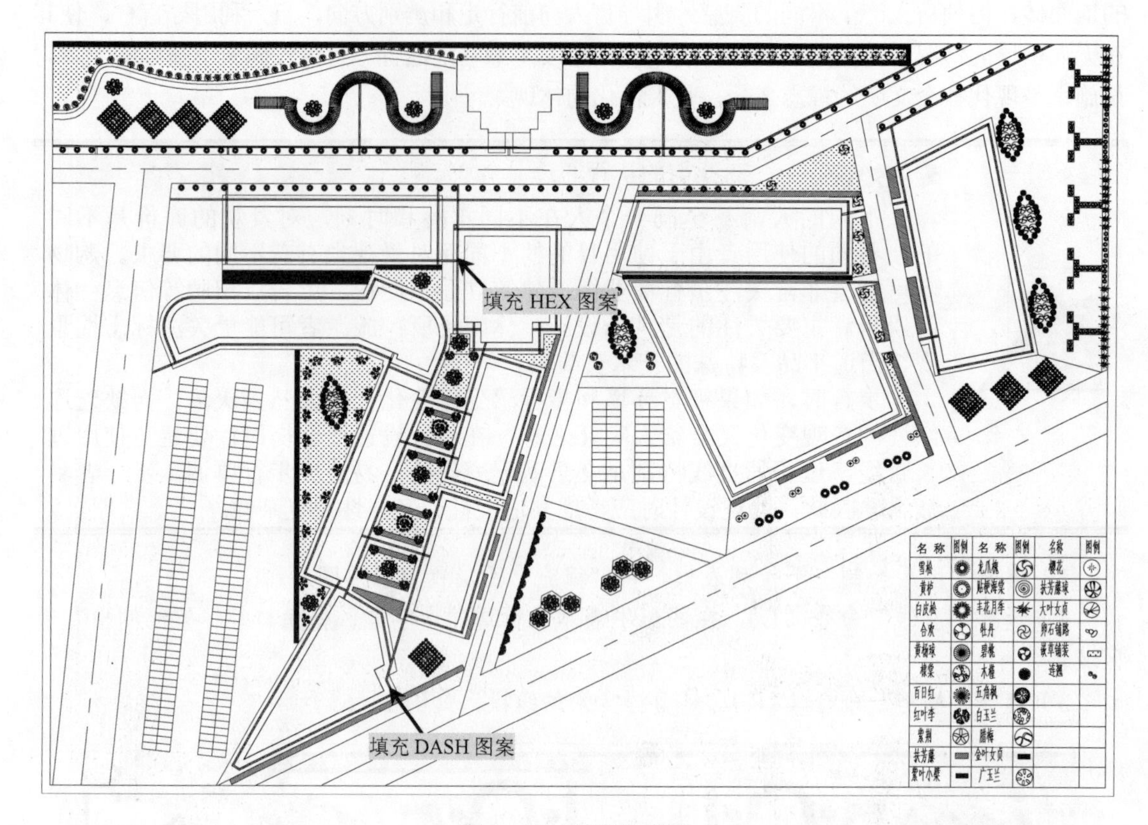

图 13-66　填充的盲道

专业知识：

在对盲道进行填充时，需要把路口、交叉口与其他区域进行区分，本案例中 HEX 填充为路口、交叉口图案。

13.9.2　地面铺装

1）打开“图层特性管理器”选项板，选择“地面铺装”图层为当前图层。

2）选择“插入”命令（I），弹出“插入”对话框，单击“浏览”按钮，弹出“选择图形文件”对话框，选择路径为“案例\13\地面铺装.dwg”文件，再单“打开”按钮，回到“插入”对话框，单击“确定”按钮，回到绘图区域，在图形的绘图区域单击一点，如图 13-67 所示。

3）选择“分解”命令（X），将插入的铺装图形进行分解。

4）选择“图案填充”命令（H），参照插入的地面铺装“图例”中的相应图案，对图形分别进行图案填充，并适当调整图案的比例，其填充后的最终效果如图 13-68 所示。

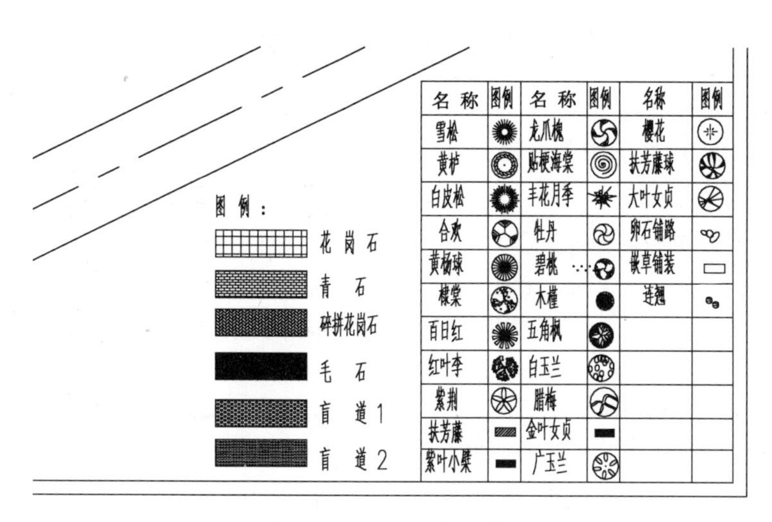

图 13-67 插入的地面铺装

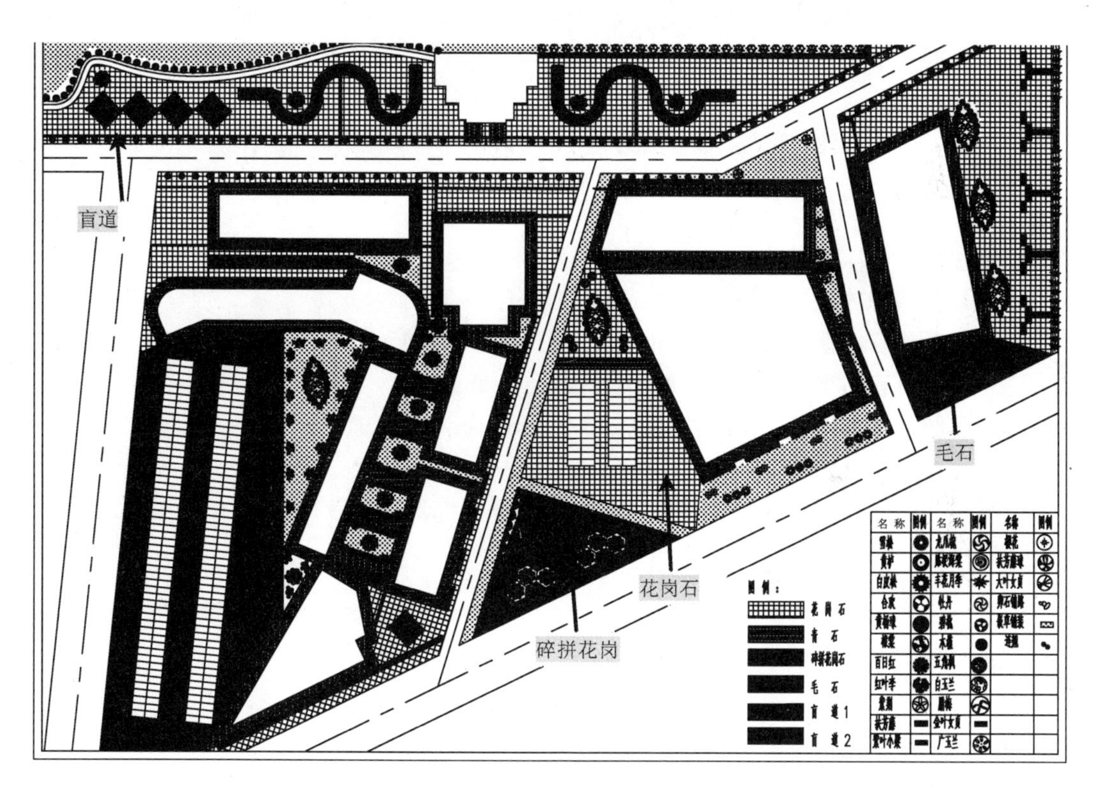

图 13-68 填充图案

5）至此，该商业街景观施工图已绘制完成，用户可按〈Ctrl+S〉组合键进行保存。

机工出版社·计算机分社书友会邀请卡

尊敬的读者朋友：

感谢您选择我们出版的图书！我们愿以书为媒与您做朋友！我们诚挚地邀请您加入：

“机工出版社·计算机分社书友会”

以书结缘，以书会友

加入“书友会”，您将：

★ 第一时间获知新书信息、了解作者动态；

★ 与书友们在线品书评书，谈天说地；

★ 受邀参与我社组织的各种沙龙活动，会员联谊；

★ 受邀参与我社作者和合作伙伴组织的各种技术培训和讲座；

★ 获得“书友达人”资格（积极参与互动交流活动的书友），参与每月 5 个名额的“书友试读赠阅”活动，获得最新出版精品图书 1 本。

如何加入“机工出版社·计算机分社书友会”

两步操作轻松加入书友会

Step1

访问以下任一网址：

★ 新浪官方微博：http://weibo.com/cmpjsj

★ 新浪官方博客：http://blog.sina.com.cn/cmpbookjsj

★ 腾讯官方微博：http://t.qq.com/jigongchubanshe

★ 腾讯官方博客：http://2399929378.qzone.qq.com

Step2

找到并点击调查问卷链接地址（通常位于置顶位置或公告栏），完整填写调查问卷即可。

联系方式

通信地址：北京市西城区百万庄大街 22 号
机械工业出版社计算机分社
邮政编码：100037

联系电话：010-88379750
传　　真：010-88379736
电子邮件：cmp_itbook@163.com

敬请关注我社官方微博： http://weibo.com/cmpjsj

第一时间了解新书动态，获知书友会活动信息，与读者、作者、编辑们互动交流！